高等学校测绘工程系列教材

测绘工程监理学

Project Management for Surveying Engineering

第二版

主编　孔祥元　副主编　卢金芳　李明福　邹进贵

图书在版编目(CIP)数据

测绘工程监理学/孔祥元主编;卢金芳,李明福,邹进贵副主编.—2版.—武汉:武汉大学出版社,2008.3(2023.5重印)
高等学校测绘工程系列教材
ISBN 978-7-307-06123-1

Ⅰ.测… Ⅱ.①孔… ②卢… ③李… ④邹… Ⅲ.工程测量—监督管理—高等学校—教材 Ⅳ.TB22

中国版本图书馆CIP数据核字(2008)第011098号

责任编辑:王金龙　　责任校对:黄添生　　版式设计:詹锦玲

出版发行:**武汉大学出版社**　(430072　武昌　珞珈山)
(电子邮箱:cbs22@whu.edu.cn 网址:www.wdp.com.cn)
印刷:武汉中科兴业印务有限公司
开本:787×1092　1/16　印张:30.75　字数:742千字
版次:2005年3月第1版　　2008年3月第2版
2023年5月第2版第11次印刷
ISBN 978-7-307-06123-1/TB·21　　定价:48.00元

版权所有,不得翻印;凡购买我社的图书,如有质量问题,请与当地图书销售部门联系调换。

内容提要

本书严格按照我国普通高等学校测绘工程专业的培养目标和武汉大学本科生的培养方案和教学计划的具体要求，依《测绘工程监理学》第一版，经过修改、补充、完善精心编写而成。与第一版比较，新增补并丰富了许多与测绘工程相关的监理内容。

本书在综述工程建设项目监理工作中的三项控制（投资控制、进度控制、质量控制）、两项管理（合同管理、信息管理）和组织协调等监理基础知识的基础上，重点内容是阐述测绘工程监理工作的基本理论、技术与方法。全书共8章。第1章概述，在对工程项目管理和工程项目监理的核心内容作概括介绍后，重点论述工程建设监理学和测绘工程监理学的形成、发展及其基本体系与内容。第2、3、4章则分别详细介绍监理的三项控制的原理、目标、任务与方法等，并均以典型实例加以具体说明。第5、6章分别介绍合同管理和信息管理。在合同管理中，以具体实例论述工程项目的招投标、合同的订立、效力、履行、变更及解除，合同纠纷的解决，合同的法律基础以及有关FIDIC等基本内容；在信息管理中，主要内容是工程建设监理信息系统的概念、模型、内容及软件编写的要点，典型工程建设及测绘工程监理信息管理系统及国内、外常用监理信息管理软件的介绍。第7章介绍监理工作中的组织协调与沟通。第8章介绍测绘工程监理实例，这是从众多测绘工程监理工作中挑选的具有代表性的实例，既有工程测量方面的，也有独立的测绘项目方面的，同时对测绘工程监理机制、监理规划及实施细则等也作了较为详细的阐述，这对于理论联系实际，了解测绘工程监理的实际情况和提高监理水平是十分必要的。

总之，本书总结了作者近年教学、科研及生产开发的重要成果与基本经验，吸收了国内、外工程建设监理的许多最新成果，理论密切联系实际，内容简练新颖，结构严密，体系完整。

本书可作为高等学校测绘工程专业在校、函授、成人教育等本科教材及相关专业本科教学用书，对测绘类和其他相关专业从事教学、科研、生产和管理工作的人员也是一本有意义的参考书。

第二版前言

本书严格按照我国普通高等学校测绘工程专业的培养目标和武汉大学本科生的培养方案和教学计划的具体要求，在总结作者近年有关科研、教学与生产开发的成果及吸收大量宝贵实践经验和大量参考文献精华的基础上，依《测绘工程监理学》第一版，经过修改、补充、完善而加工编写完成的。因而，可称它是《测绘工程监理学》第二版。

与第一版比较，增补了许多与测绘工程相关的监理内容，主要是：

(1)“十一五”国家测绘发展规划及要求，测绘工程监理学的定义、作用、体系和内容；

(2) 结合典型工程的投资控制、进度控制和质量控制监理的具体工作规程和实施细则；

(3) 监理中的合同变更及索赔的具体工作规程和实施细则；

(4) 典型工程及测绘工程监理信息管理；

(5) 典型工程测量项目监理的技术规程和实施细则；

(6) 典型测绘工程项目（包括数字化测图，地下管线普查，地籍测量等）监理的质量控制的技术规程、实施细则以及基本经验。

本书由孔祥元主编，卢金芳、李明福、邹进贵副主编。参加编写的还有常洲、王庆、孔令华、常永青、何立恒、孔玲、程琪、娄建萍、关玲玲、薛正义、嵇亚炜、缪建文、侯宜军等。

本书可作为普通高等学校测绘工程专业核心系列教材和相关专业本科教学用书，也可供测绘类和其他相关专业从事教学、科研、生产和管理工作的人员参考。

在编写过程中，得到武汉大学教务部、武汉大学出版社及武汉大学测绘学院的大力支持，南京今迈勘测监理有限公司、长江委监理中心等提供了许多宝贵的资料和协助，借此书出版之际，谨向上述单位和朋友们一并致谢！

编　者

2007 年国庆节 于武汉大学

前　言

我国工程建设管理体制的改革始于 20 世纪 80 年代初，历经二十余年的发展，如今已基本建立起了以项目法人负责制、工程项目招标发包制、投标承包制和合同管理制以及建设监理制为基础的新的管理模式。特别是由于监理单位参与建设工程管理，彻底变原来的二元结构（建设单位、承包单位）为三元主体，他们以经济为纽带，以合同为依据，相互协作，相互监督，相互制约，从而大大提高了工程项目管理的科学性、公开性，也提高了管理水平和投资效益。

建设监理制是我国工程建设项目组织管理的新举措。其主要特点是以专门从事工程建设管理服务的监理单位，通过业主的委托合同，以“守法、诚信、公正、科学”的置业准则，采用专业化、社会化的管理方式来取代非专业乃至不熟悉工程建设的班子来进行自我管理的模式。因此，从经济学原理来讲，它是我国建设领域建立的一种新型的生产关系，它适应社会生产力发展规律的要求，能满足社会化大生产的需要，是建筑业生产社会化和专业化的具体表现，是一种新的技术服务领域。

建设工程监理具有较强的综合性和较大的专业覆盖面。测绘工程是工程项目可行性研究、勘察设计、施工放样、安装检修、竣工验收、生产运营、安全监测等工作中不可缺少的专业性工作，它已广泛地服务于水利水电、交通运输、工业与民用建筑、地上、地下及空间等工程建设中。因此，测绘工程监理是工程项目监理业务中一项重要的专业监理工作。实践已证明，在国内外大、中、小型工程项目监理中，测绘监理发挥着极其重要的作用。

笔者于 1995 年参加了中铁大桥监理公司关于江阴长江公路大桥 A 标段的监理工作，第一次有机会体会到测量监理的意义和内涵。后来又相继参加了杭州湾大桥、嘉-绍钱塘江大桥及温州市地方基础测绘项目——彩色航摄、航测等工程的测量监理工作，使我进一步体会到工程建设监理是改革开放新时代赋予我们测绘科技工作者的一个崭新的工作领域。要很好地胜任这个新的工作岗位，除必须具备扎实的测绘工程理论知识和较强的解决实际问题的能力之外，还必须具备一定的关于管理学、工程建设学、经济学和法学等学科方面的知识。为此，我在原武汉测绘科技大学地测学院（现武汉大学测绘学院）从 1999 年开始为本科生增开一门“工程建设监理概论”选修课，后来又指导了五届本科生的毕业设计，参考、精选并吸取了我国大、中型建设工程监理公司和专家发表的有关论著和相关专业优秀教材的有关内容以及国外先进经验，在武汉大学教务部和测绘学院的大力支持下，经过对原讲义和讲稿多次修改而编写完成了这部测绘工程专业本科教材，并把它取名为《测绘工程监理学》。

《测绘工程监理学》是以工程建设中的测量监理工作为结合点，着重研究了工程项目从可能性研究阶段开始，直至工程投入生产运营整个过程中的建设监理的基本理论、技术与方法。在综述工程项目监理基础知识的基础上，重点论述了监理工作中的三项控制（投资控制、进度控制、质量控制）、两项管理（合同管理、信息管理）和组织协调。全书共9章，第1章概述，对工程项目及其管理、工程项目监理依据及措施，工程项目监理的核心内容和组织，以及工程建设监理学和测绘工程监理学等基本概念做了简洁的论述，使读者尽快建立完整概念，为深入学习打下基础。第2、3、4章则分别介绍监理的三项控制的内容。其中，第2章阐述投资控制的原理和方法，设计和施工阶段投资控制的目标和任务与手段；第3章主要介绍进度控制的意义和任务，招投标、设计、施工等阶段的进度控制的目标和网络计划技术方法；第4章介绍质量控制，包括工程项目质量的特点及质量控制的一般原则，设计、施工、竣工、验收等阶段质量控制的内容和方法，质量控制中的统计检验方法，工程质量管理的标准化和国际化，测绘产品质量监督与管理。第5、6章分别介绍合同管理和信息管理。在合同管理中，主要论述工程项目的招投标程序及监理工作内容，合同的订立、效力、履行、变更及解除，合同纠纷的解决，合同的法律基础以及有关FIDIC等基本内容；在信息管理中，主要介绍工程建设监理信息系统的概念、模型及软件编写的要点，国内外常用监理信息管理系统软件。第7章介绍监理工作中的组织协调与沟通，较详细地介绍了具体操作方法。第8章介绍测绘工程监理实例，这是从众多工程监理工作中挑选出的具有代表性的实例，对于理论联系实际，了解测绘工程监理的实际情况和提高监理水平是十分必要的。最后收进了2002年国家监理工程师考试的试题及答案，供备考者参考。

本书吸收了国内外工程建设监理的最新成果，理论密切联系实际，内容简练新颖，结构严密，体系完整，同时具有如下特点：

1. 以我国工程建设管理体制改革的新形势为背景，基于大系统工程的观点阐述工程建设监理的基本理论和技术方法，从而有利于培养学生以整体、全局和系统工程管理的思维方式进行工程建设监理和项目管理，注重素质教育。

2. 以建设监理的中心工作“三项控制、两项管理和一项协调”为主要研究对象，并依此来精选和组织教材内容，因此本书重点突出，适宜组织教学，符合教学规律。

3. 密切联系测绘工程监理工作的实际，但又不局限于测绘工程。也就是说，既涉及测绘工程的理论与技术，又涉及工程建设、工程管理、经济学和法学等诸多方面的基本知识、基础理论与基本技能，因此本书内容广泛、基础宽厚，有利于培养复合型人才的综合素质和能力。

4. 内容面向当代和未来，面向国内外先进水平，吸收了国内外的先进成果，具有一定的前瞻性，这在改革开放的新形势下，具有现实意义。

本书在编写过程中，吸收了近年发表的优秀文献和优秀教材的有关内容，孔玲、张宏虎、程琪、潘喜峰、何海进、范建鹏、郭志浩、周治南、苏季梁和邹娟等参加了部分编写工作，在这里谨致谢意。由于这是测绘类监理内容的首编教材，实无经验，加上本人知识所限，不当之处，恳望专家、读者批评指正。

本书的出版得到武汉大学出版社的大力支持，在此表示衷心的感谢！

孔祥元

2004年10月于武汉大学

目　　录

第1章　工程项目监理概述……………………………………………………………… 1
1.1　项目及工程项目概念 ………………………………………………………… 1
1.1.1　项目及其特征 …………………………………………………………… 1
1.1.2　工程项目及其特征………………………………………………………… 1
1.1.3　工程项目的分类…………………………………………………………… 2
1.1.4　建设项目的构成…………………………………………………………… 2
1.1.5　工程项目的周期…………………………………………………………… 2
1.2　工程项目管理概念 …………………………………………………………… 7
1.2.1　我国工程建设中曾实行过的几种管理模式简介 ……………………… 7
1.2.2　国外工程建设管理模式简介 …………………………………………… 10
1.2.3　项目管理主体之间的联系与区别 ……………………………………… 11
1.2.4　现代项目经理 …………………………………………………………… 12
1.2.5　经理绩效考核评价标准 ………………………………………………… 15
1.3　工程项目监理概念……………………………………………………………… 18
1.3.1　建设监理制的提出 ……………………………………………………… 18
1.3.2　监理与建设监理 ………………………………………………………… 18
1.4　工程项目监理的依据、任务、程序和措施…………………………………… 22
1.4.1　工程项目施工阶段实施监理的依据 …………………………………… 22
1.4.2　工程项目监理的主要任务……………………………………………… 22
1.4.3　工程项目监理的程序 …………………………………………………… 23
1.4.4　工程项目监理完成监理任务的措施 …………………………………… 24
1.5　工程建设项目监理的核心内容 ……………………………………………… 26
1.5.1　工程项目监理的三项目标控制 ………………………………………… 26
1.5.2　工程项目监理的两项管理……………………………………………… 31
1.5.3　工程项目监理的组织协调……………………………………………… 32
1.5.4　工程项目监理的基本方法……………………………………………… 32
1.6　工程项目监理的组织…………………………………………………………… 34
1.6.1　工程项目监理班子的组建……………………………………………… 34
1.6.2　工程项目监理单位的资质……………………………………………… 35
1.6.3　工程建设监理人员的基本职责 ………………………………………… 37
1.6.4　监理费用………………………………………………………………… 39
1.6.5　监理委托合同 …………………………………………………………… 40

1.7　我国工程建设项目监理的发展概况 …… 42
1.8　与监理学相关的学科 …… 45
1.9　工程项目监理学的基本体系和主要内容 …… 47
1.10　测绘工程项目监理的概念 …… 49
1.10.1　测绘及其意义 …… 49
1.10.2　“十五”测绘事业取得的主要成就 …… 50
1.10.3　“十一五”主要任务和保障措施 …… 51
1.10.4　测绘工程项目监理学的概念 …… 52

第2章　建设监理工作中的投资控制 …… 57
2.1　投资控制的基本概念 …… 57
2.1.1　投资控制的目的和意义 …… 57
2.1.2　投资控制的基本原理和方法 …… 57
2.2　建设项目投资计算 …… 60
2.2.1　建设工程投资估算 …… 60
2.2.2　建设工程概算 …… 61
2.3　设计阶段的投资控制 …… 62
2.3.1　设计阶段投资控制的基本概念 …… 62
2.3.2　设计阶段投资控制要点 …… 62
2.4　施工阶段的投资控制 …… 63
2.4.1　施工阶段投资控制的目标和任务 …… 63
2.4.2　工程价款的计量支付 …… 64
2.4.3　工程变更 …… 70
2.4.4　价格调整 …… 71
2.5　项目的施工成本控制简介 …… 72
2.5.1　概述 …… 72
2.5.2　施工成本控制方法 …… 73
2.6　土建工程合同支付控制监理工作规程 …… 74
2.6.1　总则 …… 74
2.6.2　工程项目支付计量 …… 75
2.6.3　合同支付计量与量测 …… 79
2.6.4　合同支付申报 …… 79
2.7　工程变更管理监理工作规程 …… 80
2.7.1　总则 …… 80
2.7.2　变更的条件与内容 …… 81
2.7.3　变更的申报要求与内容 …… 82
2.7.4　变更的审查、批准与执行 …… 82
2.7.5　变更的合同支付 …… 83

第3章 建设监理工作中的进度控制 …… 85
3.1 工程项目进度控制的意义和任务 …… 85
3.1.1 工程项目进度控制的意义 …… 85
3.1.2 工程项目进度控制的基本任务 …… 85
3.2 招标阶段的进度控制 …… 86
3.3 工程项目进度计划的审查 …… 86
3.3.1 工程项目总体进度计划 …… 86
3.3.2 工程项目施工总体进度计划 …… 86
3.3.3 作业进度计划 …… 87
3.4 设计阶段的进度控制 …… 87
3.4.1 设计阶段监理工作的主要内容 …… 87
3.4.2 设计进展的阶段及目标 …… 88
3.5 施工阶段的进度控制 …… 89
3.5.1 施工阶段进度控制概述 …… 89
3.5.2 施工实际进度监测 …… 89
3.5.3 施工进度计划的调整 …… 90
3.6 基于工程监理的网络计划技术概述 …… 92
3.6.1 网络技术的一般概念 …… 92
3.6.2 单位工程网络计划的编制要点 …… 92
3.6.3 网络计划时间参数计算公式汇总 …… 93
3.7 网络计划优化技术 …… 93
3.7.1 网络计划优化技术概述 …… 93
3.7.2 施工组织网络计划的优化 …… 94
3.7.3 施工组织方案优化 …… 94
3.7.4 网络优化技术的意义 …… 96
3.8 网络计划技术在进度控制中的应用 …… 97
3.8.1 概述 …… 97
3.8.2 辅助系统的功能 …… 97
3.8.3 辅助系统主程序框图 …… 98
3.8.4 实例说明 …… 103
3.9 施工进度控制监理工作规程 …… 105
3.9.1 总则 …… 105
3.9.2 施工进度计划申报 …… 105
3.9.3 施工进度控制 …… 106
3.9.4 合同工期管理 …… 108

第4章 工程项目监理工作中的质量控制 …… 109
4.1 工程质量及质量控制的基本知识 …… 109
4.1.1 质量和工程质量 …… 109

4.1.2　工程质量的特点及控制 …… 110
4.2　监理工作中质量控制的基本观念 …… 112
4.2.1　工程质量控制的意义 …… 112
4.2.2　监理工作中质量控制的基本原则 …… 112
4.3　施工准备阶段质量控制 …… 114
4.3.1　施工人员的素质控制 …… 114
4.3.2　施工图的质量控制 …… 114
4.3.3　施工组织设计的质量控制 …… 115
4.3.4　施工机具的质量控制 …… 116
4.3.5　施工测量控制网和施工测量放线的质量控制 …… 116
4.3.6　开工报告的控制 …… 118
4.4　施工过程质量控制 …… 118
4.4.1　施工过程中质量控制要领 …… 118
4.4.2　工程验收中的质量控制 …… 120
4.4.3　工程质量事故的处理 …… 121
4.5　竣工验收质量等级的综合评定 …… 121
4.5.1　工程质量的评定 …… 121
4.5.2　工程质量竣工验收 …… 122
4.5.3　工程资料的验收 …… 122
4.5.4　保修阶段工程质量缺陷处理 …… 123
4.6　监理工程师在质量控制中的重要性 …… 123
4.6.1　工程质量控制中监理工程师的职责和要求 …… 123
4.6.2　监理工程师在对单位工程施工组织设计审核中应抓的主要工作 …… 124
4.6.3　总监理工程师的基本要求 …… 124
4.7　关于工程质量监督管理工作 …… 127
4.7.1　社会监理单位与工程质量监督站的联系与区别 …… 127
4.7.2　工程质量监督管理工作的主要任务 …… 128
4.7.3　工程质量监督形式的改革 …… 129
4.8　工程质量控制中的统计假设检验分析基础 …… 131
4.8.1　统计假设检验的基本概念 …… 131
4.8.2　随机变量及概率分布 …… 133
4.8.3　假设检验方法 …… 140
4.9　生产过程中的控制图动态质量控制 …… 147
4.9.1　控制图的概念 …… 147
4.9.2　控制图的分类及应用 …… 149
4.10　信息时代测量仪器和测量系统的现状和未来 …… 153
4.10.1　信息时代的测绘学对测绘仪器的要求 …… 153
4.10.2　测量仪器和测量系统出现互补共荣的新的发展格局 …… 154
4.10.3　未来发展 …… 164

4.11 工程质量管理的标准化、国际化 …… 165
4.11.1 质量管理的产生与发展 …… 165
4.11.2 国际通用质量标准体系 ISO9000 系列的产生与发展简况 …… 167
4.11.3 1994 版 ISO9000 系列标准简介 …… 169
4.11.4 2000 版 ISO9000 族标准概要 …… 171
4.12 测绘产品质量管理与贯标的关系 …… 185
4.12.1 测绘行业管理的现状 …… 185
4.12.2 测绘质量监督管理办法 …… 186
4.12.3 测绘产品质量检验技术依据明细表 …… 187

第5章 工程项目监理工作中的合同管理 …… 191
5.1 工程项目招投标的基本概念 …… 191
5.1.1 项目法人责任制 …… 191
5.1.2 工程项目招投标的基本概念 …… 191
5.1.3 工程项目招投标的一般程序 …… 192
5.2 工程项目招标 …… 193
5.2.1 施工招标的一般程序 …… 193
5.2.2 编制招标文件和标底 …… 193
5.2.3 招标文件示例 …… 194
5.2.4 投标者资格预审 …… 203
5.2.5 开标、评标、定标、签订合同 …… 204
5.2.6 项目(评标)综合评价方案和方法 …… 206
5.3 工程项目投标 …… 219
5.3.1 研究招标文件 …… 220
5.3.2 调查投标环境 …… 220
5.3.3 确定投标策略与技巧 …… 220
5.3.4 施工组织设计或施工方案 …… 221
5.3.5 报价 …… 221
5.3.6 编制及投送标书 …… 221
5.4 施工招标阶段监理的工作示例 …… 222
5.5 招投标中注意的一些事项 …… 225
5.5.1 政府采购招投标的技巧 …… 225
5.5.2 需要引起注意的问题 …… 226
5.6 合同的概述 …… 226
5.6.1 合同法的回顾 …… 226
5.6.2 合同是一种法律行为 …… 227
5.6.3 合同的订立 …… 227
5.6.4 合同的效力 …… 228
5.6.5 合同的履行 …… 228

5.6.6 合同的解释 …… 228
5.7 建设工程项目合同及其法律基础的基本概念 …… 229
5.7.1 建设工程合同及其特征、作用 …… 229
5.7.2 建设工程合同的法律基础 …… 230
5.7.3 勘察．设计合同 …… 231
5.7.4 施工合同 …… 232
5.7.5 委托合同 …… 233
5.8 合同的变更 …… 235
5.8.1 变更通知单 …… 235
5.8.2 隐蔽工程变更 …… 236
5.8.3 追加费用 …… 236
5.8.4 工程中的微小变更 …… 237
5.9 索赔与反索赔 …… 237
5.9.1 索赔简述 …… 237
5.9.2 常见索赔分类 …… 237
5.9.3 索赔的准备 …… 238
5.9.4 索赔程序 …… 239
5.9.5 反索赔 …… 239
5.9.6 合同中有关索赔的规定 …… 241
5.10 仲裁 …… 242
5.10.1 仲裁 …… 242
5.10.2 其他方法——争端审议委员会(DRB) …… 245
5.11 FIDIC 及 FIDIC 合同条件 …… 247
5.11.1 FIDIC …… 247
5.11.2 FIDIC 合同条件 …… 247
5.12 电子合同 …… 249
5.13 合同索赔管理监理工作规程 …… 250
5.13.1 总则 …… 250
5.13.2 合同索赔的条件 …… 250
5.13.3 施工索赔程序 …… 252
5.13.4 施工索赔报告书 …… 253
5.13.5 合同索赔的处理 …… 253

第6章 工程项目监理工作中的信息管理 …… 256
6.1 工程项目监理信息管理系统 …… 256
6.1.1 工程项目监理信息管理系统的意义 …… 256
6.1.2 工程项目监理信息管理系统的基本概念 …… 256
6.1.3 工程项目监理信息管理系统的模型 …… 257
6.1.4 工程项目监理信息管理系统的编码 …… 257

6.1.5 工程项目监理信息管理系统的基本内容 …… 259
6.2 文字及事务处理软件 …… 260
6.3 国内工程项目管理软件系统简介 …… 265
6.3.1 长江委锦屏工程监理部的信息管理体系 …… 265
6.3.2 信息管理工作的运行情况 …… 266
6.4 国内汉化项目管理软件简介 …… 268
6.5 国外建筑工程项目管理软件简介 …… 270
6.6 测绘工程监理信息管理系统简介 …… 273
6.6.1 系统的结构分析 …… 273
6.6.2 系统的总体功能 …… 273
6.6.3 系统的详细设计与实现 …… 275

第7章 工程项目的协调 …… 276
7.1 项目协调的意义 …… 276
7.2 项目协调的内容 …… 277
7.3 项目协调管理的范围 …… 277
7.4 项目中几种重要的协调与沟通的内容 …… 278
7.4.1 与业主的沟通 …… 278
7.4.2 与承包商的沟通 …… 279
7.4.3 监理部内部的沟通 …… 279
7.5 项目协调的技术方法 …… 280
7.5.1 项目协调与沟通方法的分类 …… 280
7.5.2 正式沟通 …… 281
7.5.3 非正式沟通 …… 283

第8章 测绘工程项目监理实例 …… 284
8.1 概述 …… 284
8.1.1 工程测量监理 …… 284
8.1.2 测绘项目监理 …… 286
8.2 三峡施工测量质量监理 …… 288
8.2.1 三峡工程及监理工作简介 …… 288
8.2.2 长江委三峡工程建设监理部监理工作规程 …… 291
8.2.3 施工测量监理工作规程 …… 301
8.2.4 施工测量质量控制 …… 304
8.2.5 长江委一期施工测量监理 …… 309
8.2.6 三峡工程Ⅰ&ⅡB标施工测量监理 …… 313
8.3 锦屏一级水电站工程测量监理 …… 318
8.3.1 锦屏一级水电站工程及监理工作简介 …… 318
8.3.2 长江委锦屏工程监理部监理工作规程 …… 319

8.3.3 锦屏一级水电站施工测量监理工作规程 …… 329
8.3.4 锦屏一级水电站前期工程施工测量的过程控制 …… 338
8.3.5 锦屏一级水电站高边坡施工期外观变形监测监理 …… 342
8.4 武汉长江二桥的工程监理 …… 346
8.4.1 武汉长江二桥简介 …… 346
8.4.2 武汉长江二桥的监理 …… 346
8.4.3 武汉长江二桥复测 …… 349
8.5 江阴长江大桥的工程测量监理 …… 355
8.5.1 江阴长江大桥工程简介 …… 355
8.5.2 江阴长江大桥的工程测量监理工作 …… 357
8.6 黄河小浪底的测绘工程监理 …… 359
8.6.1 黄河小浪底水利枢纽工程简介 …… 359
8.6.2 黄河小浪底的监理体制 …… 362
8.6.3 小浪底地下工程施工测量监理 …… 362
8.6.4 小浪底水利枢纽外部变形监测 …… 366
8.6.5 黄河小浪底国际工程“测量计量”监理模式 …… 368
8.6.6 浅述小浪底工程的工程计量工作 …… 370
8.6.7 测绘软科学在小浪底工程中的应用 …… 372
8.7 高速公路中的测量监理 …… 375
8.7.1 高速公路中测量工作简介 …… 375
8.7.2 京津塘高速公路工程的质量控制 …… 377
8.7.3 实时动态 GPS 技术在公路工程监理中的应用 …… 380
8.8 数字测图项目监理 …… 382
8.8.1 数字化测图项目监理概述 …… 382
8.8.2 大比例尺航测数字化测图项目监理规划 …… 386
8.8.3 大比例尺航测数字化测图项目监理实施细则 …… 389
8.9 地下管线探测和普查工作监理 …… 400
8.9.1 地下管线探测和普查工作概述 …… 400
8.9.2 地下管线普查工作监理 …… 406
8.10 地籍测绘及其地理空间数据信息工程的监理工作 …… 421
8.10.1 一般概念 …… 421
8.10.2 地籍空间数据信息监理的质量控制 …… 423

附录 1 建设工程监理工程师考试试题 …… 429

附录 2 建设工程监理工程师考试试题参考答案 …… 470

参考文献 …… 476

第1章　工程项目监理概述

1.1　项目及工程项目概念

1.1.1　项目及其特征

从广义上说，在限定的资源、规定的时间及要求的质量等一定的约束条件下所进行的一次性的工作任务均称为项目，比如科学研究项目、工程建设项目、环境保护项目、社会发展项目等。一般来说，项目具有如下特征：

(1) 项目具有一定约束条件。比如耗资、时间、质量、范围等。

(2) 项目具有一次性和不可逆性。按程序逐次实施并要求一次成功，不再有完全相同的第二次。

(3) 项目具有生命周期。整个项目及其划分的组成阶段都有时间要求和特定的目标要求。目标实现了，该项目也就结束了。

1.1.2　工程项目及其特征

工程项目又称工程建设项目，是指既有投资行为又有建设行为的建设项目。

随着社会主义建设事业的发展，工程项目蓬勃兴建，有属于国家级的，有属于地区级的，也有属于企业级的，五花八门。投资额度又有大、中、小之分。以国家级的大型工程为例，工程项目一般具有如下特征：

(1) 意义重大。这类项目对国计民生、国防安全、科学技术发展等具有举足轻重的作用，并影响到子孙后代。

(2) 投资额度大。有的项目投资额度在亿元甚至十亿、百亿元。

(3) 内涵深厚。往往涉及现代多门类的高新科学技术，质量要求高，实现难度大。

(4) 环境复杂。牵涉面广，单位多，人员也多，涉及政治、军事、经济、文化、交通、能源、生态、环保等一系列重大因素的制约与协调。

(5) 影响深远。可行性论证周期长，施工建设期间长，运营时间也长久等。

(6) 不可逆性。一旦上马，不可逆转，并且只准成功，不能失败。

(7) 公众关注。情况往往是：在决策阶段大家议论纷纷，在实施阶段引人瞩目，取得成果时，众人欢欣鼓舞。

对于地区性的中、小工程项目，基本上也具有如上特征，只不过在程度上有所不同罢了。

1.1.3 工程项目的分类

由于划分的标准不同，对工程项目也有不同的分类方法。

（1）按投资的再生产性质划分。可分为新建项目、扩建项目、改建项目、迁建项目、技改项目以及技术引进项目等。

（2）按建设规模划分。可分为大、中、小型工程项目等。

（3）按建设阶段划分。可分为筹建项目、新开工项目、施工项目、续建项目、投产项目、收尾项目以及停建项目等。

（4）按投资建设的用途划分。可分为生产性建设项目和非生产性建设项目。

（5）按资金来源划分。可分为国家预算拨款项目、银行拨款项目、企业联合投资项目、企业自筹项目、利用外资项目以及外资项目等。

1.1.4 建设项目的构成

为项目管理及编制工程预算的需要，通常将一个整体工程细分为四个层次：

（1）单项工程。具有独立的设计文件，可独立组织施工，竣工后可独立发挥生产能力或工程效益的工程。

（2）单位工程。具有独立设计文件，可独立组织施工，但建成后不能独立发挥生产能力或工程效益的工程。

（3）分部工程。按单位工程的工程部位，或施工使用的材料和工程的不同而划分，即单位工程的进一步的分解工程。

（4）分项工程。一般按工种对分部工程进一步分解。它是建筑施工生产活动的基础，也是工程计算用工用料和机械消耗的基本单元，是工程质量形成的直接过程。比如钢筋工程、模板工程、混凝土工程、砌体工程、门窗制作等。

1.1.5 工程项目的周期

工程项目的周期是指一个工程项目从筹划立项开始直到项目竣工投产、收回投资，而达到预期投资目标的整个过程。这个过程对每个项目来说是一次的，而对整体来说，则是一次连续递进的过程。

根据我国工程项目自身运行规律和管理的需要，将工程项目的周期划分为四个阶段（时期）：立项阶段（又称建设前期或投资前期）、设计阶段、施工阶段（这两个阶段又统称为建设期或投资期）和竣工验收、投产运行阶段。下面把各阶段的主要内容简介如下：

1. 立项阶段

1）编制项目建议书

主要内容包括：

（1）项目名称、项目责任人。

（2）项目提出的目的、必要性和依据。

（3）产品方案、拟建规模和建设地点的初步设想。

（4）资源情况、建设条件、协作关系和引进国别、厂商的初步分析。

（5）投资估算和资金筹措设想。

(6) 项目建设进度的设想。

(7) 经济效益和社会效益的初步估计。

项目建议书按规定程序经过批准后即可进行项目的可行性研究工作。

2) 可行性研究

项目的可行性研究可细分为以下几个阶段:

(1) 机会研究。寻找投资机会,选择项目。

(2) 初步可行性研究。筛选项目方案,初步估算投资。

(3) 可行性研究。对项目方案作深入的技术、经济论证,提出结论性建议,确定项目投资的可行性。

(4) 评估与决策。提出项目评估报告,为投资决策提供最后的投资依据,决定项目取舍和筛选最佳投资方案。

可行性研究的重点内容包括:

(1) 根据经济预测和市场预测确定建设规模和产品方案。

(2) 资源、原材料、燃料、动力、运输及公用设施的供应情况。

(3) 建厂条件和厂址方案,项目的技术方案。

(4) 主要单项工程、公用辅助设施、协作配套工程、整体布置方案和土建工程量的估计。

(5) 环境保护、城市规划等要求和相应措施的方案。

(6) 企业组织、劳动定员和人员培训。

(7) 建设工期和施工进度,项目投资和资金筹措。

(8) 经济效益和社会效益的分析与评估。

可行性研究阶段的最终成果是写出项目建设的可行性研究报告。

3) 可行性研究报告

编制可行性研究报告的依据是:

(1) 国民经济和社会发展的中长期规划和计划部门行业或地区的发展规划和计划。

(2) 国家财税贸易政策。

(3) 国家地方建设方针政策及法规、经批准的项目建议书。

(4) 国家批准的资源报告区域国土整治规划。

(5) 与本项目有关的工程技术规范、标准、定额等。

承担可行性研究的单位应该遵循以下原则:

(1) 科学性原则。即按科学的态度、科学的依据和科学的方法办事。

(2) 客观性原则。即坚持从实际出发,实事求是的原则。

(3) 公正性原则。即排除各种干扰,尊重事实,不弄虚作假,站在国家公正的立场上为项目投资决策提供可靠的依据。

现介绍具有代表性的联合国工业发展组织(UNIDO)《工业可行性研究编制手册》规定的工业项目可行性研究报告的内容和国家计委《关于建设项目进行可行性研究的试行管理办法》规定的工业建设项目可行性研究报告的内容。

A. 联合国工业发展组织《工业可行性研究编制手册》规定的工业项目可行性研

究报告的内容

第一章　实施纲要

一项可行性研究在对各种方案进行比较之后，应该对项目所有的基本问题作出明确的结论。为了叙述方便，把这些结论和建议归纳在“实施纲要”中，这个纲要应该包括可行性研究的所有关键性问题。

第二章　项目的背景和历史

为保证可行性研究的成功，必须清楚地了解项目的设想如何适合于本国经济情况的基本结构及其全面的和工业的发展情况。对产品要详细地加以叙述，对发起人要连同他们对项目感兴趣的理由加以审定。

说明：

项目发起人的姓名和地址

项目方向：面向市场和面向原料

市场方向：国内和出口

支持该项目的经济政策和工业政策

项目背景

第三章　市场和工厂生产能力

包括：需求和市场研究

销售和推销

生产规划

车间生产能力

第四章　材料投入物

本章论述了制造特定产品所需的材料和投入物的选择和说明，并叙述供应规划的确定和材料成本的计算。

第五章　建厂地址和厂址

包括：建厂地区

厂址和当地条件

环境影响

第六章　工程设计

包括：项目布置和自然范围

工艺及设备

土建工程

第七章　工厂组织和管理费用

包括：工厂组织结构

管理费用

第八章　人工

当确定了工厂生产能力和使用的工艺流程之后，必须规定出考虑中的项目所需的各管理级别的人员；生产和其他有关活动应在项目的不同阶段连同各级的培训需要进行估价。

第九章　项目建设

工厂建设和设备安排的进度安排

第十章　财务和经济估价

包括：总投资支出

项目资金筹措

生产成本

商务盈利率

国民经济估价

B. 国家计委《关于建设项目进行可行性研究的试行管理办法》规定的工业可行性研究报告的内容

1. 总论。包括：

(1) 项目提出的背景（改扩建项目要说明企业现有概况），投资的必要性和经济意义。

(2) 研究工作的依据和范围。

2. 需求预测和拟建范围。包括：

(1) 国内外需求情况预测。

(2) 国内现有工厂生产能力估计。

(3) 销售预测，价格分析，生产竞争能力，进入国际市场前景。

(4) 拟建项目规模、产品方案和发展方向的技术经济比较和分析。

3. 资源、原材料、燃料和公用设施情况。

(1) 经过储量委员会正式批准的资源储量、品位、成分以及开采、使用条件评述。

(2) 原料、辅助材料、燃料的种类、数量、来源和供应可能。

(3) 所需公用设施的数量、供应方和供应条件。

4. 设计方案。包括：

(1) 项目构成范围（指包括主要单项工程，技术来源和生产方法，主要技术工艺和设备选型方案比较，引进技术、设备的来源、国别；设备的国内外分别交付规定或与外商合作制造的设想。改扩建项目要说明原有固定资产利用情况）。

(2) 全厂布置方案的初步选择和土建工程量估算。

(3) 公用辅助设施和厂内外交通运输方式的比较和初步选择。

5. 建厂条件与厂址方案。包括：

(1) 建厂地理位置、气象、水文、地质地形条件和社会经济现状。

(2) 交通、运输与水、电、气的现状和发展趋势。

(3) 厂址比较与选择意见。

6. 环境保护。调查环境现状，预测项目对环境的影响，提出环境保护和“三废”治理的初步方案。

7. 企业组织、劳动定员和人员培训（估算数）。

8. 实施进度建议。

9. 投资估算和资金筹措。

(1) 主体工程与协作配套工程所需的投资。

（2）生产流动资金的估算。

（3）资金来源，筹措方式及贷款偿还方式。

10. 社会及效果评价。要求进行静态和动态分析。不仅计算项目本身微观经济效果，而且要分析项目对国民经济宏观经济效果的贡献和项目对社会的影响。

归纳起来，可行性研究报告总体内容由以下11个部分和若干附件组成：

（1）总论：项目背景，可行性研究结论，主要技术经济指标表。

（2）项目背景和发展概况：项目提出的背景，项目发展概况，投资的必要性。

（3）市场分析与建设规模：市场调查，市场预测，市场促销战略，产品方案和建设规模，产品销售收入预测。

（4）建厂条件与厂址选择：资源和原材料，建设地区选择，厂址选择。

（5）工厂技术方案：项目组成，生产技术方案，总平面布置和运输，土建工程，其他工程。

（6）环境保护和劳动安全：建设地区环境现状，项目主要污染源和污染物，环保标准与方案，环境监测制度，环保投资估算，环境影响评价结论，劳动保护与安全卫生。

（7）企业组织和劳动定员：企业组织，劳动定员与人员培训。

（8）项目实施进度安排：项目实施的各阶段，项目实施进度表，项目实施费用。

（9）投资估算与资金筹措：项目总投资估算，资金筹措，投资使用计划。

（10）财务效益、经济社会效益评价：生产成本和销售收入估算，财务评价，国民经济评价，不确定性分析，社会效益和社会影响。

（11）可行性研究结论与建议：结论与建议，附件，附图。

可行性研究报告按程序规定批准后便进入设计阶段。

2. 设计阶段

1）编制设计文件

（1）初步设计：设计依据和设计的指导思想；建设规模、产品方案、原材料、燃料和动力的需要量及来源；工艺流程、主要设备选型和配置；主要建筑物、构筑物、公用辅助设施和生活区的建设；占用土地和土地继续使用情况；外部协作配合的条件；综合利用环境保护和抗震、人防措施；生产组织、劳动定员和各项技术经济指标；建设程序和期限；总概算。

（2）技术设计：初步设计中重大技术问题的进一步的工作；在进行科研、试验设备试制取得可靠数据和资料的基础上完成更高级设计工作；初步设计中其他内容进一步的具体和深化工作；编制修正总预算。

（3）施工图设计：工程和非标准设备的制造要求；工厂与设备构成部分的尺寸；工程与设备的布置；建筑与结构的细部设计；主要施工方法；主要工程材料。

2）列入年度计划

大中型项目申请列入国家年度固定资产投资计划，由国家发改委批准；小型项目按隶属关系，在国家批准的投资总额内由主管单位安排；自筹资金项目按国家确定的控制指数安排。

3. 施工阶段

1）施工的准备工作

进行征地拆迁和平整土地；选定施工单位，签订施工合同；完成施工用水、电、路等三通一平工作；组织设备材料的订货，开工所需材料组织进货；设备必要的施工图纸；申请贷款、签订贷款协议、合同等；施工单位完成施工组织设计，进行临时设施的建设。

2）组织施工工作

提出开工报告并经批准后才能开始施工。

施工单位：按设计要求和合理的施工顺序组织施工；编制年度的材料和成本计划；控制工程的进度、质量和费用。

设计单位：根据设计文件向施工单位进行技术交底；接受合理建议，变更设计。

生产准备工作：培训管理人员和生产工人，制定必要的管理制度，收集生产资料、产品样品等。

4. 竣工验收、投产运行阶段

生产性工程和辅助公用设施是否已按设计要求建成、并满足生产要求；主要工艺设备是否也安装配套，并经联动负荷试车合格，构成生产线，形成生产能力，能够生产出设计文件中规定的产品；职工宿舍和其他必要的生活福利设施，是否能适应投产初期的需要；生产准备工作是否能够适应投资初期的需要。先进行单项工程竣工验收，后进行整体工程验收。验收合格后进行固定资产交付使用和转账手续，于是进入投产运营阶段。其主要工作是经过一定阶段生产运营后，对项目进行后评价，以便总结经验，解决遗留问题，提高工程项目的决策水平和投资效果，实现生产经营目标，资金回收与增值，从而实现项目建设的根本目标。

1.2 工程项目管理概念

工程项目管理是指对工程项目实施全过程、全方位的决策与计划、组织与指挥、控制与协调，以在一定约束条件下，使工程项目达到预期目标的一系列工作的总称。

1.2.1 我国工程建设中曾实行过的几种管理模式简介

（1）在我国国民经济三年恢复时期，工程建设实行的企业自营的管理模式。这种模式的主要特点是设计、施工及生产一体化，由生产企业集中统一领导和管理。这是靠行政命令为调制手段，以上下隶属关系为联系纽带，责、权、利主要集中在建设企业的单一制式的集中统一领导的管理方式，其优点是：管理层次少、效益高。其不足是：它仅适用于企业的小型技改工程或扩建工程，对大型工程建设显得无能为力。

（2）在“一五”期间，由于大规模经济建设的展开，一些重点单位聚集了具有相当规模的施工和设计队伍，加上受当时苏联联合企业管理模式的影响，逐渐形成了在企业内部统一和管理下的建设、施工、设计“三单位分工”的管理模式。其主要特点是，三方同时在一个企业领导而又保持相对独立的条件下，以合同为纽带将三方联系起来。这当然在一定条件和范围内可以发挥三方的积极性，但由于仍在同一企业领导下，行政手段干预，其积极性的发挥是很有限的，再加之强调独立和分工，三方常常出现不好协调的摩擦和矛盾，使工程受到影响。

(3) 从1958年起，我国实行的是将三方合而为一，形成由施工单位全面负责的工程建设和投资大包干的管理模式。这种模式虽有一定优点，比如可以尽快地把工程搞上去，但问题甚多，比如施工者不是工程的受益单位，所以责任心差，工程质量下降；工程受益者无法尽其建设责任，设计者也无法把关，从而造成了既不能有效地控制投资，又不能保证工程质量，经济效益很不理想的局面。

(4) 随着建设事业的发展，设计队伍和施工队伍从生产企业中分离出来，组成独立机构，从而形成了建设（甲）、施工（乙）及设计（丙）三单位独立的管理模式。其主要特点是，三方分别按照工程建设的需要，设置相应的管理机构，独立核算，自成体系，工程建设中的设计、施工及生产准备等由各单位独立的部门承担。显然，这种管理模式既有明确的责、权、利分工，又有三方互相监督制约的机制，但出现了“甲方看，乙方干，丙方说了算”的缺陷。缺乏协调三方的权威组织，使人力、财力及技术过于分散，投入过多。

(5) 随着我国经济体制改革的深入发展，特别是投资主体的转移，在工程建设方面提出了一系列的改革措施，其中最重要的是建设单位成为工程建设投资的主要承担者。国家将管理权限下放到建设单位，从而形成了以建设单位为主体的管理模式。其最大特点是：建设单位对工程建设全过程向国家总负责，改变以往那种设计、施工及建设单位在工程建设不同阶段分别向国家负责的状况。建设单位以业主的身份占据工程的主导地位，设计、施工占据为建设方服务的地位，它们之间以合同契约为联结纽带，建设单位参与审核设计，编制网络计划，监督施工质量，供应设备材料以及控制投资等管理工作，在工程建设中起到组织、协调、监督、调控的作用。

这种管理模式最大优点是能充分发挥联合三方的积极性，责、权、利分明，提高效率，增强工程管理的系统性，提高了管理水平。但也存在一些问题：一是甲方在工程建设中处于主导地位，但无上级主管部门的大力支持（比如国家监理），在当前情况下，遇有重大问题是很难协调的；二是现代工程建设大都是工艺复杂、专业性强，同生产及经营管理的性质不尽相同，因此单单由生产企业为主导来管理整个工程建设，一般是很难适应的；三是建设单位地位变了，也会出现一些随意性的问题。由此可以看出，这种建设管理模式优于上述其他几种模式，但为克服其缺陷，使其完善和发展，设立一个有相当资质的工程建设专业工程师及经济师等现代工程管理人员组成的，受建设方委托，以国家宏观管理和行业建设标准等法规要求为依据，具有良好内部运行机制的建设监理单位，已是势在必行了。

此外，我国改革开放的深入发展，使我国建筑队伍进入国际承包市场，接触到了国际通行的建设监理，体会到了建设监理的重要作用及相关的法规和惯例。另外，我国逐步引进外资和外国承包队伍，他们在我国进行建设，按照国际惯例基本上都要实行建设监理制度，比如世行贷款项目等必须实行建设监理。因此，从进入世界建筑市场的要求来讲，我们也必须建立和实行建设监理制度。

综上所述，改革开放以来，我国在建设市场及工程项目管理体制方面实行了一系列重大改革，并取得了成功。下面仅就项目管理组织制度等方面的发展和改革情况作简要介绍。

1. 工程项目管理的组织制度是实行项目法人责任制

我国工程建设组织体制的改革是从 20 世纪 80 年代开始的。1992 年国家计委发布了"关于建设项目实行业主责任制的暂行规定"，同年党的十四届三中全会改称项目法人责任制。1995 年 9 月 28 日中共中央十四届五中全会通过了《中共中央关于制定国民经济和社会发展"九五"计划和 2010 年远景目标的建议》，该建议明确指出："完成国民经济建设的主要任务，在制定国家中长期计划中，必须切实体现的一项要求是：要明确投资主体，建立严格的投资决策责任制，强化投资风险约束机制，谁投资谁决策谁承担风险。全面推行建设项目法人责任制和招标投标制度，把市场竞争机制引入投资领域。"1996 年 4 月 6 日国家计委印发了《关于实行建设项目法人责任制的暂行规定》，标志着这项重要制度在我国工程建设项目投资领域中全面开展和执行。

项目法人责任制是一种项目管理组织制度。项目法人是指由项目投资者的代表组成的对项目全面负责并承担投资风险的项目法人机构，它是一个拥有独立法人财产的经济组织，对项目筹资、投资以及投资保值、增值和投资风险负全部责任，实行自主经营、自负盈亏、自我发展和自我约束的经营机制。项目法人责任制的核心内容是在明晰投资产权关系的基础上，实行政企分开，责权分明和科学管理。项目法人对项目规划、设计、筹资、建设实施直至生产经营实行一条龙管理和全过程负责。由此可见，项目法人责任制是建立社会主义市场经济体制的需要，是转换项目建设与经营机制、改善项目管理、提高投资效益的一项重要改革措施。

2. 工程项目管理的组织方式是实行招标投标和发包承包制

自从 1981 年在吉林市和深圳特区率先试行工程招标并取得良好效果以来，我国政府和有关行政主管部门陆续发表了一系列的关于招标投标的文件，特别是 1999 年 11 月，经全国人大常委会表决，通过了《中华人民共和国招标投标法》并于 2001 年 1 月颁布执行，从而将招标投标纳入法制轨道。

招标投标制度是符合我国社会主义市场经济要求的，真正体现了公开、公平、公正的原则。推行招标投标制度，有利于打破部门垄断、地区分割及促进市场统一规划管理，有利于保证项目质量、工期和提高投资效益，有利于净化市场、防止腐败等不正之风，有利于与国际大市场接轨和进入国际市场，有利于促进社会主义市场经济体制的完善。

1991 年 11 月国家建设部和国家工商行政管理局联合颁布《建筑市场管理规定》，在该规定中明确了工程建设要实行发包和承包制，对发包方的资质管理、建设项目报建制度、承包方的资质及承包的原则等都做了明确的规定，这是规范市场管理和落实招标投标成果，确保工程有序进行的重要措施。

3. 工程项目实施方法是在全过程中实行合同管理制

合同又称契约，是指双方或多方当事人，包括自然人和法人，关于订立、变更、解除民事权利和义务关系的协议。它是当事人在平等、自愿、公平、诚实信用和依照法律规定而达成的协议。合同是一种合法的法律行为，双方当事人在合同中具有同等的法律地位。合同依法成立，具有法律约束力。

建设工程合同是承建人进行工程建设，建设人接受该建设工程并支付价款的合同。它是由各个主体之间建立的合同组成的合同体系。建设工程合同包括工程勘察、设计、施工合同，如果工程项目实行监理，发包人应当同监理人签订书面形式的委托监理合同。

1999年3月15日第九届全国人民代表大会第二次会议通过，并于1999年10月1日起施行的《中华人民共和国合同法》是我国现行的有关合同的法律基础。在项目实施过程中，必须对合同进行管理，其中包括检查合同履行过程中的漏洞和错误、合同变更、合同纠纷以及索赔和反索赔等。

4. 工程项目管理实行建设监理制

建设监理制是我国建设项目组织管理的新模式。它的特点是以专门从事工程建设管理服务的建设监理单位通过委托合同与业主合作，代表建设单位实行项目全面管理。它的目的在于提高工程项目管理的科学性与公正性，强调建筑市场各主体之间的合作关系、监督制约与协调的机能，以提高工程建设项目的管理水平和投资效益。

关于工程建设监理制的建立和发展等内容，将在后面进行全面介绍。

1.2.2 国外工程建设管理模式简介

在欧洲、美洲和亚洲经济发达国家，建设监督和管理早已成为一种惯例。

英联邦称其为QS（Quantity Surveying），亦即测量师。QS最早帮助业主搞验方，进行工程测量；后来帮助业主编制标底，协助招标；再后来帮助业主进行合同管理；最后发展到为业主进行投资，进度和质量控制。这表明，QS在英国即是监理。QS的国际组织是英国皇家特许测量师学会（RICS），地方性组织有中国香港、加拿大、新加坡、澳大利亚等测量师协会。QS为业主提供多方面服务：资金框算咨询，投资规划和价值分析，施工管理咨询，索赔处理，编制招标文件，评标工作的咨询，在施工工作中针对设计变更修正合同价，控制投资，竣工决算审核，付款审核等。

在美国，最早是CM（Construction Management），亦即建筑工程管理的意思。这种管理模式的实质是，合同关系以投资者为中心，义务关系则以CM为中心。CM就设计和施工全面对投资者负责，对设计、施工、设备制造厂家等的业务进行全面管理。这种方式既可对施工加强监督，又可统一协调设计与施工的矛盾，吸取二者的先进技术。另外，CM代表投资者对各承包企业进行管理，于是取消总承包人，从而避免了过去那种需要设计图纸全面完成之后才能对整个工程进行招标和投标的建设方式，而可在工程一部分完成设计之后即可分别发包，从而大大加快建设周期。目前CM管理模式又赋予了新的内容，比如电子计算机广泛地应用于工程建设管理，广泛地应用于系统工程、网络技术、数理统计以及价值工程等数学工具和综合分析方法来表现复杂系统的管理规律并进行有效的管理和决策；工程建设专业关于经济管理方面的课程几乎占二分之一还强，大约每三年就有半年时间接受再教育和培训的机会，以不断用现代工程建设管理理论更新旧观念，从而永葆人才技术优势，向管理要人才，从管理出效益。

20世纪50年代末60年代初，在美国、德国和法国等国兴起了PMC（Project Management），亦即项目管理。它向业主、设计、施工单位提供项目组织协调，费用控制，进度控制，质量控制，合同管理，信息管理等服务。这些服务工作实质上就是监理服务。

由此可见，在国际上，建设监理制度已经成为许多国家工程建设组织管理体系中一个重要的组成部分。国际咨询工程师联合会（FIDIC）颁布的《土木工程师合同条件》是国际建筑市场中大家一致公认和共同遵守的土木工程监理法规性文件。从这种意义上说，在我国引进和实行建设监理制度，乃是我国实行建设国际化的必然结果和趋势。

1.2.3 项目管理主体之间的联系与区别

在工程项目管理中，对建设单位有建设项目管理、对设计单位有设计项目管理、对施工单位有施工项目管理、对监理单位有监理项目管理。对同一工程项目，这几种形式的项目管理同时存在，但它们是完全不同的概念。它们既有联系又有区别。

1. 建设项目管理同设计项目管理和施工项目管理的主要联系

（1）建设、设计和施工项目管理三者都是工程项目管理，都具备项目管理的一切特征和一般规律，都应用工程项目管理学的一般原理与方法进行各自的管理工作。

（2）三方共同构成工程建设活动整体的二元结构，其中建设单位处于业主地位，设计和施工单位是承包单位，只有互相配合才有可能完成工程项目的目标。

（3）在工程项目的管理中，建设单位是买方，而设计单位和施工单位是卖方，三者以合同为准则共同完成建筑市场的交易活动。

2. 建设项目管理同设计项目管理和施工项目管理的主要区别

（1）管理的主体不同。建设项目管理的主体是建设单位（业主），设计项目管理的主体是设计单位，施工项目管理的主体是施工单位。

（2）管理的目标性质不同。建设单位的主要目标是如何以最少的投资或者在限定的约束条件下去得到最有效的、满足目标要求的使用价值，即实现预期的成功结果。而设计单位和施工单位的工程项目管理最终的目标是如何在保障建设方使用功能要求的一般条件下取得最大的利润。

（3）管理的方式和手段不同。建设项目管理主要是通过合同和建设监理单位对设计和施工活动实行间接管理的方式。它不甚关心具体的设计和施工活动。而设计和施工单位的管理则是具体的设计活动和施工活动，采用的主要手段是指挥和控制。

（4）管理的范围和内容不同。建设项目管理涉及的范围是包括从投资机会研究到工程正式投产使用，直至收回全部投资的全过程和全方位的工作。而设计单位和施工单位管理的范围和内容则是分别属于设计阶段与施工阶段按合同所界定的工作内容。

3. 监理单位与建设单位和承建单位之间的关系

监理单位是建设单位的代理人，依据监理合同与建设单位构成委托与被委托关系；监理单位与承建单位无合同和其他任何经济关系，是监理与被监理关系。

建设单位必须在工程建设实施前，将监理的内容、监理工程师代表（项目总监理工程师）姓名及所授予的权限，书面通知承建单位；承建单位必须接受监理单位的监理，并为其开展工作提供方便，按照要求提供完整的技术和经济资料。

建设监理单位办理各项业务，应根据履行监理合同条款，尽责尽职，不得单方废约，不得泄露委托方的秘密，并对监理行为承担法律责任。

因监理工作过失而造成重大事故的监理单位，要对事故损失承担一定的经济补偿。补偿办法按监理合同事先的约定。

建设单位与承建单位在执行工程合同中发生争端，由监理工程师代表协调解决；如果双方或其中一方不同意监理工程师代表的意见，可直接请建设监理主管部门协调。经调解仍有不同意见的，可请当地经济仲裁机关进行仲裁。

从上可见，我国建设领域的改革进入了一个崭新的阶段，即使传统的建设市场管理，由二元结构转化成三元结构，形成了业主、监理、承包商三方以经济合同为纽带，以提高工程建设项目管理的科学性和公开性，强化建筑市场主体之间的合同关系及制约与协调，建立以提高工程建设管理水平和投资效益为目的的新体制。

1.2.4 现代项目经理

1. 项目经理的设置

1983 年 3 月国家计委颁布《关于建立健全前期工程项目经理的规定（草案）》，在该文中明确提出建立项目经理负责制的规定，由此，项目经理在项目管理系统中受到重视，并普遍设置项目经理。

项目经理是以工程项目总负责人为首的一个完备的项目管理工作班子。按照项目管理的主体，项目经理包括建设单位项目经理、设计单位项目经理和施工单位项目经理。

2. 项目经理的职责

建设单位项目经理的主要职责是：搞好项目的组织与协调，搞好项目合同和信息管理，控制投资、质量、工期，及时检查验收，实现工程项目的总目标。具体内容包括：

（1）确定项目组织系统，明确人员职责和分工。

（2）确定管理系统的目标、项目总进度计划并监督执行。

（3）负责组织项目可行性研究报告和设计任务书的编写。

（4）控制项目投资额、进度与工期和工程质量。

（5）合同管理，如有变动及时协调和调整。

（6）制定技术和行政文件管理与建档制度。

（7）审查和批准项目物资采购活动。

（8）组织并协调好内部及外部的关系，确保项目总目标的实现。

设计单位项目经理的主要职责是对一个工程项目设计总负责，即对建设单位项目经理负责，从设计角度控制工程项目的总目标。

施工单位项目经理的主要职责是：搞好施工现场的组织与协调，控制工程成本、工期和质量，按时交验和竣工。具体内容包括：

（1）搞好施工组织设计，优选施工方案，人员和设备等施工准备工作。

（2）确定施工现场的组织系统，明确人员职责分工。

（3）确定项目的施工进度与工期并监督执行，确保按时完工。

（4）控制成本支出。

（5）保证工程质量，按设计图纸施工，监督检查施工规范的执行情况。

（6）建立项目信息管理系统，保证项目信息传递及时、准确。

（7）确定合同和档案管理制度。

（8）负责内部部门的协调与监督。

（9）负责与外单位的联系和协调。

（10）工程项目竣工后，及时向建设方提出完工报告，做好验收准备工作，并督促建设单位及时验收。

3. 现代项目经理的基本素质

现代项目经理的素质是指项目负责人应具备的多种个人条件在质量上的综合，它主要由个人的品格素质、能力素质和知识素质三大要素组成。

1）品格素质

项目经理的品格素质主要是指其本人在思想、行为、作风等方面所表现出来的品德特性，也就是通常所说的德性，即道德品质。

（1）良好的社会道德品质

项目经理的良好的社会道德品质是指项目经理必须对社会的安全、和睦、文明、发展负有道德责任。在项目建设中既要考虑经济效益，也要考虑对社会的影响，当二者发生冲突时要妥善协调、合理处理，决不能只顾项目利益而置社会影响而不顾。这就要求项目经理牢固树立科学发展观和以人为本的思想，在对社会负责的前提下，把追求利润的经济行为受限于社会和公众允许的范围内，决不能为“小家”而失“大家”，为所欲为。

（2）良好的管理道德品质

良好的管理道德品质是对经营性的项目经理的特有要求。它涉及项目经理在管理活动中的种种行为规范和准则。主要包括：诚实的态度，不搞虚假和欺骗行为，否则将给企业带来严重恶果；言而有信，言行一致，否则将丧失别人的信任感，减弱自己影响力，最后失去市场；坦率、光明正大的心态；对过失勇于负责，把成绩归于部下，对失败和责任自己承担。

2）能力素质

能力素质是整体素质中的核心素质。它是指项目经理运用知识和经验，分析实际问题和解决实际问题的能力，它也是直接影响项目经理成败的关键。主要体现在以下八种能力：

（1）项目宏观和微观决策能力

决策能力主要体现在项目经理具有收集和筛选信息的能力、确定多种行为方案的能力、择选决策的能力。在项目市场面临错综复杂竞争激烈的外部环境下，要保证工程项目成功，项目经理首先应具备这种战略战术决策的能力。

（2）组织分析、设计和变革能力

组织能力主要包括组织分析能力、组织设计能力和组织变革能力。充分运用组织学的理论，在时间和空间相互纵横交错的复杂关系中，把工程项目的各种要素、各个环节有机地组织起来，以使整个建设活动形成一个有机的整体，高效地实现工程目标。

组织分析能力是指分析现有组织的效能，对其利弊进行正确评价，找出现存的主要问题。组织设计能力是指对组织机构进行基本框架的设计，提出系统和层次的建立方案及主要部门之间上下左右的关系等。组织变革能力是指执行和引导有关人员自觉行动的能力，评价实施组织变革方案成效和失效的能力，对于新方案作出正确的评价，以利组织工作不断完善，效能不断增强。

（3）开拓创新能力

创新能力是指项目经理善于敏锐地察觉到旧事物的缺陷，准确地发现新事物的萌芽，提出大胆而新颖的推测和设想，经过科学论证，拿出可行的解决方案的能力。这就要求项目经理大胆解放思想，以创新的精神，创新的思维方法和工作方法开展工作，实现工程项目的总目标。

(4) 驾驭项目的指挥能力

项目经理的指挥能力是指正确下达指令的能力和正确指导下级的能力。正确下达指令的能力是强调指挥能力中的单一性作用，正确指导下级的能力则是强调指挥能力中的多样性作用。由于项目经理面对的是年龄不同、学历不同及性格、习惯、修养等各不相同的下级，所以他必须针对不同的特点，采取因人而异的方式和方法，使每个下级对同一命令有统一的认识和行动。

(5) 全过程的控制能力

项目经理的控制能力是指项目经理运用经济的、行政的、法律的、教育的等手段，保证建设项目的正常实施和目标实现的能力。控制能力主要体现在自我控制能力、差异发现能力和目标设定能力等方面。

自我控制能力是本人通过检查自己的工作，进行自我调整的能力。差异发现能力是对执行结果与预期目标之间产生的差异，能及时测定和评议的能力。目标设定能力是项目经理要善于规定以数量表示出来的接近客观实际的、明确的工作目标，这样才便于与实际结果进行比较，找出差异，以利于采取措施进行控制。

(6) 沟通和协调能力

协调能力是项目经理解决各方面的矛盾，使各单位、各部门乃至全体职工，为实现项目目标密切配合、统一行动的能力，协调主要是协调人与人之间的关系。协调能力具体表现在以下几方面：

善于解决矛盾的能力。项目经理应善于分析产生矛盾的根源，掌握矛盾的主要方面，提出解决矛盾的良方。

善于沟通情况的能力。项目经理应具有及时沟通情况、善于交流思想的能力。

善于鼓动和说服的能力。项目经理应有谈话技巧，既要在理论上（实践上）讲清道理，又要以真诚的激情打动别人的心，给人以激励和鼓舞，催人向上。

(7) 团结激励能力

项目经理的激励能力可以理解为调动下属积极性的能力。项目经理的激励能力表现为项目经理所采用的激励手段与下属士气之间的关系状态。如果采取某种激励手段导致下属士气提高，则认为激励的能力较强；反之，则认为该经理激励能力较低。要通过丰富的工作内容、民主管理措施来激励和调整职工的士气。

(8) 全方位的社交能力

项目经理的社交能力首先表现在和企业内外、上下、左右有关人员打交道的能力。待人技巧高的经理往往会赢得下属的欢迎，因而有助于协调与下属的关系；反之，则造成与下属关系的紧张，甚至隔离状态。其次，在现代社会中，项目经理只与内部人员交往是远远不够的，还必须善于同企业外部的各种机构和人员打交道，这种交道不应是一种被动的行为或单纯的应酬，而是在外界树立起良好的形象，这关系到项目的生存和发展。那些注重社交并善于社交的项目经理，往往能赢得更多的投资者和合作者，使项目处在强有力的外界支持系统之中。

3) 知识素质

项目经理应具备两类知识，即基础知识与专业知识。基础知识主要包括哲学、社会科学和自然科学。在社会科学方面，应掌握经济学、管理学、心理学、法律和伦理学等方面的知识；在自然科学方面，应学好数学、物理学、生态学和电子计算机等知识。专业知识应掌握项目管理学、技术经济学、企业领导学等知识。全面的知识素质不但能营造出一份良好的企业氛围，而且对项目经营效益将产生无法估计的影响。

总之，项目经理应该是具有广博知识的管理学家，应该在不断学习和实践中完善自己的知识结构，增长自己的才干，在队伍建设、矛盾的解决、资源分配、取得管理阶层的支持等方面，全面提高自己的管理技巧和管理水平，为项目管理不断发展建功立业。

1.2.5 经理绩效考核评价标准

1. 总则

通过量化的指标准确地评定部门经理的绩效，从而对薪酬分配提供可靠的依据。

2. 基本说明

绩效评价，包括业绩考核和能力评定。对经理的绩效评定，每一项问答表现优秀加一分，表现不佳扣一分，表现平平不得分，最后计算总分。

3. 业绩考核

此项考核主要考核在一定时间内的任务完成情况。主要包括以下指标：目标的完成度、难易度、贡献度。

1）目标的完成度

（1）完成情况

能否总是在规定期限内完成工作？或者尚能在规定的时限内完成工作，还是经常需要上级的催促才能按时完成工作，或者一贯拖延工作期限，即便在上级的催促下也不能按时完成工作？在困难或者环境变化的情况下，是否也完成了计划的工作？是否很快、很迅速、高标准、高质量、创造性地完成交给的工作？

是否在完成工作的同时，又能很好地控制成本？

如果工作没有完成是由于环境的变化还是个人能力的问题？或者是工作太多了，根本无法完成？

在工作中是仅仅要求完成任务还是主动进行工作流程的改进，高效运用相关资源来解决工作中出现的问题？

上级人员交给其工作时是否放心？

（2）完成质量

提交的程序是否经常出现很多 BUG？是否经常需要修正或调整？编码是否严格遵守代码规范性？用户对其开发的软件是否满意？

（3）完成时间

总是提前完成任务，还是总是强调客观原因而无法准时完成任务？是否经常需要有人催促才能完成工作？

2）难易度

所完成的工作是否一般人不愿意干的工作？或者是很烦、很累、枯燥无味的工作？

所完成的工作是一般程序员都可以充分达成的目标，还是不易达成的挑战性目标？

如果本人不在，本部门或本小组是否有替代的人？

3）贡献度

其所做的工作对公司创造了多少直接效益？多少间接效益？或者降低了多少成本？

工作完成后的成本情况如何？是否有效地控制成本？

是否在圆满完成本职工作以外，还积极主动地从事其他相关事情？

是否尽力为公司创造最大利益，在各方面尽了最大努力并取得了一定的成果？

4. 能力评定

能力评定是通过对经理的日常工作的工作表现，观察、分析、评价其所具备的工作能力。对其经理的能力评定，主要包括以下几项：技术能力、理解力、沟通能力、主动性、团队精神、战略策划能力、组织能力、领导能力。

1）技术能力

（1）业务知识

上级交待工作时是迅速、准确地抓住工作的关键还是反应迟钝，迟迟不能理解？

是否在一个月内就迅速熟悉了新岗位的工作？还是在新岗位工作超过3个月了还对许多业务流程不很熟悉，从而不得不经常问别人？

是否经常有人来请教相关技术问题还是总是有问题问别人？

是否本部门有一些业务只有他熟悉？

（2）解决问题能力

在自己的工作中遇到障碍是自己独立解决还是遇到不懂的问题就立刻问别人？

是否一些新知识从未学过，却能很快地上手？

是否为实现目标和解决问题努力寻找合理的新方案？

遇到难题，是否能坚持不懈地完成工作？

（3）市场能力

在编写程序时是否总是考虑使用者的需求？

在编写程序时是注重界面的实用性、客户的满意度还是老谈所谓的概念和技术？

（4）工作效率

在工作中是否有很强的工作效率意识？

是否总是比别人更快地完成任务？

2）理解力

是否总是迅速地掌握部门或上司的方针，并准确地反映到程序开发当中？同时是否常常能够立刻提出更好的解决方案？

是否迅速理解客户的需求？

布置任务是否不能很快理解，总是反复询问？

交待任务时是否总是显示出迷惑不解的表情？

3）沟通能力

是否能够很好地和同事相处？是否乐于帮助别人，特别是对后来者给予积极帮助？

对上司、外来人员的言谈举止是否富有礼节？

是否给人以诚实、开朗的印象？

是否属于高傲的人？是否很少有朋友，而且常与人有无谓的争执？

与人谈话时是否认真倾听对方的诉说，虚心接受对方的意见？

4）主动性

是否对公司的状况提出过意见和合理化建议？

开发程序中是否努力改善工作质量，以一贯的态度将工作从头到尾做完，并使程序尽善尽美，一定要把工作做完才离开公司？还是常说“算了，就这样吧！”之类的言语？在工作中给人的感觉是踏实、有始有终还是懒懒散散、吊儿郎当？

上班时是否常打私人电话？是否经常浏览不相关的网页？

是否在上级没有具体指示之前自觉完成业务？是否经常寻找与自己业务相关的业务做？

是否积极学习业务知识？对其不监督也能迅速地完成任务？

对上司是否有敷衍的情况？是否有辞职或调动的打算？是否经常对公司抱怨？是否对别人不愿意干的工作也主动承担？

是否具有不满足于现状、积极奋进的精神？还是有过一天算一天的想法？

5）团队精神

（1）纪律性

是否为遵守理解公司各种规章制度而努力？并能规劝他人？

是否努力理解上级的命令并圆满地贯彻执行？

是否严格遵守工作时间？有无经常迟到、早退、无故缺勤的情况？

在工作时间里是否热衷于工作？

（2）主人翁精神

是否存在浪费的现象？

是否经常利用职务之便为自己牟利？

是否注意收拾和整理工作场所？

（3）协作性

是否能和同事很好地合作？是否使人觉得经常多嘴多舌、指手画脚？

是否不推不动，只求自己方便、合适？

是否经常支持并积极参加公司各种活动？

6）战略策划能力

是否能够经常考虑并预见本部门的发展趋势？是否很早就制定部门的发展计划？

能否根据预测，正确地选择部门使用的开发工具，成功地提出新的开发模式？

7）组织能力

是否自己整天忙于业务而根本没有时间进行管理？

是否极其关心部门的成本尤其是人力资源的成本？是否将工作的重心放在本部门的效率提高上，而不只是具体的做业务上？

本部门是否有简便实用的开发规范？部门开发的程序是否有很好的质量控制保证？

本部门的开发文档、系统分析文件、帮助文件等是否完善？

8）领导能力

（1）招聘人员

是否招聘过不合适的人员？其招聘的人员有多少没有过试用期而被辞退？或者招聘的人员过了试用期还不能很好地胜任工作？

其招聘的人员中有没有因表现优异而被破格提拔的？

是否对新进的人员进行过基本的培训，使其很快地适应新的环境？

(2) 使用下属

领导的部门是否活泼、朝气、团结向上？

对本部门人员的技术水平状况是否特别清楚？

手下员工对其很满意还是敬而远之？假如将其撤职，是否能得到部属坚定的信赖与支持？

是否考虑部下的能力和欲望，进行合理的组织和分配？是否确实给本部门人员以帮助、建议，以充分发挥本部门人员的才能？

领导本部门人员时，是否自己率先示范？

本部门的人员流失率一年中是否超过20%？

是否给每个部门人员都有明确的发展方向？使其朝这个方向努力？

是否仔细地聆听下属的意见，并能公平地对待下属？

是否能关心手下员工，鼓励优秀、批评落后？

部门人员能力较强，能否很快地提拔或推荐？部门人员能力较差，能否将其放在合适的位置？

(3) 培养人才

是否将培养人才作为其工作的一部分并积极地实行？

本部门在其领导下是否涌现出优秀的人才？

1.3 工程项目监理概念

1.3.1 建设监理制的提出

建设部于1988年下半年发布了《建设部关于开展建设监理工作的通知》。通知明确指出，凡公有制单位和私人投资的大、中型工业与交通建设项目和重要的民用建筑工程，外资、合资和国外贷款的建设工程，都要提倡并逐步实施建设监理制度。这是我国在社会主义市场经济客观要求下，工程建设管理制度的又一项重大改革，是保证和提高工程质量，加速工程进度，降低工程造价，提高工程建设投资效益和社会效益，确立建设领域社会主义市场经济条件下的新秩序的重大措施，也是我国工程建设管理模式与世界接轨的重大步骤。建设监理的提出和实施，是积我国四十余年建设管理的经验教训，在学习国外先进工程管理经验的基础上，经过科学总结和决断而制定的。

1.3.2 监理与建设监理

1. 监理

组合词“监理”中的“监”可以理解为监督的意思。即对某种预定的行为从旁观察或进行抽查，使其不得逾越行为准则。“理”是对一些相互协作和相互交叉的行为进行协调，以理顺人们行为和权益关系，所以“监理”一词可理解为一个机构或一个执行者依据一定的准则，对某行为主体进行监督、检察和评价，并采取组织、协调、疏通等方式，促使人们相互密切协作，按行为准则办事，顺利地实现群体或个体的价值，更好地达到预期的目的。

2. 建设监理

建设监理是对建设活动进行的监理。亦即监理的执行者依据有关法规和技术标准，综合运用法律、经济、行政和技术手段，对工程建设的参与者的行为和他们的责、权、利进行必要的协调与约束，旨在保证工程建设有序地进行，达到投资目的。

在我国，建设监理包括两个层次，即政府建设监理和社会建设监理。国家建设监理是由国家（包括各级政府）建设主管部门对工程建设实行的纵向的、宏观的、强制性的对整个工程建设全过程的监理和对社会监理单位实施的监督管理；社会建设监理是受建设单位委托实行监理任务的企业、事业单位，对建设行为进行的横向的、微观的、委托性的社会监理，具有独立、公正、科学和服务的特征。一个工程项目根据其规模和期限，可以委托一个监理单位或几个监理单位，监理内容可以是全过程的，也可以是分项的。比如，项目可行性研究、勘察、设计、施工、材料、设备制造和安装、工程估价、招标和投标等某个阶段的监理。按工程分类，可分为建筑、道路、桥梁、水利、交通等工程方面的监理。此外，还可以是机械、化工、冶金、动力等管道与设备的安装方面的监理。

3. 政府建设监理

政府对工程项目实行建设监理，这是由政府本身的职能和工程建设的特点所决定的。

1）政府建设监理的性质

（1）强制性与法律性

政府有关部门代表社会公共利益对建设参与者的基本建设过程所实施的监督管理是强制性的，被监理者必须接受的。而政府强制性监理的依据是国家的法律、法规、方针、政策和国家或其授权机构发布的技术规范、规程与标准，因而又具有法律性。

（2）全面性

政府建设监理包含对各种工程建设的参与人，以及建设、设计、施工和供应单位和它们的行为进行全面监督，它贯穿于建设立项、设计、施工、竣工验收直到交付使用全过程中的每一阶段，因而政府建设监理的对象范围和内容是全面的、全方位的、全过程的。

（3）宏观性

政府建设监理虽然全面但其深度并不能达到直接参与日常监理活动的细节，而只限于维护公共利益、保证建设行为的规范性和保证建设参与各方的合法权益的宏观管理。

2）政府建设监理的职能

（1）政府对建设行为实施监督的职能

我国是多种经济成分并存而以公有制经济为主体的社会主义国家。尽管建设投资来源多元化，但投资主体主要还是国家和集体，仍是以公有制为主。因此政府对建设的监理就要兼顾“公共利益”和“投资者利益”两个方面。在社会主义条件下，上述两种利益即宏观利益和微观利益从根本上是一致的，但也不排除某些情况下出现矛盾的可能。因此，在建设中兼顾两者利益就更为必要。这就更要求政府把监理工作延伸至工程项目建设的全过程。我国政府对建设行为的管理，既包括全社会所有建设项目决策阶段的监督管理，也包括工程建设实施过程每一个阶段的监督和管理。这一职能虽是在不同政府部门分别实施的，但却是一个完整的系统，各部门分别代表国家、社会的整体利益，都为国家宏观利益与微观利益的最佳结合负责，从而形成政府对建设行为监督管理的整体职能。

(2) 政府对社会监理单位实行监督管理的职能

政府建设主管部门对社会监理单位实行监督管理职能，主要是制定有关监理法规政策，审批社会监理单位的设立、资质等级、变更、奖惩、停业，办理监理工程师的注册及监督管理社会监理单位和监理工程师工作等。

3) 政府建设监理的机构及其职责

履行对建设行为及对社会建设监理单位监督管理职能的政府部门，除了各级计划委员会、规划委员会及分管某一方面的机构外，专门负责建设管理的，有政府建设行政主管部门和政府专业建设管理部门两类。政府建设行政主管部门，中央一级为建设部；各省、直辖市、自治区一级为建委或建设厅；市、县一级为建委或建设局。政府专业建设管理部门，中央一级为冶金、能源、交通等专业部门中的建设司；省、自治区、直辖市为冶金、交通厅、局中的建设处；市、县为工、商等专业局中的建设科等。

建设部建设监理的主要职责是：

(1) 起草和制定建设监理法规，并组织实施。

(2) 制定监理单位和监理工程师资质标准及审批办法，并监理实施。

(3) 审批甲级监理单位资质。

(4) 指导和管理全国建设监理工作。

(5) 参与大型工程项目建设的竣工验收。

省、自治区、直辖市建设行政主管部门的建设监理的主要职责：

(1) 贯彻执行建设监理法规，起草和制定建设监理实施办法或细则，并组织实施。

(2) 组织监理工程师资质考核，颁发资质证书，审批本辖区内的监理单位资质。

(3) 指导和管理本行政区城内的工程建设监理工作。

(4) 根据同级人民政府的规定，组织和参与工程项目建设的竣工验收。

国务院有关专业部门建设监理的主要职责：

(1) 贯彻执行建设监理法规，根据需要制定实施办法，并组织实施。

(2) 组织本部门监理工程师的资质考核，颁发资质证书，审批由本部门管理的监理单位资质。

(3) 指导和管理本部门工程建设监理工作。

(4) 组织或参与本部门大、中型工程项目建设的竣工验收。

4. 社会建设监理

社会监理是指由独立的专业化社会监理单位受建设单位委托对工程建设过程实施的一种项目管理。社会监理是依法成立的、独立的、智力密集型的经济实体。社会监理具有法人资格，有自己的名称、组织机构和工作场所，有承担与监理业务相适应的资金、技术以及经济管理人员和必要的检测等手段。社会监理单位一经接受业主委托，就要用合同认定方式与业主签订工程建设项目监理委托合同，明确规定监理的范围，双方的权利和义务，监理合同争议解决方式和监理酬金等。

社会监理具有如下突出的特点：

1) 服务性

社会监理单位是知识密集型的高智能服务性组织，依据自己的科学知识和专业经验为建设单位提供工程建设监理服务，以满足项目业主对项目管理的需求。它所获得的报酬是技术服务性报酬，是脑力劳动报酬。这就是说，社会建设监理是一种高智能的补偿性的技术服务，它的服务对象是委托方——业主，它是按照工程建设监理合同来进行的，是受到法律的约束和保护的。

2）公正性和独立性

社会监理单位在工程建设监理中具有组织有关各方协作、配合的职能，同时是合同监理的主要承担者。这就要有调节有关各方之间的权益矛盾，维护合同双方合法权益的职能。为使这些职能得以实施，它必须坚持其公正性，而为了保持其公正性，就必须在人事上、经济上保持独立，以独立性作为公正性的前提。监理单位的独立性和公正性主要表现在：

（1）社会监理单位在法律地位、人际关系、经济关系和日常业务关系上必须独立，其单位和个人不得同参与项目建设的有关任何一方发生利益关系。有关规定明确指出：各级监理负责人和监理工程师不得是施工、设备制造和材料供应单位的合伙经营者，不得与这些单位发生经营性隶属关系，不得承包施工和销售业务，不得在政府机关、施工、设备制造商和材料供应单位内任职。

（2）社会监理单位尽管是受建设单位的委托承担监理任务的，但它们之间是合法的合同关系，法律地位是完全平等的。社会监理单位承担在监理委托合同中所界定的职责。建设单位不得超出合同之外随意增减任务，也不得干涉监理工程师独立、正常的工作。

（3）社会监理单位在实施监理的过程中，是以建设单位和承包单位之外独立的第三方的名义，独立行使依法成立的工程承包合同所确定的职权，并承担相应的职业道德责任和法律责任，不代表任何一方行使职权。也就是说，要以公正的态度对待委托方和被监理方，特别是当业主和承包双方发生利益冲突时，监理单位应站在第三方的立场上，公正地加以解决和处理。

3）科学性

根据有关要求，监理工程师必须具备有相当的学历，有长期从事工程建设工作的丰富经验，通晓相关的技术、经济、管理和法律知识，经权威机构考核合格并由政府建设主管部门登记注册、发给证书，才能取得从事监理业务的合法资格。社会监理单位依靠相当数量的监理人员，成为智力密集型高智能服务型机构，因此就具备了能发现建设构成中设计、施工的技术、管理和经济方面存在的问题并予以合理解决的能力，因此，监理工程师是依靠科学知识和专业技术进行项目监理的技术人员，并具有在竞争中生存、发展、壮大的强大生命力。

5. 工程建设监理的意义

1）实行建设监理是发展生产力的需要

改革开放以来，我国的经济体制正朝着市场经济转化，建设领域也发生了很大变化。投资由国家单一化向多元化转变，任务分配由纯计划性向竞争型转变，投资规模不断扩大，技术要求越来越复杂，管理要求越来越高，建筑市场逐步形成。生产力的发展证明，原来的管理体制如果再不改变，就会阻碍生产力发展。实行建设监理制度可以用专业化、社会化的监理单位代替小生产管理方式，可以加强建设的组织协调，强化合同管理监督，公正地调解权益纠纷，控制工程质量、工程造价，提高投资效益。监理单位可以以第三者的身份改变政府单纯用行政命令管理建设的方式，加强立法和对工程合同的监督。可以充分发挥法律、经济和行政技术手段的协调约束作用，抑制建设的随意性，抑制纠纷的滋生和发展，还可以与国际通行的监理体制相沟通。这无疑会使我国建立新的生产关系和上层建筑，促进生产力的发展。

2）实行建设监理制度是提高经济效益的需要

几十年来，我国建筑业虽然得到了很大的发展，然而经济效益总是不高，甚至下降，造成投资、质量和工期失控。实行建设监理制度，使监理组织承担起投资控制、质量控制和进度控制的责任，这是监理单位的专业特长，解决了建设单位自行管理不能解决的控制问题。实践证明，实行建设监理的工程，在投资控制、质量控制和进度控制等方面都收到了良好的效果，从而使综合效益得到提高。

3）实行监理制度是对外开放，加强国际合作，与国际惯例接轨的需要

改革开放以来，我国大量引进外资进行建设。三资工程一般都按国际惯例实行建设监理制度。我国正在大力发展对外工程承包事业，在国外承包工程，也要实行监理制度。因此，我国实行建设监理制度，不但是必须的，而且是紧迫的，是我国置身于国际工程承包市场中的一项不可缺少的举措。自从实行建设监理制度以来，我国已经改变了投资环境，提高了投资效益，增强了国际竞争能力。

1.4 工程项目监理的依据、任务、程序和措施

监理单位的行为准则，也就是监理工作的依据，是公正合理的、科学规范地进行监理工作的基础条件。这里主要介绍施工阶段监理的依据、任务、程序和措施。

1.4.1 工程项目施工阶段实施监理的依据

（1）建设单位与监理公司签订的监理合同文件。

（2）建设单位与总承包单位签订的总承包合同文件。

（3）建设单位与材料设备供应单位签订的材料设备采购供应合同。

（4）施工总承包单位与分包单位签订的分包合同；施工中承包单位与材料设备供应单位签订的材料设备采购供应合同。

（5）工程的设计图纸及设计文件，包括工程施工过程的设计变更洽商函件。

（6）国家级工程所在地方省、市有关工程建设法律、法规、规章、规定。

（7）国家施工验收规范规程、工程质量验评标准及所在地方省、市工程竣工的规定。

（8）国家和地方省、市的工程建设的概算定额及有关的费用标准；招标工程中标通知书中的费用标准。

（9）建设部及工程所在省、市有关建设监理的文件。

（10）施工过程中有关建设单位与工程总承包单位影响工程进度、费用、质量的函件。

1.4.2 工程项目监理的主要任务

1. 建设前期阶段

（1）建设项目的可行性研究。

（2）参与设计任务书的编制。

2. 设计阶段

（1）提出设计要求，组织评选设计方案。

（2）协助选择勘察、设计单位，商签勘察、设计合同，并组织实施。

（3）审查设计和概预算。

3. 施工招标阶段

（1）准备与发送招标文件，协助评审投标书，提出决标意见。

（2）协助建设单位与承建单位签订承包合同。

（3）协助建设单位与承建单位编写开工报告。

（4）确认承建单位选择的分包单位。

（5）审查承建单位提出的施工组织设计、施工技术方案和施工进度计划，提出改进意见。

（6）审查承建单位提出的材料和设备清单及其所列的规格与质量。

4. 施工阶段

（1）督促、检查承建单位严格执行工程承包合同和工程技术标准。

（2）调解建设单位与承建单位之间的争议。

（3）检查工程使用的材料、构件和设备的质量，检查安全防护设施。

（4）检查工程进度和施工质量，验收分部、分项工程，签署工程付款凭证。

（5）督促整理合同文件和技术档案资料。

（6）组织设计单位和施工单位进行工程的初步验收，提出竣工验收报告。

（7）审查工程结算。

5. 保修阶段

负责检查工程状况，鉴定质量问题的责任，督促保修。

1.4.3 工程项目监理的程序

1. 签订监理合同的程序

（1）由建设单位选择监理单位。

（2）建设单位向所选择的监理单位提供工程的有关资料。

（3）监理单位编制、报送监理工作大纲。

（4）双方商谈监理合同内容。

（5）双方签订监理合同或监理协议书。

2. 招标投标阶段的监理程序

（1）协助建设单位编制工程招标文件。

（2）提出对投标单位资格审查的意见。

（3）召开招标会议，组织投标单位参加现场勘察。

（4）协助建设单位组织开标，提出定标意见。

（5）协助建设单位发出中标通知书。

（6）协助建设单位与中标单位签订施工合同。

3. 项目施工阶段的监理程序

(1) 建立监理实施机构，进驻施工现场。

(2) 编制监理工作规划。

(3) 组织工程交底会及监理工作交底会。

(4) 全面实施工程监理。其中包含组织召开监理例会；审批施工组织设计；工程原材料、构配件、工程设备的进厂验收；分包单位的资质审查；单位工程开工条件的审查批准；工程质量控制；工程进度控制；工程投资费用控制；召集专业性会议。

(5) 积累、整理监理工作资料并组织归档。

(6) 组织工程初验。

(7) 参加建设单位主持的竣工验收和交接。

(8) 进行施工监理工作总结、监理费用的总结算。

4. 工程保修阶段的监理程序

(1) 定期对工程回访，确定工作缺陷责任，督促保修。

(2) 责任期结束，协助建设单位办理与承包商单位的合同终止手续。

(3) 办理监理合同终止手续。

以上各阶段的监理任务及监理程序见图 1-1、图 1-2。

1.4.4 工程项目监理完成监理任务的措施

1. 组织措施

在工程项目建设活动中，业主、监理工程师和承包商三方都成立有各自的项目管理机构，并构成工程项目统一的系统。但业主不与承包商直接打交道，它的活动必须通过委派专人和监理工程师联系，以便保障监理工程师工作的独立性和公正性。一切建设活动（设计、施工等）均由监理工程师同承包单位的项目经理联系管理。在监理过程中，监理人员按照相应的工作流程，对工程运行情况进行检查，对工程的信息进行收集、加工、整理、反馈，发现和预测目标偏差，对出现的目标偏差予以纠正。监理人员要不断地提高自己的工作能力，改进工作作风，提高工作水平。

2. 技术措施

监理工程师的大部分监理活动是在技术领域进行的，是靠自己掌握的科学知识和专业技术，对技术方案作技术可行性分析，对各种技术数据进行审核、比较，对新材料、新工艺、新方法进行科学论证，对投标文件中的主要施工技术方案进行必要的论证等。

3. 合同措施

在市场经济条件下，承包单位（设计单位、施工单位、材料设备供应单位）与业主分别签订设计合同、施工合同和供应合同来参与项目的建设，它们与业主构成了工程承包关系，是被监理的一方。工程建设监理就是根据这些工程建设合同以及工程建设监理合同所界定的内容来进行监督管理活动。依靠合同进行目标控制是建立目标控制的重要手段。

4. 经济措施

一项工程项目的建成和投产使用，归根结底是一项投资目标的实现。投资控制、进度控制和质量控制，都离不开经济措施。为了理想地完成工程项目，监理工程师要对各种实现目标的计划进行资源、经济、财务等方面的可行性进行分析，对各种经常出现的设计变更和其他各种变更方案进行技术经济分析，严格控制费用的增加，对工程付款进行审查，并运用经济政策，明确经济责任。

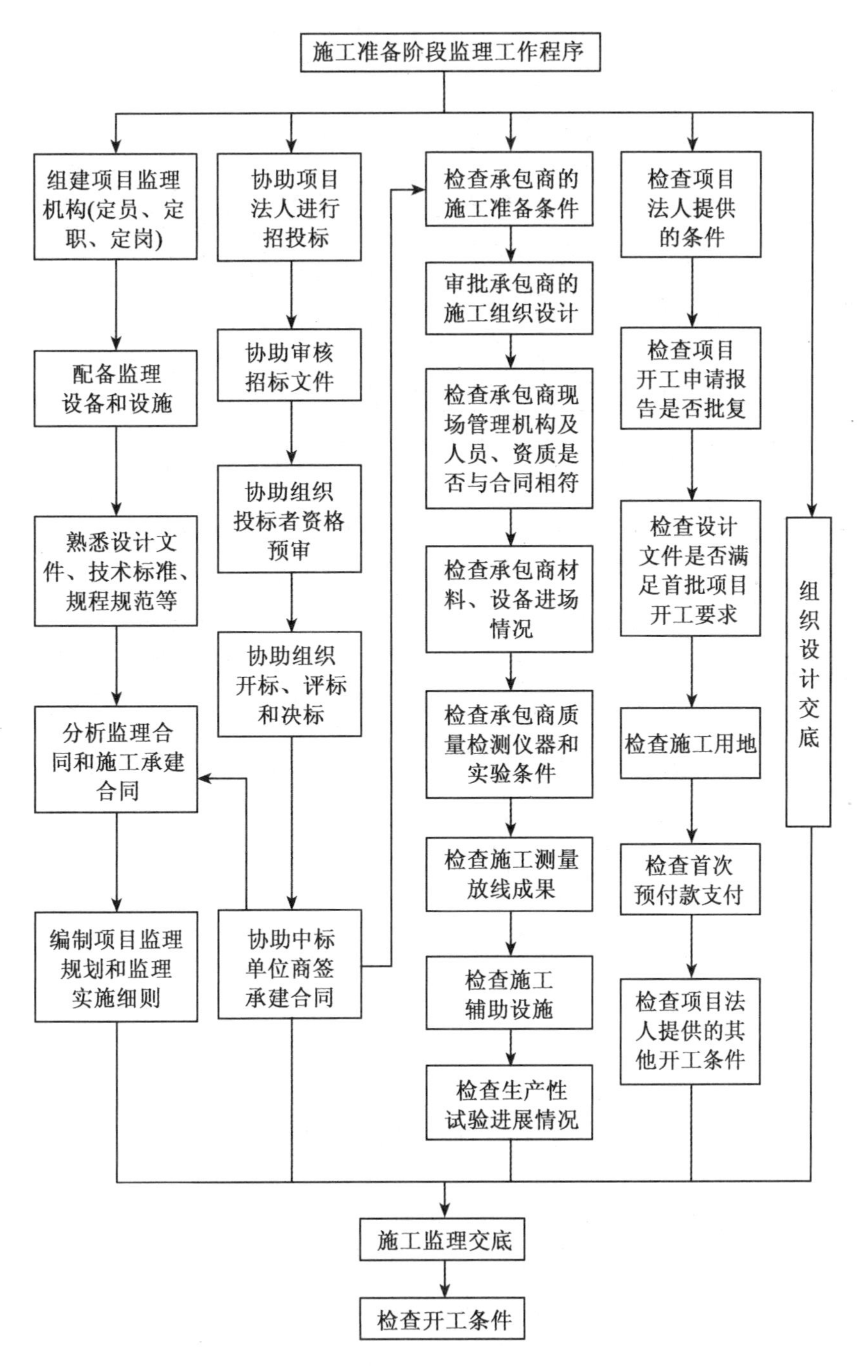

图 1-1　施工准备阶段监理工作程序

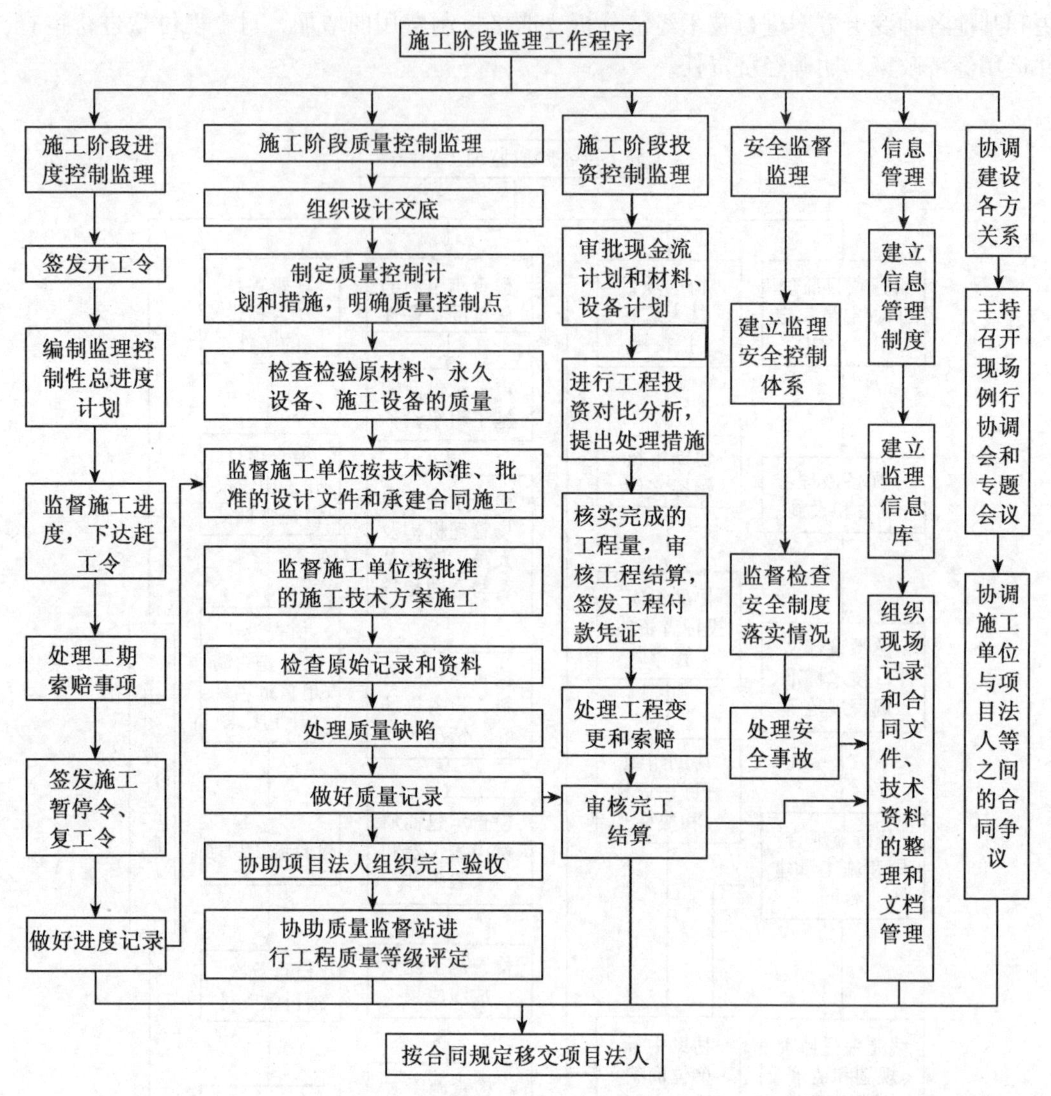

图 1-2　施工阶段监理工作程序

1.5　工程建设项目监理的核心内容

根据工程项目监理的基本任务和国际监理惯例，工程项目监理的核心内容是：利用组织的、经济的、技术的和合同的等措施，对工程项目实行三项目标控制：投资控制、进度控制、质量控制；两项管理：合同管理、信息管理；一项组织协调，以保证建设项目的圆满实现。

1.5.1　工程项目监理的三项目标控制

1. 项目控制的基本概念

所谓项目控制是利用项目管理学的基本理论、技术和方法，通过对影响建设项目目标的因素的识别，建设环境的分析，达到对项目目标的控制。项目控制的其本理性概念简述如下：

（1）控制是一个主体为实现一定目标而采取的一种行为，因此，为实现优化控制就必须有一个合格的主体和明确的控制目标。

（2）控制按事先拟订的标准和计划进行，控制的实质就是检查实际发生值同标准计划值的偏差，并采取有力措施予以纠正。

（3）控制是对被控制系统而言的，即要对被控制系统进行各子系统全过程控制。全过程控制包括事前、事中和事后控制，同时还有全要素控制。

（4）控制是动态的，因此提倡主动控制，即在偏差发生之前，预先分析产生偏差的可能性，并制定措施防止产生偏差。

（5）项目控制的基本步骤是制定控制标准，检查衡量执行结果，如发生偏差，采取措施纠正偏差。

（6）工程项目控制的主要内容是投资（包括成本）控制、进度控制和质量控制。

2. 投资控制

在不同的建设阶段，投资控制有不同的任务。在立项研究阶段，主要是协助业主正确地进行投资决策，控制好估算投资；在设计阶段对设计方案、设计标准、总概算进行审查；在建设准备阶段协助确定标底和合同造价；在施工阶段审核设计变更，核实已完成的工程量，进行工程进度款签证和控制索赔；在工程竣工阶段审核工程结算。

3. 进度控制

在建设前期，通过周密分析，研究确定合理的工期目标，并在施工前将工期要求纳入承包合同；在建设实施期，通过运筹学、网络计划技术等科学手段，审查、修改施工组织设计和进度计划；在计划实施中紧密跟踪，做好协调与监督，排除干扰，使单项工程及其分阶段的工程目标工期逐步实现，最终保证项目建设总工期的实现。

4. 质量控制

质量控制要贯穿于建设项目的全过程。主要包括组织设计方案竞赛与评比，进行设计方案磋商及投资审核，控制设计变更。在施工前，通过审查承包人资质，检查建筑物所用材料、构配件和设备质量与审查施工组织设计等实施质量控制；在施工中通过重要技术复核，工序操作检查，隐蔽工程验收和工序成果检查认证，监督标准、规范的贯彻状况；通过阶段验收和竣工验收把好质量关。

上述三项控制的任务和程序见图 1-3、图 1-4 及图 1-5。

为了实现三项控制，必须正确处理好质量、进度、投资三者的关系。

三大目标之间存在一定的对立关系。在通常情况下，如果项目业主对工程质量有较高的要求，那么就需要投入较多的资金和花费较多的项目实施时间，即强调质量目标，就不得不降低投资目标和进度目标；如果项目业主主要抢时间、争进度地完成工程目标，把工期目标定得很高，那么投资就要相应地提高，或者质量要求适当下降，即强调进度目标，就需要降低投资目标，或者降低质量目标；如果要降低投资、节约费用，那么势必要考虑降低工程项目的功能要求及质量标准，或者造成工程难以在正常工期内完成，即强调投资目标，势必会导致质量目标或进度目标的降低。

所有这些表现都反映了工程项目三大目标之间存在着矛盾和对立的一面。

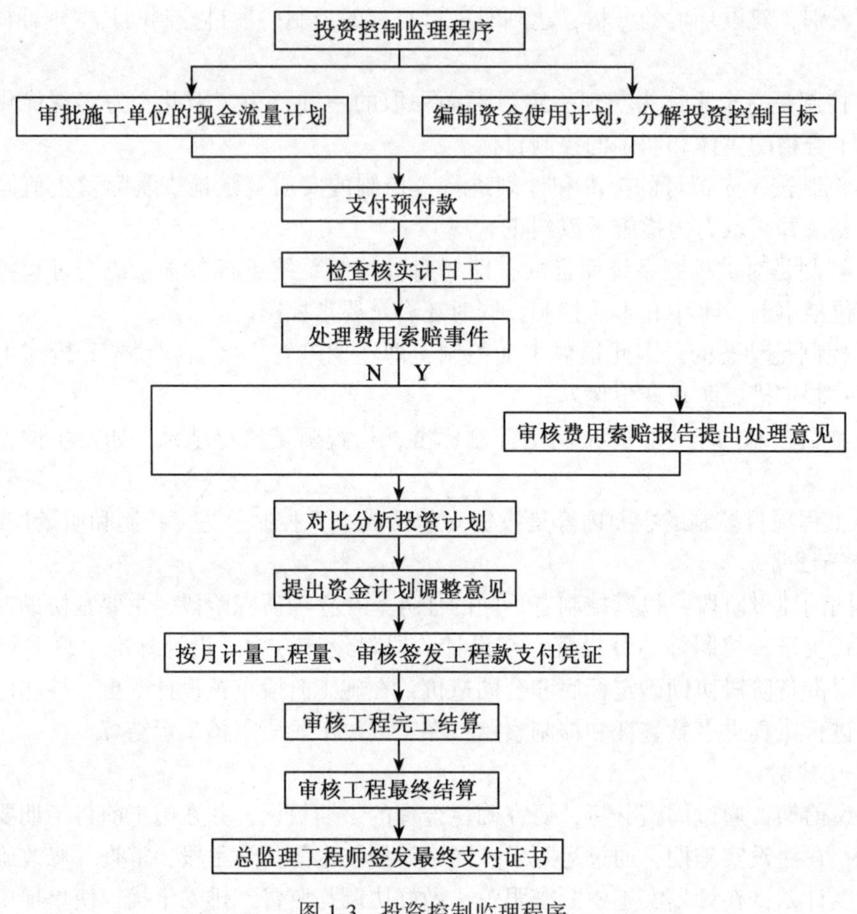

图 1-3　投资控制监理程序

工程项目的投资目标、进度目标、质量目标三者之间的关系不仅存在着对立的一面，而且还存在着统一的一面。

如果项目业主适当增加投资的数量，为工程承建商采取加快进度措施提供必要的经济条件，就可以加快工程项目的实施速度，从而缩短工期，使工程项目提前投入使用，这样工程项目投资就能够尽早收回，工程项目的经济效益得到提高，即进度目标在一定条件下会促进投资目标的实现；如果项目业主适当提高工程项目功能要求和质量要求，虽然会造成一次性投资的提高和工期的增加，但能够节约系统项目动用后的运营费用和维护费用，降低产品的成本，从而使工程项目能够获得更好的投资效益，即质量目标在一定条件下也会促进投资目标的实现；如果工程项目进度计划制定得既可行又优化，使工程进展具有连续性、均衡性，则不但可以使工期缩短，而且有可能获得较好的质量和较低的费用。这一切都说明了工程项目投资、进度、质量三大目标关系之中存在着统一的一面。明确了工程项目的投资目标、进度目标、质量目标三者之间的关系，就能正确地指导系统监理单位及其监理工程师更好地开展目标控制工作。

认识到工程项目的投资目标、进度目标、质量目标三者之间的关系，明确了三大目标是一个不可分割的系统，监理工程师在进行目标控制时需要注意以下事项：

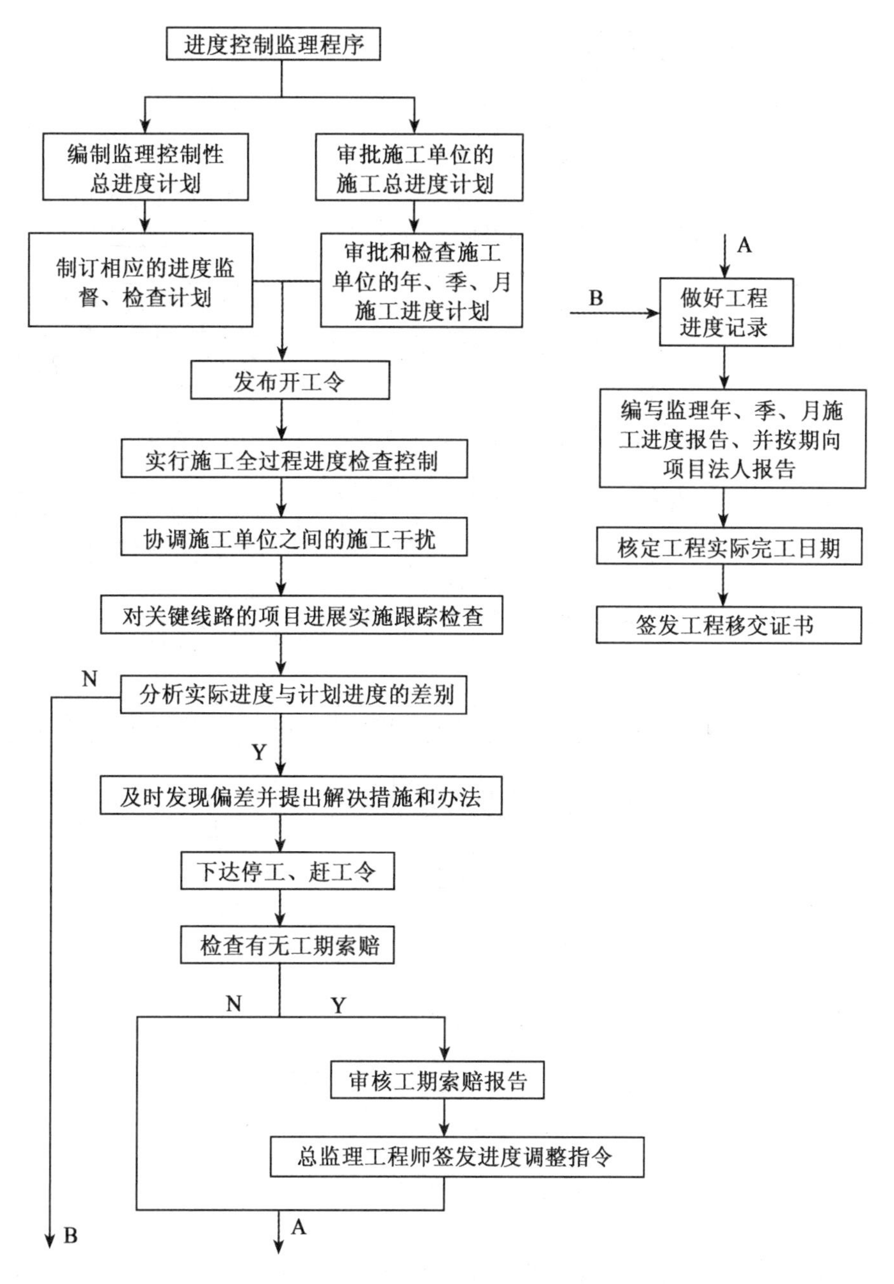

图 1-4 进度控制监理程序

要针对整个目标系统实施控制，追求目标系统的整体效果，力求三大目标的统一。监理工程师在对工程项目进行目标规划时，必须注意统筹兼顾，合理确定投资目标、进度目标、质量目标三者的标准。监理工程师需要在需求和目标之间、三大目标之间进行反复协调，力求做到需求与目标的统一，三大目标的统一。

三项控制目标之间是以质量控制为中心的。在第一个五年计划期间，我国政府提出了“百年大计、质量第一”的建设方针。改革开放的新时期，又提出以质量求生存、求效益

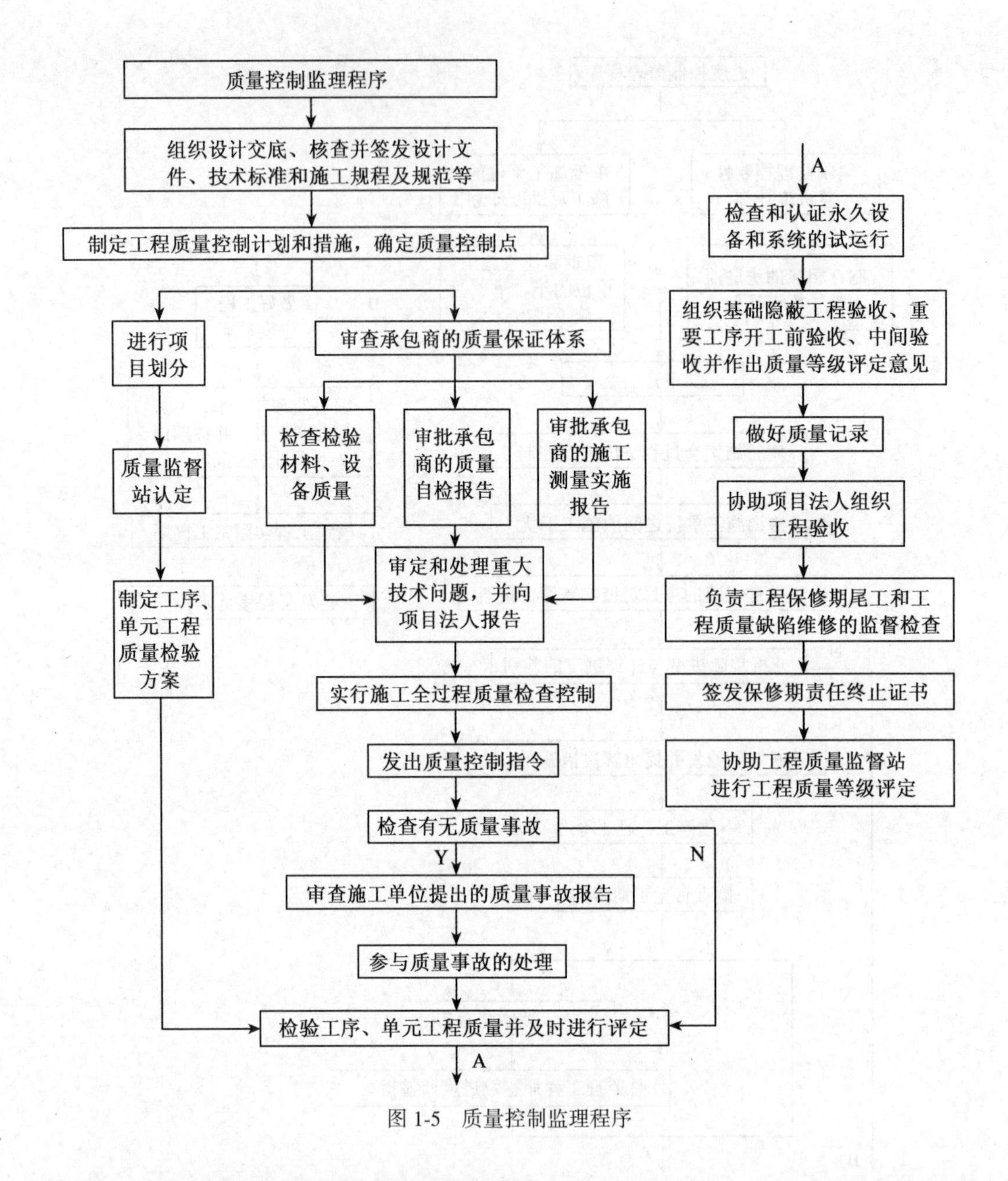

图 1-5　质量控制监理程序

和求发展的战略思想，这都说明了工程质量在整个国民经济建设中的重要地位和作用，这是我们进行工程建设监理工作的根本指导思想。

把质量视为建设项目的生命，这是历史教训给予我们的深刻认识。如果大型工程建设项目质量高优，就可福泽子孙，功在千秋；如果质量低劣，不仅在经济上造成重大损失，更重要的是将在政治上造成难以挽回的影响，贻误子孙，祸及后世。世界上曾经发生过大坝溃毁、核电站泄漏、化工厂爆炸以及美国“发现号”、“航天号”飞机失事等重大事故，这都是与工程质量不高有关的。由此可见，质量是工程建设的生命、灵魂，是诸目标控制中最重要的目标控制。当然，在工程建设监理的进度、投资及质量三大控制中，保证工程进度、提高投资效益这两个目标也是绝对不可少的，但它们都必须以保证工程质量这个战略目标为前提，决不能以牺牲质量来保进度、保效益。全优质量的本身，就是对工程进度和效益的有力支持；反之，任何质量问题（包括质量事故和质量返工），必然影响工程进度和工程效益。因此，从战略观点来看，质量第一同保证工程进度，提高工程投资效益是对立的统一，要以质量效益为中心，通过计划进度的运筹，实现三者的优化组合。以此作为目标决策和目标控制的指导思想，必将给建设工程带来显著的成效。

投资目标、进度目标、质量目标三者之间既存在矛盾的方面，又存在着统一的方面。工程监理单位及其监理工程师无论在制定工程项目的目标规划中，还是在工程监理的目标控制过程中，都应当牢牢把握这一点。

1.5.2 工程项目监理的两项管理

1. 合同管理

合同是参与建设的各方在平等地位的条件下签订的法规性文件，各方必须严格遵照执行，因此，合同是监理单位站在公正立场上采取各种控制、协调与监督措施、履行纠纷调解职责的依据。合同管理是进行投资控制、工期控制和质量控制的重要手段，监理工程师要对合同的签约与履行，合同的变更、解除和终止，合同纠纷的解决，以及工程项目合同的索赔等进行全面的合同管理。

2. 信息管理

随着工程项目的建设规模越来越大，涉及范围越来越广，条件要求越来越高，使得工程项目管理工作日趋复杂。对工程项目实施全面规划和动态控制，需要处理大量的信息，处理时要求时间短、速度快、准确，这样才能及时提供相关的项目决策信息。为提高工程项目管理水平，应用计算机辅助管理信息系统已成为项目管理发展的必然趋势。计算机辅助管理是工程项目管理有效和必需的手段。建设监理的信息管理是以人与计算机对话的方式，进行监理信息的收集、传递、存储、加工、处理、维护和使用的集成化系统。它能为监理组织进行建设项目投资控制、进度控制、质量控制和综合事务管理等提供信息支持；为高层监理人员提供决策所需的信息、手段、模型以及决策支持；为一般监理工程师提供必需的办公自动化手段，使其摆脱烦琐的简单性事务作业；它为编制修改计算人员提供人、财、物诸要素之间综合性强的数据，对编制修改计划、实现调控提供必要的科学依据。

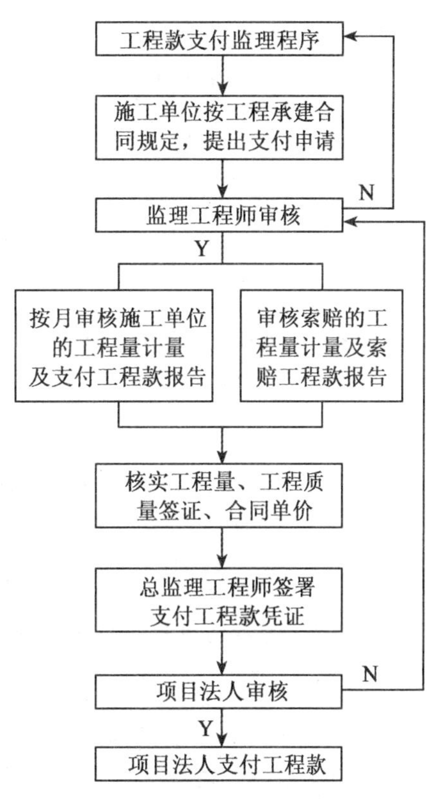

图 1-6　工程款支付监理程序

上述两项管理的任务和程序见图 1-6、图 1-7 及图 1-8。

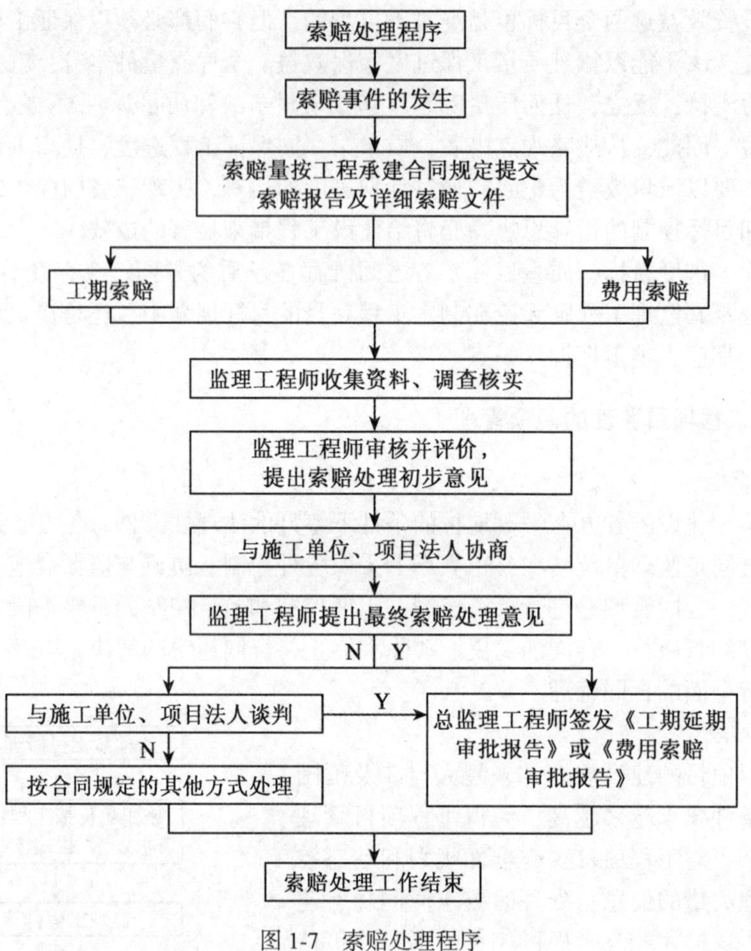

图 1-7　索赔处理程序

1.5.3　工程项目监理的组织协调

工程项目的运行要涉及各个方面的关系，为处理好这些关系，就需要协调。协调是管理的重要职能，其目的就是通过协商和沟通，取得一致，齐心协力，保证项目目标的实现。工程项目组织协调的内容大致有人际关系的协调、组织关系的协调、公共关系的协调、配合关系的协调、运输关系的协调等。工程项目协调的主要方式包括激励、交际、批评、会议与会谈、报表计划与技术报告等。

1.5.4　工程项目监理的基本方法

为实现工程项目的阶段性目标和最终目标，监理工程师要科学地运用工程建设监理的基本方法和手段，这就是目标规划、动态控制、组织协调、信息管理、合同管理等。这些方法是相互联系，互相支持，共同运行，缺一不可的。后三种方法已经在前面作了简要的介绍，下面对前面两种方法进行一些说明。

1. 目标规划

目标规划是以实现目标控制为目的的规划设计。工程项目目标规划的过程是一个由粗到细的过程，根据可能获得的工程信息，分阶段地对前一阶段的规划进行细化、补充、改革和完善。

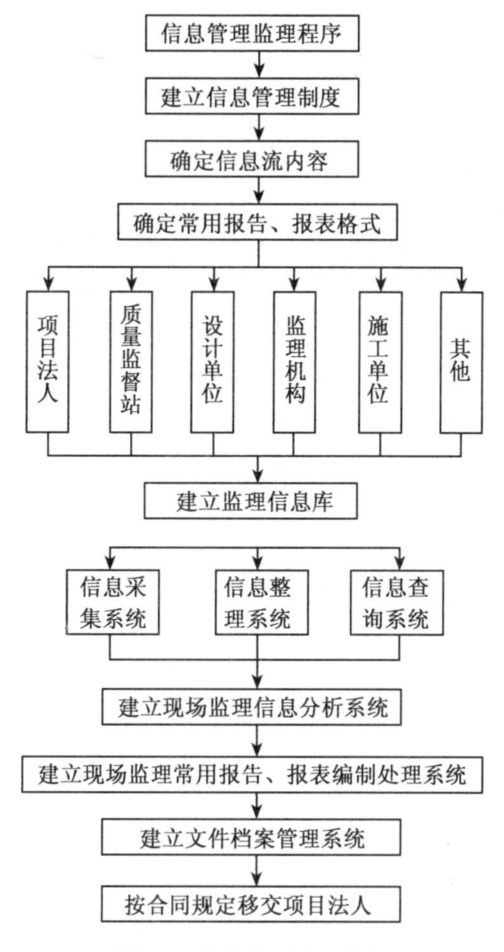

图 1-8　信息管理监理程序

目标规划主要包括确定投资、进度、质量目标或对已初步确定的目标进行再论证；把各项目标分解成若干个子目标；制定各项目标的综合措施，力保目标的实现。

2. 动态控制

动态控制是在工程项目实施过程中，根据掌握的工程建设信息，不断将实际目标值与计划目标值进行对比，如果出现偏离，就采取措施加以纠正，以使目标实现。这是一个不断循环的过程，直至项目建成交付使用。

上述方法可概括为 P、D、C、A 四个过程，或称 PDCA 循环管理法。

“P”代表计划编制，即策划（Plan），根据顾客的要求和组织的方针，为提供结果建立必要的目标和过程。

“D”代表计划实施（Do），指有关各方按计划组织实施，互相协作。

“C”代表计划检查（Check），也称计划控制（Control），根据方针、目标和产品要求对过程和产品进行监视和测量，并报告结果。

“A”代表采取措施（Action），指计划检查后，针对不能完成计划的原因，采取措施补救，并予以调整，以持续改进过程业绩。

上述管理过程如图1-9所示。

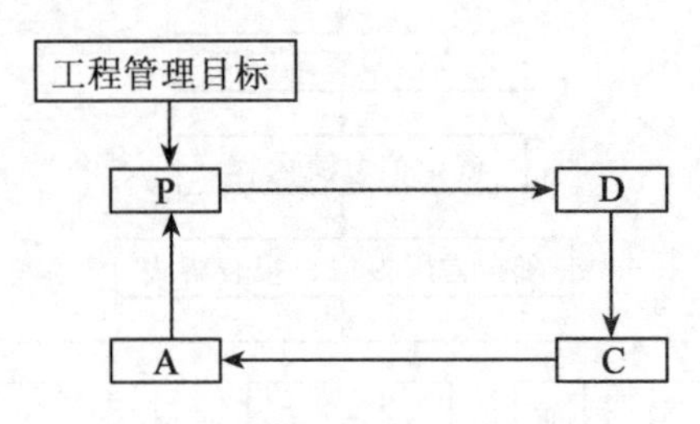

图1-9 PDCA过程动态方法框图

监理工作的具体做法主要有施工现场跟踪，旁站巡视，测量核查控制，平行检验、试验，发布指令性文件，召开工地会议及专家会议，停止支付，会见承包商指出违约活动及挽救途径，直至采取制裁措施等。

总而言之，投资控制、进度控制和质量控制是三项管理目标；合同管理、信息管理和组织协调是三项管理手段，监理工程师以这些有效的管理手段，确保建设三大目标的实现。

1.6 工程项目监理的组织

工程项目监理单位是指取得监理资质等级证书、取得企业法人资格和营业执照并在工商行政管理部门登记注册的监理公司、监理事务所以及兼承监理业务的工程设计、科学研究及工程建设咨询单位。但后者不得监理本单位的工程项目。项目监理机构是指监理单位派驻工程项目施工现场负责履行委托监理合同的组织机构。

1.6.1 工程项目监理班子的组建

监理单位根据监理委托合同所规定的任务，依据工程项目规模大小，工期长短，工程复杂程度及工程性质和地域分布的特点，结合本单位监理人员的数量、技术水平以及曾承担过的监理任务等具体情况，可以组成相应的项目监理的组织机构。

1. 按项目组成设立监理机构

大、中型建设项目由若干相对独立的子项目组成时，就可以采用这种组织形式，如图1-10所示。

这是由项目监理部和子项监理组组成的两级监理的组织形式。项目监理部主要负责整个项目监理工作的规划、组织和指导及有关各方面的协调。各子项监理组专门负责本项目范围内的投资、进度和质量控制任务。

2. 按建设阶段设立监理机构

监理单位承担大、中型建设项目建设全过程的监理任务时，可以采用这种组织形式，

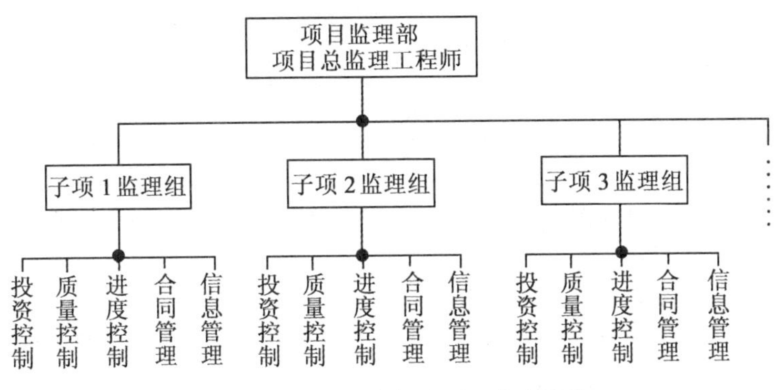

图 1-10　按子项分解的项目监理机构

如图 1-11 所示。

这时整个项目监理工作的计划、组织与协调等，由项目监理部的相应机构负责。

3. 按监理职能设立监理机构

对于中、小型建设项目，或不易分解为子项的项目，监理单位可采用这种组织形式，如图 1-12 所示。

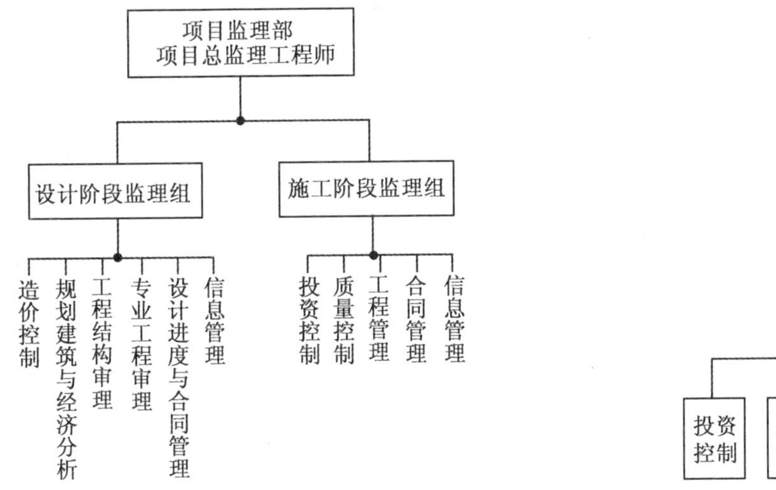

图 1-11　按建设阶段分解的项目监理机构

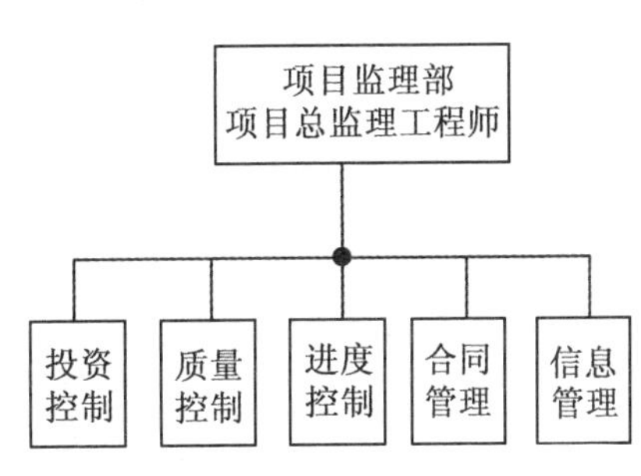

图 1-12　按职能分解的项目监理机构

4. 矩阵制监理机构

这适用于大型建设项目的监理。它是按项目的子项及监理职能的综合方法建立的一种监理机构的组成形式，如图 1-13 所示。

这种组织形式有利于强化各子项监理工作的责任，同时又有利于总监理对整个项目的总体规划、组织和指导，并能促进监理工作规范化，使工作标准更加统一。

1.6.2　工程项目监理单位的资质

工程项目监理单位的资质是指监理单位从事监理业务应当具备的基本条件，如人员素质、资金数量、专业技能、管理水平及监理业绩等。

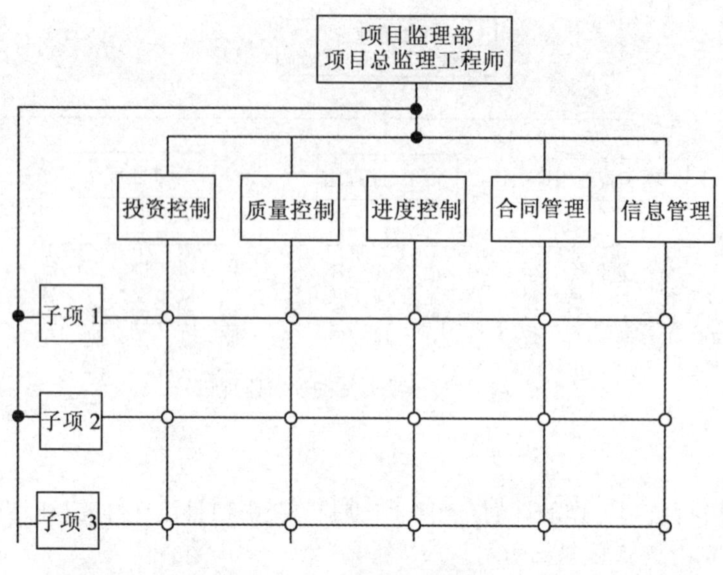

图 1-13　矩阵制项目监理机构

1. 监理人员的素质

监理单位的人员素质是从事建设监理工作的基础。在有关文件中对监理工程师的必备条件和素质有明确的要求：按照国家统一规定的标准已取得工程师、建筑师或者经济师资格，取得上述资格后具有二年以上的设计或现场施工经验；具备一定的政治和经济理论水平，除技术专业知识外还必须具备经济、管理和法律方面的知识；具有管理才能，如制定计划、组织施工、监督质量、管理合同、调解纠纷等；还应具备协调能力及拥有良好的应变能力；应有较高的专业技术水平，应当是其所从事专业业务的技术专家，具备独立的责任能力；应有较高的学历，监理工程师都应具备大学以上的学历，并有丰富的工程实践经验，监理工程师在国际上被认为是高智能人才；参加监理工程师资格全国考试并通过，取得由监理工程师注册机关核发的《监理工程师资格证书》等。

2. 资金数量

资金数量是指监理单位的注册资金数量。它是监理单位开展监理工作的重要保证。代表监理单位级别的重要标志之一。比如国家甲级监理单位的注册资金不得少于 100 万元。乙级和丙级监理单位的注册资金分别不少于 50 万元和 10 万元。

3. 专业技能

监理单位的专业技能主要表现在：

1）要具备较强的、合理的专业配套能力

由于监理是需要各个专业的监理人员共同开展工作的，因而，这就要求监理单位配备有足够数量和多种专业的技术人员，比如学建筑的、学测绘的、学施工的、学法律的以及学经济的等。主要专业的监理人员应该具有高级专业技术职称，比如高级工程师、高级建筑师、高级经济师等。例如，国家甲级监理单位的工程技术人员和管理人员不得少于 50 人，高级工程师和高级建筑师不少于 10 人，高级经济师不少于 3 人。国家乙级和丙级监理单位的工程技术人员和管理人员分别不少于 30 人和 10 人，高级工程师和高级建筑师分别不少于5人和2人，高级经济师分别不少于2人和1人。

2）要配备齐全的、性能先进的技术设备

（1）计算机。主要用于监理工作的计算以及办公自动化。

（2）工程测量的仪器和设备。如电子全站仪、精密水准仪、GPS接收机等，主要用于建筑物的平面位置、高程及空间位置和几何学尺寸以及有关工程实物的测量。

（3）检测的仪器设备。主要用于确定建筑、建筑机械设备工程实体等方面的质量状态。

（4）照相、录像设备。用于记载工程建设过程中产品的情况，为事后分析、查证提供借鉴等。

4. 管理水平

监理单位的管理水平主要表现在各种管理制度方面，其中包括组织、人事、财务、设备、科技、档案、生产经营以及会议等制度是否齐全和实际落实情况等。

5. 监理业绩

监理单位的监理业绩既包括监理的工程项目的数量和规模，也包括监理在控制工程建设投资、进度、质量等方面的成果。监理单位监理的工程项目越多，工程规模越大，监理单位资质越高。例如，甲级监理单位，一般应当监理5个一等一般工业与民用建设项目或两个一等工业、交通建设项目。

根据监理单位的人员素质、资金数量、技术技能、管理水平及监理业绩等实际情况，我国将监理单位的资质标准分为甲级、乙级和丙级三个等级。

1.6.3 工程建设监理人员的基本职责

这里主要介绍总监理工程师、专业监理工程师及监理员的职责。

1. 总监理工程师

总监理工程师是由监理单位法定代表人书面授权，派驻施工现场监理组织的总负责人，其行使委托监理合同赋予监理单位的权力和义务，全面负责委托监理合同的履行，主持项目监理机构的工作。

总监理工程师代表是经监理单位法定代表人同意，由总监理工程师书面授权，代表总监理工程师行使其部分职责和权力的项目监理机构中的监理工程师。

总监理工程师作为工程项目的监理工作总负责人，在监理委托合同授权的范围内，在监理过程中承担决策职能，主持和参与重要方案的规划工作并进行检查。在许多问题上，总监理工程师的决定是最终决定，业主和承包商均须执行。总监理工程师的主要职责是：

（1）代表监理公司与业主沟通有关方面的问题。

（2）组建项目的监理班子，并明确各工作岗位的人员和职责。

（3）组织制定项目的监理规划，根据该规划组织、指导和检查项目监理工作，保证项目监理目标的实现。

（4）提出工程承包模式及合同结构，为业主发包提供决策依据。

（5）协助业主进行公司设计、施工和招标工作，主持编写招标文件，进行投标人资格预审、开标、评标，为业主决策提供决策依据。

(6) 协助业主确定设计、施工合同条款。

(7) 审核并确认总包单位选择的分包单位。

(8) 负责与各承包单位、设计单位负责人联系，协调有关事宜。

(9) 审查承包单位提出的材料和设备清单及其所列的规格和质量。

(10) 定期或不定期检查工程进度和施工质量，及时发现问题并进行处理。

(11) 审核并签署工程开工费、停工费和复工费，组织处理工程施工中发生的质量、安全事故。

(12) 调解建设单位与承包单位之间的合同纠纷，处理重大索赔事务。

(13) 组织设计单位和施工单位进行工程结构验收。

(14) 定期或不定期向业主提交项目实施的情况报告。

(15) 定期或不定期向本公司报告项目监理机构建立的情况。

(16) 分阶段组织监理人员进行工作总结。

2. 各专业和各子项目监理工程师的职责

专业监理工程师根据项目监理岗位职责分工和总监理工程师的指令，负责实施某一专业或某一方面的监理工作，具有相应监理文件的签发权。

专业和子项目监理工程师是总监理工程师的助手，是各专业部门和各子项目管理机构的骨干，他们在整个监理机构中处于承上启下的地位。他们只能在总监理工程师的授权范围内开展工作，行使相应的权利：

(1) 组织编制本专业和各子项目的监理工作计划，在总监理工程师批准后组织实施。

(2) 对所负责控制的项目进行规划，建立控制系统，落实各子项目控制系统人员，制定控制工作流程，确定方法和手段，制定控制措施。

(3) 定期提交本专业或子项目目标控制工作报告。

(4) 根据总监理工程师的安排，参与工程招标工作，做好招标各阶段的本专业的工作。

(5) 审核有关承包商提交的计划、设计、方案、申请、证明、变更、资料、报告等。

(6) 检查有关的工程情况，掌握工程现状，及时发现和预测工程问题，并采取措施妥善处理。

(7) 组织、指导、检查和监督本部门的监理工作。

(8) 及时检查、了解和发现承包方的组织、技术、经济和合同方面的问题，并向总监理工程师报告。

(9) 及时处理可能发生或已发生的工程质量问题。

(10) 参与有关的分部（分项）工程、单位工程、单项工程等分期交工工程的检查和验收工作。

(11) 参与和组织有关工程会议并做好会前准备。

(12) 协调处理本部门管理范围内各承包方之间的有关工程方面的矛盾。

(13) 提供有关的索赔资料，配合合同管理部门做好索赔的有关工作。

(14) 检查、督促并认真做好监理日志、监理月报工作，建立本部门监理资料管理制度。

(15) 参与审核工程结算资料。

（16）定期做好本部门监理工作总结。

3. 监理员应履行的职责

监理员是经过监理业务培训，具有同类工程相关专业知识，从事具体监理工作的监理人员。监理员应履行以下职责：

（1）在专业监理工程师的指导下开展现场监理工作。

（2）检查承包单位投入工程项目的人力、材料、主要设备及其使用、运行状况，并做好检查记录。

（3）复核或从施工现场直接获取工程计量的有关数据并签署原始凭证。

（4）按设计图及有关标准，对承包单位的工艺过程或施工工序进行检查和记录，对加工制作及工序施工质量检查结果进行记录。

（5）担任旁站工作，发现问题及时指出并向专业监理工程师报告。

（6）做好监理日记和有关的监理记录。

1.6.4 监理费用

建设监理费用由监理直接成本、监理间接成本、监理利润和税金四部分组成，其具体内容包括：

1. 监理直接成本

（1）监理人员计时工资，有时包括同工资总额有关的费用。

（2）可确定专项开支，如旅费和住宿费、电话电报费、复印和翻拍费、邮费、补助费、设备租赁费，以及计算机等仪器费用。

（3）所需外部服务支出。

2. 监理间接成本

（1）行政管理人员工资，如行政、管理、经销、后勤和指导人员薪金。

（2）事假、病假和假日薪金支出，各类人员保险费支出，计入间接成本的税款，以及退休费等津贴支出。

（3）租赁费、公用费、办公用品费、维修费、邮费和差旅费，以及不宜列入直接成本的其他费用。

（4）办公室和设备维修费。

（5）支付给代理人和其他人员的费用。

（6）占用资产和贷款的固定支出，包括折旧费、保险费和利息等。

3. 税金

根据国家有关规定，由建设监理单位交缴的有关税金总额，如营业税和所得税等。

4. 利润

利润指建设监理单位费用收入与其经营成本之差，其中经营成本包括直接成本、间接成本和税金三部分。

国家物价局、建设部［1992］价费字479号工程建设监理费有关规定的通知中明确指出：

工程建设监理，由取得法人资格，具备监理条件的工程监理单位实施，是工程建设的一种技术性服务。

工程建设监理，要体现“自愿互利、委托服务”的原则，建设单位与监理单位要签订监理合同，明确双方的权利和义务。

工程建设监理费，根据委托监理业务的范围、深度和工程的性质、规模、难易程度以及工作条件等情况，按照下列方法之一计收：

（1）按所监理工程概（预）算的百分比计收：

若工程（预算）M（万元），则

设计阶段（含设计招标）监理取费 a（%），施工（含施工招标）及保修阶段监理取费 b（%）。

① $M<500$：$0.2<a$，$2.50<b$；

② $500\leqslant M<1000$：$0.15<a\leqslant 0.20$，$2.00<b\leqslant 2.50$；

③ $1000\leqslant M<5000$：$0.10<a\leqslant 0.15$，$1.4<b\leqslant 2.00$；

④ $5000\leqslant M<10000$：$0.08<a\leqslant 0.10$，$1.2<b\leqslant 1.4$；

⑤ $10000\leqslant M<50000$：$0.05<a\leqslant 0.08$，$0.08<b\leqslant 1.2$；

⑥ $50000\leqslant M<100000$：$0.03<a\leqslant 0.05$，$0.60<b\leqslant 0.80$；

⑦ $100000\leqslant M$：$a\leqslant 0.03$，$b\leqslant 0.60$。

（2）按照参与监理工作的年度平均人数计算：3.5~5 万元/（人·年）。

（3）不宜按①、②两项办法计收的，由建设单位和监理单位按商定的其他方法计收。

（4）以上①、②两项规定的工程建设监理收费标准为指导性价格，具体收费标准由建设单位和监理单位在规定的幅度内协商确定。

（5）中外合资、合作、外商独资的建设工程，工程建设监理费用由双方参照国际标准协商确定。

（6）工程建设监理费用于监理工作中的直接、间接成本开支，交纳税金和合理利润。

（7）各监理单位要加强对监理费的收支管理，自觉接受物价和财务监督。

（8）国务院各有关部门和各省、自治区、直辖市物价部门、建设部门可依据本通知规定，结合本地区、本部门情况制定具体实施办法，报国家物价局、建设部备案。

1.6.5 监理委托合同

1. 监理委托合同形式

监理委托合同是具有法律效力的文件，其具体形式可分为：

（1）正式合同。是根据法律要求制定的，由适宜的管理机构签订并执行的正式合同。

（2）信件式合同。通常由监理单位制定，由委托方签署一份备案，退给监理单位执行。

（3）委托通知书。建设单位通过一份通知书，把监理单位在争取委托合同时提出的建议中所规定的工作内容委托给他们，成为监理单位所接受的协议。

（4）标准合同。国际上许多监理的行业协会或组织专门制定了标准委托合同格式或指南。这种标准委托合同适用性大，又比较规范，在国际上应用得越来越普遍。采用标准委托合同，一是能够简化委托合同的准备工作，使委托方与被委托方在商定合同条款时省了很多时间；二是标准委托合同的词句已简略到最低程度，有利于双方的讨论、交流和统一认识，也易于有关部门的检查与批准；三是标准委托合同都是由法律方面的专家制定的，能够准确地在法律概念内反映出双方所想实现的意图。在国际范围内应用较多的标准合同格式，一般都经过多次修改而更趋于完善，有的已形成一套打印好的标准格式。委托方与被委托方签订协议时，一般只需在所打印表的栏目内填写适当的说明，以作好协议条款和条件的说明与补充。目前世界上普遍使用的一种标准委托合同格式，是国际咨询工程师联合会（FIDIC）颁发的《雇主与咨询工程师项目管理协议书国际范本与国际通用规则》（IGRA1990PM），它已受到世界银行等国际金融机构和一些国家政府有关部门的认可。该版本主要内容包括：国际标准合同格式和国际标准合同通用规则，以及服务范围、报酬和支付三个附录，其中通用规则又分为一般条款和特殊条款两部分。我国有关部门和单位正在加紧研究 FIDIC 各类合同样式，以推进我国监理事业的发展。

2. 监理委托合同内容

国际上监理委托合同的形式、语言和内容多种多样，其基本内涵大致相同，通常包括以下基本内容：

（1）签约各方确认。主要说明建设单位和监理单位的名称和地址以及单位实体性质。

（2）合同一般性叙述。用比较固定的套语引出合同标的过渡性文字，在标准合同中它常常被省略。

（3）监理单位义务。通常包括项目概况描述和受聘监理单位承担项目监理事物两部分内容。

（4）监理工程师服务内容。监理工程师准备提供的服务内容，必须在委托合同内加以详细说明。对于不属于该监理工程师应提供的服务内容，也必须加以说明。

（5）监理费用。不仅要明确监理费用额度，而且要明确其费用支付方式、支付时间和货币种类。要把监理费用计算基础、计算方法和费用构成明细表，逐项开列出来。

（6）建设单位义务。建设单位应提供项目建设所需要的法律、资金和保险等服务；监理单位需要的数据和资料；超出监理单位能力范围的紧急费用补偿或其他帮助；在限定时间内审查或批复监理单位提出的报告书、工程计划、技术说明和其他信函文件。在委托合同中，有时还写入建设单位提供的以下条件：① 监理人员现场办公用房；②交通运输工具、工程检测和试验等设备；③ 协助办理海关和签证手续。

（7）保证建设单位权益条款。通常包括工程进度计划，工程保险事项，工程分配权，授权范围，终止委托合同权，监理人员调配权，保存各种记录和资料，定期批阅工程报告等。

（8）保障监理工程师权益条款。通常包括附加工程应支付的附加费用；在合同中明确不应提供的服务范围；非人力的意外原因造成工作延误，监理工程师应得到保护；建设单位造成失误，监理工程师不应承担责任；由于建设单位拖延批复文件造成延期，监理工程师不应承担责任；建设单位终止或结束合同，监理工程师应得到合理补偿等。

（9）总括条款。它是用以确定签约双方处理紧急情况的相应权力，如发生修改合同和终止合同的处理程序，以及出现不可抗力时不能履行合同的有关条款。

（10）合同签字。这是委托合同订立的最后法律程序。当业主为独资公司时，由一个授权人代表业主签字，当业主为股份或合营公司时，则以董事会名义三人以上签字。

1.7 我国工程建设项目监理的发展概况

1988年以前，我国在云南鲁布革水电站、浙江石塘水电站、津京塘高速公路、秦皇岛渤海铝二期等工程及能源、交通、冶金等部门，分别进行了不同形式的和不同程度的建设监理的试行工作，开始对建设监理找到一些新的感觉和有了一些新的体验。1988年以后，从建设部提出开展工程项目监理工作以来，我国建设监理的发展大体上可分为四个阶段：

第一阶段：1988~1992年为试点阶段。

1988年7月，建设部提出了建立建设监理制的设想，并制定了“试点起步，法规先导，形式多样，讲究实效，逐步提高，健康发展”的指导思想和工作计划：“一年准备，两年试点，三年逐步展开，利用五年或更多时间把建设监理制度建立起来。”1988年7月25日，建设部发出《关于开展建设监理工作的通知》，确定了首批监理试点单位，包括北京、上海、天津、沈阳、哈尔滨、南京、宁波、深圳八市和能源部、交通部。

1988年底，建设监理试点在八市二部同时展开。选择了建设监理试点工程，组建了建设监理单位。到1989年底共组建31个单位，建立试点工程47个，总投资达262亿元。

1990年11月12日，建设部发布《关于开展建设监理试点工作的若干意见》，为试点工作的开展提供了指导意见。

1990~1992年是建设监理试点工作的稳步发展阶段。建设部于1989年10月、1990年12月和1992年3月分别在上海、天津和常州召开了“第三次全国建设监理试点工作会议”、“京津塘高速公路建设监理现场会”和“全国部分地区、部门建设监理处长座谈会”，推动试点工作的发展，加快监理试点的步伐。为把试点工作提高到一个新水平，建设部先后出台《工程建设监理单位资质管理试行办法》及监理工程师资格考试和注册试行办法、监理取费的规定等文件，使监理法规进一步完善。

第二阶段：1993~1995年为稳步发展阶段。

主要成绩表现在：进一步建立健全了监理法规和监理机构，形成了比较完善的法规体系和监理管理体系。工程建设项目监理工作的依据是国家的法律、规章及规范等，因而健全法规体系是工程项目监理制度的一项重要内容。尽管当时还不够全面，但已经具备了基本的内容，主要表现在以下几方面：

关于建设监理管理方面，自1988年《关于开展建设监理工作的通知》颁布以来，建设部还为此相继发表了如下的文件：《建设监理试行规定》、《工程建设监理单位资质管理试行办法》、《监理工程师资格考试和注册试行办法》以及《关于发布有关工程建设监理费用有关规定的通知》等。此外，各省、市、自治区以及中央有关部门也相继发布了相似的文件，例如湖北省于1996年1月发布的《湖北省工程建设监理管理办法》、交通行业标准《公路工程施工监理规范》等，这些文件为发展和完善监理组织、工程程序、收费方法等提供了指导方针和实施办法，从而规范了监理行为和自身建设。北京市于2002年2月21日发布《建设工程监理规程》，国家质量技术监督局、中华人民共和国建设部于2000年12月7日发布了中华人民共和国国家标准《建设工程监理规范》。

关于技术标准和规范方面，有《建筑设计规范》、《建筑结构规范》、《工程施工和验收规范》、《工程网络计划技术规程》以及《工程测量规范》、《精密工程测量规范》等。

关于招标投标管理方面，有《建设工程招标投标暂行规定》、《工程建设施工招标的管理办法》及《中华人民共和国招标投标法》等。

关于合同管理方面，有《中华人民共和国合同法》以及《建设监理合同》等多个文件。

关于质量管理方面，有《关于保证基本建设工程质量的若干规定》及《建设项目竣工验收办法》等文件以及关于设计、施工单位资质管理等方面的文件。

除了上面比较完整的监理的法规体系外，还对建立健全监理工作的管理制度与责任制度，对工程项目监理的内容、深度、程序以及对检测方法及报告表格等，摸索适应我国国情的相应标准化文件。

以上工作为我国工程项目的监理工作的发展提供了体制上、法律上的理论和依据，为建设监理工作的正确发展铺平了道路。

为了帮助读者更深入地学习和理解有关文件的精神，本书最后一章选录了有代表性的文件全文，供大家阅读、学习和贯彻执行。

此外，工程项目监理人员的素质得到不断的提高，组织机构不断得到健全并广泛地开展了社会化的监理工作。

据 1992 年对全国 28 个省、市、自治区及 12 个计划单列城市及 10 个公交部门的调查，全国已累计成立 500 多个监理单位，从事监理工作的人数达到 2.5 万人，监理的大、中型工程达1 800多项，建筑面积为3 000万 m^2，高等级公路有5 000多公里，装机容量近2 000万 kW，总计投资额达1 900亿元以上。之后几年又有更大的发展，建设部、水电部、交通部及铁道部等部门在高等学校分别创办了建设监理培训班，使监理人数及人员素质得到不断的提高。更重要的是提高了人们对监理工作的认识，增强了人们对工程实施监理工作的积极性和自觉性。同时进一步促使了监理单位在独立、公正、科学和服务等方面提高自身的水平。

大、中型建设项目（包括政府统一开发建设的住宅小区及重点项目）都实行了监理，监理队伍及水平基本能满足国内需要。

第三阶段：1996 年以后为全面推行阶段。

经过多年的实践，我国建设监理取得了丰硕的成果，积累了丰富的经验。1997 年 12 月全国人民代表大会通过了《中华人民共和国建筑法》，将工程建设监理制度列入其中，并要求在工程建设领域全面推行。从此，我国建设监理制度走上了规范化、法制化、科学化以及与国际监理接轨的健康的发展道路。

如果说前期的监理工作主要侧重于工程建设中的施工监理，那么在这个阶段的监理工作已深入到工程可行性研究、招标投标、设计、施工、竣工验收等工程项目建设的全过程；如果说前期的监理工作主要限于国家和中央部委属的建设项目上，那么此时的监理范围已扩展到全国各省、市和自治区，地方政府都相应发文，在建设领域全面部署开展建设监理工作。比如，湖北省政府于 1996 年 1 月 30 日颁布《湖北省工程建设监理管理办法》，该办法规定：外资、中外合资和国外贷款、赠款建设项目，总投资额在 400 万元以上项目以及政府指定的其他建设项目都必须实行监理；严格实行监理工作业务的总监负责制和岗位负责制，严格按监理资质规定的业务范围承接监理业务，加强监理机构及监理业务人员的自身建设；向国外扩展监理业务等。

目前，第四阶段：已进入工程项目监理的产业化、独立化和国际化程度的发展阶段。

国家质量技术监督局、建设部联合发布的《建设工程监理规范》（GB 50319—2000）（2001 年 5 月 1 日起实施），明确指出建设工程监理是对工程建设实施的专业化监督管理。目前，工程项目监理队伍已成为建筑领域中一支重要的力量，是建筑市场最具有活力的主体之一。它已成为一个专门的行业，现正朝着独立性、专业化和社会化的方向前进。

我国借助国际惯例，推行监理制度，改善了外商的投资环境，有利于吸引更多的外资，推动改革开放事业向前发展。

凡外资、合资及贷款兴建的项目大多要求按国际惯例实行建设监理制度。1988 年以前，我国没有推行和建立监理制度，没有相应的队伍，只好重金聘请外国人监理。1979～1988 年十年间，监理费用支出 10～20 亿美元，其中绝大部分是支付给外国监理人员的费用。另外，我国建设队伍进入国际市场，由于不熟悉国际惯例，缺乏监理知识和被监理的经验，使企业的经济收入和信誉受损，数额也达上亿美元。由此可见，推行监理制度势在必行。

经过二十余年的建设，我国监理队伍的规模和管理水平不但能满足国内建设监理任务的需要，而且还有相当的人员和单位得到国际监理同行的认可，开始进入国际建筑市场。有许多监理公司创造了光辉的业绩。

长江水利委员会工程建设监理中心（湖北）（简称“长江委监理中心”）创建于 1992 年，具有建设部、水利部、原电力部颁发的工程建设监理甲级资质及国家发改委颁发的工程咨询甲级资质。是全国工程建设监理协会理事和中国水利水电工程建设监理协会常务理事及副秘书长单位。

长江委监理中心自承担国内首批工程建设监理试点工程项目——清江隔河岩水利枢纽的监理任务至今已承接工程项目达 40 余项，监理工程分部在湘、鄂、皖、赣、浙、苏、桂、黔、粤、川、渝、陕、新等国内十几个省市和国外地区。近几年年度监理工程投资额均超过 20 亿元人民币。目前正在实施监理的项目有四川锦屏一级水电站工程、湖南皂市水利枢纽工程、新疆察汗乌苏水电站、非洲刚果英布鲁水电站教育交钥工程等大型水利水电工程项目。

长江委监理中心以长江水利委员会为依托，建设监理人才资源充足，专业齐全，从业人员工程设计、施工和现场监理的实践经验丰富，所监理的多项工程被评为优质工程。监理人员多人次被评为全国监理先进个人、省部级劳动模范等，企业多次被建设部、水利部授予“全国先进监理单位”的称号，长江委监理中心资信等级被湖北省企业评信事务所评为“AAA”。他们的监理经验将在第 8 章作详细介绍。

南京今迈勘测监理有限公司成立于 2006 年，是国内首家真正意义上的由省级测绘行政主管部门颁发一级测绘监理资质证书的专业测绘工程监理企业，具有独立法人资格。经营范围为：测绘工程监理、岩土工程勘察监理、测绘产品检验、地理信息系统建立的监理、咨询。2007 年 9 月通过 ISO9001:2000 质量管理体系认证。

南京今迈勘测监理有限公司拥有一支高素质的专业队伍，具有高效的管理能力和强劲的技术开发、技术创新和技术服务能力。在现有 30 名员工中，专业技术人员 24 名，其中：测绘高级工程师 6 名、工程师 16 人、助工 2 人；有 8 人取得了国家人事部和国家质量监督检验检疫总局颁发的“注册质量工程师证书”；16 人取得了江苏省测绘行政主管部门颁发的“测绘监理从业人员培训合格证书”（注册证书），拥有江苏省测绘行政主管部门规定的一级测绘监理单位所应具备的各类仪器设备。无论是人员素质、仪器设备/质量管理，还是测绘工程监理工作经验及技术水平方面，都为承担各类测绘工程及地理信息系统建立的监理及检验提供了充分保障。

南京今迈勘测监理有限公司成立以来，公司依托先进的技术、优秀的团队及一流的管理队伍，以兢兢业业的专业精神，先后承接并完成了武汉市地下综合管线普查探测、淮南市地下综合管线普查探测、徐州市地下综合管线普查探测、江苏省泗洪县 310km^{2}1 ∶1000 航测地形图测绘、南京市 840 km^{2}1 ∶2000 航测地形图等多项测绘工程的监理工作。通过科学、合理的控制、管理与协调，上述工程在各个方面都实现了预期的目标，获得了业主及作业单位的一致好评，取得了很好的效益。公司全力打造企业的诚信品牌，真正实现了“监理一个工程，创一项精品，交一方朋友，揽一片市场”的企业形象。

近年来，建设监理在国际上得到了较大的发展。一些发展中国家，也开始效仿发达国家的做法，结合本国的实际，引进并建立自己的社会监理机构，对工程建设实施监理。建设监理已逐步地成为工程建设管理组织体系中的一个重要组成部分。一些国际金融机构诸如世界银行、亚洲开发银行、非洲开发银行都把实行建设监理作为提供建设贷款的重要条件之一。建设监理已成为在世界范围内进行工程建设必须遵循的制度。

1.8 与监理学相关的学科

建设监理是一个复杂的大系统，建设监理学则是横跨许多知识领域的综合学科，它不仅包括工程技术和管理知识，也包含经济和法律知识。现简要介绍一下相关的学科。

1. 投资学

投资学是工程项目决策的理论，其主要内容有：资金来源和筹集，投资与经济发展的关系，投资规模、方向和结构，投资决策的科学方法和决策程序，投资项目的论证和实施，投资管理等。随着社会主义市场经济的建立和发展，对建设前期的投资机会、投资规模和结构的论证以及投资决策、提高投资效益等都是非常重要的问题。

2. 技术经济学

技术经济学是一门技术科学和经济科学相结合的边缘学科，它研究的是生产技术如何更有效地推动生产力的发展。技术经济学具体研究的是技术方案的分析、评价的理论知识和方法，是工程项目投资分析的重要理论。在项目实施过程中，必须进行技术分析，以确保投资目标的实现。

3. 组织论

组织论是一门经典学科，它是研究一个系统的组织结构和工作流程的学科。组织结构包括组织结构模式、任务分工、管理职能分工。工程流程包括物质流程组织和信息流程组织。

4. 工程项目管理学

工程项目管理学是技术、经济、管理交叉的学科。它是研究通过技术、经济、管理手段对工程项目进行组合和控制，高效率地实现工程项目目标的学科。

5. 法律

建设监理是一种管理制度，因此需要依据法律、政策制定建设各方共同遵守的法规和条例。由于工程建设各方都是经济合同关系，因此主要依据《合同法》。

6. 建筑学

建设监理的产生从某方面说也是建筑领域专业化的产物，监理工程师的前身是建筑师，受雇或从属于业主，为业主设计、绘图、购买材料、雇用工匠，并组织管理工程施工。建设监理发展到今天已经贯穿于工程建设从勘察、设计到施工、保修的全过程，因此，建筑学是监理工程师必须掌握的一门学问。

7. 运筹学

这是应用分析、试验、量化的方法，对管理系统中人力、物力、财力等资源进行统筹安排，为决策者提供有依据的最优方案，以实现最有效的管理。其特点是：

(1) 透过各种错综复杂的数量关系，抓住主要矛盾，通过对问题的深入分析，建立合适的数学模型或模拟模型，运用合适的方法求得问题的最优解，从而得到合理的工作方案等。

(2) 强调多学科、多部门和人员的密切配合，相互协调地解决问题。

(3) 强调全局性地分析问题，即从整个系统的角度寻找解决问题的方法，力求找到一个最有利于系统整体利益的方式来解决系统内部的利益冲突。

(4) 强调为被解决的问题寻求最优的解决方案，而不是满足于对现状的改善和提高。

运筹学包括以下分支：

(1) 数学规划学

它包括的内容十分广泛，如线性规划、非线性规划、整数规划（包括0-1规划）及动态规划等，它的基本思想是根据研究问题的性质和需要，选择有限个变量，构成合理的数学模型。利用数学方法求解变量在满足确定的约束条件下，使整体系统的目标函数达到最优化，从而选择和确定解决问题的最优方案。

(2) 对策论

它是应用数学方法，研究有利害冲突的双方（或几方）在竞争性活动中是否具有战胜对方的最优选择方案。为了用数学工具来研究对策，就必须建立数学模型并对其求解，这是对策论中所要集中研究和解决的问题。

(3) 决策论

决策就是人们在从事各种活动过程中所采取的决定或者选择。许多决策问题通常要受到若干个不确定性因素的影响，为此首先必须进行决策分析，以利于作出正确的决策。因此，所谓决策论就是通过分析，判断在各种条件下不同决策行为的合理性，在多种被选方案中选择最佳方案。

此外，排队论、存储论等也是运筹学的研究内容。

8. 网络计划技术

用网络分析方法编制的计划称为网络计划，它在投资、资源优化、进度安排、生产技术准备等方面得到广泛的应用。网络计划技术最基本的方法是关键路线法（CPM）和计划评审技术（PERT）。

我国从20世纪60年代中期开始，在已故著名数学家华罗庚教授的倡导下，开始在国民经济各部门试点应用网络计划方法。此后，这一技术在资源分配、财务管理、工程管理等方面得到广泛的应用，特别是在工程项目管理中，网络计划技术成为工程进度控制的最有效方法之一。为了进一步推广网络计划技术的研究与应用，我国于 1991 年颁布了《网络计划技术》三个国家标准，将网络计划技术的研究和应用提高到新水平。

9. 概率论与数理统计

概率论是人们认识研究大量偶然事件基本规律的科学，而数理统计是对取得的数据进行分析、整理和应用的统计方法。

10. 信息论

信息论是研究机器、生物和人类对于各种数据获取、交换、传输、储存、处理、分发、利用和控制、管理的一般规律的科学。测绘信息是国家和工程的基础信息之一。测绘工程监理主要是对测绘信息及其相关信息的研究与应用。

11. 控制论

控制论是研究系统的调节和控制的一般规律的科学。控制论所指的控制包括统治、管理、调节、操作等。它把研究的客观看做系统，主要是研究系统的功能与效力。力求从系统的观点、信息的观点、反馈的观点以及功能效力观点进行分析和研究。目前已朝着人力智能及大系统理论方向发展。

12. 现代科学管理技术

以上各种学科分支都有自己的完整体系。而要使它们在管理中发挥各自的优势，还需要现代科学管理技术及计算机技术把它们整合起来，因此，现代科学管理技术在系统工程中起着核心的作用。

1.9 工程项目监理学的基本体系和主要内容

工程项目监理学与工程项目管理学有许多研究内容是相同的或相似的。比如，它们研究的对象，都是既有投资行为又有建设行为的工程项目，并贯穿于工程项目实施的全过程；它们研究的目标，都是通过投资、进度、质量三项控制，实现控制目标整体优化，使得工程建设得到“优化解”或“满意解”；它们研究的手段，都是通过合同管理、信息管理和组织协调，综合运用组织上的、技术上的、经济上和法律上的措施，来保证控制目标的实现等。因此，它们目前尚缺乏权威的定义，往往相互混淆。比如，英语中它们通称为：“Construction Management”，“Contract Management”，“Construction Project Management” and “Construction Administration”。但它们之间也有不同之处，主要的不同是参与管理的主体不同。工程项目监理是以独立于建设单位和承包单位之外的第三方的主体身份参加项目管理的，因此在一些研究的内容中，又表现出特殊性。鉴于以上情况，我们有理由认为，工程项目监理学是工程项目管理学的一个分支科学，是同经济学、法律学、行为科学等学科有密切联系的边缘学科，是研究监理单位实行工程项目监督管理的理论、技术和方法的一门学科。

工程项目建设监理学是 20 世纪中期发展起来的一门新兴的工程管理学，它一经问世，就以其强大的生命力引起管理科学工作者、科研和工程技术人员以及经济学家们的高度重视和极大兴趣。在我国，经过近三十年的理论研究和实践总结，现已建立了相当完备的学科体系和研究内容，已经形成粗具规模、相当成熟的学科。现把它的基本理论体系和主要研究内容的发展情况概括如下：

1. 系统论、运筹学、信息论、控制论等现代管理科学的思想和理论是工程项目监理学的基本理论体系

任何一项工程项目，都是一个复杂的系统工程，具有涉及面广、科技含量高且密集、控制目标多样等特点，对这样的工程项目实施管理，必然要应用现代管理科学体系的观念、理论和方法。对工程项目实行全系统规划、全目标控制、全程序主持、全方位指挥，全功能的协调和全责任承担等管理模式，体现系统工程的体系和思想。

2. PDCA 预测与决策技术、网络计划技术以及数理统计方法等是工程项目监理的科学有效的方法

PDCA 预测与决策技术、数理统计方法以及根据运筹学原理产生的网络计划技术，在我国工程项目的监理中已得到普遍的应用。其中，网络计划技术将经费控制、资源以及劳力配置等列入网络图控制之中，有的工程还运用随机网络实现了工程的动态实时控制。

3. 工程项目全目标控制的重点是进度、质量、投资，实现的手段是合同管理、信息管理和组织协调

工程项目具有多目标的结构，在不同层次、不同阶段、不同系统中都有相应的目标体系。但贯穿全过程、全系统的重点目标是质量、进度和投资。更为重要的是要以质量和效益为中心，通过计划进度的统筹安排，实现三者的优化组合，协调统一。通过合同管理、信息管理和组织协调等三种手段，运用组织的、经济的、技术的和合同的措施，来保证整体目标的实现。

4. 按程序、分阶段、循序渐进的组织理论，采用科学的法规和制度规范监理行为是实施工程项目监理的基本规律

任何工程项目的实现，都有客观的阶段性和科学的既定程序，在工程的全寿命期内，循序渐进，组织一个搭接一个的监理，按照科学程序办事，实现分阶段目标，争取获得圆满的阶段性的成果和最佳效益，逐步逼近总体目标，已成为各类工程项目监理的共同规律。

5. 在大力发展我国监理事业的基础上，引进、吸收、消化国外先进的监理经验并加以创新，是新时期工程项目监理工作取得和保持技术优势的重要途径

在继续发展我国监理事业和充分总结我国监理工作经验的基础之上，树立市场观念、竞争观念以及革新观念等，充分利用开放的政策，引进国外先进的监理理论、技术与方法，组织消化与吸收，不断地改革和创造监理工作的新面貌，使我国监理工作与国际接轨进而走向国际市场。

6. 在我国实行国家监督和社会监理制度是社会主义条件下最好的监理体系

国家监督是纵向的、宏观的、长期的和全面的。这符合社会主义条件下全社会的、全民族的长远利益，必须坚持下去。社会监理是对具体工程进行公正的、科学的服务与管理工作，是改变传统的二元结构，使其变为新的三元结构，创造生动活泼的建筑市场新局面的一个有力的改革措施，因此必须加以坚持。

7. 加强和改善监理单位建设和监理人员队伍的自身建设是推进我国监理事业发展的先决条件

工程项目管理中，客观地存在着硬系统（设备）、软系统（政策法规）和活系统（人），始终保持这三大系统运行的协调一致，是实现工程项目科学监理的重要内容，其中人是管理的主体，也是主体的管理。不断地运用党的政策，其中包括按劳分配的政策及思想政治工作，培养社会主义的人生观和价值观，提高人的思想、业务素质，激发人的积极性、主动性和创造性，严格按照“严格管理，热情服务，秉公办事，一丝不苟“和“守法、诚信、公正、科学”的基本准则开展工作，是监理工作中最核心的内容，也是推进我国工程项目监理事业健康发展的先决条件。

1.10 测绘工程项目监理的概念

1.10.1 测绘及其意义

所谓测绘是指对自然地理要素或地表人工设施的形态、大小、空间位置及其属性等进行测定、采集、表述以及对获取的数据、信息、成果进行处理和提供的活动。

测绘工作的业务一般可划分为大地测量、摄影测量与遥感、地图编制、地图印刷、地理信息系统工程、工程测量、地籍测绘、房产测绘、行政区域界线测绘、海洋测绘等。

根据测绘工作的作用、性质和管理等方面的实际情况，我们将测绘工作区分为基础测绘和专业测绘两种。

所谓基础测绘是指建立全国统一的测绘基准和测绘系统（其中包括大地基准、高程基准、深度基准和重力基准及大地坐标系统、平面坐标系统、高程系统、地心坐标系统和重力测量系统），进行基础航空摄影，获取基础地理信息的遥感资料，测制和更新国家基本比例尺地图、影像图和数字化产品，建立、更新基础地理信息系统等。

所谓专业测绘是指产业部门或集团为保证本部门或集团业务工作范围内所进行的具有专业内容的测绘的总称，专业测绘应采用国家技术标准或行业技术标准。

在陆地、海洋和空间所完成的基础测绘成果和专业测绘成果有天文测量、大地测量、卫星大地测量、重力测量的数据和图件；航空和航天遥感测绘底片、磁带；各种地图（包括地形图、普通地图、地籍图、海图和其他有关的专题地图等）；工程测量数据和图件；其他有关地理数据；与测绘成果直接有关的技术资料等。

测绘工作通过提供与地理位置有关的各种空间数据和信息，广泛服务于经济建设、国防建设、科学研究、文化教育、行政管理、人民生活等各领域，是一项为全方位、各领域服务的基础性工作，也是一项与国家主权、国家安全和人民物质文化生活息息相关的先行性工作。测绘成果对现代社会生产和人民群众的物质文化生活的影响日渐突出，测绘工作的基础地位和重要作用正越来越被全社会所认识。在全面建设小康社会的伟大历史进程中，与时俱进地做好测绘工作，努力为经济建设和社会发展提供测绘服务，任务日益繁重。我们必须切实加强测绘管理，以测绘工作的新成果和测绘事业的新发展，努力促进科教兴国战略、可持续发展战略、城镇化战略和西部大开发战略等重大战略的实施，积极促进信息化、工业化和现代化，为全面建设小康社会作出应有的贡献。

我们还应该从测绘工作在新时期的战略方位来加深认识测绘工作的重要意义，增强做好测绘工作的使命感、责任感和迫切感。

1. 测绘工作事关国家安全、国家主权和民族安危

现代战争越来越依靠测绘提供的地理空间信息实施远程精确打击目标，西方敌对势力总是图谋获取我国的地理空间信息数据。地图体现国家主权、民族尊严和版图完整，在新形势下，必须加强测绘工作的统一监督管理，把维护国家安全和国家主权作为神圣职责。

2. 测绘是实现可持续发展的基础性工作

可持续发展是全面建设小康社会的奋斗目标之一。研究解决人口、资源、环境等可持续发展问题，都需要地理空间信息的支撑。现代测绘已成为全世界各国解决可持续发展问题的重要手段。我们必须加快测绘事业的发展，提高测绘保障能力。

3. 测绘是实现信息化的重要基础之一

大力推进信息化是我国加快实现现代化的必然选择。信息化的一个重要基础设施，就是空间数据基础设施，也就是我们所说的“数字中国”地理空间基础框架，它是电子政务和各种信息系统的基础和共享平台。没有测绘提供的地理空间信息保障，将会严重影响我国所有的政府信息系统的建设。加快空间数据基础设施建设，是新时期测绘事业发展的重要切入点。

4. 测绘向全社会提供全方位服务

当今人类社会经济活动中80%的信息都与地理空间信息有关。测绘工作提供的地理空间信息，广泛服务于经济建设、国防建设、科学研究、文化教育、行政管理、人民生活等诸多领域，与全面建设小康社会的奋斗目标密切相关。发展开放型测绘，主动提供全方位服务是测绘工作的神圣使命。

1.10.2 “十五”测绘事业取得的主要成就

“十五”期间，我国测绘事业发展以满足经济社会发展需求为出发点，不断完善测绘管理体制和运行机制，加快数字中国地理空间框架建设，推进地理信息资源开发利用，取得了一系列可喜的成就。概括起来，主要表现在以下几方面：

（1）法律体系初步建立。

（2）统一监管力度逐步加大。

（3）基础测绘工作稳步推进。

（4）科技创新和人才队伍建设取得重要进展。

（5）地理信息产业快速发展。

（6）测绘保障服务成效明显。

我国经济社会的快速发展以及国际上测绘发展的良好态势，为我国测绘事业发展提供了难得的机遇，同时也提出了新的更高的要求。测绘事业发展的机遇和挑战并存。概括起来，主要表现在以下几方面：

（1）党中央、国务院对测绘工作高度重视。

（2）经济社会发展不断对测绘提出新的需求。

（3）科技进步为测绘发展提供了强劲动力。

（4）测绘事业发展面临的问题依然严峻。

一是基础地理信息资源相对短缺。测绘基准体系亟待完善，基本比例尺地形图尚未实现必要覆盖，基础地理信息数据库建设相对滞后、更新缓慢。二是测绘基础设施薄弱。适

用于高精度测绘的自主卫星资源缺乏，测绘基准设施落后且损毁严重，整体装备水平偏低。三是测绘保障服务有待加强。测绘公共产品不够丰富，测绘应用服务与经济社会发展结合不够紧密，地理信息资源开发利用不足。四是自主创新能力亟待提高。测绘科技创新体系尚不完善，基础研究相对滞后，技术创新不足，产业化水平较低。五是测绘统一监管需要进一步强化。测绘法律体系不够健全，管理体制有待完善，测绘市场不够规范，依法行政能力仍需进一步提高。

以上各主要方面的详细内容请参见参考文献［36］。

1.10.3 “十一五”主要任务和保障措施

“十一五”期间，测绘事业的发展要紧密围绕党和国家的中心工作，以深化改革和自主创新为动力，加强测绘基础设施建设，丰富和开发利用基础地理信息资源，发展地理信息产业，推进以地图生产为主向以地理信息服务为主的战略转变。概括起来主要表现在以下几方面：

1）加强测绘管理和法制建设，全面推进依法行政

高效协调的测绘管理体制和运行机制是保证测绘事业健康快速发展的基本条件。要进一步加强测绘法制建设，深化测绘管理体制改革和机制创新，不断完善事业发展环境。

2）加强基础设施建设，改善测绘发展支撑条件

测绘基础设施是保障测绘事业健康快速发展的物质基础。要积极推进基础地理信息获取与处理、存储与管理、服务与应用等方面的基础设施建设，提高测绘保障服务的能力和水平。

3）加强基础测绘工作，丰富基础地理信息资源

基础地理信息是国家重要的基础性、战略性信息资源，是数字中国地理空间框架的核心内容。要坚持需求牵引、统筹协调，切实加强基础测绘，加快基础地理信息数据库建设与更新，增强基础地理信息资源保障能力。

4）加强公共产品开发，推进测绘公益性服务

加强测绘公共产品开发，推进测绘成果在经济社会发展各领域的广泛应用，是实现测绘工作价值的重要途径。要紧密围绕党和国家的中心任务，大力开发适用、好用的测绘公共产品，不断拓宽服务领域，提高服务水平。

5）加强地理信息社会化应用，繁荣地理信息产业

地理信息产业是以地理信息技术为支撑、以地理信息资源为核心发展起来的新兴产业。要加快制定地理信息产业发展政策，完善地理信息产业相关标准，培育和规范地理信息产业市场，推动地理信息产业健康快速发展。

6）加强自主创新，推动测绘科技进步

测绘科技进步和创新是推动测绘事业发展的强大动力。坚持把自主创新摆在测绘工作的重要位置，继续实施科技兴测战略，创造有利于自主创新的体制和机制，增强自主创新能力，全面提升测绘对经济社会发展的保障能力和水平。

7）加强测绘标准化工作，促进地理信息资源共建共享

测绘标准是开展测绘活动的重要前提，是地理信息资源建设、共享和利用的技术基础。切实加强测绘标准制修订和宣传贯彻工作，提高标准的科学性、适用性和协调性，大

力推进地理信息资源高效利用。

8）加强人才资源能力建设，提高测绘队伍整体素质

推动测绘事业发展，人才是关键。必须用科学的人才观指导测绘人才工作，牢固树立人才资源是第一资源的观念。继续实施人才强测战略，加大各类人才培养力度，加强人才梯队建设，为测绘事业发展提供有力的人才支撑。

9）加强国际合作交流，提升我国测绘的国际影响力

加强测绘国际合作与交流，对于学习国际先进测绘技术和管理经验、推动我国测绘领域的对外开放、扩大国际影响、提升国际地位具有重要作用。

为了实现上述规划，必须有足够的保障措施，主要几点是：

（1）加强党的建设和精神文明建设。

（2）健全测绘事业发展投入机制。

（3）建立地理信息资源共建共享机制。

（4）加大规划实施的监督管理力度。

各级测绘行政主管部门要强化规划的监督管理，提高规划的权威性和严肃性。建立规划实施的监督、检查与评估机制，充分发挥规划的宏观性、指导性和政策性作用。进一步完善基础测绘计划管理制度，加强规划、计划和预算的有机衔接，强化基础测绘项目管理和预算执行的刚性。建立规划的滚动调整机制，根据经济社会发展的实际需要，在科学评估的基础上，按有关程序和要求对规划进行调整。引入规划实施的社会监督机制，充分发挥企事业单位、中介组织和媒体等对规划实施的监督作用。

以上各主要方面的详细内容请参见参考文献［36］。

1.10.4 测绘工程项目监理学的概念

1. 实行测绘工程项目监理的意义

1）实行测绘工程项目监理是加强测绘管理和法制建设，全面推进依法行政的需要

《测绘事业发展的第十个五年计划纲要》明确指出："要通过健全法制、规范管理、创造公开、公平、公正、竞争有序的测绘市场，要积极探索测绘项目的工程监理制"，《测绘立法"十五"规划》中把"测绘工程监理管理办法"列为重要的调研项目之中；《国家基础测绘"十五"规划》中把"逐步建立并完善质量监理制度"作为基础测绘质量保证体系的重要措施；国家测绘局把"完善基础测绘监督检查机制，完善项目的法人负责制，推广质量监理制度，严格项目的管理制度"作为2003年度认真贯彻测绘法，加强测绘工作统一监督管理的一项重要工作任务。

"十一五"主要任务提出要"进一步健全中央、省、市和县级测绘行政管理体系，理顺体制机制，创新管理模式，全面履行政府职能。根据测绘事业发展的要求，稳步推进事业单位结构调整和分类改革，建立结构完整、布局合理、职责分明、功能完善的测绘事业单位组织体系。积极发展与测绘相关的社团和中介组织，发挥其服务、沟通、协调、公证、监督等作用。加强测绘政务信息化建设，进一步提高测绘行政管理水平。"

"加大规划实施的监督管理力度，各级测绘行政主管部门要强化规划的监督管理，提高规划的权威性和严肃性。建立规划实施的监督、检查与评估机制，充分发挥规划的宏观性、指导性和政策性作用。进一步完善基础测绘计划管理制度，加强规划、计划和预算的

有机衔接，强化基础测绘项目管理和预算执行的刚性。建立规划的滚动调整机制，根据经济社会发展的实际需要，在科学评估的基础上，按有关程序和要求对规划进行调整。引入规划实施的社会监督机制，充分发挥企事业单位、中介组织和媒体等对规划实施的监督作用。”

在“测绘标准化工作‘十一五’规划”中，明确要“加强测绘标准化工作，是各级测绘行政主管部门依法行政的重要内容，是统一监管的重要手段；规范技术、方法、产品和产业发展，必须依靠科学、严谨的技术标准。为了保障重大测绘工程的顺利实施，推动测绘成果的共建共享和社会化应用，促进地理信息产业的健康发展，根据《全国基础测绘中长期发展规划纲要》和《测绘事业发展第十一个五年规划纲要》提出的目标和要求，制定测绘标准化工作“十一五”规划”，在“十一五”测绘标准化规划项目‘质量和管理标准’分类项目中，把“测绘与地理信息工程监理技术规程（系列）CH”的制定作为基本的测绘标准项目。

江苏省和贵州省人大都审议并批准了本省的“测绘条例”，在这些条例中都明确地规定了测绘工程实行测绘监理制。为了贯彻这些测绘工作条例，两省测绘局都作了大量工作。比如江苏省测绘局于2006年举办两期测绘监理培训班，颁布了江苏省测绘监理管理办法，进行了测绘监理工程师资格考试，颁发了测绘监理工程师资格证书，批准并成立了不同资质等级的测绘监理公司，开展了大量的测绘工程监理工作。其他省也开展了相应的测绘监理工作。

2）实行测绘工程项目监理是保证测绘质量，满足经济社会发展对测绘不断增长和日益迫切的需求和扩展测绘服务空间的需要

我们在基础测绘、工程测绘、地籍测绘、房产测绘、地下管线普查和测绘以及成果管理、地图管理、市场准入管理、产品质量与价格管理等方面都得到蓬勃发展并取得可喜的成绩。当前凸显了许多新的特点：

（1）服务领域扩展。

建设社会主义新农村、推动城镇化发展，实施西部大开发战略、振兴东北等老工业基地，促进中部地区崛起，加快东部沿海地区发展等，均需要多方位和全程性的测绘保障服务，工程测绘、地籍测绘、房产测绘、地下管线普查和测绘，车载导航，电子政务，电子商务等测绘工程繁多。这些工程具有隐蔽性复杂性动态性等特点。

（2）投入增加。

既有国家和政府的加大投入，也有企业和私人业主的投入。比如，据不完全统计，在江苏省2005年的测绘投入就有8亿元人民币。1998年深圳市地下管线二期探测工程是继一期工程后又一项大型基础测绘项目，总投资额1100万元，探查地下管线街道总长约200km，地下管线总长3144km，共探测给水、污水、雨水、煤气、电力、电信和工业共七类管线；武汉市已经建立了“地下血脉网络系统”，探明了十七类地下管线并绘制了地下管线网络图，管线长度达一万余公里，在该工程中投入了巨额资金并有效地实行了测绘监理，取得了很好的效益。

（3）竞争激烈。

在目前的测绘市场中，既有国家和各级政府的测绘生产单位，也有为数不少的私营测绘公司，比如，2005年进入江苏省的测绘作业单位就有200余家，这些单位的测绘人员

技术水平，设备优劣，业绩诚信等参差不齐。

（4）科技进步。

测量仪器和测量系统结构高度电子化、操作自动化和智能化，初始数据、中间数据、结果数据以及产品呈现数字化、信息化和隐蔽化。

以上这些新的特点和发展形势，给测绘质量的控制与保证，检查与评估带来了一些实际困难和问题。测绘产品的质量将直接影响到工程的质量安全，影响到人民经济社会生活，影响到企业的信誉，甚至关系到国家的安全。为了根本克服和解决这些困难和问题，建立严密的测绘质量监控网络和过程监控体系是非常致关重要的。实行测绘工程项目监理机制是其中的重要举措。

3）测绘工程监理在测绘管理工作中的作用

测绘工程监理单位是属于国家测绘质量监控网络和过程监控体系中社会监理子系统，是按照测绘监理管理办法依法和一定程序由测绘主管部门批准成立的社会企业单位，在测绘管理工作中有着不可替代的作用。

（1）对测绘工程建设的控制作用。

测绘工程建设的目标是质量、工期和费用。为了实现这三大目标，业主必须依靠（监理）工程师对建设的过程进行动态控制，也就是说，“三控制”是监理工程师的重要职责。但其中测绘质量控制是重中之重。有时，三大目标还可能发生冲突，监理工程师必须统筹平衡，寻找目标的最佳点，使其优化配合，避免顾此失彼。

（2）对施测现场的协调作用。

由于测绘工程规模大、战线长、工序多，往往是由多个测绘单位承包，现场的施工干扰、作业交叉、工序极为频繁。业主必须依靠监理工程师对施测现场进行协调，按轻重缓急进行优先排序，以保证施工的安全和有序。尽管参建各方的总目标是共同的，但各自的利益关系不同，要求和期望不同，关注的焦点也不同，甚至对某些问题会有冲突。监理工程师必须运用各种知识、技能、手段和方法、通过协调，解决这些冲突和矛盾，实现在预定的时间内，按规定的质量标准以及合理的造价建成工程的总目标。

（3）作业单位和委托方的桥梁作用。

业主与承包单位是合同的双方，经济利益是相反的，双方之间的联络和对话是极为敏感的，双方的沟通需要一座桥梁作为通道。而监理工程师恰恰可以起到这个桥梁作用。作业单位内部质量管理体系是保证工程质量的基础，工程监理机制是促使作业单位健全质量管理体系的保证。二者结合构成整个工程质量体系，对工程进行全面质量管理。工程监理报告及有关资料是委托方全面、客观判断作业单位工程质量的重要依据，委托方可根据监理资料及时提出指导性意见，从而促进工程质量的提高。监理组织的通报和整改意见，使作业单位及时了解自身存在的质量问题，及时进行改正，避免类似问题再次发生，这对保证工程质量是非常重要的。

（4）执行合同的平衡作用。

监理工程师的职责就是执行业主与承包单位所签订的合同。要实事求是地办理计量和支付签证，公平合理地处理工程变更，客观地评价索赔或争议。通过平衡，使业主与承包单位达到“双赢”。作业单位可以将自己的意见、要求通过监理组织传达到委托方，而委托方也可委托监理组织对某些意见进行处理回复，对某些问题进行处理，同时可随时随地向监理组询问工程完成的情况以及存在的问题。监理工作应该在“严格管理、热情服务、秉公办事、一丝不苟”和“守法、诚信、公正、科学”的基本准则基础上开展工作。

(5) 对委托方在施工现场的施工管理的替代作用。

现代工程项目是一项极其复杂的系统工程，在整个工程的实施过程中（初期、施工期和后期），业主的组织和管理工作量是十分巨大的，特别是在施工期，业主的人员和主要精力不可能消耗在现场的施工管理上，必须委托和依靠监理工程师全面负责现场的施工管理。在监理规程中也明确规定，监理单位是建设单位在施工现场惟一的管理者，建设单位与承包单位之间与建设工程施工合同有关的联系活动应通过监理单位进行。这就是说，监理单位实际上起到委托方在施工现场的施工管理的替代作用。

2. 测绘工程监理学的概念

从上可见，在测绘工程项目中实行监理是加强和改善测绘监督管理工作的客观要求，监理机制的实施有利于提高测绘工程质量和测绘技术应用水平，是促进测绘事业保持持续发展的重要保障措施。测绘工程监理是为测绘工程建设服务的，而测绘工程比如“数字中国”、“数字城市”等项目建设管理是一个庞大、复杂、多专业和条件综合的系统，要求管理者更多地以定量而不仅定性的，科学分析而不仅是依靠经验的，过程跟踪而不仅是事后评价的工作方式，在系统工程理论指导下开展工作。这就是说测绘工程监理不仅仅是一种工程建设管理方法，更重要的是一门工程建设管理科学，在这样客观形势发展与要求下，就必然产生了测绘工程项目监理学。

测绘工程监理有别于土木工程监理。土木工程监理已趋成熟，有相应的规范和持证上岗队伍，形成了比较完善的工程建设监理学的学科体系。测绘工程监理则刚刚开始，各种理论、技术、方法、手段尚在探索、试验和研究之中，因此测绘工程项目监理学应充分借鉴工程项目监理学的理论体系及内容来发展自己的学科。

测绘工程项目监理学是以研究测绘工程项目监督管理的理论、方法为主要内容的一门管理科学，它既具有工程项目管理学的一般规律和内容，同时也具有本身内在的特殊规律和内容。它的形成、建立与发展应以系统论、信息论、控制论等现代管理科学的思想为理论基础；紧紧把握全目标：进度、质量、投资控制的重点内容；运用合同管理、信息管理和组织协调的重要手段；用预测与决策技术、计划网络技术以及数理统计等工程项目监理的科学有效的方法，建立健全测绘工程项目监理机制和管理办法，从而不断提高测绘工程项目监理的科学化、规范化的管理水平。随着测绘监理机制的不断完善、形成和发展，它必将成为与测绘科技紧密联系的一门新的管理学科。同时，测绘工程项目监理也是时代赋予我们的一个新的服务领域。

本章小结

在工程项目管理中实行监理制度，这是我国工程建设管理体制改革的一项重要内容。监理的主要工作内容是质量控制、进度控制和投资控制以及合同管理、信息管理和组织协调。其系统工程学的概念、理论与方法是指导建设监理工作的理论基础，对工程的全系统规划，全目标管理，全程序组织，全方位指挥，全功能的协调以及全责任的承担，这是值得借鉴的系统工程管理经验。贯彻整个工程全系统的重点目标是质量、进度和投资，最重要的是以质量和效益为中心，通过计划进度的运筹实现三者的优化组合，因此根据运筹学原理产生的计划网络技术是工程项目监理的有效方法，把经费、工期、劳力、资源配置等纳入网络实现优化控制，运用随机网络实现工程动态实时控制，应用计算机管理系统实行监理的信息管理，可大大提高工程建设监理的能力和效益。

测量监理是整个监理工作中不可缺少且负有重大责任的一项重要工作。这是改革开放时代赋予测量人员的光荣而艰巨的新任务。工作人员应认真履行好自己的职责，把这项工作做好。测绘工程项目监理学是以研究测绘工程项目监督管理的理论、方法为主要内容的一门管理科学，它既具有工程项目管理学的一般规律和内容，同时也具有本身内在的特殊规律和内容。为了做好测量监理工作，除必须应具有扎实的测量专业技术知识外，还必须掌握与国家工程建设有关的经济、管理及法律等方面的规定及文件精神，熟悉和掌握监理工作的一般理论、原则、方法和程序，以及相应专业工程建设与管理的标准和规范，不断地扩大自己的知识面和提高测量监理工作的业务能力，扩大服务领域，在工程项目监理工作中，更好地发挥自己的作用。

第2章　建设监理工作中的投资控制

2.1　投资控制的基本概念

2.1.1　投资控制的目的和意义

工程项目投资是以货币形式表示的基本建设工程量，反映了工程项目投资规模的综合指标和工程价值，它包括从筹集资金到竣工交付使用全过程中用于固定资产在生产和形成最低量流动基金的一次性费用总和，主要由建筑安装工程费、设备及工具、器具购置费以及预备费等构成。

合理地确定和有效地控制工程项目投资是监理工作中的重要组成部分，其基本任务是在工程项目建设的整个过程中进行投资的全方位和全过程控制，即在投资决策、设计准备、设计、招标发包、施工安装、物资供应、资金运用、生产准备、试车调试、竣工投产、交付使用以及保修等各阶段和各环节进行全面的投资控制，使技术、经济及管理部门紧密配合，充分调动主管、建设、设计、施工及监理等各方面的积极性，采取组织、技术、经济和合同等各种手段及措施，以计算机辅助，随时纠正发生的偏差，求得在工程项目中合理地使用人力、物力及财力，使项目的实际投资数额控制在批准的计划投资标准额之内，有效地使用人力、物力和财力，使有限的投资取得较好的经济效益和社会效益。

投资控制在社会主义市场经济条件下更具有特殊意义。从宏观上讲，投资控制是国家控制和调节固定资产投资以缓解我国建设投资的巨大需求和有限供给之间矛盾的主要手段和措施，对降低生产成本，提高经济效益，改进城镇居住条件，推行商品房改革，建立投资确定和控制系统等均具有战略意义。从微观上讲，我国工程建设投资长期存在三超现象（即概算超计划，预算超概算，决算超预算），其原因主要是投资不足，不同阶段的估算、概算、预算缺乏动态调控，材料设备价格浮动幅度大，初步设计深度不够，使施工图设计出入较大，活口因素多，施工中变更设计及洽商频繁等，实行项目的投资控制是解决这些实际问题切实有效的手段。另外，投资和成本管理也是衡量单位管理水平的重要尺度，是提高单位经济效益的重要途径和提高竞争能力的重要条件。

2.1.2　投资控制的基本原理和方法

1. 投资控制的基本原理和目标控制的基本原则

投资控制的基本原理就是把计划投资额作为工程项目投资控制的目标值，再把工程项目建设进展过程中的实际支出额与工程项目投资目标进行比较，通过比较发现并找出实际支出额与投资目标值之间的差值，从而采取切实有效的措施加以纠正，实现投资目标的控制。

控制是为确保目标的实现而服务的，建设项目投资控制目标的设置是随着工程项目建设的不断深入而分阶段设置的。具体地说，投资估算是在工程设计方案选择和进行初步设计时建设项目的投资控制目标，设计概算是进行技术设计和施工图设计的投资控制目标，投资包干额是包干单位在建设实施阶段投资控制的目标，设计预算或建筑安装工程承包合同价则是施工阶段控制的目标，以上目标互相联系，互相制约，共同组成投资控制的目标系统。

概括起来，投资控制应遵循以下原则：

（1）合理地确定投资控制的总目标，并按工程项目的阶段，设置明确的阶段投资的控制目标。投资控制的总目标是经过多次反复论证逐渐明确和趋近才能确立的。各阶段目标既有先进性又有实现的可能，其水平要合理和适当，互相制约，互相补充，前者控制后者，后者补充前者，共同组成项目投资控制的目标系统。

（2）投资控制贯穿于建设的全过程，但其重点是设计阶段的投资目标控制。由多项工程经验统计可知，不同阶段影响项目投资的程度不同。初步设计阶段影响项目投资的可能性为75%~95%，技术设计阶段影响项目投资的可能性为35%~75%，施工图设计阶段影响项目投资的可能性为5%~35%。由此可见，项目投资控制的关键在于施工以前的投资决策和设计阶段，而重点则是项目设计。要想有效地控制工程项目的投资，工作重点在建设前期，而关键在于抓设计。

（3）采取主动控制手段，能动地影响投资决策。通过实践发现偏差，采取措施予以纠正，这固然无可厚非，但这毕竟是事后的纠偏，不能把偏差预先消灭。为尽可能地减少或避免偏差的发生，应该事先采取积极主动的措施加以控制，主动采取措施去影响投资决策，影响设计、发包及承包等后续工作。

（4）协调和处理好投资、工期和质量三者的关系，寻找三者的有机结合点，争取令建设者及承建者都满意的平衡结果。

2. 投资控制的基本方法和流程

为了完成工程各阶段的投资目标管理，必须采取全方位、全过程的投资控制方法。

所谓全方位的投资控制，是指建立健全投资主管部门、建设施工设计等单位的全过程投资控制责任制，以建设单位为主，通过设计、施工单位的合作，监理单位的监督（并得到投资银行的监督），自始至终，层层把关。对监理单位来说，对一些关键性的工作，采取专人负责、从头到尾跟踪才能奏效。在监理单位内部，除了总监理工程师要抓投资控制外，各专业监理工程师也要注意投资控制，具体责任落在负责经济的监理工程师和经济师身上。

所谓全过程的投资控制是指把投资控制贯穿于工程实施的全过程，即立项阶段、设计和招标阶段及施工竣工阶段。特别是前两个阶段，一定要合理地确定工程项目的投资总目标，以此作为第三阶段乃至整个过程的投资控制基础，不打好良好的基础，作为投资控制重点的第三阶段也就产生不了真正的效果。

投资控制工作流程框图如图2-1所示。

3. 投资控制的手段及基本业务

在投资及工程建设过程中，为了使投资得到更高的价值，利用一定限度的投资获得最

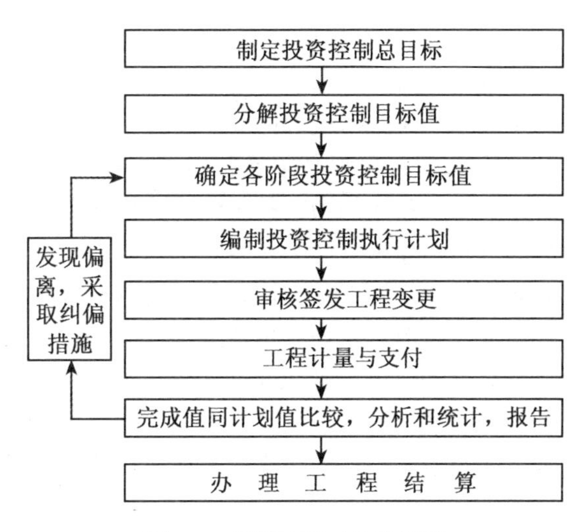

图 2-1 投资控制工作流程图

佳经济效益和社会效益，使可能动用的建设资金能够在主体工程、配套工程、附属工程等分部工程之间合理地分配，必须使投资支出总额控制在限定的范围之内，并保证概预算与投资报价基本相符。在符合要求的造价参考体系、充分的造价审核程序和造价调整相关方法的前提下，我们必须采取一些投资控制的手段：

（1）组织手段。包括明确项目的组织结构，明确投资控制者及其任务，以使投资控制有专人负责，还要明确管理职能分工。

（2）技术手段。包括重视设计多方案的选择，严格审查监督初步设计、技术设计、施工图设计、施工组织设计，深入技术领域研究节约投资的可能。

（3）经济手段。包括动态比较投资的计划值和实际值，严格审核各项费用的支出，采取对节约投资奖励的有力措施。

（4）合同手段。严格按照合同规定，监督和管理业主及承包者的经济行为，认真负责地做好合同变更工作，协商业主与承包者之间的关系，使技术与经济相结合，实现投资控制。

总之，我们必须把各种投资控制的手段灵活地结合起来加以运用，以达到工程项目投资的目的。

为了有效地搞好投资控制，必须明确监理公司投资控制的业务内容。监理公司投资控制的业务内容概括起来有以下四点：

（1）在建设前期准备阶段，进行建设项目的可行性研究，对拟建项目进行财务评价和国民经济评价，预测工程风险及可能发生索赔的诱因，制定防范性措施。

（2）在设计阶段，提出设计要求，用技术经济方法组织评选设计方案，协助选择勘察设计单位，并组织、实施、审查设计概预算。

（3）在施工招标阶段，准备与发送招标文件，协助评审投标书，提出决标意见，协助建设单位与承建单位签订承包合同。

（4）在施工阶段，审查承建单位提出的施工组织设计、施工技术方案和施工进度计划，提出改进意见，督促检查承建单位严格执行工程承包合同，调解建设单位与承建单位之间的争议，检查工程进度和工程质量，验收分部（分项）工程，签署工程付款凭证，审查工程结算，提出竣工验收报告等。

综上所述，投资控制是属于经济技术范畴的一项十分重要的监理工作。监理公司要有效地完成好上述工作，就要求监理工程师必须具备经济、技术及管理等方面的知识和能力。其中，设计、施工方面的专业技术能力、技术经济分析能力、工程项目估价能力、处理法律事物能力以及收集和分析信息情报能力是最基本的要求。只有这样，监理人员才能同设计和施工人员共商和解决技术问题，并运用现代经济分析方法对拟建项目投入支出等诸多经济因素进行调查、研究、预测和论证，推荐最佳方案；才能对不同阶段工程的估价和对工程量进行准确计算，对合同协议有确切的了解。必要的时候，要对协议中的条款进行咨询，按有关法律处理纠纷。要运用准确的价格及成本的情报资料进行单价估算，确定本工程项目的以单价为基础的总费用，从而圆满地完成投资控制的任务。

2.2 建设项目投资计算

2.2.1 建设工程投资估算

投资估算是指在整个投资计算过程中，依据现有的资料和方法对建设项目的投资额进行估计。

（1）规划阶段的投资估算说明有关项目之间的相互关系。作为否定一个项目或决定是否继续进行研究的依据之一，其估算误差率可大于±30%。

（2）项目建议书阶段的投资估算。它的作用是从经济上判断项目是否列入投资计划，可作为领导部门审批项目建议书的依据之一，但不能完全肯定一个项目是否真正可行，其误差率在30%以内。

（3）可行性研究阶段的投资估算。它的作用是可对项目是否真正可行作出初步的决定，其估算误差应在20%以内。

（4）评审阶段的投资估算。它的作用是作为对可行性研究结果进行最后评价的依据，作为对建设项目是否真正可行进行最后决定的依据，其估算误差率应该在10%以内。

（5）设计任务书阶段的投资估算。作为编制投资计划，进行资金筹措以及申请贷款的主要依据，它是控制初步设计概算和整个工程造价的最高限额，其估算误差率应该在10%以内。

投资估算的内容，应视不同的作用，确定不同的项目。全民性工业项目和整体性民用项目应包括该项目从筹建到竣工所必需的一切费用，一般包括以下内容：建筑工程费，设备购置及安装费，生产用工具、器具、家具费，工程建设其他费用，预备费、流动资金、建设期贷款利息。

投资估算是一件十分繁杂的事，有许多因素影响估算的准确性，其主要因素有以下一些：

（1）工程项目的内容和复杂程度。投资估算时必须了解工程项目的组成和复杂程度，严格做到不漏项，不重项，工艺的动力要求和生产环境及建筑结构的特征都要考虑到。

（2）工程所在地的自然条件。

（3）工程所在地的建筑材料供应情况、价格水平、施工协作条件等。

（4）近几年的价格浮动情况及建设周期。

（5）建设地点所在地区各种税收及城市基础设施情况。

（6）设计深度、设计标准及设备材料的选型。

2.2.2 建设工程概算

建设工程概算主要是对建设费用的计算，建设费用主要由建筑工程费、设备安装工程费、设备购置费及工具、家具、器具购置费、其他费用和预备费等构成。

1. 建筑安装工程费的组成

（1）直接费

①定额直接费：人工费、材料费、施工机械使用费。

②其他直接费：包括额外生产用水、电、蒸汽费；冬雨季施工增加费；夜间施工增加费；流动施工津贴；二次搬运费；检验试验费；特殊条件施工增加费、场地清理费及联动试车费。

（2）间接费

①施工管理费。

②其他间接费：临时设施费、劳保支出及施工队伍调迁费（其他直接费和间接费统称为综合间接费）。

（3）计划利润。

（4）税金：营业税、城市维护建设税等。

（5）特定条件下的费用：有害健康的施工保健费、特殊地区的施工增加费、特殊技术培训费、大型机具租赁费及进场费等。

2. 建设费用的计算方法

建设费计算一般是按照熟悉图纸、熟悉现场、熟悉施工方案、确定定额依据、列工程项目（分部工程项目）、计算工程量、套用定额、求取定额单价、计算直接费、工料分析、计算工程造价等步骤进行。具体而言，建设费用的计算方法如下：

(1)定额直接费 $a=\hat{E}$(工程量×定额单价)

(2)综合间接费 $b=a$×综合间接费或人工费×综合间接费率

(3)营业税 $c=(a+b)$×营业税率

(4)建筑工程安装费 $d=a+b+c$

(5)设备工器具购置费 e=设备原价×(1+设备运杂费率)+设备购置费×费率

(6)单项工程费 $f=d+e$

(7)其他费用 g：

①建设单位管理费=f×费率

②土地补偿费、安置补助费、研究实验费、勘测设计费、供电补贴费、施工机械迁移费、矿山巷道维修费、引进技术和进口设备项目的其他费用等均按有关规定计算。生产职工培训费、办公和生活用家具购置费等按有关定额计算。

(8)预备费 $h=(f+g)$×费率

(9)建设工程总费用=$f+g+h$

3. 标底

当工程概算结束后，可以以工程概算为基础来确定标底。标底只反映业主对拟建工程的期望价格，其作用是作为业主筹集建设资金的依据，是衡量报价单位报价的准绳和评标的重要尺度。在当前建设领域深化改革的形势下，经有关部门审核的标底，可作为选择承包单位的基准价。因此，正确确定工程的标底，对业主筹集资金，正确选择承包单位，达成合理的合同价有着十分重要的意义。

2.3 设计阶段的投资控制

2.3.1 设计阶段投资控制的基本概念

设计阶段投资控制的目标是使项目的总投资小于该项目的计划投资，即在计划投资内，通过控制手段，以实现项目的功能、建筑的造型和材料质量的优化，在工程设计阶段对建设项目造价的影响极大。项目投资控制的关键在于施工以前的投资决策和设计阶段，而在作出项目投资决策后，控制项目投资的关键就在于设计。

设计阶段对投资的控制与监督，是政府主管部门宏观管理的内容。我国基本建设程序规定，设计必须有经主管部门批准的可行性研究和设计任务书。主管部门在审查初步设计时，应严格审查设计概算，施工图预算不能超过批准的概算。建立对施工图设计质量的监督制度，既有利于对设计质量把关，又可减少投资的不合理现象，这是监理工程师的职责和任务。

投资控制宏观管理的另一个方面是严格审查概算的真实性和准确性。政府主管部门应对概算编制、审批实行严密有效的监督管理；社会监理公司在制定投资控制的规划时，应慎重全面地审查概算文件，以确定控制目标。

设计阶段投资控制的思路是：

（1）完善投资控制的管理手段。

（2）应用价值工程的原理和方法协调设计的目标关系。

（3）通过技术经济分析，确定工程造价的影响因素。

（4）采用技术手段和方法进行优化设计，以降低造价。

2.3.2 设计阶段投资控制要点

1. 编制造价计划

造价计划是发达的资本主义国家通过多年的实践引入的设计程序。其目的是在设计作出决策之前，判明每一分部（分项）工程对造价总额产生的影响，它不仅估计到投标报价，而且要深入考察每一工程在全部造价中所占的比重，并与建筑师共同研究有无更好办法实现特定的建筑功能，以便选择最佳途径实现建筑的功能目的。

2. 进行方案设计招标

方案设计实行招标竞争，其内容应与可行性研究报告或设计任务的要求相符，进行多方案比较，从功能上，标准上和经济上全面权衡，取长补短，综合选用优秀方案。

3. 初步设计要有一定的深度

初步设计深度要符合一定的规定，既要为施工图设计打好基础，又要满足概算要求。

4. 保证概算质量

概算应提高质量，做到全面、准确，力求不留缺口，并要认真考虑各种浮动因素，使其能真正起到控制施工图预算的作用，概算超出计划投资时应分析原因，在做必要的调整后上报审批。

5. 实行限额设计

施工图设计应根据批准的概算实行限额设计，即将投资切块分配到各工种，严格执行原初步设计标准，材料设备要定型，定量，不留或少留活口。

6. 预算由设计单位编制

首先检查设计并作出必要的修改，如由于其他的客观原因确须突破概算，则应及时向上级主管部门申请追加投资。

7. 施工招标应在施工图阶段进行

施工招标宜在施工图阶段进行。招标文件和标底应严密、准确，不得超过批准的概算投资。宜提供工程量清单作为投标的统一标准，明确工期、供料、拨款、结算等主要合同条件，选择合适的施工企业实行邀请招标，以标价合理等综合条件，实行定量打分评标，确定中标单位。

2.4 施工阶段的投资控制

2.4.1 施工阶段投资控制的目标和任务

确定建设项目在施工阶段的投资控制目标值，包括项目的总目标值、分目标值、各细目标值。在项目实施过程中要采取有效措施，控制投资的支出，将实际支出值与投资控制的目标值进行比较，并作出分析及预测，以加强对各种干扰因素的控制，及时采取措施，确保项目投资控制目标的实现。同时，要根据实际情况，允许对投资目标进行必要的调整，调整的目的是使投资控制目标处于最佳状态和切合实际。

施工阶段投资控制的任务是：

（1）编制建设项目招标、评标、发包阶段关于投资控制详细的工作流程图和细则。

（2）审核标底，将标底与投资计划值进行比较；审核招标文件中与投资有关的内容（如项目的工程量清单）。

（3）参加项目招标的系列活动（如项目的许标、决标），对投标文件中的主要技术方案作出技术经济论证。

（4）施工阶段有以下经济措施：

①项目的工程量复核，并与已完成的实物工程量比较。

②在项目实施进展过程中，进行投资跟踪。

③定期向监理总负责人、业主提供投资控制报表。

④编制施工阶段详细的费用支出计划，复核一切付款账单。

⑤审核竣工结算。

(5) 施工阶段投资控制的技术措施主要有以下两方面：

①对设计变更部分进行技术经济比较。

②继续寻求在建设项目中通过设计的修正挖潜实现节约投资的可能性。

(6) 施工阶段投资控制对合同的控制，主要有以下几方面的工作：

①参与处理工程索赔工作。

②参与合同修改、补充工作，着重考虑对投资控制有影响的条款。

2.4.2 工程价款的计量支付

1. 工程价款计量支付的概念和作用

所谓计量支付，就是监理工程师按照合同的有关规定对承包商已完成的工程进行计量，根据计量结果和其他方面合同规定的应付给承包商的有关款项，由监理工程师出具有关证明向承包商支付款项。监理工程师通过工程计量支付来控制合同价款，并掌握工程支付的签认权，约束承包单位的行为，从而在施工各环节上发挥监督和管理作用。

投资控制的关键在于：一是控制进度付款与实际工程进度相对应；二是确保投资总额与承包总额相等；三是严格审批预备金的立项。第一、第二项目标控制，着重于实际完成且符合质量的工程计量和支付进度款的综合单价核定。因此，通过对施工过程的各个工序设置，由监理工程师签认的检验程序，设置监理工程师对中期财务支付报表的一系列签认程序。没有各级监理工程师签认的工序或单项工程检验报告，该工序或该单项工程不得进入支付报表，未经监理工程师签认的财务报表无效。这样做充分发挥了经济杠杆作用，提高了监理工程师的权威性，可使监理工程师有效地控制项目实施过程中的投资支出，同时也可以大大促进施工企业内部管理水平的提高。实践证明，把工程财务支付的签认权和否定权交给监理工程师，对控制项目投资十分有利。

2. 工程计量

工程计量简而言之就是工程的测量和计算。这是计量支付的前提和基础。计量的一般原则是：

(1) 被计量的必须是合同中规定的项目，对合同规定以外的项目不予计量。

(2) 被计量的项目必须是确属完工的或正在施工中已完成的部分。

(3) 被计量的项目的质量应达到合同规定的技术标准，对质量不合格的项目不予以计量。

(4) 计量项目的申报资料和验收手续应该齐全。

(5) 计量结果必须得到监理工程师和承包商双方的确认。

(6) 计算方法应一致，监理工程师的计量应具有权威性。

计量的方式一般有：

(1) 由监理工程师独立进行计量。在这种方式下，工程计量的程序是承包方按照协议条款约定的时间，向监理工程师提交已完工程的报告。监理工程师接到报告后 3 天内按照设计图纸核定工程数量，并在计量 24 小时前通知承包方，承包方必须为监理工程师进行计量提供便利条件并派人参加予以确认。承包方无正当理由不参加计量，由监理工程师自行进行，计量结果仍然视为有效，作为工程价款支付的依据。根据合同的公正原则，如果监理工程师在收到报告后 3 天内仍未进行计量，从第四天起，承包方报告中开列的工程量即被视为有效，可作为工程价款支付的依据。因此，无特殊情况，监理工程师对工程计量不能有任何拖延。另外，监理工程师在计量时必须按约定时间通知承包方参加，否则计量结果按合同视为无效。

(2) 由承包商进行计量。在这种方式下，计量工作应在监理工程师的具体要求下进行，并把计量结果及中间过程资料等一并交由监理工程师确认，以作为支付的依据。

(3) 监理工程师同承包商联合计量。在这种方式下，由监理单位和承建单位派人联合组成计量小组，计量工作由该小组商定执行。

在工程计量工作中，监理工程师要做到公正和合理，使计量工作尽量做到系统化、程序化、标准化、制度化，计量方法与合同规定的计量方法相一致。图纸测算，亦即根据实际施工图对完成的工程量进行计量、按工程实际发生的发票收据计量以及按监理工程师在实际工作中批准确认的工程量进行计量等。

计量的方法是：本月核定量（根据时间进度及质量情况核定）+已计价计量累计（逐月计量累计量）= 设计图计量（根据设计图纸和项目价款表核定）。

计量方法有现场实际抽测和计算工程量、按施工图对实际完成的工程进行计量、按工程实际发生的发票、收据等对所完成的工程进行计量、按监理工程师批准确认的工程量直接计量等。

工程计量时要严格确定计量内容。监理工程师进行计量必须根据具体的设计图纸，以及材料和设备明细表中计算的各项工程数量进行，并按照合同中所规定的计量方法、单位。监理工程师对承包方超出设计图纸要求增加的工程量和自身原因造成返工的工程量不予计量；要加强隐蔽工程的计量。为了切实做好工程计量与复核工作，避免承建单位与建设单位扯皮，监理工程师必须对隐蔽工程做预先测算，测算结果必须经甲乙双方认可，并以签字为凭。

由于工程项目合同大多采取单价合同形式，故当已确定好工程量之后，即可很容易地进行费用计算，进而予以支付。

3. 工程支付

工程支付包括支付清单内费用、清单以外费用（包括工程变更、价格调整、费用索赔）、暂付费（动员预付费、预付备料费、保留金）及违约金（违约罚金、迟付款利息）。

工程价款支付方式通常有竣工前分次结算、按月结算、分段结算以及竣工后一次性结算和年终结算，其工作事项包括按规定程序办理审核支付、按规定原则办理支付签证、按规定条件调整付款、按实际情况办理补偿扣款等。

4. 施工工程计量中测量监理工作要点

在建筑施工中，土石方工程包括场地平整、基坑（槽）开挖、地坪填土、路基填筑及基坑回填土等，是整体工程的基础性工作，工程量大，劳动繁重，施工条件复杂。按设计顺利施工，不但能提高土石方施工劳动生产率，而且也为其他工程的施工创造有利条件，对加快施工进度和投资控制有重要意义。在这项工程计量中，测量监理工程师可发挥重要作用。

(1) 场地平整中土石方量的计算

①场地最佳设计平面及施工高度（挖填高度）。所谓最佳设计平面是指在满足建筑规划、生产工艺和运输、排水等要求的前提下，尽量使挖填方量平衡，设计平面应使总土方

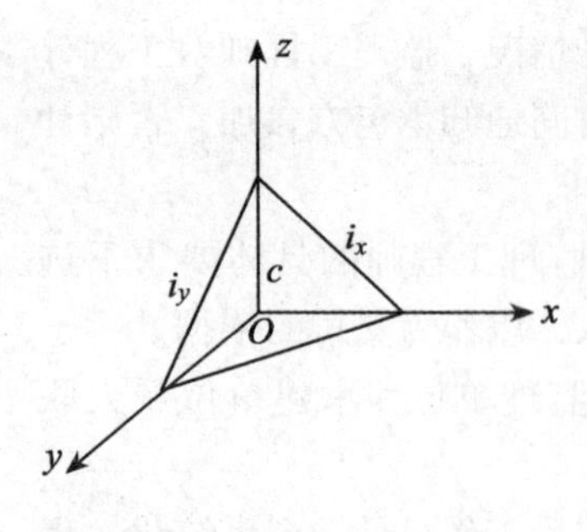

图 2-2　空间直角坐标系

量最小。施工高度是点的设计标高与天然地面标高之差（挖为“-”，填为“+”）。

在空间直角坐标系中(见图 2-2),任何一个平面都可以用原点标高 c,x 轴方向的坡度 i_x 及 y 轴方向的坡度 i_y 三个系数确定。其中任意一点 i 的标高 z_i 为 $z_i'=c+x_i i_x+y_i i_y$,如果该点的自然标高为 z_i,则施工高度 h_i 为

$$h_i = z_i' - z_i = c + x_i i_x + y_i i_y - z_i \qquad (i = 1,2,\cdots,n) \tag{2.1}$$

如果用矩阵表示 h_i 的全体,并设

$$H = \begin{bmatrix} h_1 \\ h_2 \\ \vdots \\ h_n \end{bmatrix},\ A = \begin{bmatrix} 1 & x_1 & y_1 \\ 1 & x_2 & y_2 \\ \vdots & & \vdots \\ 1 & x_n & y_n \end{bmatrix},\ X = \begin{bmatrix} c \\ i_x \\ i_y \end{bmatrix},\ Z = \begin{bmatrix} z_1 \\ z_2 \\ \vdots \\ z_n \end{bmatrix} \tag{2.2}$$

则矩阵表达式为:

$$H = AX + Z \tag{2.3}$$

其权 P 可用施工高度计算土方量的次数来表示。为保证土方量最小及填挖量相等,须在满足 $H^{\mathrm{T}}PH=\min$ 的条件下,求得平面参数 X,按最小二乘原理,可得求解参数的法方程:

$$A^{\mathrm{T}}PAX + A^{\mathrm{T}}PZ = 0 \tag{2.4}$$

进而得到未知参数的解:

$$X = -\ (A^{\mathrm{T}}PA)^{-1}A^{\mathrm{T}}PZ \tag{2.5}$$

将 X 代入(2.1)式,即可求出施工高度 h_i。

由(2.1)式可知,当场地要求是平面,即 $i_x=i_y=0$ 时,按(2.5)式第一行求出水平面设计标高;如果格网点原点标高 c 是固定值,则可用第二、三行求出 i_x,i_y;如果场地排水坡度 i_x(或 i_y)已定,则可由(2.5)式第一、三(二)行求出最佳设计平面 c 和 i_x(或 i_y)。

②场地平整中的土方量计算公式。土方量计算通常用格网法(四方棱柱法或三角棱柱法)。先画出方格,测出格点自然标高,进而按设计标高求出施工高度。如果方格点四点均是填方或挖方,见图 2-3(a),则此方格网的填(挖)方体积为:

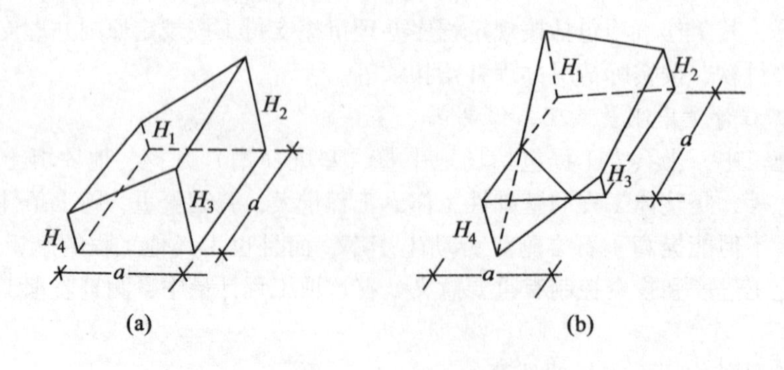

图 2-3　四点填挖方图

$$V = a^2(H_1 + H_2 + H_3 + H_4) \Big/ 4 = a^2 \sum_{i=1}^{4} H_i \Big/ 4 \tag{2.6}$$

如果部分是填方,部分是挖方,见图 2-3(b),则体积分别为:

$$V_{填} = a^2\left(\sum H_{填}\right)^2 \Big/ 4\sum H, V_{挖} = a^2\left(\sum H_{挖}\right)^2 \Big/ 4\sum H \tag{2.7}$$

其中,a 为方格边长,H 为施工高度。

对三角棱柱法,如果三点均是挖(或填)方,见图 2-4(a),则

$$V = a^2 \sum_{i=1}^{3} H_i / 6 \tag{2.8}$$

如果有挖方也有填方,见图 2-4(b),则零线将此形体分成底面为三角形的锥体及底面为四边形的楔体,则

$$V_{锥} = a^2 H^3 \Big/ [6(H_1 + H_3)(H_2 + H_3)] \tag{2.9}$$

$$V_{锥} = a^2 \{H_3^3 \Big/ [(H_1 + H_3)(H_2 + H_3) - H_3 + H_2 + H_4]\} \Big/ 6 \tag{2.10}$$

将各个小棱柱体积相加,其和即为整个土方量。

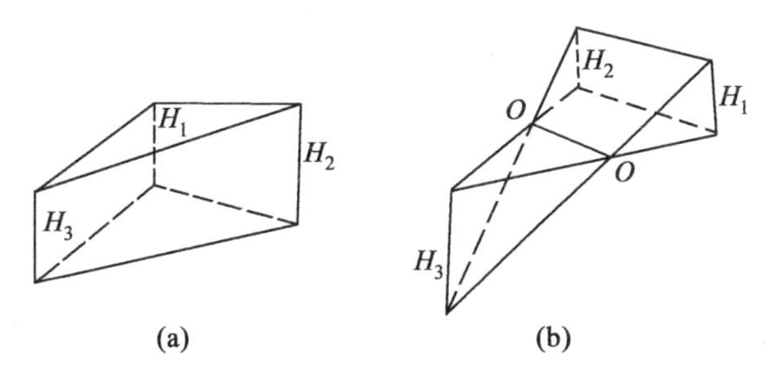

图 2-4　三点填挖方图

(2)其他土石方工程量计算公式

①基坑(图 2-5(a))土方量体积公式:$V=H(F_1+F_2+4F_0)/6$。

②基槽、路堤(图 2-5(b))土方量第一段体积公式:

$$V = L(F_1 + F_2 + 4F_0)/6 \tag{2.11}$$

$$V = \sum_{i=1}^{4} V_i$$

式中:H 为基坑深度;L 为基槽、路堤的第一段长度;F_1、F_2 为上、下底面积;F_0 为中断面面积。

③切头方锥形(图 2-6)基础体积公式:

$$V = h(AB + ab + 4M)/6 \tag{2.12}$$

式中:A、B 为下底两边边长;a、b 为上底两边边长;h 为高;M 为中断面面积。

④砂面堆垛体积公式。若为图 2-7(a),则体积公式为:

$$V = h[ab - h(a + b - 4h/3\tan\alpha)/\tan\alpha] \tag{2.13}$$

若为图 2-7(b),则体积公式为:

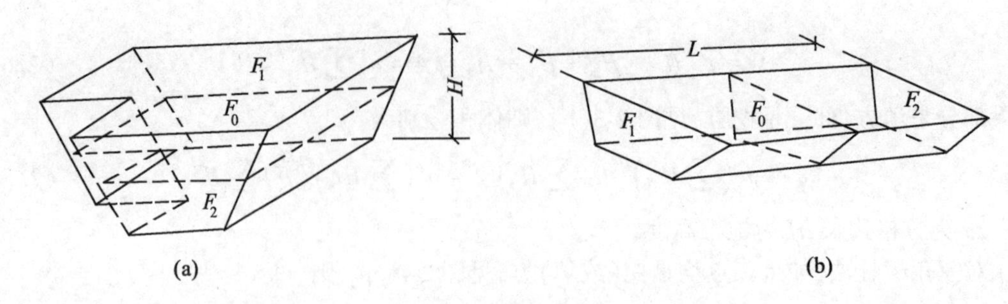

图 2-5　基坑路堤图

$$V = ah(3c - 2h/\tan\alpha)/6 \tag{2.14}$$

其中：a、b 为底边边长；h 为高；α 为物料自然堆积角，其取值可参考表 2-1。

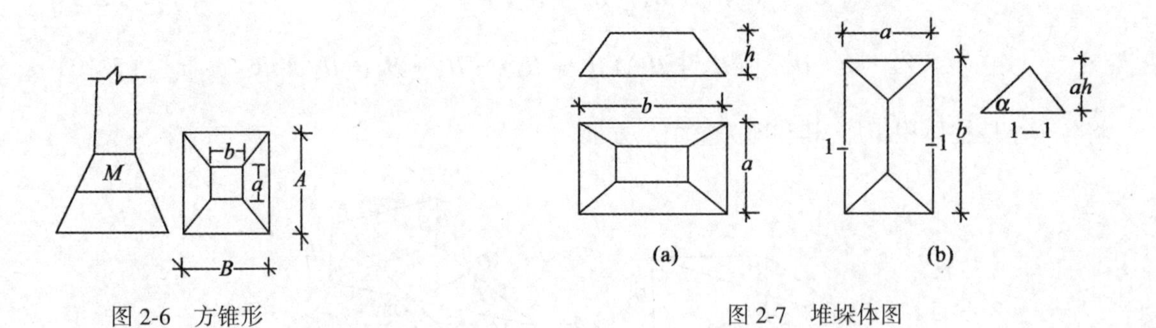

图 2-6　方锥形

图 2-7　堆垛体图

表 2-1

材料名称	α 值	
	干	湿
细　砂	30°~35°	32°~40°
中　砂	28°~30°	35°
粗　砂	25°	30°~35°
碎　石	35°~45°	35°~40°
砾　石	35°~40°	35°

⑤依地形图等高线按图解法求体积时，有如下计算公式：

● 两截面之间的体积公式：当 $S_1/S_2>40\%$ 时，$V_{1,2}=h(S_1+S_2)/2$；当 $S_1/S_2<40\%$ 时，$V_{1,2}=h[S_1+S_2+(S_1S_2)^{1/2}]/3$。

● 尖灭体积公式为：$V_0=kh_0S_0$。当尖灭呈半球形时，$k=2/3$；当尖灭呈锥形时，$k=1/3$，则整个体积为 $V=\sum V_{ij}+V_0$。

其中，S_1，S_2 为两相邻截面面积，且 $S_1<S_2$，现在一般按 X-PLAN360CⅡ型求积仪测定；h 为两相邻截面距离，一般指等高距；S_0 为尖灭底面积；h_0 为尖灭高度，$h_0<h$。

⑥在空间直角坐标系中，若已知三顶点空间直角坐标$(x,y,z)_i$$(i=1,2,3)$，则该三角形自然表面面积为：

$$A=[P(P-S_{12})(P-S_{23})(P-S_{31})]^{1/2} \tag{2.15}$$

其中，$P=(S_{12}+S_{23}+S_{31})/2$；$S_{ij}=[(x_j-x_i)^2+(y_j-y_i)^2+(z_j-z_i)^2]^{1/2}$。此公式适用于对某些特殊工程面积（如高尔夫球场铺绿面积）的计算。

（3）工程计量中测量方法综述

在施工投资控制的工程计量中，测量监理工程师的主要工作是对已完成的工程进行土石方量的计量。对实际完成量同施工设计图进行审核时，应到实地进行测量核查。目前，主要采用的是用全站仪及摄影测量手段测量点的三维空间直角坐标的解析法或图解法。在这里主要介绍解析法。

①基于全站仪的数字地面模型法。

这种方法的基本原理及工作要点是：首先，用电子全站仪快速测算与实际地貌符合的微地貌细部点的空间直角坐标，并用电子手簿自动记录，确保外业数据采集工作的快速、准确和可靠；其次，将电子手簿中的外业观测数据输入电子计算机，建立观测值数据库，并输入与工程有关的文件信息，建立工程信息库，从而构成观测值及工程信息库。另外，建立多功能程序库，包括微分三棱柱体体积和总体统计程序、电子手簿与计算机接口程序、体积或重量计算程序、绘图程序、检索模块、统计模块等。在工作库内通过调用程序库中相应程序和数据库中相应数据、运行程序，实现地面数字模型的解析计算，最后获得必要成果，并予以储存和输出，其工作逻辑结构图如图 2-8 所示。

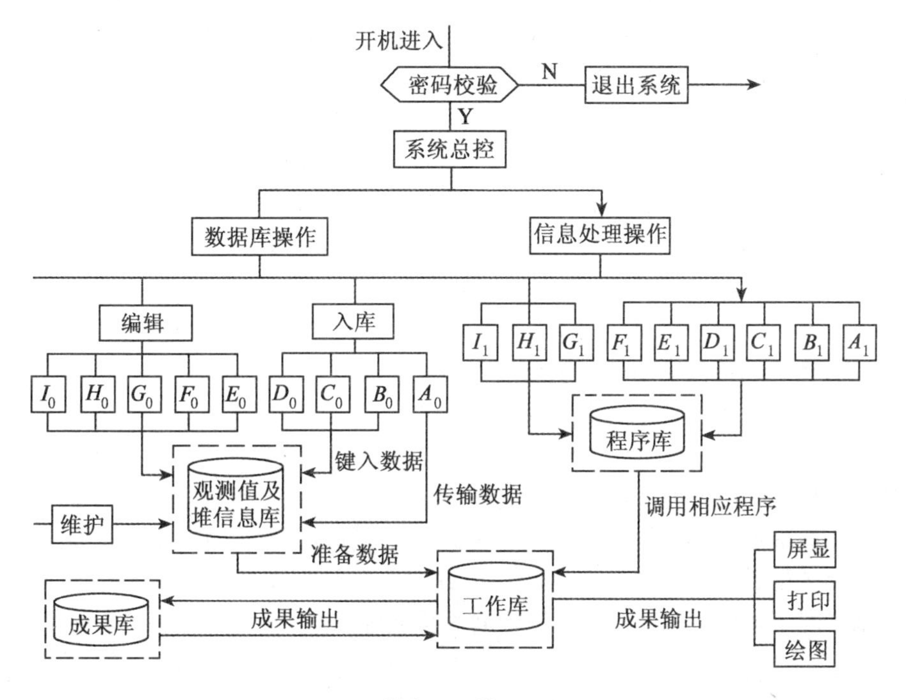

图 2-8　数字地面模型法流程图

该方块快捷、简便、准确、可靠和精度高，使内外业计量工作速度大大加快，工程质量和数量能得到有效控制，经济效益显著提高。为此，原武汉测绘科技大学控制测量教研室编制了一套自动化软件系统，通过对武汉钢铁公司数量庞大、种类繁多的矿料堆体积进行多次测定，收到显著的效果，取得对方及国际香港会计师事务所的高度肯定和赞扬。此项目获1996年国家测绘局科技进步奖。

②基于地面摄影测量的数字地面模型法。

这种测量方法的基本思想是：先在工程周围测设一些像控点和摄站点，计算它们的坐标；在摄站上对工程进行摄影；利用像控点坐标及其相应像点坐标，按直接线性变换公式求出相应工程点的坐标；根据这些特征点坐标进行内插加密，并计算各微分网格的柱体体积，再进行累加，即可得到工程总量。对此可编制相应软件系统予以实现。它具有快捷和测量人员免于直接到工程场地各点立尺（与全站仪法比较）等优点。但所需硬件设备较多，如立体量测仪、摄影机等。

2.4.3 工程变更

工程变更是指工程项目在现场开工后，由于发生了没有预料到的情况，从而使工程施工的实际情况与计划情况发生了较大的差异，需要采取措施处理。

国际惯例中的工程变更具有更广泛的意义，它是指全部合同文件的任何部分的改变，不论是形式的、质量的或数量的变化，都称为工程变更。因此，它除包括设计图纸的变更外，合同条件、技术规范、施工顺序与时间的变化也属于工程变更。其中最常见、最重要的是施工条件变更和设计变更。

（1）施工条件变更。通常的情况是：设计文件与现场不符；在设计文件上表达不清；施工现场的地质、水文等情况使施工受到限制；设计文件指出的自然和人文条件与实际情况不符；在设计文件中明确指出了设计条件，但却发生了未预料到的实际情况。

（2）工程内容变更或停工。通常是施工企业根据建设单位的要求提出修改、设计变更的工程内容，或暂时停工全部工程或部分工程。

（3）延长工期。由于天气等客观条件的影响使工程被迫暂时停工，必须向建设单位提出延长工期的要求。

（4）缩短工期。因建设单位根据某些特殊理由必须缩短工期，要求加快施工进度。

（5）因投资和物价的变动而改变承包金额。

（6）天灾及其他不可抗拒力引起的问题。

根据工程变更的内容和原因，明确应由谁承担责任。如承包合同中已明确规定则按承包合同执行。如合同中为预料到的工程变更，则应查明责任，根据国家有关政策，判明损失承担者。一般来说，监理工程师签发工程变更令，进行设计变更或更改作为投标基础的其他合同文件，由此导致的经济支出和承包方损失，由承包方承担，延误的工期相应顺延。在特殊情况下，变更也可能是由于承包方的违约所致，此时，损失费用必须由承包方自己承担。

在明确损失承担者的情况下，准确统计已造成的损失和预测工程变更后可能带来的损失。合同价款的变更价格，是指在双方协商的时间内，由承包方提出变更价格，报监理工程师批准后调整合同价款和竣工日期。监理工程师审核承包方所提出的变更价格是否合理，可考虑以下原则：

（1）合同中有适用于变更工程的价格，按合同已有的价格计算合同变更价格。

（2）合同中只有类似变更情况的价格，可以此作为基础，确定变更价格，变更合同价款。

（3）合同中没有类似和使用的价格，由承包方提出适当的变更价格，监理工程师批准执行。批准变更价格应与承包方达成一致，否则应通过工程造价部门裁定。经双方协商同意的工程变更，应有书面材料，并由双方正式委托的代表签字，这是以后进行工程价款结算的依据。

2.4.4 价格调整

1. 价格调整的概念和方法

价格调整是根据市场的变化情况，对工程中主要的材料及劳动力、设备的价格，按照合同规定的方法进行调整，并据此对合同增加或扣除相应的调整金额。

价格调整的方法一般有三种，即按实结算、按调价文件结算、按调价公式结算。根据国际惯例，对建设项目已完成投资费用的结算，一般采用调价公式结算。国际惯例采用的价格调整公式为：

$$\Delta P = P_0 \times V \tag{2.16}$$

而

$$V = \sum b_i \times (M_{i1} - M_{i0})/M_{i0} = \sum b_i \times K_i \tag{2.17}$$

故

$$\Delta P = P_0 \times \sum b_i \times K_i \tag{2.18}$$

约束条件为

$$a + \sum b_i = 1 \tag{2.19}$$

因此,调价值公式可写成

$$\Delta P = P_0 \times (a + \sum b_i \times M_{i1}/M_{i0} - 1) \tag{2.20}$$

以上各式中：

P_0——可调价工程值,即合同中指定的可以调价的结算工程值,它不包括分包商实施的工程值、现场材料、设施值以及基于现行价格的计日工及其工程变更值。

V——价格波动因子或简称调价率,它是确定调价的综合指标。

a——固定比率,即合同规定的不调价因素与参加调价因素视为整体时,不调价因素所占的比率,通常被固定为常数(0.15~0.35)。

b_i——各参加调价因素的比率,即合同规定的不调价因素与参加调价因素视为整体时,调价因素所占的比率。参加调价的因素通常为人工费、材料费等。

n——参加调价因素的个数。

M_{i0}——基本价格指数。FIDIC 施工合同条件规定,采用递交投标文件截止日期前 28 天当天的适用价格指数作为基本价格指数。

M_{i1}——现行价格指数,即提交结算工程值报表有关的周期最后一天的适用价格指数。一般从国家统计局发布的“经济公报”获取。

$K_i = (M_{i1} - M_{i0})/M_{i0}$——指数变化率。当$(M_{i1} - M_{i0})$为正时,代入公式(2.17)、(2.20)所得调价值为正值,表明承包商从业主处得到补偿调价值;否则,承包商向业主退还调价值。

2. 建筑安装工程费用的价格调整公式

建筑安装工程费用价格调整公式包括固定部分、材料部分和人工部分三项。但因建筑安装工程的规模和复杂性增大,公式也变得更长、更复杂,一般为:

$$p = p_0(a_0 + a_1 A_1/A_0 + a_2 B_1/B_0 + \cdots) \tag{2.21}$$

式中: p——调整后合同价款或工程实际结算款;

p_0——合同价款中工程预算进度款;

a_0——固定要素,代表合同支付中不能调整的部分;

$a_1, a_2, a_3, a_4, \cdots$——代表有关各项费用在合同总价中所占的比重:

$a_1+a_2+a_3+\cdots=1$;

$A_0, B_0, C_0, D_0, \cdots$——订合同时与 $a_1, a_2, a_3, a_4, \cdots$ 对应的各种费用的基期价格指数或价格;

$A_1, B_1, C_1, D_1, \cdots$——在工程结算月份与 $a_1, a_2, a_3, a_4, \cdots$ 对应的各种费用的现行价格指数或价格。

各部分成本的比重系数在许多标书中要求承包方在投标时即提出并在价格分析中予以论证,但也有的是由发包方在标书中规定一个允许范围由投标人在此范围内选定。因此监理工程师在编制标书中要尽可能确定合同价中固定部分和不同投入因素的比重系数和范围,招标时给投标人留下选择的余地。

2.5 项目的施工成本控制简介

2.5.1 概述

施工成本是指在施工过程中所发生的全部生产费用的总和,它是项目总成本的主要组成部分,一般占总成本的90%以上。因此也可以说,项目总成本控制实际上就是施工成本控制。施工企业为获得最大利润,最关心的就是施工成本控制。施工成本控制系指在保证工程质量和工期要求的前提下,对项目施工过程中所发生的费用支出采取一系列检查、监督和纠偏措施,把实际支出控制在计划成本规定的范围内,以保证计划成本的实现。

影响施工成本的因素主要有:

1) 施工质量对施工成本的影响

这是为保证和提高工程质量而采取相关措施(如购置施工质量监测设备,增加监测工序等)而需要耗费的开支,又称质量保证成本。质量保证成本是随质量要求的变化而变化的。

2) 施工工期对施工成本的影响

如工期加长,人工费、设备折旧费等增加,从而增加成本;工期缩短,加大资源投入也会增加成本。

3) 材料、人工费价格变化对施工成本的影响

建筑材料价格和人工价格,目前在我国总的变化趋势是上升的,而且变化频繁且随地区不同而不同。这些虽然在工程预算及合同中作了预测,但很难预测准确,因此属于这部分的成本变化很难掌握,这也给其控制增加了麻烦。

4）管理水平对施工成本的影响

这里既包括建设单位的管理水平，也包括施工单位的管理水平，当然也包括监理单位的管理水平。由于管理不善，或者造成预算成本估计不准，或者资金、原材料供应不及时造成拖延工期，或者人工材料设备浪费等，这些都会影响施工成本。

简而言之，施工成本控制就是正确处理成本、质量、工期三者的关系。施工成本控制主要由项目经理负责，并组成成本控制责任系统，采取行政上和经济上的有效手段，保证目标成本的实现，以取得最佳的经济效益。

2.5.2 施工成本控制方法

施工成本控制方法有多种，现仅对下面几种方法作简要介绍。

1. *偏差控制法*

施工成本控制中有三种偏差：

①实际偏差=实际成本-预算成本

②计划偏差=预算成本-计划成本

③目标偏差=实际成本-计划成本

施工成本控制的目的就是尽量减少目标偏差，为此必须采取有效措施，尽量减少实际成本偏差，因为计划成本一经确定，在执行过程中一般不再改变。

运用偏差控制法的一般程序如下：

（1）找出目标偏差

在项目实施过程中定期地、不断地记录实际发生的成本费用，然后将实际成本分别同预算成本和计划成本相比较、以预算成本同计划成本相比较，计算出三种偏差，从而发现目标偏差，并将目标偏差作为对象进行控制。为直观起见，往往在成本-时间二维坐标系中，画出实际成本与计划成本的关系图，从图上可以发现实际成本曲线围绕计划成本直线产生波动，两条线之间的差异就是成本偏差，亦即目标偏差。当偏差为正数时，表明实际成本超出了计划成本，必须予以纠正；如果是负数则有利。

（2）分析偏差产生的原因

一般采取因素分析法。项目成本偏差基本上是由直接费用偏差和间接费用偏差的影响而形成的。直接费用偏差由下面 4 种偏差构成：

①材料成本偏差=实际用量×实际单价-标准用量×标准单位

②人工成本偏差=实际工作时数×实际工资率-标准工作时数×标准工资率

③机械费成本偏差=（实际台时数-计划台时数）×单价

④其他直接费用成本偏差

间接费用偏差主要是指施工管理费偏差。

通过对以上影响实际成本偏差的来源分析和数值计算，可发现偏差由哪几种成本费用的增加而引起，从而确定产生偏差的原因。

除上述因素分析法外，还有图像分析法。这种方法的实质是通过绘制线条图和成本曲线的方法，将总成本和分项成本进行比较，从而发现引起总成本偏差的原因，以便针对具体因素，采取措施及时纠正。

（3）纠正偏差

发现偏差并找出产生偏差的原因之后，必须针对具体情况采取果断有力的措施予以纠正，以保证目标成本的实现。

2. 成本分析表法

施工成本报表有日报表、周报表、旬报表、月报表以及分析表和预报表等。利用这些成本报表进行调查、分析、研究施工成本的方法即成本分析表法。这种方法具有简明、快速和准确的特点。

3. 进度-成本同步控制法

成本控制与计划管理、成本与进度之间必然存在着同步关系。也就是说，施工进度到什么阶段就应该发生相应的成本费用，如果成本与进度不对应，就可以认为属于不正常现象，应对这种现象进行分析，找出产生这种现象的原因，采取措施予以纠正，这就是所谓的进度-成本同步控制法。

进度-成本同步控制法主要用于分部（分项）工程的施工成本控制，为了及时掌握进度-成本的变化过程，一般采用横道图和网络图技术来进行分析和处理。

4. 施工图预算控制法

施工成本控制中最有效的办法就是按施工图预算实行“以收定支”或“量入为出”的控制办法。

在施工图预算控制中，主要是对人工费的控制、材料费的控制以及施工机械使用费的控制，由于这些费用与市场行情有密切关系，因此在签订合同时，尽量同甲方说明情况，争取甲方的理解和同意，对这类活动费留有一定的补充和活动的余地。在这种情况下，便可依合同和施工组织与计划编制的施工图预算，对施工成本予以有目标的、直接的和事先的控制。

2.6 土建工程合同支付控制监理工作规程

2.6.1 总则

本工作规程依据工程施工承建合同（以下简称“合同”或“合同文年”）、水利水电工程建设管理文件、水利水电工程概预算编制方法，以及水利水电工程施工技术规程（范）编制。

1. 合同支付及计量依据

（1）工程施工承建合同及其他有效的合同组成文件。

（2）经监理部（或其授权监理处）签发的工程施工详图（技术要求、设计变更通知）及其他有效设计文件。

（3）国家及部门颁发施工技术规程、规范、技术标准中关于工程量计量的规定。

（4）经业主单位或监理部（处）确认并有文字依据的有关工程量度量与量测图件等资料。

2. 本工作规程适用范围

（1）水工隧洞的土石方开挖、支护、水泥灌浆、排水、止水及混凝土工程等项目。

（2）土石坝（含土石围堰）的坝基与岸坡处理，水泥灌浆，防渗墙工程，坝体填筑，围堰拆除，混凝土工程，止水设施及观测仪器埋设等项目。

（3）监理项目范围内的其他土建工程项目以及按承建合同规定必须列入支付的其他工作项目。

3. 合同支付计量与签证依据工程承建合同文件规定进行

只有按有效设计文件施工完成、工程质量检验合格、按合同文件规定应度量支付，并按合同规定程序和监理文件要求进行的已完工程项目与工作量，才能列入支付计量与合同支付申报。

4. 工程质量的合格认证，依据工程承建合同技术规范和SDJ249—88《水利水电基本建设工程单元工程质量等级评定标准》进行

2.6.2 工程项目支付计量

1. 土石方明挖工程

（1）场地清理，包括原有设施拆除、植被清理、清理物运输和堆放以及为环境保护等所进行的施工准备与辅助工程等的费用，已包括在相应开挖项目价格中，不单独进行支付计量。

（2）利用开挖料作永久或临时工程填筑料时，其开挖工程量不重复计量。

（3）开挖料的钻孔、爆破、运输、堆放、弃渣处理以及为防止弃渣坍塌、冲刷防护等所有施工费用，已包括在相应开挖项目价格中，不另外进行支付计量。

4）因工程施工所需要，或按监理工程师指示必须设置的为施工服务的临时性排水、供水、供电、供风等附属工程及其运行费用，已包括在相应开挖项目价格中，不另外进行支付计量。

（5）预裂或光面爆破、保护层开挖、建基面处理与整修以及为维护其开挖边坡而进行的加固、临时支挡工程等所发生的一切费用，均已包括在相应开挖项目价格中，不另进行支付计量。

（6）在施工期间，直至最终通过合同完（竣）工验收，如果沿开挖边坡线发生滑坡或塌方，监理机构应督促承建单位对堆渣进行清除并对边坡进行处理。如果产生这类滑坡、塌方不是由于承建单位采用不恰当的施工方法所引起的，并经施工地质或监理地质工程师认证，可列入支付计量。

（7）施工过程中若因承建单位未按规范或设计文件要求施工，或采取不适当的方法施工而造成的超挖、超填工程量不予支付。

（8）土石方明挖工程项目按开挖自然方，以 m^3 为单位计量。

2. 清淤与水下开挖工程

（1）本项工程项目开挖单价中已包括钻孔、爆破、挖掘、装船、运输、弃渣处理以及其他辅助作业设备与施工准备等的一切费用。

（2）如果需进行二次转运上岸堆放，除非合同文件另有规定或监理部（处）另有指示，否则其费用亦应包含在相应开挖项目价格内，不另进行二次支付计量。

（3）由于施工方法不当或施工安排不合理，致使发生碍航或对其他工程项目施工产生影响而增加的费用与第三方索赔，业主不予承担。

（4）清淤与水下开挖工程按开挖自然方，以 m^3 为单位计量。

3. 地下洞室开挖

（1）除非合同或设计另有规定，否则施工支洞的开挖、支护或封堵等一切人工、设备、材料和运行、维护等全部施工费用，均认为已包括在相应洞挖项目价格中，不另外进行支付计量。

（2）洞挖工程中，石渣的运输和堆放、地下照明、通风、防尘、供水、排水以及开挖面清撬、冲洗、测量等施工与作业费用，已包括在相应开挖项目价格中，不另进行支付计量。

（3）由于施工需要所进行的集水、排水、避车、回车通道扩挖，以及临时施工设备安放等所进行的一切附加开挖，已包括在相应洞挖项目价格中，不另进行支付计量。

（4）地下洞室开挖的收方，按施工详图或经设计变更调整最后确认的设计开挖线计量。除非设计另有规定，或由承建单位出具说明并报经业主单位书面同意，监理部核备，否则超出设计开挖线部分不予进行支付计量。

（5）施工过程中，如果发生塌方，监理工程师应督促承建单位采取有效措施积极进行处理。如果塌方的发生或因局部坍塌引起的过量超挖，属于有经验的承建单位所无法预见并无法采取有效措施予以防止或避免，也不是由于承建单位采用不恰当的施工方法所引起，经施工地质方或监理地质工程师书面认证，监理部审核，可列入支付计量。

（6）地下洞室开挖工程按开挖自然方，以 m^3 为单位计量。

4. 坝体及堰体的填筑

（1）坝体填筑料的开采、加工、装卸、运输、中转、填筑、压实、坡面修整，以及为施工进行所必须的施工准备、现场生产性试验、质量检验和施工测量等全部工序作业的人工、设备和材料等费用，已包括在坝体各部位填筑价格中，不另进行支付计量。

（2）施工过程中，根据监理部（处）规定和要求，在料场、料仓、填筑现场、中途运料车中取样试验，以及监理检查（如临时的中止施工、挖坑取样等）全部作业所需的人工、设备和材料等费用，已包括在各部位填筑价格中，不另进行支付计量。

（3）经承建单位质检人员或监理工程师检查不合格而指令予以舍弃或返工挖除的不合格填料，不予进行支付计量。

（4）填筑料场开挖或开采结束后，承建单位根据设计要求或合同规定，或有关施工技术规范规定进行的料场清理费用，已包括在填筑价格中，不另进行支付计量。

（5）坝（堰）体填筑按达到质量检验标准的压实方，以 m^3 为单位计量。

5. 防渗体工程

（1）开槽浇筑的防渗墙，按经监理工程师验收合格的有效成墙面积，以 m^2 为单位进行支付计量。

该项目价格已包括防渗墙施工准备、设备安设、造孔、固壁泥浆、清孔、墙体浇筑，以及为浇筑试验、质量检测与施工测量等所进行的全部工作的人工、材料及设备的一切费用。

（2）土工合成材料按设计图纸所指示的，经监理工程师验收合格的有效铺设面积，以 m^2 为单位进行支付计量。

该项目价格已包括施工准备、合成材料铺设、重叠黏（搭）接，现场维护和质量检测等全部工序的人工、材料及设施等的一切费用。

（3）高压喷射灌浆按设计图纸所指示的，经监理工程师验收合格的工程量，以 m^2 为单位进行支付计量。

该项目价格已包括施工准备、设备安设、钻孔、灌浆以及质量检测等所有工序作业的人工、材料及设施等的一切费用。

6. 混凝土工程

（1）混凝土浇筑所必须的模板及其支撑件的制作、安装、涂刷、拆除、维修、以及为立模和混凝土浇筑全部工序所必须的所有人工、材料、设备、辅助作业与施工准备等全部费用，已包括在混凝土单价中，不另进行支付计量。

（2）钢筋的支付计量以公斤或吨为单位，按施工详图（钢筋表）或设计修改的最后确定钢筋用量计量。除非合同或设计另有规定，或另行报经监理部（处）批准，否则施工详图（钢筋表）中所列数量，应认为已计入搭接和加工损耗等施工弃裕量。

（3）为混凝土浇筑所必须的锚筋（锚束）支付费用（包括钻孔、注浆和锚筋材料），按设计或施工详图要求的长度按米或根，或以规定的长度折算为重量按公斤或吨为单位进行支付计量。

（4）伸缩缝止水，按施工详图或设计要求的长度，以延长米为单位进行支付计量。

伸缩缝埋件按施工详图或设计要求规定，或按报经监理工程师批准的修正面积以 m^2 为单位进行支付计量。

（5）混凝土浇筑分别不同部位和设计标号，按施工详图或设计确定的建筑物或构件体积，以 m^3 为单位进行支付计量。凡面积大于 $0.1m^2$ 或体积大于 $0.1m^3$ 埋设件、孔洞所占体积应予以扣除。

（6）除合同另有规定外，混凝土原材料贮存、配合比选定、拌和、运输、浇筑、修补、修饰、保护、养护，必须的温控、试验与质量检测等所有施工作业所需的全部设备、材料和人工费用，以及所有辅助作业费用，已包括在相应部位混凝土价格中，不另进行支付计量。

（7）承建单位为施工需要而增加的混凝土工程量，或因承建单位采用不恰当施工方法造成的超挖所增加的回填工程量，均不另进行支付计量。

（8）混凝土工程按浇筑完成的有效工程量，以 m^3 为单位计量。

7. 砌体工程

（1）砌体工程按施工详图或设计要求规定需要的结构尺寸，以 m^3 为单位进行支付计量。

（2）砌体工程价格，已包括施工准备、砌筑、养护、修饰、质量检测及其辅助作业所需的人工、材料、施工机械等一切费用。

8. 永久性场区排水设施

（1）除非合同文件另有规定，否则护岸支挡构筑物与回填护坡的排水孔费用，已包括在相应工程项目价格中，不另外进行支付计量。

（2）对在混凝土或在砌体上预留的排水沟，其费用已包括在相应工程项目价格中，不另进行支付计量。

（3）除非合同或设计文件另有规定，否则，对于排水涵管、明沟以及坝基、坝肩、建筑物基础、地下洞室衬砌等工程中排水孔等，均以延长米为单位，按合同支付报价单中之单价的分类进行支付计量。

9. 锚喷支护与钢支撑

(1) 锚杆的钻孔、注浆、安装，应按设计要求或报经监理工程师批准安设长度，并在通过监理工程师检测和认证后，以根（或延长米）进行支付计量。

锚杆附件（钢件和型材），按报经监理工程师验收的实际耗用量以套或公斤进行支付计量。

(2) 边坡或地下洞室开挖中的喷混凝土，按施工详图或设计要求的，或报经监理部（处）批准的作业措施计划所规定的喷层厚度分类，并在通过监理工程师检测和认证后，以 m^2 为单位进行支付计量。

(3) 钢筋（丝）网的安装规格、数量应按施工详图或设计要求的，或报经监理部（处）批准的作业措施计划所规定的，并通过监理工程师检测和认证的工程量折算成重量，以公斤或吨为单位或以公斤/每平方米为换算单位进行支付计量。

(4) 地下开挖中钢支撑及其附件的安设，应按设计要求或报经监理部（处）批准的作业措施计划要求进行，并按通过监理工程师检测和认证的工程量折算成重量，以公斤或吨为单位进行支付计量。

(5) 上述作业中，为完成施工作业所必须的人工、材料、机械设备、施工或加工损耗、取样、试验、检测、养护和维护以及施工准备等所发生的一切费用，已包括在相应工程项目价格中，不另进行支付计量。

10. 钻孔与水泥灌浆

(1) 勘测孔、观察孔、排水孔、回填灌浆孔、帷幕灌浆孔和固结灌浆孔及其检查孔，其布设和钻进必须按施工详图或设计要求进行，并按经监理工程师验收合格的工程量，除回填灌浆孔以 m^2 为单位进行支付计量外，其余均以孔深延长米为单位进行支付计量。

(2) 帷幕灌浆及固结灌浆作业所需的灌浆材料，包括水泥、砂、掺和料等，按设计要求或监理部（处）指示，并经监理工程师验收合格的实际耗用量，以公斤或吨为单位进行支付计量。

(3) 回填灌浆、接缝灌浆工程量，按施工详图及设计要求，或监理部（处）指示，并经监理工程师验收合格的灌浆面积，以 m^2 为单位进行支付计量。

(4) 承建单位在钻孔作业中，因坍孔、掉钻等原因致使钻孔不合格，或对于有采集岩芯要求的钻孔，因岩芯获取率低于规定值视为废孔者，均不列入支付计量。

(5) 承建单位在施工作业中，因埋设、安装不当，或水泥浆配制不当，或堵漏不当而造成的浆液损失，或因灌浆中断造成不合格孔，均不得列入支付计量。

(6) 上述作业中，作业准备，设备的安装就位、钻孔、冲洗、检测、试验，以及为完成工序所必须的人工、材料、运输、设备和辅助作业等一切费用，均已包括在相应工程项目价格中，不另进行支付计量。

11. 承建单位在合同报价中列入临时工程项目，或列入其他属于总价承包的工程项目的合同支付，按报经监理部审批的总价项目支付细分表，依据工程进展或施工形象，在工程项目施工报验合格基础上，实行按量支付、总价控制的原则适当简化进行

12. 合同文件对支付计量或量测方法另有规定者，按相应规定执行

2.6.3 合同支付计量与量测

1. 投标书工程量报价表中所列的工程量，不能作为合同支付结算的工程量。承建单位申报支付结算的工程量，应以经监理工程师验收合格、符合支付计量要求的已完工程量，按合同报价单中支付分类单价，按单位、分部、分项、单元工程分类进行量测与度量。

2. 监理机构应要求承建单位对某项工程（或部位）进行支付工程量量测时，在量测前递交收方量测申请报告。

报告内容应包括：工程名称，工程分部、分项或单元工程编号，量测方法和实施措施，经监理部（处）审查同意后，即可进行工程量量测工作。必要时，监理部（处）将派出监理测量或计量工程师参加和监督量测工作的进行。

3. 监理工程师要求对收方工程任何部位进行补充或对照量测时，承建单位应立即派出代表和测量人员按要求进行量测，并及时按监理工程师要求提供测量成果资料。

如果承建单位未按指定时间和要求派出上述代表和测量人员，则由监理工程师主持的量测成果被视为对该部分工程合同支付工程量的正确量测，除非承建单位在被告知量测成果后 3d 内，向监理部提出书面复查、复测申请，并被总监理工程师接受。

4. 土方开挖前，应要求承建单位对开挖区域的地形进行复测。石方开挖前承建单位还应对完成土方开挖后的出露地形再进行测量，并将测量成果报监理部（处），以便监理部（处）进行校测复核。

土石方开挖的合同支付工程量，按施工详图或经设计调整最终确认的开挖线（或坡面线），以自然方 m^3 为单位进行量测和计量。

5. 地下洞室的二次扩挖，按原设计开挖线和最终扩挖线之间的自然方量计量。若上述两条开挖线之间的距离小于 0.15m，则按 0.15m 计量。

6. 土石坝坝体填筑支付工程量，应根据按设计要求进行的，按不同高程、不同部位、不同坝料的填筑面积，经过施工期间压实及自然沉陷以后的压实方，以 m^3 为单位进行量测。

在施工过程中，应要求承建单位随着工程进度按合同要求，对填筑坝体各部位填筑料进行测量、记录和绘制计算草图，并将上述量测成果复制件报监理部或监理处核备。

7. 所有为合同支付所进行的量测与度量（包括计算书、测图等）成果，都必须事先报经监理部或监理处认可。

8. 除非合同文件另有规定，否则合同支付计量以有效设计文件所确定的已完工程项目或构筑物边线，按净值计量与度量。

9. 计量精度，土石方工程项目取至 m^3，混凝土工程与砌体工程项目取至 $0.1m^3$，钢筋及钢件取至 kg，防渗体工程等以 m^2 为计量单位的取至 m^2，钻孔计量取至 m。

2.6.4 合同支付申报

1. 监理部只承认工程施工中的合格工程量，并据此以合同文件工程量报价单分类、分项进行支付计量结算。

2. 承建单位应于当月 25 日前，向监理部递交合同支付结算申请报告（或报表）。

3. 监理部只接受符合下述条件的工程量合同支付申报：

（1）当月完成，或当月以前完成尚未进行支付结算的；以及

（2）属于监理范围，工程承建合同规定必须进行支付结算的；以及

（3）有相应的开工指令、施工质量终检合格证和单元工程（工序）质量评定表（属于某分部或单位工程最后一个单元工程者，尚必须同时具备该分部或单位工程质量评定表）等完整的监理认证文件的；或

（4）有监理确认签证的合同索赔支付。

4. 承建单位向监理部递交的合同支付申报（或报表），应该包括下列内容：

（1）申请支付工程项目的单位工程名称，分部、分项或单元工程名称及其编号。

（2）施工作业时段及设计文件文图号。

（3）申请支付工程项目施工中的质量事故、安全事故、停（返）工或违规警告记录，以及施工过程处理说明。

（4）由监理工程师签署的支付工程量确认签证。

（5）必须进行施工地质测绘（或编录）工作的工程项目，还必须同时提供地质测绘（或编录）工作已经完成的认证记录。

（6）业主单位或监理部要求报送或补充报送的其他资料。

5. 如果因为承建单位报送资料不全，或不符合要求，引起合同支付审签的延误，由承建单位承担合同责任。

6. 监理部对承建单位递交的合同支付申请的签证意见，包括下述三种：

（1）全部或部分申报工程量准于结算；或

（2）全部或部分申报工程量暂缓结算；或

（3）全部或部分申报工程量不予结算。

7. 对于暂缓结算或不予结算的工程量，在接到监理部审签意见后的7d内，承建单位项目经理可书面提请总监理工程师重新予以确认，也可在下次支付申报中再次申报。

本节详细内容见参考文献［38］、［39］。

2.7 工程变更管理监理工作规程

2.7.1 总则

1. 本工作规程依据工程承建合同文件规定编制。

2. 工程变更包括设计变更和施工变更，是指因设计条件、施工现场条件、设计方案、施工方案发生变化，或业主单位与监理机构认为必要时，为实现合同目的对设计文件或施工状态所作出的改变与修改。

3. 工程变更指令由业主单位或由业主单位授权监理机构审查、批准后发出。

监理机构对工程变更的审查、批准权限及审批程序，还应同时受工程建设监理合同文件规定和业主单位授权的约束，并依据工程建设监理合同文件和工程承建合同文件规定进行。

4. 工程变更可以由业主单位、监理机构提出，也可以由设计单位或工程承建单位提

出变更要求和建议，报经业主单位或由业主单位授权监理机构按工程合同文件规定审查和批准。

5. 工程变更的申报、联系、要求、审查、批准、发出等过程与依据文件，均必须是有效的书面文件，并按工程合同文件规定的程序进行。

6. 只要工程变更指令是按工程承建合同文件规定发出的，则这类变更不解除或减轻合同双方应承担的合同义务与责任。

2.7.2 变更的条件与内容

1. 工程变更依据其性质与对工程项目的影响程度，分为重大工程变更、较大工程变更、一般工程变更和常规设计变更四类：

(1) 重大工程变更，指涉及总体工程规模、工程特性、运行标准、工程总体布置、工程设备选择以及工程完工工期改变的工程变更。

(2) 较大工程变更，指仅涉及单位或分部工程的局部布置、结构形式或施工方案改变的工程变更。

(3) 一般工程变更，指仅涉及分部分项工程细部结构、局部布置或施工方案改变的工程变更。

(4) 常规设计变更（简称设计修改），指由于设计条件或设计方案不适应工程施工实际情况，或由于设计文件本身的错误，或为优化设计目的所提出的属于一般变更范围以内的对工程设计的调整与修改。

2. 当认为原设计文件、技术条件或施工状态已不适应工程现场条件与施工进展时：

(1) 业主单位或监理机构可依据工程承建合同文件有关规定发出工程变更指令。

(2) 设计单位可依据业主单位或监理机构的要求，或自行根据工程进展提出工程变更建议。

(3) 设计单位可依据有关法规或合同文件规定在责任与权限范围内提出对工程设计文件的修改通知。

(4) 工程承建单位可依据业主单位或监理机构的指示，或根据施工进展自行提出对工程施工的变更建议。

3. 监理机构仅接受下列工程变更指示、通知或建议：

(1) 执行业主单位发出的工程变更指示。

(2) 设计单位为合同工程实施所提出的工程变更建议或设计修改通知。

(3) 由于施工现场条件、施工方案或施工状态发生变化，工程承建单位依照合同文件规定的程序提出的施工变更建议。

4. 监理机构认为必要时，有权在工程承建合同文件授权范围内，对工程局部或部分的形式、质量或数量作出变更，并指令工程承建单位执行。

工程承建合同文件规定的变更工作包括：

(1) 增加或减少合同所包括的任何工作的数量。

(2) 省略合同工作或工程项目。

(3) 改变任何合同工程或工作的性质、质量或类型。

(4) 改变部分工程的标高、基线、位置和尺寸。

（5）进行工程完工所必要的附加工作。

（6）改动部分工程规定的施工顺序或时间安排。

5. 施工过程中，除由于实施工程量本身超过或小于合同工程量清单中的数量增减外，没有业主单位或由业主单位授权监理机构发出的变更指令，工程承建单位不得进行任何工程变更。

2.7.3 变更的申报要求与内容

1. 工程承建单位向监理机构提交的施工变更建议书，应包括以下主要内容：

（1）变更的原因及依据。

（2）变更的内容及范围。

（3）变更工程量清单（包括工程量或工作量、引用单价、变更后合同价格以及引起的施工项目合同价格增加或减少总额）。

（4）变更项目施工进度计划（包括施工方案、施工进度以及对合同控制进度目标和完工工期的影响）。

（5）为监理机构与业主单位能对变更建议进行有效审查与批准所必须提交的图纸与资料。

2. 设计单位向业主单位提交的工程变更建议书内容要求，业主单位或勘察设计合同未另行规定的，参照上述（1）中的内容要求执行。

3. 工程变更指令、通知与建议，均应在可能实施变更的时间之前提出，并考虑留有为业主单位与监理机构能对变更要求进行有效审查、批准，以及工程承建单位能进行必须施工准备的合理时间。

（1）设计单位或工程承建单位申报重大工程变更建议的，必须在变更审查的 12 个月前提出。

（2）设计单位或工程承建单位申报较大工程变更建议的，必须在变更审查的 6 个月前提出。

（3）一般工程变更建议应在计划实施的 3 个月前提出。

（4）设计修改通知应在施工实施的 1 个月前提出。

4. 在出现危及生命或工程安全的紧急事态等特殊情况下，工程变更可不受程序与时间的限制。但工程承建单位或变更发布单位仍应及时补办有关申报和批准手续。

2.7.4 变更的审查、批准与执行

1. 工程变更的审查与批准权限。

（1）重大工程变更，由业主单位组织进行审查和批准。

（2）较大工程变更，由业主单位组织审批或由业主单位授权监理机构组织进行审查后报业主单位批准。

（3）一般工程变更和常规设计变更，由业主单位授权监理机构组织进行审查和批准。

2. 监理机构在接受设计单位或工程承建单位的变更通知或变更建议后：

（1）对变更项目设计的可行性与可靠性进行技术审查。

（2）对变更项目的工程量清单及经济合理性进行审查。

（3）对变更项目的施工进度计划及对合同工期影响进行审查。

（4）根据业主单位授权批准签发下达实施，或在与各方协商和协调后，提出本项工程变更的审查意见，连同工程变更建议书报送业主单位决策。

3. 监理机构对工程变更的通知、要求或建议审查遵循的基本原则包括：

（1）变更后不降低工程的质量标准，也不影响工程完建后的运行与管理。

（2）工程变更设计技术可行，安全可靠。

（3）工程变更有利施工实施，不至于因施工工艺或施工方案的变更，导致合同价格的大幅度增加。

（4）工程变更的费用及工期是经济合理的，不至于导致合同价格的大幅度增加。

（5）工程变更尽可能不对后续施工产生不良影响，不至于因此而导致合同控制性工期目标的推迟。

4. 工程承建单位必须接受业主单位的工程变更指令。

如果这种变更指令超出合同工程项目或工作项目范围的，或由于业主单位责任与风险所导致的，应由业主单位与工程承建单位协商另行签订变更协议或作出合理补偿。

5. 工程承建单位接受监理机构的工程变更指令后：

（1）如果这种变更不符合工程承建合同文件规定，或超出合同工程项目或工作项目范围，工程承建单位可以提出签订补充协议与合理补偿，或提出拒绝执行的要求。

（2）如果这种变更超出工程承建单位按合同文件规定应具备的施工手段与能力，或将导致工程承建单位造成额外费用与工期延误，工程承建单位可提出理由，申报业主单位或监理机构重新审议，或在执行期间提出施工索赔申报。

2.7.5 变更的合同支付

1. 工程变更支付按合同文件规定执行，除非另行签订协议或合同文件另有规定，否则：

（1）工程项目相同的，按合同报价单中已有单价或价格执行。

（2）合同报价单中没有适用单价或价格的，引用合同报价中类似的单价或价格修正调整后执行。

（3）合同报价单中的单价或价格明显不合理或不适用的，经协商确定或由工程承建单位依照合同报价的原则和编制依据重新编制后报送审核与批准。

（4）经协商仍长久地不能达成一致意见的，监理机构有权独立地决定他认为合适的暂定单价或价格，并相应地通知工程承建单位和业主单位后执行。

2. 工程变更的支付方式与价格确定后，随工程变更实施列入月工程款支付。

3. 如果工程变更的发生，是由于工程承建单位的合同责任与风险所导致的，则为执行工程变更所发生的费用与工期延误的合同责任，由工程承建单位承担。

4. 因工程变更导致合同索赔的，按工程承建合同文件规定和“合同索赔管理监理工作规程”有关要求进行。

本节详细内容见参考文献［38］、［39］。

本 章 小 结

1. 投资控制是一项重要的监理工作，做好这项工作具有深远的现实意义。它属于技术、经济及政策管理等范围内的系统工程，要求监理人员具有技术、经济、政策等多方面的工作能力。投资控制应建立全方位、全过程的管理体系。在具体操作上，应做好以下几项工作：高度重视设计阶段的设计图纸的审查；编写严谨周密的招标书，编制合理的标底和确定合同价；高度重视施工中设计变更及增减账的洽谈和合理的调整，做好工程计量与支付工作；以高度负责的精神做好单项工程结算和竣工决算工作。本章最后两节关于投资控制的工作规程可供我们在工作中参考。

2. 测量监理工程师在投资控制中职责重大，特别是在工程计量中的土石方量等计量审核和确认中。测量监理工程师充分利用现代测量新技术和电子计算机，设计和编制适应具体工程计量工作的软件系统，学习工程设计、施工和合同管理等有关投资控制方面的知识，提高能力，定能在投资控制中发挥重要作用。

第3章　建设监理工作中的进度控制

3.1　工程项目进度控制的意义和任务

3.1.1　工程项目进度控制的意义

我们知道，监理工程师的中心工作是在工程项目实施过程中，对工程项目进行工期、质量和投资的三项控制，以使工程项目按照合同规定的目标实施，并尽早投入使用。一个工程项目能否在预定的时间内施工并交付使用，这是投资者，特别是生产性或商业性工程的投资者最为关心的问题，因为这直接关系到投资效益的发挥。因此，为使工程在预定的工期内完工交付使用，工程项目的进度控制是监理工程师的一项非常重要的工作。

工期是由从开工到竣工验收一系列工序所需要的时间构成的，工程质量是在施工过程中由各施工环节形成的，工程造价也是在施工过程中逐项发生的。因此，监理工程师在进行质量控制和成本或费用控制时，都是在总的工程计划下，按照具体的进度计划确定成本预算和盈亏分析的。加快进度、缩短工期会引起投资增加，但项目提前生产和使用会带来尽早获得效益的好处；进度快，有可能影响质量，而质量的严格控制又有可能影响进度，但在质量严格控制下而不返工，又会加快进度。因此，监理工程师在工程项目中进行进度控制，已远远不单是以工期为目的进行的。从广义上讲，它是在一定约束条件下，寻求发挥三者效益，恰到好处地处理好三者之间的关系。比如，在人力、材料、设备和资金等资源供应受到限制的条件下，寻求工期最短的方案；在工期规定条件下，寻求资料消耗最均衡的方案；在不改变网络计划逻辑关系的条件下，寻找缩短工期、降低成本的计划方案等。

进度控制还需要各阶段和各部门之间的紧密配合和协作，只有对这些有关的单位进行协调和控制，才能有效地进行建设项目的进度控制。

3.1.2　工程项目进度控制的基本任务

工程项目的进度控制是一项系统工程。其基本任务是按照工程总体计划目标，按工程建设的各阶段，对系统的各个部分制定合理的进度计划，并对实际执行情况进行检查、分析、比较并做出调整，从而保证总目标的实现。概括地讲，进度控制的基本任务可归纳为以下几点：

（1）认真审查工程项目的进度计划。

（2）深入实际，检查和掌握进度计划的执行情况。

（3）将工程项目进度的实际情况同计划目标进行比较对照和认真分析，找出出现

"滑动"（偏差）的因素及原因。

（4）采取相应的措施，及时调整计划，保证总目标的实现。

在进行（3）、（4）项任务时，网络计划及其优化的理论和应用具有很大的优越性，这在我国建设部1992年7月1日开始施行的中华人民共和国行业标准——工程网络计划技术规程JGJ/T 1001—91（以下简称《规程》）中有详细的规定和说明。

3.2 招标阶段的进度控制

根据建设部1992年12月30日发布的《工程建设施工招标投标管理办法》第十条规定，建设单位可以委托具有相应资质的监理单位代理招标。在这种情况下，监理工程师应按照该文件精神和建设单位要求，完成一系列招标阶段的工作，这些工作主要有：提出招标申请，编制招标文件，制定标底，组织投标，组织开标、评标和定标工作，与中标承建单位商签承包合同等。总监理工程师应根据上述工程项目和每项工作内容及工作量的多少，编制招标工作期间的进度控制计划，并用横道图或日历表的形式表现进度控制计划，其中主要包括招标阶段各项工作的起始和结束时间。

为制定比较实际的招标阶段的进度计划，并加以实时控制，应该根据招标投标管理办法中规定的各项工作内容，估算出各项工作的工作量及其延续的时间。这时，监理工程师应充分考虑到建设单位、投标单位以及评标定标单位的实际情况和水平，并充分容纳自己的经验，实事求是地做好这项工作。在这里，需要强调的是标底一经审定应密封保存至开标时，所有接触过标底的人均负有保密责任，不得泄漏，如有泄漏，对责任者要严肃处理，直至法律制裁。

3.3 工程项目进度计划的审查

工程项目的不同阶段有不同形式的项目进度计划，监理工程师应对它们认真地进行逐项审查。一般来说，这些计划有如下一些：

3.3.1 工程项目总体进度计划

主要内容是工程项目从开始实施一直到竣工为止，各主要环节的进度安排，一般用横道图表示，表明该工程在设计、施工、安装、竣工验收等各阶段的日程进度。总体进度计划安排是否合理和科学，这是关系该工程宏观控制的先决条件。监理工程师应根据具体工程项目的条件，对各阶段的生产要素（包括技术力量，投资环境，原材料供应以及组织领导等）进行全面审查和落实，以求得工期优化，工期-费用优化以及工期-资源优化的方案。审定后的总体进度计划将作为监理工程师控制、协调各阶段进度计划的依据，并保证予以实行。

3.3.2 工程项目施工总体进度计划

这是施工组织总设计的重要组成部分，是施工总体方案在时间序列上的反映，它是以国家或行业规定的各种定额为标准，按每道工序所需工时及计划人力物资配备情况，求出各分部、分项及单位工程的施工周期，按施工顺序编制而成。内容包括主要工程项目的施工先后顺序，施工期限，开工及竣工日期，各项目之间搭接时间，综合平衡工作量，资源分配及投资分配等。合理地、科学地编制总体进度计划，不仅是整体工程项目按时交付使用的重要保证，而且也在很大程度上决定着项目投资的经济效益。在审查施工总体进度计划时，监理工程师要特别注意工程项目各分解层次的进度分目标。在保证局部进度的基础上，实现总进度的控制。

施工阶段进度目标分解类型一般有如下形式：

按施工阶段分解，突出控制点。比如将整个工程分成土建、安装、调试等阶段，然后将这些阶段的起止日期作为控制点，明确指出阶段性目标，并予以实施和检查控制。

按施工单位分解，明确分部目标。以总进度计划为依据，确定各施工单位的分包目标，通过分包合同落实分包责任，以分头实现分目标来确保项目总目标的实现。

按专业工种分解，确定交接日期。在同专业或同工种之间，要进行综合平衡，不同专业或不同工种之间，要强调相互之间的衔接配合，以确定互相之间的交接日期。

按建设工期及进度目标，将施工总进度计划分解成逐年、逐季、逐月的进度计划。

通过以上的审查，要使总进度计划达到下列要求：

(1) ——满足项目总进度计划或施工总承包合同对总工期以及起止时间的要求；

(2) ——年度投资分配要合理和到位；

(3) ——各施工项目之间合理搭接；

(4) ——不同时间各子项目规划与可供资金、设备、材料及施工力量之间相平衡；

(5) ——主体工程与辅助工程、配套工程之间要平衡；

(6) ——生产性工程与非生产性工程之间要平衡；

(7) ——进口设备与国内配套工程之间要平衡。

通过审查发现不合理之处，应向施工单位指出并协助调整计划。

监理工程师不仅要审查施工总进度计划，同时还需审定施工组织设计。其中对施工技术方案，审查其施工的先进性，技术措施的可靠性以及经营上的合理性；对现场平面布置方案，审查其合理利用空间，减少二次搬运，以及满足安全、消防和环保等状况；对材料、人力、设备需按计划审查供应的可能性，判断是否满足施工进度，产品价格、质量、生产能力以及订货合同中交货日期是否符合总进度计划的安排。

3.3.3 作业进度计划

它主要是为分项、分部或某一项作业活动安排的作业进度计划，是基层施工队（组）进行施工的指导性文件。对这个计划的审查，主要由专业监理工程师在施工过程中随时跟踪检查，发现拖后或超前的现象应及时调整。

3.4 设计阶段的进度控制

3.4.1 设计阶段监理工作的主要内容

项目设计是建设过程中的关键环节，是对整个工程在技术及经济方面的全面安排，不但关系到项目的进度、质量及投资，而且还关系到日后投产效益的发挥。因此，监理工程师对项目设计阶段的进度控制应引起足够重视。

设计阶段的监理内容主要是：

(1) 根据设计任务书等有关批文，编制"设计要求文件"或"方案竞赛（又称平行设计）文件"；

(2) 组织设计方案竞赛（评比）和评定设计方案；

(3) 选择勘察、设计单位，委托勘察设计单位及任务，办理合同，并督促检查合同的执行情况；

(4) 审查初步设计（或扩大初步设计、技术设计）阶段和施工详图阶段的方案和设计文件；

(5) 审查概算与预算。

3.4.2 设计进展的阶段及目标

以上任务需按设计阶段进度计划分阶段分别以专业目标来实现，设计进展阶段具体内容大致如下：

1. 设计准备工作阶段的主要监理工作

(1) 各专业监理工程师深入研究并深刻理解掌握有关项目准备的各种批文及技术资料；

(2) 根据需要组织调查研究，收集有关设计方面的资料；

(3) 各专业针对建设项目提出设计具体要求或方案竞赛文件；

(4) 总监理工程师汇总"设计要求"或"竞赛文件"。通过此阶段的监理工作，提出"设计要求"文件或"方案竞赛"文件，提出初勘报告，交建设单位研究。

2. 初步设计和技术设计阶段的主要监理工作

(1) 将建设单位认可的"设计要求"或"方案竞赛"文件发送有关设计单位或直接委托设计单位；

(2) 与设计单位进行技术磋商，并进行期中审查；

(3) 组织方案的评定和审查，将评定的若干方案和审查结果作为监理意见，以书面形式向建设单位提出，请其认可；

(4) 根据需要，向城建部门上报评定方案或初步设计审查意见；

(5) 提出详勘任务书。通过此阶段工作，提出如下成果：设计方案评定意见；初步设计审查意见书；取得上级主管部门对初步设计方案初步审查意见的有关批文；提出详勘任务书。

3. 施工图设计阶段的主要监理工作

(1) 确定设计单位进行施工图设计；

(2) 向设计部门发出关于初步设计的审查意见书；

(3) 与设计单位进行技术磋商；

(4) 进行设计中间审查，正确控制设计标准和主要技术参数；

(5) 审查施工图预算；

(6) 审查施工图深度。

通过以上工作，提供以下成果：确定施工图设计单位，提出中间审查意见，提出预算审查意见。

当以上各阶段监理工作进行后，监理单位应进行设计阶段的监理工作总结，提交监理工作总结报告，提请建设单位及上级主管领导予以评价。

如果在施工过程中，有关建设单位和施工单位要求变更设计事宜，监理应及时与有关设计单位协商解决，并按规定办理设计变更手续，及时下达给施工单位实行。通过施工过程中的设计监理，使设计单位和施工单位紧密协调和配合，使设计能更好地满足使用和施工工艺要求而更趋合理和完善。

3.5 施工阶段的进度控制

3.5.1 施工阶段进度控制概述

由于人为、材料、机具、地基、资金及环境等因素的干扰，工程实际进度往往与计划进度不一致。因此，监理工程师在工程项目的施工期间，必须深入现场随时掌握工程的进度情况，收集有关进度资料；在此基础上进行资料数据的整理、统计，并将其与计划进度比较和评价，根据评估结果，提出可行的变更措施和调整计划。由于工程进度控制具有周期循环的性质，所以施工进度的过程实质上是一个循序渐进的过程，是一个动态控制的管理过程。

施工阶段进度控制动态管理系统如图 3-1 所示。

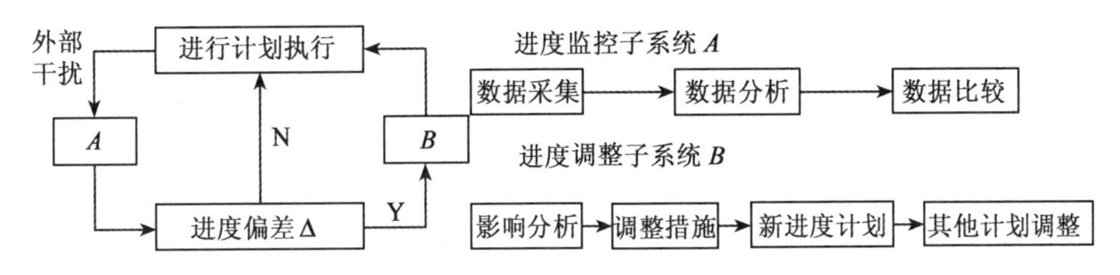

图 3-1 施工进度控制动态管理系统

3.5.2 施工实际进度监测

为了准确及时地了解施工进度执行情况，监理工程师应做好以下两件监理工作。

1. 施工实际进度资料数据收集

（1）经常地、定期地、完整地收集承建单位提供的有关进度报表资料；

（2）参加承建单位定期或临时召开的有关工程进度协调会，听取工程施工进度的汇报和讨论；

（3）监理人员长驻现场或深入现场，具体检查进度的实际进行情况。

根据工程规模大小、类型、监理对象及现场条件，可每月、每半月或每周进行一次实际进度检查，在某些特殊情况下，甚至进行每日进度检查。

2. 施工实际进度数据的整理、统计分析和比较

为达到进度监控的目的，监理人员必须将收集到的资料进行必要的整理、统计和分析，从而形成可比性的数据资料，通过实际进度与计划进度的比较，找出它们之间的偏差，通常采用的方法有以下几种：

（1）横道图。用横道图表示的进度表中，除表示计划进度外，不应留有空格，以便在空格内填上实际进度情况，对照此表中计划进度与实际进度二者的时间差，即为时间偏差。

（2）工程量曲线。将按实际进度计算的工程量曲线画在按计划进度计算的工程量曲线图上，对照二者的时间差异，即为时间偏差。

（3）工作量累计曲线。为反映工程施工进度中不同计算单位的项目综合进展情况，应用投资额统一各部分计算单位，用工作量累计曲线表示工程综合进度进展情况，将计划投资额累计曲线同实际投资额累计曲线进行比较，即查出按投资额所确定的时间差异。

（4）网络计划。同横道图比较，网络计划有如下特点：

① 能明确表示工作之间的逻辑关系；

② 能确定每一项工作最早可能开工时间、最早可能完工时间以及最迟必须开工和最迟必须完工时间；

③ 能确定每一项工作的总时差及自由时差；

④ 能确定网络计划中的关键线路；

⑤ 能进行工期费用及资源等目标的优化；

⑥ 以现代计算工具——电子计算机辅助计算，实现进度控制的实时性及自动化。

3.5.3 施工进度计划的调整

通过实际进度数据分析比较，已经找出二者的时间偏差，如果这种偏差（特别是滞后）将影响到后续工作及整个工程按时完成，应及时对施工进度进行调整，以此实现对进度控制的目的，保证预定计划工期目标的实现。

施工进度计划调整的方法取决于施工进度表的编制方法：

1. 采用横道图编制施工进度表

这种进度计划表的编制基础是流水作业理论，其空间参数、时间参数及工艺参数已确定。因此，如果由于某种原因使其中某个分部（或分项）工程拖延了作业时间，就打破了原计划流水作业的平衡，必须重新按流水作业理论对进度计划作调整，并保证预定工期目标的实现。其调控方法有：

（1）当实际进度对计划进度滞后时间不长时，可不打破整个施工进度计划流水作业的平衡，只在某个分部（或分项）作局部调整，这时，如果工作面允许，可增加劳力以缩短工期；如果工作面较小，应考虑增加工作班次，以缩短工期，赶上进度。

（2）当实际进度对计划进度滞后时间较长时，采用局部调整已不能将滞后的时间调整完，此时应对进度计划采取大改动，在保证流水作业和预定工期的前提下，通过调整流水段，重新安排施工过程和专业队数，增减专业队人数等办法调整进度计划。在调整过程中要反复多次，直到最后达到预定工期要求，并尽可能使劳力、材料、资金、机具的供应均衡。

2. 采用网络计划编制施工进度表

(1) 工期偏差(Δ)对后续工作影响的分析。当实际进度对计划进度出现偏差时，应着重分析此种偏差对后续工作的影响，偏差大小及此偏差出现的位置。分析的方法主要是用网络计划中的总时差及自由时差来分析和判断，其流程图如图 3-2 所示。

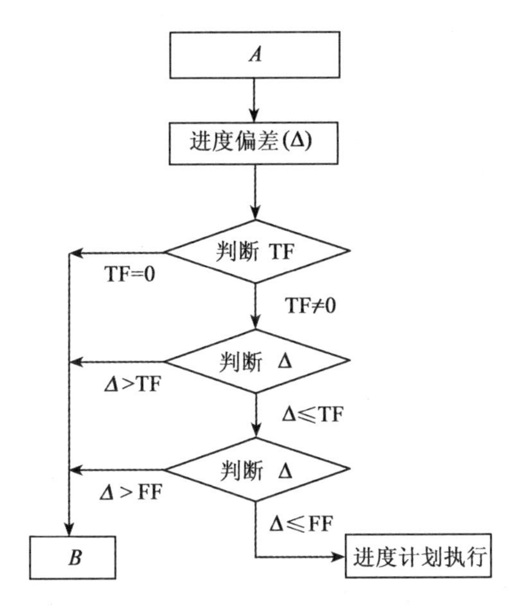

图 3-2　对后续工作影响分析框图

(2) 施工进度计划的调整方法。

从图 3-2 我们可得三种不同的调整方法：

(1) 进度拖延时间在总时差 TF 范围内，自由时差 FF 范围外，即 $FF<\Delta<TF$。

可见，这一拖延不会影响总工期，只对后续工作产生影响，因此，在调整前需估算和确定后续工作允许拖延的时间限制，并依此作为进度调整的限制条件进行进度调整。

(2) 某工作进度拖延时间已超出其总时差的范围，即 $\Delta>TF$。

在这种情况下，可分三种情况区别对待进度调整：

① 项目总工期不允许拖延。此时只有采取缩短关键线路上后续工作的持续时间来保证总工期目标的实现。可用工期-费用优化方法寻找缩短持续时间的关键工作。

② 项目总工期允许拖延。这时只需以实际数据取代原计划数据，并重新计算网络计划参数，之后按新进度计划施工。

③ 项目总工期允许拖延的时间有限，此时以总工期的限制时间作为规定工期，并对尚未实施的网络计划进行工期-费用优化，通过压缩网络计划中某些工作的持续时间，以保证总工期满足规定工期的要求。

(3) 某工作进度超前。

施工进度滞后固然要影响工期的预定目标，但进度超前也可能造成其他目标失控。比如，在工期超前情况下，可使资源的需求发生变化，进而打乱原计划对材料、设备、人力等的安排，以及资金的使用和安排。因此，当出现工作进度超前时，监理工程师必须综合分析由于进度超前对后续工作产生的影响，与承包单位协商，提出合理的进度调整方案。

3.6 基于工程监理的网络计划技术概述

3.6.1 网络技术的一般概念

网络计划技术又称计划协调技术，20 世纪 50 年代最早开始于美国，60 年代传入我国。在大型工程计划管理（包括计划编制、协调和控制）中具有其他方法所不具备的许多优点，在保证计划管理的科学性、提高企业管理水平和经济效益等方面发挥着重要作用。

网络计划技术模型基本上可分两种：

一是肯定型的网络计划方法，比如关键路线法 CPM（Crifical Path Method）等，它的特点是该计划中的所有工序都必须按既定的逻辑关系完成，每项工作持续的时间 D 为确定的，所有工作都由始点流向终点，不许有环路等。

二是非肯定型网络计划方法，比如计划评审技术 PERT（Program Evaluation and Review Technique）和图示评审法 GERT。

前者的特点是：所有节点及工作都必须实现，但当条件变化时，持续时间 D 是概率型的，计算时用其期望值，并预测出计划实现的概率，因此，它又称为概率型的网络计划方法。后者的特点是：节点和工作有不同的逻辑关系，也不一定都实现，工作的流向不受限制，允许有环路，工作的持续时间 D 为概率型，按随机变量分析，因此，它又称为随机型的网络计划方法。从上可见，CPM 及 PERT 都是 GERT 的特例，当所有工作流向都一致沿着由起点到终点方向，没有环路存在，而且所有节点与工作都实现时，GERT 就变成 PERT；如果每个工作的持续时间等参数值都确定不变，则 PERT 变成 CPM。《规程》中的网络计划（包括双代号网络计划和单代号网络计划）方法是肯定型的网络计划法。在《规程》中，对网络图的绘制、时间参数的计算以及网络计划的优化等内容都做了具体规定。

3.6.2 单位工程网络计划的编制要点

单位工程网络计划编制的过程简要说明如下：

1. 调查研究，熟悉图纸，分析情况

其目的是了解和分析工程规模、建筑结构及质量要求等，摸清自然、技术及经济条件，了解劳力、材料、设备使用供应情况，为制定施工方案打下基础。

2. 制定施工方案，确定施工顺序

要求达到符合网络计划的基本要求，工艺上符合技术要求、目前水平、工作习惯、质量保证；组织上切合实际，有利于提高工效、缩短工期和降低成本。

3. 确定工作项目

通常应根据计划的需要确定网络计划中工作内容的多少和划分的粗细程度，在单位工程的网络计划中，工作应明确到分项工程或更具体一些，以满足指导施工作业的需要。先列成表格、编号，检查有否遗漏，先后顺序一般按施工工艺先后划定。

4. 计算工程量和劳动量

工程量是按施工图纸和有关计算规则计算的实物量，劳动量是完成某项工作所需要的工日数。

5. 确定工作的持续时间

通常采用“经验估计法”或“定额计算法”。对于新技术尚未定额标准者，一般采用经验估计持续时间。定额估算法的计算公式为

$$D = Q/RS$$

式中：D 为工作持续时间，可以日、周、小时计；Q 为工作的工程量，以实物量度单位计；R 为人力或机械设备数量，以人或台数表示；S 为产量定额，即单位时间内完成的工作量。

6. 编制初始网络计划

根据施工方案，工作项目计划，工作之间逻辑关系及工作持续时间，就可绘制初始网图，将节点编号、工作名称及持续时间按规定绘在图上。先按分部工程分别绘制，然后将各分部网络计划连接起来。

7. 计算网络计划时间参数，调整与优化初始网络计划等

3.6.3 网络计划时间参数计算公式汇总

双代号、单代号网络图计划中计算时间参数的公式详见《规程》，PERT 网络时间参数计算公式见表 3-1。

表 3-1

PERT 时间参数	计算公式	备　注
节点最早时间 ET 及其方差	$ET_j = \max\{ET_i + D_{l,i-j}\}$ $\sigma^2(ET_j) = \sigma^2(ET_i) + \sigma^2(D_{l,i-j})$	由起点节点顺推计算，起点节点方差为零
节点最迟时间 LT 及其方差	$LT_i = \min\{LT_j - D_{l,i-j}\}$ $\sigma^2(LT_i) = \sigma^2(LT_j) + \sigma^2(D_{l,i-j})$	由终点节点逆推计算，终点节点方差为零
节点时差及其方差	$SL_i = LT_i - ET_i$ $\sigma^2(SL_i) = \sigma^2(LT_i) + \sigma^2(ET_i)$	节点时差 SL，关键节点 SL=0
保证节点在规定期限内完成的概率	$z_i = \dfrac{PT_i - ET_i}{\sigma(ET_i)}$	PT_i 为节点 i 规定的期限，根据 z_i 查正态分布表决定 P_i 值

注：式中：$D_l = (a+4m+b)/6$。a 为最短估计时间；b 为最长估计时间；m 为最可能估计时间。

3.7 网络计划优化技术

3.7.1 网络计划优化技术概述

初始网络计划只是按工作顺序表示的合理施工组织关系和网络计划的全部时间参数。

这仅是一个初始方案，还要进一步使网络计划中的各项参数符合规定的工期、资源供应以及工程成本最低等约束条件，为此必须对初始网络计划进行优化。

网络优化技术是一种计划管理的新技术，是现代管理科学的重要组成部分。在施工管理中应用网络优化技术安排工程计划，控制工程进度和费用，使其达到最佳合理目标，具有重要作用。

网络计划优化的目标，可根据计划任务的需要和条件而定，一般有工期目标、资源目标以及费用目标等。在《规程》中已列出相应的优化方法。

3.7.2 施工组织网络计划的优化

网络计划的优化是在一定约束条件下，按既定目标对网络计划进行不断检查、评价、调整和完善的过程。

网络计划的优化有工期优化、费用优化和资源优化 3 种。费用优化又叫时间成本优化。资源优化分为资源有限-工期最短的优化及工期固定-资源均衡的优化。

由于在网络图的每一工作上，一般都可采用多种不同的施工工艺，从而有不同的工作时间和相应的工作成本。如要缩短总工期，就要在关键工作上采用工作时间短的工序；如要降低成本，可在非关键成本上采用低成本施工工艺，只要延长的工时在工作总时差范围内就不会延长总工期。

3.7.3 施工组织方案优化

1. 工期优化

工期优化是压缩计算工期，以达到要求工期目标，或在一定约束条件下使工期最短的过程。工期优化一般通过压缩关键工作的持续时间来达到优化目标。在优化过程中，要注意不能将关键工作压缩成非关键工作。但关键工作可以不经压缩而变成非关键工作。当在优化过程中出现多条关键线路时，必须将各条关键线路的持续时间压缩同一数值，否则不能有效地将工期缩短。

具体操作步骤为：

（1）找出网络计划中的关键线路并求出计算工期。

（2）按要求工期计算应缩短的时间 ΔT：

$$\Delta T = T_0 - T_r$$

式中：T_0 为计算工期；T_r 为要求工期。

（3）按下列因素选择应优先缩短持续时间的关键工作：

① 缩短持续时间对质量和安全影响不大的工作。

② 有充足备用资源的工作。

③ 缩短持续时间所需增加的费用最少的工作。

（4）将应优先缩短的关键工作压缩至最短持续时间，并找出关键线路。若被压缩的工作变成了非关键工作，则应将其持续时间延长，使之仍为关键工作。

（5）若计算工期仍超过要求工期，则重复以上步骤，直到满足工期要求或工期已不能再缩短为止。

（6）当所有关键工作或部分关键工作已达最短持续时间，而寻求不到继续压缩工期的方案，工期仍不满足要求工期时，应对计划的原技术、组织方案进行调整，或对要求工期重新审定。

工期优化程序框图如图 3-3 所示。

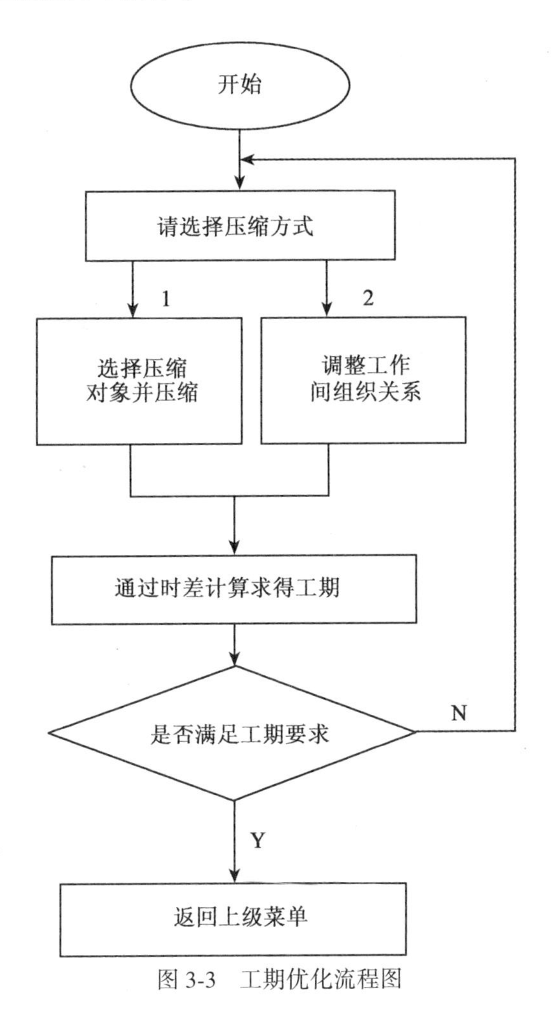

图 3-3　工期优化流程图

2. 费用优化

费用优化又叫时间成本优化，是寻求最低成本时的最短工期安排，或按要求工期寻求最低成本的计划安排过程。网络计划的总费用由直接费和间接费组成。随工期的缩短而增加的费用是直接费；随工期的缩短而减少的费用是间接费。由于直接费随工期缩短而增加，间接费随工期缩短而减少，故必定有一个总费用最少的工期，这便是费用优化所要寻求的目标。

费用优化可按下述步骤进行：

（1）算出工程总直接费。

（2）算出各项工作直接费费用增加率。

（3）找出网络计划中的关键线路并求出计算工期。

（4）算出计划工期为 t 的网络计划的总费用。

（5）确定压缩方案以后，必须检查被压缩的工作的直接费率或组合直接费率是否等于、小于或大于间接费率。如等于间接费率，则为优化方案；如小于间接费率，则需继续压缩；如大于间接费率，则在此前一次的小于间接费率的方案即为优化方案。

费用优化程序图如图 3-4 所示。

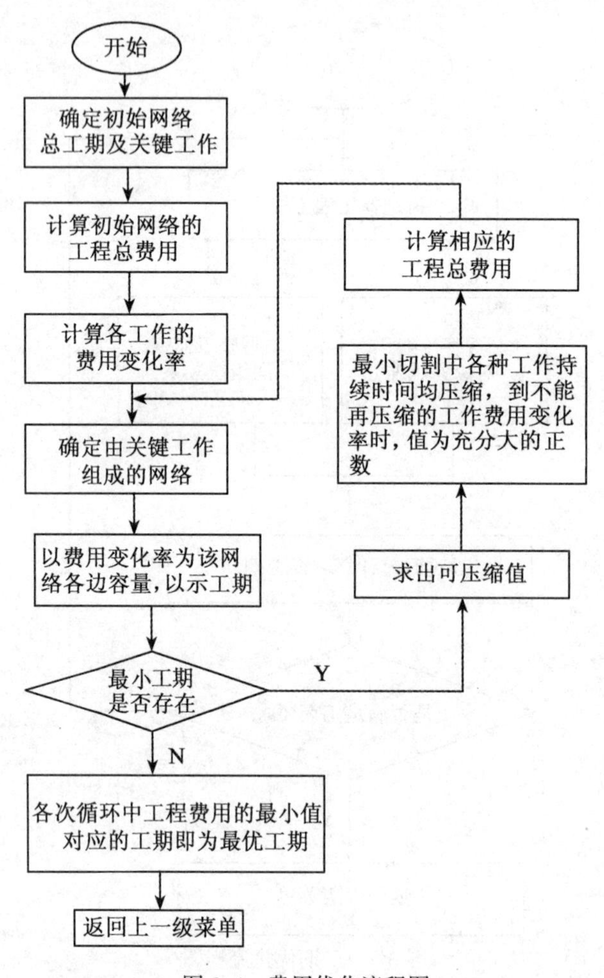

图 3-4　费用优化流程图

3. 资源优化

资源优化是通过改变工作的开始时间，使资源按时间的分布符合优化目标。具体的方案有 2 种：资源有限-工期最短的优化和工期固定-资源均衡的优化。

（1）资源有限-工期最短的优化是调整计划安排，以满足资源限制条件，并使工期拖延最少的过程。

（2）工期固定-资源均衡的优化是调整计划安排，在工期保持不变的条件下，使资源需用量尽可能均衡的过程。

3.7.4　网络优化技术的意义

网络计划的优化技术能够明确地反映出计划各项工作的先后次序和相互关系；能够在

工作繁多、错综复杂的计划中指明关键线路和关键工作，确保按时竣工，避免盲目抢工；能够预测某些工作提前或推迟对整个计划的影响程度，便于采取措施；能够科学地从多种方案中选择经济效果最优的方案，合理调配人力和设备，达到降低成本的目地；能够在计划执行中根据变化了的情况迅速进行调整；能够利用电子计算机进行准确快速的计算。

总之，在建设监理中应用网络优化技术，有利于统筹全局，抓住关键，预见潜力，降低成本，有效地发挥计划、组织、指挥、控制、协调和管理职能。

3.8 网络计划技术在进度控制中的应用

3.8.1 概述

在目前情况下，利用计算机解决施工组织设计和监理中的问题，主要分为两类：一是在施工平面图设计中选择组织工作和计划工作的最佳方案。这类问题主要是以线性规划为数学模型，利用计算机进行求解，从而得到最优方案，可以使施工效率得到显著提高。二是编制工程施工进度计划与作业计划，处理施工过程中收集到的各种信息，并能不断调整进度计划，控制进度计划的执行过程。这类问题主要是以网络计划技术为数学模型，建立施工进度控制计算机辅助系统，完成施工进度计划的编制、优化及调整，实现施工进度的动态控制。

3.8.2 辅助系统的功能

为了实现施工进度的动态控制，不仅要编制进度计划，并在此基础上进行进度计划的优化，还要对工程进度执行情况进行跟踪检查和调整。为此，施工进度控制辅助系统应具有下列功能：

（1）原始数据的输入，从而为进度计划的编制及优化提供依据。

（2）进度计划的编制，包括横道计划或网络计划。

（3）进度计划的优化，包括工期优化、费用优化和资源优化。

（4）工程实际进度的统计分析，即在工程实际进展过程中，将系统的实际进度数据进行必要的统计分析，形成与计划进度数据有可比性的数据，并对工程进度作出预测分析，检查项目按目前进度能否实现工期目标，为进度计划的调整提供依据。

（5）实际进度与计划进度的动态比较，即定期将计划进度数据与实际进度数据进行比较分析，形成进度比较报告，从中发现实际进度与计划进度的偏差，以便及时进行调查分析，有针对性地采取纠偏措施。

（6）进度计划的调整。当实际进度出现偏差时，就需要对工程进度计划进行调整。

（7）各种图形及报表输出。图形包括：网络图、横道图、进度比较图等，报表包括各类计划进度表、辅助系统模块结果逻辑设计图等。

辅助系统模块逻辑设计图如图 3-5 所示。

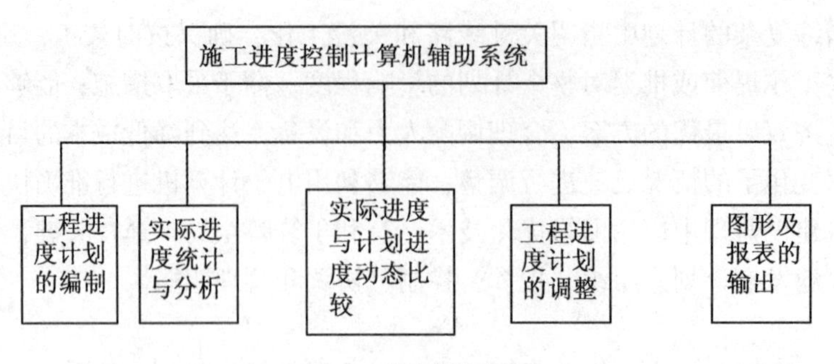

图 3-5　进度控制框图

3.8.3　辅助系统主程序框图

1. 工程进度计划编制子系统程序框图

工程进度计划编制子系统的主要功能是根据输入的原始数据，编制网络计划（单代号网络计划或双代号网络计划），并以此为基础进行网络计划的优化。该系统模块结果逻辑设计图如图 3-6 所示。

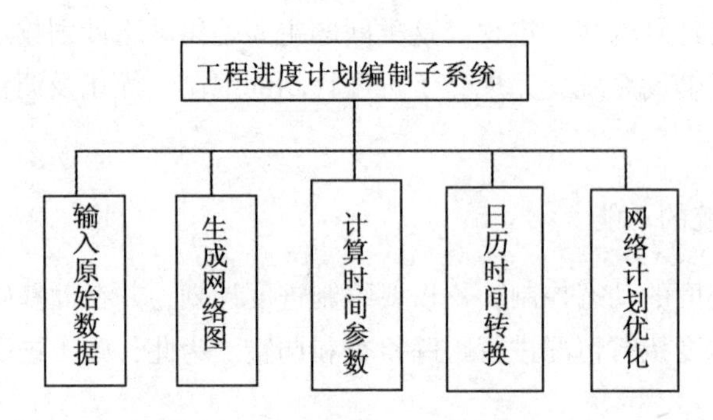

图 3-6　进度计划编制框图

该子系统程序框图如图 3-7 所示。

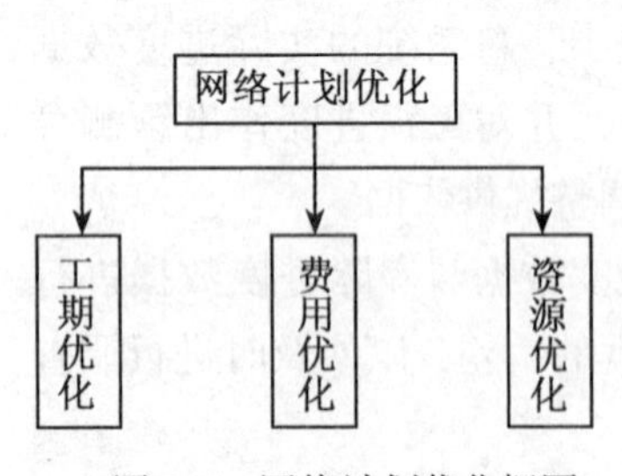

图 3-7　网络计划优化框图

（1）输入原始数据。为了编制初始网络计划，需输入各类工作的名称、编号、持续时间以及逻辑关系（紧前工作或紧后工作）。为了进行网络计划的优化，还需要输入各类工作的极限时间、正常费用、极限费用、间接费用、资源量，以及总工期限制和资源限制等。以上文件均输入到数据库文件中。

（2）生成网络图。首先根据工作编号及逻辑关系，系统自动生成网络图（通常以单代号网络图表示，也可以用双代号网络图表示）。对大型、复杂的工程项目还可以生成群体多级网络，以便于按层次进行分级管理、控制。其次对生成的网络进行必要的检查，主要是根据网络图的基本规则检查生成的网络是否存在循环回路，是否存在孤立节点等，指出发生错误的位置，并对其正确性进行确认。

(3) 计算时间参数。网络计划的时间参数主要包括各工作的最早开始时间、最早完成时间、最迟开始时间、最迟完成时间、总时差和自由时差。此外，还需确定网络计划的关键线路和总工期。当采用群体多级网络时，除计算各子网络的时间参数外，还需计算综合网络的时间参数。

(4) 日历时间转换。在实际工作中，通常习惯于使用日历时间表达各工作的进度计划，而网络计划的时间参数是以开工时间为零或某一特定数值计算的。利用电子计算机可以按照开工日期，把各工作的时间参数转换为日历时间，其中还可根据需要自动扣除节假日休息时间。事实上，对网络计划优化后的时间参数也可做类似处理，进行日历时间转换。

以上时间参数计算结果及日历转换结果，均应存储于数据库文件。

(5) 网络计划优化。网络计划的优化，主要是通过利用时差不断改善网络计划的初始方案，在满足既定约束条件的情况下，按某一目标来寻求满意方案。网络计划的优化包括：工期优化、工期-费用优化及资源优化。其中资源优化又包括资源有限、工期最短的优化和工期固定资源均衡的优化。

2. 进行工期优化、费用优化和资源优化（略）

3. 实际进度统计分析子系统程序框图

该子系统的主要功能是将定期输入系统的实际进度数据进行必要的统计，形成与计划进度数据有可比性的数据，并对工程进度作出分析，检查目前的工程进展是否影响工期、是否影响后续工作等。检查的依据主要是原网络计划中工作的总时差和自由时差。其程序框图如图 3-8 所示。

4. 实际进度与计划进度动态比较子系统程序框图

该子系统的主要功能是计划进度数据与实际进度数据相比较，从中发现进度偏差。根据工程规模和工程性质的不同，可以选用以下不同的比较方法：

(1) 横道图比较。即原计划进度用横道计划表示，实际进度也用横道计划表示，将它们绘于同一图上即可直观地表示出进度偏差。

(2) S 形曲线比较。S 形曲线是一个横坐标表示时间，纵坐标表示工作量完成情况的曲线图。对大多数工程项目来说，在整个工期范围内，累计完成的工作量曲线将是一条中间陡而两头平缓的形如“S”的曲线，S 形曲线因此而得名。

S 形曲线可以直观地反映工程项目的进展情况。根据原计划首先绘制 S 形曲线，然后在施工过程中，随着工程进展，每隔一定时间将实际进展情况绘制在原计划的 S 形曲线上，以便进行直观比较。通过比较可以获得如下信息：

- 工程实际进度是超前还是拖后；
- 工程进度超前或拖后的时间；
- 完成的工程量超额或拖欠的数值；
- 可对后期工程进度进行预测。

(3) 香蕉曲线比较。香蕉曲线实际上是由两条 S 形曲线组合而成的。由于其形如香蕉，故因此而得名。香蕉曲线中，其中一条是以各项工作均按最早开始时间安排进度所绘制的 S 形曲线，简称 Es 曲线；而另一条是以各项工作均按最迟开始时间安排进度所绘制的 S 形曲线，简称 Ls 曲线。显然，除开始和结束点重合外，Es 曲线上各点均落在 Ls 曲线

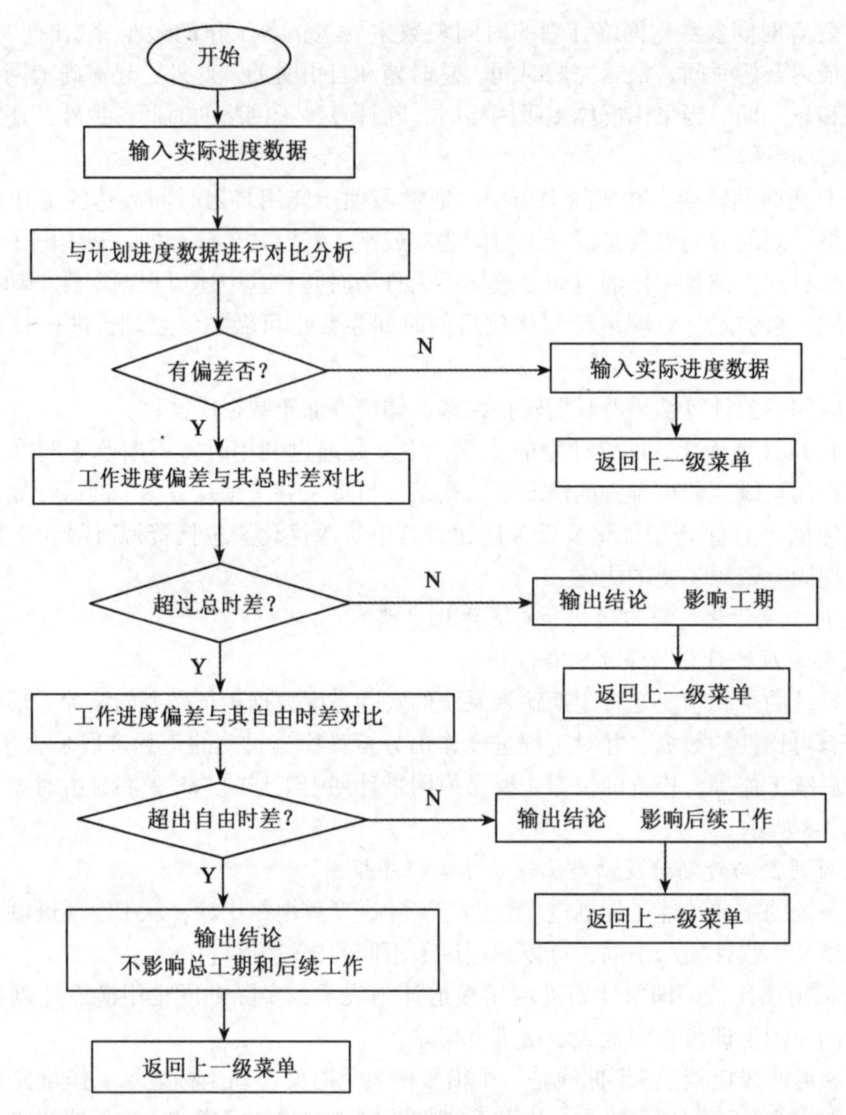

图 3-8　进度统计分析总框图

内左侧，某时刻两条曲线对应完成的工作量是不同的。在项目施工过程，理想的状况是任一时刻按实际进度描出的点应落在这两条曲线所包围的区域内。

（4）横道图与香蕉曲线综合比较。这种方法的最大优点是在同一张图上既能反映项目局部进展情况（横道图中各项工作计划进展与实际进度的比较），又能反映项目总体的进展情况（香蕉曲线中项目、总的实际完成情况与总的计划完成情况的比较）。

实际进度与计划进度动态比较子系统程序框图如图 3-9 所示。

在对工程进度数据统计分析和动态比较的基础上，如发现进度有偏差，就应分析原因并有针对性地采取纠偏措施。如果必要的话，还需要对原进度计划进行调整，形成新的工程进度计划。即

（1）总工期允许延长的进度调整。此时，既不需要网络的逻辑结构，也不需要改变工作的持续时间，只需重新计算网络计划的时间参数。

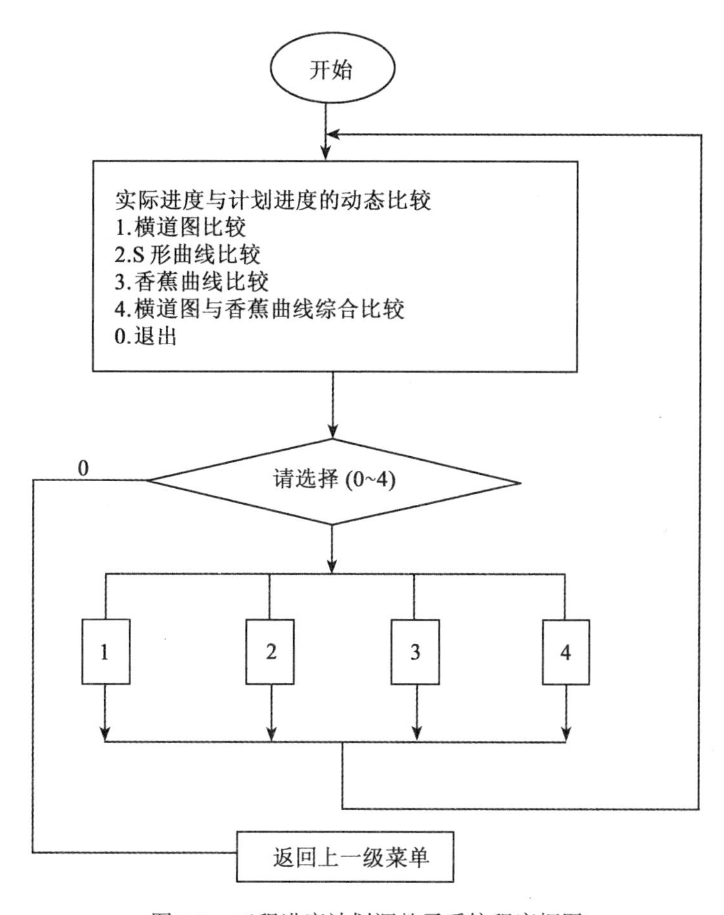

图 3-9　工程进度计划调整子系统程序框图

（2）总工期不允许延长的进度调整。此时，要通过工期优化将拖延的工期压缩掉。

（3）总工期允许有一定时间拖延（即拖延的时间不能超过某一值）的进度调整。此时应分两种情况考虑，一种是拖延的工期未超过允许拖延的时间，在这种情况下，只需重新计算网络计划的时间参数即可；另一种是拖延的工期已超过允许拖延的时间，在这种情况下应通过工期优化将超出部分压缩掉，即将工期压缩到允许拖延的限值为止。

以上是当工期拖延时调整计划所考虑的三种类型。如果是由于某项工作出现进度偏差，而导致后续工作拖延，也应做如上考虑。

当进度计划调整之后，资源需求状况也发生了变化，所以要重新确定资源动态需求量，并判断其是否满足限制条件。如果不能满足条件，还要进行资源优化，才能求得可行方案。

工程进度计划调整子系统程序框图如图 3-10 所示。

5. 图形及报表输出子系统程序框图

该子系统的主要功能是以图形和报表的形式输出施工进度控制过程中所产生的大量信息。报表的类型主要包括：

（1）网络计划原始数据表。包含工作编号、工作名称、持续时间、逻辑关系。如果要进行网络计划的优化，还应包含工作的极限时间、正常费用、极限费用等。

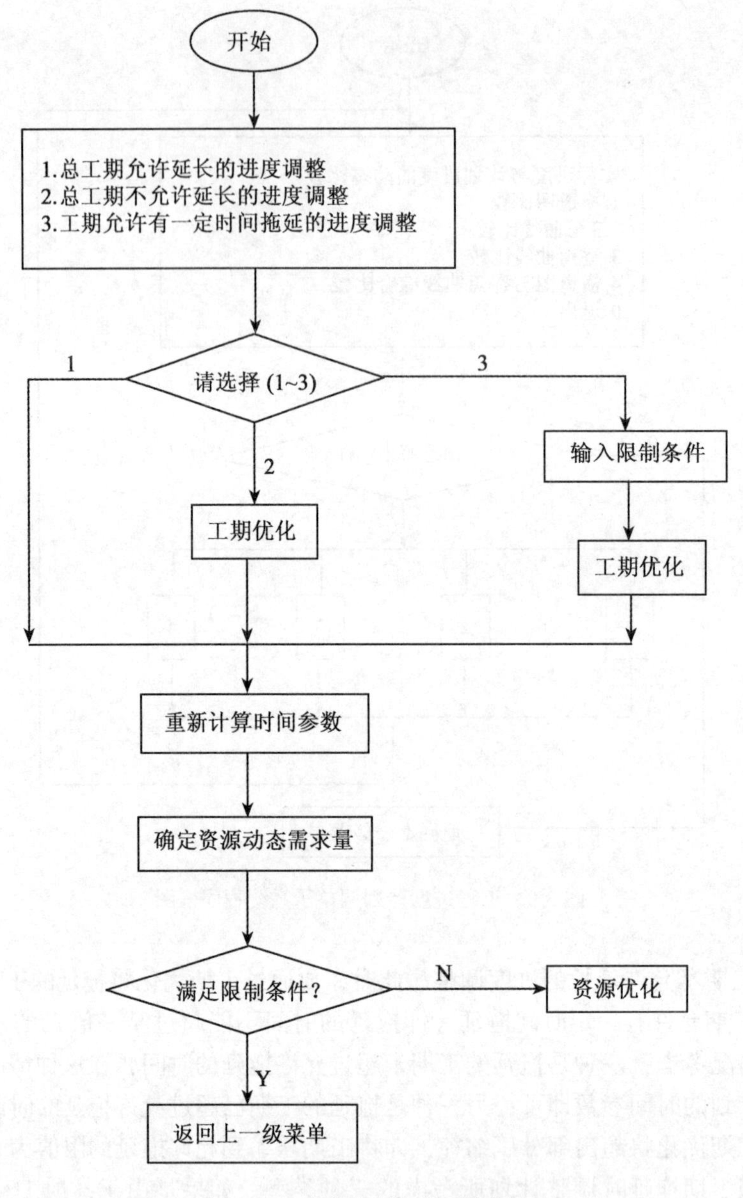

图 3-10　进度计划调整系统框图

（2）网络计划时间参数表。用来输出网络计划时间参数的计算结果，包括工作编号、工作名称、最早开始时间、最早完成时间、最迟开始时间、最迟完成时间、总时差及自由时差。可以绝对时间值输出，也可以日历时间输出。

（3）网络计划优化结果表。用来输出网络优化后的工作进度安排，包括费用优化和资源优化后各项工作的开始时间和完成时间，同样可以日历时间输出。

（4）资源需求量表。用来输出优化前后各种资源在整个工期范围内的需求数量。

（5）工程实际进度表。用来输出工程实际进展情况。

（6）工程进度比较报告。用来输出各种计划进度与实际进度的动态比较结果。

图形的类型主要有：

（1）横道图。包括优化前和优化后的横道图。

（2）网络图。包括单代号、双代号网络图以及优化前后的时标网络图。

（3）资源需求动态图。包括优化前和优化后的动态图。

（4）进度比较图。主要有横道比较图、S形曲线比较图、香蕉曲线比较图和香蕉曲线与横道图综合比较图。

3.8.4 实例说明[21]

例：某路线有4座盖板通道，采用流水作业，工程可划分为挖基，砌片石，现浇墙体，盖板安装等四项工作，其双代号网络图如图3-11所示。

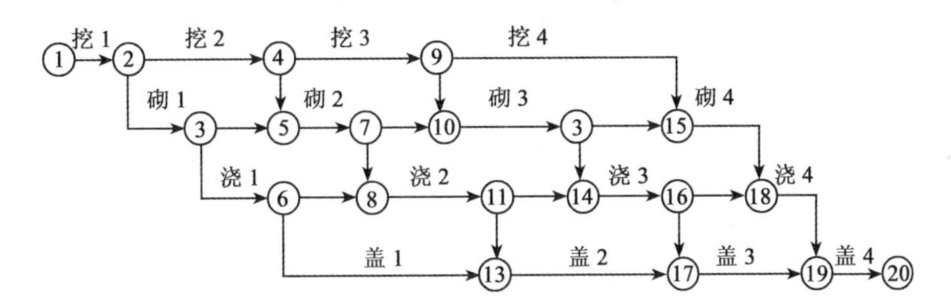

图3-11 双代号网络图实例图

在这个网络图中，虚工作⑦→⑩即连接工作砌2和砌3，使其满足施工顺序，同时又隔断无任何关系的工作挖3和浇2。在编制网络图中，引用虚箭线是非常重要的，但也不能随意引用，多余的虚箭线会增加绘图的工作量和计算的工作量，而且没有必要的虚箭线还会使网络图复杂。

在一般的网络图中，由箭线下方标注的时间来表明工作持续时间，看起来不直观，为了克服它存在的不足，在一般网络计划图的上方或下方增加一时间坐标，实箭线的长度即表示该工作的持续时间，形成时标网络计划。时标网络能够清楚地表示出工作的进行情况，可以确定在同一时间内对劳动力、材料、机械设备等资源的需要量。虽然它的调整较麻烦，往往因移动局部几项工作而牵动整个网络计划，但对于大型复杂工程，可先用时标网络绘制分部工程网络计划，然后在综合起来。在执行过程中若有变化，只需改变相应的分部工程网络计划。

网络计划编制完成后，可能有一些尚未满足的问题，这时，要根据所需目标条件，按一衡量指标进行时间优化、资源优化、成本优化等，寻求一个最优的计划方案，优化后的时标网络计划可作为最终计划下达给承包人直接使用。

时标网络通常采用前锋线法检查进度。实际进度前锋线标定方法如下：从检查时的时间线（晚上收工时）开始，自上而下依次连接正在施工的各工作实际到达点，形成一条折线。它能够动态反映工程实际进度，是工程施工动态管理的科学方法。通过对前锋线形态变化的分析，预测未来的进度状况和发展趋势。描述进度时，以检查时日期线作为基线，若折线的交点正在基线上，表示该工作按照原计划进度进行；若折线的交点落在基线左侧，表示该工作比原计划延误，偏差值即落后时间；若折线的交点落在基线右侧，表示该工作比原计划超前完成，偏差值为提前时间。例如一项目的时标网络计划如图 3-12 所示（按节点最早时间）。

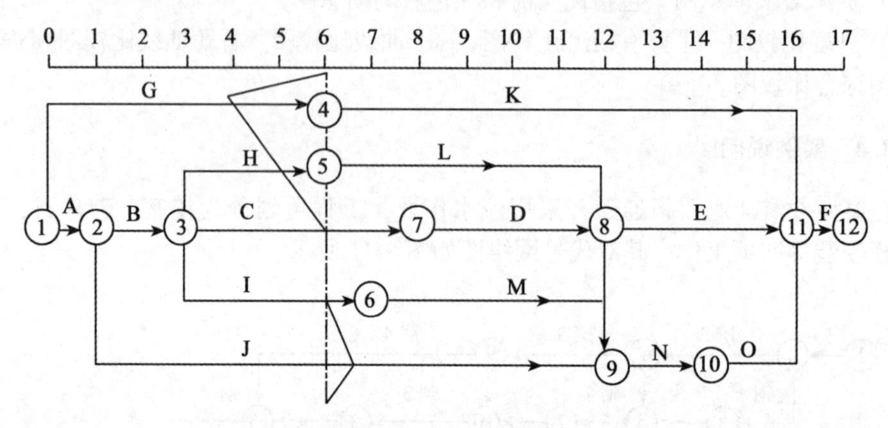

图 3-12　时标网络图

从第 6 天晚上检查情况可知，G 工作延误 2 天，H 工作延误 1 天，C、I 工作均按时，J 工作提前 1 天。此时，虽然关键工作 C 进度正常，但由于 G 工作延误 2 天，扣除 1 天总时差后，G 仍将造成工期拖延 1 天（2-1=1）。根据实际进度前锋线提供的信息，即可对后续施工做出合理调整，加快 K、G 工作的进度，可抽调有较多机动时间的工作资源支持关键工作（此时关键工作为 G 而非 C）。对有较多时差的 H 工作，可暂不作处理。

对于无时标网络计划可用割线法检查进度。即用割线将正在施工的工作切割，计算并对其实际进度和计划进度进行分析和比较，找出进度偏差，见图 3-13。圈内为尚需天数。

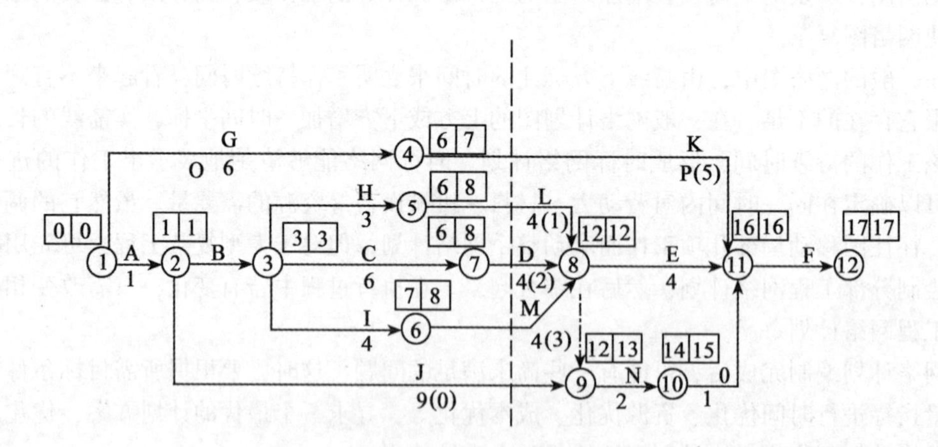

图 3-13　进度偏差图

在第 n 天检查时，发现 D 尚需 2 天完成，预计第 13 天完成，而计划最早第 12 天完成，判断延误 1 天，经计算，D 自由时差为 0，影响紧后工序 1 天；同理，判断 M 延误 3 天，扣除其自由时差 1 天，则 M 将推迟紧后工序 2 天；K、L 虽然本身未达到计划进度要求，产生延误，但由于工作存在自由时差，故不影响紧后工作；J已完工；再判断E、F是关键工作，无时差，可知总工期将延长2天。管理者据此信息，即可采取相应措施进行调整。

3.9 施工进度控制监理工作规程

3.9.1 总则

1. 本规程依据工程承建合同文件，以及现行有关工程建设管理文件和技术规范要求编制。

2. 本规程适用于监理项目范围内所有工程项目的施工进度监理。

3. 监理机构应督促承建单位依据承建合同文件规定的合同总工期目标和阶段性工期控制目标，合理安排施工进度、确保施工资源投入、做好施工准备、提高设备完好率和台时利用率，做到均衡施工、按章施工、文明施工，避免出现突击抢工、赶工局面。

4. 监理机构应督促工程承建单位切实做到以安全施工促工程进展，以工程质量促施工进度，以施工进度求经济效益，确保合同工期的按期实现。

3.9.2 施工进度计划申报

1. 施工组织设计的报批。监理机构应督促承建单位根据合同工期、设计文件、技术规范，现场自然条件及施工水平，完成施工组织设计，并于开工28d前（对于合同工程项目之首批工程开工，则应在监理工程师签发合同工程开工令之后35d内）将详细的施工组织设计报送监理部批准。

施工组织设计文件中，应包括下述成果资料：

（1）合同工程项目概述。

（2）施工管理组织与机构。

（3）施工总布置图。

（4）合同工程项目控制性施工总进度计划（包括带逻辑关系的分年、分季施工横道进度表，关键路线网络进度图，施工强度分析及其说明）。

（5）主要工程项目施工程序、施工方法和措施。

（6）分年主要施工设备、材料、劳动力等施工资源投入计划。

（7）业主单位主材供应计划。

（8）分年合同支付资金计划。

（9）工程质量管理组织与控制措施。

（10）安全防护措施及安全作业规程。

（11）施工环境保护措施。

2. 单项工程施工措施计划的报送。各单项（单位、分部、分项）工程开工前，监理机构应督促承建单位按有关单项工程监理实施细则要求期限和内容向监理部报送详细的单项工程施工措施计划。当单项工程监理实施细则未作具体要求时，该施工措施计划应于该项目工程开工前28d送达监理部，并且至少应包括下述内容：

（1）单项工程概述。

（2）施工组织与管理机构设置。

（3）施工布置。

（4）施工进度实施计划。

（5）施工程序、施工方法和措施。

（6）主要施工设备、材料、劳动力等施工资源配置计划。

（7）合同支付资金计划。

（8）业主单位主材供应计划。

（9）质量控制措施。

（10）安全防护与环境保护措施。

3. 施工进度计划的主要内容。合同工程项目控制性施工总进度计划及单项（单位、分部、分项）工程施工进度实施计划，应包括下列主要内容：

（1）采用的主要施工机械设备台班、台时生产定额指标。

（2）重要工序或控制工序作业循环时间分析。

（3）带逻辑关系的控制性施工进度计划横道表（包括：分部、分项工程项目，合同报价工程量，累计已完工程量，作业时段计划完成工程量以及主要分项工程分月施工强度）。

（4）关键路线网络进度分析。

（5）控制性施工进度形象示意图。

（6）永久工程设备的安装、交货时间安排。

（7）主要材料消耗定额指标。

（8）施工资源（机械设备、分技术工种劳力、主要材料）配置。

（9）施工进度计划控制措施。

4. 承建单位报批文件程序与监理机构审签意见。必须报送批准的文件连同审签意见单均一式四份，经承建单位项目经理（或其授权代表）签署后递交。监理部将在报送文件送达后的14~28d内完成审阅并退回审签意见单一份，原件不退回。审签意见包括“照此执行”、“按意见修改后执行”、“已审阅”或“修改后重新报送”四种。

5. 施工措施计划审签的作用。施工措施计划审签将被作为承建单位申请的单位、分部、分项工程开工许可证的审批依据之一。

6. 承建单位报送文件延误的合同责任。如果承建单位未能按期向监理部报送上述文件，因此造成施工工期延误，由承建单位承担合同责任。

7. 监理机构审批或传递延误的后果。对于必须报批的进度计划报告，若承建单位在限期内未收到监理部应退回的审签或批复意见，可视为已报经审阅。

3.9.3 施工进度控制

1. 在工程施工过程中，监理机构应督促承建单位按承建合同文件规定，以报经批准的合同工程项目控制性施工总进度计划为依据，报送年、季、月施工实施进度计划。

2. 监理机构应督促承建单位在每年开始前28d送交下一年度的施工实施进度计划，并于每季、月开始前7d，递交下季、下月的施工进度计划报批。其内容应包括：

（1）包括临建工程在内的计划按期完成的施工进度、工程形象和工程量。

（2）主要物资材料（钢材、木材、水泥、粉煤灰、火工材料和燃油）计划耗用量。

（3）各类主要施工设备投入计划。

（4）施工现场各类人员数量和下期劳动力安排计划。

（5）材料设备的订货、交货和使用安排。

（6）累计合同价款结算情况以及下期预计完成的合同支付额。

（7）其他需要说明的事项。

3. 在工程施工过程中，监理机构应督促承建单位按报经批准的施工措施计划和施工实施进度计划，做好施工准备、合理安排资源投入，做到安全生产、均衡生产、按章作业、文明施工。

4. 由于各种合理的或不合理的原因，致使施工实施进度计划在执行中必须进行实质性修改，监理机构应督促承建单位提出修改的详细说明，并须在修改计划实施的前14d提出修改的进度计划报批。

5. 由于承建单位的责任或原因，施工进度发生严重拖延，致使工程进展可能影响到合同工期目标的按期实现，或业主单位为提前实现合同工期目标而要求承建单位加快施工进度，监理部应根据承建合同规定发出要求承建单位加速赶工的指令，承建单位应予以执行并作出调整安排。

6. 因加速赶工所增加的费用，属于承建单位合同责任与风险的，由承建单位承担。属于业主单位责任、风险与要求的，因加速赶工所增加的费用，由承建单位申报，监理部审核并经业主单位确认后列入合同支付。

7. 承建单位未能执行监理部发出的加速赶工指令，或因执行不力造成合同工期延误，由承建单位承担合同责任。

8. 监理机构应督促承建单位于次月10日前，递交当月施工进度实施报告，报告中应附有适当说明、形象进度示意图和图片，使监理工程师能有效地审议和对工程进度进行监督。

实施报告至少应包括下述内容：

（1）监理项目范围内完成的分项、分部工程（包括临建工程）工程量和累计完成工程量。

（2）主要物资材料的实际进货、消耗和储存情况。

（3）主要施工机械设备进场情况，以及现有施工机械设备维护和使用情况。

（4）施工现场各类人员的数量。

（5）已完成工程的形象进度。

（6）记述已经延误或可能延误施工进度的影响因素和克服这些因素以重新达到原计划进度所采取的措施。

（7）水文、气象等资料。

（8）记述意外事故，如质量问题、安全事故、停工及复工等情况。

（9）其他必须申报或说明的事项。

3.9.4 合同工期管理

1. 属于下列任何一种情况所造成的工期延误，承建单位均不能提出延长工期的要求，业主单位也不为此而给予费用补偿：

（1）由于承建单位失误或违规、违约引起的，或因此而被监理部（处）指令的暂停施工。

（2）由于现场非异常恶劣气候条件引起的正常停工。

（3）为工程的合理施工和保证安全所必需的，或因此而被监理部（处）指令的暂停施工。

（4）承建单位未得到监理部（处）批准的擅自停工。

（5）合同中另有规定的。

2. 工程施工暂停后，承建单位在妥善保护、照管工程和提供安全保障的同时，应采取有效措施，积极消除停工因素的影响，创造早日复工条件。当工程具备复工条件时，监理部（处）应立即向承建单位发出复工通知，承建单位应在复工通知送达的7d内复工。

3. 在施工过程中，若造成工期延误，属于业主单位的合同责任与风险，承建单位应立即通知业主单位和监理部。并在发出该通知后的28d内向监理部提交一份详情报告，详细申述发生工期延误事件的细节和对工期的影响程度。此后的14d内，承建单位可按合同文件规定和监理文件要求修订进度计划和编制赶工措施提交监理部审批。

若承建单位未能按承建合同文件规定的程序及时限要求，向监理部提出顺延合同工期申报的，由承建单位承担合同责任。

4. 监理工程师对承建单位施工进度计划的审查和批准并不意味着可以变更或减轻承建单位对合同工期应承担的义务和责任。

本节详细内容见参考文献［38］、［39］。

本章小结

1. 工程建设项目的进度控制是一项重要的监理工作，它不但关系到工程按期完工交付使用及投资效益的发挥，而且也关系到工程质量、资源配置及费用节省等多种目标的实现。应认真做好投标、招标、工程设计及工程施工等阶段的进度控制工作。本章最后一节关于进度控制监理的工作规程可供我们在工作中参考。

2. 工程网络计划技术是实现计划（包括进度）动态管理的重要手段。它具有科学性（把工程计划管理模式、管理方法及管理程序规范化）、协调性（各种计划协调，计划本身协调以及目标协调）、预见性（预测未来工程各个方面）、先进性（工期优化、资源优化以及费用优化等）、可行性（及时调整各种关系）等优点。工程测量工作者利用比较全面的工程知识、网络计划运筹学知识以及计算机软件使用和编写能力，完全能够胜任这方面的工作，这是向工程领域扩大服务范围的重要方面。

第4章　工程项目监理工作中的质量控制

4.1　工程质量及质量控制的基本知识

4.1.1　质量和工程质量

质量的概念随着社会的前进，人们认识水平的不断深化，也不断地处于发展之中。

根据国内外有关质量的标准，对“质量”（品质）一词的定义为：反映产品或服务满足明确或隐含需要能力的特征和特性的总和。

定义中所说的“产品”或“服务”既可以是结果，也可以是过程。也就是说，这里所说的产品或服务包括了它们的形成过程和使用过程在内的一个整体。所说的“需要”分为两类：一类是“明确需要”，指在合同、标准、规范、图纸、技术要求及其他文件中已经作出规定的需要；另一类是“隐含需要”，指顾客或社会对产品、服务的期望，同时指那些人们不言而喻的不必要作出规定的需要。显然，在合同情况下是订立明确条款的，而在非合同情况下双方应该明确商定隐含需要。值得注意的是，无论是“明确需要”还是“隐含需要”都会随着时间推移、内外环境的变化而变化，因此，反映这些“需要”的各种文件也必须随之修订。所说的“特性”是指事物特有的性质，是指事物特点的象征或标志，在质量管理和质量控制中，常把质量特征称为外观质量特性，因此，可以把“特征”和“特性”统称为特性，即理解为质量特性。

“需要”与“特性”之间的关系是：“需要”应该转化为质量特性。所谓满足“需要”就是满足反映产品或服务需要能力的特性总和。对于产品质量来讲，不论是简单脚手架扣件，还是一栋复杂的办公大楼，都具有同样的属性。对质量的评价常可归纳为六个特性：即功能性，可靠性，适用性，安全性，经济性和时间性。产品或服务的质量特性要由“过程”或“活动”来保证。以上所说的六个质量特性是在科研、设计、制造、销售、维修或服务的前期、中期、后期的全过程中实现并得到保证的。因而过程中各项活动的质量控制就决定了其质量特性，从而决定了产品质量和服务质量。以上所述是对“质量”一词的广义概括，它有四个特点：

（1）质量不仅包括结果，也包括质量的形成和实现过程。

（2）质量不仅包括产品质量和服务质量，也包括其形成和实现过程中的工作质量。

（3）质量不仅要满足顾客的需要，还要满足社会需要，并使顾客、业主、职工、供应方和社会均受益。

（4）质量不但存在于工业、建筑业，还存在于物质生产和社会服务各个领域。

工程质量，从广义上说，既具有质量定义中的共性也存在自己的个性，它是指通过工程建设全过程所形成的工程产品（如房屋、桥梁等），以满足用户或社会的生产、生活所需的功能及使用价值，应该符合国家质量标准、设计要求和合同条款；从系统观点来看，工程产品的质量是多层次、多方面的要求，应达到总体优化的目标。

工程施工质量是工程质量体系中一个重要组成部分，是实现工程产品功能和使用价值的关键阶段，施工阶段质量的好坏，决定着工程产品的优劣。

工程项目建设过程就是其质量形成的过程。严格控制建设过程各个阶段的质量，是保证其质量的重要环节。工程质量或工程产品质量的形成过程有以下几个阶段：

（1）可行性研究质量。项目的可行性直接关系到项目的决策质量和工程项目的质量，并确定着工程项目应达到的质量目标和水平。因此，可行性研究的质量是研究工程决策质量目标和质量控制程度的依据。

（2）工程决策质量。工程决策阶段是影响工程项目质量的关键阶段。在此阶段，要尽量反映业主对工程质量的要求和意愿。因此，工程决策质量是研究工程质量目标和质量控制程度的依据。在工程项目决策阶段，要认真审查可行性研究，使工程项目的质量标准符合业主的要求，并与投资目标相协调，与所在地的环境相协调，避免产生环境污染，以使工程项目的经济效益和社会效益得到充分的发挥。

（3）工程设计质量。工程项目的设计阶段是根据项目决策阶段确定的工程项目质量目标和水平，通过初步设计使工程项目具体化，然后再通过技术设计和施工图设计阶段确定该项目技术是否可行，工艺是否先进，经济是否合理，装备是否配套，结果是否安全等。因此，设计阶段决定了工程项目建成后的使用功能和价值，是影响工程项目质量的决定性环节，是体现质量目标的主体文件，是制定质量控制计划的具体依据。

因此，在工程项目设计阶段要通过设计招标或组织设计方案竞赛，从中选择优秀设计方案和优秀设计单位，还要保证各部分的设计符合决策阶段确定的质量要求，并保证各部分的设计符合国家现行有关规范和技术标准，同时应保证各专业设计部分之间协调，还要保证设计文件和图纸符合施工图纸的深度要求。

（4）工程施工质量。工程项目施工阶段是根据设计和施工图纸的要求，通过一道道工序施工形成具体工程，这一阶段将直接影响工程的最终质量。因此，施工阶段是工程质量控制的关键环节，是实现质量目标的重要过程，要从具体工艺逐一地控制和保证工程质量。因此在工程项目施工阶段，要组织施工项目招标，依据工程质量保证措施和施工方案以及其他因素等选择优秀的承包商，在施工过程中严格监督其按施工图纸进行施工。

就工程施工质量而言，具体内容如图 4-1 所示。

（5）工程产品质量。工程项目验收阶段是对施工阶段的质量，通过试运行，检查、评定、考核质量目标是否达到。这一阶段是工程项目从建设阶段向生产阶段过渡的必要环节，体现了工程质量的最终结果。工程中的竣工验收阶段是工程项目质量控制的最后一个重要环节，通过全过程的质量目标控制，形成最终产品的质量。

4.1.2　工程质量的特点及控制

1. 工程质量特点

工程产品（含建筑产品，下同）质量与工业产品质量的形成有显著的不同，工程产品位置固定，施工安装工艺流动，结构类型复杂，质量要求不同，操作方法不一，体型

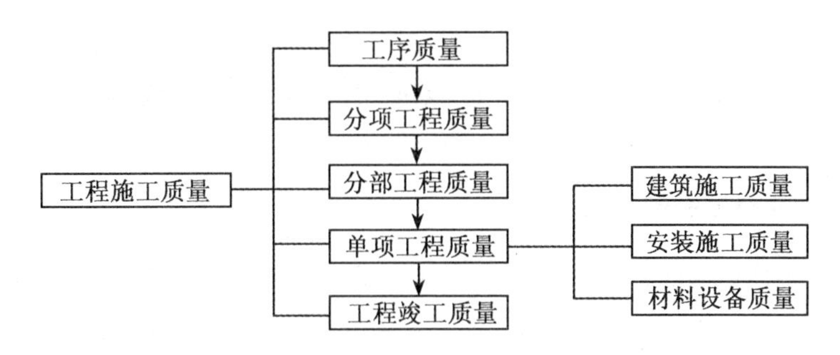

图 4-1　工程施工质量系统

大，整体性强，特别是露天生产，受气象等自然条件制约因素影响大，建设周期比较长。所有这些特点，导致了工程质量控制难度较大，具体表现在：

(1) 制约工程质量的因素多，涉及面广。工程项目建设周期长，投资大，人为和自然的很多因素都会影响到工程质量。比如，论证决策阶段的不缜密使得建设项目与地质条件不符；设计阶段的粗心大意，使得结构设计不合理；施工时盲目追求经济利益，偷工减料以及施工工艺、施工方案、施工和安装人员素质、管理制度等诸多因素都会影响工程的质量。

(2) 产生工程质量的离散度和波动性大，工程质量变异性强。由于工程项目铺面广、工序多、参与工程的人员素质等差异的存在，并且建设具有不可重复性，使得工程个体质量稍不注意即有可能出现质量问题，特别是关键位置的工程质量不好将直接影响到整体工程质量。

(3) 质量隐蔽性强，技术检测手段不完善。在建设过程中大部分工序是隐蔽过程，完工后很难看出质量问题；另外交接环节不完善也会出现隐蔽性事故；工程完工后，由于技术检测手段和方法不完善，再全面的质量检查也会有局限性。因此，在施工过程中必须实施现场监理管理，以便及时发现隐蔽的工程质量问题。

(4) 产品检查很难拆卸解体，核定判断工程质量的难度大。因此工程质量控制，应特别重视事前控制、事中监理，消灭工程质量事故。

所以，对工程质量应加倍重视、一丝不苟、严加控制，使质量控制贯穿于建设的全过程，对施工过程量大、面广的工程，更应注意。

2. 工程质量控制

质量控制是指为达到质量要求所采取的作业技术和活动。它的目的在于，在质量形成过程中控制各个过程和工序，实现以“预防为主”的方针，采取行之有效的技术措施，达到规定要求，提高经济效益。

保证质量是业主和承包商的共同要求。“质量第一”是我国社会主义现代化建设的重要方针之一，是质量控制的主导思想。工程质量是基本建设效益得以实现的基本保证。工程质量的优劣，不仅直接关系到人民的物质和文化生活，而且还直接关系到国家的经济建设和建筑企业的生存和发展。质量控制是确保工程质量的一种有效方法，是工程监理中三大控制的重点，是决定工程成败的关键。质量控制应在建设全过程中实施，把质量风险降到最低限度，确保开工一个建好一个，使之尽快发挥效益。

4.2 监理工作中质量控制的基本观念

4.2.1 工程质量控制的意义

在第一个五年计划期间，我国政府提出了“百年大计，质量第一”的建设方针。改革开放的新时期，又提出以质量求生存、求效益和求发展的战略思想，1999 年国务院办公厅发出《加强基础设施工程质量管理》通知，首次提出了质量责任终身制的概念；2000 年国务院又发布了《建设工程质量管理条例》，进一步强化对工程质量的全方位管理，并进一步明确了各参与方保证工程质量的责任，并将保证工程质量提高到保护人民生命财产的高度。

在中国特色的社会主义监理制度中，作为三大控制目标之一的质量控制，已经突出成为最关键的首要控制任务。建设工程监理质量控制是指通过有效的质量控制措施，在满足投资和进度目标要求的前提下，实现工程预定的质量目标。这都说明了工程质量在整个国民经济建设中的重要地位和作用，这是我们进行工程建设监理工作的根本指导原则。

4.2.2 监理工作中质量控制的基本原则

在贯彻“百年大计、质量第一”的工程建设指导方针中，必须有相应的质量保证体系和质量监督体系以及相应的质量管理制度和方法。其中工程建设监理工作肩负着重大的责任，在实施质量控制中，监理工作应贯彻以下基本原则：

1. 全面质量管理的原则

其基本含义体现在以下三个方面：

(1) 全方位。

全方位是指建设工程的每一分项工程、每一分部工程、每一单位工程，直到每一个设备零件、材料单件及每项技术、业务、政治、行政工作等，都要保证质量第一和质量全优，只有如此，才能保证大系统的质量。

(2) 全过程。

全过程是指时间上自始至终的全过程。这就是说，从提出项目任务、决策、可行性研究、勘察设计、设备及材料订货、施工、调试、运转、投产、达产的全面建设周期，都要保证质量。这里首先要保证决策和设计的质量，否则即使施工质量再好，也弥补不了决策和设计上的失误。当然，好的决策和设计也需要施工来保证质量和体现决策和设计的正确性。

(3) 全员。

全员是指参加建设工作的每一个人员，特别是项目领导人员、技术人员、管理人员乃至全体职工，都要有质量意识，对本岗位的工作质量负责。

2. 重视和不断提高生产三要素素质的原则

劳动者、劳动手段以及劳动对象的素质是投入建设、生产和科研中的三个主要素质方面。对大型工程建设来说，工程所要求的劳动者、施工手段以及施工对象（设备、材料等）都必须具备并不断提高素质，这是保证工程项目优质的前提条件。

在这三要素当中，劳动者的素质，其中包括政治、文化、科技和工作素质是至关重要的。将劳动者、劳动手段和劳动对象三者互相匹配并进行优化组合，才能体现工程项目的整体素质。要保证和提高上述三要素的素质，关键是提高管理的素质，提高管理素质的关键在于提高各级领导班子的素质、各级技术人员的素质和各类管理人员的素质。这就是说，在工程的软系统（包括政策、法规、技术等）、硬系统（包括材料、设备等）以及活系统（人员等）当中，人的要素是最重要的，要不断运用党的方针政策和思想政治工作培养社会主义人生观、价值观和政绩关，提高人们的思想和业务水平，激发人的积极性、主动性和创造性，这是工程建设监理工作的重要工作。

3. 预防为主的原则

监理工作的过程是一个不断发现、预见质量问题和解决质量问题的动态过程。在实施全方位、全过程和全员的质量战略中，不可能也不必做到一切工作毫无差错，但必须而且能做得到的，却是及时发现和改正差错，防微杜渐，以预防质量事故的发生。要做到把质量的事后把关，过渡到事前、事中质量控制；对产品的质量检查，过渡到对工作质量检查、工序质量检查，其中对中间产品质量检查是保证工程质量的有效措施。

4. 坚持质量标准的原则

以国家和行业主管部门颁布的标准、规范、规程和规定，并以工程中的有效文件（包括合同条款、技术设计书以及有效的指令等）为依据，采取科学的检测手段，并取得足够数量的采集数据，运用合理的数据分析和处理方法，及时对工序及中间过程和最终产品进行抽查验收和质量评定，做到实事求是，求真务实，一切以科学可靠的数据为依据，对质量做出符合实际的评价和评定，并依此找出质量的规律性，以指导后续工程的优质建设，取得用户满意。对不合格工程，坚持原则，予以返工；对优质工程，予以奖励，执行“优质优价”和“等价互利”的原则。

5. 工程建设监理质量控制与政府对工程质量的监督紧密结合的原则

政府和监理单位都对工程质量负有责任，应紧密配合，共同把好质量关。做到既对社会公共利益负责，也对具体的工程项目和业主的利益负责。

然而，二者在质量监督管理方面的具体内容、依据、方法、责任等是有区别的，其性质也是不同的。

政府有关部门的质量监督侧重于影响社会公众利益的质量方面；它运用法律、法规、规范和标准等进行工程项目质量的监督；控制的方式以行政、司法为主，并辅以经济、管理的手段，是强制性的；它采用阶段性和不定期的方式进行审查、审批、巡视，以发现质量上的问题，并加以制止和纠正；派出专业性的质量监督机构或技术人员对工程项目施工质量进行监督、检查；对于工程项目质量上的问题一般不承担法律和经济责任。

工程建设监理的质量控制，除了依据法律、法规、规范和标准之外，还要依据有关合同条款的要求进行监理。工程建设监理的质量控制更全面、更具体、更具有针对性。它不但要对社会负责，而且要对项目业主负责。

6. 坚持工程项目管理和质量保证的标准化、国际化的原则

近年来，随着工程项目的国际化，在工程项目中使用的质量管理和质量保证体系也趋于标准化、国际化，许多工程项目建设企业为加强自身素质，提高竞争能力，都在贯彻国际通用的质量标准体系 ISO9000（1994 版）系列。该系列包括两大部分：质量体系认证

和产品质量认证。

质量体系认证包括质量管理、组织结构、职责和程序等内容。我国实行 ISO 9000 (1994 版) 系列认证的时间还不长，国家规定 ISO 9000 (1994 版) 系列与 GB/T 10300 系列等效采用，与 GB/T 1900 系列等同采用。国家质量技术监督局于 2000 年 12 月 28 日又发布了关于执行 ISO 9000：2000，ISO 9001：2000，ISO 9004：2000 的有关国家标准，并于 2001 年 6 月 1 日起实施。有关这方面的情况将在下面作详细介绍。

4.3 施工准备阶段质量控制

4.3.1 施工人员的素质控制

人的素质高低，直接影响产品的优劣。监理工程师的重要任务之一，就是推动承建单位对参加施工的各层次人员特别是特殊专业工种人员的培训，在分配上公正合理，并运用各种激励措施，调动广大职工的积极性，不断提高人的素质，使质量控制系统有效地运行。在施工人员素质控制方面，应主要抓三个环节：

1. 人员培训

人员培训的层次有领导者、工程技术人员、工长、操作者特别是特殊工种的人员培训。培训重点是关键施工工艺和新技术、新工艺的实施，以及新的施工规范、施工技术操作规程的操作等。

2. 资格评定

应对特殊的作业、工序、检验和试验人员进行考核和必要的考试、评审，如对其技能进行评定，发给相应的资格证书或证明，坚持持证上岗等。

3. 调动积极性

健全岗位责任制，改善劳动条件，建立公平合理的分配制度，坚持人尽其才、扬长避短的原则，以充分发挥人的积极性。

4.3.2 施工图的质量控制

施工图是工程施工的直接依据，监理工程师对施工图的审核是一个关键的举措，不但自身要对施工图作全面认真审核，而且也要组织推动承建单位对施工图认真熟悉审阅，找出问题，提出合理建议。其工作步骤有二：一是逐项审核；二是指导会审。

1. 施工图审核的重点

(1) 各专业图纸（如建筑图、结构图、给排水图、电器图、暖通图等）是否齐全完备，各类图纸之间是否有相互碰车或缺遗现象。

(2) 是否符合现行设计和施工规范，图纸和施工说明是否相符。

(3) 检查图纸是否有漏笔和设计上的毛病。

就建筑结构设计而言，常见的问题有：

(1) 结构方案方面。如钢屋架上悬支撑布置不当，山墙抗风柱顶支点传力欠可靠，车间内车与柱和托架相碰，高层住宅水箱预埋套管设置不当，楼梯平台梁碰头，底层框架砌体结构刚柔突变，大挑檐和大雨篷抗倾及抗扭处理不当，等等。

（2）结构计算方面。如楼板漏算荷载和多层房屋活载折减不当，基础底板上漏算或多算土重。连续梁（板）的弯矩计算不当以及连续双向板弯矩计算差错，受压悬臂柱设计疏忽，预制长桩、长柱漏作吊装计算，误用或不作分析地利用计算机结果等。

（3）构造处理方面。如板中漏放分布筋或构造筋，确定现浇板后未考虑埋管需要，墙洞、过梁和预埋件等局部被遗忘，少放梁内纵向构造钢筋，各工种管道碰撞犯界，等等。

（4）地基基础方面。如十字形基础计算不准确，持力层的下卧层选用不当，上下部结构中心严重不协调，片筏基础底板悬挑过大，新厂房打桩未考虑周围设备位移，天然地基和桩基混用细节处理不当，水池地坑以及管架基础抗浮验算不当，高低建筑单元相邻部位忽视沉降计算等。

2. 图纸会审

图纸会审是解决施工图质量的一个有效措施，也是保证施工质量控制的一个重要手段，要把施工图的质量隐患消灭在萌芽状态，也是监理工程师协调建设单位、设计承包单位、施工承建单位的一种有效的组织形式，要根据会审结果，写出会议纪要。

图纸会审要注意如下事项：

（1）是否无证设计或超级设计，图纸是否加盖设计证号印，是否经正式签署；

（2）工程地质勘察报告内容是否齐全；

（3）施工图与说明是否齐全；

（4）设计地震烈度是否符合《中国地震烈度区划图》（国家地震局1990年）规定；

（5）几个设计单位共同设计的图纸有无矛盾，专业图纸之间、平立剖面图之间有无矛盾，标注有无遗漏；

（6）总平面与施工图的几何尺寸、平面位置、标高等是否一致；

（7）是否满足防火、消防专业规范的要求；

（8）建筑结构与各专业本身是否有差别及矛盾，如结构图与建筑图的平面尺寸及标高是否一致，建筑图与结构图的表示方法是否清楚，是否符合图纸标准，预留孔、预埋件是否表达清楚，有无钢筋明细表，或钢筋的构造要求在图中是否表示清楚；

（9）施工图中所列各种标准图册，承建单位是否具备；

（10）材料来源有无保证，能否替换，图中所要求的条件能否满足，新材料、新技术标注的要求是否明确，特别质量指标是否确切；

（11）地基处理方法是否合理，建筑与结构构造是否存在不便于施工的技术问题，或容易导致质量、安全、工程费用增加等方面的问题；

（12）工艺管道、电气线路、设备装置、运输道路与建筑物之间或相互间有无矛盾，处置是否合理；

（13）施工安全、环境卫生有无保证；

（14）图纸是否符合建立工作大纲的要求。

4.3.3 施工组织设计的质量控制

施工组织设计包括两个层次：一是建设项目比较复杂，单位工程众多时，需要编制施工组织总设计。就质量控制而言，它是提出项目的质量目标、质量措施、重点单位工程的保证质量的方法与手段等。二是单位工程施工组织设计。目前，施工企业普遍予以编制，这是建设单位委托社会监理单位进行监理业务的主体。

4.3.4 施工机具的质量控制

监理工程师必须综合考虑现场条件、建筑结构形式、机具设备性能、施工工艺和方法、施工组织与管理、建筑技术经济等各种因素，进行施工单位机械化施工方案的制定和评审。从保证施工质量角度出发，着重从设备选型、性能参数以及使用操作等方面予以控制。

机具设备选型要因地制宜，因工程制宜。按照技术先进，经济合理，使用方便，性能可靠，使用安全，操作和维修方便等原则选择相应的机具和设备。对于工程测量，应特别着重于对电磁波测距仪、经纬仪、水准仪以及相应配套附件的选型。对于平面定位而言，一般选用性能良好、操作方便的电子全站仪较为合适；对高程传递，一般选择水准仪或用三角高程方法的电子全站仪；为保证垂直度，一般应选择激光铅直仪、激光扫平仪；为变形监测，应选择相应的自动化水平位移遥测系统及沉陷观测遥测系统。任何产品都必须有准产证、性能技术指标以及使用说明书。一般应立足国内，当然也不排除选择国外的合格产品。随着测绘技术的发展，为提高进度和效益，自动化观测系统日益受到测量监理工程师的重视。

机具设备的主要技术参数要有保证。技术参数是选择机型的重要依据。对于工程测量而言，应首先依据工程建设的合理限差要求，按照事先设计的施工测量方法和方案，结合场地的具体条件，按精度要求确定好相应的技术参数。在综合考虑价格、操作方便的前提下，确定好相应的测量设备。

机具设备使用和操作要符合要求。合理使用和正确操作机具是保证施工质量的重要环节。一般是贯彻“人机固定”的原则，实行“定机、定人、定岗责任”的三定制度。特别要注意，如果发现某些测量仪器在施工期间有质量问题，必须按规定进行检验、校正或维修，确保其自始至终的质量等级。

4.3.5 施工测量控制网和施工测量放样的质量控制

施工测量的基本任务是按规定的精度和方法，将建筑物、构造物的平面位置和高程位置放样（或称测设）到实地。因此施工测量的质量将直接影响到工程产品的综合质量和工程进度。此外，为工程建成后的管理、维修与扩建，应进行竣工测量和质量验收；为测定建筑物及其地基在建筑荷载及外力作用下随时间变化的情况，还应进行变形观测。在这里，主要介绍一下测量监理工程师在施工测量监理工作中的主要工作内容。

1. 施工测量控制网的复测

为保证施工放样的精度，应在建筑场地建立施工控制网。施工控制网分为平面控制网和高程控制网。施工控制网的布设应根据设计总平面图和建筑场地的地形条件确定。对于丘陵地区，一般用三角测量或三边测量方法建立；对于地面平坦而通视又比较困难的地区，例如在扩建或改建的工业场地，则可采用导线网或建筑方格网的方法；在特殊情况下，根据需要也可布置一条或几条建筑轴线组成的简单图形作为施工测量控制网，现在已经用 GPS 技术建立平面测量控制网。但不管何种施工控制网，在应用它进行实际放样前，必须对其进行复测，以确认点位和测量成果的一致性和使用的可靠性。

在施工控制网复测时，要注意以下几点：

(1) 实地踏勘，验明点位，确认点名，点名无误，标石无损。

(2) 采用相应等级要求的仪器设备和观测方法进行复测，复测前应取得整个工程经理部的全面协调与支持，以确保复测工作顺利进行。

(3) 复测后的成果计算与分析应在测量理论的指导下进行，不受任何外来因素干扰，如确认原成果不合要求，应立即上报批复和使用新成果。

(4) 实行施工坐标系与测量坐标系的换算，把控制点坐标纳入施工坐标系，以取得正确的施工放样数据。

控制网复测是一项非常重要而又经常性的工作，应定期和不定期（指发现控制点有变化）地进行，以保证整个工程基础性工作的质量控制。

2. 民用建筑施工放样复核要点

复核前，应从设计总平面图中查得拟建建筑物与控制点间的关系尺寸及室内地平标高数据，取得放样数据和确定放样方法。平面位置检核放样方法一般有直角坐标法、极坐标法、角度交会法、距离交会法等；高程位置检核放样方法主要是水准测量方法。复核内容要点是：房屋定位测量，基础施工测量，楼层轴线投测以及楼层之间高程传递。在高层楼房施工测量复核时，特别要严格控制垂直方向的偏差，使之达到设计要求。这可以用激光铅直仪方法或传递建筑轴线的方法加以控制。

3. 工业建筑施工测量复核要点

工业厂房的特点是规模大，设备复杂，厂房构件大多是预制的。因此，在施工过程中有较多的测量工作需要复核。主要内容有：

(1) 厂房控制网的复核。

(2) 厂房柱列轴线及动力设备基础放样的复核。

(3) 柱列基础放样的复核。

(4) 厂房构件安装测量的复核。这里包括柱子吊装测量、吊车梁和吊车轨道安装测量以及其他自动化传动系统和设备的放样等项的复核工作。

4. 高层建筑施工测量复核要点

随着我国社会主义现代化建设的发展，像电视发射塔、高楼大厦、工业烟囱、高大水塔等高耸建筑物不断兴建。这类工程的特点是基础面小，主体高，因此，施工必须严格控制中心位置，确保主体竖直垂准。这类施工测量复核工作的主要内容是：

(1) 建筑场地测量控制网（一般有田字形、圆形及辐射形控制网）复核。

(2) 中心位置放样的复核。

(3) 基础施工放样的复核。

(4) 主体结构平面及高程位置的控制检核。

(5) 主体建筑物竖直垂准质量的检查。

(6) 施工过程中外界因素（主要指日照）引起变形的测量检查。

5. 线路工程施工测量复核要点

线路工程包括铁路、公路、河道、输电线、管道等，施工测量复核工作大同小异，归纳起来，大约有以下几项：

(1) 中线测量的复核，主要内容有起点、转点、终点位置的检核。

(2) 纵向坡度及中间转点高度的复核。

(3) 地下管线、架空管线及多种管线汇合处的竣工检核等。

4.3.6 开工报告的控制

协助审批开工报告是监理工程师的一项重要工作，也是施工准备阶段结束的总结。审批向主管部门申报的开工报告，必须具备以下条件：

(1) 施工组织设计已经编妥，并被监理工程师认定。

(2) 建筑场地已经做好“四通一平”，场地施工测量控制网已经建立并经检测认定。

(3) 现场的监理单位和承建单位的项目管理班子人员配备齐全、职责明确、制度完善。

(4) 进场的设备、材料已经检测合格。

(5) 工程按合同条款及财务手续齐全。

(6) 建设单位与承建单位需要与有关机关、企事业单位必须解决的事项已经签订了协议。

4.4 施工过程质量控制

4.4.1 施工过程中质量控制要领

1. 质量控制的要求

(1) 施工过程质量控制的要求

①坚持以预防为主，重点进行事前控制，防患于未然，把质量问题消除在萌芽状态。

②既应坚持质量标准，严格检查，又应热情帮促。监理人员热情帮促承建单位改进工作，健全制度，这本身就是做好事前控制的重要内容。监理人员可参与承建单位制定施工方案，完善质量保证体系，健全现场质量管理制度等工作。对于技术难、质量要求高的工程或部位，还可为承建单位出主意，提出保证质量的技术措施，供其参考。监理人员还可以将其他工程上发现的质量通病和采取的技术措施向承建单位提出建议等。

③施工过程质量控制的工作范围、深度、采用何种工作方式，应根据实际需要，结合工程特点、承建单位的技术能力和管理水平等因素，事先提出监理要求和大纲，经建设单位同意后，应作为合同条件的组成内容，在承包合同中明确规定。

④在处理质量问题的过程中，应尊重事实，尊重科学，立场公正，谦虚谨慎，以理服人，做好协调工作，沟通与承建单位的感情，诚实守信，以树立监理的权威。

(2) 工序质量控制的要求

①有关建筑安装作业的操作规程。操作规程系为保证工序质量而制定的操作技术规定，如砌体施工技术操作规程、混凝土施工技术操作规程等。

②有关施工工艺规程及验收规范。这是以分部、分项工程，或某类实体工程为对象制定的为保证其质量的技术性规范，如《地基与基础工程施工及验收规范》等。

③凡属采用新工艺、新技术、新材料、新结构的工程，事前应进行试验，在此基础上

制定的施工工艺规程，应进行必要的技术鉴定。

2. 质量控制的内容与方法

监理工程师在施工阶段的质量控制中履行自己的职责，主要是通过审核有关技术文件、报告和直接进行现场检查或必要的试验等方式。

（1）审核有关技术文件、报告或报表。

对质量文件、报告、报表的审核，是对工程质量进行全面控制的重要手段，其具体内容有：

①审核进入施工现场各分包单位的技术资质证明文件。

②审核承建单位的正式开工报告，并经现场核实后，下达开工指令。

③审核承建单位提交的施工方案和施工组织设计，确保工程质量有可靠的技术措施。

④审核承建单位提交的有关资料、半成品的质量检验报告。

⑤审核承建单位提交的反映工序质量动态的统计资料或管理图表。

⑥审核设计变更、修改图纸和技术核定书。

⑦审核有关工程质量事故处理报告。

⑧审核有关应用新技术、新工艺、新材料、新结构的技术鉴定书。

⑨审核承建单位提交的关于工序交接检查，分项、分部工程质量检验报告。

⑩审核并签署现场有关质量技术签证、文件等。

监理工程师应按照施工顺序及进度计划，及时审核和签署有关质量文件、报表。

（2）质量检查内容。

监理工程师或其代表（项目监理部或监理员）应常驻现场，执行质量监督与检查。现场检查主要内容有：

①开工前检查。目的是检查是否具备开工条件，开工后能否保证工程质量，能否连续地进行正常施工。

②工序交接检查。对于重要的工序或对工程质量有重大影响的工序，在自检、互检的基础上，还要经监理人员进行工序交接检查。

③隐蔽工程检查。隐蔽工程须经监理人员检查认证后方可掩盖。

④停工后复工前的检查。当承建单位严重违反质量事宜，监理人员可行使质量否决权令其停工，或工程因某种原因停工后需复工时，均应经检查认可后下达复工令。

⑤分项、分部工程完工后，应经监理人员检查认可后，签署验收记录。

⑥随班或跟踪检查，对于施工难度较大的工程结构或容易产生质量通病的，监理人员还应进行随班跟踪检查。

（3）检查方法。

现场进行质量检查的方法，有目测法、实测法和试验法三种。

①目测法。

目测法检查的手段，可归纳为看、摸、敲、照四个字，就是根据质量标准进行外观目测。如墙纸裱糊质量，应是：纸面无斑痕、空鼓、气泡、折皱；每一墙面纸的颜色、花纹应一致；斜视无胶痕，纹理无压平、起光现象；对缝无离缝、搭缝、张嘴；对缝出图案、花纹整理；裁纸的一边不能对缝，只能搭接；墙纸只能在阴角处搭接，阳角应该采用包角等。

②实测法。

实测检查法，就是通过实测数据与施工规范及质量标准所规定的允许偏差对照，来判断质量是否合格。

③试验法。

系指必须通过实验手段，方能对质量进行判断的检查方法。

监理工程师在质量检查时，如对质量文件产生疑点，则要求施工单位加以澄清。如发现工程存在质量问题，一般首先要立刻下达停工指令，通知承建单位停止该项施工，然后要承建单位提出报告，说明质量缺陷情况及其严重程度、产生缺陷的原因和处理方法、今后保证质量的措施。待质量缺陷处理后经监理工程师检查认可，方下达复工指令继续施工。

3. 质量控制的组织

质量控制是施工监理的重点，应在项目总监理工程师之下，配备专业监理工程师。

(1) 施工阶段质量控制的组织形式。

工程项目施工阶段的质量控制，根据建设规模、工程特点和技术要求，可有以下不同的组织形式。

①项目设项目总监理工程师，按照单项工程配备专业质量监理工程师或质量监理员。

②项目设项目总监理工程师，按照专业工程配备专业质量监理工程师或质量监理员。

③以上两种的混合形式，即项目设项目总监理工程师，既有按单项工程，也有按项目工程配备的专业质量监理工程师或质量监理员。

④对于特别复杂的单项工程或专业工程，可以将该部分的质量监理分包或委托给其他专门机构来完成。

对于需要检查的工程，或因试验技术特别复杂，或因试验工作巨大，也可将该项试验工作再委托给专门的机构来完成。

总之，施工监理质量控制工作的组织，应该从实际需要出发，既要贯彻责任制的原则，又应体现高效能的要求，并无固定不变的组织模式。

(2) 质量控制的责任制和监理工作制度。

为了做好质量控制，除有一定的组织形式外，还应相应地建立一套监理人员责任制和监理工作制度，明确每个监理人员的主要职责，使工作规范化。

通常建立的质量控制制度有：图纸学习会审制度，技术交底制度，材料检验制度，隐蔽工程验收制度，工程质量整改制度，设计变更审核制度，钢筋代换认证制度，分部、分项工程验收制度，业务学习制度以及会议制度等。

4.4.2 工程验收中的质量控制

工程验收质量控制的内容如下：

(1) 提出阶段验收申请报告，并参加阶段质量验收、认证。

(2) 提出工程竣工验收申请报告，参加建设单位组织的正式竣工验收。

(3) 审查承建单位提出的竣工图及施工技术资料，移交建设单位存档。

(4) 对工程质量等级评定进行审核并签署意见。

4.4.3 工程质量事故的处理

对工程质量事故进行处理是监理工程师在质量控制中的一项重要内容。根据质量事故的性质和程度，对工程质量事故处理一般有以下三种情况：

（1）不需进行处理。这类事故是指：一般不影响结构安全、生产工艺和使用要求；或某些轻微的质量缺陷，通过后续工作需要可以弥补；或检验中的质量问题，经论证后可不作处理；或对出现的事故，经复核验算，满足设计要求者。

（2）修补处理。对某些虽然未达到规范规定的标准，存在一定的缺陷，但经过修补后还可以达到规范要求的标准，同时又不影响使用功能和外观的质量问题，可作出进行修补处理的决定。

（3）返工处理。凡是工程质量未达到合同规定的标准有明显而又严重的质量问题，又无法通过修补来纠正所产生的缺陷的，监理工程师应对其作出返工处理的决定。

在作出事故处理之前，监理工程师应该按照以下程序行事：

（1）通知承包商。监理工程师一旦发现工程中出现质量事故，首先要以质量通知单的形式通知承包商，并要求承包商停止质量缺陷部位及其有关部位的下道工序的施工。

（2）承包商报告质量事故的情况。接到事故通知单后，承包商详细报告质量事故的情况，提出处理缺陷的具体方案和保证质量的技术措施。

（3）进行调查研究。工程质量事故的处理对工程质量、工期和费用均有直接的影响，因此监理工程师在对质量事故作出处理决定之前，还要进行认真的调查和研究。特别是对一些复杂的工程质量事故，应进行实验验证、定期观察和专题论证等工作。

4.5 竣工验收质量等级的综合评定

正确地进行工程项目质量的评定和验收，是保证质量的重要手段。监理工程师必须根据合同和设计图纸的要求，严格执行国家颁发的有关工程项目质量检验评定标准，及时地组织有关人员进行质量评定和办理竣工验收交接手续。工程项目质量验评程序是按分项、分部的单位工程依次进行的。工程项目的质量等级，按照我国现行质量评定标准，分项、分部及单位工程质量的评定等级只有“合格”和“优良”两级，不合格的项目则不予验收。因此，监理工程师在工程质量的评定验收中，也只能按合同与设计的要求，进行两个等级的质量评定。

根据合同和设计要求，严格按照国家颁布的有关工程项目质量评定和竣工验收标准，及时组织有关人员进行质量评定和竣工验收工作，这是监理工程师的一项十分重要的工作。

4.5.1 工程质量的评定

一个工程项目由开始准备到交付使用要经过若干工序、若干工种配合施工，所以一项工程的质量优劣、能否通过验收，完全取决于各施工工序和各工种的操作质量。因此，为了便于控制、检查和评定每个施工工序和工种的质量，需将一个单位工程化为若干分部工程，每个分部工程分别进行质量评定，在质量评定的基础上，再与合同和设计要求对照，以决定能否进行竣工验收，因此分项工程质量是评定分部工程和单位工程质量等级的基础。

分项工程通常以工种来划分，如砌砖工程、钢筋工程等；分部工程是按建筑的主要部分划分的，一般分为地基与基础工程、主体工程、地面与楼面工程、门窗工程等；单位工程是指建筑工程与建筑设备安装工程共同组成群体，它能突出建筑物的整体质量，如在一群建筑物中，每一栋住宅、锅炉房等均可作为一个单位工程。

由于分项工程的质量评定要涉及分部及单位工程的质量评定和工程能否验收，所以监理工程师在质量评定中，要特别认真细致，严格把关。对涉及结构安全或重要使用性能的分项工程，特别要对包括重要材料的材质、结构的强度、刚度及稳定性等保证项目，以及对结构使用要求、功能、美观等有较大影响的基本项目进行现场抽查、试验、测验并按标准合理地评定等级。

4.5.2 工程质量竣工验收

凡生产性工程和辅助公用设施，已按设计建成，能满足生产要求；主要工艺设备已安装配套，经联动负荷施测合格；安全生产及环境保护符合要求；能生产设计要求的合格产品；生产兴建项目中的职工宿舍及其必要生活福利设施等能适应投产初期的要求；非生产性建设项目中的给排水、采暖通风、电气、煤气等具备正常使用条件等，均可提出竣工验收的申请。

竣工验收的程序可按以下方法进行：

预验一般按施工部门自验、项目经理部自验以及公司预验。

由监理工程师牵头，组织建设单位、设计单位、承建单位及质检站等参加正式验收。这里一般按两个阶段进行，一是单项工程验收，这是指在一个总体工程中，逐个按单位工程验收。二是全部验收，实质是全部工程项目均按设计要求建成，由监理工程师认可和组织，以质量监督站为主，由建设单位、设计单位及承建单位参加的正式验收。

正式验收的程序是：首先检查工程所列资料的内容是否齐全完整，必要时进行抽查测验；其次举行验收会议，由承检单位介绍施工、质检及竣工情况，出示竣工资料，监理工程师通报监理过程中的主要内容，发表竣工验收意见，建设单位根据实测中发现的问题对承建单位提出限期整改意见，由质检站会同建设单位和监理单位提出限期整改意见，由质检站会同建设单位和监理单位讨论工程正式验收是否合格，由监理单位宣布验收情况，质检站宣布质量等级；最后办理验收签证书。

4.5.3 工程资料的验收

承建单位必须提供全套的竣工验收所需要的工程资料，这在合同书中已有规定。一般包括：开工报告，竣工报告，分项、分部及单位工程技术负责人名单，图纸会审及设计交底记录，沉降及位移观测记录，材料、设备、构件的质量合格证明，试验、检测报告，隐蔽工程验收记录，施工日志，竣工图，质量检验评定资料，工程竣工及验收资料等。

监理工程师必须对上述资料逐项进行审核，认为符合工程合同和有关规定，且准确、完善、真实的，方可鉴证统一竣工验收，验收后的工程资料一律交建设单位存档。

4.5.4 保修阶段工程质量缺陷处理

工程验收合格后，监理工程师除根据监理合同向建设单位提供该项目的全部图纸、文件、监理档案资料外，还应该督促承建单位坚持保修回访制度，及时处理和完善工程遗留的质量问题。在一定情况下还要监督实行返修和赔偿的规定。此外，监理工程师还应向使用单位提出使用备忘录，或其他注意事项通知，一般包括：建筑产品的主要特性和特点；工程地质特点和沉降观测的位置和方法；每平方米楼层荷载最大值；改建装修注意事项；暖通给排水配件的保养和保护措施等。

本章前几节工程监理的各个阶段工程质量监理程序如图 4-2 所示。

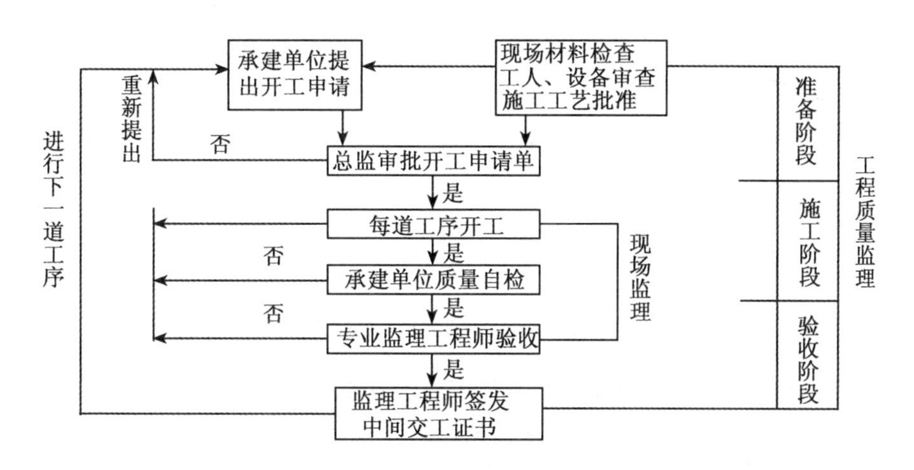

图 4-2 工程质量监理程序图

4.6 监理工程师在质量控制中的重要性

监理工作是一项比较复杂的工作。监理相当于领导，是一门很高深的学问和艺术，说起来轻松简单，但做起来却十分困难，特别是总监理工程师和专业监理工程师在质量控制中负有重要的责任，起着至关重要的作用，这方面的一般概念已在第一章中作了简介，在这一节则侧重于质量控制方面。

4.6.1 工程质量控制中监理工程师的职责和要求

1. 工程质量控制中监理工程师的职责

（1）审核工程设计的结构技术质量和保证质量的构造措施与施工说明。

（2）审核承建单位的施工组织设计的质量和安全技术措施。

（3）制定监理工程师质量预控计划和“质量手册”。

（4）检查验收分部、分项工程认证并处理工程质量事故与质量缺陷。

（5）对单位工程质量验收的核定。就整体而言，谁设计谁负责设计质量，谁施工谁负责施工质量，也就是说生产者承担直接责任。监理人员一般间接承担控制责任，如出现检查把关不严、指挥失误、马虎失职、受贿犯罪等因素造成的质量问题，则应承担不可推卸的质量控制责任。这是因为监理人员具有事前介入权、事中检查权、质量认证和否决权，具备了质量控制责任的条件。

2. 监理人员在行使监理职责过程中，必须遵循职业道德和原则

(1) 坚持“质量第一，用户至上”的原则。工程产品是一种专用的特殊产品，使用年限久，且直接关系到人民生命财产的安全和国民经济的发展，是“百年大计”。监理工程师对工程质量控制应始终把“百年大计，质量第一”当做工作准则。

(2) 人是质量的创造者，质量控制必须以人为主体，以人为本，充分发挥人的主动性和创造性，增强人的责任感，提高人的职责，以人的工作质量保证工艺质量和工程质量。

(3) 以“预防为主”，从对质量的事后把关，过渡到事前、事中质量控制；从对产品质量检查，过渡到对工作质量检查、对工序质量检查。对中间产品的质量检查是保证工程质量的有效措施。

(4) 坚持质量标准，一切以数据分析为工具，及时发现质量问题，果断实施控制措施。

(5) 坚持公正、科学、守法的职业道德，做到实事求是、严守法纪、秉公办事，以理服人、热忱帮助。

4.6.2 监理工程师在对单位工程施工组织设计审核中应抓的主要工作

监理工程师在对单位工程施工组织设计审校中应抓的主要工作有：

(1) 单位工程项目经理部班子是否健全、真实、可靠。项目经理是谁，项目技术负责人是谁，是否兼职或挂名，项目质量检查组长是谁，质检员有几名，素质怎样，主要工种的工人素质怎样，特殊工种是否都经过有关部门考核（试）并发给了上岗证，这些都要胸中有数。

(2) 施工总平面图是否合理，是否有利于质量控制和质量检测，特别是厂区道路、厂区防洪排水、厂区器材库、厂区给水供电、混凝土搅拌站、主要垂直运输机械等的设置位置，必须了如指掌。

(3) 对工程地质特征和厂区环境状况要作认真审查，如工程地质报告的数据指标是否齐全可靠，施工总深基础防止塌方的措施如何，房屋建成后是否会出现不均匀沉降，影响建筑物的综合质量等。又如场地环境因素是否考虑周全，是否有应急方案，若距离邻近房屋较近；附近有化工易爆、有毒气体工厂；厂区位于市区中心地带和车的流量均很大，类似特定因素均要有针对性的质量保证措施。

(4) 检查主要组织技术措施是否得力，针对性是否很强；保证工程质量措施中对地基基础、主体结构、装饰装潢、设备安装工程的主要分布、分项质量是否都有预控方法和针对性措施；保证安全技术措施是否确切得力，能否体现“安全第一”的方针；冬期施工和两期施工对质量和安全是否有可靠的技术措施。

4.6.3 总监理工程师的基本要求

总监理工程师是监理单位法人代表在项目监理工作中全权委托的代理人。从监理单位内部看，总监理工程师是工程项目全过程所有工作的总负责人；从对外方面看，总监理工

程师在授权范围内对建设单位直接负责。由此可见，总监理工程师是工程监理目标控制的全面实现者，既要对建设单位的成果性目标负责，又要对监理单位的效率性目标负责。因此，对总监理工程师提出了如下基本要求：

1. 总监理工程师的领导艺术

总监理工程师是指由监理单位法定代表人书面授权，全面负责委托监理合同的履行、主持项目监理机构的监理工程师。

总监的领导艺术是总监基本素质的综合体现。总监领导艺术的高低，是决定项目监理工作成功或失利的重要因素。因此，不断探讨和提高总监的领导艺术，是监理界的一个与时俱进的永恒话题。

（1）决策艺术。总监高超的决策艺术主要体现在如下方面：

①预见性强（超前决策，力求不放“马后炮”）。

②关键度高（抓住重大问题，力避陷入琐事）。

③可行性好（实现决策的措施具体可行，不空泛，有针对性和时效性）。

实现强、高、好的途径是：决策前的周密调研，决策中的趋利避害，出台时的果断、坚定，实施中的严密跟踪与协调到位。提高总监决策水平的办法是在提高理论素养的基础上，主要通过对决策成功和决策失利具体案例的评析，总结经验接受教训，从而不断增强对决策艺术的感悟与涵养。

（2）用人艺术。对总监而言，讲究用人艺术并非让其刻意追求用人“技巧”，而讲究用人之道，却是至关重要的。用人这门艺术的底蕴应当是：

①要正确认识自己，切忌视“总”（监）为“能”（自认全智全能）。

②要尊重别人。尊重他人的人格、知识和劳动成果。

③要注意项目机构内人才间的优势互补，人尽其用，扬长避短，合理匹配。

④要建立监理机构内的激励机制和关爱机制。奖优罚劣，敢于碰硬，不和稀泥，令行禁止。既要树立总监的权威，又要形成群体合力。

⑤要严于律己，为人表率。有人问：这些称得上领导艺术吗？笔者以为：总监的用人艺术不是用人技巧，而是总监自身的人格魅力和“以人为本”管理理念有机结合而体现出来的总监的人文素养与企业文化。

（3）沟通艺术。总监要着力做好与业主、承包商和监理内部三个方面的思想和工作沟通。通过沟通交流信息，统一思想，化解矛盾，协调工作。在沟通中要“主动走出去”，不要“被动迎进来”，要持尊重他人、平等待人的心态，不要恃强凌弱，以“权”压人，特别是对承包商和内部员工；对已经发生的工作关系、人事关系方面的矛盾和纠葛，要立足于顾全大局，不计个人恩怨；要着眼于化解矛盾，不追究小是小非。总监在与各参建方的工作沟通中，倡导采取主动、宽容和友善的态度及相应的灵活方式，并不意味着放弃“守法、诚信、公正、科学”的监理准则。良好的沟通艺术就是要追求原则性和灵活性的统一。总监的领导艺术与其综合素质紧密相连。总监的综合素质又主要取决于其人品、学养、技术和管理水平。因此，提高总监的领导艺术，侧重点应为提高总监的人文素养。学习现代科学知识、技能和管理经验是十分必要的。而只有具有中西合璧和与时俱进的人文素质的总监，才能实现领导艺术的不断升华。

2. 总监理工程师的职责

（1）对工程监理合同的实施负全面责任。

（2）根据项目情况确定监理机构人员分工。

（3）负责监理机构的日常工作，定期向监理单位报告。

（4）检查和监督监理人员的工作，根据工程项目的进展情况可进行监理人员调配，对不称职的监理人员应调换其工作。

（5）主持监理工作会议，签发项目监理机构的文件和指令。

（6）审查承建单位资质，并提出审查意见。

（7）审定承建单位的开工报告、系统实施方案、施工进度计划。

（8）组织编写并签发监理月报、监理工作阶段报告、专题报告和项目监理工作总结。

（9）主持编写项目监理规划，审批实施细则。

（10）主持审查和处理工程变更。

（11）参与工程质量和其他事故调查。

（12）审查承建单位竣工验收申请，组织有关人员进行竣工测试验收，签认竣工验收文件。

（13）主持整理工程项目的监理资料。

（14）审核签认承建单位的申请、支付证书和竣工结算。

（15）调解建设单位与承包单位的合同争议，处理索赔，审批工程延期。

（16）组织建设单位和承建单位完成工程移交。

3. 总监理工程师应具备的能力

（1）组织能力。

（2）执行能力。

（3）协调能力。这是总监理工程师多年工作水平的反映。

（4）业务技术能力。总监理工程师要“一专多能”，既要有一门专业技术，又要掌握与所监理项目相关的多门知识。

（5）总结创新能力。总监理工程师要集思广益，发挥、调动项目监理机构中每个人员的潜在能力，对创新保持开明的态度。

4. 总监理工程师应具备的素质

由于对总监理工程师能力的要求较高以及总监理工程师在监理工作中处于重要地位，故决定了总监理工程师要具有更高的素质，其素质主要表现在以下几个方面：

（1）思想素质。要尽职尽责，客观公正，不应接受建设单位或承建单位的任何馈赠。

（2）业务素质。总监理工程师在业务上应具备应有的专业胜任能力和业务能力。应有的专业胜任能力是指监理工程师应当具备专门的学识与经验，接受过适当的专业训练。业务能力是指总监理工程师应具有足够的分析判断能力。

（3）职业道德。职业道德包括正直、客观公正以及应有的职业谨慎。

作为总监理工程师，首先要有良好的职业道德。监理工作是一项重要的、负有连带责任并为建设单位提供工程技术与管理服务的工作，因此，担负着监理工作重任的总监理工程师必须具有良好的职业道德。其次要具备很强的专业胜任能力，专业胜任能力是保证监理工作质量的真正保障。只有这样，才能成为一名合格的总监理工程师。

5. 质量控制是总监理工程师的头等大事

大量的日常工作靠专业监理工程师去做。作为总监要抓技术、质量管理方面带有全局性的问题和重要环节、重点部位。

(1) 开工前检查施工单位项目经理部的技术保证体系和生产、技术、质量、安全等各项管理制度是否健全和责任到人。

(2) 检查施工组织设计是否有针对性，特别是基础和主体结构施工方案和施工方法、技术措施是否切实可行，能否保证工程质量。

(3) 通过亲自面谈、交流等方式考核施工单位项目经理、技术负责人和专业施工队负责人的技术水平、质量意识和管理能力，看其能否胜任工作。

(4) 亲自参加地基验槽、基础分部和主体结构分部工程的验收和质量评定。如有疑问或不真实之处，定要查清。

(5) 责成专业监理工程师把好重要原材料、半成品和水、暖、电、气重要设备进场前的报验关和进场后的复检关（实物随机抽样)，严禁不合格和伪劣产品用到工程上。对于有质疑的材料和设备，总监一定要“顶住”(对甲方供料或推荐产品要同样把关)。

(6) 安排并抽查监理工程师“旁站”工作的实施和效果。

(7) 对危及质量和安全的施工，总监有权下达停工指令，责令施工负责人立即整改。已造成事故的，总监应亲自主持处理。

(8) 主持工程竣工预验收，审核签发项目竣工监理报告。

4.7 关于工程质量监督管理工作

4.7.1 社会监理单位与工程质量监督站的联系与区别

社会监理单位与工程质量监督站（如测绘质检中心、质检站等）的任务是相同的，即都把工程项目的质量监督、检查、控制作为自己的本职工作，按照相应的质量监督检查标准实施质量管理，保证工程不出现不合格产品和保证投资目标的实现。因此，两者在工作上是紧密联系的。

但两者也有区别，主要表现在以下几点：

1. 两者的性质不同

质检站是政府部门对工程质量的监督，属政府监理；而社会监理单位属独立的社会法人，受业主委托，按业主授权进行工程质量监管，属社会监理。

2. 两者的工作深度不同

质检站通常只进行阶段性检查，只以质量抽查结果来评价整体质量，并负责认定工程质量等级；而社会监理则要贯穿工程的整个过程，并深入到每道工序，以保证整体工程的质量。因此社会监理比起质检站的工作内容要更宽、更深。

此外，它们的工作目标从总的框架上说虽然是一致的，但工作依据是有差别的。质检站主要强调国家及地方法规，而社会监理单位除必须如此外，还要依据设计文件以及业主同承包方签订的合同。

鉴于工程质量监督管理站与社会监理有紧密的工作联系且又肩负着国家监理的职责，

所以有必要对工程质量监督管理站的有关内容作一些简要介绍。

4.7.2 工程质量监督管理工作的主要任务

2000年6~7月，建设部为贯彻《建设工程质量管理条例》相继出台了两份文件：一份是建建（2000）142号“关于印发《房屋建筑工程和市政基础设施工程竣工验收暂行规定》的通知”的文件，另一份是建建（2000）151号“关于印发《关于建设工程质量监督机构深化改革的指导意见》的通知”的文件。这两份文件明确了工程竣工验收的监督管理及其监督管理的部门机构，也明确了政府建设工程质量监督的主要任务。目的是保证建设工程的使用安全和环境质量，其主要依据是法律、法规和工程建设强制性标准，其主要方式是政府认可的第三方强制性监督，其主要内容是地基基础、主体结构、环境质量和与此相关的工程建设各方主体的质量行为，其主要手段是施工许可制度和竣工验收备案制度。这就是在目前新形势下政府对建设工程质量监督管理的基本原则。

这一基本原则的确定，指明了质监工作的前进方向。这是质监站进一步开展好工作，加强对工程建设进行质量监督管理，提高工程建设质量的重要依据。

建设工程质量监督管理应重点抓住以下三个环节的工作：

（1）第一个环节，把住工程建设的事前监督管理关，充分利用工程建设的施工许可制度这一手段，设立专门的机构，做好工程建设的报监办证工作，杜绝违法违规建设的工程进入建筑市场。

以往，工程建设的施工许可制度虽然存在，但并没有交到工程质量监督者手中，这使得工程质量监督管理工作十分被动。往往是业主在工程报监办证之前，参与工程建设的各方主体单位已经介入，质监对于参与工程建设的各方主体单位的资质或资格的审查就显得滞后。业主的建设条件是否具备，地质勘察报告是否有效，设计图纸是否完善，监理机构是否介入，施工组织是否健全，有关工程合同是否合法等，对这些工程建设的前置工作或前置条件的监督管理就成了“马后炮”。从1985年建筑市场整顿以来，经历近20年，为什么目前市场还是没有得到根本好转？其中主要的一条就是没有充分利用好施工许可制度这一强制性手段，没严格把住建筑市场的大门，放任了一些不具备条件、不完善手续的违法违规工程进入市场。因此，建筑工程质量监督站必须充分利用好施工许可制度这一强制性手段，设立专门的工程报监办证机构，严格把住工程建设的许可关，防止一切不规范的建设行为步入市场。这样，既杜绝了违法违规的工程建设行为，把住了参与工程建设各方主体资质或资格审查关；又规范了建筑市场，维持了建筑市场的正常秩序，也维护了参与工程建设各方主体的权力和利益；同时也使建设工程得到了事前的监督，工程建设质量有了最基本的保证。

（2）第二个环节，把住工程建设的事中监督管理关，充分运用现行法律、法规和工程建设强制性标准，认真履行政府所赋予的职责，严格建设工程的质量监督检查，严守工程实体质量的形成关。

这一环节主要在工程建设的实施阶段，也是工程实体质量的形成过程，是具体的建设行为，建设工程质量监督站必须把住这一关，严格检验工程的每一道关键工序，认真记录，防止不合格的工序质量形成或进入下一道工序。这方面的工作要注意以下两点：

①监督检查参与工程建设各方主体的具体质量行为是否合法，也就是对工程建设单

位、勘察设计单位、施工单位、监理单位等对工程建设作出的具体的质量行为是否符合现行的法律、法规和工程建设强制性标准进行监督检查。比如说，地基基础的验收要检查各方主体单位是否到场，地质勘察单位是否签署地基验收意见，其意见是否符合设计要求，地基或基础是否需要处理，处理的意见是否经设计单位签署，处理的结果施工是否有记录，监理是否经过检验并签署验收意见等，这些具体的、逐个的、逐步的文件或意见的形成就是参与工程建设各方主体的具体质量行为的表现。因此，可以这么说，参与工程建设各方主体的具体行为合法了，其建设工程的质量也就能用具体的文件资料表达了。

②对工程建设的关键工序进行监督抽查验收，防止不合格的工序质量形成或进入下道工序。这主要是严把四关，即把住建筑材料使用检查的验收关，把住工程地基基础质量形成的检查验收关，把住工程主体结构质量形成的检查验收关，把住环境配套工程质量形成的检查验收关。这样，工程实体质量的形成就有了保证。

（3）第三个环节，把住工程建设的事后监督管理关。就是利用工程竣工验收备案制度这一强制性手段，设立专门机构，负责对工程竣工验收备案工作的监督管理。

这一环节虽是事后监督工作，实体质量已经形成，但通过这一环节可以检查出前面环节的工作成效，约束前面环节的具体工作质量，使得不合格的工程不能通过备案，更不能投入使用。这一环节主要是抓住以下三关进行监督管理，即把住工程竣工验收的条件审查关；把住工程竣工验收的组织程序监督关；把住工程竣工验收的备案关。

如此，建设工程质量从事前、到事中、再到事后，就得到了全过程的监督管理，一环扣一环，关关相连，这关过不了就不能进入下一关，关关把住就没有搞不好的工程质量，事在人为。

4.7.3 工程质量监督形式的改革

建设部将对我国工程质量监督机构和监督形式进行改革。这项改革主要表现在三个方面：一是增加了施工图设计审查环节，废除了质量等级核验制度，改为竣工验收备案制；二是监督的重点从实体检查向主体结构和质量行为转移；三是在监督方式上采用政府认可的第三方强制监督，建立了质量监督工程师制度。这项改革体现了政府对工程质量的高度重视，是根据市场经济特点对原有质量监督体制改革的重大措施。

从发达国家情况看，政府对工程质量的监督管理是建立在严谨的法规体系和严格的监督制约制度基础之上的。这种监督管理实际上有两项职能：一项是对工程实施过程的直接监督，大部分国家并不是政府直接插手，而是通过对专业人士或机构的授权，由专业机构或专业人士实施的，称之为微观管理。政府对专业机构或专业人士的这种授权，具有“法官执法的权力”。第二个职能是对授权机构和专业人士的监督管理，包括考核认定质量监督机构、资质变更、停业，考核质量监督专业人士、注册，授权机构及专业人士监督工作情况等，即所谓宏观管理。很明显，第二项职能在我国还是有很大缺欠的。

发达国家和地区对授权机构和专业人士资格管理是异常严格的。

近年来，国外授权机构一般都要取得 ISO 9000 质量体系认证，对承担政府委托监督责任的工程师考核则更加严格。如在香港地区若想取得“注册授权人”的资格，除其本身必须是“注册建筑师”、“注册工程师”或是“注册测量师”外，还要接受政府部门的进一步考核。相比之下，我国质量监督人员的素质显然要低很多。因此，政府委托第三方强制监督和监督工程师制度的真正内涵是负责质量监督的机构和人员的自身素质要到位。政府要对其监督行为和监督效果加以管理。从建设部下发的《监督工程师资格管理暂行规定（草案）》条款看，监督工程师的标准甚至不及监理工程师的标准，明显有想使现有的质监人员平移过渡为监督工程师的痕迹。可以设想，质监机构的平移过渡、形式认定也是意料之中的。我国质量监督机构基本是依附于各级政府部门和专业管理部门成立的，具有不可撤销性。监督人员的进入也未经考核。但这次改革如果仅仅是平移，将现有的质监站和质监人员在名义上进行一下认定和考核，冠以授权的名称，就失去了改革的根本意义。

政府对工程质量的监督是通过一系列审核制度和行政程序实施的。

虽然各个国家和地区实施情况不尽相同，但仍有很多共同之处。如德国、美国等均要委托国家认可的专业工程师对设计图纸进行技术审核，中国香港则规定由“建筑物条例执行处”负责审查设计图纸，审查的重点是建筑物主体结构、地基及基础的安全性、建筑防火等，也有对节约能源或使用功能进行审核的情况。施工许可证的发放通常是严格的，对设计技术的审核是颁发施工许可证的必备条件之一。工程开工后，对施工过程的检查是很重要的。美国实行检查记录制度，即由业主保存一份由监督检查人员填写的对工程质量检查的记录卡。美国《统一建筑条例》规定，每道工序必须接受建筑主管官员或其委托的专业人士检查，房屋或建筑物的任何部分的加施钢筋和结构骨架在建筑官员检查验收之前，均不得将其覆盖或隐蔽，在没有予以验收之前，工程的任何部分都不得超越每道依次接受检查所规定的界限。中国香港“执行处”经常派测量师、工程师到工地检查，还要监督注册授权人及其助手是否称职，有无失误。一旦发现材料不合格或其他施工质量问题后，即返回报告高级测量师，由其下令停工。停工以后，“执行处”将派员进行细致检查，并追究责任。工程竣工验收，国外政府主管部门并不直接参与，一般是由业主、承包商和中介机构完成的。竣工验收后向主管部门申请签发使用许可证。政府委托的专业人士要提交结构安全报告，主管部门接到报告和申请后，安排一次现场的最后检查。如无问题，则由主管部门发给使用许可证（香港称作“入伙证”）。可以看出，国外监督制度的重心放在对设计的技术性审查和施工过程的监督（委托专门机构或专业人士负责），对竣工验收后的核验基本是程序性的。因此，我国新的监督管理制度增加了施工图的设计审查。废除质量等级核验，改为备案制的方向是对的，但这项改革的真正内涵在于强调了施工过程的重要性。要警惕变相的“备案审批制”，在引导消费者依靠法律手段来保护自己利益的同时，维护公众利益，规范市场主体行为，仍是政府不可推卸的责任。

当前，对质量监督机构和监督形式进行的改革不能看成是解决工程质量和住宅质量投诉日益上升问题的权宜之计。

从强化政府监督的角度出发，首先应当严格对授权监督机构和监督工程师的准入管理。比如，质量监督机构必须要通过 ISO 9000 质量体系认证，取消同建设行政主管部门或专业主管部门的当然隶属关系。质量监督工程师必须取得监督工程师注册资格，再经过相应培训考核才能取得监督资格，而不是急于将现有的监督机构和质监人员贴上经认定考核的金字招牌。其次，要解决监督方法和制度问题，不能把对行为的监督过分集中在手续、合同等内容上，以及对工程实体质量的检查过多集中在资料的检查上以及抽查检查的方式上，因为这与直接质量监督本来意义相差甚远。

总之，质量监督机构和监督形式的改革应当强调三层内涵：

第一，监督形式的改革，对工程质量监督不是削弱而是加强。如改革等级核验为备案制，正是为了解决事后核验的弊端而强化对设计图纸和施工过程的监督。

第二，对监督机构和监督人员进行考核认定和进行监督，不是为了削弱质量监督机构和人员的地位与权力，而是对监督机构和人员的加强。

第三，质量监督机构和监督方式的改革目的是为了工程质量切实得到保证和提高，而不是政府推卸和减轻责任。

4.8 工程质量控制中的统计假设检验分析基础

4.8.1 统计假设检验的基本概念

1. 统计分析问题的提出

在工程质量管理中，大量采用推断统计方法，其核心和方法本身都是建立在假设检验的基础上的。现在首先来介绍统计假设检验的基本概念。

在数理统计学中，把研究对象的全体所构成的一个集合称为母体或总体，而把组成母体的每一个单元称为个体。由于母体往往包含大量的个体，或者由于某些试验是带有破坏性的，因此实际上不可能对某个个体的指标都进行观测或试验，而只能从母体中按机会均等的原则，随机抽取一部分个体，然后对其进行观察或试验。这种按机会均等的原则抽取一些个体的过程称为随机抽样。假设抽取了 n 个个体，把这 n 个个体的指标 X_i（$i=1$，2，…，n）称为一个子样或样本，n 称为子样的容量。因为在抽取每个个体时，面对的都是具有同样分布的母体，而且是独立地、随机地抽取的，因此子样中各元素 X_i（$i=1$，2，…，n）都是互相独立，且具有母体同分布的随机变量，所以我们可以把容量为 n 的子样看做是一个 n 维随机变量。当一个子样已经抽定之后，对 X_i（$i=1$，2，…，n）得到一组确定的数值 x_i（$i=1$，2，…，n），这组确定的值称容量为 n 的子样观测值。必须指出，子样 X_i（$i=1$，2，…，n）是 n 维的随机向量，但子样观测值 x_i（$i=1$，2，…，n）则是一个随机试验的结果，其中各元素已经是一些确定的数值，而不再是变量了。

从上可见，所谓总体是客观存在的、由具有共同性质的许多单位组成的整体。所谓样本是从总体中抽取的个体，又称子样，样本中个体的数目称为样本容量。为了使样本能很好地反映总体，除了要求抽样具有随机性以外，独立性和代表性也是两个基本要求。所谓独立性就是要求每一次抽样都是独立进行的，每次抽样结果互不影响，而代表性则要求每一个样本都具有总体特征，每一个样本与总体都具有相同的分布。

数理统计学的任务就是要根据对部分个体进行测试所取得的信息，对来自母体分布的某些特征进行推断。由于观测或试验是随机现象，因而根据有限个观测或试验对整体所作的推断就不可能绝对准确，即这种推断只能是在某种概率下的正确。因此在数理统计学中，把这种伴随一定概率的推断称为统计推断。

在实际工作中常常遇到以下几类推断问题：

（1）当根据所掌握的信息可以肯定母体分布是某种类型，但是其中的若干个参数未知时，根据子样来估计这些参数或这些参数的某个函数，这类问题称为参数的点估计问题。就测量工作而言，测量平差计算实质上就是解决参数的点估计问题。

(2) 需要根据子样定出一个范围（区间），使得要估计的参数取这个范围内的值的概率不小于一个指定值，这类问题则称为参数的区间估计问题。

(3) 如果根据已有信息，已经可以肯定母体分布是某种类型的分布，而且还有一定把握认为总体分布中的未知参数取某个特定范围内的值，希望根据子样来判断这种结论是否成立，这类问题就称为参数的假设检验问题。

(4) 有时对母体分布的类型不知道，当根据一些信息猜测它可能是某种分布，希望通过一个子样来判断这一猜测是否正确时，这类问题就称为母体分布的假设检验问题，又称非参数的假设检验问题。

子样来自于母体，所以子样是母体的反映。但是子样所包含的信息还不能直接用于解决上述问题，而需要对子样所含的信息进行数学上的加工、提炼，把分散在样本中有用的信息集中起来，具体地说，就是要针对不同问题构造样本的各种函数，再利用这些函数去推断总体的性质，这种函数称为统计量。通过一定的程序和步骤才能进行和实现假设检验的问题。

总而言之，假设检验就是研究已作的假设与具体抽样结果相符合的程度，并对假设成立与否作出判断。假设检验是一个过程，有一定的程序，它的基本思想可以归纳如下：

假定原假设即某结论真的成立，对给定的小概率 $\alpha>0$，构造与该检验问题有关的统计量，借助该统计量的分布给出概率为 α 的区域（可参照区间估计的形式），称其为原假设问题的否定域。通过抽样，若发现统计量值落入否定域（概率很小的事件），表明小概率事件在一次试验中发生。根据小概率原理这几乎是不可能的，由此推得原假设不成立，即拒绝接受原假设，否则不能拒绝原假设。

这里的小概率 α 在检验前给出，称为检验水平或显著水平，它是使统计量落入原假设的否定域（或是使备择假设成立）的概率。其数值由具体问题而定，通常取 α 为 0.10，0.05，0.01 等。

2. 假设检验的步骤

(1) 建立假设。根据检验问题的需要，建立原假设 H_0 和备择假设 H_1，如 H_0：$\mu=\mu_0$，H_1：$\mu\neq\mu_0$。

检验的目的就是要在原假设 H_0 和备择假设 H_1 之间进行选择。若认为 H_0 正确，则接受 H_0，拒绝 H_1；反之，若认为 H_0 不正确，则拒绝 H_0，接受 H_1。

(2) 构造统计量。构造与该检验问题有关的统计量 $T(X)$，并在原假设成立的条件下确定统计量 $T(X)$ 的概率分布。

(3) 对给定的显著性（检验）水平 α $(0<\alpha<1)$：

由
$$P(T_1<T(X)<T_2)=1-\alpha$$
或
$$P(T(X)\leqslant T_1\cup(T(X)\geqslant T_2))=\alpha$$
及 $T(X)$ 的概率分布，查表确定临界值 T_1、T_2，得到原假设的否定域
$$T(X)\leqslant T_1\cup(T(X)\geqslant T_2)$$

(4) 利用抽样结果 x_i $(i=1, 2, \cdots, n)$ 计算统计量 $T(X)$ 之值 $T'(x)$。

(5) 判断：当 $T'(x)$ 落入 H_0 的否定域时，否定 H_0，接受 H_1；而当 $T'(x)$ 没有落入 H_0 的否定域时，接受 H_0。

3. 统计检验的两类错误

假设检验依据是随机样本，由于样本的随机性，导致假设检验可能会犯下述两类错误：

（1）弃真错误（第一类错误），即原假设 H_0 成立，而误判为备择假设 H_1 成立。也就是说，原假设 H_0 实际上正确，但抽样结果却使统计量的值 $T'(x)$ 落入 H_0 的否定域，从而导致拒绝 H_0 接受 H_1 的判断，此即为犯“弃真”的错误。相应的概率就是统计量落入否定域概率 α。因此，假设检验中犯第一类错误的概率为 α。

（2）纳伪错误（第二类错误），即将备择假设 H_1 成立误判为原假设 H_0 成立。也就是说原假设 H_0 实际上不正确，但由于抽样结果，使统计量值 $T'(x)$ 落入 H_0 接受域，从而导致作出接受 H_0 拒绝 H_1 的判断，此即为犯“纳伪”的错误。

对于给定的检验问题，要想使犯两类错误的概率同时下降是困难的。一般的做法是，对于明确的假设问题，控制其检验中犯一类错误（或备择假设 H_1 成立）的小概率 α。

4.8.2 随机变量及概率分布

1. 随机变量

一个随机试验，其样本空间为 $\Omega=\{\omega\}$，要对一个样本 $\omega\in\Omega$，都有一个实数 X 与其对应，则称 X 为随机变量。直观的理解，随机变量就是随机试验中被测度的量。

随机变量包括离散型随机变量、连续型随机变量和混合型随机变量。其中，离散型随机变量系指与包含有限个样本点或无限可列个样本点的样本空间相联系的随机变量，离散型随机变量的取值通常要用整数表示。连续型随机变量是与包含无限个不可列样本点的样本空间相联系的随机变量，连续型随机变量只能在某个区间内取值或其取值结果要用一个区间来反映。既不是完全离散型也不完全是连续型的随机变量称为混合型随机变量。在这三类随机变量中，离散型随机变量与连续型随机变量最为常见，所以我们主要讨论和介绍它们的统计分布及其特性。

随机变量的取值具有不确定性，要完整地描述随机变量的特征，就需要把它与概率联系起来。通过概率分布的研究，可以全面地揭示随机变量取值的发生情况。在此基础上，可以帮助我们探求随机现象客观存在的规律性。最后，依据概率分布，有可能对任一事件发生与否的可能性大小作出正确的理论判断。

概率分布具有两个基本特性：

（1）每个概率值非负。

（2）所有变量对应的概率值之和等于 1。

概率分布完整地描述了随机变量的取值及其发生变化的情况，这对信息的了解和掌握是十分重要的，但有时甚至在大多数的时候，人们感兴趣的往往只是其中几个主要的统计特征指标——期望、方差和矩。

（1）期望。期望可以简单地理解为就是变量值与其发生概率的加权算术平均数。根据不同类型的随机变量，它们的定义分别有：

定义一：X 为离散型随机变量，其概率分布为

$$X:\ x_1,x_2,\cdots,x_n,\cdots$$
$$P:\ p_1,p_2,\cdots,p_n,\cdots$$

如果 $\sum_{i=1}^{\infty} x_i p_i$ 绝对收敛,则称 $\sum_{i=1}^{\infty} x_i p_i$ 为 X 的数学期望,简称期望,记为 $E(X)$:

$$E(X) = \sum_{i=1}^{\infty} x_i p_i \tag{4.1}$$

定义二:X 是连续型随机变量,$f(x)$ 为其概率密度函数,如果 $\int_{-\infty}^{+\infty} xf(x)\,\mathrm{d}x$ 绝对收敛,则称

$$E(X) = \int_{-\infty}^{+\infty} xf(x)\,\mathrm{d}x \tag{4.2}$$

为 X 的数学期望。

数学期望具有如下性质:

①若 a、b 为常数,$X=aX'+b$,则 $E(X)=aE(X')+b$。

②$X_1,X_2,\cdots,X_n$ 为随机变量,$X=\sum_{i=1}^{n} X_i$,则 $E(X)=\sum_{i=1}^{n} E(X_i)$。

③X、Y 为随机变量,且互相独立,则有 $E(XY)=E(X)E(Y)$。一般地,如果 $X_1,X_2,\cdots,X_n$ 是互相独立的随机变量,则 $E(\prod_{i=1}^{n} X_i)=\prod_{i=1}^{n} E(X_i)$。

④若 a、b 为常数,且 $a \leqslant X \leqslant b$,则有 $a \leqslant E(X) \leqslant b$。

(2)方差。随机变量 X 与其数学期望之差 $X-E(X)$ 称随机变量 X 的离差。随机变量 X 的离差平方和的数学期望称为随机变量 X 的方差。它是表达随机变量 X 偏离其数学期望离散程度的数字特征。记为 $\mathrm{Var}(X)$ 或 $D(X)$ 或 σ_x^2,即

$$\mathrm{Var}(X) = E((X - E(X))^2) \tag{4.3}$$

称 $\sqrt{\mathrm{Var}(X)}$ 为标准差。

对于离散型随机变量 X 的方差,有

$$\mathrm{Var}(X) = \sum_{i=1}^{\infty} (x_i - E(X))^2 p_i \tag{4.4}$$

对于连续型随机变量 X 的方差,有

$$\mathrm{Var}(X) = \int_{-\infty}^{+\infty} (x - E(X))^2 f(x)\,\mathrm{d}x \tag{4.5}$$

方差有如下性质:

①常量的方差为零,即 $\mathrm{Var}(C)=0$ (C 为常数)。

②$\mathrm{Var}(X+C)=\mathrm{Var}(X)$ (C 为常数)。

③$\mathrm{Var}(CX)=C^2\mathrm{Var}(X)$ (C 为常数)。

④若随机变量 X、Y 相互独立,则

$$\mathrm{Var}(X \pm Y)=\mathrm{Var}(X)+\mathrm{Var}(Y)$$

特别地,若 $X_i(i=1,2,\cdots,n)$,则有 $\mathrm{Var}(\sum_{i=1}^{n} X_i)=\sum_{i=1}^{n} \mathrm{Var}(X_i)$。

⑤$\mathrm{Var}(X)=EX^2-E(X)^2$

由此得到计算方差的另一种方法,并可推知 $EX^2 \geqslant (EX)^2$。

(3)协方差、相关系数

①协方差。对二维随机变量(X,Y)称

$$E(X-EX)(Y-EY) \tag{4.6}$$

为随机变量X与Y的协方差,记为$\mathrm{Cov}(X,Y)$或DXY或σ_{XY}。

对于离散型随机变量(X,Y)的协方差,有

$$\mathrm{Cov}(X,Y)=\sum_i\sum_j(X_i-EX)(Y_j-EY)P(X=x_i,Y=y_j) \tag{4.7}$$

对于连续型随机变量(X,Y)的协方差,有

$$\mathrm{Cov}(X,Y)=\int_{-\infty}^{+\infty}\int_{-\infty}^{+\infty}(x-EX)(y-EY)f(x,y)\,\mathrm{d}x\mathrm{d}y \tag{4.8}$$

协方差具有如下性质:

- $\mathrm{Cov}(X,Y)=\mathrm{Cov}(Y,X)$。
- $\mathrm{Cov}(aX,bY)=ab\mathrm{Cov}(X,Y)$,$a$、$b$为常数。
- $\mathrm{Cov}(X_1+X_2,Y)=\mathrm{Cov}(X_1,Y)+\mathrm{Cov}(X_2,Y)$。

②相关系数

对二维随机变量(X,Y),若方差DX,DY均不为零,称

$$\rho_{x,y}=\mathrm{Cov}(X,Y)/\sqrt{DX}\cdot\sqrt{DY} \tag{4.9}$$

为变量X与Y的相关系数。

随机变量X与Y的相关系数具有如下性质:

- $|\rho_{x,y}|\leqslant 1$;
- $\rho_{x,y}=1$的充要条件是X与Y依概率1正线性相关,即存在常数a、$b>0$,使

$$P\{Y=a+bX\}=1$$

- $\rho_{x,y}=-1$的充要条件是X与Y依概率1负线性相关,即存在常数a、$b<0$,使

$$P\{Y=a+bX\}=1$$

- $\rho_{x,y}=0$的充要条件是X与Y依概率1不线性相关。
- $D(X\pm Y)=DX+DY\pm 2\mathrm{Cov}(X,Y)$
- 若$DX=DY=1$,则

$$D(X\pm Y)=2(1\pm\rho_{x,y})$$

- 若$\rho_{x,y}=0$,则

$$D(X\pm Y)=DX+DY$$

- 若变量X与Y相互独立,则X、Y一定不相关。

从上可见,相关系数$\rho_{x,y}$是描述随机变量X、Y之间线性相关程度的一个数字特征值。

(4)矩

随机变量X的k次幂的数学期望称为矩。矩分为原点矩和中心矩。

①原点矩

对于离散型随机变量X,其k阶原点矩的表达式为

$$E(X^k)=\sum X^k p_i \tag{4.10}$$

其中:$\sum X^k p_i$要绝对收敛。

对于连续型随机变量X,其k阶原点矩的表达式为

$$E(X^k) = \int_{-\infty}^{+\infty} x^k f(x)\,\mathrm{d}x \tag{4.11}$$

其中，$\int_{-\infty}^{+\infty} x^k f(x)\,\mathrm{d}x$ 要绝对收敛。

当 $k=0$ 时，$E(X^k)=E(X^0)=E(1)=1$；

当 $k=1$ 时，$E(X^1)=E(X)$，所以期望就是一阶原点矩；

当 $k>2$ 时，统称为高阶原点矩。

②中心矩

离散型随机变量 X，k 阶中心矩的表达式为

$$E(X-E(X))^k = \sum_{i=1}^{\infty} (x_i - E(X))^k p_i \tag{4.12}$$

式中：$\sum (x_i - E(X))^k p_i$ 要绝对收敛。

对于连续型随机变量 X，k 阶中心矩的表达式为

$$E(X-E(X))^k = \int_{-\infty}^{+\infty} (x - E(X))^k f(x)\,\mathrm{d}x \tag{4.13}$$

式中：$\int_{-\infty}^{+\infty} (x - E(X))^k f(x)\,\mathrm{d}x$ 要绝对收敛。

显然，当 $k=1$ 时，$E(X-E(X))^k=E(X-E(X))=0$；

当 $k=2$ 时，$E(X-E(X))^k=E(X-E(X))^2$。

所以二阶中心矩就是方差。

2. 常用统计量的概率分布

由于大多数总体都服从正态或近似服从正态分布，所以我们仅讨论与正态总体有关的统计量的概率分布。它是传统的数理统计学的理论基础。由正态分布出发，可导出一系列的重要分布，如 t 分布、χ^2 分布及 F 分布等。下面我们就来讨论从正态总体中抽取容量为 n 的样本，构成各种常用的统计量的概率分布。

(1)正态分布

若随机变量 X 的概率密度为

$$f(x) = \frac{1}{\sqrt{2\pi}\sigma}\exp\left\{-\frac{1}{2}\left(\frac{x-\mu}{\sigma}\right)^2, \quad -\infty < x < +\infty \tag{4.14}$$

则 X 服从正态分布，记作 $X \sim N(\mu,\sigma^2)$。其中：μ,σ^2 分别表示总体的均值和方差，也称为位置参数和形状参数。

如果 $\mu=0$，　$\sigma^2=1$，则上式可写成

$$f(x) = \frac{1}{\sqrt{2\pi}}\exp\left(-\frac{x^2}{2}\right), \quad -\infty < x < +\infty. \tag{4.15}$$

这是标准正态分布的密度函数，记作 $X \sim N(0,1)$。

正态分布的分布函数为

$$F(x) = P(X \leqslant x) = \frac{1}{\sqrt{2\pi}\sigma}\int_{-\infty}^{x} \mathrm{e}^{\frac{(y-\mu)^2}{2\sigma^2}}\,\mathrm{d}y \tag{4.16}$$

正态分布具有如下性质：

① 正态分布密度函数 $f(x)$ 在 $X=\mu$ 处达到极大值，并且 $f(x)$ 关于 $X=\mu$ 对称。

② $X=\mu+\sigma, X=\mu-\sigma$ 为 $f(x)$ 曲线的拐点。

③若 $X\sim N(\mu,\sigma^2)$，令 $Y=(X-\mu)/\sigma$，则 $Y\sim N(0,1)$；反之，若 $X\sim N(0,1)$，令 $Y=\mu+\sigma X$，则 $Y\sim N(\mu,\sigma^2)$。正态分布的这个性质十分有应用价值。因为如果直接运用概率公式来计算概率，其计算量将很大，如利用这个性质，将一般的正态分布转换成标准正态分布，只要应用标准正态分布进行编表，就可以用此表通过查表方法来很方便地解决此问题。

④ $X\sim N(0,1)$，其分布函数为 $\varphi(x)$，则 $\varphi(-x)=1-\varphi(x)$。

⑤若 $X_1\sim N(\mu_1,\sigma_1^2)$，$X_2\sim N(\mu_2,\sigma_2^2)$，并且 X_1、X_2 相互独立，那么有

$$X=(X_1+X_2)\sim N(\mu_1+\mu_2,\ \sigma_1^2+\sigma_2^2)$$

⑥若 a、b 为常数，$X\sim N(\mu,\sigma^2)$，则 $(aX+b)\sim N(a\mu+b,a^2\sigma^2)$。

⑦正态变量的线性函数仍是正态变量

若设 $X_i\sim N(\mu_i,\sigma_i^2)$，$X_1,\cdots,X_n$ 彼此独立，则对线性函数

$$Y=\sum_{i=1}^{n}a_iX_i$$

有

$$Y\sim N\left(\sum_{i=1}^{n}a_i\mu_i,\ \sum_{i=1}^{n}a_i^2\sigma_i^2\right)$$

或

$$\frac{Y-\sum_{i=1}^{n}a_i\mu_i}{\sqrt{\sum_{i=1}^{n}a_i^2\sigma_i^2}}\sim N(0,1)$$

⑧设 $X_1,\cdots,X_n$ 为取自正态总体 $N(\mu,\sigma^2)$ 的样本，则

- $\bar{X}=\dfrac{1}{n}\sum_{i=1}^{n}X_i\sim N(\mu,\sigma^2/n)$；
- $\dfrac{\bar{X}-\mu}{\sigma/\sqrt{n}}\sim N(0,1)$。

标准正态变量 $N(0,1)$ 的分布密度曲线如图 4-3 所示。

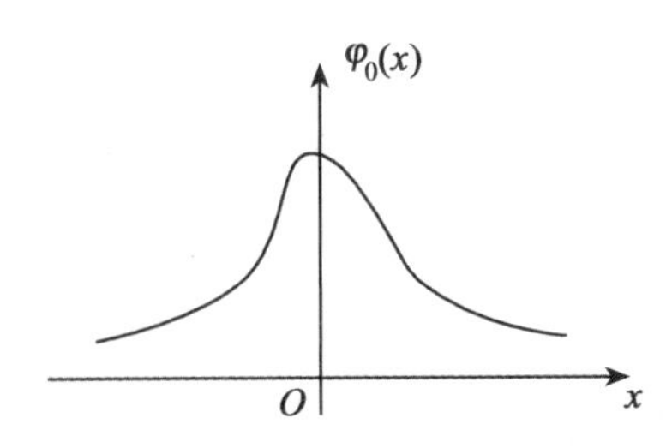

图 4-3　标准正态变量的分布密度曲线图

(2) χ^2 分布

设 $X_1,X_2,\cdots,X_n$ 为互相独立的标准正态变量，若令

$$\chi^2=X_1^2+X_2^2+\cdots+X_n^2 \tag{4.17}$$

则称 χ^2 服从自由度为 n 的 χ^2 分布，记作 $\chi^2\sim\chi^2(n)$。

$\chi^2(n)$分布的概率密度函数为：

$$f(x)=\begin{cases}\dfrac{1}{2^{\frac{n}{2}}\Gamma\left(\dfrac{n}{2}\right)}x^{\frac{n}{2}-1}\mathrm{e}^{-\frac{x}{2}} & (x>0)\\ 0 & (x\leqslant 0)\end{cases} \tag{4.18}$$

式中：$\Gamma(x)=\int_0^{+\infty}t^{x-1}\mathrm{e}^{-t}\mathrm{d}t(x>0)$ 是 Γ 函数。

χ^2 分布的概率密度函数 $f(x)$ 的图形如图 4-4 所示。

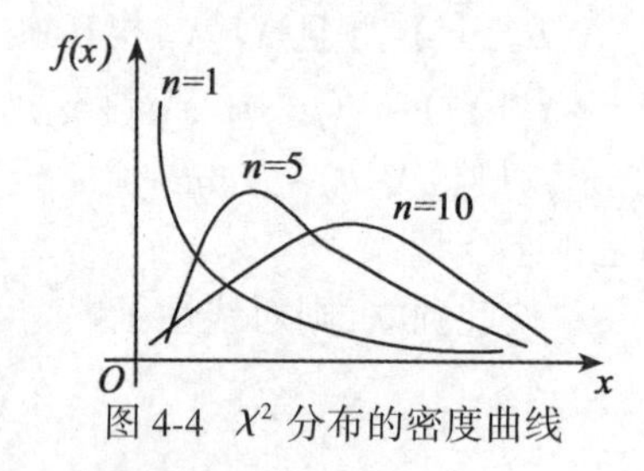

图 4-4 χ^2 分布的密度曲线

χ^2 分布具有如下性质：

①若 $X_1\sim\chi^2(n_1)$，$X_2\sim\chi^2(n_2)$，且相互独立，则有 $X_1+X_2\sim\chi^2(n_1+n_2)$。这个性质称为$\chi^2$分布的可加性。一般地，可以推广到 k 个 χ^2 变量的情况，即 $X_1\sim\chi^2(n_1)$，$X_2\sim\chi^2(n_2)$，…，$X_k(n_k)$，且互相独立，则有 $X_1+X_2+\cdots+X_k\sim\chi^2(n_1+n_2+\cdots+n_k)$。

②若 $X\sim\chi^2(n)$，则有 $E(X)=n$，$\mathrm{Var}(X)=2n$。

③χ^2 分布的形状随 n 的变化而变化。当 n 较小时，χ^2 分布不对称；而当 n 较大时，χ^2 分布函数趋向正态分布。

④$X_1,X_2,\cdots,X_n$ 相互独立，且服从 $N(0,1)$ 分布，又令 $Q_1+Q_2+\cdots+Q_k=\sum\limits_{i=1}^{n}X_i^2$，$Q_i(i=1,2,\cdots,k)$ 为秩是 n_i 的非负定二次型，则 $Q_1,Q_2,\cdots,Q_k$ 相互独立，且分别服从自由度为 n_i 的 χ^2 分布的充要条件是 $n_1+n_2+\cdots+n_k=n$，χ^2 分布的这个性质，在方差分析中尤其具有重要意义。

(3) t 分布

设随机变量 X 与 Y 相互独立，$X\sim N(0,1)$，$Y\sim\chi^2(n)$，则 $T=\dfrac{X}{\sqrt{Y/n}}$服从具有 n 个自由度的 t 分布，记为 $t(n)$。

$t(n)$分布的概率密度函数为

$$f\left(\frac{n}{2}\right)=\frac{\Gamma\left(\dfrac{n+1}{2}\right)}{\sqrt{n\pi}\,\Gamma\left(\dfrac{n}{2}\right)}\left(1+\frac{t^2}{n}\right)^{-\frac{n+1}{2}},\quad -\infty<t<+\infty \tag{4.19}$$

概率密度函数 $f(t)$ 的图形如图 4-5 所示。

t 分布具有如下性质：

①t 分布的密度函数是偶函数，t 分布的密度曲线关于纵轴 $t=0$ 对称。

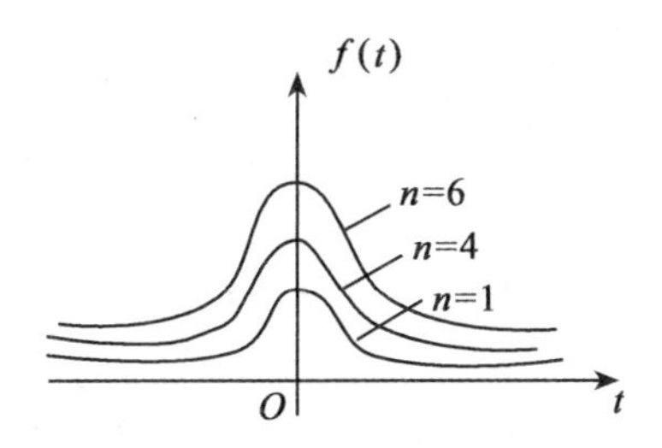

图 4-5　t 分布的密度曲线

② $E(t(n))=0,\ D(t(n))=\dfrac{n}{n-2},n>2$。

③ $n\to\infty$ 时,$t(n)\to N(0,1)$。

④ 设 $X_1,X_2,\cdots,X_n$ 是取自正态总体 $N(\mu,\sigma^2)$ 的样本,$\overline{X}$ 与 S 分别为样本均值和样本标准差,则

$$T=\frac{\overline{X}-\mu}{S/\sqrt{n}}\sim t(n-1) \tag{4.20}$$

式中:

$$S=\sqrt{\frac{1}{n-1}\sum_{i=1}^{n}(X_i-\overline{X})^2}$$

⑤设 $X_1,X_2,\cdots,X_n$ 和 $Y_1,Y_2,\cdots,Y_n$ 是分别取自两个相互独立的正态总体 $N(\mu_1,\sigma^2)$ 及 $N(\mu_2,\sigma^2)$ 的样本,则

$$T=\frac{\overline{X}-\overline{Y}-(\mu_1-\mu_2)}{\sqrt{\dfrac{(n_1-1)S_1^2+(n_2-1)S_2^2}{n_1+n_2-2}\cdot\left(\dfrac{1}{n_1}+\dfrac{1}{n_2}\right)}}\sim t(n_1+n_2-2) \tag{4.21}$$

式中:

$$S_1^2=\frac{1}{n_1-1}\sum_{i=1}^{n_1}(X_i-\overline{X})^2,S_2^2=\frac{1}{n_2-1}\sum_{j=1}^{n_2}(Y_j-\overline{Y})^2$$

t 分布统计量可用于描述总体均值的状况。

(4)F 分布

设有随机变量 X、Y 相互独立,$X\sim\chi^2(n_1)$,$Y\sim\chi^2(n_2)$,则

$$F=\frac{X/n_1}{Y/n_2}\sim F(n_1,n_2) \tag{4.22}$$

其中,$F(n_1,n_2)$为第一自由度为 n_1、第二自由度为 n_2 的 F 分布。$F(n_1,n_2)$分布的概率密度函数为:

$$f(x)=\begin{cases}\dfrac{\Gamma\left(\dfrac{n_1+n_2}{2}\right)}{\Gamma\left(\dfrac{n_1}{2}\right)\Gamma\left(\dfrac{n_2}{2}\right)}\left(\dfrac{n_1}{n_2}\right)^{\frac{n_1}{2}}x^{\frac{n_1}{2}-1}\left(1+\dfrac{n_1}{n_2}x\right)^{-\frac{n_1+n_2}{2}}, & x>0\\ 0, & x\leqslant 0\end{cases} \tag{4.23}$$

概率密度函数 $f(x)$ 的图形如图 4-6 所示。

推论:设样本 $X_1,X_2,\cdots,X_n$ 和 $Y_1,Y_2,\cdots,Y_n$ 分别取自两个相互独立的正态总体 $N(\mu_1,$

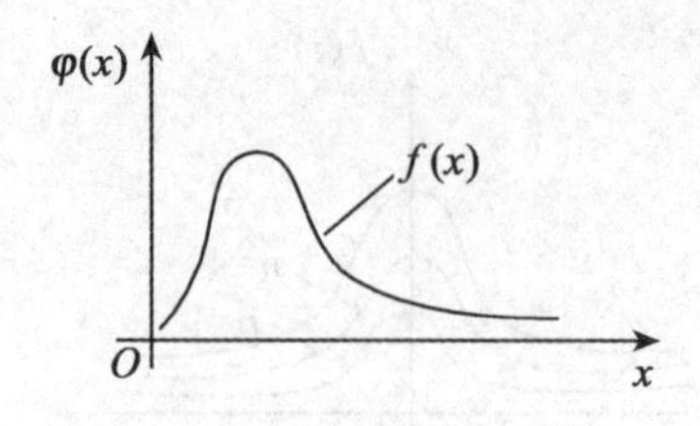

图 4-6　F 分布的密度曲线

σ_1^2)及$N(\mu_2,\sigma_2^2)$,则

$$F=\frac{S_1^2/\sigma_1^2}{S_2^2/\sigma_2^2}\sim F(n_1-1,n_2-1) \tag{4.24}$$

式中:
$$S_1^2=\frac{1}{n_1-1}\sum_{i=1}^{n_1}(X_i-\overline{X})^2,S_2^2=\frac{1}{n_2-1}\sum_{i=1}^{n_2}(Y_i-\overline{Y})^2$$

F 分布的变量可用于描述两个独立正态总体的方差之间的比较。

(5)几种常用分布的概率值的计算

在一般概率统计书的附录中,都有常用的概率分布表,供用者使用。但在计算机通用的时代,可以完全应用计算机中的 EXCEL 中的相应功能函数,很方便地将概率分布值或临界值计算出来。

对于正态分布 $X\sim N(\mu,\sigma^2)$ 而言,若求 $P(X\leqslant x)$,此时只需要选取功能函数 NORMSDIST(x,μ,σ,TRUE)。对于标准正态分布 $X\sim N(1,0)$ 而言,若求 $P(X\leqslant x)$,此时只要作NORMSDIST(x)。

对于χ^2 分布,若 $X\sim\chi^2(n)$,求 $P(X>x)$时,只须选取功能函数 CHIDIST(x,n)。如果给定χ^2 分布概率 p 和自由度 n,则可用 CHIINV(p,n)求出 x。

对于 t 分布,求概率值的功能函数是 TDIST(变量,自由度,单边(1)或双边(2))。临界值的功能函数是 TINV(概率值,自由度)。

对于 F 分布,计算概率值的功能函数是 FDIST,计算临界值的功能函数是 FINV。

4.8.3　假设检验方法

通过以上研究可知,假设检验的实质是对所关心的具体假设问题,运用小概率原理和区间估计相结合的方法,通过随机抽样值,对假设问题进行推断统计的过程。因此,对任何推断统计问题,首要的就是假设问题的提出和恰当的统计量的建立,下面我们就来研究它们。

1. 总体均值的假设检验

1)单样本总体均值的假设检验

$X_i(i=1,2,\cdots,n)$是均值μ,方差 σ^2 总体的一个随机样本,X、S^2 分别为样本均值和方差,α 为显著性水平,作参数μ 的假设检验。

(1)有关单样本总体均值的假设

① 总体均值μ 的双尾假设

$$H_0:\mu=\mu_0,H_1:\mu\neq\mu_0$$

② 总体均值μ 的单尾假设

$$H_0:\mu=\mu_0, H_1:\mu>\mu_0$$

或

$$H_0:\mu=\mu_0,\ H_1:\mu<\mu_0$$

(2)有关统计量的构造

①设总体 X 为正态总体 $X\sim N(\mu,\sigma^2)$,当 σ^2 已知时,构成

$$U=\frac{\bar{x}-\mu_0}{\sigma_0/\sqrt{n}}\sim N(0,1)\quad (H_0 \text{ 成立时})$$

对于双尾检验,由给定的显著性水平查标准正态分布表得到 $\mu_{1-\alpha/2}$ 的值。检验的拒绝域为

$$C=\left\{\left|\frac{(\bar{x}-\mu)}{\sigma/\sqrt{n}}\right|>\mu_{1-\frac{\alpha}{2}}\right\}$$

当 $\left|\frac{(x-\mu)\sqrt{n}}{\sigma}\right|>\mu_{1-\frac{\alpha}{2}}$ 时,拒绝原假设 H_0;若 $\left|\frac{(\bar{x}-\mu)\sqrt{n}}{\sigma}\right|<\mu_{1-\frac{\alpha}{2}}$,则接受 H_0。

此称 u 检验法。

② 设总体 X 为正态总体 $X\sim N(\mu,\sigma^2)$,当 σ^2 未知时,构成

$$T=\frac{\bar{x}-\mu_0}{S/\sqrt{n}}\sim t(n-1)\quad (H_0 \text{ 成立时})$$

式中:$S^2=\frac{1}{n-1}\sum_{i=1}^{n}(x_i-\bar{x})^2$ 为样本方差。

检验的拒绝域为

$$C=\left\{\left|\frac{(\bar{x}-\mu_0)\sqrt{n}}{S}\right|>t_{1-\frac{\alpha}{2}}{}^{(n-1)}\right\}$$

此称 t 检验法。

2)有关双样本总体均值差异的假设检验

在总体 X、Y 中,μ_x,μ_y;σ_x^2,σ_y^2 分别为其均值和方差;分别抽取容量为 n_x,n_y 的样本 $X_1,X_2,\cdots,X_{nx}$;$Y_1,Y_2,\cdots,Y_{ny}$,则

样本的均值分别为:

$$\bar{X}=\frac{1}{n_x}\sum_{i=1}^{n_x}X_i$$

$$\bar{Y}=\frac{1}{n_y}\sum_{j=1}^{n_y}Y_j$$

样本的方差分别为:

$$S_x^2=\frac{1}{n_x-1}\sum_{i=1}^{n_x}(X_i-\bar{X})^2$$

$$S_y^2=\frac{1}{n_y-1}\sum_{j=1}^{n_y}(Y_j-\bar{Y})^2$$

(1) 有关双样本总体均值差异的假设

① 总体均值 μ_x,μ_y 差异的双尾假设

$$H_0:\mu_x=\mu_y, H_1:\mu_x\neq\mu_y$$

② 总体均值 μ_x,μ_y 差异的单尾假设

$$H_0:\mu_x=\mu_y,H_1:\mu_x>\mu_y$$

或

$$H_0:\mu_x=\mu_y,H_1:\mu_x<\mu_y$$

(2)有关检验统计量的构造

① 若总体 $X\sim N(\mu_x,\sigma_x^2)$,$Y\sim N(\mu_y,\sigma_y^2)$,且 σ_x^2,σ_y^2 均为已知,则构造统计量

$$U=\frac{\overline{X}-\overline{Y}}{\sqrt{\frac{\sigma_x^2}{n_x}+\frac{\sigma_y^2}{n_y}}}\sim N(0,1) \quad (H_0\text{ 成立时})$$

对于双尾检验,在给定的显著水平 α 下,查标准正态分布表,得 $\mu_{1-\alpha/2}$ 的值,该检验的否定域为

$$C=\left\{\left|\frac{\overline{X}-\overline{Y}}{\sqrt{\frac{\sigma_x^2}{n_x}+\frac{\sigma_y^2}{n_y}}}\right|>\mu_{1-\frac{\alpha}{2}}\right\}$$

② 若总体 $X\sim N(\mu_x,\sigma_x^2)$,$Y\sim N(\mu_y,\sigma_y^2)$,且 σ_x^2,σ_y^2 均为未知,但已知 $\sigma_x^2=\sigma_y^2$,则构造统计量

$$T=\frac{\overline{X}-\overline{Y}}{S_w\sqrt{\frac{1}{n_x}+\frac{1}{n_y}}}\sim t(n_x+n_y-2) \quad (H_0\text{ 成立时})$$

式中:$S_w=\sqrt{\frac{(n_x-1)S_x^2+(n_y-1)S_y^2}{n_x+n_y-2}}$。

③ 一般总体 n_x,n_y 均为大子样,由中心极限定理,统计量

$$U=\frac{\overline{X}-\overline{Y}}{\sqrt{\frac{S_x^2}{n_x}+\frac{S_y^2}{n_y}}}\sim N(0,1)\text{ 近似成立。}$$

u 检验与 t 检验的拒绝域总表如表 4-1 和表 4-2 所示。

表 4-1 **u 检验的拒绝域总表**

检验名称	条件	总体情况	检验法	H_0	H_1	拒绝域
u 检验	σ^2 已知	单个正态总体	双边检验	$\mu=\mu_0$	$\mu\neq\mu_0$	$\lvert\mu\rvert>\mu_{1-\alpha/2}$
			右边检验	$\mu\leqslant\mu_0$	$\mu>\mu_0$	$\mu>\mu_{1-\alpha}$
			左边检验	$\mu\geqslant\mu_0$	$\mu<\mu_0$	$\mu<\mu_\alpha$
		两个正态总体	双边检验	$\mu_1=\mu_2$	$\mu_1\neq\mu_2$	$\lvert\mu\rvert>\mu_{1-\alpha/2}$
			右边检验	$\mu_1\leqslant\mu_2$	$\mu_1>\mu_2$	$\mu>\mu_{1-\alpha}$
			左边检验	$\mu_1\geqslant\mu_2$	$\mu_1<\mu_2$	$\mu<\mu_\alpha$

表 4-2　　　　**t 检验的拒绝域总表**

检验名称	条　　件		检验统计量	H_0	H_1	拒绝域
t 检验	单个总体	σ^2 未知	$t=\dfrac{\overline{X}-\mu_0}{S/\sqrt{n}}\sim t(n-1)$	$\mu=\mu_0$	$\mu\neq\mu_0$	$\|t\|>t_{1-\frac{\alpha}{2}}(n-1)$
				$\mu\leqslant\mu_0$	$\mu>\mu_0$	$t>t_{1-\alpha}(n-1)$
				$\mu\geqslant\mu_0$	$\mu<\mu_0$	$t<t_{\alpha}(n-1)$
	两个总体	$\sigma_1^2=\sigma_2^2=\sigma^2$ $(n_1\neq n_2)$	$t=\dfrac{\overline{X}-\overline{Y}}{S_w\cdot\sqrt{\dfrac{1}{n_1}+\dfrac{1}{n_2}}}\sim t(n_1+n_2-2)$	$\mu_1=\mu_2$	$\mu_1\neq\mu_2$	$\|t\|>t_{1-\frac{\alpha}{2}}(n_1+n_2-2)$
				$\mu_1\leqslant\mu_2$	$\mu_1>\mu_2$	$t>t_{1-\alpha}(n_1+n_2-2)$
				$\mu_1\geqslant\mu_2$	$\mu_1<\mu_2$	$t<t_{\alpha}(n_1+n_2-2)$
		σ_1^2、σ_2^2 未知 $(n_1=n_2=n)$	$t=\dfrac{\overline{d}-0}{S/\sqrt{n}}\sim t(n-1)$	$\mu_d=0$	$\mu_d\neq 0$	$\|t\|>t_{1-\frac{\alpha}{2}}(n-1)$
				$\mu_d\leqslant 0$	$\mu_d>0$	$t>t_{1-\alpha}(n-1)$
				$\mu_d\geqslant 0$	$\mu_d<0$	$t<t_{\alpha}(n-1)$

例 1　某测绘院是以测绘大比例地形图为主要产品的生产单位。为检查近年来大比例尺测图质量的稳定性,院里随机抽出近年生产的 400 幅 1 ∶1 000 比例尺地形图,发现其不合格率为 1. 14%,又由同类产品经验可知其标准差为 0. 2%,标准不合格率为 1. 1%,问据此检验来判断近年来大比例尺测图质量是否有显著下降(取显著水平 $\alpha=0.05$)?

这是一个双边检验问题。一般认为测图质量情况服从正态分布,这样,测图是否出现问题,反映在不合格率上就是样本不合格率是否等于 1. 1%。因此可作出如下假设:

H_0 ∶$\mu=1.1\%$,即认为测图质量稳定,未出现质量问题;

H_1 ∶$\mu\neq 1.1\%$,即认为测图出现了质量问题。

由于方差已知,宜采用 u 检验法。选择检验统计量:

$$\mu=\frac{\overline{x}-\mu_0}{\sigma/\sqrt{n}}=\frac{1.14\%-1.1\%}{0.2\%/\sqrt{400}}=4$$

选定显著性水平 $\alpha=0.05$,查正态分布表得:

$$\mu_{1-\frac{\alpha}{2}}=\mu_{1-\frac{0.05}{2}}=1.96$$

由于 $|\mu|>\mu_{1-\frac{0.05}{2}}$,所以拒绝 H_0,接受 H_1,即认为该院测图出现了一定的问题,一定有系统性因素在起作用,必须尽快查明原因。

例 2　某质检单位对国产 DS3 型水准仪的使用寿命进行抽样检定。已知 A 厂生产的 DS3 型水准仪使用寿命服从 $X\sim N(\mu_1,95^2)$,B 厂为 $Y\sim N(\mu_2,120^2)$,现在从两厂产品中分别抽取 100 台和 75 台,测得水准仪平均寿命分别为1 180天和1 220天,问在显著水平 $\alpha=0.05$ 下,这两个厂生产的水准仪寿命有无显著性差异?

要检验两厂水准仪的平均寿命有无显著性差异,实际上就是检验它们的平均寿命是否相等。这是一个双边检验问题。可作如下假设:

$$H_0:\mu_1=\mu_2$$

$$H_1:\mu_1\neq\mu_2$$

由于方差已知,故选择检验统计量:

$$\mu = \frac{\bar{x} - \bar{y}}{\sqrt{\frac{\sigma_1^2}{n_1} + \frac{\sigma_2^2}{n_2}}} = \frac{1\,180 - 1\,220}{\sqrt{\frac{95^2}{100} + \frac{120^2}{75}}} = -2.38$$

在显著性水平 $\alpha = 0.05$ 下,查标准正态分布表得:

$$\mu_{1-\frac{\alpha}{2}} = \mu_{0.975} = 1.96$$

由于 $|\mu| > \mu_{1-\frac{\alpha}{2}}$,说明检验统计量落在拒绝域中,所以拒绝 H_0,接受 H_1,即认为两厂生产的水准仪的平均寿命有显著性差异。

例 3 已知罐头番茄汁中,维生素 C(V_C)含量服从正态分布。按照规定,V_C 的平均含量必须超过 21 毫克才算合格。现从一批罐头中随机抽取 17 罐,算出 V_C 含量的平均值 $\bar{x} = 23$,$S^2 = 3.98^2$。问该批罐头 V_C 含量是否合格?

建立假设:

$$H_0: \mu \geqslant 21$$

$$H_1: \mu < 21$$

因为方差未知,可选择检验统计量:

$$t = \frac{\bar{X} - \mu_0}{S/\sqrt{n}} = \frac{23 - 21}{3.98/\sqrt{17}} = 2.07$$

选定显著性水平 $\alpha = 0.05$,查 t 分布表得

$$t_\alpha(n-1) = t_{0.05}(16) = 1.745\,9$$

由于 $t > t_\alpha(n-1)$,说明检验统计量落在拒绝域外,即认为该批罐头 V_C 含量合格。

2. *总体方差的假设检验*

1)单个正态总体方差的假设检验

(1)有关单个正态总体方差的假设检验

① 考虑有关正态总体 $N(\mu, \sigma^2)$ 方差 σ^2 的双尾假设

$H_0: \sigma^2 = \sigma_0^2, H_1: \sigma^2 \neq \sigma_0^2$,$\sigma_0^2$ 已知。

② 考虑有关正态总体 $N(\mu, \sigma^2)$ 方差 σ^2 的单尾假设

$H_0: \sigma^2 = \sigma_0^2, H_1: \sigma^2 > \sigma_0^2$,$\sigma_0^2$ 已知。

$H_0: \sigma^2 = \sigma_0^2, H_1: \sigma^2 < \sigma_0^2$,$\sigma_0^2$ 已知。

(2)有关检验统计量的构造

① 设总体 X 为正态总体 $N(\mu_0, \sigma^2)$,μ_0 已知,则构造

$$\chi_1^2 = \frac{1}{\sigma_0^2}\sum_{i=1}^{n}(x_i - \mu_0)^2 \sim \chi^2(n)\ (H_0 \text{ 成立时})$$

② 设总体 X 为正态总体 $N(\mu, \sigma^2)$,μ 未知,则构造

$$\chi_2^2 = \frac{(n-1)S^2}{\sigma_0^2} \sim \chi^2(n-1)\ (H_0 \text{ 成立时})$$

式中:$S^2 = \frac{1}{n-1}\sum_{i=1}^{n}(X_i - \bar{X})^2$ 为样本方差。

2）两个正态总体方差比较的假设检验

（1）有关两个正态总体方差比较的假设检验

设有两个正态总体 $X \sim N(\mu_x, \sigma_x^2)$，$Y \sim N(\mu_y, \sigma_y^2)$，且互相独立，$S_x^2$，$S_y^2$ 为样本方差，对 σ_x^2/σ_y^2 进行假设检验。

①考虑双尾检验

$H_0: \sigma_x^2 = \sigma_y^2$，$H_1: \sigma_x^2 \neq \sigma_y^2$

②考虑单尾检验

$H_0: \sigma_x^2 = \sigma_y^2$，$H_1: \sigma_x^2 > \sigma_y^2$

$H_0: \sigma_x^2 = \sigma_y^2$，$H_1: \sigma_x^2 < \sigma_y^2$

（2）有关检验统计量的构造

若 μ_x，μ_y 已知，则要用 $S_x^2 = \dfrac{1}{n_x}\sum\limits_{i=1}^{n_x}(x_i - \mu_x)^2$，$S_y^2 = \dfrac{1}{n_y}\sum\limits_{j=1}^{n_y}(y_j - \mu_y)^2$ 去估计 σ_x^2、σ_y^2。

构造统计量　　　　　　　　$S_x^2/S_y^2 \sim F(n_y, n_x)$

由显著水平 α 查 F 分布表得 $F_{\frac{\alpha}{2}}(n_y, n_x)$，$F_{1-\frac{\alpha}{2}}(n_y, n_x)$，检验的否定域：

$$C = \left\{\frac{S_x^2}{S_y^2} < F_{\frac{\alpha}{2}}(n_y, n_x)\right\} \cup \left\{\frac{S_x^2}{S_y^2} > F_{1-\frac{\alpha}{2}}(n_y, n_x)\right\}$$

若 μ_x，μ_y 未知，则要用 $S_x^2 = \dfrac{1}{n_x - 1}\sum\limits_{i=1}^{n_x}(X_i - \overline{X})^2$，$S_y^2 = \dfrac{1}{n_y - 1}\sum\limits_{j=1}^{n_y}(Y_j - \overline{Y})^2$ 去估计 σ_x^2、σ_y^2。

构造统计量　　　　　　　　$S_x^2/S_y^2 \sim F(n_y - 1, n_x - 1)$

由显著水平 α 查 F 分布表得 $F_{\frac{\alpha}{2}}(n_y - 1, n_x - 1)$，$F_{1-\frac{\alpha}{2}}(n_y - 1, n_x - 1)$，检验的否定域：

$$C = \left\{\frac{S_x^2}{S_y^2} < F_{\frac{\alpha}{2}}(n_y - 1, n_x - 1)\right\} \cup \left\{\frac{S_x^2}{S_y^2} > F_{1-\frac{\alpha}{2}}(n_y - 1, n_x - 1)\right\}$$

χ^2 检验与 F 检验的拒绝域总表如表 4-3 和表 4-4 所示。

表 4-3　　**χ^2 检验的拒绝域总表**

检验名称	条件	检验统计量	H_0	H_1	拒绝域
χ^2 检验	μ 未知	$\chi^2 = \dfrac{(n-1)S^2}{\sigma_0^2} \sim \chi^2(n-1)$	$\sigma^2 = \sigma_0^2$	$\sigma^2 \neq \sigma_0^2$	$\{\chi^2 < \chi^2_{\frac{\alpha}{2}}(n-1)\} \cup \{\chi^2 > \chi^2_{\frac{\alpha}{2}}(n-1)\}$
			$\sigma^2 \leqslant \sigma_0^2$	$\sigma^2 > \sigma_0^2$	$\chi^2 > \chi^2_{1-\alpha}(n-1)$
			$\sigma^2 \geqslant \sigma_0^2$	$\sigma^2 < \sigma_0^2$	$\chi^2 < \chi^2_{\alpha}(n-1)$
	μ 已知	$\chi^2 = \dfrac{\sum\limits_{i=1}^{n}(x_i - \mu_0)^2}{\sigma_0^2} \sim \chi^2(n)$	$\sigma^2 = \sigma_0^2$	$\sigma^2 \neq \sigma_0^2$	$\{\chi^2 < \chi^2_{\frac{\alpha}{2}}(n)\} \cup \{\chi^2 > \chi^2_{1-\frac{\alpha}{2}}(n)\}$
			$\sigma^2 \leqslant \sigma_0^2$	$\sigma^2 > \sigma_0^2$	$\chi^2 > \chi^2_{1-\alpha}(n)$
			$\sigma^2 \geqslant \sigma_0^2$	$\sigma^2 < \sigma_0^2$	$\chi^2 < \chi^2_{\alpha}(n)$

表 4-4　　**F 检验的拒绝域总表**

检验名称	条件	检验统计量	H_0	H_1	拒绝域
F 检验	$x \sim N(\mu_1,\sigma_1^2)$ $y \sim N(\mu_2,\sigma_2^2)$ μ_1,μ_2 未知	$F=\frac{S_1^2}{S_2^2} \sim F(n_1-1,n_2-1)$	$\sigma_1^2=\sigma_2^2$	$\sigma_1^2 \neq \sigma_2^2$	$\{F<F_{\frac{\alpha}{2}}(n_1-1,n_2-1)\} \cup \{F>F_{1-\frac{\alpha}{2}}(n_1-1,n_2-1)\}$
			$\sigma_1^2 \leqslant \sigma_2^2$	$\sigma_1^2>\sigma_2^2$	$F>F_{1-\alpha}(n_1-1,n_2-1)$
			$\sigma_1^2 \geqslant \sigma_2^2$	$\sigma_1^2<\sigma_2^2$	$F<F_{\alpha}(n_1-1,n_2-1)$

例 4　某监理单位对工程用的某自动车床加工的钢球直径 X(单位:mm)进行检验,从同类进货产品中,随机抽取 25 件,测得样本方差 $S^2=0.113$,又知 $X \sim N(\mu,\sigma^2)$,其加工精度 $\sigma_0=0.08$,问车床的加工精度是否下降(取 $\alpha=0.05$)?

这是对方差 σ^2 进行检验,且 μ 未知,可用χ^2 检验法进行检验。

建立假设:

$$H_0:\sigma^2=0.08$$

$$H_1:\sigma^2>0.08$$

选择检验统计量:

$$\chi^2=\frac{(n-1)S^2}{\sigma_0^2}$$

由样本值计算得

$$S^2=0.113$$

则

$$\chi^2=\frac{24 \times 0.113}{0.08}=33.9$$

选定显著性水平 $\alpha=0.05$,$P(\chi^2>\chi_{\alpha}^2(24))=\alpha=0.05$,查$\chi^2$ 分布表得

$$\varphi_{0.05}^2(24)=36.4$$

因

$$\chi^2=33.9<36.4$$

说明检验统计量落在拒绝域外,所以接受 H_0,即认为该车床加工精度没有明显下降。

例 5　某监理单位对用两种不同的方法生产同一种材料的强度进行检验。对于第一种配方生产的材料进行了 7 次试验,测得材料的标准差 $S_1=3.9\text{kg/cm}^2$;对于第二种配方生产的材料进行了 8 次试验,测得标准差为 $S_2=4.7\text{kg/cm}^2$。已知两种工艺生产的材料强度都服从正态分布,问在显著性水平 $\alpha=0.05$ 下,能否认为用两种配方生产的材料强度的方差相等?

这是两参数情况下对方差的检验,可以考虑用 F 检验法进行检验。首先建立假设:

$$H_0:\sigma_1^2=\sigma_2^2$$

$$H_1:\sigma_1^2 \neq \sigma_2^2$$

选择检验统计量:

$$F=\frac{S_1^2}{S_2^2} \sim F(n_1-1,n_2-1)$$

已知:

$$S_1^2 = 3.9^2, S_2^2 = 4.7^2$$

则

$$F = \frac{3.9^2}{4.7^2} = 0.689$$

选定显著性水平 $\alpha=0.05$,查 F 分布表得

$$F_{\frac{\alpha}{2}}(n_1 - 1, n_2 - 1) = F_{0.025}(6,7) = 0.1953$$

$$F_{1-\frac{\alpha}{2}}(n_1 - 1, n_2 - 1) = F_{0.975}(6,7) = 5.12$$

由于 $F_{\frac{\alpha}{2}}(n_1-1,n_2-1)<F<F_{1-\frac{\alpha}{2}}(n_1-1,n_2-1)$,说明检验统计量落在拒绝域外,所以接受 H_0,即认为用两种配方生产的材料强度的方差相等。

例 6 某监理公司必须从 A 公司和 B 公司中确定其中一家公司来承担所监理工程中的高程控制网的测量工作。为此,监理公司从 A 公司递交的业绩材料中随机抽取 25 段往返高差,并依此算得每公里高差中数的样本的标准差为 48,从 B 公司中随机抽取 17 段往返高差,并依此算得每公里高差中数的样本的标准差为 20,现要据此来选择其中的一家来承担该项任务。

这是一个总体方差统计推断问题。为选择目的,必须首先判断这两家公司测得的高差的方差的差异问题。为此,有

$$H_0: \sigma_1^2 = \sigma_2^2$$

$$H_1: \sigma_1^2 \neq \sigma_2^2$$

假设高差总体服从正态分布,则可选择统计量:

$$F = \frac{S_1^2}{S_2^2}$$

将有关数值代入,算得 $F=\frac{S_1^2}{S_2^2}=\frac{48}{20}=2.4$。

选定显著性水平 $\alpha=0.1$ 对其进行检验,查 F 分布表得

$$F_{\frac{\alpha}{2}}(n_1 - 1, n_2 - 1) = F_{0.05}(24,16) = \frac{1}{2.09} = 0.4785$$

$$F_{1-\frac{\alpha}{2}}(n_1 - 1, n_2 - 1) = F_{0.95}(24,16) = 2.24$$

$F>F_{1-\frac{\alpha}{2}}(n_1-1,n_2-1)$,说明检验统计量落在拒绝域中,故拒绝 H_0,接受 H_1,因此两个公司测得每公里高差中数的方差是不同的,监理公司应特别考虑选择 B 公司。

4.9 生产过程中的控制图动态质量控制

4.9.1 控制图的概念

1. 控制图理论的发展

控制图又称管理图，它是由美国贝尔电话研究所休哈特博士于 1924 年创立的，因此原称休哈特控制图（Shewhart Control Chart），简称控制图。休哈特控制图主要用于判断生产过程是否处于稳定状态，及时发现异常，从而贯彻预防为主的原则。

根据生产的需要，控制图的理论也在不断地发展，除休哈特控制图以外，近年来又提

出验收控制图（Acceptance Control Chart）与适应性控制图（Adaptive Control Chart）。验收控制图主要用于过程验收，而适应性控制图则通过预测倾向并根据这种预测进行事先调整来校正过程。1979年我国学者张公绪提出一类新型控制图——选控控制图（Cause Selecting Control Chart），简称选控图。选控图是用于控制全面质量管理中的工作质量，类似于控制图用于控制产品质量。

控制图是对生产过程中产品质量状态进行控制的统计工具，是统计过程控制（SPC）中最重要的方法。人们对控制图的评价是："质量管理始于控制图，亦终于控制图。"由于它把产品质量控制从事后检验改变为事前预防，对于保证产品质量、降低生产成本、提高生产效率开辟了广阔的前景，因此它在世界各国得到了广泛应用。

2. 控制图的作用和基本格式

控制图的主要作用是：分析判断生产过程的稳定性，统计控制状态；及时发现生产过程中的异常现象和缓慢变异，预防不合格品发生；查明生产设备和工艺装备的实际净度，以便做出正确的技术决定；为评定产品质量提供依据。

控制图的构成包括两部分：一是标题部分，其中包括工厂、车间、小组的名称，工作地（机床设备）的名称、编号，零件、工序名称编号，检验部位、要求，测量仪器，操作工、调整工、检验员的姓名及控制图的名称和编号；二是控制图部分，其基本格式如图4-7所示。

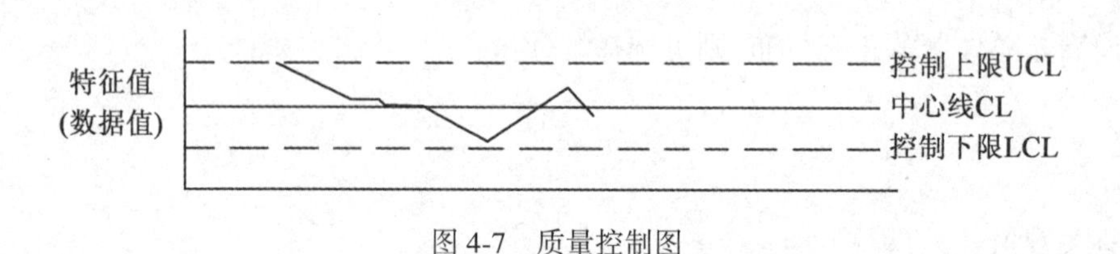

图4-7　质量控制图

在方格纸上取横坐标和纵坐标，横坐标代表子样号或取样时间，纵坐标为测得的数据值。在其上画上三条线，中间中心线为实线CL（Central Line），上下两条线为虚线，上条线叫控制上限UCL（Upper Control Limit），下条线叫控制下限LCL（Lower Control Limit）。按工艺过程顺序定期地进行抽样，测量样品的尺寸（或其他特征值），将测得的数据用点子描在图上。

3. 质量控制的两个阶段

实施质量控制分为两个阶段：一是过程分析阶段；二是过程监控阶段。在这两个阶段所使用的控制图分别称为分析用控制图和控制用控制图。

过程分析首先要进行的工作是生产准备，即把生产过程所需要的原料、劳动力、设备、测量系统等按照标准要求进行准备。生产准备完成后就可以进行生产，但应注意一定要确保生产是在影响生产的各要素无异常的情况下进行；然后就可以用生产过程收集的数据计算控制界限，制成分析用控制图、直方图或进行过程能力分析，检验生产过程是否处于统计稳态以及过程能力是否足够。如果其中有任何一个不能满足，则必须寻找原因，进行改进，并重新准备生产及分析。直至达到了分析阶段的两个目的，则分析阶段可以宣告结束，进入质量监控阶段。

过程监控的主要工作是使用控制图进行监控。此时控制图的控制界限已经根据分析阶段的结果而确定，生产过程的数据及时绘制到控制图上，并密切观察控制图，控制图中点的波动情况可以显示出过程受控或失控，必须寻找原因并尽快消除其影响。监控可以充分体现出质量控制的预防控制作用。

4.9.2 控制图的分类及应用

按统计量分类，控制图可以分为计量值控制图和计数值控制图。

计量值控制图主要有单值控制图、平均数和极差控制图、中位数和极差控制图及平均数与标准偏差控制图等。

计数值控制图主要有记件不良品数控制图、不良品率控制图、缺陷数控制图、单位缺陷控制图。

1. 单值控制图

单值控制图（又称为 X 控制图）所取的数据为所有被测量样品的数量。根据整台分布规律，很容易确定其控制界限和判断零件的加工质量以及生产过程的状态。

2. 平均数和极差控制图 $\overline{X}$-R 图

$\overline{X}$-R 图是一种经常使用而且理论根据很充分的较灵敏的控制图，是用于产品批量较大且稳定的生产过程。它将平均数 $\overline{X}$ 和极差 R 两个控制图作为一组使用。

绘制控制图，中心问题在于确定控制界限。

3. $\overline{X}$ 控制图的中心线和上下控制界限

当总体分布为正态分布时，$\overline{x}$ 的分布也服从正态分布，按照 3σ 方式则：

$$\mathrm{CL}=\mu$$

$$\mathrm{UCL}=\mu+3\frac{\sigma}{\sqrt{n}}$$

$$\mathrm{LCL}=\mu-3\frac{\sigma}{\sqrt{n}}$$

由
$$\mu=\overline{\overline{x}},\ R=d_2\sigma$$

得
$$\sigma=\frac{\overline{R}}{d_2}$$

则
$$\mathrm{CL}=\overline{\overline{x}}$$

$$\mathrm{UCL}=\overline{\overline{x}}+3\frac{\overline{R}}{d_2\sqrt{n}}$$

$$\mathrm{LCL}=\overline{\overline{x}}-3\frac{\overline{R}}{d_2\sqrt{n}}$$

取
$$A_2=\frac{3}{d_2\sqrt{n}}$$

则
$$\mathrm{CL}=\overline{\overline{x}}$$

$$\mathrm{UCL}=\overline{\overline{x}}+A_2\overline{R}$$

$$\mathrm{LCL}=\overline{\overline{x}}-A_2\overline{R}$$

4. R 控制图的中心线和上下控制界限

由上可知，当总体分布为正态分布时，R 的分布也服从正态分布，按照 3σ 方式，则：

$$CL=\overline{R}$$
$$UCL=\overline{R}+3d_3\sigma$$
$$LCL=\overline{R}-3d_3\sigma$$

由
$$\sigma=3\frac{\overline{R}}{d_2}$$

则：
$$CL=\overline{R}$$
$$UCL=\overline{R}+3d_3\frac{\overline{R}}{d_2}=(1+3\frac{d_3}{d_2})\overline{R}$$
$$LCL=\overline{R}-3d_3\frac{\overline{R}}{d_2}=(1-3\frac{d_3}{d_2})\overline{R}$$

取
$$D_4=1+3\frac{d_3}{d_2}$$
$$D_3=1-3\frac{d_3}{d_2}$$

则：
$$CL=\overline{R}$$
$$UCL=D_4\overline{R}$$
$$LCL=D_3\overline{R}$$

上面所叙述的只是在总体的平均值μ和标准差σ未知的情况下，采取现场抽样法来确定控制界限的。如果所分析的生产条件同过去差不多，而且生产过程相当稳定，则可以根据以往经验数据，也就是根据以往稳定的生产经验，有一个比较可信的$\overline{x}$和$\overline{R}$值，直接取为控制图的中心线CL，并依$\overline{x}$和$\overline{R}$值计算上下控制线。

5. 绘图描点与分析

求出控制图的中心线与上下控制界限之后，绘制控制图，并将所有样本数据变为点，按抽样顺序描在图上，进行观察分析，判断工序是否处于稳定状态。

如果认为工序处于控制状态，则控制图即可转为工序控制之用；如果认为工序处于非控制状态，则应查明原因，剔除异常点，或重新取数据，重新绘图，直至正常为止。

例1　测得某锻件重量的各子样$\overline{x}$值、R值如表4-5所示。

表4-5

	6点 X_1	10点 X_2	14点 X_3	18点 X_4	22点 X_5	$\overline{x}_i$	R_l
1	4.0	2.6	3.2	3.1	2.1	3.0	1.9
2	3.2	3.3	2.7	3.4	2.1	2.94	1.3
3	3.5	2.8	3.0	2.8	2.4	2.90	1.1
4	3.9	2.4	3.0	3.1	3.2	3.1	1.5
5	3.0	3.0	2.1	2.2	3.3	2.72	1.2
6	3.7	2.0	2.5	2.4	2.4	2.50	1.7

续表

	6点 X_1	10点 X_2	14点 X_3	18点 X_4	22点 X_5	$\bar{x}_i$	R_I
7	3.9	2.1	2.7	3.4	3.0	3.02	1.8
8	3.4	3.6	3.0	2.4	3.5	3.18	1.2
9	4.4	2.4	2.2	2.4	2.5	2.78	2.2
10	3.3	2.4	2.6	2.9	2.8	2.80	0.9
11	3.3	2.8	3.0	3.0	3.1	3.04	0.5
12	3.6	2.5	3.3	3.5	2.8	3.14	1.1
13	3.4	3.3	2.0	3.0	3.1	2.96	1.4
14	3.9	3.1	3.5	2.6	2.8	3.18	1.3
15	4.2	2.7	2.9	2.9	2.5	3.01	1.7
16	3.6	3.6	2.4	2.5	2.2	2.60	1.1
17	4.0	3.2	2.4	3.0	3.0	3.12	1.6
18	3.1	2.9	3.5	2.3	2.3	2.92	1.2
19	4.6	3.7	3.4	2.2	2.5	3.28	2.4
20	3.9	3.0	3.0	3.2	2.6	3.14	1.3
21	3.8	2.7	2.0	2.6	2.7	2.82	0.7
22	3.9	2.4	2.7	2.4	2.8	2.84	1.5
23	3.2	2.3	2.6	3.1	2.7	2.78	0.9
24	3.2	2.8	2.8	2.3	2.6	2.74	0.0
25	3.3	2.8	2.2	2.3	3.0	2.72	1.1
合计						73.50	33.8

试设计锻件重量的平均数和极差控制图($\overline{X}-R$ 图),并将 $\bar{x}_i$ 和 R_i 数据分别填入控制图。

解:根据表所示数据先求出各子样的平均数 $\bar{x}_i$ 的平均值 $\bar{\bar{x}}$ 和极差 R_i 的平均值 $\overline{R}$。

$$\bar{\bar{x}}=\frac{\sum \bar{x}_i}{k}=\frac{73.5}{25}=2.94(\text{kg})$$

$$\overline{R}=\frac{\sum R_i}{k}=\frac{33.8}{25}=1.35(\text{kg})$$

再确定 $\overline{X}$ 图的中心线及上下控制界限(见图 4-8):

$$\text{UCL}=\bar{\bar{x}}+A_2\overline{R}=2.94+0.577\times1.35=3.1719\ (\text{kg})$$

$$\text{LCL}=\bar{\bar{x}}-A_2\overline{R}=2.94-0.577\times1.35=2.161(\text{kg})$$

确定 R 图的中心线及上控制界限(见图 4-9):

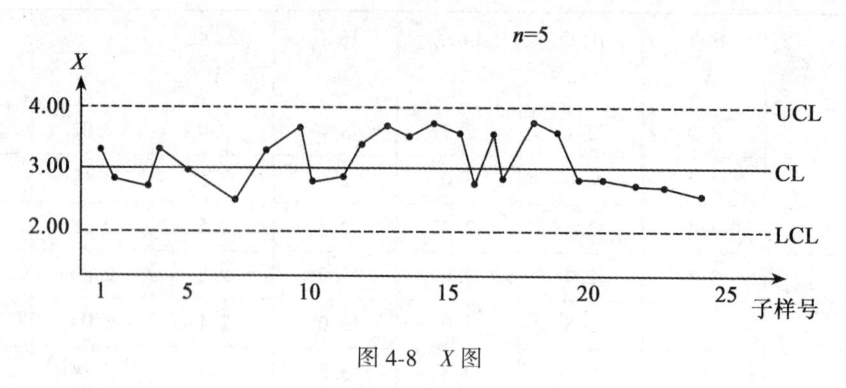

图 4-8　X 图

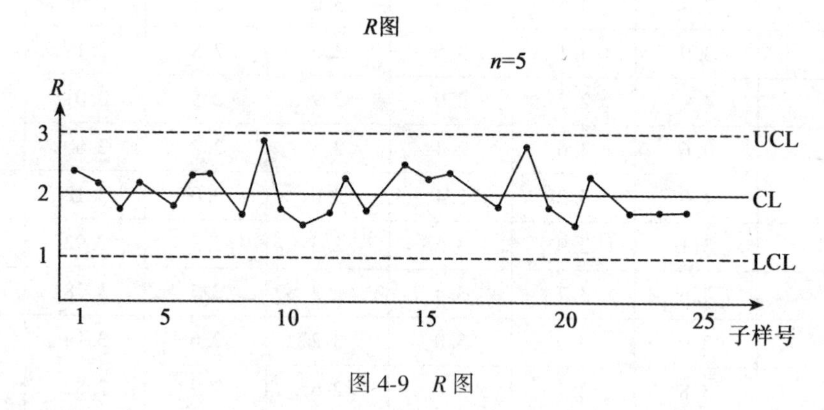

图 4-9　R 图

$CL=\overline{R}=1.35(kg)$

$UCL=D_4\overline{R}=2.11\times1.35=2.84(kg)$

LCL 不考虑(负值)

绘制 $\overline{X}$ 图及 R 图,并将有关数据填入图。

6. 其他控制图简介

1）中位数和极差控制图（$\widetilde{X}$-R 控制图）

此控制图不用算术平均值，而是按照数据大小顺序排列的中间值，其格式与 $\overline{X}$-R 图相似。一般选取有奇数个零件为子样，并确定子样的中位数和极差。

2）平均数与标准偏差控制图（$\overline{X}$-S 图）

在这种控制图中，仅仅是用标准偏差 S 取代图中的极差 R 值，其他的都一样。

3）不良品数控制图（P_N 控制图）

不良品数控制图的原理是：当子样大小 n 固定不变，生产过程有相当稳定时，产品的不良品率有一个稳定的数值。

4）不良品率控制图（P 控制图）

P 控制图就是百分数控制图。它主要用于当子样大小 n 不固定时来控制不良品率的一种方法。

5）缺陷数控制图（C 控制图）

当子样大小 n 始终一定时，用来控制像铸件表面砂眼、喷漆表面脏污、电镀表面有麻点等缺陷的控制图 C 图。

6）单位缺陷控制图（μ 控制图）

当子样大小 n 不固定（如每次喷漆的表面积不一样）时，就需要换算为一定单位（面积、长度、体积等）的缺陷数来进行控制，这时就应该用 μ 控制图。

本节详细内容见参考文献［42］。

4.10 信息时代测量仪器和测量系统的现状和未来

随着计算机技术、微电子技术、激光技术及空间技术等新技术的发展，传统的测绘仪器体系正在发生根本性的变化。20 世纪 80 年代以来出现了许多先进的光电子大地测量仪器，如红外测距仪、电子经纬仪、全站仪、电子水准仪、激光扫平仪、GPS 接收机等，现在则是单功能传统产品发展为多功能高效率光、机、电、算一体化产品及数字化测绘技术体系。信息时代的控制测量仪器和测量系统已形成数字化、智能化和集成化的新的发展态势，空间测量和地面测量仪器和测量系统出现互补共荣的新的发展格局。测量仪器和测量系统性能的了解和掌握对监理工程师是十分重要的。

4.10.1 信息时代的测绘学对测绘仪器的要求

国际测绘联合（IUSM）会 1990 年把当今信息时代的测绘学定义为：测绘是采记、量测、处理、分析、解释、描述、分发、利用和评价与地理和空间分布有关的数据的一门科学、工艺、技术和经济实体。国际标准化组织（ISO）的简明定义为：地理空间信息学（Geomatics）是一个现代的科学术语，表示测量、分析、管理和显示空间数据的研究方法。

上述定义清楚地表明，信息时代的测绘学已经不是单纯那种测定测站点位位置的几何科学，而是一门研究空间数据的信息科学。这里所说的空间数据或与地理和空间分布有关的数据是指一种信息，它除了具有空间位置特征外，还具有属性特征。比如地籍测量涉及的信息除了土地的几何位置之外，还加上了有关土地利用、建筑设施以至于自然资源等属性数据。这就意味着传统测绘和大地测量已从单纯的几何测量发展到信息科学，将会实现从模拟到数字，从静态到动态，从后处理到实时处理，从离线到在线，从分散到集成，从局域到全球。

从这个意义上说，现代测绘学不仅要解决空间位置的测定问题，而且还要解决地理位置上的属性数据的采集和管理等问题。测绘仪器主要解决空间定位问题，空间位置上的属性数据的测量应该说不是测绘仪器的任务。但是信息时代的仪器应该适应和有利于属性数据的采集、储存、管理、分发和利用。也就是说，现在测绘仪器产生的地理空间定位数据应能方便地纳入 GIS 的范畴，可以与属性数据集成并由计算机进行处理。因此信息时代的测绘仪器至少应具有如下新的功能：

（1）数字化。数字化并不单纯指数字显示，而是要求仪器应能输出可以由计算机进一步处理、传送、通信的数字表示的地理数据，仪器应具备通信接口，这是测绘仪器实现内外一体化的基础。

（2）实时化。现代测绘仪器具有实时处理的功能，一方面实时计算并判断测绘质量，另一方面可以在现场按设计图图样实施施工放样和有关计算、显示及修改等功能。这就是说，仪器能在线处理测量数据，提高测绘质量和效率，并能通过现代通信工具及时更新GIS数据库。

（3）集成化。随着测绘高技术的发展，传统的测绘分工被打破，各种测量互相渗透，要求测绘仪器在硬件上集成多种功能，软件上则要更具有开放性，使各种仪器采集的数据可以通信和共享。

4.10.2 测量仪器和测量系统出现互补共荣的新的发展格局

经过观察和研究，测绘仪器正在形成一种由多种传感器互相集成和相互补充的新格局。问题不是谁代替谁、谁淘汰谁，而是各自调整性能找到最佳位置以及合理集成的问题。事实上，数字地面一体化测量系统与空间定位技术手段形成了极好的互补关系。从而形成了测绘仪器的新格局。具体表述如下：

1. GPS技术的发展和普及给大地控制测量仪器领域注入了新的活力，开创了新局面

GPS接收机单点定位技术，相对定位技术以及差分RTK技术已发展到相当成熟的阶段，各种类型的GPS接收机在市场上争奇斗艳。此外，还出现了即能接收GPS信号又能接收GLONASS信号的所谓多信号接收机，随着其他卫星定位系统的出现，今后必将出现相应的新型卫星定位接收机。这就是说，GPS技术必将成为大地测量、控制测量以及GIS数据获取的重要手段。

1）一般概念

我们知道，GPS系统由空间卫星星座、地面监控站和用户接收设备三大部分组成。在用户接收设备中，接收机是关键设备。接收机是指用户用来接收GPS卫星信号并对其进行处理而取得定位和导航信息的仪器。为此，它应包括接收天线（带前置放大器），信号处理器（用于信号识别和处理），微处理机（用于接收机的控制、数据采集和定位及导航计算），用户信息显示、储存、传输及操作等终端设备，精密振荡器（用以产生标准频率）以及电源等。可见，这属于高科技产品。

如果按其组成构件的性质和功能，可将它们分为硬件部分和软件部分。

硬件部分系指上述接收机、天线及电源等硬件设备。软件部分系指支持接收硬件实现其功能并完成各种导航与测量任务的必备条件。一般说来，GPS接收机软件包括内置软件和外用软件。内置软件是指控制接收机信号通道、按时序对每颗卫星信号进行量测以及内存或固化在中央处理器中的自动操作程序等。这类软件已和接收机融为一体。而外用软件系指处理观测数据的软件，比如，基线处理软件、网平差软件等，这种软件一般以磁盘或磁卡方式提供，通常所说的接收机软件系指这类软件系统。软件部分已构成现代GPS接收机测量系统的重要组成部分。一个品质优良、功能齐全的软件不但能方便用户使用，改善定位精度，提高作业效率，而且对开发新的应用领域都有重要意义，因此软件的质量与功能已是反映现代GPS测量系统先进水平的重要标志。

GPS接收机可有多种不同的分类方法。

按接收机的工作原理，可分为码相关型接收机、平方型接收机、混合型接收机。

按接收机信号通道的类型，可分为多通道接收机、序贯通道接收机、多路复用通道接收机。

按接收的卫星信号频率，可分为单频接收机（L_1）、双频接收机（L_1，L_2）。

按接收机的用途，可分为导航型接收机、测量型接收机、授时型接收机。

2）GPS 接收机简介

目前，世界上已有多家测量仪器公司生产各种型号的 GPS 接收机，比如瑞士 Leica 公司、美国 Trimble 公司及日本 Topcon 公司等。现以 LeicaGPS 测量系统接收机为例介绍其主要特点。

徕卡公司于 1992 年推出 Wild200 双频 GPS 测量系统，1995 年又推出 Wild300 双频 GPS 测量系统。

Wild200/300 测量硬件是由双频 GPS 传感器（SR299/SR399）及手持式控制器（CR244/CR344）以及电源组成。硬件的主要特点是将天线前置放大器和主机部分合为一体，称为传感器（SR299/SR399），而将控制部分和记录部分合并为控制器（CR244/CR344），以便于外业测量工作。在 SKI 和 RT-SKI 软件系统支持下，进行观测数据的实时处理和事后处理。该测量系统水平定位的标称精度是（$5mm+1ppm\times D$）。在这里要特别指出的是，新型传感器 SR399，改善了跟踪技术，不仅可以在恶劣的作业条件下工作，而且还缩短了观测时间，提高了作业效率。

徕卡公司于 20 世纪末推出了跨世纪产品 Leica GPS500 系列测量系统，其传感器有三种型号，分别为 SR510、SR520、SR530，硬件和软件都进行了重新设计，其质量和性能实现了更新换代，有独特之处。

SR500 系列传感器 SR510 是单频接收机，12 个通道同步接收技术，测量方式：静态、快速静态、动态，L_1 伪距与相位观测值，C/A 码窄相伪距及精码伪距，能满足常规测量需要。

SR500 系列传感器 SR520 是双频接收机，$12L_1$ 和 $12L_2$ 信号通道，能满足精密大地测量需要。

SR500 系列传感器 SR530 是该系列最高档次双频接收机，$12L_1$ 和 $12L_2$ 信号通道，接收机内置 RTK 功能。

SR500 系列传感器的共同特点是：从开机到相位输出不超过 30 秒，所有伪距及相位观测值均为独立输出，点位更新率从 0.1 秒（10Hz）至 60 秒自由选择，点位输出时间延迟不超过 30 毫秒。数据存储介质：徕卡 ATA 内存 PCMCIA 卡（4MB，10MB，85MB）及徕卡 SRAMPCMCIA 卡。PCMCIA 卡是 PC 卡，是一种标准格式，卡的大小及插头都是标准制式，使用它，不同机型仪器之间的数据可以互换和共享）。内存芯片 4MB 或 10MB。存储的数据量（L_1 与 L_2 同步跟踪 5 颗卫星）：每小时记录 390KB（每秒一次记录速率）及每小时记录 26KB（每 15 秒一次记录速率）。

SR510 和 SR520 各有三个 RS232 接口，而 SR530 有四个 RS232 接口。都使用 SKI-Pro 后处理基线软件。但在 SR530 中还有 RTK 实时测量基线处理软件。在 RTK 下，初始化时间一般不大于 30 秒，OTF 动态初始化可靠率大于 99.9%，每个 RTK 解始终处于监控与检核之中。不加锁的功能有：计划的编制，数据及项目管理，数据传输，ASCII 的输入及输出，调阅与编辑，报告编制等。加锁的功能有：L_1 或 L_1+L_2 的数据处理，坐标变换及地图投影，控制网设计及平差计算，GIS/CAD 输出，RINEX 格式输出等。

Leica GPS500 系列测量系统所使用的接收天线：AT501/502 是单/双频精密微带接收

天线，AT503/504 是双频扼流圈环状天线。

Leica GPS500 系列测量系统支持 GSM 移动电话进行数据实时通信，亦即它是惟一可使用 GSM 移动电话进行实时数据通信的 GPS 测量系统。

徕卡公司于 21 世纪初推出了全新产品 Leica GPS1200 系列测量系统，这是一类新型、高端的双频 GPS/GNSS 接收机测量系统。该系统由 GX1200 系列和 GRX1200 系列接收机、RX1200 用户界面操作系统、相应的天线、徕卡测量办公软件（LGO）以及参考站软件等组成。下面分别作简单介绍。

Leica GPS1200 系列接收机，其型号及主要特征：

GX1230：12L_1 和 12L_2 信号通道，码伪距及载波相位，接收机内置 RTK 功能。

GX1220：12L_1 和 12L_2 信号通道，码伪距及载波相位。

GX1210：12L_1 信号通道，码伪距及载波相位。

GX1200：12L_1 和 12L_2 信号通道，码伪距及载波相位，接收机内置 RTK 功能，带有功能选择插口。

GRX1200：12L_1 和 12L_2 信号通道，码伪距及载波相位，接收机内置 RTK 功能，供参考站用。

GX1200Pro：12L_1 和 12L_2 信号通道，码伪距及载波相位，接收机内置 RTK 功能，带有功能选择插口及振荡器和网络插口，供参考站用。

LeicaGPS1200 系列接收天线，其型号及主要特征：

AX1201：高 6.2cm，直径 17.0cm。L_1 灵敏性跟踪天线。嵌入在防护基板上。用于 GX1210 接收机。

AX1202：高 6.2cm，直径 17.0cm。L_1/L_2 灵敏性跟踪天线。嵌入在防护基板上。用于 GX1220 或 GX1230 接收机。

AT504：高 14.0cm，直径 38cm。L_1/L_2 灵敏性跟踪天线。嵌入在防护基板上。是镀金的、经过极化处理后的扼流圈并设有环形防护设施的天线。用于 GX1220 或 GX1230 或 GRX1200 或 GRX1200Pro 接收机。用于高精度测量中，比如，长基线高精度静态测量，电离层监测以及 RTK 参考站。

徕卡测量办公软件（Leica Geo Office，简称 LGO）主要含有系统的标准软件和常用的应用程序。其主要功能是：数据后处理，建立和编辑编码目录，编辑坐标，建立和编辑格式文件，在接收机和 PC 之间进行数据传输，装填或删除系统软件和应用程序等。

徕卡参考站用软件（Leica GPS Spider）主要是为 GRX1200 及 GRX1200Pro 的需要而建立的。其主要功能是：从 PC 对 GPS1200 直接或遥控连接，自动地将数据转为 RINEX 格式，操纵 GPS 接收机作业，自动管理档案数据文件，监测接收机工作状态，自动分配 FTP 地址以及自动下载原始数据等。

2. 全站仪仍是数字化地面测量的主要仪器

全站仪将完全取代光学经纬仪和红外测距仪，成为地面测量的常规仪器。在高等级大范围的控制测量中它也许要让位于 GPS，而在工程测量、建筑施工测量、城市测量中仍将发挥主要作用。

全站仪（Total Station）又称全站型电子速测仪（Electronic Tachometer Total Station），装有电子扫描度盘，在微处理机控制下实现自动化数字测角的经纬仪称为电子经纬仪。将电子经纬仪、电子测距仪及电子记录手簿组合在一起，在同一微处理机控制和检核下，同时兼有观测数据（水平方向、垂直角、斜距等）的自动获取和改正（对角度加竖轴倾斜改正、对距离加大气折射及地球曲率改正等）、计算（水平距离、高差及坐标等）和记录（电子手簿或记录模块等）多种功能的测距经纬仪称为电子速测仪。因为它能在测站上同时自动测得斜距、水平角和垂直角，并能计算出地面点三维空间坐标，因此人们又称它为地面三维电子全站仪。将电子速测仪、电子计算机及绘图仪连成统一系统，全站仪完成野外数据采集、记录和预处理，通过接口在计算机内利用机助制图软件或其他用户软件，绘成地形图及其他数据处理，从而构成地面电子测绘系统或地面电子监测系统或工业测量三维定位系统。它同惯性测量系统及全球定位系统一起，形成现代的三种空间定位系统。

在当前测绘仪器市场上，有许多仪器厂家生产和提供各种门类的全站仪。比如瑞士的徕卡公司、日本拓普康、索佳公司以及我国北京光学测绘仪器公司、南方测绘公司等。

1995 年徕卡公司首先推出 TPS1000 系列产品。所谓 TPS 是全站仪（Total Station）定位系统（Positioning System）的缩写，也可以把“T”解释为“Terrestrial”的第一个字母，意为“地面上的”或“大地的”。它的基本特点是通过使用统一标准的数据记录介质、接口和数据格式，把该公司的不同类型的全站仪的测量和数据处理系统有机的结合起来，实现仪器的相互兼容和数据共享，实现真正意义的地面三维空间定位系统。

进入 21 世纪，徕卡公司又推出系统 1200-超站仪（System 1200 - SmartStation）。该全站仪的主要特点是它是世界上第一次将全站仪同 GPS 整合在一起，从而开辟了一些新的测量观念和测量方法，使测量更容易、更快速和更简单。

因此，徕卡全站仪采用以计算机技术、微电子技术和精湛工艺为核心的高新技术，使该公司全站仪在集成化、自动化和信息化等方面具有许多卓越的特性。

在这里我们选择徕卡测量系统公司（Leica Geosystems）全站仪定位系统 TPS 系列全站仪的技术特点作详细介绍。

1）徕卡全站仪分类

全站仪按结构可分为整体型（Integrated）和积木型（Modular）两类。前者的特点是将测距、测角与电子计算单元和仪器的光学机械系统设计成一个整体，不可分开使用，这是当前全站仪市场的主流产品。后者是测距仪、电子经纬仪各为一个独立整体，既可单独使用也可搭接在一起组合使用，这是全站仪的早期产品，现正逐渐地退出市场。下面仅介绍整体型全站的分类。

徕卡整体型全站仪的命名：

TC 系列标准型全站仪；

TCM 系列马达驱动型全站仪；

TCR 系列无反射棱镜型全站仪；

TCRM 系列无反射棱镜、马达驱动型全站仪；

TCRA 无反射棱镜、自动跟踪型全站仪；

TCA 系列马达驱动自动跟踪型全站仪；

TDM 系列马达驱动、工业测量型全站仪；

TDA 马达驱动、自动跟踪、工业测量型全站仪。

徕卡全站仪按测角精度（方向标准偏差）可分为以下七类（见表 4-6）：

表 4-6

类型/精度	0.5″	1.0″	1.5″	2.0″	3.0″	5.0″	7.0″
TCA	TCA2003 TDA5005	TCA1800	TCRA1101	TCRA1102	TCRA1103	TCRA1105	
TCRM			TCRM1101	TCRM1102	TCRM1103	TCRM1105	
TCM	TDA5005	TCM1800	TCM1100	TCM1102	TCM1103 TCM1100	TCM1105	
TCR			TCR1101	TCR1102 TCR302（汉） TCR702（汉）	TCR1103 TCR303 TCR703	TCR1105 TCR305/J/S TCR705	TCR307/J/S
TC	TC2003 TC2002	TC1800/L	TC1101 TC1700	TC1102 TC1500 TC905/L TC302（汉） TC702（汉）	TC1103 TC1100 TC303 TC805/L TC703	TC1105 TC305/J/S TC605/L TC705	TC307/J/S
TM	TM5005 TM5100 TM5100A	TM1800			TM1100		
T	T3000 T2000 T2002	T1800			T1000	T105/J/S	T107/J/S

注：上述所有型号全站仪，其标称测距精度除 TC2003（1mm+1ppm×D）、TDM/TDA5005（1mm+2ppm×D）、新型 TC1800（1mm+2ppm×D）外，均为（2mm+2ppm×D）。

按徕卡 TPS 系列，全站仪归类如下（见表 4-7）：

表 4-7

系列	类型	编号（对应精度）
TPS1000	TC/TCM/TCA	1100/1500/1700/1800/2003
TPS100	TC	605/805/905
TPS300（基本型）	TC/TCR	307/305/303/302
TPS700（实用型）	TC/TCR	705/703/702
TPS1100（专业型）	TC/TCM/TCR/TCEM/TCA	1105/1103/1102/1101
TPS5000（工业测量型）	TDM/TDA	5005

从表中可见，徕卡将字母“TPS”紧跟序列编号作为其全站仪产品系列的标志。每一种系列都有不同类型的仪器，每一种类型又具有多种精度等级的产品。一般来说，每一系列中仪器的精度从其编号上就可以看出来，如 TPS1000 系列，1100/1500/1700 等，数字

越大，精度越高；而TPS300/700/1100系列则是以编号末位来表征其测角精度等级的，末位数越大，精度越低，如307就比302精度低。

每一种TPS系列里的产品，尽管精度、类型可能会有所不同，但其外观、用户界面、键盘布局等几乎一模一样。内部结构除了度盘阵列数有区别外，基本上也一样。这极大地方便了生产、使用、升级、培训和维修。此外，对专业型TPS系列产品（1000/1100系列）而言，各种等级的产品均可升级成为马达驱动或自动目标识别等自动化程度更高的产品。

2）徕卡全站仪测角新技术

（1）编码度盘及其测角原理

（2）光栅度盘及其测角原理

（3）徕卡的动态角度扫描系统及其测角原理

（4）徕卡的静态绝对度盘扫描系统及其测角原理

（5）精密的液体双轴补偿系统

3）徕卡全站仪测距新技术

（1）使用高频测距技术

（2）温控与动态频率校正技术

（3）无棱镜相位法激光测距技术

（4）智能自主式目标自动识别技术（ATR）

以上详细内容请参见参考文献［43］、［44］和［45］。

全站仪自身还在不断地发展，当代电脑型全站仪-测量机器人不但具有完善的智能化的测绘软件，而且还有足够大的数据储存区、图形和文本的显示修改以及自动跟踪目标等功能。此外，全站仪还必须具备很强的环境适应能力，比如防水、防尘和耐高温、低温等。

3. 电子数字水准仪和自动置平水准仪仍是高程测量中不可替代并大量需要的水准测量仪器

20世纪以来，水准仪的发展可分为4个阶段。第一阶段是以1908年威特（H. Wild）在德国Zeiss公司改进的一系列水准仪为标志，其特点是采用了平板玻璃测微器。例如：Wild N3和Zeiss Ni 004都属于这种类型仪器。第二阶段是以Opton公司于1950年开始发展的自动安平水准仪为代表的仪器。我国引进的Zeiss公司的Ni 007以及Opton公司的Ni 1都是精密自动安平水准仪。第三阶段为“摩托化”水准测量，即用汽车运载仪器、标尺和作业人员以提高作业效率，减轻劳动强度。用于“摩托化”水准测量的水准仪有Zeiss公司研制的Ni 002自动安平水准仪。它采用悬挂式摆镜，可以旋转180°并在两个位置上读数，视线绝对水平。仪器的目镜可旋转，观测者在固定座位上可进行前后视读数。此外，脚架和标尺都作了改变，以适应摩托化的要求。汽车上备有数据记录装置，用以记录观测数据，一段水准路线完成后，立即获得高差。“摩托化”方法是德国德累斯顿工业大学研究成功的。

自动置平水准仪仍是水准测量中不可替代的实用的水准测量仪器，在一个相当长的时期里将发挥着重要作用。

徕卡公司于20世纪80年代末推出了世界上第一台数字水准仪——NA2000型工程水准仪，采用CCD线阵传感器识别水准尺上的条码分划，用影像相关技术，由内置的计算机程序自动算出水平视线读数及视线长度，并记录在数据模块中，像元宽度25μm，每千米往返水准测量高差中数的中误差为±1.5mm。该公司又于 1991 年推出了新型号 NA3000 型精密水准仪，每千米往返水准测量高差中数的中误差为±0.3mm。虽然 GPS 和其他相关的高程测量技术有了突飞猛进的发展，但是在坑道高程测量和高精度高程测量中，传统水准测量尤其是一等和二等水准测量仍占据着重要地位。为了满足市场对高精度数字水准仪的需求，徕卡公司推出了第二代数字水准仪 DNA03 和 DNA10。实现了水准测量的数字化和操作上的自动化，可以实现同其他测绘仪器数据的通信、连接和共享，在国家高程基准建立及国家水准测量、工程测量及变形监测等得到广泛的应用。自动置平水准仪仍是水准测量中不可替代的实用的水准测量仪器，在一个相当长的时期里将发挥着重要作用。

1）精密水准仪及分类

在大地测量的高差测量仪器中，主要使用气泡式的精密水准仪、自动安平的精密水准仪、数字水准仪以及相应的铟瓦合金水准尺。

我国水准仪系列及基本技术参数列于表 4-8。

表 4-8

技术参数项目		水准仪系列型号			
		S05	S1	S3	S10
每公里往返平均高差中误差		0.5mm	≤1mm	≤3mm	≤10mm
望远镜放大率		≥40 倍	≥40 倍	≥30 倍	≥25 倍
望远镜有效孔径		≥60mm	≥50mm	≥42mm	≥35mm
管状水准器格值		10″/2mm	10″/2mm	20″/mm	20″/2mm
测微器有效量测范围		5mm	5mm		
测微器最小分格值		0.05mm	0.05mm		
自动安平水准仪补偿性能	补偿范围	±8′	±8′	±8′	±10′
	安平精度	±0.1″	±0.2″	±0.5″	±2″
	安平时间不长于	2s	2s	2s	2s

国产水准仪系列标准有 DS05、DS1、DS3、DS10、DS20 等 5 个等级。其中“D”和“S”分别为“大地测量”和“水准仪”的汉语拼音第一个字母，“05”、“1”、“3”、“10”及“20”为该仪器以毫米为单位的每千米往返高差中数的偶然中误差标称值。自动安平水准仪在“DS”后加“Z”，“Z”是“自动安平”的汉语拼音第一个字母。例如用于我国一等水准测量的水准仪最低型号为 DS05 或 DSZ05，二等为 DS1 或 DSZ1。

我国生产的水准仪系列型号，是按仪器所能达到的每千米往返测高差中数中误差 M_Δ 这一精度指标为依据制定的。系列中各型号仪器的精度指标 M_Δ 是由测段往返测高差之差 Δ 计算的。计算公式为

$$M_\Delta = \pm\sqrt{\frac{1}{4n}\left[\frac{\Delta\Delta}{R}\right]}$$

式中：

Δ 为测段往返测高差之差，单位为 mm；

R 为测段长，单位为 km；

n 为测段数。

相当于我国水准仪系列 DS05 的外国水准仪较多，国内引进的有：

①前民主德国蔡司：Ni002，Ni002A，ReNi002A，Ni007 自动安平水准仪和 Ni004 水准器水准仪。

②前联邦德国奥普托：Ni1 自动安平水准仪。

③匈牙利莫姆厂：NiA31 自动安平水准仪。

④原瑞士威特厂：N3 水准器水准仪和新 N3 自动安平水准仪。

⑤日本测机舍：PLI 水准器水准仪。

⑥前苏联：НБ1 水准器水准仪。

⑦瑞士徕卡：NA3000 数字水准仪。

⑧日本拓普康：DL-101 数字水准仪。

⑨德国蔡司：DiNi10 数字水准仪。

2）仪器技术指标和外业观测限差要求

（1）仪器技术指标按表 4-9 规定执行。

表 4-9

序号	仪器技术指标项目	指标限差		超限处理办法
		一等	二等	
1	标尺弯曲差	4.0mm	4.0mm	对标尺施加改正
2	一对标尺零点不等差	0.10mm	0.10mm	调整
3	标尺基辅分划常数偏差	0.05mm	0.05mm	采用实测值
4	标尺底面垂直性误差	0.10mm	0.10mm	采用尺圈
5	标尺名义米长偏差	100μm	100μm	禁止使用送厂校正
6	一对标尺名义米长偏差	50μm	50μm	调整
7	测前测后一对标尺名义米长变化	30μm	30μm	分析原因，根据情况正确处理所测成果
8	一对标尺名义米长野外检测结果与前一次室内测定结果偏差	50μm	50μm	送有关单位重新测定
9	标尺分划偶然中误差	13μm	13μm	禁止使用
10	标尺尺带拉力与标称值偏差	1.0kg	1.0kg	
11	倾斜螺旋隙动差	2.0″	2.0″	只许旋进使用
12	测微器分划值偏差	1.0μm	1.0μm	禁止使用，送厂修理
13	测微器分划值隙动差	2.0 格	2.0 格	
14	自动安平水准仪补偿误差	0.10″	0.20″	禁止使用
15	视线观测中误差	0.40″	0.55″	
16	调焦透镜运行误差	0.50mm	0.50mm	
17	i 角	15.0″	15.0″	校正（自动安平水准仪应送厂校正）超过 20″所测成果作废

续表

序号	仪器技术指标项目	指标限差		超限处理办法
		一等	二等	
18	2c 角	40.0″	40.0″	禁止使用送厂校正
19	测站高差观测中误差	0.08mm	0.15mm	禁止使用
20	竖轴误差	0.05mm	0.10mm	
21	自动安平水准仪磁致误差	0.02″	0.04″	
22	垂直度盘测微器行差	1.00″	1.00″	
23	一测回垂直角观测中误差	1.50″	1.50″	

表4-9中自动安平水准仪磁致误差，指自动安平水准仪在磁感应强度为0.05mT的水平方向上的稳恒磁场作用下，引起视线的最大偏差。

（2）外业观测限差要求。

①测站视线长度（仪器至标尺距离）、前后视距差、视线高度按表4-10规定执行。

表4-10 单位：m

等级	仪器类型	视线长度	前后视距差	任一测站上前后视距差累积	视线高度（下丝读数）
一等	DSZ05，DS05	≤30	≤0.5	≤1.5	≥0.5
二等	DS1，DS05	≤50	≤1.0	≤3.0	≥0.3

注：下丝为近地面的视距丝。

②测站观测限差。

测站观测限差应不超过表4-11的规定。

表4-11 单位：mm

等级	上下丝读数平均值与中丝读数的差		基辅分划读数的差	基辅分划所测高差的差	检测间歇点高差的差
	0.5cm 分划标尺	1cm 分划标尺			
一等	1.5	3.0	0.3	0.4	0.7
二等	1.5	3.0	0.4	0.6	1.0

使用双摆位自动安平水准仪观测时，不计算基辅分划读数差。

测站观测误差超限，在本站发现后可立即重测，若迁站后才检查发现，则应从水准点或间歇点（须经检测符合限差）起始，重新观测。

③往返测高差不符值、环闭合差和检测高差较差的限差应不超过表4-12的规定。

表 4-12　　　　　　　　　　　　　　　　　　　　　　　　　　　　　　　　　　单位：mm

等级	测段、区段、路线往返测高差不符值	附合路线闭合差	环闭合差	检测已测测段高差之差
一等	$1.8\sqrt{K}$	—	$2\sqrt{F}$	$3\sqrt{R}$
二等	$4\sqrt{K}$	$4\sqrt{L}$	$4\sqrt{F}$	$6\sqrt{R}$

注：K——测段、区段或路段长度，km；

L——附合路线长度，km；

F——环线长度，km；

R——检测测段长度，km。

4. 集成式测绘仪器

仪器的集成是新世纪测绘仪器发展的又一热门话题，目前已有许多集成式的测绘仪器投入市场和在生产实践中得到使用。在集成式的测绘仪器中，仪器是作为传感器存在的。从硬件来说，仪器可以包括二三个传感器，可以是整体式的也可以是堆砌式的集成。从软件来说，集成式软件应具有同一数据载体、接口和统一的数据格式，不仅要实现系统内的仪器可以互相交换信息，而且还能与别的仪器系统连接和数据的通信。集成式的测绘仪器目前主要体现在地面测绘技术和空间定位技术的结合。

电子经纬仪与电磁波测距仪的集成产生了电子全站仪。这种电子全站仪在大地测量及工程测量中发挥着重要作用，但也有一定的局限性。比如，必须在有控制点的情况下才能进行施工放样及测图等，另外作业影响范围很有限。GPS 的优点是大家共知的，但由于其必须保持对卫星通视条件下才能作业，因此在楼厦林立的城区，其作业将受到干扰或者不能作业。为了发挥两种技术的优点和补偿各自的缺陷，于是将它们集成，全功能的全站仪就应运而生了，这就是徕卡系统 1200-超站仪（System 1200-SmartStation）。

将 TPS 和 GPS 实现完美的结合，实际上是将 GPS 完全整合到 TPS 之中。因为所有 TPS1200 系列全站仪都可以同 GPS 组成 SmartStation，所有 GPS 的操作都应用 TPS 上的同一键盘，并且共用同一个储存器，数据用徕卡测量办公软件 LGO 统一处理并输出，包括数据输出、文件输出及图形输出等。

GPS 在 SmartStation 中的主要功能是：在没有控制点情况下，用 GPS 取得控制点坐标，用 GPS 定位原理建立简单的工程网，当没有灵敏性跟踪天线时，GPS 利用 Smartstation 也可以作业。此外，还可取得卫星的状态信息及状况分布图等。建立 RTK 公共参考站，供多台仪器同时作业。用 GPS 定位，步骤十分简单。首先选择模式，“From GPS”，TPS 键盘上按下“GPS mode”，完成定位后，TPS 键再进入“TPS mode”即可。因此，只须操作几个键即可实现 GPS 定位功能。定位精度，在 50km 范围内，水平精度（10mm+1ppm），高程精度（20mm+1ppm）。可靠性达 99.99%。

另外，在徕卡测量系统 1200-超站仪下的徕卡测量办公软件 LGO 的功能更加全面和强大。

从上可见，徕卡系统 1200-超站仪具有杰出的卫星跟踪能力，即使在恶劣条件下也不减弱；具有完善的自检能力，确保 RTK 定位的可靠性；具有操作简单、容易、快速、坚固、耐用等优点。正因为如此，该系统开辟了一种新的测量领域和方法，在实际工程测量领域有广泛应用前景。

加拿大某导航仪器公司已实现了将惯性测量系统同 GPS 接收机的有机集成。此外，还有的将测深仪和 GPS 接收机的集成，地质雷达和 GPS 接收机的集成，陀螺仪和 GPS 接收机的集成，施工机械和 GPS 接收机的集成等，不过这类集成大多数还是靠软件来实现的。集成式测绘仪器应该集成多少功能以及采取何种集成方式完全取决于应用的目的、条件和价位。

5. 随着国家和地方基础建设事业的发展，专用的工程测量仪器应运发展

这类仪器往往带有激光，所以很多厂商把它叫做激光仪器。它包括激光扫平仪、激光垂准仪、激光经纬仪、三维激光扫描仪等，主要应用于建筑和结构上的准直、水平、铅垂以及建立三维立体模型等测量工作，使用很方便。

6. 测量用软件已成为一种与仪器一起销售的产品

仪器内置的软件当然是属于仪器的一部分，但像 GPS 后处理软件、GIS 软件以及各样的图像处理软件等则是单独销售的软件。

数据的处理主要有后处理和实时处理两种方式。当采用后处理方式时，一般使用记录器、记录卡和记录模块等记录设备来记录数据，然后用读卡器和计算机进行数据读取及处理。现今流行的记录设备是 PCMCIA 卡，它不仅体积小、储存量大、储存速度快，更重要的是它已成为一种标准设备，可以直接被计算机读取并方便的进行数据交换。当采用实时处理方式时，一般有两种途径：一是由外接的计算机处理观测数据，仪器通过接口，与计算机串口相连，将观测数据实时传送到计算机中进行处理，如目前广泛使用的电子平板测图。二是由仪器中的内置程序进行处理。这些或由厂家开发，或由用户自行开发适用于不同目的的和用途的程序，既保证了外业操作的规范化，同时也保证了现场成果的正确性。目前，内置程序正随着软件版本的升级而不断增多，并逐渐成为衡量全站仪性能的指标之一。

数据的共享是厂家和用户十分加以重视的又一重要问题。数据共享是指同类仪器之间或不同类仪器之间的数据交换和共享，其目的是最大限度地提高测量工作的效率。由于测绘仪器或系统的发展目标之一是内外一体化，因此应提倡进行的共享基础数据记录设备和数据记录格式要标准化和统一。但国际上，软件五花八门，自成系统，构成用户在选择集成仪器系统时左右为难。因此，目前的数据交换还只是通过计算机进行数据格式转化和间接的进行。同时，市场呼唤统一的现场工作标准和统一的数据格式、载体和接口。

4.10.3 未来发展

展望未来，今后测绘仪器可能在以下几方面取得新的发展和突破：

（1）仪器采集数据的能力将加强。在一些危险和有害的环境中，操作者可利用计算机遥控仪器，以便仪器自动地采集和处理数据。仪器间的数据直接交换和共享将成为现实，内业工作将更多地在外业观测的同时予以完成。

（2）仪器的自我诊断和改正能力将进一步完善，观测数据的精度检查将进一步提高。

（3）仪器实时处理数据的能力将提高。内置应用程序将增多。实时处理数据量和速度将可以满足多台仪器的联机作业，以对观测目标进行全面而整体观测和分析。

（4）系统集成将受到开发者和使用者的关注。针对某些特殊作业要求所开发出的自动化处理系统，将得到很快的发展。

本节详细内容见参考文献［43］、［44］和［45］。

4.11 工程质量管理的标准化、国际化

4.11.1 质量管理的产生与发展

质量，作为劳动产品的本质属性和内核，一直是产品消费者和全社会共同关心的问题。质量管理是企业管理中的一个重要组成部分。现代质量管理更是与企业的经营管理紧密地联系在一起。随着现代化生产和科学技术发展及科学化管理的需要，质量管理已经形成了一门独立的学科——质量管理学。

质量管理的概念和方法，是随着现代工业生产的发展逐步形成、发展和完善起来的。美国在20世纪初开始搞质量管理，日本从20世纪50年代开始，逐步从美国引进了质量管理的思想、理论、技术和方法，并在推行质量管理的过程中，结合本国国情，有所创新，有所发展并自成体系。在不少管理方法和管理组织上超过了美国，形成后来者居上之势。为了适应社会对质量的要求，不同时期的质量管理理论、技术和方法都在不断地发展变化。从质量管理的产生、形成、发展和日益完善的过程来看，它大体经历了三个发展阶段，即质量检验阶段、统计质量控制阶段、全面质量管理阶段。

1. 质量检验阶段（20世纪20~40年代初）

这一阶段也被称为事后检验阶段，它是质量管理发展的最初阶段，大体上从20世纪20年代起一直延续到40年代初。在这一阶段中，主要是通过产品质量检验方法，利用一定的检测工具来鉴别产品的质量，区别合格产品或不合格产品，并保证合格产品出厂。因此，检验工作是这一阶段执行质量职能部门的主要内容。质量检验所使用的手段是各种各样的检测工具、设备和仪表等，严格把关，对产品进行百分之百的检验。

2. 统计质量控制阶段（20世纪40~50年代）

从事后检验的质量管理发展到统计质量管理，是第二次世界大战以后的事。这是战争引起的科学技术发展以及推动军工生产大幅度提高的客观需要。美国政府和国防部为了适应战时环境的客观需要，于1941~1942年组织了一批数理统计专家和工程技术人员，运用数理统计方法先后制定和公布了《美国战时质量管理标准》，即Z1.1《质量控制指南》、Z1.2《数据分析用的控制图法》、Z1.3《生产中质量管理用的控制图法》。这三个标准实际上是以休哈特的质量控制图为基础，使抽样检验和预防缺陷都得到标准化。但是由于这个阶段过分强调质量控制的数理统计方法的作用，忽视了组织管理工作，使人们误认为质量管理就是统计方法，又因为数理统计方法的理论深奥，所以人们认为质量管理是统计专家们的事，因而对质量管理产生了一种高不可攀、望而生畏的感觉。此外，在这一阶段中，企业主要依靠制造和检验部门实行质量管理，其他部门很少过问和关心这项工作，使人们认为质量管理是少数专家的事情。这些都在一定程度上限制了质量管理统计方法的普及和推广。

3. 全面质量管理阶段（20世纪60年代至今）

20世纪50年代以来，生产迅速发展，科学技术日新月异，社会、经济、文化等各方面都有了较大的发展，出现了许多新的情况，促使统计质量控制向全面质量管理过渡。由于人们对产品质量的要求更高、更多，在生产技术和企业管理活动中广泛使用系统分析的概念，因而要求用系统的观点分析、研究质量问题，把质量管理看做处于较大的系统中的一个个子系统。管理理论出现了一些新的发展，其中突出的一点就是所谓“重视人的因素”，加上“保护消费者利益”运动的兴起，以及随着市场竞争，尤其是国际市场竞争的加剧，各国企业都很重视“产品责任”和质量保证问题等。正是基于这些新的历史背景和经济发展形势的客观要求，美国通用电气公司的费根鲍姆和质量管理专家朱兰等人先后提出了新的质量管理，即全面质量管理的概念。费根鲍姆于1961年出版了《全面质量管理》，该书强调执行质量职能是公司全体人员的职责，应该使全体人员都具有质量的概念和承担质量的责任。而要解决质量问题，不能仅限于产品制造过程，而是在整个产品质量的产生、形成、实现的全过程中都需要进行质量管理，并且解决问题的方法、手段要多种多样，不能只限于检验和数理统计方法。20世纪60年代以来，费根鲍姆的全面质量管理概念逐步被世界各国所接受。经过多年来许多国家在实践中的运用、总结和再认识，全面质量管理的含义、内容和方法不断丰富、完善，逐渐形成一门新的完整的学科——质量管理学，该学科具有一整套系统的质量管理的理论、技术和方法。全面质量管理也称为质量系统工程。

在全面质量管理阶段，为了进一步提高和保证产品质量，从系统论的观点出发，提出了一些新的理论和观点。主要包括：质量保证理论，产品质量责任理论，质量经济学理论，质量文化（质量文化是指企业在生产经营活动中所形成的质量意识、质量精神、质量行为、质量价值观和质量形象以及企业所提供的产品或服务质量等的总和。企业质量文化是企业文化的核心，而企业文化又是社会文化的重要组成部分）、质量管理与电子计算机的结合，质量控制理论，质量检验理论，质量改进理论与方法等。

总之，全面质量管理是质量管理工作的又一大进步。统计质量控制着重于应用统计方法控制生产过程的质量，发挥预防性管理作用，从而保证产品质量。然而，产品质量的形成过程不仅与生产过程有关，还与其他许多过程、环境和因素相关联。这不是单纯依靠统计质量控制所能解决的。全面质量管理是更适应现代化大生产对质量管理的整体性、综合性的客观要求，从过去局部性的管理进一步走向全面性、系统性的管理。

现代全面质量管理内容的精华基本上体现在国际标准化组织ISO发表的ISO9000族标准系列文件中。

4. 系统工程阶段

人们从长期实践中，逐步认识到客观世界是以不同形态的系统形式存在的，比如自然形态系统和社会形态的系统。自然系统是说它的组成部分是自然物质，如矿物、植物、动物、海洋等。它的特点是自然形成的，比如生物系统、植物系统、生态系统及大气系统等。社会系统是人们根据社会经济发展的需要建立的系统，如生产、交换、分配和消费等系统。实际上大多数系统是自然系统和社会系统的结合。系统的发生、发展是不以人们的意志为转移的，具有内在的规律性，因此，必须以系统观点来认识客观世界的本质联系和内在规律。

系统论创始人是奥地利生物学家贝塔朗菲，他在1947年提出：把一切有机体看成一个整体系统，并且这些系统是由各部分相互结合而成的；一切有机体都处在积极运动状态；各种有机体都按严格的等级组织起来，层次分明，等级严格，通过各种层次系统逐级组合，形成一个高级庞大的系统。这三个系统观点为系统论的发展奠定了理论基础。

根据唯物辩证法和现代科学技术发展的最新成果，系统论现在的基本观点是：

（1）系统论必须具有整体观点。这就是说，客观世界的一切事物、现象和过程都是以系统的形式存在的有机整体。

（2）系统论必须具有相关性观点。这就是说，系统、要素、环境都是相互联系、相互作用、相互依赖于其他系统的其他要素而存在的，因此，某个要素发生变化，其他的要素也会随着变化。

（3）系统论必须具有结构性的观点。系统之所以具有整体性，就是因为它是以系统的结构及其具有的功能为依据的。所谓结构是指系统内各要素相互联系、相互作用的方法或秩序。这就告诉我们，要想认识事物，就要研究事物的结构及其内部规律。

从上可见，系统论是研究客观事物发展变化规律性的科学，它概括的思想、理论、方法普遍地应用于自然系统和社会系统，它主张从整体出发，研究系统与系统、系统与环境之间的普遍联系，从而揭示系统完整的规律性，以解决系统内诸多复杂的问题。系统论研究的内容十分广泛，几乎包括一切可以与系统有关的科学，如管理理论、运筹学、信息论、控制论、哲学及行为科学等。它能够沟通自然科学与社会科学、科学技术与人文科学的联系，是人们认识客观世界和改造客观世界的理论基础。

系统工程既是一门综合性很强的技术科学，也是一门组织管理技术。一般认为：系统工程是用科学方法规划和组织人力、物力、财力，通过最优途径的选择，使我们的工作在一定时期内取得最合理、最经济、最有效的成果。这里所说的科学方法是指从整体观念出发，通过统筹规划，合理安排整体中的每一个局部，以求整体的最优化规划、最优管理和最优控制，使每个局部都服从一个整体目标，做到人尽其才，物尽其用，以便发挥整体优势，力求在这个系统避免发生损失和浪费。

质量管理系统是应用上述系统论和系统工程的基本理论于质量管理控制方面的总体系统。它包括质量、质量环、质量方针、质量计划、质量控制、质量保证、质量审核、质量改进、质量成本及质量体系等。其根本目的在于在产品质量形成的全过程中，消除质量环上所有方面不满意因素以达到质量要求，取得最大的经济效益和社会效益。

4.11.2 国际通用质量标准体系 ISO 9000 系列的产生与发展简况

ISO 全称为 International Organization for Standardization，即国际标准化组织。

ISO 成立于1947年，由供应商各国政府国际组织代表组成，中国是 ISO 的正式（P）成员国。1979年，英国标准学会（BSI）向国际标准化组织（ISO）提交了一项建议，希望 ISO 制定有关质量保证技术的通用性的国际标准，以便统一各国存在有很大差异的质量保证标准。ISO 根据 BSI 的建议，当年即批准成立了“质量保证技术委员会”（简称 TC176）着手这一工作。

ISO 是指国际标准化组织质量管理和质量保证技术委员会（ISO/TC197）于1987年制定的有关质量管理和质量保证方面的所有国际标准的统称，亦称之为“ISO9000 族标准”。

随着工业、经济的不断发展，国际贸易交往的日益频繁，产品质量渐渐成为各方面关注的焦点，因此，质量管理的对象也从硬件逐渐扩展到了硬件、软件、流程性材料和服务。这是全世界在实施1987年版ISO 9000系列标准的实践中面临的新问题。

在ISO 9000国际标准诞生之前，早在20世纪50年代末期，美国的费根鲍姆博士就首先提出了全面质量管理的概念，即从市场调查到设计、生产、检查、出厂等所有部门都实行质量管理，并由质量管理的技术人员起骨干作用。费根鲍姆博士的这套思想，虽然诞生在美国，却没有在美国推广，而是在日本发扬，致使战后的日本迅速从东方崛起，成为一个经济大国，创造了举世瞩目的奇迹。也使全面质量管理的思想在质量界产生了不可忽视的影响。

全面质量管理的基本工作方法是PDCA循环，即由计划（PLAN）、实施（DO）、检查（CHECK）、处理（ACTION）这四个密切相关的阶段所构成的工作方式。国际质量界普遍认为，PDCA循环是一个非常科学的工作方式，并深刻地认识到1987年版ISO 9000系列标准“对全面质量管理的概念和方法体现得不够，人员的作用强调得不充分，且缺少质量改进的要求”。

鉴于以上两个原因，TC176于1990年在第九届年会上提出了《90年代国际质量标准的实施策略》(国际上通称《2000年展望》)，决定对ISO 9000标准分两个阶段进行修改：

第一阶段，对ISO 9001/2/3/4的技术内容进行局部修改，形成1994版。并在1994版的ISO 9000-1中增加了过程和过程网络等基本概念，为第二阶段的修改提供了过渡性理论基础。

第二阶段，引进PDCA循环（ISO 9000标准称之为过程方法模式），对ISO 9000族标准从总体结构和原则到具体的技术内容进行全面的修改，形成2000版。

ISO 9000族标准是在总结世界发达国家质量管理经验并吸收各国质量管理的最新成果和精华的基础上制定的，是一套结构严谨、定义明确、内容具体、实用性强的国际通用管理标准，是当代质量管理技术的结晶。

上述第一阶段的修订计划已经成为历史。

上述第二阶段的修订计划和实施情况如下：2000年12月1日，正式发布2000版ISO 9000族标准。

ISO 9000族标准是国际标准化组织颁布的在全世界范围内通用的关于质量管理和质量保证方面的系列标准，目前已被80多个国家等同或等效采用，该系列标准在全球具有广泛深刻的影响，有人称之为ISO 9000现象。ISO 9000族标准主要是为了促进国际贸易而发布的，是买卖双方对质量的一种认可，是贸易活动中建立相互信任关系的基石。众所周知，对产品提出性能、指标要求的标准包括企业标准和国家标准。但这些标准还不能完全解决客户的要求和需要。客户不仅希望拿到的产品，当时检验是合格的，而且在产品的全部生产和使用过程中，对人、设备、方法和文件等一系列工作还会提出进一步的要求，通过工作质量来保证产品实物质量，最大限度地降低它隐含的缺陷。

现在许多国家把ISO 9000族标准转化为自己国家的标准，鼓励、支持企业按照这个标准来组织生产，进行销售。而作为买卖双方，特别是作为产品的需方，当然希望产品的质量是好的，在整个使用过程中，它的故障率也能降低到最低程度。即使有了缺陷，也能给用户提供及时的服务。在这些方面，ISO 9000族标准都有规定要求。符合ISO 9000族标准已经成为在国际贸易上需方对卖方的一种最低限度的要求，就是说要做什么买卖，首先看你的质量保证能力，也就是你的水平是否达到了国际公认的 ISO 9000 质量保证体系的水平，然后才继续进行谈判。一个现代的企业，为了使自己的产品能够占领市场并巩固市场，能够把自己的产品打向国际市场，无论如何都要把质量管理水平提高一步。同时，基于客户的要求，很多企业也都高瞻远瞩地考虑到市场的情况，主动把工作规范在 ISO 9000 这个尺度上，逐步提高实物质量。由于 ISO 9000 体系是一个市场机制，很多国家为了保护自己的消费市场，鼓励消费者优先采购获 ISO 9000 认证的企业产品。可以说，通过 ISO 9000 认证已经成为企业证明自己的产品质量、工作质量的一种护照。

近年来，随着管理科学的不断发展，质量管理的内涵和外延都发生了重大的变化，产品质量也越来越引起各个行业的高度重视。自 1993 年上海汽轮机厂获得中国第一张“ISO 9000 质量体系认证证书”以来，已有近10 000家企业获得认证证书，覆盖的范围已从制造、加工、施工业延伸到了勘测、设计、管理甚至软件业。之所以“贯标热”在不断升温，是因为 ISO 9000 族标准是国际通行的质量管理和质量保证标准，它适用于各个行业。贯彻 ISO 9000 族标准，不仅可以有效地提高企业质量管理水平，而且可以大大地增强企业市场竞争力，特别是我国加入世界贸易组织后将面临国际市场的直接竞争，而产品质量将成为市场竞争的主要手段。因此建立健全质量保证体系，逐步实现管理模式与国际接轨，获得市场准入机会并不断扩大市场占有份额，是测绘业刻不容缓的重要任务。

ISO 9000 族标准有 1994 版和 2000 版，兹分别对它们简介如下。

ISO 9000 系列包括两大部分：质量体系认证和产品质量认证。质量体系认证包括质量管理、组织结构、职责和程序等内容。我国实行 ISO9000 系列认证的时间，在 2000 年 6 月 1 日前，国家规定 ISO 9000 :1994 系列与 GB/T10300 系列等效采用，与 GB/T 19000 系列等同采用。此后，国家规定 ISO 9000 :2000《质量管理体系基础和术语》与 GB/T 19000—2000 等同采用，ISO 9001 :2000《质量管理体系　要求》与 GB/T 19001—2000 等同采用，ISO 9004 :2000《质量管理体系　业绩改进指南》与 GB/T 19004—2000 等同采用。

4.11.3　1994 版 ISO 9000 系列标准简介

1. 结构简介

1）ISO 9000：1994

质量管理和质量标准——第一部分：选择和使用指南。该标准是质量体系系列指南标准（编号为 9000）中的第一个。该标准提供了 ISO 9001：1994，ISO 9002：1994 和 ISO 9003：1994 的选择指南，它重点强调了：

（1）满足顾客的要求；

（2）确定职责；

（3）评估潜在的风险和收益；

（4）为顾客澄清所选用标准的适用范围；

（5）实施所选用标准帮助实现公司的质量方针。除非与顾客另有协议，公司有责任为各承包方选择适用的质量保证模式。

在该标准的附录图表中涉及了以下标准：ISO 9001：1994，ISO 9002：1994，ISO

9003：1994，ISO 9000-2：1994 和 ISO 9004-1：1994（注：质量保证模式标准分为四个条款：条款 1：范围；条款 2：引用标准；条款 3：定义；条款 4：质量体系要求；条款 4 中又分为4. 1~4. 20的子条款，以及更为详细的条目）。

2）ISO 9001：1994

质量体系——设计、开发、生产、安装和服务的质量保证模式。该标准规定了质量保证模式，它适用于要求产品设计、开发的场合，要求供方通过该模式证实其在产品开发、设计和相关的生产、安装和服务中的能力，向顾客提供其能够实现产品要求的信任。该标准可适用于任何合同情况下等。

3）ISO 9002：1994

质量体系——生产、安装和服务的质量保证模式。该标准适用于第三方认证与合同情况，包括已完成的设计方案或规范，对产品、服务、售后服务提出了规定的要求。供方必须证实（提供证据）其在生产、安装和服务过程中满足规定的要求。

4）ISO 9003：1994

质量体系——最终检验和试验的质量保证模式。该标准适用于第三方认证与合同情况，供方应证实（提供证据）最终检验和试验满足规定要求。

在 ISO 9003 中缺少下述 4 个要求：①设计控制；②采购；③过程控制；④服务。同 ISO 9001 相比而言，ISO 9003 对以下各项放宽了要求：①产品标识和可追溯性；②检验和试验；③检验和试验状态；④不合格品的控制；⑤纠正和预防措施；⑥质量记录控制；⑦培训；⑧统计技术。

5）ISO 9004—1：1994

质量管理和质量体系要素的第一部分——指南。该标准为各种行业企业建立和实施质量体系提供指南。该标准的宗旨是使顾客满意。它对公司的质量体系与各要素有关的活动提供指南以及职责的确定和对潜在风险和收益的评估。在 1994 版中增加了技术状态控制、质量改进和产品的搬运，同时删掉了产品责任指南。该标准以技术、行政管理和人的因素为出发点进行论述。而这三个方面贯穿了整个产品寿命周期，影响产品或服务的质量。

6）ISO 8402：1994

质量管理和质量保证——术语。该标准给出了产品、过程和服务的质量管理的基本术语和定义。该标准适用于依据 ISO 9001、ISO 9002、ISO 9003 和 ISO 9004-1 建立和实施的质量体系。此外，它还确保了在国际交流中的共同理解。

2. 质量体系要素

质量体系要素是组成质量体系的最基本的单元，一般包括 17 个要素：管理职责，体系原则（包括二级要素：质量环即质量形成的各个阶段，体系结构，体系文件、审核），营销质量，质量成本，设计与规范，采购质量，生产质量，生产过程控制，产品检验，测试与试验设备质量控制，不合格品的控制，搬运与生产后职责，纠偏措施，质量文件与记录，人员，产品的安全与责任，统计方法的应用。

3. 质量体系（QS）的建立与运行

（1）QS 总体设计。包括市场调研、质量方针、目标、分析环境、对照标准、确定要素等工作内容。

（2）编 QS 文件。包括质量手册、质量计划、质量记录、程序文件。

4. 质量体系的认证（QS）

（1）认证管理的机构：中国技术监督局。

（2）认证检验程序：申请→检查评定→审批→发证书→监督检查。

4.11.4　2000 版 ISO 9000 族标准概要

1. ISO 9000 :2000 的主要特点

（1）2000 版的 ISO 9000 标准中不再有“质量保证”一词。这并不说明“质量保证”已经过时，而是说明 2000 版标准规定的质量管理体系的要求中包含了对质量保证的要求，同时也说明 ISO 9000 认证的要求相对提高了：不再是证实组织的质量保证的能力，而是要证实组织的质量管理的能力。

（2）实施 2000 版的 ISO 9000 标准的动机的提法有改变。在 ISO/DIS 9001 的“1.1 总则”中明确指出，本标准为有下列两种需求的两种组织规定了质量管理体系的要求，一是对需要证实其有能力稳定地提供满足顾客和适用的法律法规要求的产品的组织；二是对需要通过体系的有效应用，包括持续改进和预防不合格的过程而达到使顾客满意的组织。这种提法就把主要的受益者——顾客摆在了首位。在 ISO/DIS 9000 标准中，更把“以顾客为中心”作为八项质量管理基本原则之首，并把这个原则阐述为“组织依存于顾客，因此，组织应理解顾客当前的和未来的需求，满足顾客要求并争取超越顾客期望”。若组织的管理者认同此理，就可以把管理者和受益者融为一体。这无疑将有效地提醒那些为认证而认证和为摆样子而认证的组织必须纠正自己的观念。而且，新版标准首次提出，组织的产品不但要满足顾客的要求，还要满足适用的法律、法规的要求，比如说，按照各国环保法的要求，组织的产品必须是“绿色产品”，这既属于环境管理体系的要求，也属于质量管理体系的要求。凡此种种，在推行 2000 版 ISO 9000 标准时，组织的管理者必须高度重视。

（3）2000 版 ISO 9001 标准的结构相对 1994 版将有根本性的改变。1994 版 ISO 9001 标准的结构由 20 个独立的质量管理体系要素组成，而 ISO/DIS 9001/4 则把这 20 个要素分别归类于管理职责、资源管理、产品实现及测量、分析和改进四大类，构成一种过程方法模式的结构，符合 PDCA 循环规则，且通过持续改进的环节使质量管理体系的水平达到螺旋式上升的效应，可谓逻辑清晰，结构严谨，更加易于理解，适于操作。

（4）新版标准的内容也有很大的变化。比如，增加了贯彻八项质量管理的基本原则的要求，并且以此为主线，贯穿于各个过程中，体现在标准的全部内容上；还有，要求组织把对顾客满意信息的监控作为对质量管理体系业绩的评价，以及减少了对文件化的要求，修改、增加和减少了很多术语，强调了质量管理体系与其他管理体系的兼容性，考虑了利益相关方的需求和利益，突出了把持续改进的过程作为提高质量管理体系水平的重要手段的要求，更加强调了最高管理者的作用，强化了资源管理的重要性，突出了人力资源的地位，增加了对工作设施和工作环境的要求，体现了要求组织实行人性化管理的思想，细化了管理评审的操作程序，提高了管理者代表的职责和权限并且规定可以指定多名管理者代表，以强化管理者代表的作用，强化了发挥和提高员工积极性的重要作用。此外，新版标准还提出了ISO 9001和 ISO 9004 两项标准相协调的概念，在 ISO 9004 中还增加了把组织的自我评价作为质量改进的重要手段的内容，等等。

(5) 2000版ISO 9000族标准的构成也有了重大改变。2000版ISO 9000族标准由四个核心标准（ISO 9000、ISO 9001、ISO 9004、ISO 19011），一个支持标准（ISO 10012），六个技术报告（ISO 10006、ISO 10007、ISO 10013、ISO 10014、ISO 10015、ISO/TR 10017），三个小册子和一个技术规范构成，其核心标准中的ISO 9001将替代1994版的ISO 9001/2/3，仅在ISO 9001中规定了允许剪裁的范围和原则，以适应不同组织的需要。

总之，2000版ISO 9000族标准对组织的质量管理体系的文件结构和组织的质量管理体系的文件内容作了精简和改进；对组织的顾客满意度的测量和审核，对组织的产品所适用的法律法规要求的测量和审核，对组织贯彻八项质量管理基本原则的效果的测量和审核，对组织改善工作环境、实施人性化管理的效果的测量和审核，对组织全面考虑相关方利益方面的测量和审核，对组织的非书面程序的规范性及其效果的测量和审核等多项内容予以增加；对组织的质量管理体系的持续改进的效果的测量和审核，对组织实施资源管理，特别是人力资源管理的效果的测量和审核等内容作了加强和强化。

2. 质量管理系统及基本要素

1) 质量管理的基本原则

ISO 9000对质量管理的定义是：在质量方面指挥和控制组织的协调活动。通常包括制定质量方针和质量目标以及质量策划、质量控制、质量保证和质量改进。质量管理系统（又称质量管理体系）是在质量方面指挥和控制组织的管理系统，也就是说，为保证产品、过程或服务质量满足规定的或潜在的要求，由组织机构、职责、程序、活动、能力和资源等要素构成的有机整体。在质量管理中，下面八项质量管理原则已被证明是有效的：

(1) 以顾客为关注焦点

组织依存于顾客。因此，组织应当理解顾客当前和未来的需求，满足顾客要求并争取超越顾客的期望。

(2) 领导作用

领导者确立组织统一的宗旨及方向。他们应当创造并保持使员工能充分参与实现组织目标的内部环境。

(3) 全员参与

各级人员都是组织之本。只有他们的充分参与，才能使他们的才干为组织带来收益。

(4) 过程方法

将活动和相关的资源作为过程进行管理，可以更高效地得到期望的结果。

(5) 管理的系统方法

将相互关联的过程作为系统加以识别、理解和管理，有助于组织提高实现目标的有效性和效率。

(6) 持续改进

持续改进总体业绩应当是组织的一个永恒目标。

(7) 基于事实的决策方法

有效决策建立在数据和信息分析的基础上。

(8) 与供方互利的关系

组织与供方是相互依存的，互利的关系可增强双方创造价值的能力。

以上八条质量管理原则形成了GB/T 19000族质量管理体系标准的基础。

2）质量管理体系的基本要素

质量管理体系的基本组成单元称为质量管理体系的要素，如图 4-10 所示。由图 4-10 可知，质量管理系统包含四大过程要素：管理职责，资源管理，产品实现，测量、分析和改进。

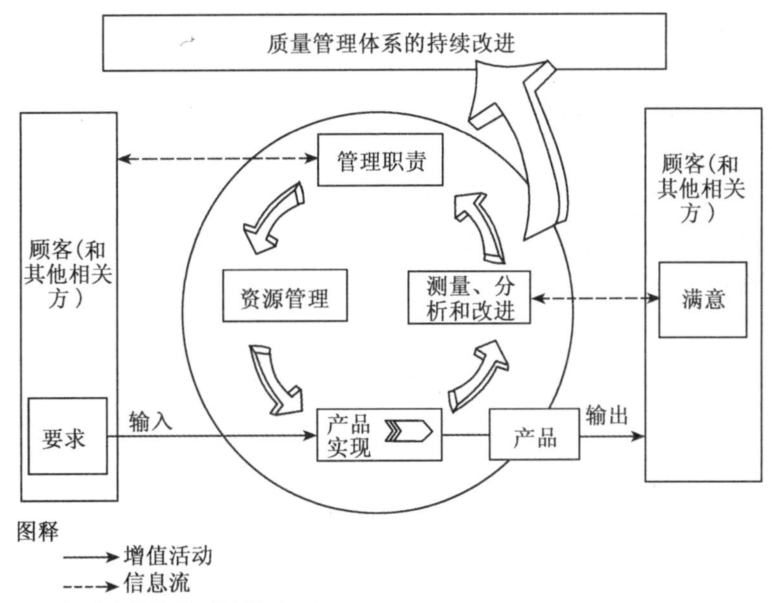

图 4-10　以过程为基础的质量管理体系模式

（1）管理职责

最高管理者的领导作用、承诺和积极参与，对建立并保持有效和高效的质量管理体系使所有相关方都获益是绝对不可少的，为此他们应当做好以下诸项工作：

①向组织传达满足顾客和法律法规的要求，以及使其他相关方获益的重要性。

②制定质量方针，并定期评审。

③确定可测量的质量目标，并确保将其落实到组织的相关职能部门和层次上。

④策划质量管理系统，并保持其完整性。

⑤确定组织内部职能部门各级人员的职责、权限和内部沟通方式。

⑥开展管理评审以确保其持续的适宜性、充分性和有效性。

（2）资源管理

最高管理者应当确保识别并获得实施组织战略和实现组织目标所必须的资源。它包括运行和改进质量管理系统以及使顾客和其他相关方满意所需要的资源。这些资源包括：

①人力资源。

②基础设施。

③工作环境。

④信息资源。

⑤供方及合作关系。

⑥自然资源。

⑦财务资源。

（3）产品实现

产品实现是质量管理体系的主要过程要素。组织应对产品实现的过程网络进行识别、策划和改进，对特定产品、项目或合同可编制质量计划，主要内容包括：

①产品实现的策划

质量目标和要求。

针对产品确定过程、文件和资源的要求。

产品的验证、确认、监督、检验、实验等活动。

②与顾客有关的过程

首先确定顾客规定的和潜在的要求、法律法规的要求以及依据市场调查确定的其他要求，然后进行合同评审等。

③设计和开发

在此阶段中，应把用户要求转换为产品图样、材料标准、外购件标准及工艺标准等一系列技术规范，使产品既满足顾客要求又便于生产、检验和质量控制。为此，应抓好以下几个环节：

- 确定设计方案。
- 规定测试规范。
- 设计鉴定和确认。
- 设计评审。
- 设计定型和投产。
- 销售准备和状态评审。
- 设计变更的控制。
- 设计改进。
- 设计中技术状态管理等。

④采购

由于外购的原材料、零部件及外协件直接影响产品质量，而且这部分的比重会越来越大，因此必须严格地控制采购质量。

在与供方沟通时应尽量使用电子媒体。管理者应当确保在确定采购过程当中的如下工作：

- 及时有效和准确地识别需求和采购产品规范。
- 评价采购产品的成本，考虑采购产品的性能、价格和交付情况。
- 组织对采购产品进行验证的需求和准则。
- 独特的供方过程；考虑合同的管理，包括供方和合作者的协议。
- 对不合格采购产品进行更换的保障。
- 物流要求。
- 产品标识和可追溯性。
- 产品的防护。
- 文件，包括记录。

● 对采购产品偏离要求的控制。

● 进入供方的现场。

● 产品的交付、安装或使用的历史。

● 供方的开发。

● 识别并减轻与采购产品有关的风险。

此外，组织应当建立有效和高效的过程，以识别购物材料的可能来源，开发现有的供方和合作者，以及评价他们提供所需产品的能力，从而确保整个采购过程的有效性和效率。控制供方过程应做如下工作：

● 对供方相关经验的评价。

● 供方与其竞争对手相比的业绩。

● 采购产品的质量、价格、交货情况及对问题的处理情况的评价。

● 对供方管理体系的审核和对其有效和高效的按期提供所需产品的潜在能力的评价。

● 检查供方有关顾客满意程度的资料和数据。

● 对供方的财务状况进行评定，以确信供方在整个预期供货及合作期间的履约能力。

● 供方对询价、报价和招投标的反应。

● 供方的服务、安装和支持能力以及满足要求的历史业绩。

● 供方对相关法律、法规要求的意识和遵守情况。

● 供方的物流能力，包括场地和资源。

● 供方在公众中的地位和所起的作用以及被社会认可的情况。

此外，管理者还应当考虑在供方未能履约时保持组织业绩以及使相关各方满意的措施。

⑤生产和服务提供

根据质量活动过程受控的管理原理和要求，要保证生产和服务提供。受控条件包括：

● 获得表述产品特性的信息。

● 必要时，获得作业指导书或服务范围。

● 使用适宜的设施和设备。

● 获得和使用监视和测量装置。

● 实施监视和测量。

● 放行、交付和交付后的活动的实施。

当生产和服务提供过程的输出不能由后续的监视和测量加以验证实施时，就应该对这样的特殊过程实施一系列的确认：

● 为过程的评审和批准所规定的准则。

● 设备认可和人员资格鉴定。

● 记录的要求。

● 再确认。

此外，在生产和服务过程中还应做好以下三项工作：

● 标识和可追溯性。在产品实现的全过程中可使用适宜的方法识别产品及其状态，在有可追溯性要求的场合，应当有产品的惟一性标识。

● 顾客财产。要识别、验证、保护和维护供组织控制、使用和构成产品一部分的顾客财产。当顾客财产发生丢失、损坏或发现不合适的情况时，应及时报告顾客，并保持记录。

● 产品的防护。在组织内部处理和交付产品到预定的地点期间，应对产品提供相应的防护，包括识别、搬运、包装、储存以及保护。如对正确选择和使用搬运方法、容器及运输工具有一套方法并形成文件，以防止由于运输中的震动、腐蚀等造成损坏。

⑥监视和测量装置的控制

监视和测量装置主要是计量器具、测量设备与监控装置。其配备是否完善直接影响到质量管理体系的有效性，也直接涉及产品的质量，所以应该注意：

● 对产品的开发、制造、安装和维修中的全部测量系统进行必要的控制，以保证测量数据的正确性和可靠性。

● 对计量器具、仪器、专门试验设备以及有关的计算机软件进行控制，保证检测仪器的准确性和精密度。

● 对影响产品或工艺特性的夹具、工装设备和工序检测仪器进行控制。

控制的要点如下：

● 使用的计量器具及其计量检验规程。

● 计量仪器的首次检验、校准与自动检测设备和软件的程序试验验证。

● 对计量检测设备、仪表、器具的周期检验和修理。

● 计量器具的追溯性，即能够追溯到国际或国家计量基准或标准。

● 必要时，还应该对一些重要的供方单位的计量检测设备和检测方法进行控制，以保证检测数据的正确性和可靠性，减少或避免外购物资的质量问题，一旦发生测量过程失控和计量器具超差、失准，应立即采取纠正措施。

（4）测量、分析和改进

测量、分析和改进包括下列事项：

● 应当将测量数据转化为有益于组织的信息和知识。

● 应当将产品和过程的测量、分析和改进用于确定组织活动的适当的优先顺序。

● 应当定期评审组织所使用的测量方法，并连续地验证数据的正确性和完整性。

● 应当将各过程的水平对比作为改进过程有效性和效率的工具。

● 顾客满意程度的测量结果对评价组织的业绩至关重要。

● 测量结果的利用以及所获得信息的形成和沟通对组织很重要，它们是进行业绩改进和吸收相关方参加的基础。

● 这种信息应当是当前的，其目的要作出明确规定；应当为从测量结果的分析所得到的信息提供适宜的沟通工具。

● 应当测量与相关方沟通的有效性和效率，以确定信息是否得到及时、明确的理解。

● 在过程和产品性能准则得到满足的情况下，对过程和产品性能数据进行监测和分析，以有利于更好地了解所研究的特性和性质。

● 使用适宜的统计技术或其他技术，有助于了解过程和测量变差，因此可通过控制变差来提高过程和产品的性能。

● 组织应当考虑定期进行自我评定，以评定质量管理体系的成熟水平、组织的业绩技术水平，并确定业绩改进的机会。

①测量和监视

测量和监视包括以下四项内容：

● 体系业绩的测量和监视。

● 过程的测量和监视。

● 产品的测量和监视。

● 相关方满意程度的测量和监视。

②体系业绩的测量和监视

体系业绩的测量和监视包括：顾客和其他相关方满意程度的调查、内部审核、财务测量和自我评定。

● 顾客和其他相关方满意程度的调查。

对顾客满意程度的测量和监视应当以与顾客有关的信息的评审为基础。这些信息的收集，可以是主动的和被动的。管理者应当认识到有许多与顾客有关的信息的来源，并应当建立有效和高效的收集、分析和利用这些信息的过程，以改进组织的业绩。组织应当识别以书面和口头方式得到的顾客和最终使用者的信息的来源，包括内部来源和外部来源。与顾客有关的信息包括：

● 对顾客和使用者的调查。

● 有关产品方面的反馈。

● 顾客要求和合同信息。

● 市场需求。

● 服务提供数据。

● 竞争方面的信息。

管理者应当将顾客满意程度的测量作为一种重要工具。组织征询、测量和监视顾客满意程度的反馈过程应当持续地提供信息，并应当考虑与要求的符合性、满足顾客的要求和期望以及产品价格和交付等方面的情况。组织还应当建立并利用有关顾客满意程度方面的信息来源并与顾客合作，从而预测未来的需求。有关顾客满意程度方面的信息来源包括：

● 顾客抱怨。

● 与顾客的直接沟通。

● 问卷调查。

● 委托收集和分析数据；关注的群体。

● 消费者组织的报告。

● 各种媒体的报告。

● 行业研究的结果。

● 内部审核。

最高管理者应当确保建立有效和高效的内部审核过程，以评价质量管理体系的强项和弱项。内部审核过程可作为独立评定任何指定过程和活动的管理方面的工具。由于内部审核是评价组织的有效性和效率，因此内部审核过程可作为独立的工具，用于获取现有的要求得到满足的客观证据。管理者确保采取对内部审核结果作出反应的改进措施很重要。内部审核的策划应当是灵活的，以便允许依据在审核过程中的审核发现和客观证据对审核的重点进行调整。内部审核考虑事项如下：

- 过程是否得到有效和高效地实施。
- 持续改进的机会；过程的能力。
- 是否有效和高效地使用了统计技术。
- 信息技术应用。
- 质量成本数据的分析。
- 资源是否得到有效和高效的利用。
- 过程和产品性能的结果和期望。
- 业绩测量的充分性和准确性。
- 改进活动。
- 与相关方的关系。
- 财务测量。

国内人员应当考虑将过程有关的数据转化为财务方面的信息，以便提供对过程的可比较的测量并促进组织的有效性和效率的提高。财务测量包括：

- 预防和鉴定成本的分析。
- 不合格成本的分析。
- 内部和外部故障成本的分析。
- 寿命周期成本的分析。
- 自我评定。

管理者应当考虑确立并实施自我评定。自我评定是一种仔细认真的评价，通常由组织的管理者来实施；最终得出组织的有效性和效率以及质量管理体系成熟水平方面的意见和判断。组织通过自我评定可将其业绩与外部组织和世界级的业绩进行水平对比，自我评定也有助于对组织的业绩改进作出评价，而组织内部审核过程则是一种独立的审核，用于获取现行的方针、程序或要求得到实施的客观证据，以及评价质量管理体系的有效性和效率。

自我评定的范围和深度应当依据组织的目标和优先顺序进行策划。有关文件给出了自我评定的方法，其重点是注重确定组织实施质量管理体系的有效性和效率的程度。附录中给出的自我评定方法具有以下优点：

- 简单易懂。
- 易于使用。
- 对管理资源的使用影响最小。
- 为提高组织的质量管理体系业绩提供数据输入。

③过程的测量和监视

组织应当确定测量方法，并实施测量，以评价过程的业绩。这些测量应当纳入过程，并在过程管理中实施。

按照组织的设想和战略目标，测量应当用于日常运作的管理，适宜用于进行渐进的或持续改进的过程的评价，以及突破性项目的过程的评价。过程业绩的测量应当兼顾各相关方的需求和期望，可包括：

- 能力。
- 反应时间。

- 生产周期或生产能力。
- 可信任的可测量因素。
- 投入产出比。
- 组织内人员的有效性和效率。
- 技术的应用。
- 废物的减少。
- 费用的分配与降低。

④产品的测量和监视

组织应当确定并详细说明其产品的测量要求。组织应当对产品的测量进行策划并予以实施，以验证达到相关方的要求，并用于改进产品实现过程。

组织在选择确保产品符合要求的测量方法以及在考虑顾客的需求和期望时，应当考虑下述内容：

- 产品特性的类型，它们将决定测量的种类、适宜的测量手段、所要求的准确度和所需的技能。
- 所要求的设备、软件和工具。
- 按产品实现过程的顺序确定的各适宜测量点的位置。
- 在各测量点要测量的特性、所使用的文件和验收标准。
- 顾客对产品所选定特性设置的见证点或验证点。
- 要求由法律、法规授权机构鉴证或由其他部门进行的检验和试验。

组织期望或根据顾客或法律法规授权机构的要求，由具有资格的第三方在何处、何时、如何进行下述活动：

- 形式试验。
- 过程检验或试验。
- 产品验证。
- 产品确认。
- 产品鉴定。人员、材料、产品、过程和质量管理体系的鉴定。
- 最终检验，以证实验证和确认活动已完成并得到认可。
- 记录产品的测量结果。

⑤相关方满意程度的测量和监视

组织应当识别满足顾客以外的相关方需求所要求的与组织过程相关的测量信息，以便均衡地配置资源。这种信息应包括与组织内人员、所有者和投资者、供方和合作者以及社会有关的测量。测量包括：

对组织内人员，组织应当：

- 调查人员对组织满足其需求和期望方面的意见。
- 评定个人和集体的业绩以及他们对组织成果所作的贡献。
- 对所有者和投资者，组织应当：
- 评定其达到规定目标的能力。
- 评定其财务业绩。
- 评价外部因素对结果产生的影响。

● 识别由于采取措施所带来的价值。

● 对供方和合作者，组织应当：

● 调查供方和合作者对组织采购过程的意见。

● 监视供方和合作者的业绩及其与组织采购方针的符合性，并提供反馈。

● 评定采购产品的质量、供方和合作者的贡献以及通过合作而给双方带来的利益。

对社会，组织应当：

● 规定并追踪与其目标有关的适宜数据，以使其与社会的相互影响令人满意。

● 定期评定其采取措施的有效性和效率以及社会相关方面对其业绩的感受。

(5) 不合格产品的控制

一般来说，从质量审核、管理评审、顾客投诉、市场反馈以及生产过程中的不合格报告中获知不合格后，应立即就其严重性进行分析和评价，调查产生不合格的原因，应用数理统计方法来分析质量问题，确定根本原因与一般原因，以采取各种技术与管理措施，消除这些原因，并把这些有效措施纳入有关质量管理体系文件之中，从而实现过程控制的目的。当发现不合格时，应该采取下列步骤，对不合格品控制和纠正的措施：

识别——识别不合格品或不合格批，并记录发现不合格的问题。

隔离——把不合格品同合格品隔离，作出明显的标识以防误用。

评审——由指定的人员对不合格品进行评审，以确定其能否接收、返修、返工、降级或报废。

处置——按实际可能尽快处置不合格品，处置时应办理书面文件，说明具体理由和意见。

采取措施——这些措施包括：防止误用或错装，减少返工、返修和包修费用及返工、返修后的重新检查。必要时，还要从仓库中、运输途中和用户处追回不合格品。

采取纠正措施，防止重复发生——要针对不合格产品产生的原因，采取相应的纠正措施。发生不合格的服务，一般首先向顾客道歉，并重新提供合格的服务，然后再分析原因，采取相应的纠正措施，防止不合格服务重复发生。

(6) 数据分析

决策应当基于对测量所获得的数据和按照本标准规定所收集的信息的分析。组织应当分析各种来源的数据，以便对照组织的计划、目标和其他规定的指标评定组织的业绩并确定改进的区域，包括相关方可能的利益。基于事实决策要求进行有效和高效的活动，这些活动包括：

● 有效的分析方法；适宜的统计技术。

● 基于逻辑分析的结果，权衡经验和直觉，作出决策并采取措施。

数据分析有助于确定现有和潜在问题的根本原因，因而可指导组织作出为改进所需的纠正和预防措施的决定。为使管理者对组织的总体业绩作出有效的评价，组织应当汇总和分析来自各部门的数据和信息，组织整体业绩的表达方式应当适合组织的不同层次。组织可使用分析结果，以确定：

● 趋势。

● 顾客满意程度。

● 其他相关方的满意程度。

● 过程的有效性和效率。

● 供方的贡献。

● 组织业绩改进目标的实现情况。

● 质量经济性、财务和与市场有关的业绩。

● 业绩的水平对比。

● 竞争能力。

（7）改进

管理者应当不断寻求对组织的过程的有效性和效率的改进，而不是等出了问题才寻找改进的机会。改进的范围可从渐进的日常的持续改进，直至战略性改进项目。组织应当建立识别和管理改进活动的过程。这些改进可能导致组织对产品或过程进行更改，直至对质量管理体系进行修整或对组织进行调整。

①纠正措施

最高领导者应当确保将纠正措施作为改进的一种手段。纠正措施的策划应当包括评价问题的重要性，并应当根据运作成本、不合格成本、产品性能、可信性、安全性以及顾客和其他相关方满意程度等方面的潜在的影响来评价。组织应当吸收不同领域的人员参加纠正措施过程。当采取措施时，组织还应当强调过程的有效性和效率，并要对措施进行监视，以确保达到预期目标。为了制定纠正措施，组织应当确定信息的来源，收集信息，以确定需采取的纠正措施。纠正措施考虑的信息来源包括：

● 顾客抱怨。

● 不合格报告。

● 内部审核报告。

● 管理评审的输出。

● 数据分析的输出。

● 满意程度测量的输出。

● 有关质量管理体系的记录；组织内人员。

● 过程测量。

● 自我评定结果。组织应确定措施，以消除潜在不合格的原因，防止不合格事故的再发生。

②预防措施

组织应确定措施，以消除潜在不合格的原因，防止不合格事故的再发生。预防措施应与潜在问题的影响程度相适应。

压缩编制与形成文件的程序，以规定以下方面的要求：

● 确定潜在不合格及其原因。

● 评价防止不合格事故发生的措施的需求。

● 确定和实施所需的措施。

● 记录所采取措施的结果。

● 评审所采取的措施。

③组织的持续改进

为了有助于确保组织的未来并使相关方满意，管理者应当倡导一种文化，以使组织内人员都能积极参与寻求过程、活动和产品性能改进的机会。

为使组织内人员积极参与，最高的管理者应当营造一种环境来分配权限，从而使组织内人员都得到授权并接受各自的职责，以识别组织业绩的改进机会。通过以下活动可做到这一点：

- 确定人员、项目和组织的目标。
- 与竞争对手的业绩和最佳做法进行水平对比。
- 对改进的成就给予承认和奖励。
- 建议计划，包括管理者及时作出的反应。

为了确定改进活动的结构，最高管理者应当对持续改进的过程作出规定并予以实施，这样的过程适于产品的实现和支持过程以及各项活动。组织应从以下方面考虑产品实现和支持过程：

- 有效性。
- 效率。
- 外部影响；潜在的薄弱环节。
- 使用更好方法的机会。
- 对已策划和未策划的更改的控制。
- 对已策划的收益的测量。

组织应当将持续改进的过程作为提高组织内部有效性和效率以及提高顾客和其他相关方满意程度的工具。管理者应当确保产品或过程的改进得到批准、优化、筹划、规定和控制，以满足相关方的要求并避免超出组织的能力。

3. 质量管理体系的策划、建立和运行

ISO 9001 标准明确按下列要求建立质量管理体系：

- 识别质量管理体系所需要的过程及其在组织中的作用。
- 确定这些过程的顺序和相互作用。
- 确定为确保这些过程的有效运作和控制所需要的准则和方法。
- 确保可以获得必要的资源和信息，以支持这些过程的运作和监视。
- 测量、监视和分析这些过程。
- 实施必要的措施，以实现对这些过程所策划的结果和对这些过程的持续改进。

其中质量管理体系文件应包括：

- 形成文件的质量方针和质量目标。
- 质量手册。
- 本标准所要求的形成文件的程序。
- 组织为确保其过程的有效策划、运行和控制所需的文件。
- 本标准所要求的记录。

根据组织的规模和活动的类型、过程及其相互作用的复杂程度以及人员的能力，不同组织的质量管理体系文件的多少与详略程度是不同的。

质量手册应该包括：

- 质量管理体系的范围，包括任何删减的细节与合理性。
- 为质量管理体系编制的形成文件的程序或其引用。

● 质量管理体系过程之间的相互作用的表述。

贯彻 ISO 9000 族标准是一项工作量大且较为复杂的系统工程，必须结合企业的特点有组织、有计划、有步骤地进行。一般地，贯标认证要经过组织策划、建立体系、投入运行和质量审核认证四个主要阶段。

1）组织策划

贯标工作的关键是要引起单位主要领导的高度重视，同时还要使单位管理层特别是部门领导充分认识到，贯标是单位生存和发展的需要，而不是应付从事。组织策划是贯标认证的前提，是对整个贯标认证过程的总体部署，其主要工作是统一思想、落实组织、培训宣传、制定计划等。贯标单位首先要成立贯标领导小组和贯标项目组，负责贯标过程中的日常管理工作，通过分层次的培训，使管理层特别是贯标项目组成员深刻领会标准内容、要求和具体做法，然后结合本单位的实际情况制定工作计划，即进行贯标总体设计。

第一是学习。ISO 9000 标准是在总结世界各国先进的质量管理经验的基础上制定出来的，集中地体现了当代科学的、先进的质量管理技术。通过学习，联系实际，使企业的相关人员能够搞清楚标准的术语含义。具体到每个相关人员要做到弄清质量、质量方针、质量管理、质量控制、质量保证、质量体系、质量手册、质量审核、质量成本以及全面质量管理等一系列质量管理方面的术语的定义和含义，以及它们之间的关系特别是质量管理、质量控制和质量保证之间的关系。

第二是总结。任何一个企业都有一些质量管理方面的经验，因此对于推行了全面质量管理的企业来说，首先要回顾和总结一下这方面的经验和存在问题，发扬成绩，找出薄弱环节和差距。另外即使是原来还没有推行全面质量管理的企业，也应当认真地把传统质量管理的经验从感性认识上升为理性知识。要在企业文化中树立质量第一的思想。

第三是对照。在总结本企业质量管理的经验教训过程中，认真地对照、比较 ISO 9000 族标准与本组织的质量工作，不仅可以找出差距也可明确改进的方向。

第四是策划。质量管理体系的策划包括：质量方针和目标的策划、质量管理组织的策划、质量管理体系要素策划以及质量管理体系文件策划等。

总之，组织策划主要包括资料收集、质量体系环境分析、制定质量方针、选择体系要素、设计评审等工作内容。它是从单位的质量方针、质量目标出发，根据质量管理和质量保证的总体要求，确定质量体系的总体结构，其中包括质量体系的组织机构、体系要素、质量活动、质量职责和权限、质量体系文件层次和纲目以及应配备的物资和人员等，以此作为建立和完善质量体系的依据。

2）建立体系

质量管理体系的建立是保证 ISO 9000 族标准有效运行的关键，因此贯标单位要根据本单位的现状、业务范围、过程特点以及各个部门之间的接口，按照 ISO 9000 族标准的要求，紧扣质量方针这一主题，确定出质量体系的总体框架、基本结构和三个层次文件的构成以及主要内容。一般地，建立体系要经过以下两个阶段：

（1）进行质量体系分析

为了建立完善可行的质量体系，首先要组织一批既懂专业技术与质量管理，又熟悉 ISO 9000 族标准的业务骨干，在广泛收集国内外有关资料、法规及标准，并进行认真学习研讨的基础上，按照 ISO 9000 族标准的要求，对本单位现有的传统质量管理模式进行深入剖析，围绕市场，面向用户，坚持以我为主，博采众长，通过详细的论证，把那些经过努力便可以达到的标准融入新的质量体系，以保证所建立的质量体系具有先进性、科学性和可行性。

（2）质量体系文件编制

质量体系文件编制是建立健全质量体系的关键阶段。质量体系文件是一个单位质量体系的表现形式，是质量体系运行的规范性依据，它既指导单位内部的所有质量活动，又可作为向需方提供证实本单位生产、科研或服务水平和质量管理能力的文件。

质量体系文件分为三个层次。其中：

A层次是质量手册，阐明本单位的质量方针和质量目标，并概述质量体系文件的结构。

B层次是程序文件，详细描述质量体系的全部要素，是与A层次的质量手册相配套的支持性文件。

C层次是作业文件，包括一些表格、报告、作业程序、质量记录等，它是保证质量手册和程序文件正确有效实施的工作文件质量体系文件的编制，应遵循“文标、文文、文实相符”的原则。即文件要与“标准”相符合，文件自身各条款要相互呼应，文件要与实际情况一致。同时要遵循“谁实施，谁编写”的原则，按质量职能分解至各责任部门编写，这样才能与各生产环节紧密结合，编写的文件才有比较强的可操作性。

3）投入运行

建立质量体系并使之文件化，实质上是为本单位的各项活动、各岗位的人员拟定了一个行为规范，要使质量体系在实践中不断得到优化和完善，就必须全员投入，狠抓运行。

首先要抓好全体职工的思想投入，即通过开展多种形式的培训，把职工的思想统一到质量体系的运行上来，各部门和个人都要明确自己的职责，熟悉应执行的程序文件和所有相关条款。其次要狠抓全员的行为投入，即用质量体系文件来规范每个人的行为，凡是文件上写到的就一定要做到；凡是文件上规定的原则、要求，就必须在实际工作中体现出来；凡是文件上明确的工作程序就务必遵照执行。认真推行以质量否决权为核心、质量奖惩制为主的经济责任制，使全体职工看到自己的工作成绩并激励他们生产出质量更好的产品。此外，还应积极开展内部审核。在质量管理体系运行过程中发现问题应及时采取措施，立即整改，以确保质量体系的有效运行。

4）质量审核认证

进行ISO 9000族标准认证的目的是为了进一步完善测绘行业的质量体系，不断提高测绘行业的整体素质，树立良好的企业形象，最终赢得市场、赢得用户。而强化各类审核工作则是确保质量体系正常运行，实现ISO 9000认证的最有效途径。

审核的形式一般可分为内部质量审查、项目内审、管理评审和人证预审四种。其中内部质量审查是确定质量活动和有关结果是否符合质量体系文件，以及这些文件是否有效地实施，能否达到预定的目标而进行的系统的检查。内部审核包括产品质量审核、过程质量审核和质量体系审核。项目内审是为了检验生产项目组织实施是否符合质量体系运行要求而组织的专项检查，通过内审达到各项目的组织接口关系清晰，工序控制正常，质量信息反馈渠道流畅，信息处理快捷的目的；管理评审是由单位最高管理者就质量方针和目标、质量体系的现状以及适用性所作的正式评价，评审时应指出这种体系文件的不足之处，以利于文件的修改和体系的完善；认证预审是质量认证咨询机构根据合同规定和审核计划，对已建立质量体系并有效运行的单位进行的初步审查。在上述各项审查中发现的问题，无论轻重均应逐项登记，立即整改，迅速干净地消除一切有悖于 ISO 9000 族标准之处。

经上述各项审核，认为所建立的质量体系运转正常，而且完全符合 ISO 9000 族标准后，再请认证机构进行最后审核，符合要求者则由认证机构颁发 ISO 9000 认证证书。

4.12 测绘产品质量管理与贯标的关系[40]

4.12.1 测绘行业管理的现状

当代测绘是一个技术较密集的、服务范围大的基础性地理和工程信息产业。测绘业务在于使用精密的技术手段，准确、及时地获取、处理地理信息和各类自然资源、自然环境以及各种人类社会基础设施的地理分布信息，制作成模拟式或数字式的测绘信息产品或直接参加工程建设，满足社会各行业的用户需要。根据现代科学技术的发展趋向，早在 20 世纪 80 年代初期，国家测绘主管部门就作出了逐步建立数字化测绘生产体系的战略部署，明确了我国测绘事业向现代化地理信息产业过渡的发展方向以及相应的产业政策。近年来，不少测绘单位努力发展数字化测绘生产技术，采用了 3S 加通信技术为代表的现代化测绘手段以及开发 4D 数字产品等测绘新品种，并且已经有了明显的成效，提升了测绘产品的档次，为国民经济建设和社会发展及时提供了可靠的测绘保障和服务。当前，国内测绘市场有了相当程度的发展，据有关统计资料显示，测绘市场应用高新技术完成测绘任务的比重，已占到年总任务量的 60%~70%。对于我国众多的测绘单位来说，在新旧世纪之交，面临着由传统测绘向现代地理信息产业转化、由计划经济体制向社会主义市场经济体制转化的历史性变革。努力实现测绘行业信息化、市场化，是摆在各测绘单位面前的迫切任务，也是一场严峻的挑战和难得的发展机遇。自开展全国测绘质量大检查以来，国家测绘局抓紧治理测绘产品质量，先后组织了“测绘行业质量普查”、“工程测绘产品抽查”；召开了全国测绘质量工作会议；发布、实施了《测绘质量监督管理办法》和《测绘生产质量管理规定》两个法规性文件，逐步加强了各省（区、市）测绘产品质检站的建设及执法力度。

完善的质量管理体系是综合智力质量问题的基础，持续、稳定的产品质量要靠健全的质量体系来保证，其关键是研究适合测绘行业质量管理模式的问题。现代质量管理融合了数理统计学、组织行为学、技术经济学等多种学科，在注重实效的思想指导下，科学管理、人本管理等各种理论趋于一体化，总的发展趋向是大质量观念的形成和发展。在质量管理领域内，管理模式已日益成为管理科学研究和实践所关注的核心问题。

每个组织都希望提供的产品满足顾客的要求。全球竞争的加剧已经导致顾客对质量的期望越来越高。为了竞争和保持良好的经济效益，组织（供方）需要使用更加行之有效的体系，这样的体系导致持续的质量改进并不断提高其顾客和其他收益者（员工、所有者、分供方、社会）的满意程度。所以，抓好测绘质量管理工作的战略选择，就是建立一套适用、可行、有效、经济的测绘质量管理体系。这个管理模式，对于测绘单位来说，应能满足以下的目标要求：

（1）能够持续、稳定地保证（及提高）测绘产品质量，赢得用户的满意和信任。

（2）有利于推进市场经营，树立测绘单位的优良形象，增加市场竞争力。

（3）能够形成合理的内部运行机制，规范全体职工的质量行为，在满足用户需要的同时获得较好的社会效益和经济效益。

（4）在继承和发扬测绘产品质量管理工作优良传统的基础上，采用科学的管理方法，建立起易于测绘职工接受的管理模式。

总之，建立测绘质量体系的设计思想就是质量好，成本低，有市场，有效益。能满足这些原则要求的可行途径就是引入并贯彻集中反映当代质量管理理论和方法的 ISO 9000 及 ISO 2000 系列标准，以标准要求为基础，健全和完善传统的测绘产品质量管理工作。

4.12.2　测绘质量监督管理办法

国家测绘局、国家技术监督局在联合发布的《测绘质量监督管理办法》（国测国字［1997］28 号）中明确规定了现行测绘产品质量检验方法及质量评判规则："测绘产品质量监督检查的主要方式为抽样检验，其工作程序和检验方法，按照《测绘产品质量监督检验管理办法》执行。"

《测绘产品质量监督检验管理办法》规定：各类测绘产品质量监督抽检的项目，评判标准及检测方法按《测绘产品质量监督抽检实施细则》（国家测绘局 1991 年 5 月）执行，这些细则包括：

（1）大地测量产品质量监督抽检实施细则（试行）。

（2）摄影测量与遥感测绘产品质量监督抽检实施细则（试行）。

（3）地图制图与地图印刷品质量监督抽检实施细则（试行）。

（4）工程测量产品质量监督抽检实施细则（试行）。

"测绘产品必须经过检查验收，质量合格的方能提供使用，检查验收和质量评定，执行 CH1002—95《测绘产品质量评定标准》"。（《测绘质量监督管理办法》第十条）

测绘产品质量检验有监督检验和委托检验两种不同类型，它们的区别主要表现在以下方面：

（1）检验机构服务的主体不同。监督检验服务的主体是审批、下达监督检验计划的测绘主管部门和技术监督行政管理部门。委托检验服务的主体是用户或委托方。

（2）检验根据不同。监督检验依据的是国家有关质量的法律，地方政府有关质量的法规、规章，国民经济计划和强制性标准。委托检验依据的一般是供需双方合同约定的技术标准。

（3）检验经费来源不同。监督检验所需费用一般由中央或地方财政拨款。委托检验费用则由生产成本列出。

（4）取样母本不同。监督检验的样本母本是验收后的产品。委托检验的样本母本是生产单位最终检查后的产品。

（5）责任大小不同。监督检验承检方需对批量产品质量结论负责，委托检验则根据抽样方式决定承检方责任大小。如果是委托方送样，承检方仅对来样的检验结论负责；若是承检方随机抽样，则应对批产品质量结论负责。

（6）质量信息的作用不同。监督检验反馈的质量信息供政府宏观指导参考，奖优罚劣。委托检验的质量信息仅供委托方了解产品质量现状，以便采取应对措施。

上述区别，决定了产品质量监督检验和委托检验采用的质量检验方法和质量评判规则的不同。在市场经济体制下，测绘产品质量委托检验在质检机构的业务份额中占据的比重越来越大。质检机构在承检委托检验业务时的首项工作，就是确定检验技术依据，而采用何种检验技术依据，一般应由委托方提出。检验技术依据选择的正确与否，将直接关系到产品质量判定的准确性，因此，质检机构的检验工作都是在确立的检验技术依据的基础上进行的，如检验计划的制定，检验计划的实施以及产品质量的判定等。因此，正确地选用检验技术依据就显得尤为重要。

下面所列《测绘产品质量检验技术依据明细表》，供有关测绘产品投资、生产和质量检验人员在确定产品质量检验技术依据时参考。在使用表中确定检验技术依据时，应注意以下几点问题：

（1）不论是什么性质的检验，凡有强制性标准，质检机构还要依照产品的强制性标准进行检验。测绘单位或质检机构都不得随意降低强制执行的技术指标。

（2）同类产品有可能出现两种以上标准的情况，例如，各种规格的地形图产品，既可执行表中所列地形图测量标准，也可执行工程测量类标准，执行哪类标准，应由测绘单位自主决定。

（3）测绘单位应及时掌握国家、行业标准信息，据此，变更有关标准目录，以免因信息闭塞，导致采用失效标准生产产品的行为发生。

4.12.3 测绘产品质量检验技术依据明细表

《测绘产品质量检验技术依据明细表》的内容见表 4-13。

表 4-13　**测绘产品质量检验技术依据明细表**

<table>
<tr><th rowspan="2">产品类型</th><th rowspan="2">序号</th><th colspan="4">检验数据依据</th></tr>
<tr><th>产品名称</th><th>产品质量标准代号/标准名称</th><th>性质</th><th>质量评判标准</th></tr>
<tr><td rowspan="10">大地测量</td><td>1</td><td>三角点、导线网</td><td>国测局 1974. 6 发/国家三角测量和精密导线测量规范</td><td></td><td rowspan="10">委托检验：
1. CH1002—95/测绘产品检查验收规定
2. CH1002—95/测绘产品质量评定标准
监督检验：
国测发（1991）107 号/大地测量产品质量监督抽检实施细则（试行）</td></tr>
<tr><td>2</td><td>一、二等水准点</td><td>GB12897—91/国家一、二等水准测量规范</td><td>强制</td></tr>
<tr><td>3</td><td>三、四等水准点</td><td>GB12897—91/国家三、四等水准测量规范</td><td>强制</td></tr>
<tr><td>4</td><td>天文点</td><td>国测局 1958 年发/一、二、三、四等天文测量细则</td><td></td></tr>
<tr><td>5</td><td>重力点</td><td>ZBA76001—87/国家一等重力测量规范</td><td></td></tr>
<tr><td>6</td><td>中、短程光电测距</td><td>ZBA76002—87/中短程光电测距规范</td><td></td></tr>
<tr><td>7</td><td>远程光电测距</td><td>GB12526—90/远程光电测距规范</td><td>强制</td></tr>
<tr><td>8</td><td>GPS</td><td>CH2001—92/全球定位系统（GPS）测量规范</td><td>强制</td></tr>
<tr><td>9</td><td>基线</td><td>国测局、总参（58）1109 文发/一、二等基线测量细则</td><td></td></tr>
<tr><td>10</td><td>大地测量计算</td><td>对应前述标准</td><td></td></tr>
</table>

续表

产品类型	序号	检验数据依据			
		产品名称	产品质量标准代号/标准名称	性质	质量评判标准
地形图	11	1∶500～1∶2000 地形图航摄	GB6962—86/1∶500～1∶2000 地形图航摄规范	强制	委托检验： 1. CH1002—95 2. CH1003—95 监督检验： 国测发（1991）107 号/摄影测量与遥感测绘产品质量监督抽检实施细则（试行）
	12	1∶500～1∶100000 地形图航摄	GB/T15661—1995/1∶5000～1∶100000 地形图航摄规范	强制	
	13	1∶500～1∶2000 地形图航测外业	GB7931—87/1∶500～1∶2000 地形图航外规范； GB7929—1995/1∶500～1∶2000 地形图图式	强制 强制	
	14	1∶500～1∶2000 地形图航测内业	GB7930—87/1∶500～1∶2000 地形图航内规范； GB7929—1995/1∶500～1∶2000 地形图图式	强制 强制	
	15	1∶5000～1∶10000 地形图航测外业	GB13977—91/1∶5000～1∶10000 地形图航外规范 GB5791—93/1∶5000～1∶10000 地形图图式	强制 强制	
	16	1∶5000～1∶10000 地形图航测内业	GB13977—91/1∶5000～1∶10000 地形图航内规范 GB5791—93/1∶5000～1∶10000 地形图图式	强制 强制	
	17	1∶25000～1∶100000 地形图航测外业	GB12341—90/1∶25000～1∶100000 地形图航外规范 GB12341—90/1∶25000～1∶100000 地形图图式	强制 强制	
	18	1∶25000～1∶100000 地形图航测内业	GB12341—90/1∶25000～1∶100000 地形图航内规范 GB12341—90/1∶25000～1∶100000 地形图图式	强制 强制	
	19	1∶500～1∶2000 地图数字化	GB/T5976—1995/1∶500～1∶2000 地形图数字化规范 GB7929—1995	强制 强制	
	20	影响图	GB15968—1995/遥感影像平面图制作规范	强制	
	21	平板仪测图	CJJ8—99/城市测量规范 GB50026—93/工程测量规范	强制 强制	
工程测量	22	平面控制测量	CJJ8—99/城市测量规范 GB50026—93/工程测量规范	强制 强制	委托检验： 1. CH1002—95 2. CH1003—95 监督检验： 工程测量产品质量监督抽检实施细则（试行）
	23	高程控制测量	CJJ8—99 GB50026—93	强制 强制	
	24	线路测量	CJJ8—99 GB50026—93	强制 强制	
	25	施工测量	CJJ8—99 GB50026—93	强制 强制	
	26	管线测量	CJJ8—99 GB50026—93	强制 强制	
	27	变形测量	CJJ8—99 GB50026—93	强制 强制	

续表

产品类型	序号	检验数据依据			
		产品名称	产品质量标准代号/标准名称	性质	质量评判标准
地籍测量	28	地籍控制测量	CH5002—94/地籍测绘规范 CH5003—94/地籍图图式	强制 强制	委托检验： 1. CH1002—95 2. CH1003—95 监督检验： （暂缺）
	29	地籍要素	CH5002—94 CH5003—94	强制 强制	
	30	地籍簿册	CH5002—94 CH5003—94	强制 强制	
	31	地籍图	CH5002—94 CH5003—94	强制 强制	
地图制图与地图印刷	32	1 ∶2500 ~ 1 ∶50000 地形图编绘	GB12342—90/1 ∶25000 ~ 1 ∶50000 地形图编绘规范	强制	委托检验： 1. CH1002—95 2. CH1003—95 监督检验： 国测（1991）107号/地图制图与地图印刷品质量监督抽检实施细则（试行）
	33	1 ∶100000 地形图编绘	GB12344—90/1 ∶100000 地形图编绘规范	强制	
	34	1 ∶250000 地形图编绘	GB15944—1995/1 ∶250000 地形 a 图编绘及图式	强制	
	35	1 ∶1000000 地形图编绘	GB14512—93/1 ∶1000000 地形图编绘及图式	强制	
	36	地形图印刷	GB14511—93/地形图印刷规范 GB14051—93/地形图用色	强制 强制	
	37	影像地图印刷	GB14510—93/影像地图印刷规范 GB14501—93	强制 强制	

测绘产品质量管理工作在贯标中所涉及的相关要素见表 4-14。

表 4-14　**测绘产品质量管理工作在贯标中所涉及的相关要素**

相关质量要素	相关部门	工作要点	相关程序文件	相关作业
4.5　文件和资料控制	质量管理处 各生产部门	1. 专人负责文件资料管理（含软件） 2. 负责与产品质量有关的文件发放和管理 3. 更改、变更与产品质量有关的文件并填写“文件更改记录”	CWO5 文件和资料控制程序	ZW02-02 ZW05-02 ZW05-03 ZW06-06
4.6　采购	生产经营处 分承包方	1. 对分承包方的测绘产品质量进行验证 2. 分承包测绘产品质量下降时报生产经营处 3. 必要时在货源处（分承包方的测绘产品生产地）进行验证	ZW06-01 测绘工程项目分承包控制程序	

续表

相关质量要素	相关部门	工作要点	相关程序文件	相关作业
4.10 检验和实验 4.12 检验和实验状态	生产经营处 质量管理处 各生产部门	1. 检查员应为专职的，且有相应资质并经过任命 2. 检验过程按规定记录，同时标明检验结果 3. 检验记录按规定归档 4. 检验场所的产品应标明检验状态，必要时应作说明	ZW10-01 测绘产品检验和实验状态	ZW01-03 ZW10-01 ZW10-02
4.13 不合格品控制 4.14 纠正和预防措施	质量管理处 各生产部门	1. 对发现的不合格品进行标识、记录、隔离，报告各相关部门 2. 组织对不合格品进行评审，对不合格品定性并提出处置意见 3. 对经过返工的不合格品重新检验 4. 分院发现的不合格品应报质量管理处，质量管理处汇总后报科技处、副总工程师、总工程师 5. 各项记录按规定保存在质量管理处	ZW13 不合格产品控制程序 ZW14 纠正和预防措施控制程序	

本章小结

1. 质量控制在监理工作的三大控制（质量、投资和进度）中占第一位，是贯彻“百年大计，质量第一”建设方针的根本措施。坚持“质量第一”和“以质取胜”的方针，把质量作为工程监理的生命，这是工程项目监理工作的根本指导思想。在质量控制中，监理工程师应坚持贯彻全面质量管理、提高生产三要素素质，以预防为主，坚持质量标准以及公正、科学以理服人和加强自身建设的监理工作基本准则，应严肃认真地履行监理工程师的职责，以创造优良的工程质量。

2. 建筑工程的质量是由论证、决策、设计、施工、试产以及投产等各阶段的工作质量因素决定的，其中工程施工的质量控制尤为重要。施工质量控制包括工序、分项、分部及单位工程（包括施工、安装及材料质量）以及竣工等诸多因素的质量控制，监理工程师应一丝不苟，深入第一线，以工序（分项）工程质量作为质量监理的核心，认真全面地进行质量技术控制工作。

3. 测量监理工程师在工程建设各个阶段都有自己一套完整的、其他专业无法比拟和替代的全面质量控制的工作方法。在质量控制中，测量监理工程师应以测量质量控制为立足点，扩宽自己的知识面，与其他相关专业（比如建筑施工、建筑施工管理等）配合并不断地加以扩展和融合，运用现代先进的工程建设测量的理论与技术，做好全面质量控制监理工作。

第5章　工程项目监理工作中的合同管理

5.1　工程项目招投标的基本概念

5.1.1　项目法人责任制

项目法人有以下几种组织形式：政府出资的新建项目，可由政府授权设立工程管理委员会作为项目法人；由企业投资进行改建、扩建和技改项目，企业的董事会是项目的法人；由各个投资主体以合资方式投建的新建、扩建、技改项目，由出资单位代表组成的企业法人是项目的法人。

根据国家有关法规规定，工程项目的勘察设计、施工应实行工程承发包制、招标投标制、合同管理制和建设监理制，其目的是为了规范建设市场，降低工程造价，提高工程质量和合理利用社会资源，这是对项目法人责任制的重要补充。通过引入市场竞争机制，一方面强化投资风险约束机制，分散了项目法人的风险，减轻了项目法人组织项目建设的工作量，使其集中精力从事监督、协调和服务；另一方面也保证了工程项目顺利实施和实现项目建设的目标，这是微观投资管理体制改革的重大措施。因此，项目法人责任制、工程承发包制、招标投标制和合同管理制的密切结合，对提高工程项目的管理水平具有重要的意义，但也必须明确，项目法人责任制是项目管理责任的主体。

5.1.2　工程项目招投标的基本概念

所谓“标”是指发标单位标明的有关工程项目的内容、条件、工程量、质量、工期、标准等的要求，以及不公开的工程价格（标底）。

所谓“招标”是指建设单位将工程项目的内容和要求以文件形式标明，招引项目承担单位来报价（投标），经过比较，选择理想承包单位并达成协议的活动。对业主来说，招标就是择优。由于工程项目的性质和评价标准不同，择优可能有不同的侧重点，业主在突出这些侧重点的同时，还应综合考虑下面四种因素：较低的价格、先进的技术、优良的质量和较短的工期，最后优选和确定中标者。

所谓“投标”是指承包商向招标单位提出承担该工程项目的价格和条件，供招标单位选择以获得承包权的活动。对于承包商来说，参加投标就是一场竞争，它关系到企业的兴衰与存亡，这种竞争不仅是比报价的高低，而且也是比技术、经验、实力和信誉。特别是当前国际承包市场上，工程越来越多的是技术密集型项目，势必给承包商带来两方面的挑战，一方面是技术上的挑战，要求承包商具有先进的科学技术，能够完成高、新、尖、难的工程；另一方面是管理上的挑战，要求承包商具有现代先进的组织管理水平，能够以较低价中标，靠管理和索赔获得利润。

建设工程的招标和投标，应当依照有关法律的规定公开、公平、公正地进行。这是工程招投标工作的基本特征。正规的招标活动必须在一些公开发表的报刊杂志上刊登招标公告，打破行业、部门、地区甚至国别的界限，打破所有制的封锁、干扰和垄断，争取尽可能多的投标者前来投标，进行公开的自由的竞争。招投标是独立法人之间的经济活动，按照平等、自愿、互利的原则和规范的程序进行，双方享有同等的权利和义务，受到法律的保护和监督。招投标的核心是竞争。按规定，每一次招标必须有三家以上投标，这样它们之间就形成了竞争，它们以各自的实力、信誉、服务、报价等优势，进行公平的竞争，取得中标。

建设单位招标应当具备下列条件：

(1) 是法人或依法成立的其他组织。

(2) 有与招标工程相适应的经济、技术管理人员。

(3) 有组织编制招标文件的能力。

(4) 有审查投标单位资质的能力。

(5) 有组织开标、评标、定标的能力。

不具备上述 (2) ~ (5) 项条件的，须委托具有相应资质的咨询、监理等单位代理招标。

建设项目招标还应当具备下列条件：

(1) 概算已经批准。

(2) 建设项目已正式列入国家、部门或地方的年度固定资产投资计划。

(3) 建设用地的征地工作已经完成。

(4) 有能满足施工要求的施工图纸及技术资料。

(5) 建设资金和主要建筑材料设备的来源已经落实。

(6) 已经建设项目所在地规划部门批准，施工现场的“三通一平”工作已经完成或一并列入施工范围。

工程项目招标有下列方式：

(1) 公开招标。由招标单位通过报刊、广播、电视等方式发布招标公告。

(2) 邀请招标。由招标单位向有承担该项目能力的三个以上企业发出招标邀请。

(3) 协商议标。对不宜公开投标或邀请招标的特殊工程，应报县级以上地方人民政府建设行政主管部门或其授权的招标投标的办事机构，经批准后，可以协商议标，参加议标的单位一般不得少于2家。

5.1.3 工程项目招投标的一般程序

这里以施工招标为例，概括一下工程项目招投标的一般程序：

(1) 招标的准备阶段。具有招标条件的单位填写《建设工程招标申请书》报有关部门审批。获准后，组织招标班子和评标委员会，编制招标文件和标底，发布招标公告，审定投标单位，组织招标会议和现场勘察，接受投标文件。

(2) 投标准备阶段。根据招标公告或招标单位邀请，选择符合本企业相应条件的单位，向招标单位表达投标意向，并提供资格证明文件和资料，资格预审通过后，组织投标班子，跟踪投标项目，购买招标文件，参加招标会议和现场勘察，编制投标文件，并在规定的时间内报送招标单位。

（3）开标评标阶段。按照招标规定的时间、地点，由招投标单位派代表并在公证人的公证下，当众开标，招标单位对投标者的资格进行审查、询标和评标。

（4）决标签约阶段。评标委员会提出评标意见，由决定单位决标，并向中标单位发出中标通知书，中标单位在接到通知书后，在规定的期限内与招标单位签订合同。

5.2 工程项目招标

5.2.1 施工招标的一般程序

施工招标一般应按下列程序进行：

（1）由建设单位组建适当的招标班子。在班子中，应有建设单位法人代表或其委托的代理人参加，应有与工程规模相适应的技术、财务和工程管理人员参加，对大型重要的招标项目一般还应该有主管部门、招标单位、设计单位、建设银行和投资金融单位及有关专家组成招标领导小组。

（2）向招标投标办事机构提出招标申请书。申请书的主要内容包括：招标单位的资质，招标具备的条件，拟采用的招标方式和对投标单位的要求等。

（3）编制招标文件和标底，并报招标投标办事机构审定。

（4）发布招标公告或发出招标邀请书。

（5）投标单位申请投标。

（6）对投标单位进行资质审查，并将审查结果通知各申请投标者。

（7）向合格的投标单位分发招标文件及设计图纸、技术资料等。

（8）组织投标单位踏勘现场，并对招标文件答疑。

（9）建立评标组织，制定评标、定标办法。

（10）召开开标会议，审查投标标书。

（11）组织评标，决定中标单位。

（12）发出中标通知书。

（13）建设单位与中标单位签订承发包合同。

下面对其主要程序的工作内容作简要介绍。

5.2.2 编制招标文件和标底

招标人应当根据招标项目的特点和需要编制招标文件。招标文件应当包括招标项目的技术要求、对投标人资格审查的标准、投标报价要求和评标标准等所有实质性要求和条件以及拟签订合同的主要条款。

国家对招标项目的技术、标准有规定的，招标人应当按照其规定在招标文件中提出相应的要求。

具体来说招标文件应包括以下内容：

（1）工程的综合情况，包括工程名称、地址、招标项目、占地范围、建筑面积和技术要求、质量标准以及现场条件、招标方式，要求开工和竣工时间，对投标企业的资质等级要求等。

（2）必要的设计图纸和技术资料。

（3）工程量清单。

（4）由银行出具的建设资金证明和工程款的支付方式及预付款百分比。

（5）主要材料与设备的供应方式、加工订货情况和材料设备差价的处理方法。

（6）特殊工程的施工要求以及采用的技术规范。

（7）投标书的编制要求。

（8）投标、开标、评标、定标等活动的日程安排。

（9）《建设工程施工合同条件》及调整要求。

（10）要求交纳的投标保证金的额度。

（11）其他需要说明的事项。

招标文件的作用：一是向投标人提供招标信息，以指导投标者进行投标分析和决策；二是承包商投标和业主评标的依据；三是招投标成交后，是业主和承包商签订合同的主要组成部分。因此，无论是业主还是承包商对招标文件都是十分重视的。

标底又称底价，由招标单位自行编制或委托经建设行政主管部门认定的具有编制标底能力的咨询、监理单位编制。编制标底时，应充分考虑投资项目的规模大小，技术难易，地理条件，工期要求，质量等级以及顾及到市场实际情况变化等因素。从全局出发，兼顾国家、建设单位和投标单位三者利益。标底由三部分构成：项目成本（工程费用）、投标者的合理利润及风险费等。一般控制在经批准的总概算及投资包干的限额内。一个工程只能有一个标底。所有接触过标底的人均负有保密责任，标底一经审定，应密封保存至开标时，不得泄露。

现在的招标文件有的也不设标底，特别是测绘工程的招标，往往业主在招标文件中明确设置上限作为基准价。也有些工程招标时规定，以所有投标单位中的最低报价为基准价，或以各家报价的平均值为基准价。评标时以基准价为标尺来评定商务得分。

总之，标底是招标人根据工程实际要求及行业定额的平均标准，对工程自我测算的工程预期所需费用的期望值，它是评标的重要依据，也是衡量招投标活动经济效益的依据，因此标底具有合理性、公正性和有效性。

5.2.3 招标文件示例

《××市1∶2000地形图航空摄影》招标文件

一、工程项目概况及投标人须知

1　工程项目概况

1.1　项目名称：

《××市1∶2000地形图航空摄影》

1.2　项目地点：

××省××市

1.3　项目招标人：

××省××市规划局

1.4　招标项目的基本情况

1.4.1　自然地理概况：

××市位于××省×部，×江之畔，沿海之滨，市辖境介于北纬××°××′—××°××′，东经×××°××′—×××°××′之间。现辖×区（××、××、××、××），×市（××、××、××），×县（××、××、××、××、××、××、××、××），陆域面积××××××平方公里，海域面积约×××××km^2。其中市区××××km^2。境内地势，从西南向东北呈梯形倾斜。山脉之间的溪流，大都由西向东注入大海。东部平原地区，主要有××平原、××平原，其间人工河道纵横交错。河流较长的有××江、×××江、××江。其中×××江为第二大河，干流长×××km。大港以下，河床逐渐增大、宽500~3000m，近河口区形成三角港。

摄区地势概况：摄区一面环海，地势北、西、南三面高、东面低，平地较少。摄区内山地约占50%，以×××山为最高峰，海拔达××××m，而平地的平均海拔仅约3m，且居民地密集。摄区气象概况：属于亚热带海洋季风气候，冬夏季风交替明显，四季分明，温度适中，雨量充沛。年均气温在16.1~18.2℃之间，年降雨量在1100~1200mm。一般在每年的9~12月期间比较适合航空摄影作业。

1.4.2　已有测绘资料

航空摄影区域1∶250000、1∶50000和1∶10000地形图。

1.4.3　项目的性质和任务数量

本项目是属于××市基础测绘项目，航空摄影的范围是：项目范围即摄影区域，西至××、××两区与××交界处、××××、××××北山一带，东至×海包括×××岛，北起××市×××镇与×××镇，南至××县××、××一带，包括××××××及××、×××、××、×××部分区域，即$B_{南}$=××°××′，$B_{北}$= ××°××′，$L_{西}$= ××°××′，$L_{东}$=××°××′；摄影面积约××××km^2，具体范围详见附图。

1.4.4　项目的基本要求：

（1）对摄影区域进行1∶8000真彩色航空摄影，提供的航摄资料（彩色底片、彩色及黑白相片等）应能满足制作××市1∶2000地形图数字化测绘产品：数字正射影像图（DOM）、数字高程模型（DEM）、数字线划地图（DLG）的要求。

（2）底片扫描精度不低于25μm。

（3）航摄胶片冲洗前，应在胶片两端晒印光楔试条，随自动冲洗仪一起冲洗，以便航摄资料验收时，检验感光度平衡和反差系数平衡所用。

2　投标人须知

2.1　投标条件

2.1.1　必须是国家正式批准和认可的能从事航空摄影的，并提供相应资质证明和经营许可证明以及工作业绩者。

2.1.2　能向国家或主管部门申请并取得允许本地区航空摄影飞行条件和解决飞行保障者。

2.1.3　交投标保证金（标价的1%），若未中标，则全额退回。

2.1.4　投标中所发生的一切费用自理。

2.2　承包方式

本项目采用单价承包合同方式。

2.3　投标程序安排及说明

2.3.1　　××××年××月××日发投标广告。

××××年××月××日接受投标申请。

××××年××月××日售招标文件。

一周后招标文件答疑并组织现场勘察。

××××年××月××日××时前递交投标文件。

2.3.2　　××××年××月××日××时开标，紧接着评标，投标文件澄清。

××××年××月××日定标、合同谈判并签订合同。

以上活动均在项目所在地进行。

2.4　技术规格和要求见二条。

2.5　投标文件按三条要求编写，投标文件按时交递，逾期作废标处理。

2.6　参照测绘合同范文本经双方协商签订航空摄影合同。

二、技术规格和要求

1　法律、标准

1.1　《中华人民共和国测绘法》，2002年12月1日施行。

1.2　《中华人民共和国合同法》，1999年10月1日施行。

1.3　《中华人民共和国招标投标法》，2000年1月1日施行。

1.4　GB/T6962《1∶500、1∶1000、1∶2000比例尺地形图航空摄影规范》。

1.5　GB/T 19294—2003《航空摄影技术设计规范》。

2　航摄技术设计的要求

总的要求是，在满足本项目的基本要求下（见一条中1.4.4），尽量采用成熟的新技术、新方法和新工艺。

2.1　航摄计划制定的要求

2.1.1　航摄比例尺不小于1∶8000，设计用图比例尺1∶50000或1∶25000。招标人提供的各种比例尺设计用图是属国家保密的测绘成果，投标使用单位应按照国家规定的保密制度进行使用和管理。否则，由此引起的一切后果由投标使用单位负责。

2.1.2　高差大于四分之一相对航高的地区，应进行分区航摄。分区线应与图廓边线相一致。按缩小的比例尺绘成测区图幅及地形分类摄区略图。在摄区略图上，要注明摄区代号，分区编号，图幅编号，摄区经纬度，重要城镇，河流，湖泊及有关说明等。

2.1.3　根据摄区划分情况，航线最好按东西方向直线飞行，水域航线尽可能避免像主点落水，要确保岛屿完全覆盖，并构成立体像对。采用GPS领航。

2.1.4　选择最近的季节和良好天气气象条件进行摄影：晴天日数多，大气透明度好，足够的光照度并避免过大的阴影；对于平地，太阳高度角大于20度，阴影不大于3倍；丘陵地，太阳高度角大于30度，阴影不大于2倍；山地，太阳高度角大于45度，阴影不大于1倍；一般城镇地区，太阳高度角大于30度，阴影不大于2倍。

2.1.5　在色温4500~6800K范围内进行航摄。

2.1.6　最后提供××市航摄技术设计书。主要内容应包括：技术设计依据，技术设计原则，摄区略图及航线敷设表，航摄主要技术数据，包括航摄因子计算、航摄时间计算表、GPS领航数据、摄影材料消耗计算等。

2.2　摄影仪和摄影器材的要求

2.2.1　常规真彩色摄影，像幅：23cm×23cm。航摄仪焦距152mm。有效使用面积内，镜头分辨率每毫米内不少于25线对。物镜径向的畸变差不大于0.015mm。

2.2.2　航摄仪在下列情况下要及时检定。

当距前次检定时间超过2年、快门曝光次数超过20000次、航摄仪经过大修或主要部件更换后以及航摄仪产生剧烈震动以后。提供最近一次的国家法定单位出具的检定证明书。检定项目及其精度要求是：主距（0.01mm）、框标坐标（0.01mm）、径向畸变差（0.003mm）、最佳对称主点坐标（0.01mm）、自准直主点坐标（0.01mm）。

2.2.3　航摄胶片采用柯达2444及相应显定液。对胶片的感光特性，包括感光度及感光度平衡、反差系数及反差系数平衡、曝光宽容度、灰雾密度等，在实摄前，按相应规定的方法予以测定。胶片片边应平整、光滑、无毛刺和裂口等。

2.2.4　晒印相纸及其显定液应根据采用的航摄胶片最佳配合来选取，其质量要保证满足本次成图精度要求。

3　飞行质量的要求

总的要求是，相片重叠、区间覆盖以及漏洞补摄按GB/T6962执行。

3.1　相片重叠的要求

3.1.1　航向重叠一般为60%~65%，个别最大不大于75%，个别最小不小于56%。

3.1.2　旁向重叠一般为30%~35%，个别最小不小于13%。

3.2　相片倾角的要求

相片倾角一般不大于2度，最大不超过3度。

3.3　相片旋角的要求

相片旋角一般不大于6度，最大不超过8度（且不得连续3片）。

3.4　航线弯曲度的要求

航迹平直。航线弯曲度不大于3%，同一条航线上相邻相片的航高差不大于30m，最大最小航高差不大于50m。摄影分区内的实际航高与设计航高之差不大于设计航高的5%。

3.5　测区、分区覆盖度的要求

测区边界航向及旁向覆盖要分别超出测区边界线不少于一条基线和不少于相幅的50%。分区边界线的覆盖，如果航向相同，旁向正常对接，航向各自超出分区界线一条基线；如航向不同，航向各自超出一条基线、旁向超出不少于相幅的30%。

3.6　漏洞补摄的要求

航摄资料不允许有任何漏洞。绝对漏洞和相对漏洞均要补摄，补摄按原设计要求和同型航摄仪进行，补摄航线的长度应超出漏洞长度一条基线。

4　摄影质量的要求

总的要求是，底片影像清晰，层次丰富，反差适中，色调柔和，色彩鲜艳、协调，能辨认出与影像比例尺相适应的细小地物影像，能建立清晰的立体模型。

4.1 底片的构像质量应满足下列要求

4.1.1 灰雾度（D_0）不大于0.2。

4.1.2 最小密度（D_{min}）不小于D_0+0.2。

4.1.3 最大密度（D_{max}）为1.2-1.6；对极个别特亮地区，不得大于2.0；对亮度特小地区，不得小于1.0。

4.1.4 影像反差（ΔD）0.6~1.4，最佳值为1.0。

4.1.5 感光度平衡和反差系数平衡符合要求。

4.1.6 底片定影和水洗必须充分。底片没有云、云影、划痕、静电斑、折伤、脱胶等缺陷。

4.2 底片压平质量好。当采用精密立体坐标仪检定，并按相对定向程序进行解算时，检查点上的剩余上下视差不大于0.02mm。

4.3 光学框标、机械框标及其他记录必须齐全、清晰。

4.4 目视检查满足总的要求。

5 成果质量自检和成果整理的要求

总的要求是，航摄执行单位应及时对下列项目，按GB/T6962规定的要求和方法进行自我检查和成果整理。

5.1 飞行质量和摄影质量自检的项目

5.1.1 相片重叠度。

5.1.2 相片倾斜角。

5.1.3 相片旋偏角。

5.1.4 航线弯曲度。

5.1.5 航高保持性。

5.1.6 测区、分区和图廓的覆盖度。

5.1.7 航摄漏洞补摄。

5.1.8 影像表观质量的检查。

5.1.9 航摄胶片的感光度平衡和反差系数平衡。

5.1.10 航摄仪压平精度检定。

5.1.11 目视检查底片框标影像及其他记录影像。

5.1.12 底片水洗情况。

对以上项目进行认真检查，并写出质量自我检查报告。

5.2 成果整理的要求

5.2.1 制作相片索引图

按分区范围制作索引图。幅面为25cm×30cm。同一摄区内，相邻索引图之间应保持一定的重叠。索引图要确保能够辨认清楚每条航线的相片编号，所有索引图共同构成反映摄区内全部有用的相片资料情况。图内应注出较大城镇、河流的名称，图外标明所在图幅号、摄区代号、航摄年月、摄影比例尺和制作者、检查者等内容。

5.2.2 底片的编号和注记

底片编号由摄区代号和底片片号组成，字体为4mm×6mm大小，端正、清晰、易读。

底片号码方向与航向前进方向一致，东西方向飞行时，片号标在相应于实地的西北角位置，南北方向飞行时，片号标在相应于实地的东北角位置。片号尽量靠近相片边缘，但不得压盖框标。每卷底片的两端，应分别有相同的注记，包括航摄日期、飞机型号、摄区代号、分区编号、底片卷号、所在图幅编号、航摄仪型号、焦距、暗盒号、起止片号、总片数等。

5.3 航摄成果包装按 GB/T 6962 执行。

6 成果验收的要求

6.1 航摄执行单位自检及资料移交

航摄执行单位按规范和航空摄影合同及本招标书的有关要求，对全部航摄成果资料逐项进行检查，并详细填写检查记录手簿和资料移交书，将成果资料移交给我方代表验收。

移交的资料主要包括：

6.1.1 真彩航摄底片和晒印的彩色相片和黑白相片（包括它们的型号和主要技术指标）、摄区的相片索引图底片和相片。

6.1.2 航摄仪检定记录和数据（包括航摄仪精度检定书）。

6.1.3 附属仪器记录数据和资料。

6.1.4 成果质量检查记录、航摄鉴定表。

6.1.5 各种登记表和移交清单。

6.1.6 成果质量自检报告。

6.1.7 其他有关资料。

提交上述成果的数量按航摄合同规定执行。

6.2 我方代表对成果资料检查验收

我方代表按规范和航空摄影合同及本招标书的有关要求，对全部成果资料进行检查验收。其主要工作内容如下：

6.2.1 飞行质量的检验

包括相片重叠度、相片倾斜角、相片旋偏角、航迹及航线弯度、测区、分区、图廓覆盖保证等。

6.2.2 影像质量的检验

包括底片压平质量、框标齐清性、航摄胶片感光度平衡和反差系数平衡，底片色彩表达及影像表观质量等指标。

6.2.3 内方位元素及框标坐标的鉴定书。

6.2.4 附件的检查验收

主要包括航摄资料移交书、航摄鉴定表、底片移交清单、航摄测区范围略图等。

6.2.5 填写航摄质量鉴定表

表眉包括：摄区、摄影比例尺、绝对航高、分区、相片总数。

表心包括：航线编号、航摄日期、航摄仪镜筒号、航线两端（起、止）号码、片数。

6.2.6 写出航摄成果资料检查验收报告

主要内容包括：航摄的依据——技术规范、航摄合同，航摄仪有关数据，完成的航摄图幅数和面积，对成果资料质量的基本评价，存在的问题及处理意见等。

6.2.7 双方代表协商处理检查验收工作中发现的问题，经双方同意对全部成果资料检查验收合格后，双方在移交书上签字，并办理正式移交手续。

7　工期要求

××××年×月至×月底。具体按合同执行。

8　航空摄影成果的版权和使用

航空摄影成果的版权和使用权均属于我方。航摄执行单位不得以任何借口拷贝，否则承担由此产生的一切法律和经济责任。未经我方允许，任何单位和个人不得转让和使用本项目成果，否则承担由此产生的一切责任。

三、投标文件及标价

1　投标文件的编制

1.1　投标文件的编制是一项政策性、技术性、专业性很强的工作。要建立在科学分析和可靠计算的基础上，实事求是地编制。严禁串标、骗标。

1.2　投标文件应当对招标文件中提出的实质性要求和条件作出响应。特别是对该项目的技术规格和要求、对投标人资格标准要求、投标报价要求、评标标准以及合同签订的主要条款等作出响应。

1.3　投标文件内容按下列顺序编写

1.3.1　《××市1∶2000地形图航空摄影》投标书。法人或法人代表签字。

投标书必须对招标文件中的下列要求和条件，列表作出明确而实质性的响应：

标价（万元）。

主要技术新意。

工期（起止日期）。

飞机和航摄仪型号及器材。

项目（技术）负责人素质。

让利优惠条件等。

1.3.2　投标单位航摄测绘资质证书及营业执照复印件。

1.3.3　标价的工程量清单（单项工程名称、单位、数量、单价、总价）及说明。

1.3.4　投标附件

(1) 投标附件说明。

(2) 工作大纲。

(3) 航摄技术设计方案。

(4) 保证质量、进度、生产安全管理办法。

(5) 组织生产实施计划。

(6) 投标单位基本要素表。

1) 投入本工程单位注册情况。

2) 投入本工程技术人员情况表（含高工、工程师、助工、技术员、其他、合计）。

3) 投入本工程项目及主要技术负责人员（指高工、工程师）的简历表（姓名、年龄、职称、资历、主要经历、备注）。

4) 近年来完成的主要项目及成绩表（年份、完成项目金额、主包或分包项目内容、备注）。

5）承包同类工程简历表（年度、承包工程具体项目、工程类型及特点、完成期限、备注）。

6）用于本工程主要仪器设备表（名称、型号、性能、数量、所属、备注）。

1.4　提供投标文件的方式、地点和截止日期

在接受投标截止日期前（包括当日，以邮戳为准），由专人或邮件直送招标单位，逾期者作为废标。

2　投标价格要求及其计算方式

投标价格的计算和确定是企业的管理水平、装备能力、技术力量、劳动效率和技术措施等综合水平的反映，也是决定能否中标的重要条件之一。

标价计算的主要依据有：

2.1　招标文件中包括工程范围、技术质量及工期的要求等。

2.2　工程量清单。

2.3　国家规定的现行通用航空收费标准和办法。

2.4　航摄技术设计。

2.5　测绘市场信息。

投标标价费用中的航摄面积等费用，结合工程实际情况，按国家规定标准执行；材料费（胶卷、相纸、药品）等按实际发生的费用核计。这些尽量在工程量清单中得到反映。

四、开标、评标、定标、签订合同

1　开标

1.1　开标在提交投标文件截止时间的同一时间和开标地点进行。

1.2　开标由招标人主持，邀请所有投标人参加。

1.3　开标时，由招标人委托的公证机关检查投标文件的密封情况并予以公证；经确认无误后，由工作人员当众拆封，对接收到的投标文件按收文时间先后，逐一宣读投标人名称、项目技术负责人及其职称、投标价格、主要技术新点、项目起止日期、航摄仪类型及优惠条件等要点内容。

1.4　开标过程应当做好记录，并存档备查。

2　评标

2.1　组建评标委员会

依法组建评标委员会，负责评标活动。评标委员会根据招标文件规定的评标标准和方法，对投标文件进行系统的评审和比较。向招标人推荐中标候选人。

2.2　评标的基本原则：公平、公正、科学和择优的原则。并按以下程序和方法进行评标。

2.3　初评

主要对投标文件的有效性、完整性、与招标文件的一致性以及标价计算的正确性等进行初评。主要内容包括：

（1）投标人资格条件是否符合国家有关规定和招标文件的要求。

（2）应该提交的证明文件（资质和执照复印件）是否齐全和有效。

（3）技术资料（航摄技术设计书、航摄组织计划、单位基本素质等）是否齐全，有

无明显不符合技术规格、技术标准的要求。

(4) 报价的计算是否符合三条中第2款的要求。

(5) 全部文件是否按规定签名和加盖公章。

(6) 是否按照招标文件要求提供投标担保。

(7) 项目完成期限是否超过招标文件规定的期限。

(8) 有否对招标人提出无法接受的附加条件等。

投标文件如有上述情形之一的，被视为投标重大偏差或未能对招标文件作出实质性响应，评标委员会可以否决其投标。

在初评过程中，根据评标委员会的要求，投标人可以对其投标文件中的重要问题作进一步的说明和澄清，时间不超过15分钟，请投标人事先做好准备工作。

2.4 技术评审

2.4.1 投标单位的航摄技术设计质量的评审。侧重于对本项目任务的理解程度，对工作有无创造性的指导思想以及所采用的技术路线、手段和方法是否妥当，是否科学，是否能满足对项目航摄的需要。主要内容包括：

(1) 航摄技术设计的要求（主要是：航摄比例尺、摄区的划分、航摄技术数据等)。

(2) 飞行质量的要求（主要是：相片重叠、摄区覆盖以及漏洞补摄等)。

(3) 摄影质量的要求（主要是：底片影像、层次、反差、色调、色彩、建立清晰的立体模型等)。

(4) 成果质量自检和成果整理的要求（主要是：自检项目的齐全性，方法的合理性和有效性，成果的数量与标准等)。

(5) 成果验收的要求（主要是：提交成果的数量、验收项目及航摄鉴定书等)。

(6) 工期要求。

(7) 航空摄影成果的版权和使用。

2.4.2 技术设备评审。主要内容包括：航摄仪类型，主要技术指标，使用飞机类型，彩色胶片的型号、显定液，相纸选取以及冲洗技术等。

2.4.3 配备人员素质和信誉、航摄经验和业绩的评审。侧重于五方面：

(1) 项目负责人及主要技术负责人的一般资历，包括学历、专业成绩、任职经历等。

(2) 对项目本身的适应情况，包括：从事类似工程的直接经验，本项目是否与其专业特长和经验相符。

(3) 对项目外部环境的适应和熟悉程度。

(4) 取得的主要业绩及获奖情况等。

(5) 投标单位过去执行合同情况、所完成的航摄质量的评价以及履约情况。

2.4.4 组织实施方案的评审。本项评审主要侧重于投标单位的管理措施和管理水平。其中包括整个工程项目的组织计划和进度安排、航飞计划和作业期限、风险防范措施等。

2.5 商务评审

2.5.1 即对各投标书中的总价进行评审和比较，同时也对面积费、真彩摄影的附加费以及其他的材料费等，从单位、单价、数量及金额等项进行逐项审查核算，以便确认投标报价的合理性和可靠性以及发生的偏差。

2.5.2　估算各投标单位的中标经济效果。

2.5.3　研究潜在的风险。施工意外事故及伤亡事故以及承担拖期赔偿费等，这些潜在风险损失，应由投标人负责。

2.6　评标采用项目综合评价指标体系和方法

2.6.1　综合评价指标体系主要内容包括：投标报价、技术设计水平、工期、企业素质和信誉、投入的仪器设备和附加优惠条件等评价因素。

2.6.2　综合评价的方法是，首先将各指标作标准数量化处理，在顾及指标权重下，按构建的综合评价模型，计算最后评价分值，并依此作为投标书排序和方案优选的依据。评出一个技术合适、标价合理、质量工期都有保证以及服务优惠的最佳投标者。

2.6.3　评标委员会完成评标后，应当向招标人提出书面评标报告，并抄送有关行政监督部门。

3　推荐中标候选人与定标

3.1　中标人的投标应当符合下列条件之一：

3.1.1　能够最大限度满足招标文件中规定的各项综合评价标准。

3.1.2　能够满足招标文件的实质性要求，并且经评审的投标价格最低，但是投标价格低于成本的除外。

3.2　中标人确定后，招标人应当向中标人发出中标通知书，与中标人在5个工作日之内签订合同。同时，通知未中标人，并退回投标保证金。

4　签订合同

4.1　招标人应当与中标人按照招标文件和中标人的投标文件订立书面合同。

4.2　航摄合同的主要内容：

4.2.1　航摄地区，摄影面积（摄区范围以经纬度和图幅号用略图标明），成图方法，成图比例尺和摄影比例尺。

4.2.2　航摄仪的类型、焦距和相幅，以及需要配备的航摄附属仪器。

4.2.3　特殊的技术要求，提供的成果资料名称和数量。

4.2.4　执行任务的季节和期限。

4.2.5　合同价款及拨款和结算方式。

4.2.6　合同变更和终止以及解决合同纠纷的方式。

五、其他说明事项

1　投标文件按A4幅面打印装订，一式10份，在招标截止日期前，交招标单位。

2　未尽事宜可直接同招标人联系。

5.2.4　投标者资格预审

资格预审的主要内容如下：

（1）法人地位。包括投标单位的法定名称、单位地址、营业执照、公司章程、组织机构及领导成员等。特别要警惕买空卖空的经纪人以及与招标文件中的条件要求不符的事情发生。

（2）信誉。特别是投标单位所完成过哪些工程项目及其质量评价信誉，有否违约等情况。

（3）财务情况。这是预审的一项重要内容，特别要注意投标单位的承包收入、投标能力和可获得的信贷资金等三方面的实际情况的审查。

（4）技术资格。要从管理人员、施工设备以及施工经验等方面作重点审查。

资格预审应由建设单位、委托编制标底单位、工程监理单位以及政府主管部门参加，一般的评标方采用“定项评分法”，并采用百分制计分，即按事先规定的预审内容按一定的标准打分，并赋予一定的权重，按加权平均得出最后分值，作为该单位资格预审的最后评分。

5.2.5 开标、评标、定标、签订合同

1. 开标

开标是指在招标文件规定的日期和地点，由招标人组织和主持，在有所有投标单位参加，并有建设单位上级主管、当地计划部门、经办银行、监理单位、公证机关等负责人参加的情况下，由主持人在公证人员公证下开箱，并逐一开封和宣读主要内容，并按投标单位、总标价、总工期、三材用量、附加条件和补充声明等内容逐一填入表册登记，并由读标人、登记人和公证人签名，作为开标的正式记录，由招标单位保存。对于非公开招标的开标，不是公众开标，而是采用内部开标，即同被确定的几家投标单位分别会谈议标，最后由招标单位选中其中的中标人。

2. 评标

开标后立即进入评标。

1）首先组建评标委员会。评标委员会由招标人负责组建。评标委员会由招标人或其委托的招标代理机构中熟悉相关业务的代表，以及有关技术、经济等方面的专家组成，成员人数为五人以上单数，其中技术、经济等方面的专家不得少于成员总数的三分之二。评标委员会的专家成员应当从省级以上人民政府有关部门提供的专家名册或者招标代理机构的专家库内的相关专家名单中确定。

2）评标专家应符合下列条件：

（1）从事相关专业领域工作满八年并具有高级职称或者同等专业水平。

（2）熟悉有关招标投标的法律法规，并具有与招标项目相关的实践经验。

（3）能够认真、公正、诚实、廉洁地履行职责。

有下列情形之一的，不得担任评标委员会成员：

（1）投标人或者投标主要负责人的近亲属；

（2）项目主管部门或者行政监督部门的人员；

（3）与投标人有经济利益关系，可能影响对投标公正评审的；

（4）曾因在招标、评标以及其他与招标投标有关活动中从事违法行为而受过行政处罚或刑事处罚的。

3）评标活动遵循公平、公正、科学、择优的原则。

4）评标的准备与初步评审

评标委员会成员应当编制供评标使用的相应表格，认真研究招标文件，至少应了解和熟悉以下内容：

（1）招标的目标。

（2）招标项目的范围和性质。

（3）招标文件中规定的主要技术要求、标准和商务条款。

（4）招标文件规定的评标标准、评标方法和在评标过程中考虑的相关因素。

评标委员会应当根据招标文件规定的评标标准和方法，对投标文件进行系统的评审和比较。招标文件中没有规定的标准和方法不得作为评标的依据。

评标委员会可以书面方式要求投标人对投标文件中含义不明确、对同类问题表述不一致或者有明显文字和计算错误的内容作必要的澄清、说明或者补正。澄清、说明或者补正应以书面方式进行并不得超出投标文件的范围或者改变投标文件的实质性内容。

投标人资格条件不符合国家有关规定和招标文件要求的，或者拒不按照要求对投标文件进行澄清、说明或者补正的，评标委员会可以否决其投标。

评标委员会应当审查每一投标文件是否对招标文件提出的所有实质性要求和条件作出响应。未能在实质上响应的投标，应作废标处理。

5）详细评审

经初步评审合格的投标文件，评标委员会应当根据招标文件确定的评标标准和方法，对其技术部分和商务部分作进一步评审、比较。

评标委员会应当根据招标文件逐项对列出投标文件的全部投标偏差进行详细评审。

科学的评标方法对于实现公平竞争、合理选定中标者是极其重要的。根据具体工程评标时所涉及的因素不同、侧重点不同应采用相应的评标方法。常用的评标方法有：

（1）专家综合评议法

这种方法实质上是根据事先拟定的评标要素，比如报价、工期、组织设计、技术质量保证、安全措施等，分项进行分析、比较和综合评议，选择其中优秀者为中标单位。其实质是定性的优选法，其优点是能深入广泛地听取各方意见。其缺点是容易出现众说纷纭、意见不好统一的现象，影响评标的正常进行。

（2）低标价法

这是世行贷款项目常采用的一种评标方法。它的基本思想是，在预审通过及其他评标内容都符合要求的前提下，只按商务标即投标报价来定标。具体做法有两种：一种是直接按投标者的报价从最低价开始依次排队选前三名，另一种是按标底和评标委员会拟定的合理标价为参考价，选择低于和高于参考价一定幅度的标进行综合分析比较，从中选择中标者。

（3）综合评价计分法

将在后面作详细介绍。

评标和定标应当在投标有效期结束日 30 个工作日前完成。不能在投标有效期结束日 30 个工作日前完成评标和定标的，招标人应当通知所有投标人延长投标有效期。

3. 推荐中标候选人与定标

评标委员会完成评标后，应当向招标人提出书面评标报告，并抄送有关行政监督部门。评标报告应当如实记载以下内容：

（1）基本情况和数据表。

（2）评标委员会成员名单。

（3）开标记录。

（4）符合要求的投标一览表。

（5）废标情况说明。

（6）评标标准、评标方法或者评标因素一览表。

（7）经评审的价格或者评分比较一览表。

（8）经评审的投标人排序。

（9）推荐的中标候选人名单与签订合同前要处理的事宜。

（10）澄清、说明、补正事项纪要。

评标委员会推荐的中标候选人应当限定在一至三人，并标明排列顺序。

中标人的投标应当符合下列条件之一：

（1）能够最大限度满足招标文件中规定的各项综合评价标准。

（2）能够满足招标文件的实质性要求，并且经评审的投标价格最低，但是投标价格低于成本的除外。

4. 签订合同

中标人确定后，招标人应当向中标人发出中标通知书，同时通知未中标人，并与中标人在30个工作日之内签订合同。

中标通知书对招标人和中标人具有法律约束力。中标通知书发出后，招标人改变中标结果或者中标人放弃中标的，应当承担法律责任。

招标人应当与中标人按照招标文件和中标人的投标文件订立书面合同。招标人与中标人不得再行订立背离合同实质性内容的其他协议。

招标人与中标人签订合同后5个工作日内，应当向中标人和未中标的投标人退还投标保证金。

5.2.6 项目（评标）综合评价方案和方法

1. 项目综合评价的概述

1）项目综合评价的概念与意义

项目综合评价是对项目的社会、经济、技术、环境等因素的综合价值进行权衡、比较、优选和决策的活动，是一项重要的项目优化方法。项目投资活动是为了达到一定技术的、经济的、社会的及资源的多种目标，为此，人们要针对预期的目标，构成多种可供选择的技术方案，以便从中优选。对多方案进行综合评价，可以为实现预期目标选择一种最佳的方案。因此，项目综合评价对科学决策具有重要的意义。

特别是一些大型的项目，随着项目规模的扩大，影响范围的增大，涉及因素越来越多，因此，在大型工程项目决策中，仅根据技术上可行、经济效益良好来选择方案就不够全面，有时甚至会造成许多没有料想到的不良后果。因此，为了保障方案选择的合理性和总体决策的正确性，为方案选择提供可靠依据，我们必须对提出的各种方案进行综合评价。

2）项目综合评价的原则

项目综合评价应遵循下列原则：

（1）科学性原则

项目综合评价的科学性主要体现在评价目标的确立、评价指标体系的建立、各指标值的测定以及指标的合理综合等关键环节上。为了处理好这些环节，必须遵循系统观点，对评价对象作系统分析，包括评价对象的构成要素以及各构成要素之间的相互联系与作用。

（2）客观性原则

客观性是项目综合评价的生命。离开了客观性，评价就失去了意义。实现客观性的难点是对那些模糊的、难以量化的指标的处理，切忌主观随意性。影响客观性的另一个难点是对系统逻辑结构、层次及因果关系的正确分析。逻辑关系搞错了，就失去了真实性。

（3）可比性原则

项目综合评价通常是对若干被选方案作横向分析比较，因此，评价目标、评价指标体系、评价模型、指标价值的测定以及综合方法，都要具备可比性，只有这样，才能作出公平的评价结果。

（4）可行性原则

即项目综合评价的一整套方法应具有可操作性。

3）项目综合评价的程序

（1）确定项目的评价目标

应对项目总目标及分目标给予明确定义，并明确各目标之间的主次和隶属关系。

（2）建立综合评价指标体系

指标是目标内涵的体现及衡量测定的尺度。

（3）对指标进行标准化处理

它包括两项内容：一是将指标标准化，二是将指标定义数量化。

（4）确定指标权重

由于各指标对目标的相对重要程度不同，或者说各指标对目标的贡献不同，因此，对不同指标要赋予不同的权值。

（5）构造综合评价模型

综合评价结果不是指标的简单加和，需要根据一定的数学方法进行处理，其数学方法称为评价模型。

（6）综合评价结果的排序

对被评价的各个方案按综合评价结果进行排序，作出项目的选择和决策。

2. 项目综合评价指标体系的建立

评价指标体系是指被评价对象的目标及衡量这些目标的指标按照其内在的因果和隶属关系构成的树状结构。

1）建立评价指标体系的原则

为了全面、真实地反映被评价项目的价值构成，并使评价指标体系便于操作运算，因而建立评价指标体系时应遵循下列原则：

（1）系统性原则

综合评价的指标体系，一方面要尽可能完整、全面而系统地反映项目的全貌，另一方面还要力求抓住主要因素，突出重点，不搞面面俱到。

(2) 科学性和实用性原则

指标体系应正确地反映被评价项目各价值构成要素的因果、主辅、隶属关系及客观机制，在满足完备性要求的前提下，指标的设置应力求简练、含义明确和便于操作。

(3) 互斥性与有机结合原则

指标体系中应排除指标间的相容性，消除重复设置指标而造成评价结果失真的不合理现象。不应出现过多的信息包容、涵盖而使指标内涵重叠。但指标间完全独立无关就构成不了一个有机的整体，因此指标之间应有逻辑关系。

(4) 动态与稳定性原则

为了进行综合的、动态的比较，指标设置应是静态、动态相结合，并具有相对稳定性，以便借助指标体系探索系统发展变化的规律。

(5) 可比性原则

综合评价的目标是鉴别项目优劣，选择最优方案。因此，项目比较必须建立共同的比较基础和条件，符合可比性原则，主要包括满足需要上的可比、消耗费用上的可比、价格上的可比和时间上的可比等。

2) 项目综合评价指标体系的内容

一个大型、复杂的对国民经济有重大影响的投资项目，其综合评价的内容一般包括技术评价、经济评价、社会评价和风险评价。

(1) 技术评价

技术评价是以投资项目中所采用的技术措施为评价对象，如技术、工艺流程、生产设备、生产组织方式等。评价的目的是考虑技术措施能否实现系统的整体功能及实现的程度。评价的内容包括技术的先进性、可行性、实用性、可靠性、成功率、标准化、系列化、技术的负效应、实现技术措施的生产技术条件、协作条件及物质供应条件等。不同的技术方法有不同的技术评价内容，应结合专门技术进一步具体化。

(2) 经济评价

经济评价是以技术和其他投入要素对经济的发展与增长的作用为评价对象，并对一组经济指标作出定量描述。技术的先进性将直接表现在产品的功能、产量和结构工艺方面，最终将反映到成品的成本费用和收益上，即经济合理性上。

经济评价的内容包括企业经济评价和国民经济评价。企业经济评价是以提高产品产量和质量，减少消耗，降低成本，增加企业经济效益为目标的，可用一组时间性、价值性和比率性指标来衡量。国民经济评价是以提高社会总产值、国民收入以及经济结构优化为目的的，也可用一组经济指标来描述。

(3) 社会评价

对投资项目的评价不仅要着眼于它的技术效果和经济效益，同时必须考虑它对社会带来的利益和影响。社会评价的内容包括社会经济、自然资源、自然与生态环境以及项目与社会环境的相互影响等方面。

(4) 风险评价

风险是指由于某些随机因素引起的投资项目的总体实际效果与预测效果之间的差异，以及这种差异的程度和出现这种差异的可能性大小。由于社会、市场千变万化及各类信息的不完备性和不准确性，必然导致项目投资带有不确定性和风险性。因此，在项目综合评价时，风险评价必不可少。只有充分认识到与项目相关的各类风险的来源与本质特征，并进行科学的预测分析，采取必要的措施与防范，才能使项目风险降低到最小，并取得最大的风险效益。

3. 指标的标准化处理

在项目综合评价中，由于各个指标的单位不同、量纲不同、数量级不同，因此会影响评价的结果，甚至造成项目决策失误。为了统一标准，必须对所有评价指标进行标准化处理。

一般说来，所有评价指标从经济的意义上区分，无非是两大类：一类是效益指标，如利益、产值、功能、效用等，它们都是求最大值，越大越好；另一类是成本指标，如成本、能耗、物耗、人工、投资等，它们都是求最小值，越小越好。

现假设：

① 项目综合评价有 m 个决策方案 $A_i(1\leqslant i\leqslant m)$；

② 进行综合评价有 n 个评价指标 $f_j(1\leqslant j\leqslant n)$；

③ m 个决策方案、n 个评价指标所对应的指标特征值构成一个 $m\times n$ 阶的矩阵，记为 $\boldsymbol{X}=(x_{ij})$，其中(x_{ij})表示第 i 个方案 A_i、第 j 个指标 f_j 的指标值；

④ 指标值矩阵 $\boldsymbol{X}$ 经标准化处理后的矩阵为 $m\times n$ 阶的 $R=(R_{ij})$。

1)标准化处理方法

(1)线性比例变换法

① 对于效益指标，对于 $1\leqslant i\leqslant m$，取 $x_j^*=\max x_{ij}>0 \quad (1\leqslant j\leqslant n)$

则定义：
$$R_{ij}=x_{ij}/\ x_j^* \tag{5.1}$$

② 对于成本指标，对于 $1\leqslant i\leqslant m$，取 $x_j^{\square}=\max x_{ij} \quad (1\leqslant j\leqslant n)$

则定义：
$$R_{ij}=\ x_j^{\square}/x_{ij} \tag{5.2}$$

该变换的优点是：

① $0\leqslant R_{ij}\leqslant 1\ (1\leqslant i\leqslant m,1\leqslant j\leqslant n)$；

② 计算方便；

③ 保留了相对排序关系。

(2)极差变换法

① 对于效益指标，对于 $1\leqslant i\leqslant m$，记 $f_j^*=\max(x_{ij})$，$f_j^{\square}=\min(x_{ij})$

则定义
$$R_{ij}=(x_{ij}-f_i^{\square})/(f_i^*-f_i^{\square}) \quad (1\leqslant i\leqslant m,1\leqslant j\leqslant n) \tag{5.3}$$

② 对于成本指标，对于 $1\leqslant i\leqslant m$ 记 $f_j^*=\min(x_{ij})$，$f_j^{\square}=\max(x_{ij})$

则定义
$$R_{ij}=(\ f_i^{\square}-x_{ij})/(f_i^{\square}-f_i^*\ ) \quad (1\leqslant i\leqslant m,1\leqslant j\leqslant n) \tag{5.4}$$

极差变换法的优点是：

① $0\leqslant R_{ij}\leqslant 1 \quad (1\leqslant i\leqslant m,1\leqslant j\leqslant n)$；

② 对于每一个评价指标 f_j，总是有最优值 $R_{ij}^*=1$，最劣值 $R_{ij}^{\square}=0$。

2)模糊指标的定量化

在多指标评价中，不少指标是模糊指标，只能定性地描述，例如“质量很好”、“性能一般”、“外观美极了”、“服务态度很差”等，对于这些模糊指标，必须赋值，使其定量化。一般来说，对指标最优值可赋值为 10.0，对指标最劣值可赋值为 0。例如：

(1)对效益指标		很低	低	一般	高	很高	
	0	1.0	3.0	5.0	7.0	9.0	10.0
(2)对成本指标		很高	高	一般	低	很低	
	0	1.0	3.0	5.0	7.0	9.0	10.0

4. 指标权重的确定

确定指标权重就是要对各指标的重要性进行评价,指标越重要,其权重就越大;反之,则越小。权重一般要进行归一化处理,使之介于0与1之间,各指标权重之和等于1。权重的确定目前主要有主观法、客观法以及主观与客观相结合法三大类方法。

5. 项目综合评价模型

项目综合评价有很多数学模型,这里应用模糊优选理论,提出项目综合评价模型。

(1)项目综合评价模糊优选模型

设经过处理后的相对优属度矩阵为 $m \times n$ 阶 $R=(R_{ij})$,显然 R_{ij} 总是越大越好。

定义:各评价指标的理想属性值为 $\boldsymbol{E}=(E_1,E_2,\cdots,E_n)^{\mathrm{T}}=(1,1,\cdots,1)^{\mathrm{T}}$;各评价指标的非理想属性值为 $\boldsymbol{B}=(B_1,B_2,\cdots,B_n)^{\mathrm{T}}=(0,0,\cdots,0)^{\mathrm{T}}$。在此,称由理想属性值构成的方案为优等方案,由非理想属性值构成的方案为劣等方案。又设评价指标的权重向量为 $\boldsymbol{W}=(W_1,W_2,\cdots,W_n)^{\mathrm{T}}$, $\sum W_j=1$。若以 u_i^+ 表示方案 i 对优等方案的相对隶属关系,则方案 i 对劣等方案相对的隶属度为 $u_i^-=1-u_i^+$。

定义:方案 i 的加权距优距离为

$$
\begin{aligned}
S_i^+ &= u_i^+\left(\sum (W_j(E_j - R_{ij}))^2\right)^{1/2} \\
&= u_i^+\left(\sum (W_j(1 - R_{ij}))^2\right)^{1/2}
\end{aligned}
\tag{5.5}
$$

方案 i 的加权距劣距离为

$$
\begin{aligned}
S_i^- &= u_i^-\left(\sum (W_j(R_{ij} - B_j))^2\right)^{1/2} \\
&= (1 - u_i^+)\left(\sum (W_jR_{ij})^2\right)^{1/2}
\end{aligned}
\tag{5.6}
$$

为了求解方案 i 相对优等方案的相对隶属度 u_i^+ 的最优值,建立如下的优化法则:方案 i 的加权距优距离的平方与加权距劣距离平方之和为最小,即基本目标函数为

$$
\begin{aligned}
\min\{Z(u_i)\} &= (S_i^+)^2 + (S_i^-)^2 \\
&= u_i^+ \sum (W_j(1 - R_{ij}))^2 + (1 - u_i^+) \sum (W_jR_{ij})^2
\end{aligned}
$$

目标函数式求导数,并令导数为0,解得

$$u_i^+ = (1 + d^2)^{-1} \tag{5.7}$$

式中:

$$d^2=(d_i^+/d_i^-)^2 \tag{5.8}$$

$$d_i^+ = \left(\sum (W_j(1 - R_{ij}))^2\right)^{1/2} \tag{5.9}$$

$$d_i^- = \left(\sum (W_jR_{ij})^2\right)^{1/2} \tag{5.10}$$

(2)模型分析

由(5.7)式可知:

若方案 i 的距优距离小于距劣距离,即 $d_i^+<d_i^-$,则方案 i 的隶属于优等方案的相对隶属度 $u_i^+>0.5$, 隶属于劣等方案的相对隶属度 $u_i^-<0.5$。

若方案 i 的距优距离等于距劣距离,即 $d_i^+ = d_i^-$,则

$$u_i^+ = u_i^- = 0.5$$

若方案 i 的距优距离大于距劣距离,即 $d_i^+ > d_i^-$,则

$$u_i^+ < 0.5\ ,\ u_i^- > 0.5$$

若方案 i 的距优距离等于 0,即方案 i 就是优等方案,可知, $u_i^+ = 1$,$u_i^- = 0$。

若方案 i 的距劣距离等于 0,即方案 i 就是劣等方案,可知, $u_i^+ = 0$,$u_i^- = 1$。

根据以上分析可见,模糊优选模型具有清晰的数学和物理意义。

对所有备选方案,按(5.7)式计算,相对隶属度 u_i^+ 最大的方案为最满意方案,方案的优劣排序按 u_i^+ 从大到小排列。

6. 举例

例 1 某公司想购买一批出租用小汽车,现有三种牌号 A_1、A_2、A_3 可供选择,该公司决策者考虑了 6 个指标,它们的含义如下:

指标 f_1:价格(万元/辆)→min。

指标 f_2:功率(kW)→max。

指标 f_3:经济性(每升汽油可行公里数)→max。

指标 f_4:折旧费(从购买日开始计算,5 年之内的转让价格)→max。

指标 f_5:年维修费(万元/年)→min。

指标 f_6:外观(以等级 1~5 表示,5、4、3、2、1 依次为最漂亮,漂亮,一般,不漂亮,最不漂亮)→max。

原始决策矩阵 $\boldsymbol{X}$:

汽车	f_1	f_2	f_3	f_4	f_5	f_6
A_1	30	88	5.0	12	2	3
A_2	34	104	5.5	14	3	4
A_3	36	96	6.0	18	2.5	5

取权 $\boldsymbol{W} = (0.4, 0.1, 0.2, 0.1, 0.15, 0.05)^{\mathrm{T}}$

利用(5.3)、(5.4)式计算评价指标的相对优属度矩阵 $\boldsymbol{R}$:

$$\boldsymbol{R} = \begin{bmatrix} 1 & 0 & 0 & 0 & 1 & 0 \\ 0.333 & 1 & 0.5 & 0.333 & 0 & 0.5 \\ 0 & 0.5 & 1 & 1 & 0.5 & 1 \end{bmatrix}$$

利用(5.10)、(5.9)、(5.8)式,进而用(5.7)式,计算各方案对优的相对隶属度,分别为

$u_1^+ = 0.745 \qquad u_2^+ = 0.266 \qquad u_3^+ = 0.265$

即购买 A_1 牌号的小汽车为最佳投资方案。

例 2 某单位为建设某项目实行招标,经评标委员会初评认为,有编号为 A_1、A_2、A_3 的三个标可供选择, 该公司决策者考虑了 6 个指标,它们的含义如下:

指标 f_1:标的价格(万元)→min。

指标 f_2:技术设计水平(以等级 1~5 表示,5、4、3、2、1 依次为最高,高,一般,不高,最低)→max。

指标 f_3:工期(月)→min。

指标f_4:公司素质(以等级1~5表示,5、4、3、2、1依次为最高,高,一般,不高,最低)→max。

指标f_5:公司声誉(以等级1~5表示,5、4、3、2、1依次为最高,高,一般,不高,最低)→max。

指标f_6:优惠额(万元)→max。

原始决策矩阵$\boldsymbol{X}$:

标号	f_1	f_2	f_3	f_4	f_5	f_6
A_1	130	4	3.0	4	4	10
A_2	120	5	2.5	3	5	5
A_3	100	3	2.5	3	4	2

取权$\boldsymbol{W}=(0.25,0.25,0.2,0.1,0.1,0.1)^{\mathrm{T}}$

利用(5.3)、(5.4)式计算评价指标的相对优属度矩阵$\boldsymbol{R}$:

$$\boldsymbol{R}=\begin{bmatrix}0 & 0.5 & 0 & 1 & 0 & 1\\ 0.333 & 1 & 1 & 0 & 1 & 0.375\\ 1 & 0 & 1 & 0 & 0 & 0\end{bmatrix}$$

利用(5.10)、(5.9)、(5.8)式,算得

$(d_1^+)^2=0.120625$　　$(d_2^+)^2=0.039211812$　　$(d_3^+)^2=0.120625$

$(d_1^-)^2=0.035625$　　$(d_2^-)^2=0.29$　　$(d_3^-)^2=0.1025$

进而用(5.7)式,计算各方案对优的相对隶属度:

$u_1^+=0.228$　　$u_2^+=0.956$　　$u_3^+=0.526$

即选择A_2号标为最佳投资方案。

例3　以上两题按模糊指标的定量化方法进行综合评价和优选。

对于例1,有矩阵$\boldsymbol{A}$如下:

$$\boldsymbol{A}=\begin{bmatrix}7 & 9 & 3 & 3 & 7 & 5\\ 5 & 9 & 5 & 5 & 5 & 7\\ 4 & 7 & 6 & 9 & 6 & 9\end{bmatrix}$$

取权$\boldsymbol{W}=(0.4,0.1,0.2,0.1,0.15,0.05)^{\mathrm{T}}$,得

$$\boldsymbol{AW}=[5.9\quad 5.5\quad 5.75]^{\mathrm{T}}$$

即购买A_1牌号的小汽车为最佳投资方案。

对于例2,有矩阵$\boldsymbol{A}$如下:

$$\boldsymbol{A}=\begin{bmatrix}3 & 7 & 6 & 7 & 7 & 9\\ 5 & 9 & 7 & 5 & 9 & 5\\ 9 & 5 & 7 & 5 & 7 & 3\end{bmatrix}$$

取权$\boldsymbol{W}=(0.25,0.25,0.2,0.1,0.1,0.1)^{\mathrm{T}}$,得

$$\boldsymbol{AW}=[6.0\quad 6.8\quad 6.4]^{\mathrm{T}}$$

即选择A_2号标为最佳投资方案。

从以上算例比较可知，所得结果一致，但计算工作量不同。以例3模糊指标的定量化方法进行综合评价和优选的计算工作量为小。

7.《××市 1∶2000 地形图航空摄影》

项目评标实施办法示例

一、组建评标委员会

1. 根据国家计委等七部委联合制定的《评标委员会和评标方法暂行规定》(2001.08.02)，由招标人组建评标委员会。评标委员会由买方代表和技术、经济、法律等方面的专家组成，其中技术、经济等方面的专家不少于成员总数的三分之二。评标委员会根据上述暂行规定和招标文件规定的评标标准和方法，对投标文件进行系统的评审和比较，向招标人推荐中标候选人。

2. 评标的基本原则是：

(1) 公平、公正、科学和择优的原则。

(2) 招标文件及询标回函是评标的依据。

(3) 对所有投标人的投标评估，都采用相同的程序和标准。

(4) 评标严格按照招标文件的要求和条件进行。

(5) 以信誉、价格、实施方案、质量等各项评价因素的量化加权计分作为综合评价基础。

(6) 保证评标在严格保密的情况下进行。

(7) 评标期间不接受任何投标人的价格调整。

3. 评标委员会成员在开标前，应当认真研究招标文件，至少应了解和熟悉以下内容：

(1) 招标的目标。

(2) 招标项目的范围和性质。

(3) 招标文件中规定的主要技术要求、标准和商务条款。

(4) 招标文件规定的评标标准、评标方法和在评标过程中考虑的相关因素。

二、开标

1. 开标在提交投标文件截止时间的同一时间和开标地点进行。

2. 开标由招标人主持，邀请所有投标人参加。

3. 开标时，由招标人委托的公证机关检查投标文件的密封情况并予以公证。经确认无误后，由工作人员当众拆封，对接收到的投标文件按收文时间先后，逐一宣读投标人名称、项目技术负责人及其职称、投标价格等要点内容。

4. 开标过程应当由会务资料组人员做好详细记录，并存档备查。

三、初评

主要对投标文件的有效性、完整性、与招标文件的一致性以及标价计算的正确性等进行初评。主要内容包括（见表 5-1）：

1. 对投标人进行资质审查，投标人资格条件是否符合国家有关规定和招标文件的要求。

2. 应该提交的证明文件（资质和执照复印件）是否齐全和有效，全部文件是否按规定签名和加盖公章。

3. 是否按照招标文件要求提供投标保证金。

4. 项目完成期限是否超过招标文件规定的期限。

5. 有否对招标人提出无法接受的附加条件等。

6. 投标文件是否齐全完整，技术资料（航摄技术设计书、航摄组织计划、单位基本素质等）是否齐全完整，有无明显不符合技术规格、技术标准的要求。

7. 投标报价的计算是否符合招标文件第三条第2款的要求。

8. 确定每一投标是否对招标文件的实质性要求作出完全响应，而没有重大偏离。完全响应的投标是指投标符合招标文件的所有条款、条件和规定，且没有重大偏离或保留。

重大偏离或保留系指影响到招标文件规定的范围、质量，或限制了买方的权利和投标人的义务的规定，而纠正这些偏离将影响到其他提交实质性响应投标的投标人的公平竞争地位。

如投标文件存在实质性偏差或保留，招标人将拒绝其投标，并不允许投标人通过修正或撤销其不符合要求的差异或保留，使其成为具有响应性的投标。

不构成重大偏离的微小的、非正规的不一致或不规则的地方等非实质性偏差，可要求投标人澄清、修改，并予确认。拒不补正的，在详细评审时，可以对细微偏差作不利于该投标人的量化。

招标人判断投标文件的响应性仅基于投标文件本身而不靠外部证据。

出现下列情况之一者，不能进入下一阶段评标：

（1）严重违反有关投标程序规定的。

（2）投标文件未对招标文件的实质性要求作出完全响应或发生重大偏离的。

（3）投标人行业信誉差，在过去的类似工作中业主单位评价不佳的。

（4）依据投标人提供的资质证明文件审查投标人的财务、技术和生产能力，确定投标人无能力履行合同的。

表5-1 **项目招标初评表**

项目名称：

投标标号： ××××年×月×日

序号	项　　目	是	否	备　注
1	投标人资格条件是否符合国家有关规定和招标文件的要求			
2	应该提交的证明文件（测绘资质、经营许可证和执照复印件）是否齐全和有效			
3	投标文件是否对招标文件中的技术、设备及进度上的实质性要求作出完全响应，而没有重大偏离			
4	报价的计算是否符合招标文件三条中第2款的要求			
5	全部文件是否按规定签名和加盖公章			
6	是否按照招标文件要求提供投标担保			
7	项目完成期限是否超过招标文件规定的期限			
8	有否对招标人提出无法接受的附加条件等			
对本投标文件初评意见：合格□　　不合格□　　（在□内打✓）				

评标委员签字：

四、详细评审

1. 技术评审（权重0.50）

(1) 对航摄技术设计和实施方案的综合评估（权重为0.24）。侧重于对本项目任务的理解程度，对工作有无创造性的指导思想以及所采用的技术路线、手段和方法是否合理可行，是否科学，是否能满足对项目航摄的需要。主要内容细分为3小项，其内容及权重分配如下：

①技术设计整体方案的科学性和合理性（权重0.10），如摄区的划分、航线数、计划相片数、航摄技术数据等。

②采用的保证措施和技术的先进性和可行性（权重0.07），如飞行质量、摄影质量、漏洞补摄、成果自检、成果的数量与标准等。

③实施组织计划和进度安排的可行性、符合性和周密性（权重0.07），如进度、工期整体计划及调机、航飞、洗印、整理、扫描、内外部协调等细部计划等。

(2) 实施条件评审（权重0.24）。主要内容细分为5小项，其内容及权重分配如下：

①采用飞机及导航设备的性能（权重0.03）。

②采用的航摄仪和冲洗设备（必须是全自动冲洗仪）性能（权重0.10）；航摄仪的优劣顺序RC-30（含LMK-2000、RMK+TOP）>RC-20（含LMK、LMK-1000、RMK+CC24）>RC-10（含MRB、RMK）。

③扫描设备性能等（权重0.04）。国外（比如Ultra Scan-5000等）优于国内。

④项目投入的管理人员和技术人员素质情况（权重0.04），高工优于工程师，工程师优于一般技术人员。

⑤具备自有设备（扫描仪除外）和人员的单位附加（权重0.03）。

(3) 保密管理机制的评审（权重0.02）。主要内容细分为2小项，其内容及其权重分配如下：

①保密机构及制度是否健全（权重0.01）。

②质量管理机构及相应制度是否健全；成果自检制度是否健全，风险防范措施是否有力（权重0.01）。

2. 商务评审（主要是对投标报告进行评估，权重0.35）

(1) 审查全部报价数据计算的正确性，看其是否有计算或累计上的算术错误。既对各投标书中的总价进行评审和比较，同时也对面积费、真彩摄影的附加费、扫描费以及其他的材料费等，从单位、单价、数量及金额等项进行逐项审查核算，以便确认投标报价的合理性和可靠性以及发生的偏差。

如果单价与总价不符，应在询标中予以澄清并由投标人予以修正；若文字大写表示的数据与数字表示的有差别，则以文字大写表示的数据为准。若投标人拒绝接受上述修正，其投标将被拒绝。

修正后的投标报价经投标人确认后对其起约束作用。

(2) 分析报价的合理性。

投标报价明显高于或低于市场平均价格水平，将有可能被视为恶性投标而被拒绝。

(3) 投标报价得分计算方法：

方法一：

投标人有5家以上（含5家）的品目：

投标报价得分$=65+\Delta$

Δ的值按下式确定：

设 $D_i=B_i-B_m$

式中：B_i 为某一投标人的报价；B_m 为所有投标人报价的均值。

计算标准差：$\delta = \left[\left(\sum D_i^2 \right) / (n-1) \right]^{1/2}$

式中：n——投标人之总数。

若 $D_i \geqslant 0$　　$0 \leqslant D_i \leqslant \delta$　　$\Delta = 0$

　　　　　　$\delta < D_i \leqslant 2\delta$　　$\Delta = -10$

　　　　　　$2\delta < D_i \leqslant 3\delta$　　$\Delta = -20$

　　　　　　$D_i > 3\delta$　　$\Delta = -35$

若 $D_i < 0$，上述各 Δ 值改为+值，即分别为+10，+20，+35。

方法二：

投标报价得分=65+35×Δ

Δ 的值按下式确定：

$$\Delta = (B_{max} - B_i) / (B_{max} - B_{min})$$

式中：B_{max}、B_{min} 分别为全体投标中最高报价和最低报价。

实际中采用哪种计算方法，需根据合格投标人的数量等因素由评标委员会确定。

3. 业绩与诚信的评审（权重 0. 15）

投标人近三年已完成或正在进行的航摄项目和业绩。

投标单位过去执行合同、所完成的航摄质量的评价以及履约等诚信情况。

业绩和诚信得分按投标人近三年承担航空摄影项目及其他类似项目的情况计算。

业绩和诚信得分=65+Δ，Δ 的值按下式确定：

$$\Delta = 10 \times M_1 + 5 \times M_2 + 2.5 \times M_3$$

式中：M_1——近三年彩色航空摄影项目业绩面积（或完成额）/4000（标价平均额），最大值取 2；

M_2——近三年黑白航空摄影项目业绩面积（或完成额）/4000（标价平均额），最大值取 2；

M_3——近三年获得优质项目的个数，最大值取 2。

五、询标

1. 为了有助于对投标文件进行审查、评估和比较，招标人有权向投标人质疑，请投标人澄清其投标内容。投标人有责任按照招标人通知的时间、地点指派专人进行答疑和澄清。

2. 评委制定询标提纲，全体评委集中询标。招标中心统一对外通知询标时间等有关事项。在询标时，由评委指定一名主询标人，按事先制定的询标提纲依次提出问题，评委可以参与提问，但不涉及与本项目无关的问题。

3. 澄清后应以有效的书面文件（有授权人签字或法人公章及日期）作为投标文件的有效补充材料。

4. 澄清不得对原投标文件作实质性修改。

六、综合评分

根据投标文件及询标结果，对各个品目的投标人进行评分排序。

1. 评价因素分技术、商务、业绩与诚信三大项，每个分项由若干个细项组成。按各个细项加权计分取和，最后得综合评分，详见表5-2、5-3、5-4。

2. 每个评委按每个细项对各品目的投标人分别评分。各项按A_+、A、A_-、B_+、B、B_-、C_+、C、C_-、D_+、D、D_-、E_+、E、E_-等15级打分，其中A_+为100分，A为95分，B为80分，中间C为65分，D为50分，E为35分，末级E_-为30分。每个相邻级相差5分。

3. 会务资料组将打分情况进行加权计算，并按综合得分多少排序。

4. 评委会根据综合评分结果，确定排名先后次序并推荐2名中标候选人。

七、综合评估比较表和书面评标报告

1. 根据综合评估法完成评标后，评标委员会应当拟定一份“综合评估比较表”(见表5-4),连同书面评标报告提交招标人。“综合评估比较表”应当载明投标人的投标报价、技术标评分、商务标评分、业绩诚信标评分、综合得分及评标结果名次等。评标委员会推荐中标候选人2人，并标明排序。

2. 评标委员会完成评标后，应当向招标人提出书面评标报告，并抄送有关行政监督部门。评标报告应当如实记载以下内容：

(1) 基本情况和数据表。

(2) 评标委员会成员名单。

(3) 开标记录。

(4) 符合要求的投标一览表。

(5) 废标情况说明。

(6) 评标标准、评标方法或者评标因素一览表。

(7) 经评审的价格或者评分比较一览表。

(8) 经评审的投标人排序。

(9) 推荐的中标候选人名单与签订合同前要处理的事宜。

(10) 澄清、说明、补正事项纪要。

评标报告由评标委员会全体成员签字。对评标结论持有异议的评标委员会成员可以书面方式阐述其不同意见和理由。评标委员会成员拒绝在评标报告上签字且不陈述其不同意见和理由的，视为同意评标结论。评标委员会应当对此作出书面说明并记录在案。

向招标人提交书面评标报告后，评标委员会即告解散。评标过程中使用的文件、表格以及其他资料应当即时归还招标人。

八、保密

1. 有关投标文件的审查、澄清、评估和比较以及有关授予合同的意向的一切情况都不得透露给任一投标人或与上述评标工作无关的人员。

2. 投标人不得干扰招标人的评标活动，否则将废除其投标。

九、定标

1. 评标委员会将评标结果上报买方。

2. 买方一般确定排名第一的中标候选人为中标人。排名第一的中标候选人放弃中标、因不可抗力提出不能履行合同的，买方可确定排名第二的中标候选人为中标人。中标人的投标应当符合下列条件之一：

（1）能够最大限度满足招标文件中规定的各项综合评价标准。

（2）能够满足招标文件的实质性要求，并且经评审的投标价格最低，但是投标价格低于成本的除外。

3. 中标人确定后，招标单位向中标人发出中标通知书。

4. 买方和中标人签订合同。

综上所述，技术标评分表见表5-2。

表5-2　　**技术标评分表**

标号：　　评标委员：　　评标时间××××年×月×日

序号	评价因素（权重）	评分项目	分值	权重	加权分值
1	（1）技术设计方案 0. 24	整体方案		0. 10	
		技术措施方案		0. 07	
		工期进度方案		0. 07	
	（2）实施条件 0. 24	飞机及导航		0. 03	
		航摄仪及冲洗仪		0. 10	
		扫描设备		0. 04	
		项目人员		0. 04	
		自有设备加分		0. 03	
	（3）管理机制 0. 02	保密机制		0. 01	
		质量管理机制		0. 01	
总分					

商务标评分表见表5-3。

表5-3　　**商务标评分表**

标号：　　评标委员：　　评标时间××××年×月×日

序号	评价因素（权重）	评分项目	分值	权重	加权分值
2	投标报价 0. 35	投标报价		0. 35	

业绩与诚信标评分表见表5-4。

表 5-4 **业绩与诚信标评分表**

标号： 评标委员： 评标时间××××年×月×日

序号	评价因素（权重）	评分项目	分值	权重	加权分值
3	业绩与诚信 0.15	业绩、诚信		0.15	

项目招标综合评估比较表见表 5-5。

表 5-5 **项目招标综合评估比较表**

标号	报价	技术标评分	商务标评分	业绩诚信分	综合评估分值	评审结果名次
B1						
B2						
B3						
B4						
B5						
B6						

评标委员签字：

××××年×月×日

5.3 工程项目投标

施工投标的一般程序包括：报名参加投标、办理资格审查、取得招标文件、研究招标文件、调查投标环境、确定投标策略、制定施工方案、编制投标书、投送标书等。

下面对上述主要工作程序中的主要内容作简要说明。

5.3.1 研究招标文件

研究招标文件是投标的基础性工作。其目的是充分了解招标文件的内容和要术，发现提请招标单位予以澄清的疑点和问题，以便统一、决策和安排投标工作。研究工作的重点有：

（1）研究招标文件中的项目综合说明。熟悉工程项目全貌。

（2）研究招标文件中的设计文件，为制定报价和施工方案提供确切的依据。

（3）研究合同条款，明确中标后的权利与义务。包括承包方式、开工及竣工时间、材料供应方式、价款结算办法、预付款及工程款支付方式、工程停工与变更、保险办法、价格变化因素及处理办法以及奖罚等。这些内容都直接关系到投标书的编制，最终影响到报价、中标和企业利益。

（4）研究投标须知。避免出现废标。

5.3.2 调查投标环境

其主要内容有：

1. 社会经济条件

包括劳力资源、工资标准、当地的分包能力以及地产材料供应能力等。

2. 自然条件

包括天气、地形地貌、河流以及生活用品供应情况等。

3. 施工现场条件

包括场地地质条件、地上地下已有的建筑物、道路、交通、供水、供电、通信等。

5.3.3 确定投标策略与技巧

主要内容包括：

在激烈竞争的工程市场，承包商要想中标取得工程承包任务，就必须充分了解招标单位及竞争对手的情况，结合本企业近期及长期目标，认真研究争取业主信任和战胜竞争对手的投标策略和报价技巧。

1. 根据工程和竞争对手的实际条件考虑报价

在施工条件差、困难或特殊；专业技术要求高而本公司又有这方面的专长；业主迫切需要或工期紧迫；对本公司来说不是太迫切的小工程；竞争对手不强等情况下，可考虑投高标。

2. 采用不平衡报价法

这是指在不影响报价水平的情况下，可将某些项目的单价定得比正常水平高一些，而另一些单项报价则比正常水平低一些，以期获得总体效益好些。但应注意不要出现奇高奇低的现象，以免失标。至于在什么情况下报价应高一些或低一些，应该通过对招标文件的研究恰当地确定。

3. 其他策略

比如，以降低造价、缩短工期等为主要目标来提出新方案以吸引业主，促进中标；提出对业主一些优惠条件，比如延期付款、赠送施工设备等吸引业主；敞口升级报价，即对招标书中某些尚未明确的，等以后搞清楚后再报价，从而使总报价降低，促进谈判和中标等。

另外，在投标报价中还应注意到：

（1）标价计算应实事求是，不能以压低标价而承担风险。

（2）对不可抗力费用要分清种类和情况，尽量予以转移。比如可以把由设计变更、地质条件的变化引起的费用，尽量转给业主；而属于自然灾害引起的费用，则转移给保险公司等。

（3）对于国际项目的投标要特别谨慎，一般应向有经验的公司进行咨询并按 FIDIC 的要求进行操作。

5.3.4 施工组织设计或施工方案

投标中的施工方案是向招标单位介绍本单位的施工能力，因而应力求简明扼要，突出重点和自己的长处，最终的目的是为其中标提供重要条件。因此，在技术措施、工期和质量保证以及降低成本、保证安全等方面都力求对业主有大的吸引力。

5.3.5 报价

报价是投标单位自定的价格，它是企业的管理水平、装备能力、技术力量和措施、劳动效率等综合素质和能力的集中反映。报价是投标的关键工作，其最佳目标是使报价既能接近招标的标底，战胜对手，又能取得很好的利润。计算标价的主要依据如下：

（1）招标文件，包括工程范围、技术质量、工期要求等。

（2）施工图纸及工程量清单。

（3）现行的预算定额、单位估价表及取费标准。

（4）材料预算价格、材差预算的有关规定。

（5）施工组织设计或施工方案。

（6）施工现场条件。

（7）影响报价的市场信息及企业内部相关因素。

投标标价的费用由直接工程费、间接费、利润、税金、其他费用和不可预见费等组成。

标价的计算与确定：首先计算工程预算造价，接着对各项技术经济指标进行分析，并同同类工程等进行比较与调整，最后考虑报价技巧与策略，确定标价。

投标报价应根据工程项目的条件和具体情况来确定。报“高标”利润高，但中标几率小；报“低标”中标的几率大，但利润薄，因此多数投标单位报“中标”。

5.3.6 编制及投送标书

应按招标书中的要求认真编制投标书。投标书的主要内容有：

（1）综合说明。

(2) 标书情况汇总表、工期、质量水平、让利优惠条件等。

(3) 详细预算及主要材料用量。

(4) 施工方案及选用的机械设备、劳力配置、进度计划。

(5) 保证工程质量、进度、施工安全的主要技术组织措施。

(6) 对合同主要条件的确认及招标文件要求的其他内容。

投标单位应在规定的时间内将办好一切手续的标书密封后，直送招标文件中指定的地点。

5.4 施工招标阶段监理的工作示例

本节内容参照北京方圆工程建设监理公司《建设业务手册》中有关内容，介绍一下施工招标阶段监理的主要工作内容。

1. 招标申请中的监理工作

1) 项目总监理工程师敦促建设单位落实有关招标条件。

(1) 具有设计单位提出的施工图及概（预）算。

(2) 资金、材料、设备的落实。

(3) 有当地建设主管部门签发的建筑许可证。

(4) 建筑用地已经征用（包括拆迁工作）。

2) 项目总监理工程师协助建设单位向主管部门提出申请，经批准后即可开始招标工作。

2. 编制招标文件中的监理工作

1) 项目总监理工程师组织有关专业监理工程师熟悉施工图及设计技术说明，掌握工程概况。

2) 项目总监理工程师按照下列内容组织招标文件的编制工作或审查工作：

(1) 工程综合说明：包括名称、规模、地址、发包范围、监理单位、设计单位、基础结构、装修、设备情况、场地及土质情况（附工程地质勘察报告）、给排水、供电、道路、通信设备情况及工期要求等。

(2) 设计图纸及设计技术说明。

(3) 工程量清单和单价表。

(4) 编写投标须知，其内容一般包括填写和投送标书的注意事项、废标条件、决标优惠条件，踏勘现场和解答问题的安排，投标截止日期及开标时间、地点等。

3) 拟定承包合同主要条款。为了事先使投标单位对承包单位承担的义务和责任以及应享受的权利有明确的理解，应将合同的主要条款作为招标文件的组成部分，合同主要条款一般应包括以下内容：

(1) 合同所依据的法律法则及合同条例。

(2) 工程内容（附工程项目一览表）。

(3) 承包方式（如包工包料、包工不包料、总价合同、单价合同或成本酬金合同等）及总包价。

(4) 开工、竣工日期。

(5) 图纸及技术资料供应内容和时间。

(6) 委托施工阶段监理的主要权限和内容。

(7) 工程价款结算办法。

(8) 工程质量及验收标准。

(9) 工程变更（包括设计变更和工地洽商）。

(10) 停工及窝工损失的处理办法。

(11) 提前竣工奖励及拖延工期罚款。

(12) 竣工验收与最终结算。

(13) 保修期内维修责任与费用。

(14) 分包。

4) 由公司负责编制的招标文件须经公司的建设监理室主任及总工程师审定后，提交建设单位认定。

3. 编制标底中的监理工作

1) 标底的作用：

(1) 使建设单位预先明确对拟建工程承担的财务责任。

(2) 提供给上级主管部门，作为核实建设规模的依据。

(3) 作为衡量投标单位标价的准绳，是评标的主要尺度之一。

2) 标底的编制依据为设计图纸及设计文件，可采用以下几种方法进行：

(1) 以施工图预算为基础的方法编制（这是普遍使用的方法）。

(2) 以概算定额或扩大综合定额为基础的方法编制。

(3) 以平方米造价为基础的方法编制。

3) 项目总监理工程师协助建设单位将认可的标底报送建设银行或指定部门审查并报市招标办核准。

4) 在开标前标底应严格保密，如有泄露对责任者要严肃处理，直至法律制裁。

4. 组织招标中的监理工作

1) 项目总监理工程师会同建设单位，根据招标方式组织发布投标通告或邀请投标函。

(1) 当采用公开招标方式时，应发布招标通告，招标通告应包括以下内容：

①招标单位和招标工程名称。

②招标工程内容简介。

③承包方式。

④投标单位资格，领取招标文件的地点、时间和应缴的费用。

(2) 当采取邀请招标方式时，向预先选定的建筑企业（一般不少于 4 个企业）发出邀请投标函。

2) 项目总监理工程师会同建设单位对投标单位资格进行审查。当采取公开招标时，资格审查工作应在发售招标文件之前进行，当采取邀请招标时则可与评标同时进行。对投标单位资格审查的主要内容应包括：

(1) 企业注册证明和技术等级。

(2) 主要施工经历。

（3）技术力量情况。

（4）施工机械设备情况。

（5）正在施工的承建项目。

（6）资金或财务状况。

3）项目总监理工程师会同建设单位组织招标工程交底及答疑工作：

（1）发出招标文件按规定时间组织投标单位踏勘建设场地和进行工程交底，解答投标单位提出的疑问。

（2）工程交底的内容主要是介绍工程概况，明确质量要求、验收标准及工期要求，说明建设单位供料情况、材料款的支付办法以及投标注意事项等。

（3）对投标单位所提疑问的答复，应以书面记录方式印发各投标单位，作为招标文件的补充。

5. 开标、评标和决标中的监理工作

（1）项目总监理工程师协助建设单位在规定时间进行开标，开标应由招标单位主持，并邀请各投标单位和当地公证机构及有关部门代表（如建设银行预算处、市建委招标投标处等单位）参加，在开标现场招标单位主持人宣布评审原则和标准并记入开标记录。

（2）评审原则：保护竞争，对所有投标单位一视同仁。如对某些单位实行优惠政策，应在“招标通告”或在“投标单位须知”中事先说明。

（3）评审标准：拥有足够胜任招标工程的技术和财务实力，信誉良好，报价合理。

（4）指定专人做好开标结果登记并由读标人、登记人和公证人签名。

（5）开标后应先剔除无效标书，并经公证人检查确认，然后由评标小组（一般可由建设单位、监理单位，建设银行、市建委参加组成，也可邀请有关部门的代表和专家参加）从工程技术和财务的角度审查评议有效标书。

（6）评议后按标价从低到高的顺序列出清单，写出评标报告，推荐若干名候选的中标单位，送交招标单位决策人作出最终抉择。

（7）简单工程可在开标现场决定中标单位，但对规模较大、内容复杂的工程，则应由招标单位与评标小组就推荐的候选中标单位，分别从技术力量、施工方案、机械设备、材料供应以及标价等因素进行调查研究、全面衡量，最后由招标单位决策人择优决标。

（8）决标后项目总监理工程师协助建设单位向中标单位发出中标通知书，中标通知书应包括：

①中标单位。

②中标工程名称、工程内容及工程量。

③中标条件（承包方式、中标总造价、开工及竣工时间）。

④商签施工承包合同期限。

⑤中标通知书以决标单位公章及负责人签字发出。

同时通知未中标单位退还招标文件、领回押金的时间和地点。

6. 与中标单位签订承包合同

（1）项目总监理工程师协助建设单位，按照约定时间就签订合同与中标承包单位进行具体磋商，最后双方就合同条款达成协议，由建设单位签订合同。

(2) 项目总监理工程师应就双方达成协议的合同条款是否正确反映主要施工监理权限和内容进行审查，提出意见。

(3) 如承建单位需要将工程的某部分委托分包单位施工，项目总监理工程师应协同建设单位对分包单位进行资格审查和认可。

5.5 招投标中注意的一些事项

5.5.1 政府采购招投标的技巧

1. 招标文件要字斟句酌

招投标的第一个程序就是编制招标文件，也就是编写“标书”。在这个环节上，政府部门最重要的就是按照自己的实质性要求和条件切实编制字斟句酌的招标文件。一般情况下，投标人都会认真研究招标文件中的技术要求，根据自己产品的情况，在技术方面较好地响应招标文件的实质性要求。

2. 信息要通达

标书编制出来以后，接下来就是发布招标公告或者定向发布投标邀请函。在信息发布和采集阶段，一定要注意外部信息来源。为了让自己的招标公告被更多的企业看到，方便企业获得信息，政府指定了招标公告的媒体，中国政府采购网就是财政部指定的政府采购招标公告必须刊载的媒体。企业及时准确地获得信息，是企业参加投标的前提。增加企业和产品的知名度，与一些专职的招标机构或采购频繁的实体建立较为密切的联系，使它们对你的产品有一些了解。

3. 跟踪全过程、机动灵活、保重点

按程序规定，接下来就是发售招标文件和接受投标。从招标文件开始发出到投标人提交投标文件之间有较长的一段时间，这段时间对于企业有非常重要的意义。有经验的企业，会在递交投标文件的前夕，根据竞争对手和投标现场的情况，最终确定投标报价和折扣率，现场填写商务方面的文件。

投标文件是惟一的评标证据，编制一本高质量的投标文件是企业在竞争中能否获胜的关键。要想编制一本高质量的投标文件就要精雕细刻。投标人应该根据招标的项目特点，抽调有关人员，组成投标小组。在编制投标文件的时候，投标人一定要确保投标文件完全响应招标文件的所有实质性要求和条件。

接下来的程序就是公开开标。到了这一阶段，企业虽然没有机会对标书进行更改，但是还可以撤除某些意向，把握最后时机。

4. 信誉为本

招投标的最后环节就是用书面形式通知中标人和所有落标人，以及招标人与中标人签订合同。一般公司中标在于信誉，而信誉往往体现在企业的报价、供货和售后服务等方面。报价方面主要是不能恶性竞价；供货方面要求企业一定要按照合同办事；售后服务更是各企业竞争的重要方面。从事政府采购的工作人员和企业都要更新知识和观念，掌握技巧，把它运用到实际的招投标工作中，规范招标行为，适应入世后激烈的竞争环境。

5.5.2 需要引起注意的问题

1. 招标采购的目的就是节约政府资金

招标采购是市场经济条件下，政府为规范市场竞争秩序，约束各投标人在货物、工程服务领域的竞争行为，抑制官员腐败，提高采购效率而制定的一种运行机制。其最终目的是规范市场竞争行为，实现公平、公正、公开。实行招标采购的初始阶段，由于引进了竞争机制，显著特征之一就是大大节约了政府投资，但随着投标采购范围的扩大和机制的规范，价格水平将趋于明朗化，并将最终维持在一个较为稳定的合理低价幅度内。此时，降价的空间已非常有限，以价取胜转向以企业实力、以产品质量、以优质服务取胜。

2. 中标价越低越好

招标采购的初始阶段，能够大量节约政府资金，但若盲目追求低价中标，将迫使中标单位通过降低产品质量、降低用材标准，甚至偷工减料等途径来确保其预期利润或成本，即使有监理单位的严格监管来杜绝这种现象，也会造成中标单位亏损经营，长此以往，不利于建设市场的健康发展。因此，如何把握具体招标项目的合理低价幅度（水平），是招标评审时的难点和重点所在。

3. 招标采购必须委托有资格的中介代理机构进行

根据《招标法》第 12 条规定："招标人有权自行选择招标代理机构，委托办理招标事宜。任何单位和个人不得以任何方式为招标人指定招标代理机构。招标人具有编制招标文件和组织评标能力的，可以自行办理招标事宜。任何单位和个人不得强制其委托招标代理机构办理招标事宜。"

由此，只要各级政府采购机关具有编制招标文件和组织评标能力的，可以自行办理招标，而不必委托中介机构施行采购（中介机构代理招投标，一般要按中标价的一定比例收取服务费）。这样，也可降低政府招标采购管理的运行成本。

5.6 合同的概述

合同又称契约，是指双方或多方当事人，包括自然人和法人，关于订立、变更、解除民事权利和义务关系的协议。它是当事人在平等、自愿、公平、诚实信用和依据法律规定而达成的协议。合同是一种合法的法律行为，双方当事人在合同中具有同等的法律地位。合同依法成立，具有法律约束力。

5.6.1 合同法的回顾

每一种法律制度都认为，合同是为了使合同权利——由当事人的最终协议规定的权利得到行使。所以，每个国家都会随着现代社会经济发展的需要制定相应的合同法来规范合同关系。我国自 1981 年 12 月颁布新中国成立后的第一部有关经济方面的合同法律《中华人民共和国经济合同法》，1985 年 3 月颁布《中华人民共和国涉外经济合同法》，1987 年 6 月颁布《中华人民共和国技术合同法》，并于 1993 年对《中华人民共和国经济合同法》进行修正。这 3 部合同法的颁布实施构筑了我国合同法律制度的基本框架。

随着我国经济体制改革的不断深入发展和对外开放的日益扩大，这3部合同法所调整的范围及其有关规定，已不能适应社会主义市场经济的要求，存在一些亟需解决的问题，如出现了越来越多的新型种类合同，包括租赁合同、融资合同等，合同的内容日趋复杂。1999年颁布的《中华人民共和国合同法》是重新根据社会经济发展的需要制定的，并取代了《中华人民共和国经济合同法》、《中华人民共和国涉外经济合同法》、《中华人民共和国技术合同法》3部法律。

合同法的颁布实施就是为了保障社会经济的健康发展，保护合同当事人的合法权益，维护社会经济秩序，促进我国社会经济发展和技术进步。合同法规定了合同的订立、合同的效力、合同的履行、合同的变更和转让、合同的权利义务终止、违约的责任、合同纠纷的解决办法及14个有关合同等方面的内容。

5.6.2 合同是一种法律行为

合同维系着合同双方的经济生活命运。任何合同的订立和实施，都是围绕着合同当事人双方的权利义务展开的，合同双方当事人的权利义务所指向的是合同的标的。在合同活动中，当事人双方都必须严格遵守合同，树立合同意识。合同的订立必须符合以下基本要素：

（1）有明确的合同当事人，明确的合同标的。

（2）有明确的数量、质量、价款或者报酬。

（3）有明确的履行期限、地点和方式。

（4）有明确的违约责任的约定。

（5）有明确的解决争议的办法。

合同的内容必须符合国家有关法律、法规、政策的规定，只有依法订立的合同，才会受到法律的保护。

5.6.3 合同的订立

合同的订立要经过要约与承诺两个阶段，这就形成合同的两个要素：第一要素是“要约”，第二要素是“承诺”。

“要约”实际上是要约人要做什么事或不要做什么事的一种许诺，而这种许诺成立的条件是承诺人接受这个要约。司法处理的结果也是要依据要约和承诺构成合同的原则来对合同的争议进行处理的。

实际履行合同时，要特别注意的是：要约人发出的要约所作的承诺是否已经执行，而承诺人是否已经获得了完成要约条件的许诺。

一般来说，一个要约通常是为了订立一个合同而直接发出的。对于工程招标而言，招标就是一种要约，这个要约的发出实际上是发出一系列要约，而每个要约又由不同的承诺构成一个合同。招标者就是承诺人，工程招标在法律意义上属于“持续要约”。

要约是合同意向，对要约作出承诺是合同最终成立的行为。在承诺未作出前，要约是没有约束力的，只有在发出承诺后，才能构成一个对合同双方均有约束力的合同。承诺应满足两个条件，即：

（1）只是对要约人提出的要约所作的承诺。

（2）承诺应是绝对的和无条件的，必须表示愿意接受要约人提出的各项条款。

对于不同意要约人所拟定的条件而提出修改或同意要约的人已经改变，其将形成新的要约。

签订工程承包合同，除具备合同法的基本原则外，还需具备3个条件：

（1）工程初步设计和总概算已经得到国家或地方有关主管部门的批准。

（2）工程所需的投资及统配物资已列入国家或地方建设计划。

（3）当事人双方都具有法人资格，具备履行合同的能力。

5.6.4 合同的效力

合同的效力即合同实现的确定性，它包括对合同遵守的必然性和对违反合同的制裁的必然性。合同成立是合同生效的前提，但合同成立不等于合同就有效力。成立的合同能否发生法律效力，产生当事人预期的法律效果，并非当事人的意志所能决定的。只有符合生效要件的合同，才能受到法律的保护。

5.6.5 合同的履行

合同的履行是《合同法》的核心，是整个合同过程的中心环节，合同的成立是合同履行的前提，合同的履行是合同债权实现的必经过程。没有合同的履行，合同也就没有订立的意义。没有合同的履行，就没有合同债权实现的可能，当事人在订立合同之初对合同利益的期望就无法实现。《合同法》中对合同的担保、合同债权的保护、违约责任等都是为了保障合同的履行。合同的履行是合同关系消灭的主要原因，《合同法》的作用正是在于以法律所具有的特殊强制力，保障合同当事人正确履行合同，使合同关系归于消灭，通过合同关系的不断产生、不断履行和不断消灭，实现社会经济流转。

5.6.6 合同的解释

在合同履行过程中，双方都会运用合同条件的解释来履行自己的权利和义务，并依此来制约对方和保护自己。合同解释应遵循符合法律、诚实守信、局部服从整体以及主导语言的原则。在订立合同时，应该注意到合同条款之间要互为解释和互为说明，前后条款意义贯通，整体接合，不留矛盾和缝隙。但在个别条款之间的解释方面也不免会出现一些含糊不清和分歧之处。因此，在合同条款中应明确规定关于合同解释和处理分歧的程序。在工程建设合同中，除专用条款另有特别的约定之外，合同文件的优先次序依次如下：

（1）合同协议书。

（2）中标通知书。

（3）投标书及其附件。

（4）合同专用条款。

（5）合同通用条款。

（6）标准规范及有关技术文件。

（7）图纸。

（8）工程量清单。

（9）工程报价单或预算书。

当合同文件内容含糊不清或不相一致时，在不影响工程正常进行的情况下，由发包人和承包人协商解决，双方也可以请监理工程师作出解释。双方协议不成或不同意监理工程师的解释时，按合同中关于解决争议的约定程序来处理。

5.7 建设工程项目合同及其法律基础的基本概念

5.7.1 建设工程合同及其特征、作用

1. 合同

合同又称契约，是指双方或多方当事人关于订立、变更、解除民事权利和义务关系的协议。合同是一种合法的法律行为，双方当事人在合同中具有同等的法律地位，具有法律约束力。合同的内容由当事人约定，一般包括下列条款：

（1）当事人的名称或姓名和住所。

（2）标的。

（3）数量。

（4）质量。

（5）价款或报酬。

（6）履行期限、地点和方式。

（7）违约责任。

（8）解决争议的方法。

2. 建设工程合同的分类

建设工程合同是承建人进行工程建设，建设人接受该建设工程并支付价款的合同。它是由各个主体之间建立的合同组成的合同体系。建设工程合同包括工程勘察、设计、施工合同，工程项目实行监理的，发包人应当同监理人签订书面形式的委托监理合同。

勘察、设计合同的内容包括提交有关基础资料和文件（包括概预算）的期限、质量要求、费用以及其他协作条件等条款。

施工合同的内容包括工程范围、建设工期、中间交工工程的开工和竣工时间、工程质量、工程造价、技术资料交付时间、材料和设备供应责任、拨款和结算、竣工验收、质量保修范围和保证期、双方相互协作等条款。

3. 建设工程合同的特征

建设工程合同具有如下法律特征：

（1）合同的主体只能是法人

这是由于所进行的工程投资大、周期长、质量高、规模大，任何公民个人都将无法完成。因此，为完成某项工程建设，无论是建设人还是承建人只能是法人。在合同的签订和履行过程中，都必须严格依照国家、地方政府及部门有关法规、条例、标准、规范以及细则的要求，严格遵守这些有关法律法规。

（2）严格的国家监督与管理

因为工程项目合同所涉及的建设工程是不可移动的标的物，是要长期存在和发挥效用的，事关国计民生，因此国家从合同签订到合同的履行，从资金的投放到成果竣工验收，

国家都实行严格管理和监督。

(3) 具有严格的计划性和严密的程序性

建设工程项目实行严格的国家计划审批与控制，只有国家计划批准的项目才能签订合同，又由于建设工程项目的周期长，涉及面广，各建设阶段工作之间都有严密的工作程序，因此建设工程合同也具有程序性特点。

(4) 合同的要件必须是书面形式

不采用书面形式的建设工程合同不能有效成立。这是由建设工程合同履行的特点所决定的。合同书面形式的表现形态是合同书以及任何记载当事人要约、承诺以及权利和义务内容的文件。合同的内容要完备，尽可能对必然和可能发生的变化提出解决的原则和方法。

(5) 借鉴国际经验与国际接轨

大部分条款是依据我国的情况编制的，少数内容是借鉴 FIDIC 合同的部分条款形式，尽量与国际接轨。

4. 建设工程合同的作用

合同条款是合同有关各方的行为准则，在合同的约束、规范和协调下，各方履行各自的职责，协同有效地进行合作，保证工程建设的顺利进行，以达到预期目的。具体来说，合同的作用可从以下几方面体现出来：

(1) 当事人处理经济关系的依据

建设工程项目合同的实质是通过组织工程建设活动而发生的经济关系。在合同中明确地规定了合同价款金额、支付方式、银行办理手续、违规与处罚、索赔与反索赔等经济条款，各方均应按照国家有关法规和合同中的这些条款为依据来处理和履行。

(2) 当事人对工程质量检查验收和质级评定的依据

在合同中明确地规定了工程范围、工程内部质量和外部形态的标准与要求、材料与设备的型号与技术标准、隐蔽工程质检办法、质级评定执行标准等质量保证条款，发包方、承包方以及材料供应方等都应以这些条款为依据来规范自己的行为。并通过各种合同关系把参与工程建设的各方有机地协调一致，形成有序的系统工程体系，使工程得以顺利进行。

(3) 监理单位对工程项目实行监理的依据

监理单位对工程项目进行监理的重要依据就是建设方和承建方签订的承包合同，监理单位以第三方的身份，对合同的双方都负法律责任，维护双方的合法权益。

(4) 当事人解决争议的依据

在工程建设过程中双方因各自的利益而发生争议是不可避免的，争议性质的判断只能以合同中的相应条款为依据，而解决的方式则依意愿来选择。

5.7.2 建设工程合同的法律基础——《中华人民共和国合同法》

建设工程合同同其他任何合同一样，都是在一定的法律基础上形成和制定的，受基础法律的约束。1999 年 3 月 15 日第九届全国人民代表大会第二次会议通过，并于 1999 年 10 月 1 日起施行的《中华人民共和国合同法》是我国现行的有关合同的法律基础。这是一部对国家以前曾实行过的《经济合同法》、《涉外经济合同法》及《技术合同法》等有关合同法经过多年实践和多次修订、完善和整合后订立的，适宜我国市场经济规律和符合我国国情的法律，它的颁布和实施必将推动我国经济和社会的健康发展。

《中华人民共和国合同法》共二十三章四百二十八条。由总则（一至八章）、分则（九至二十三章）、附则（一条，即第四百二十八条）三部分组成。

总则部分将本法中涉及的各类合同法中的共性内容作了统一的规定，其中包括第一章一般规定、第二章合同的订立、第三章合同的效力、第四章合同的履行、第五章合同的变更和转让、第六章合同的权利义务终止、第七章违约责任、第八章其他规定。

分则部分分别对第九章买卖合同、第十章供用电、水、气、热力合同、第十一章赠与合同、第十二章借款合同、第十三章租赁合同、第十四章融资租赁合同、第十五章承揽合同、第十六章建设工程合同、第十七章运输合同、第十八章技术合同、第十九保管合同、第二十章仓储合同、第二十一章委托合同、第二十二章行纪合同、第二十三章居间合同等十五章内容作了具体规定。

附则部分仅有一条，即规定《中华人民共和国合同法》自1999年10月1日起施行，《中华人民共和国经济合同法》、《中华人民共和国涉外经济合同法》、《中华人民共和国技术合同法》同时废止。

5.7.3 勘察、设计合同

勘察设计是工程建设中的主要内容，从事建设监理的监理工程师必须按照建立的各种规范和有关国家文件进行工作。掌握勘察设计合同的有关内容及具体事项尤为重要，下面分别介绍勘察设计合同的内容与双方当事人的权利和义务。

建设工程勘察、设计合同是委托方与承包方为完成一定的勘察、设计任务，明确双方权利义务关系的协议，应具备如下条款内容：

① 建设工程名称、规范、投资额、建设地。

② 委托方提供资料的内容，技术要求和期限，承包方勘察的范围、进度和质量；设计的阶段、进度、质量和设计文件的份数。

③ 勘察设计工作的收费依据、收费标准和拨付款办法、违约责任等条款。

双方当事人的权利和义务：

勘察设计合同为双方合同，当事人自合同成立起均负有义务，也享有权利，一方的义务正是另一方的权利。当事人在执行合同期间，必须严格按照合同的具体事项来进行工作。

1. 委托人的义务

(1) 按照合同约定提供开展勘察设计工作所需要的基础资料、技术要求并对提供的时间、进度和质量可靠性负责。

(2) 按照合同的约定提供必要的协作条件。在勘察设计人员入场工作时，委托人应当为其提供必要的工作条件和生活条件，以保证其正常开展工作，由委托人不履行义务的，应当负违约责任。

(3) 按照合同约定向勘察人、设计人支付设计费。勘察设计费由当事人按国家的规定约定（勘察设计合同条例）。规定用订金担保，勘察合同成立后，委托人应支付勘察费总额的30%作为订金；设计合同成立后，委托人应支付设计费的20%作为订金。

（4）维护勘察成果及设计成果。委托人对于勘察设计人交付的勘察成果、设计成果，不得擅自修改，也不得转让给第三人重复使用。由于委托人擅自修改勘察成果、设计成果而引起的工程质量责任，应由委托人自己承担；擅自转让成果给第三人重复使用的，委托人应向勘察设计人负责赔偿。

2. 勘察人、设计人的义务

（1）按照合同约定按期完成勘察、设计工作，向委托人提交勘察成果。勘察人应当依照国家规定的或者合同约定的标准和技术条件进行工程测量、工程地质、水文地质等勘察工作。由委托人设计的，设计人应当按照合同的约定根据委托人提供的文件和资料进行设计工作，勘察设计人应当按照合同规定的进度完成勘察设计工作，并在约定期限内将勘察成果、设计图纸及说明和材料设备清单、概算等设计成果按约定的方式交付委托人，勘察设计人未按期完成工作并交付成果的，应承担违约责任。

（2）对勘察成果、设计成果负担保责任。勘察人、设计人对其完成和交付的工作成果应负担保责任。即使在勘察合同履行后，于工程建设中发现勘察质量问题的，勘察人仍应负责重新勘察或者以其承担费用委托第三人重新勘察，并应赔偿因此而给委托人造成的损失。即使在设计合同履行后，因设计质量不合格而引起返工的，设计人亦应继续完善设计，并赔偿因此而给委托人造成的损失。

（3）按合同约定完成协作事项。设计人应当按照合同的约定对其承担设计任务的工程建设施工，进行设计交底，解决施工过程中有关设计的问题，负责设计变更和修改预算，参与试车考核和工程竣工验收等。对于大、中型项目和复杂的民用项目应派人到现场，并参加遮蔽工程验收。

5.7.4 施工合同

施工合同是发包人（筹建单位）和承包人（施工单位）之间所达成的，是承包人为发包人完成建筑安装工程，发包人接受工程成果并支付约定报酬的协议。施工合同应具备以下内容：

① 工程的名称、地点、范围及内容。

② 工期，包括整体工程的开、竣工工期以及中间交付工程的开、竣工工期。

③ 工程质量保修期及保修条件。

④ 工程造价。

⑤ 工程验收及工程价款支付、结算方式、支付方式等。

⑥ 设计文件及概算预算、技术资料的提供日期及提供方式等。

⑦ 材料的供应及材料进场期限。

⑧ 环境保护措施、交通路线的安全措施的承担者及承担方式等。

⑨ 双方协作的事项，违约责任。

施工合同为承诺合同，双方达成协议即告成立；国家有特殊规定的，经主管部门批准后成立。

建设工程施工合同是工程建设单位和施工单位为实现建设工程达成经济目的而签订的合同，因此建筑工程施工合同是经济合同的一种。作为建设工程，施工合同又有其明显的特点，主要表现在：

① 合同“标的物”特殊。建筑产品虽有工、农业产品一般的商品属性，但从物理角度则有其特点，即建筑产品的固定性和生产的流动性。建筑产品的类别庞杂，形成其产品个体性生产的单件性，建筑产品体积庞大、消耗的人力、物力、财力多，一次性投资数额较大。

② 合同的执行周期长。

③ 合同的内容多。

④ 合同的涉及面广。

从中可以看出，建设工程施工合同不同于其他类别的合同。近几年来，随着社会主义市场经济的进一步形成，建设市场的一些配套政策及法律、法规还没有完善，建设市场的发育还没有完全成熟，有些人认为施工合同只是甲、乙双方书面上的事。作为建设单位与施工企业的业务主管部门建委（监理咨询机构），加强建设工程施工合同的管理是非常必要的，它有利于加强建设单位和施工企业的指导，对于保证工程建设质量、缩短工程工期、降低工程造价、维护建设市场秩序是非常重要的。

5.7.5 委托合同

1. 委托合同的特征

《合同法》第三百九十六条规定，委托合同是委托人和受委托人约定，由受托人处理委托人事务的合同。委托合同又称委任合同，是指依双方当事人约定，一方为他方处理事务的合同。在委托合同关系中，一方当事人为委托人，另一方当事人为受托人。委托合同具有如下特征：

（1）委托合同的目的是处理或管理委托人的事务。

这里的“事务”既包括法律行为，也包括事实行为，但法律另有规定或具有较强人身性质不能委托他人代办（如婚姻登记）的事务不在此限。

（2）委托合同为诺成合同及不要式合同。

委托合同的当事人意思表示一致时，合同即告成立，无须以物的交付或当事人以履行作为合同成立的要件，因此，委托合同为诺成合同而非实践合同。委托合同原则上为不要式合同，当事人可以根据实际情况选择适当的形式，但法律规定应以书面形式的除外。

（3）委托合同可以是有偿的，也可以是无偿的。

本《合同法》规定委托合同可以有偿，也可以无偿，完全取决于当事人的约定，或个别事项由法律特别规定。一般说来，商事委托应以有偿为原则，而普通民事委托以无偿为原则。但无论委托合同是否有偿，都为义务合同。即使无偿的委托合同，委托人也负有支付费用的义务。

2. 委托合同的订立

委托合同的订立是指委托人与受托人之间，就受托人为委托人处理相关事务的有关内容进行协商，达成一致意见的过程。委托合同的订立是一个动态过程，是委托人与受托人之间基于缔约目的而进行意思表示的过程，而委托合同的成立则是合同订立过程的结果，反映委托人与受托人意思表示一致所形成的法律关系状态。

与其他合同一样，委托合同的订立也要经过要约和承诺两个阶段。要约是希望与他人订立合同的意思表示，承诺是受要约人完全同意要约的意思的表示。在委托合同的订立过程中，要约就是委托人或受托人希望与对方订立委托合同的意思表示，承诺就是委托人或受托人同意相对人提出的订立委托合同的意思表示。在委托合同关系中，由于是委托人将事务交给受托人处理，而委托事务的性质如何，委托授权范围大小与委托的必要与否，由委托人自己决定，因此委托人在合同订立过程中具有一定的主动性。在委托合同订立过程中，委托人往往充当要约人的角色。但这并不意味着在委托合同订立过程中，要约人一定是委托人，而承诺人一定是受托人。在许多场合，受托人常常作为要约人，例如，某一律师事务所得知甲某欲进行诉讼活动的详细消息，该律师事务所即可对甲某提出为其处理诉讼事务的要约，经甲某同意后，委托合同即成立。在上述案例中，若甲某向律师事务所提出订立委托合同的要约时，该律师事务所可以就委托事务的范围、费用、报酬等提出反要约，这也是一种要约的形式，是否作出承诺由甲某决定。此外，在委托合同订立过程中，也可以存在要约邀请阶段，尽管这并不是每个委托合同订立过程的必经阶段。要约邀请是希望他人向自己发出要约的意思表示。在实际生活中，一些从事职业受托业务的单位或个人，如律师事务所及其律师、注册会计师事务所及其注册会计师，为发展客户，可以将其资信情况、办事能力、工作成就、受理事务条件、受理事务范围及报酬标准等信息，以广告、事务所简介书等形式，向特定人或非特定人发出，这种情况就是订立委托合同的要约邀请。

3. 委托合同的条款

委托合同的特殊性决定了委托合同的条款与其他合同有所不同，特别是特殊行业的委托合同条款因其特殊性而有所不同。虽然合同法没有具体规定委托合同应当具备哪些基本条款，但从一般委托与特殊委托的具体规定结合司法实践来看，可将委托合同条款分为一般条款和特殊条款。

一般条款：

第一，明确当事人的姓名或名称和住所。无论是委托人还是受托人，既可以是自然人也可以是法人。委托人或受托人在订立委托合同时，应当标明或记载其本名。如是自然人则标明或记载其姓名，如是法人或其他组织则标明或记载其名称。关于委托人或受托人住所的确定，可依照民法通则第15条关于自然人住所和第39条法人住所的规定。如果委托合同是通过委托人或受托人的代理人订立的，还应标明或记载代理人的姓名和住所。

第二，明确委托事务。委托事务是委托合同的标的，是委托合同最核心的条款。没有委托事务或委托事务不明确，委托合同就不能成立。因此在订立委托合同时对委托事务的约定应符合明确、准确、合法的标准。

第三，确定处理委托事务的方式。在委托合同中，对于处理委托事务方式的约定，一般有两种情形。一种是一般情况的规定，如规定受托人要亲自、勤勉地处理委托事务，在处理委托事务中要注意维护委托人的利益等。另一种是具体性规定，如规定受托人在处理委托事务时应当采取何种方法，在不同情形中应如何作出决定等。

第四，可否转委托。委托合同以受托人亲自处理委托事务为原则，因此，转委托一般不是合同订立时预定事项。但是在委托合同订立时，委托人和受托人之间也可以对受托人可否转委托、转委托的条件及责任承担等作出特别的约定。

第五，约定费用及支付方式。受托人用于处理委托事务开支的费用可以由委托人预付，也可以由受托人垫付，但最终应当由委托人承担。在订立委托合同时，应当就费用的使用标准、支付方式、结算方法等予以明确约定。

第六，确定报酬及支付方式。如果委托合同是有偿的，应当就报酬事项予以明确约定。在订立报酬条款时，当事人可以直接规定报酬总额，也可以规定确立报酬的标准。对于报酬的支付方式，当事人可以约定事后支付或事先支付，也可以约定部分预付，还可以约定根据委托事务的处理阶段分期预付。在商业领域中委托合同多为有偿的，无偿的较少见。

第七，报告义务。受托人的报告义务，是合同法规定的法定义务，不以委托合同有约定为必要。但是，当事人在订立委托合同时，可以就报告事项进行专门约定。关于报告事项的约定，主要包括内容、时间、方式。

第八，保密义务。保密义务是受托人根据诚实信用原则而应当承担的义务。受托人在处理委托事务时，可以了解委托人不宜泄露或公开的情况，如委托人的商业秘密、隐私等。不论委托合同是否有约定，受托人都应该对其在处理委托事务时所了解委托人的情况予以保密。但是，为了明确受托人的保密义务，在订立委托合同时，可以就保密事项作出专门约定。

第九，违约责任。当事人可以在委托合同中规定违约责任，包括规定违约责任范围、违约责任大小、确定标准或方法、违约责任的承担方式等。

特殊条款：有时法律或行政法规会直接规定特殊行业的委托合同应当具有哪些条款，因行业的特殊性不同而不同。如证券法第 23 条规定："证券公司承销证券，应当同发行人签订代销或包销协议，载明下列事项：第一，当事人的名称、住所及法定代表人的姓名；第二，代销包销证券的种类、数量、金额及发行价格；第三，代销包销的期限及起止日期；第四，代销包销付款方式及日期；第五，代销包销的费用及结算方法；第六，违约责任；第七，国务院证券监督管理机构规定的其他事项。"在法律、行政法规等规定了行业或市场领域的委托合同应当具有哪些主要条款时，当事人应当在委托合同中对这些主要条款作出约定。

5.8 合同的变更

在工程建设中，为了调整工程设计时未能预料到的事宜或不足，会经常发生一些工程变更。这些变更直接涉及投资、技术、工期等一系列问题，所以应当引起足够的重视，加强这方面的管理，并按照工程变更的程序和处理方法，及时做好变更工作，避免其对整个工程的施工和控制造成混乱。

5.8.1 变更通知单

(1) 变更通知单是指在合同实施后，由业主和建筑师签署的向承包商发出的书面指示。它是认可工程中的一种变更或者合同金额和合同期限的一种调整。变更通知单是改变合同金额和合同期限的惟一途径，业主签署了变更通知单，即表明他对通知有关问题的认可。

(2) 业主在不使合同失效的情况下，可以在合同的总范围内，命令对工程作出变更，包括增加、删除或其他修改，合同金额和合同期限将得到相应的调整。工程中的一切变更，均应通过变更通知单认可，并按照合同规定的可行条件进行实施。

(3) 由于工程中的变更，业主所发生的费用或信用贷款应根据以下一种或多种方式来确定：

①为进行估价，通过合同接受一种详细列出并由足够的证明材料证实的一次总付的方式。

②通过合同中规定的或者随后同意的单价方式。

③以双方同意的方式确定费用和共同接受的固定费用或手续费。

(4) 如果按以上所提出的方法均达不成协议，那么，承包商在收到业主签署的书面变更通知单时，应该迅速继续进行所涉及的工程，建筑师可以决定由变更所引起的合理开支，包括合同金额的增加、管理费和利润的合理支付等。在这种情况下，承包商应按照建筑师规定的格式，保存并呈递一本详细分类账目，以及包括变更通知单的合适证明材料。除非合同中另有规定，其费用应局限于材料费（采购费、运杂费、保管费等）、人工费(包括社会保证金、养老金及失业保险金以及协议和惯例要求的补贴、劳工补偿保险、保证金)、设备和机械的租金，以及直接由变更所引起的管理费用（监督人员和现场办公人员费用)。业主在最终确定费用之前，应根据建筑师的支付证书进行付款。对于由删除或变更所引起的一种合同金额的纯增加，承包商要求业主追加的货款数额，应是建筑师确认实际发生的纯费用的数额。当一种变更包含有关工程或替换物的追加费用和备用货款时，由此变更引起的管理费和利润的金额应纳入纯增加计算。

(5) 如果合同已对工程单价作出规定或随后同意，而在建议的变更通知单中对原先期待的工程量已发生变化，即建议的工程量和双方同意的单价申请将会对业主或承包商引起实质上的不公平，那么对现行的单价就应进行公平的调整。

5.8.2 隐蔽工程变更

在地下结构的施工过程中，如果遇到隐蔽情况，其隐蔽的或未被发现的情况和合同所标明的情况不符，或地表以下未被发现的物质情况，或一个具有独特性质的现有结构中的隐蔽工程，或未被发现的情况和一般遇到的情况不同，以及鉴于合同规定的固有特点与普遍公认的情况相差甚远，那么合同金额就应该根据任何一方在首次发现这种情况后 20 天内作出的索赔要求，通过变更通知单进行公平合理的调整。

5.8.3 追加费用

(1) 如果承包商希望进行增加合同金额的索赔，他就应该在工程开始实施前和引起此类索赔的事件发生后 20 天内，向建筑师发出书面通知（危及生命和财产安全的紧急情况例外)。如果业主和承包商对合同金额中的调整数额达不成协议，建筑师可以对此作出决定。索赔在合同金额中所引起的任何变化，都应通过变更通知单认可。

(2) 有下列情况之一，如果承包商要求，可进行追加费用的索赔：一是已发出变更书面通知；二是在承包商没有错误的情况下，业主发出停工命令；三是书面指令发出后，工程中的微小变更；四是因业主未进行支付而涉及的追加费用。

5.8.4 工程中的微小变更

在工程符合合同文件的意图，又不涉及合同金额调整或合同期限延长时，建筑师有权在工程中命令作出微小的变更。此类变更应通过书面指令进行实施，承包商应迅速执行。

5.9 索赔与反索赔

5.9.1 索赔简述

在市场经济条件下，企业要竞争，要加强管理。无论是工程建设单位还是施工单位或货物供应商等，都需承担工程建设项目在实施过程中产生的不确定性风险，不确定的风险发生后，就要依据合同、按照责任要求对对方不履行合同或对合同履行不当造成的己方损失，给予经济和工期等赔偿。在《中华人民共和国民法通则》、《中华人民共和国合同法》等有关法律和规定中，都有涉及工程索赔的条款，它们是索赔的法律依据。

工程索赔是一项法律性和技术性很强的工作，必须有合同依据、有事实、有证据。要时刻注意对方的违约行为，记录、收集有效证据，同时己方要严格按合同工作，对引起对方可能索赔的事情及时处理，避免酿成不良后果。

工程索赔是维护承包商权力和利益的合法手段。

工程索赔是指在工程合同履行过程中，合同一方因对方不履行或不完全履行合同所规定的义务而受到损失，向对方提出赔偿要求。因业主作为发包方，在合同签订过程中，相对处于主动地位，所以实际工作中，"索赔"一般是指承包方向业主的索赔。索赔的权利是施工合同法律效力的具体体现，没有索赔和有关的法律规定，施工合同的约束效力和法律地位便会大大减弱，合同的正确履行就会大打折扣，就会出现业主重权利、轻义务，承包商有义务、无权利的现象。所以说，索赔是一种维护自身正当权益，避免损失、增加利润的手段。

一个有经验的承包商在项目实施过程中，总是努力寻求一切机会，运用索赔方法寻求较高的利润，以弥补因竞争带来变动成本升高的不利局面。这一手段运用是合理的，也是合法的。国际建筑市场上，承包商在竞争中，普遍以低价夺标，然后再通过对项目施工的精心管理，利用丰富的承包工程施工经验，充分运用索赔手段寻求较高利润，以抵消因压价夺标所带来的施工经营风险。目前，因施工承包合同的索赔额，一般占工程款支付总额的7%~8%，相当于我国现在施工企业的法定利润率。因此不难看出，索赔额在施工企业利润中所占比重的大小。这实际上可以衡量出一个企业的综合管理水平，尤其是施工合同管理水平。

5.9.2 常见索赔分类

1. 按赔偿的起因划分

(1) 合同文件错误。合同文件中的错误最容易导致索赔，合同错误是致命的。

(2) 变更导致。这一条是承包人和卖方提出索赔最多的理由。

(3) 不利自然条件和客观障碍。不可预见的自然条件以及客观障碍引起索赔，主要是索赔工期。

(4) 付款引起的索赔。常见于承包人或卖方对发包人或买方付款时间、数量等事项提出的索赔。

(5) 工程师错误。工程建设中由于工程师发布错误指令、作出错误决定，导致施工期拖延、费用增加以及安全质量事故的发生。

(6) 工期拖延的索赔。承包人或卖方拖延合同规定的履行义务时间以及发包人或买方提供技术资料、图纸、场地等拖延导致工程延误，这类索赔最常见。

(7) 质量低劣的索赔。承包人负责的施工质量不符合规定标准，卖方供应的货物质量或性能不满足合同规定。这是发包人（买方）最经常进行的索赔。

(8) 发生风险事故的索赔。这类索赔主要是发生在工程保险中，如设备材料的运输保险、设备及材料的储存风险，事故发生后当事人按保险合同规定向保险公司索赔。由于保险合同中对赔偿的规定比较详细、明确，因此发生事件的几率不大。

2. 按索赔当事人划分

(1) 施工承包人向发包人索赔。主要是工程量计算、工程变更、工期、质量和价款以及图纸、货物供应、施工条件等而引发的。这类索赔情况最易发生。

(2) 工程发包人向承包人索赔。一般是以承包人承建的工程未达到规定质量标准、工期拖期等违约行为或安全环境等原因引发。在国内一般习惯上称之为“反索赔”。在实际工作中因发包人有支付价款的主动权，所以这类索赔经常以延迟付款、扣除保留金(质保金)、扣减工程款等方式或以履约保函索赔的形式处理。

(3) 货物卖方向买方索赔。

主要原因是付款变更、工期拖延等原因引发的事项。

(4) 货物买方向卖方索赔。针对卖方在履行合同中，所供货物质量低劣、供货期拖延、货物短缺、性能达不到合同规定等原因。买方一般以扣除质保金、要求赔偿、延迟付款、更换货物或对货物贬值等方式处理。

5.9.3 索赔的准备

在实际工作中，除了认真分析、熟悉合同文件、收集保存工程记录外，一般可按下列方法准备索赔：

1. 初步评估

索赔分析的第一步是在进行详细调查和分析前进行总的初步估计，包括四个方面：

(1) 确定在合同条款下索赔是否可行。

(2) 选定准备索赔的方法。

(3) 划分重大索赔问题和小的索赔问题。

(4) 估计索赔的金额。

2. 索赔的前期工作

(1) 以合同条款为依据，寻找事实。

赔偿是建立在相应的合同约定的基础上的，合同证据、补充合同证据是最直接最有力的证据。工地考察有利于了解索赔的实际情况，增加感性认识。实物证据包括照片、试验报告、录像、岩心样品、材料样品等，应妥善保存。

（2）文件资料。

小型工程项目的索赔相对来说比较容易，对于大型工程项目在准备索赔时，常常需要参考许多文件资料和工程记录。这些资料来自承包商、业主、建筑师、监理工程师、项目经理、分包商、试验室、政府机构和其他方面。函件、日报表、月报表和其他记录应按时间先后顺序分类保存。

3. 分析确定责任

当索赔资料组织好后，索赔人员应当分析资料，提炼索赔的有关事件，用浅显易懂的文字表达出来，进行成本和工期计算，编写索赔报告。分析文件资料一定要耐心细致全面，其内容包括：辨析索赔问题、找出所有与该索赔有关的文件资料、组织材料和证据、叙述索赔的背景、决定索赔问题是否可确立为索赔项目、分析工期和成本、选定计算索赔问题引起的损失费用的方法。

4. 准备索赔报告

索赔报告是解决索赔的基础，应包括所有资料，并应说明发生的索赔事件、产生的原因、索赔的依据、要求赔偿的费用等。报告应做到逻辑严密，条理清楚，简洁易懂，令人信服，直奔主题。

索赔报告的形式很多，但不管形式如何，承包商都应注意：在进行索赔时，应以书面确认的材料和合同为依据。报告中所得出的结论，要有理有节，有根有据。少用或不用语气强硬的措辞，要让事实说话，协商解决问题，避免处于被动地位。证据应当充分有力，形成锁链。

5.9.4 索赔程序

一般的索赔程序分为如下六个阶段：

（1）索赔意向通知。当索赔事件发生后，在合同规定期限内，当事人向对方提出索赔意向性的函件。

（2）索赔资料准备。主要是收集与索赔有关的文件、资料，认真进行索赔分析。

（3）提交索赔文件。

（4）接受方对索赔文件进行审议，并提出反驳索赔事件理由或确认索赔，及时向对方发出相应通知。

（5）索赔谈判。通常接受方是不会全部确认索赔报告内容的，于是就需要就索赔进行谈判。这种谈判可能是一次性的，也可能是反复多次的。

如果经此过程仍然无法达成一致，则

（6）仲裁或诉讼。通过谈判、协商不能解决索赔事件的，可按合同规定方式选择仲裁或法院诉讼。但应特别注意：不因小利失大利，保持良好的合作关系才有利于工程的进行，索赔应着重调解、谈判，不到万不得已不要轻易采用仲裁和诉讼方式。

5.9.5 反索赔

有索赔就有反索赔，承包商寄盈利希望于索赔，自然业主也会千方百计地通过反索赔以减少索赔，保护自己的合法利益。反索赔通常是业主对付承包商索赔的手段。索赔和反索赔是进攻和防守的关系，在合同实施过程中承包商必须能攻善守，攻守相济，才能立于不败之地。

在合同实施过程中，合同双方都在寻找索赔机会，一旦干扰事件发生，都想推卸自己的责任，都在企图进行索赔。不能进行有效的反索赔，同样要蒙受损失，所以反索赔与索赔有同等重要的地位。

1. 反索赔的内容

反索赔的目的是防止损失的发生，它必然包括如下两方面内容：

（1）防止对方提出索赔。

积极防御通常表现在：

① 防止自己违约，要按照合同办事。通过加强工程管理，特别是合同管理，使对方找不到索赔的理由和根据。工程按合同顺利实施，没有损失发生，不需提出索赔，合同双方没有争执，达到很好的合作效果，皆大欢喜。

② 在实际工程中，干扰事件常常是双方都有责任，许多承包商采取先发制人的策略，首先提出索赔。争取索赔中的有利地位，打乱对方的步骤，争取主动权。另外，早日提出索赔，可以防止超过索赔时效而失去索赔机会。

（2）反击对方的索赔要求。

为了避免和减少损失，必须反击对方的索赔要求。对承包商来说，这个索赔要求可能来自业主、总（分）包商、供应商等。最常见的反击对方索赔要求的措施有：

① 用己方提出的索赔对抗（平衡）对方的索赔要求，最终双方都作出让步或互不支付。

以"攻"对"攻"，攻对方的薄弱环节。用索赔对索赔，是常用的反索赔手段。在国际工程中业主常常用这个措施对待承包商的索赔要求，如找出工程中的质量问题，承包商管理不善之处加重处罚，以对抗承包商的索赔要求，达到少支付或不支付的目的，甚至使承包商支付部分款项。

② 反驳对方的索赔报告，找出理由和证据，证明对方的索赔报告不符合合同规定、没有根据、计算不准确，以及不符合事实的情况，以推卸或减轻自己的赔偿责任，使自己不受或少受损失。

2. 反驳索赔报告

对于索赔报告的反驳通常可以从以下几方面着手：

（1）索赔事件的真实性不真实，不肯定，没有根据或仅出于猜测的事件是不能提出索赔的。事件的真实性可以从两个方面证实：

① 对方索赔报告后面的证据。不管事实怎样，只要对方索赔报告后未提出事件的有力证据，己方即可要求对方补充证据，或否定索赔要求。

② 己方合同跟踪的结果，寻找对对方不利的、构成否定对方索赔要求的证据。

（2）干扰事件责任分析。干扰事件和损失是存在的，但责任不在我方。

（3）索赔理由分析。反索赔和索赔一样，要能找到对自己有利的合同条文，推卸自己的合同责任；或找到对对方不利的合同条文，使对方不能推卸或不能完全推卸自己的合同责任。

（4）干扰事件的影响分析。

首先分析索赔事件和影响之间是否存在因果关系，分析干扰事件的影响范围。如在某工程中，总承包商负责的某种装饰材料未能及时运达工地，使分包商装饰工程受到干扰而拖延，但拖延天数在该工程活动的时差范围内，不影响工期。且总包已事先通过分包，而施工计划又允许人力作调整，则不能对工期和劳动力损失提出索赔。

（5）证据分析。

证据不足、证据不当或片面的证据，索赔是不成立的。证据不足即证据不足以证明干扰事件的真相、全过程或证明事件的影响，需要重新补充。

（6）索赔值审核。

如果经过上面的各种分析，仍不能从根本上否定该索赔要求，则必须对索赔值进行认真细致的审核。

黄河小浪底水利枢纽主体工程在建设初期，一名中国工人在施工中掉了4颗钉子，结果被索赔28万元。小浪底工程的索赔，对中国建筑领域的业主和施工企业的索赔与反索赔都会受益匪浅。

索赔与反索赔是施工企业与业主各自为了自己的合法利益而作的行为，在中国加入WTO之后，建设领域将面临着各种挑战，法制越来越完善，作为建设工程合同的双方都应当按照“游戏”规则办事，严格遵守国家强制性法律法规的规定，遵守国际通用的菲迪克条款，遵守合同，遵守公平合理原则、等价有偿原则、诚实信用原则，这样，建设工程领域才能健康有序地发展。

5.9.6 合同中有关索赔的规定

合同是进行索赔工作的法律依据。为了减少和避免对方的索赔，使自己向对方索赔获得成功，从签订合同开始就应抓好管理，并遵守合同对索赔的规定：

（1）向另一方当事人索赔时要有正当理由，有索赔事件发生的有效证据。

（2）遵守施工合同约定的索赔程序。

① 索赔事件发生后一定时间内（一般为28天），向对方发出索赔意向通知；在意向通知发出后的一定时间内（一般为28天），再发出要求给予经济赔偿和（或）延长工期的索赔报告。

② 对方在接到索赔报告后的规定时间内（一般为28天），需书面答复。

③ 若在规定期限内没有提交索赔意向通知，则视为没有索赔；如果在规定期限内没有提供索赔报告，则视为放弃了索赔；接到索赔报告，但在规定期限内没有答复对方，则视为已确认索赔要求。

（3）遵守货物供应合同约定的索赔程序。

①买方在货物的检验期和质保期内，出具合同中规定的有效证明文件（一般是政府有关检验部门或买卖双方确认的文件资料），向卖方发出索赔通知。

②卖方在一定时间内（一般是14~28天），作出答复：

●货物数量方面的索赔答复时间一般为14天内；

●质量、性能方面的索赔答复时间一般为14~28天，对货物技术难度大、价值高的大型设备一般答复时间在28天内；相对简单的货物一般为14天内。

③若不在规定期限内提出索赔要求，则视为没有索赔；对索赔不在规定期限内答复的则视为确认索赔。

（4）合同双方不能协商解决的索赔事件，则进入合同中的争议条件，寻求调解直至申请仲裁或法院诉讼。

从上可见，在工程项目实施过程中，承包商向业主提出索赔以及业主对承包商的反索赔，这是经常发生的事情，这也是业主和承包商之间对于承担工程风险比例的再分配，所以他们都十分重视索赔事件。索赔基本上分两类，一类是所谓要求工期延长索赔，另一类是要求经济费用亏损索赔。无论那一类索赔，作为工程项目管理的三方，业主、监理工程师和承包商都应以客观求实的态度认真对待。业主应采取合理的、条文明确的发包合同，并在发生索赔时，及时疏导，采取必要措施，尽量避免索赔事件发生。监理工程师应客观地评价承包人的索赔要求，对合理的符合合同范围内的索赔，要及时予以确定，切不可为照顾某个方面，拒绝索赔，把事情闹大，甚至影响到工程全局。承包商也要按照合同规定，实事求是，以事实为依据，合情合理地提出索赔要求。一旦发生索赔事件，三方都应冷静对待，以事实和合同及相关法规为依据，按照规定的程序进行处理。

5.10 仲　　裁

5.10.1 仲裁

通过仲裁程序解决合同争端是解决工程合同争议的有效途径，也是国际工程承包中采用较多的一种方式。在国际咨询工程师联合会的合同文件及世界银行和许多国际金融组织贷款项目的招标文件中，都推荐采用仲裁程序作为最终解决争议的方式，这是由于仲裁程序比较适合于处理工程合同争议。但由于我国仲裁监督体制不健全，而且《仲裁法》本身对仲裁的一些规定，在实际执行中也限制了仲裁发展，使得在解决合同争议时难以保证仲裁的公正性和经济性。因此，当务之急是根据仲裁在贯彻实施中存在的问题，有针对性地提出相应的对策。

1. 仲裁在解决工程合同争议时存在的问题

（1）我国国内环境的差异决定了仲裁不能在现阶段真正、完全地体现其价值。

主要表现在：① 民主的制度化、法律化尚未实现，民主监督机制尚不健全。仲裁在追求公正价值的同时，难免不受非正常因素的影响。② 我国企业改制尚未完成；政企没有完全分开，企业经营仍受行政干预；流通体制和市场规则不健全。这种状况让企业不便完全接受仲裁裁决。③ 我国缺乏对司法机关有力的社会舆论监督，使得仲裁的法律效力不仅难以获得支持和保障，反而极易受到排挤。

（2）仲裁机构不完善。

既然确立了民间仲裁法律制度，仲裁机构的性质应该是民间组织，仲裁机构应该纯粹由民间组织来组建，以此排除行政和其他因素的干扰，这是仲裁公正性最根本的保证。但目前我国组建的仲裁机构显然不能照此规范操作，民间组织在国民当中明显缺乏权威性，仲裁活动即使有法可依，也不可能完全摆脱官方的影响，仲裁机构因为依附于行政机关而没有独立的法律地位，无法在仲裁活动中保持中立，这与国际上的民间仲裁机构存在较大差距。

（3）《仲裁法》本身对仲裁的一些规定，在实际执行中限制了仲裁的发展。

《仲裁法》规定，仲裁委员会只在符合条件的大中城市设立，且每个城市只能设一个，而这些城市都下辖各个区、县、市，地域面积大，且有些偏远山区交通不便，这给仲裁当事人带来很多不便，不利于仲裁工作的开展。

2. 仲裁在解决工程合同争议时的对策

（1）建立高起点、高标准、一流仲裁机构是建立适应社会主义市场经济体制的仲裁制度的关键。

主要应该做到以下几点：

① 必须严格按照仲裁法的规定来设立仲裁机构，确实使设立的仲裁机构符合民商事仲裁制度的性质，与国际上通行的做法接轨，充分体现其独立、公正性。

② 严格按照仲裁法关于仲裁员聘任条件的规定，建立一支业务水平高、公道正派的仲裁员队伍。

③ 努力做到严格依法办事，抓好办案质量，保证案件裁决的公正性。

④ 要抓紧仲裁机构、仲裁人员队伍的廉洁、纪律建设，确保仲裁人员队伍的纯洁性，这是仲裁机构赖以生存和发展的根本保证。

此外，不断探索仲裁机构的科学运行机制，借鉴国外先进的仲裁机构建设经验等，都是建立高起点、高标准、一流仲裁机构不可忽视的工作。

（2）对建设工程施工合同仲裁工作的建议。

① 建议在《示范文本》中引入监理工程师和争端裁决委员会（Dispute of Adjudication Board，简称 DAB）机制作为仲裁前解决纠纷的一种方式。由于监理工程师和争端裁决委员会在解决纠纷方面既有共同点，也有不同点，因此在《示范文本》中可采用这样一种模式：将争端裁决委员会的裁决介于工程师决定与正式仲裁之间，即当工程师的决定不被当事人接受时，提交争端裁决委员会裁决，如果争端裁决委员会的裁决也不被接受，再提交仲裁或诉讼。

② 在解决争议的模式中，执行“或裁或审，一裁终局”制度。建议在《示范文本》中将各种解决纠纷的方式按次序列出，然后根据有关法律的规定提供几种模式，供当事人协商约定其中一种。

③ 在仲裁方式中，分阶段填写“仲裁协议”。建议根据《仲裁法》第 16 条和第 18 条的有关规定，业主和承包商双方一致同意采用仲裁方式解决纠纷的，则仅将“请求仲裁的意思表示”在《协议条款》中确定下来即可。当纠纷发生后，再在补充协议中明确约定“仲裁事项”和“仲裁委员会”。另外，为帮助当事人能够正确填写一份完备的“仲裁协议”，建议在《示范文本》中附上一份标准格式的“仲裁协议书”。

（3）完善我国仲裁监督体制，必须严格按照《仲裁法》的规定，依法仲裁。

各仲裁委员会应设置专司监督职能的机构，尽快严格按照《仲裁法》的规定，依法仲裁。各仲裁委员会应设置专司监督职能的机构，中国仲裁协会应制订和完善有关行业自律的规则，确定行业监督范围、查处程序和措施的规范。在仲裁实践中注意总结经验、发现问题，并应适时地对仲裁法予以修改和完善，对仲裁监督的方式，应当逐步转化成国家对仲裁机构总体上的监督和舆论监督，对具体案件少干预为宜。

（4）保证仲裁的公正性和经济性。

① 必须真正坚持仲裁机构的独立地位，使仲裁活动能够依法独立进行，不受行政机

关、社会团体和个人的干涉。

② 仲裁权由案件受理权、审理权和裁决权组成。应将仲裁委员会定位在启动仲裁程序，为仲裁提供良好服务的层面上。仲裁委员会只行使案件的受理权，不应参与案件的审理与裁决。

③ 办案程序应当尽量简化，讲求效率，坚持低收费原则。

④ 要高度重视和完善仲裁调解制度，使之充分发挥应有作用。

(5) 修改和完善仲裁法是促使社会环境改善的最直接、最有效的方法。

① 我国现行法律对仲裁的要求异常严格，这与国际上放宽对仲裁协议限制的趋势不相协调。因此，我国在仲裁的初始阶段，应放宽仲裁协议的限制。

② 鉴于我国目前诉讼和仲裁的利害关系，法院和仲裁机构在仲裁法执行的具体环节上难以产生相同看法，这种情形也难以保证仲裁法条款解释的公平。因此建议法院的司法解释只可供仲裁庭参照，而不宜将其作为仲裁裁决的依据，仲裁法的权威解释应属立法机关，即应是立法解释。

③ 强化仲裁文书的权威。对拒收仲裁文书，有履行能力而故意不执行裁决的当事人追究一定责任，国外将法院协助执行仲裁文书作为一项法律义务加以规定的做法也是值得借鉴的。

(6) 国内仲裁应尽快与国际仲裁接轨。

① 关于当事人提出补充申请、答辩及证据的期限。斯德哥尔摩商会仲裁院仲裁时，仲裁庭规定了当事人提出补充申请、答辩的期限，并明确了当事人证据提交截止日及开庭时间、下达裁决书的时间，这一做法使整个案件审理具有严密计划性，使当事人从一开始就预知了每一阶段所需做的工作。由于我国《仲裁法》规定证据应当在开庭时出示，不利于仲裁庭查明事实，使另一方当事人丧失对对方所提供的证据核实、反驳的充分机会，因此，为查明事实，要求当事人在开庭审理前提供、交换证据材料，是国内仲裁与国际仲裁接轨所必须解决的问题。

② 关于口头证据。在国际仲裁中，不出庭作证的专家证言不具有证据效力。显然，国内仲裁与国际仲裁接轨，增强鉴定结论的科学性、透明度是重要环节。对于案件争议至关重要的鉴定结论，应当要求作出这些结论的专家出庭作证，并接受当事人的质询，否则鉴定结论不具有证据效力。

③ 关于开庭时间。《斯德哥尔摩商会仲裁院规则》第二十条规定："根据当事人的意愿，仲裁庭应当决定开庭时间、持续的期限以及如何组织，包括出示证据的方式。"从我国现行仲裁实务看，与国际仲裁相比较，开庭时间短，因此，国内仲裁与国际仲裁接轨就要充分保障当事人的仲裁权利，让当事人充分陈述意见，特别应保障当事人特证、对鉴定结论提出意见的权利。

④ 关于仲裁地点。与国际商会仲裁规则相同，我国《仲裁法》也赋予了当事人选择仲裁地点的权利，但要求当事人一定要到仲裁机构所在地仲裁，不一定方便当事人。因此，国内仲裁机构应从方便当事人出发，允许当事人选择仲裁地点。

(7) 完善仲裁协议。

① 当事人应自行完善仲裁协议。

② 法院及仲裁机构协助完善仲裁协议。

③ 行业主管部门协助完善仲裁协议。

④ 修订合同示范文本，完善仲裁协议。建议建筑业从合同抓起，有关部门加强配合。在工程报建、工程招标、办理开工许可证、合同签证、公证等方面认真把关，有效地办理各类仲裁案件，更好地为建筑业服务。

5.10.2 其他方法——争端审议委员会（DRB）

1. 争端审议委员会的含义

“争端审议委员会”（Dispute Review Board，DRB）起源于美国的建筑工程管理领域，是美国最早采用的一种解决合同争端的办法。DRB 的主要任务是协助合同双方解决一切不能自行解决的重要合同争端，包括合同责任争端、施工质量争端、工期争端和索赔款额争端等。它旨在通过非正式的方式，及时、公正地、以较小的代价解决工程实施过程中发生的合同争端，其实质是争端双方邀请第三者进行调解。

近年来，国际工程承包行业由于通过仲裁等其他方式解决争端的费用越来越高，以及人们对工程师（通常被认为是工程业主的“代理人”）在解决争端中的独立性表示疑虑，因而逐渐广泛地采用传统方式之外的方式解决国际工程承包过程中发生的争端，其中最明显的趋势就是采用 DRB 方式。据不完全统计，截至 1994 年，全世界有 60 多个工程项目采用了 DRB，90 多个项目正在采用 DRB，并约有 200 多个项目计划采用 DRB。这些项目的总投资为 220 多亿美元。目前 DRB 在美国、英国、法国、南非、印度和孟加拉等国家得到了广泛的采用。实践证明，由于采用了 DRB，提交仲裁的争端大大减少。

2. DRB 在我国的应用

1997 年 5 月，中华人民共和国财政部编写出版的“世界银行贷款项目招标文件范本——土建工程国际竞争性招标文件”的第 5 章“A. 标准合同专用条款”中基本采纳了世界银行招标文件范本中关于 DRB 的使用方案。财政部同时编写出版的“土建工程国内竞争性招标文件”中将类似 DRB 的合同争端解决程序写入了合同条件，并在“投标人须知”的第 35 条“调解员”中规定：调解员小组由三名成员组成，每一成员均应独立于合同各方并与此合同无任何利益。在“投标人须知前附表”的第 13 项提出了两个备选方案：备选方案一，合同中项目监理将被授权承担调解员的作用，不再指定调解员；备选方案二，合同中将指定一个有三名成员的调解小组，在附表的注释中又规定，对于合同价格等于或高于 700 万美元的合同，选择备选方案二，对于合同价格低于 700 万美元的合同，选择备选方案一。这意味着今后我国国内较大型的工程建设项目也将逐步采用 DRB 模式来解决合同争端。

1992 年底我国的二滩水电站项目引进了 DRB 来解决合同争端，运作良好，已经取得了一定的成效，这是中国大陆世界银行贷款项目第一次引进 DRB。同时 DRB 在我国香港地区已经被广泛采用，其中香港新建国际机场项目就使用了 DRB。我国大型水利水电项目小浪底水利枢纽工程部分利用了世界银行贷款，应世界银行的要求，小浪底的 DRB 已于 1998 年 4 月 22 日正式成立。小浪底的 DRB 已经逐步介入到小浪底的合同争端的处理工作，到 1999 年底，小浪底的 DRB 已经在现场召开了五次听证会。相信 DRB 将为小浪底合同争端的解决作出积极贡献。

3. DRB 的内容、规则和程序

（1）DRB 审议委员会的推选、批准和“接受声明”

DRB 由三位在工程施工、法律和合同文件解释方面具有经验的专家组成。一般业主和承包商在中标通知书签发后若干天内各推选一名审议委员并征得对方批准，再由这二位委员推选第三名委员作为 DRB 的主席，但必须征得双方批准。如果在中标通知后规定时间内上述任一位委员未能被推选出或批准，则应由投标书附录中规定的权威机构来选定。由于任何原因需要更换委员时，也基本按照上述办法处理。

审议委员在被推选并批准后，每人应签署一份“接受声明”。主要声明两点：一是愿意为 DRB 服务并遵守有关合同条件及附件的约束；二是声明自己与业主、承包商、监理工程师中任一方没有经济利益和雇佣关系。实质上是对自己身份“清白”的声明和保证。审议委员应是独立的订约人，而不是业主或承包商的雇员或代理。审议委员不能将自己的工作转让或分包给他人。

（2）争端的提交和审议程序

如果业主和承包商之间由于合同或工程实施产生争端（包括任一方对监理工程师的决定有异议）时，应将争端提交 DRB。

① 争端的提交。如果合同一方对另一方或监理工程师的决定持有反对意见，则可向另一方提出一份书面的“争端通知”，详细地说明争端的缘由，并递送监理工程师。收到“争端通知”的另一方应对此加以考虑，并于收到之日后，一般在 14 天内书面给予答复。若收到此回复的一方一般在 7 天内未以书面方式提出反对意见，则此回复将是对此事项最终、决定性的解决方式。鼓励合同双方采取进一步的努力以解决此争端。若双方仍有较大分歧，则任一方均可以书面“建议书申请报告”方式将此争端提交 DRB 全体委员、合同另一方和监理工程师。

② 听证会和审议。争端交至 DRB，DRB 应决定何时举行听证会，并要求双方在听证会前将书面文件和论点交给各委员。在听证会期间，业主、承包商和监理工程师应分别有足够的机会被听取申诉和提供证明。听证会通常在现场或其他方便的地点举行。听证会期间，任何审议委员不能就任一方论点的正确与否发表意见。

③ 解决争端的建议书。听证会结束后，DRB 将单独开会并制定其建议书，会上所有审议委员的个人观点应严格保密。建议书应在 DRB 主席收到“建议书申请报告”后的若干天（一般为 56 天）内尽快以书面形式交给业主、承包商和监理工程师。建议书的制定应以相关的合同条款、适用的法律、法规以及与争端相关的事实为基础。DRB 应尽力达成一致通过的建议书。如果不可能，多数方将作出决定，持有异议的成员可准备一份书面报告交给合同各方和监理工程师。

④ 双方收到 DRB 建议后一般在 14 天内，如均未提出要求仲裁的通知，则此建议书即成为对合同双方均有约束力的最终决定。如合同任一方既未提出要求仲裁的通知而又不执行建议书的有关建议，则另一方可要求仲裁。如合同任一方对建议书不满，或 DRB 主席收到申请报告后在规定的时间内未能签发建议书，合同任一方均可在此之后，一般在 14 天内向另一方提出争端仲裁意向通知书并通知监理工程师，否则不能予以仲裁。

⑤ 仲裁。当任何 DRB 的建议书未能成为最终决定和具有约束力时，则应采用仲裁解决争端。仲裁机构名称、仲裁地点、仲裁语言等均应在投标书附录中注明。合同中任一方

及监理工程师在仲裁过程中均不受以前向 DRB 提供证据的限制。仲裁过程中，审议委员均可作为证人或提供证据。仲裁可在工程竣工之前或之后进行，但在工程进行过程中，业主、承包商、监理工程师和 DRB 各自的义务不得因仲裁而改变。仲裁裁决对合同双方都是最终裁决，一般仲裁费由败诉方承担。

5.11 FIDIC 及 FIDIC 合同条件

我国使用亚行、世行等外资贷款的工程项目以及我国进入国际建筑市场，参加国际投标、承揽工程项目业务，按照国际惯例都需使用 FIDIC 合同条件。为使我们的工作能尽快与国际接轨，顺利进入国际市场，有必要了解和掌握关于 FIDIC 和 FIDIC 合同条件的基本知识。

5.11.1 FIDIC

FIDIC（菲迪克）是法文（Federation Internationale des Ingenieurs Conserls）的缩写，意为国际咨询工程师联合会。于 1913 年由丹麦等欧洲四国的咨询工程师协会发起组织，总部设在瑞士洛桑。

FIDIC 组织自成立以来，一直向国际工程咨询服务业提供有关资源，根据成员需求提供交流信息，发行出版物，举办咨询业界的会议、培训，建立了丰富的调停人、仲裁人和专家资源库，帮助发展成员国家的咨询业的发展。

FIDIC 的会员分为四种形式，成员协会、会员、长期会员和特派会员。如今组织成员已发展到近 70 个国家。在亚洲及太平洋地区、欧盟、非洲及北欧等地区设立成员协会。经过近百年的发展，FIDIC 成员协会的专业领域已大大超过了过去的定义，其会员也早就不仅限于“咨询工程师”了。很多成员协会实际是代表如建筑师这样的建筑业专业人士，FIDIC 还拥有一系列的诸如律师、保险业者这样的附属会员。

目前，美国是拥有最多 FIDIC 会员公司的国家，共有 5500 家会员公司，总计 225 000 名雇员。德国紧随其后，拥有 3500 家会员公司和 40 000 名雇员。中国工程咨询协会是我国在 FIDIC 组织中的成员协会。

所有成员协会的行为准则如下：

（1）对社会和咨询业负责。

（2）完全的咨询服务能力。

（3）正直诚实。

（4）公平和公正。

（5）公正地对待其他工程师。

（6）拒绝腐败等。

5.11.2 FIDIC 合同条件

FIDIC 在总结国际咨询业务发展的基础上，编制了多种版本的 FIDIC 合同条件，有人称它是国际承包工程的“圣经”。可以说，FIDIC 是集工业发达国家土木建筑业上百年的经验，把工程技术、法律、经济和管理等有机结合起来的一个合同条件。FIDIC 在 1957

年出版了《土木工程施工合同条件》（又称“红皮书”）第1版，主要用于国际工程。随后分别在1963年和1977年颁布了第2版和第3版。FIDIC于1987年出版的第4版与第3版相比，出现了许多大的变化，其适用范围也从国际项目扩大到了国内项目。

虽然不断更新和修改，但FIDIC《土木工程施工合同条件》的基本框架是不变的，因为其基本精神和原则源于英国的ICE合同条件。直到1999年，FIDIC作了大幅度改版，出版了新版《施工合同条件》，即1999年第1版，又称为“新红皮书”，从原来的72条合并、浓缩为20条。与此同时，FIDIC还出版了另外三种合同条件，即《EPC——交钥匙项目合同条件》《设备和设计——建造合同条件》和《简明合同条件》，其基本格式与“新红皮书”相仿。在这四类合同条件中，《施工合同条件》使用最为广泛，这也就是一般所指的“FIDIC合同条件”。目前在国际工程项目实施当中，第3版及第4版本都在应用着，而1999年第1版在学习、讨论和初步推行中。

《施工合同条件》（新红皮书）适用于业主提供设计，承包商负责设备材料采购和施工，咨询工程师监理，按图纸估价，按实际结算，不可预见条件和物价变动允许调价的情况下。是一种业主参与和控制较多、承担风险也较多的合同格式。

《设备和设计——建造合同条件》（新黄皮书）适用于承包商负责设备采购、设计和施工，咨询工程师监理，总额价格承包，但在不可预见条件和物价变动可以调价的情况下，是一种业主控制较多的总承包合同格式。

《设计、采购、建造（EPC）——交钥匙工程合同条件》（银皮书）适用于承包商承担全部设计、采购和施工，直到投产运行；合同价格总额包干，除不可抗力条件外，其他风险都由承包商承担；业主只派代表管理，只重最终成果，对工程介入很少的情况下，是较彻底的交钥匙总承包模式。

《简明合同条件》（绿皮书）综合上述几种模式，是一种用于较小工程项目的简明灵活的合同格式。

前3种主要合同格式都采用固定的20条“通用条件”，在各自“专用条件”中可互相借鉴调整“拼装”。如设计（或部分设计）由谁做，价格（或部分价格）是包干还是可调，雇主和承包商各承担多大风险，都可在“专用条件”中，根据业主的最佳选择，参照其他合同格式作出规定，形成的4种新版合同格式可以千变万化，以适应各种项目管理模式的需要。

此外，新版《菲迪克（FIDIC）合同指南》是菲迪克对如何正确使用新版《菲迪克（FIDIC）合同条件》的权威解释，它通过将3种主要合同条件的特点对比的形式，描述了如何选用合适的合同格式。说明了主要条款编写时的考虑或理由，对一些条款重点作了说明或解释、以及实施中如何把握的建议，对如何编写合同“专用条件”附录及附件等提供了指导意见，还对如何编好招标文件等提出了建议。对帮助我们用好菲迪克合同范本，做好工程项目招标、投标和合同管理将发挥重要作用。

FIDIC制定的这些合同条件，以其科学性、严谨性、公正性得到世界银行、国际法律协会等国际组织的密切合作，同时为国际公认和接受。特别是合同条件中的通用合同条件，它内容完整、结构合理、逻辑严密、程序清晰，具有较大范围的适用性。它反映了国际工程中的一些普遍做法，也反映了最新的工程管理方法，是FIDIC的精华。我国在国际工程项目中全文采用，同时又结合本国的实际情况，参照通用合同条件编制具体工程项目的专用合同条件。由于 FIDIC 方式是一个围绕具体建设项目进行的一系列法律行为，从而形成了多样复杂的法律关系。各当事人之间的关系，不是领导与被领导关系，而是合同法律关系，这是市场经济条件下招投标制与计划经济下政府自营制的本质区别，正确分析 FIDIC 合同项目中的法律关系在工程管理实践中有十分重要的意义。其中业主与承包商之间的法律关系，业主和监理工程师的法律关系，承包商与监理工程师的法律关系，承包商与分包商的关系，业主与分包商的关系，监理工程师与分包商的关系等法律关系，在 FIDIC 合同条件中都有明确规定。因此，业主、承包商、分包商及监理咨询单位在编制相应合同文件时，都可以从 FIDIC 合同条件的有关条款的对照中找到很好的参照系。

FIDIC《土木工程施工合同条件》是在长期的国际工程实践中形成并成熟和发展起来的，自 20 世纪 80 年代中期引入我国后，随着我国建筑业业主负责制、工程监理制、承包招投标制等一系列保障 FIDIC 方式的法制环境的完善，得到了迅速发展，在大型土木工程建设项目上广泛推行，应用范围越来越广。比如，在我国小浪底水利枢纽工程建设中，国际土建合同采用 FIDIC 施工合同条件第 4 版。小浪底的合同条件由三部分组成。除按 FIDIC 要求原样引用"通用合同条款"，并按照 FIDIC 提供的格式编制"专用合同条款"外，业主根据工程情况，将一些特殊要求和具体要求汇总编写了"特殊合同条款"，内容包括现场设施、对施工计划的要求、环保、当地费用调价和外币调价等。小浪底前期工程 1991 年开始，主体工程 1994 年开工，目前工程已按计划实现截流、蓄水和首台机组发电等里程碑目标，主体工程已在 2001 年底全部按计划完工，其中三个土建国际标比原合同工期分别提前 7~13 个月。工程顺利通过蓄水安全鉴定，工程质量总体优良。通过招标和严格合同管理等手段，以及外汇汇率和物价等因素，工程投资完全控制在概算范围内，并有较大的节余。从 2000 年开始，工程已初步发挥效益。

5.12 电子合同

2004 年 8 月 28 日，我国《电子签名法》经全国人大常委会正式通过，并于 2005 年 4 月 1 日正式实施。《电子签名法》的实施是我国产生和实际应用电子合同的基础，它使电子合同在法律上得到认可。因此电子合同是《电子签名法》的一个典型应用。使得网上数字签名生成的文件和传统盖大印及手写签字的文件有了同样的法律效应。将会对国家整个经济领域产生深远的影响，并带来巨大的商机。但《电子签名法》并不是充分条件，电子合同的实施应用要有相应的技术来支持和保障。

书生国际和天威诚信电子商务有限公司合作开发出了第一个电子合同应用系统。主要采用了电子印章技术、CA 认证技术和智能文档技术。

电子合同在应用了电子印章技术后是不可以更改内容的，而且也不允许将电子印章分拆出来使用。整个电子印章的生成和使用、管理都有严格的技术限制。此外，给电子合同提供的 CA 数字证书就像是一个网上的身份证，它使合同的签订方和合同本身是可信任的，就像你要证明你是谁，最好的方式就是出示你的身份证。不过，CA 数字证书比我们现在用的身份证更加安全可靠。智能文档技术可自动检查、发现和提示在合同中出现的差错，警告你注意改正和完善。

该电子合同应用系统使用起来非常简单：用户通过邮件确认了合同内容后，甲方只要输入使用电子印章的密码就可以完成合同的签署，发到乙方，乙方执行同样的操作，合同就生效了。而且生成的电子合同和传统合同一样盖着红印章，和传统合同的外观看起来没什么差别，完全符合人们传统签订合同的习惯。

2004 年国庆前夕，中国首份电子合同在北京顺天府超市成功应用，拉开了我国电子合同应用的序幕。专家认为，电子合同应用意义不只是简单的纸质合同的电子化，而是将使电子商务和传统商务水平得以大幅度的提升。

总之，《电子签名法》的颁布使电子合同有法可依，由于使用了多种先进的安全保证技术，使得电子合同具有许多优越性。我们相信，在工程项目的管理中，今后必将会出现这种新型的电子合同，对于电子合同的管理也必将有许多新的课题需要我们去研究，这应该引起我们高度重视。

5.13　合同索赔管理监理工作规程

5.13.1　总则

1. 本工作规程依据工程承建合同文件（以下简称“合同文件”）、国家及国家部门有关行政法规文件规定编制。

2. 合同索赔包括工程承建单位向业主单位索赔（以下简称“施工索赔”）和业主单位向工程承建单位索赔（以下简称“反索赔”），是工程承建单位赋予双方的合同权利，是惩罚违约行为、促使工程承建单位合同得到切实履行的合同手段，对合同双方提高合同管理水平也是一个有效的促进。

3. 监理工程师应认真掌握和熟悉工程承建单位合同文件，努力促使合同双方提高合同意识、认真履行合同，及时做好协调，协助合同双方做好预控和预防索赔管理，努力消除可能导致合同纠纷和索赔事件发生的因素，促使工程项目的顺利进行。

4. 合同索赔可以分为施工费用索赔、工期延（误）期索赔或施工费用连同工期延（误）期索赔。

由于工程承建单位的责任，将导致或可能导致合同完工工期延误的，业主单位或监理部可以指令工程承建单位增加施工资源投入、加速赶工，并由工程承建单位为此承担施工费用。

5. 监理部不接受未按合同文件明示或隐含规定的索赔程序与时限提起的索赔要求，也可能通过对合同索赔要求进行的查证或依据对工程承建合同文件的解释，拒绝或同意合同索赔的全部或部分要求。

6. 在索赔事项发生和索赔处理过程中，或在索赔争端调解、仲裁过程，合同双方仍应严格履行工程承建合同文件规定的义务与责任，不得因此而影响工程施工的照常进行。

5.13.2　合同索赔的条件

1. 合同双方存在对方的违约行为和事实，或发生了应由对方承担的责任或风险导致的损失，是提起合同索赔的前提条件。

2. 对于工程承建单位的合同工期误期、施工质量缺陷未按期修复完成、因工程承建单位责任导致业主单位造成损失、因工程承建单位原因不得不终止合同，或其他违约行为，业主单位可按合同文件有关规定向工程承建单位提起索赔。

3. 监理部仅接受工程承建单位以下列原因为条件的合同索赔要求：

1）因实际施工现场条件与合同明示或隐含的条件相比较发生了不利于施工的变化，而这种变化是一个有经验的承建单位所无法事前预料与防范，并且因施工现场条件变化导致施工费用的增加或施工工期的延长，未得到合理补偿或合同支付的。

2）因工程变更超出合同规定范围，或业主单位为提前合同完工工期要求加速施工，或业主单位提前启用未经移交的工程项目等原因，导致工程承建单位发生额外施工费用，未得到合理补偿或合同支付的。

3）因执行业主或监理部的批示承担了超出合同规定范围以外的额外工作，导致承建单位施工费用额外增加，未得到合理补偿或合同支付的。

4）因属于业主单位风险或责任的自然气象、水文条件、地质条件或施工暂停等原因，导致施工工期的延误或施工损失，未得到合理补偿或合同支付的。

5）因业主单位未按合同规定提供施工图纸、施工场地、工程材料、工程设备等应由业主单位提供的条件，并导致施工延误或施工费用增加，未得到合理补偿或合同支付的。

6）因业主单位或业主单位指定分包单位（包括材料供应单位、设备供应单位）违约行为，导致施工工期延误或施工损失，未得到合理补偿或合同支付的。

7）由于国家法律、法令或合同文件明示与隐含的法规文件发生变更，导致施工工期延误、施工损失，或必须发生的施工费用增加，未得到合理补偿或合同支付的。

8）其他因合同明示或隐含的业主责任与风险，导致施工工期延误、施工损失或发生的施工费用额外增加，未得到合理补偿或已得到的补偿不足以弥补此类损失的。

4. 监理部拒绝工程承建单位以下列原因作为提起索赔条件或因下列原因导致的索赔要求：

1）因工程承建单位在竞标时低价报价所导致的亏损或致使价格显得不合适。

2）因承建单位设计失误，或管理不力所致的施工工期延误与施工费用增加。

3）因工程承建单位或其分包商的责任，或因承建单位与其分包商之间的纠纷与合同争端所导致的施工工期延误或施工费用增加。

4）因工程承建单位采用不合格的材料、设备、或施工质量不合格，或发生其他违约或违规作业行为，被业主单位或监理部（处）指令补工、返工、停工、重建、重置所导致的施工延误或施工费用增加。

5）因工程承建单位责任而发生的工程事故或质量缺陷，导致的施工延误与施工费用增加。

6）索赔事实发生后，工程承建单位未努力、及时采取有效的补救或减轻损失措施，导致索赔事态扩大的。

7）因工程承建单位违反法律、法令和行政法规行为导致的施工延误与费用支出。

8）其他为合同文件明示或隐含的，属于工程承建单位责任与风险所导致的施工工期延误或施工费用增加。

5. 监理部拒绝工程承建单位以下列原因而提起的工期延期索赔要求：

1）由于工程承建单位未按开工指令要求及时开工、或施工资源投入不足、或施工准备不充分、或施工材料供应不及时、或施工组织管理不善、或施工效率降低、或因分包商实施不力等属于工程承建单位责任而导致的施工工期延误。

2）由于工程承建合同文件明示或隐含规定属于工程承建单位风险而导致的施工工期延误。

3）工程承建单位未按合同文件规定的程序、方式与时限申报工期延期索赔要求的。

4）非合同工程关键路线工程项目的施工延误。

5）业主单位或监理部已决定要求工程承建单位采取加速赶工措施追回被延误的工期，并决定予以补偿的。

6）合同文件明示或隐含规定不予工期顺延的。

6. 分包单位的索赔要求必须向工程承建单位提出。其中属于应由业主单位承担的责任或风险而导致索赔事项发生的，应通过工程承建单位按合同文件规定向监理部提起。

因工程承建单位责任或风险向分包单位（包括与其签订供应合同的供应单位）支付的赔偿费用与工期延误的责任由工程承建单位承担。

5.13.3 施工索赔程序

1. 施工索赔的一般程序包括：

1）工程承建单位向监理部提出索赔意向明确的索赔要求。

2）工程承建单位按工程承建合同文件规定向监理部报送索赔报告和支持索赔的详细资料。

3）监理部在接受索赔要求和索赔报告后，对索赔事项进行调查、取证、分析与审核，或要求工程承建单位进一步补偿提交索赔支持文件与资料。

4）监理工程师依据合同文件规定与合同双方交换意见、进行协商与协调，并尽力争取达成一致意见，部分或全部友好解决索赔争端。

5）当双方较长久地不能达成一致意见，总监理工程师在认为必要时，可确定一个他认为合理的价格并相应地通知业主和工程承建单位。

6）索赔方或被索赔方对总监理工程师的协调或决定意见不能接受的，可以按合同文件规定向合同争议评审小组或仲裁机构提起合同争端调解或仲裁。

2. 当施工索赔事项被认定发生时，工程承建单位应按工程承建合同文件规定，在该事项第一次发生后的28d（或合同文件规定的更短时限）内，向监理部提出合同索赔要求并同时抄送业主单位。

3. 施工索赔时限计算，以施工索赔要求送达和监理部文件接收人签收日期为准。施工索赔要求，可以是索赔通知书、索赔报告书等各种能明确表明其索赔意图，而又符合合同文件要求的书面索赔文函。

4. 工程承建单位应在施工索赔要求提出后的28d内向监理部正式报送合同索赔报告书。

如果索赔事项的影响继续存在，或其事态仍在发展时，工程承建单位应以不长于28d的时间间隔，向监理部报送间隔期该事态发展的补充报告或补充资料，说明其发展情况，并在索赔事项影响结束后的28d内，向监理部提交该项索赔的最终报告。

5. 当施工索赔争端提起后的84d内，仍未能达成一致意见，为了维护合同双方的合法权益和促进工程施工的顺利进行，总监理工程师可以按合同文件规定做出自己的决定并通知业主和工程承建单位。总监理工程师决定发出的70d内，任何一方均未表示异议，则总监理工程师的决定自然生效，成为对合同双方具有约束力的关于本次索赔的最终决定。

5.13.4 施工索赔报告书

1. 为使业主单位和监理部能有效地对工程承建单位的合同索赔事项及其责任归属进行有效的调查、认证和审核，索赔报告书的内容至少应包括：

1）索赔事项的整体描述（包括发生索赔事项的工程项目，索赔事项的起因、发生时间、发展经过以及工程承建单位为努力减轻损失所采取的措施）。

2）索赔要求。

3）索赔的合同引证（包括合同依据条款以及对责任和风险归属的分析）。

4）索赔计算书（包括计算依据、计算方法、取费标准及计算过程的详细说明，要求工期延期索赔的，还应提供工时工效、关键路线分析和工期计算成果）。

5）支持文件［包括发生索赔事项的当时记录，业主或监理部（处）指示、签订、认证或相关文件，支持索赔计量的票据、凭证及其他证据文件等的复制件及其说明］。

6）其他按合同文件规定或业主单位、监理部要求必须提交的，或工程承建单位认为应予以报送的文件与资料。

2. 在合同索赔处理过程中，业主单位或监理部可要求工程承建单位进一步补充报送必要的资料与文件，或要求对索赔事项的细节作出进一步的说明、引证、澄清与解释。

3. 为使业主单位和监理部能有效地对索赔报告进行调查、认证和审核，索赔报告的事实和数据必须准确充分、因果关系逻辑清晰、索赔要求明确具体、计算引证严密合理，支持文件齐全完备。

4. 如果工程承建单位合同索赔报告文件提供失误、失实或遗漏，工程承建单位仅有权得到按其索赔报告中要求并经认证和审核有效部分的赔偿。

5.13.5 合同索赔的处理

1. 当工程承建单位未能履行工程承建合同文件后，或因工程承建单位责任导致业主单位造成损失，或发生违约行为时，业主单位需依照合同文件的规定，在向工程承建单位发出合同索赔（或误期赔偿）通知书后，从工程承建单位到期支付款项、或履约保函、或保留金中扣抵其索赔费用。

2. 监理部接受工程承建单位的索赔要求后，应立即进行施工索赔的准备工作并在接受和仔细审阅工程承建单位的索赔报告书后，及时进行下列工作：

1）依据工程承建合同文件规定，对工程承建单位的施工索赔的有效性进行审查、评价和认证，并提出初步意见。

2）对申报的施工索赔支持文件逐一进行调查、核实、取证、分析和认证，并提出初步意见。

3）在对施工索赔的费用计算依据、计算方法、取费标准及计算过程及其合理性逐项进行审查的基础上，提出应合理赔偿费用的初步意见。

4）在对工程承建单位工期延期索赔计算书中的工时工效、工期计划、关键路线分析和工期计算成果审查与合理性分析基础上，提出工期顺延的初步审查意见。

5）对由业主单位和工程承建单位共同责任造成的损失费用，通过协调，公平合理地就双方分担的比例提出初步意见。

6）与合同双方协商、协调后，提出本项施工索赔审查意见，连同索赔报告文件提交业主单位按工程承建合同文件规定的程序办理支付，或在索赔争端长久未决情况下，发布总监理工程师的决定意见。

3. 施工索赔报告文件的评审与认证过程中，监理部可以：

1）要求工程承建单位作出补充解释、说明和提供进一步的支持文件。

2）对施工索赔理由和引证依据、施工索赔事项的责任与风险归属重新作出分析与评价。

3）在对施工索赔报告进行分析、取证与审查，并经与合同双方协商或协调后，提出接受、部分接受或拒绝施工索赔要求的意见。

4. 如果工程承建单位未能按工程承建合同文件规定的索赔程序提起合同索赔，或未能提供足以支持其全部索赔要求的记录、资料与文件，工程承建单位仍有权得到已经符合合同规定或已经证实的部分索赔支付。

5. 索赔方或被索赔方合同索赔处理和决定意见有异议，可以：

1）提出进一步的索赔支持材料和索赔引证文件，要求监理部修改决定，重新考虑提出方的合理要求。

2）采纳监理部或总监理工程师的意见，接受业主单位核定的索赔，并声明其保留继续索赔的权利。

3）按工程承建合同文件规定提起合同争端调解或仲裁。

6. 对于合同履行过程中有争议或遗留未决的施工索赔，工程承建单位还可以按工程承建合同文件规定：

1）在工程已经完建、工程移交证书已经颁发后，应向监理部和业主单位递交的竣工报表（完工付款申请）中提出清理或追偿合同索赔的要求；或

2）在工程缺陷责任期满、合同项目缺陷责任期终止证书签发后，应向监理部和业主单位递交的最终结算报表（最终结算付款申请）中提出最后的索赔要求。

本节详细内容见参考文献［38］、［39］。

本 章 小 结

1. 招投标和合同管理是工程项目监理的重要管理工作。本章首先介绍了招标和投标的基本特征和招投标活动中的一般程序和技巧。

招标分为公开招标、邀请招标和协商议标。招标文件由建设方或委托监理方编写，其主要内容是标明招标工程的数量、质量、进度、技术规格要求以及招、投标双方的权利、义务关系等。

标底是投资的依据和评标的标尺。按定额编制，代表行业的平均水平和期望。

投标的一般程序是：报名参加投标、办理资格审查、取得招标文件、研究招标文件、调查项目环境、确定投标策略、制定实施方案、编制标书、投送标书等。投标技巧的研究

和运用是非常重要的。

开标、评标和决标。开标在公证条件下进行。评标由评标委员会内部进行。应遵照公平、公正、科学、择优的原则，按事先确定的评标标准和方法，对技术、商务及信誉等方面内容进行分析和评价。决标由建设方决定，只要投标书符合要求，选择标价最低者中标。

2. 签订合同应按邀请、要约、还约和承诺的程序进行，其中最重要的是要约和承诺。合同由双方的法人或法人代表签订。经过谈判，达成协议，并经正式签订的合同，具有法律效力，受法律保护，双方应无条件地履行。

合同变更必须依一定的法律事实，双方当事人必须协商一致，并经法人或法人代表签订。变更后的合同双方便形成新的权利义务关系。

解决合同纠纷主要有四种方式：协商解决、调解解决、仲裁解决和诉讼解决。索赔和反索赔是双方保护自己利益的重要手段，必须以事实为依据并以书面形式操作。本章最后一节合同索赔监理的工作规程可供我们参考。

招投标和合同管理贯穿工程过程的始终，是一项涉及法学知识方面的工作。

第6章　工程项目监理工作中的信息管理

6.1　工程项目监理信息管理系统

6.1.1　工程项目监理信息管理系统的意义

监理信息管理系统是以人、计算机对话方式，能进行监理信息的收集、传递、存储、加工、处理、维护和使用的集成化系统。能为监理组织进行建设项目的投资控制、进度控制、质量控制以及合同和事务管理等提供信息支持，为高层次监理人员提供决策所需的信息、手段、模型和决策支持；为一般监理工程师提供必须的办公自动化手段，摆脱繁琐的简单性事务作业；为编制修改计算人员提供人、财、物诸要素之间综合性强的数据，对编制修改计划、实现调控提供必要的科学依据和手段。

6.1.2　工程项目监理信息管理系统的基本概念

建立监理信息系统的基本指导思想是：以项目监理的三大控制（投资、进度及质量控制）和两项管理（合同管理、信息管理）为中心，通过项目实施前的规划目标同项目实施过程中的实际情况进行比较，即运用动态目标控制的原理进行目标控制，以使项目目标尽可能好地实现。

监理工程师应用软件的编制是一项复杂的工作，在编制过程中，应充分体现如下基本原则：首先，要充分利用计算机功能优势，利用计算机功能探索新的更有效的方式和方法；其次，对管理系统必须进行分析，使系统以更好的方式去适应既定的目标和要求；最后，系统开发要规范化，即要面向用户，逻辑设计与物理设计分开，自上而下逐层细化，严格划分工作阶段以及成果规范化、标准化。

软件编制的基本方法是：根据项目的需要，常用自下而上，或自上而下，或二者互相结合的综合编制方法。动态目标控制是监理过程中的中心工作，它是将计划同实施过程中的实际资料进行实时检查、核实、对比。若发现偏差，进行系统地分析、综合，提出纠偏措施，使工程建设沿着计划目标顺利进行。见图6-1。

建立工程项目监理信息管理系统的前提是：首先，要明确各执行部门之间的上、下级关系，建立层次分明、路线明确的命令系统，以便确定信息源及流向；其次，确立合理的工作流程，明确各执行部门的分工、权利、任务及责任，确定执行任务的先后顺序、搭接关系，不可重叠或中断；最后，建立合理的信息管理制度，实现日常业务的标准化，报表文件规范化，数据资料代码化和完整化，以便于计算机高效管理。

建立监理信息管理系统一般分三个阶段：系统分析阶段，重点是确定系统的功能和性

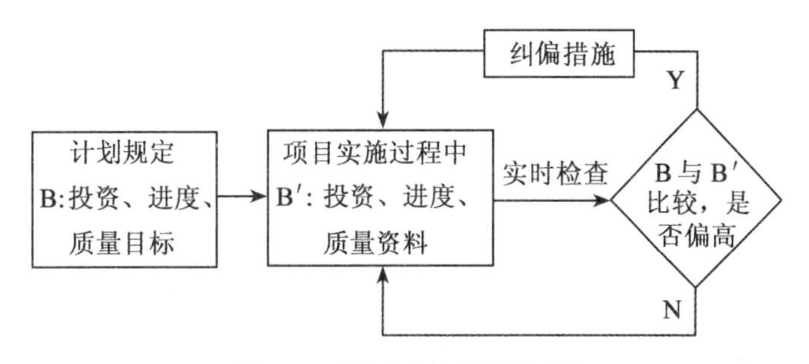

图 6-1　动态目标控制示意图

能，确定软件运行环境，指出系统流程图、数据处理方式等；系统设计阶段，重点是建立系统的总体结构和模块间的关系，设计全局数据库、数据结构，设计各功能模块的内部细节以及建立数据库、知识库和模型库，编制原程序等；系统实施阶段，重点是对软件进行组装测试和系统综合测试，提出测试分析报告，编制用户手册以及对系统进行评价、维护等。

一般好的项目管理软件，应具有功能全、速度快、易于操作和实现目标等特性。近十几年来，建筑工程管理软件市场发展非常活跃。主要表现是软件操作图形化（而不是键入字符命令）、软件窗口化（Windows）、软件集成化、计算机连网（计算机、终端、工作站和中央处理器直接通信），从而使用户可进入计算机网络的各个部分。计算机速度、容量及功能都有相当大的发展。而且在建筑工程管理中越来越多地采用计算机辅助设计（CAD），自动识别工程图和建立数据库，进而利用专家系统自动生成项目的网络计划，完成概预算、工程量成本核算以及质量控制等。

6.1.3　工程项目监理信息管理系统的模型

工程项目监理信息管理系统一般的模型结构如图 6-2 所示。用户系指各级监理人员，一般应设有分级管理钥匙，以便系统的正常使用、维护和保密；决策支持子系统包括决策者、决策对象和信息处理三个基本要素，它由数据库、模型库、知识库及专家系统组成，为高层监理领导对规划性、发展性问题提供各种可行性方案，并对各方案进行分析处理，提出处理结果，作为决策依据；数据库是以数据共享为原则，将各子系统中公有的数据按一定方式组织起来，并予存储，以供各子系统共享；知识库则是以数据库为基础，将专门知识和信息以一定方式存储起来的数据组织形式，是决策支持子系统的基础。

作为一个完整全面的管理系统还必须建立与外界的联系通信，如与国家经济信息网连网，以从外接收和向外发送有关工程项目、招标、金融、物资设备等决策需要的外部环境信息。其他各子系统均有自己独立的目标控制内容与方法，同时又互相联系与支持。

6.1.4　工程项目监理信息管理系统的编码

建设监理信息量大、类型多，有文字、数字、报表、声像等。为节省存储空间和处理时间，为查询、运算、排序方便，提高数据处理效率，就要对信息赋予一组表示其名称、属性或状态的代码，也就是所谓的信息编码，该代码可以是数字、文字或规定的特殊符号。

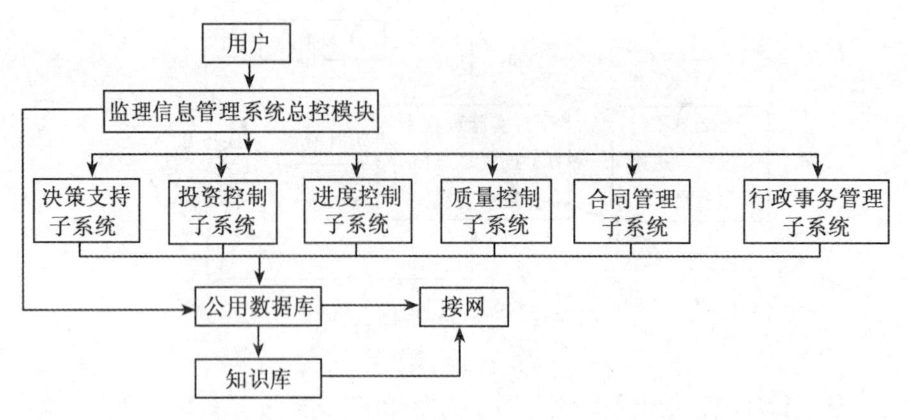

图 6-2 工程项目监理信息管理系统模型结构图

信息编码应满足下列基本要求：每一个代码必须对应惟一的代表实体，留存足够的可扩充空间，以适应新情况变化；代码尽量标准化，以便与国家标准一致，以利开拓；代码设计应保持等长，以便于计算机识别和计算；代码应逻辑性强、直观性好，便于理解和应用；代码尽量短小、精练，应具有一定的稳定性。

监理信息编码的方法同其他信息编码方法基本相同，常用的有：顺序编码法、分组编码法、十进制编码法，以及文字数字编码法等。下面以民用建筑投资为例来说明编码方法，见工程项目监理信息管理系统编码图（图 6-3）。

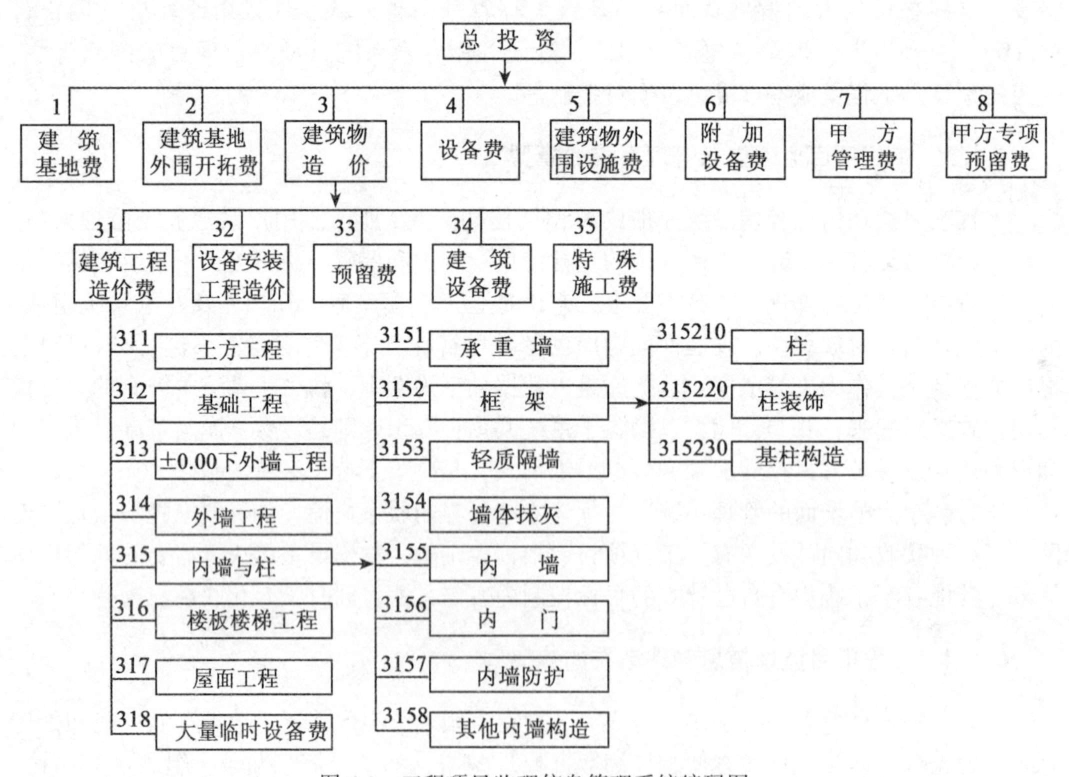

图 6-3 工程项目监理信息管理系统编码图

6.1.5 工程项目监理信息管理系统的基本内容

1. 投资控制子系统

投资控制的主要内容是将投资计划值与投资实际值进行比较，分析超额原因，采取纠偏措施。为此，首先要对投资总目标值进行确定、分解和调整，将总投资逐层由粗到细划分为大类项投资、功能项投资以及构造分项投资等。其次在项目实施的各个阶段制定计划投资，提供实际投资信息，做实际投资与计划投资的动态跟踪比较，控制每个投资分项及每一阶段的实际投资，以达到项目总投资的目标。投资控制子系统主要包括下列各功能模块。投资数据输入模块：包括概预算标的的确定与调整，年、季、月度投资实际完成的数据的收集和存储；投资数据的存储与查询模块：概预算标的查询，项目合同价的查询，实际投资数据的查询，年季月度投资完成计划的查询；投资数据的动态比较模块：概算与修正概算的比较，概算与预算的比较，概算与标的的比较，概算与合同价的比较，合同价与实际投资的比较以及概算与实际投资的比较；财务用款控制模块：合同价与实际财务用款的比较，年、季、月度财务用款计划与实际投资的比较。

投资控制子系统在项目实施阶段有不同的任务，应配合不同阶段的任务确定不同的模块功能。

2. 进度控制子系统

进度控制的主要内容是编制和调整网络计划，对工程的实际进度与计划进度进行动态比较和控制，及时发现影响进度的不利因素，进行优化处理，在保证总工期前提下统筹控制计划。

进度控制子系统主要包括下列各功能模块。编制网络及网络计划系统模块：编制网络计划（双代号或单代号网络计划），编制多阶网络计划，总网络与子网络的协调分析；数据查询模块：工程进度查询和分析；网络优化调整模块：实际进度与计划进度的动态比较，预测工程进度变化趋势，找出偏差的关键路线，计划进度或工程进度的实际调整；统计分析报表模块：提供不同管理层次的工程进度报表，绘制网络图及相应的横道图等。

3. 质量控制子系统

该子系统的主要内容是编制各管理项目的质量要求和质量标准，对已建工程项目进行实际测量取得质量实际值，并对它们进行跟踪，动态比较分析，提出质量报告。若发现偏差，或是实际值太低，应采取纠偏措施；或是目标值太高，适当修正目标值，以便及时控制质量。

该系统主要包括以下功能模块。设计质量控制模块：设计文件核查，设计质量鉴定记录，设计文件鉴证，设计文件修改记录；施工质量控制模块：质量检验评定记录，工程质量评定，工程质量统计分析，工程质量报表；材料质量控制模块：材料入库、到货验收记录，材料分配记录，施工现场材料验收记录；设备质量管理模块：设备质量目标制定管理，委托加工设备和设计质量监控，设备开箱验收记录，安装调试、试运行质量鉴定记录；工程事故处理模块：重大工程事故记录，一般工程事故摘要；质量活动档案管理模块：质量活动档案及报告。

4. 合同管理子系统

该子系统的主要内容是依据有关政策、法律、规章、技术标准等，就投资、进度及质量等目标控制的问题，对合同的签订和执行过程中发生的违约、变更、终止、调解和仲裁等问题提供辅助管理。

该子系统主要包括下列各功能模块。合同分析管理模块：合同分类登记和检索，合同分解，建立合同事件表及合同网络；合同控制模块：签约合同同标准合同结构的对比、分析、审查，进行风险分析及对策，将合同执行同合同事件表进行对比分析，提出建议与对策；索赔管理模块：合同变更分析，索赔与反索赔报告的建立、审查、分析及计算，特殊问题的法律分析，包括经济合同诉讼及裁决等；合同支持管理模块：有关标准合同的选择和提供，合同信件、资料的登录、修改、删除、分类、查询和统计，合同管理各类统计报表，有关政策、法律、标准的查询等。

5. 行政事务管理子系统

该子系统主要内容是涉及监理组织内部及外部有关财务、人事、劳保、物资、信函及其他活动等方面的办公室文件及事务处理，具有编辑、登录、修改、删除、查询、统计、自动组合案卷及输出打印等功能。

该系统主要包括下列功能模块。文件编辑模块：文件编辑、排版打印；文件处理模块：文件登记、文件处理、文件查询（可按文件标题、文号、收文日期、成文日期、成文机关、主题词以及多功能灵活查询）、文件统计；档案管理模块：组卷登记、修改案卷、删除案卷、查询统计；系统维护模块：自然维护、拷贝备份、重建索引文件等。

6. 施工监理常用的规范表格说明

为了建设监理信息管理工作的标准化和规范化，使计算机及时准确地进行信息识别、分类和管理，为监理、承建及建设各单位能及时掌握项目关于投资、进度及质量等控制情况，便于及时发现问题，采取纠偏措施，确保项目顺利进行，在监理过程中，编制和使用规范化的表格是十分重要的。

按表格内容划分可分为三类。

第一类是关于承建单位向监理工程师呈报的表格，其内容主要是根据招标文件和合同文件中规定的双方权利和义务，根据施工程序，逐一向监理工程师填报的内容，此内容只有经过监理工程师确认后方可执行。这类表格有20项左右，其中主要包括承建单位申报表、工程开工报告、技术方案报审表、进场设备及建材报验单、工程报验单、工程单价、计日工单价申报表、付款申请、索赔申请以及延长工期申报表和工程事故报告等。

第二类是监理工程师向承建单位发出的监理指令，有10项左右，其中主要包括监理工程师通知，额外或紧急工程通知，设计变更通知，不合格工程通知，工程检验认可书、竣工证书、工程暂停指令及复工指令等。

第三类是监理工程师向建设单位送的报表，大约有10项，其中主要包括项目总况报告表，工程质量月报表，单位质量综合评定表，分部工程质量评定表，付款月、季、年度报表以及监理日记等。

关于各报表的具体形式，请读者参考有关建设监理方面的规范或书籍。

6.2 文字及事务处理软件

适宜于办公用文及事务处理软件已发展得非常成熟和完善。在这里重点介绍 Office

2000 的主要功能及其用法。

Office 2000 是基于 32 位操作系统 Windows95/98 或 Windows NT 上的办公室自动化集成软件。它包括用于处理和排版一般文稿的 Word 2000，用于建立电子表格的 Excel 2000，用于编制幻灯片的 Power Point 2000，用于创建和维护数据库的 Access 2000，以及用于创建查看和组织 Office 2000 各类信息的 Outlook 2000 等。下面对它们的主要特点分别予以介绍。

1. Microsoft Word 2000 简介

Microsoft Word 2000 是微软公司办公应用软件中非常重要的一员，是当今世界上已经得到众多用户肯定的优秀文字处理软件之一，是一个“比用户本人想得还周到”的文字处理软件。它几乎可以让用户在日常文字处理工作中随心所欲。因此，目前在我国的大多数办公室、家庭、学校以及大多数行业中，Word 2000 成了人们不可缺少的文档处理工具。由于最新版的 Word 2000 新增加了许多让用户能够充分利用 Internet 资源的功能与工具，并且能够随时编辑各种形式的文件，所以还可用来做网上信息交流，如收发电子邮件，生成联机文档、制作网页等。随着用户使用 Word 进行工作的逐步深入，用户将越来越深地体会到这一文字处理软件的卓越功能。除具有以往的功能外，它还具备了以下功能：

可对字体进行随意加工，包括任意大小的字体、情节、加框、背景等。

屏幕所选内容即为实际打印结果，提供了模拟显示打印功能，可对文档的整体布局进行综合处理；文字和图表可在同一屏幕上进行处理，并能对文字和图像的大小和位置随时进行调整；表格功能强大，能对表中数据进行排序和计算；恢复被误删的内容；重复操作；拼写检查和语法检查；兼容性良好，能把 WPS、Write、Excel 和纯文本文件等格式化为 Word 格式；及时获取帮助消息；查找文档；方便地恢复和共享信息；轻松快捷地进行日常工作；轻松畅游 Internet，是信息时代的得力工具；与局域网技术的完全结合，体会网络时代的工作方式；丰富的剪贴画和项目符号资源；中文简体和中文繁体转换功能；良好的文档兼容和文稿及文件导出功能；缩放文档打印；与局域网技术的完全结合，进一步体会网络时代的工作方式；进一步增强的文件编辑功能；更加灵活的表格生成和编辑功能等。

2. Excel 2000 简介

Excel 2000 是用于创建和维护电子表格的应用软件。电子表格实际上就是一些用于输入、显示数据，并能对输入数据进行各种复杂统计计算的运算表格。运用它的打印功能，可以得到日常生活中常见的各种统计报表和统筹图。Excel 2000 除可以完成学科门类广泛的各类复杂数学运算外，还可以把数据用于各种类型的二维和三维统计图形的形象表达。

3. Power Point 2000 简介

Power Point 2000 是用于制作与维护幻灯片演示的应用软件。利用 Power Point 2000 用户可很方便地在幻灯片上输入文字、表格、组织结构图和内部所带的图片，可以创建自己的自定义图画。

4. Access 2000 简介

Access 2000 是用于数据库管理的应用软件。利用 Access 2000 用户可以将信息保存于数据库中，并在需要时进行统计查询和生成统计报表。Access 2000 提供了丰富的数据向导，可以创建适合于自己的系统，还可以通过 OLE5.0 功能迅速地将声音和动画等各种数据引入到数据表中，使数据库可以保存更多的信息。Access 2000 可以很方便地与 Word 2000、Excel 2000 进行数据交换。

5. Outlook 2000 简介

Outlook 2000 是 Office 2000 中创建、查看和管理组织信息的中心，它具有综合管理个人机上使用的信息的能力。用户可以使用 Outlook 2000 收发 Internet 网上的电子邮件、安排工作日程、储存 www 及个人通信地址、保存日记、创建便笺等。Outlook 2000 提供收发信箱、日历、联系人、任务、日记等的快捷方式，用户可以在其中创建自己的快捷方式。Outlook 2000 还可以管理和维护用 Office 2000 中文版生成的文档，还可以将包括在 Office 2000 中文版中的应用软件连接起来使用。在 Office 2000 中也可以像存储文档一样把信息储存到文件中，还可以将其他应用程序中的数据引入，也可以从电子表和文档中导入数据。Outlook 2000 也可以用来组织商务会议、安排工作进程等。概括地说，Outlook 2000 是 Office 2000 系列软件中管理各类信息的集合。

除上面介绍的 Office 2000 系列外，有时还会遇到以下几种软件：

● WPS。可处理中文文字、图表及简单公式，在中文系统 SPDOS 下运行，并带简单绘图程序 SPT，因而可进行文图混排。

● CCED。可处理中文文字和表格，表格功能强，且在表中可输出公式，并可与数据库文件合并打印报表等。

适宜图形制作的软件，除多种通用和专业软件可制作图形外，还有单独使用并可同有关软件配合使用的图形软件，有些在建筑工程管理中也会遇到。常用图形制作软件有：

● HarvadGraphic（有英文版，汉化版）。制作各种报告提纲、统计图形、多元线性回归，并可任意填加文字和图形元素。

● TableCuve（英文版）。能对数据作线性或非线性拟合，给出它们的曲线方程和图形，供用户选择数学模型和分析数据间关系。

● PointBrush（英文版）。在 Windows 下运行，能绘制含各种文字、图形元素的任意图形，若在中文 Windows 下，还可输入输出中文。

此外，还有数据库软件 Auto—dBASE Ⅲ（清华大学研制），FIDIC 合同通用条件检索与专用条件的辅助撰写系统 ASOC（清华大学研制），以及英文信件软件 Letter 等。

电子表格软件 Lotus 1-2-3-4-5。

目前在西方国家建筑行业中，广泛使用所谓“电子表格软件”，在我国发达地区也已开始应用。这类表格软件无须编程，一切操作均在直观的屏幕表格上进行。软件灵活、直观、方便，功能全面，如具有制表、数据库管理以及绘制统计图（直方图、扇形图、曲线图等）等功能。表格软件可自动计算，特别适宜于处理房地产开发预算、设备费用分析等方面。常用的电子表格软件主要有：

● Lotus 1-2-3。在已有 DOS 版及 Windows 版中，“1”代表表格处理；“2”代表数据库管理；“3”代表商用统计图绘制。目前已有汉化版，能进行汉字输入、输出等，适用于 IBM PCXT/AT 及其兼容机。其姊妹产品有 Symphony，即 Lotus 1-2-3-4-5，相比较只是多了网络通信等功能。

下面再介绍一下最新版本的文字事务软件的情况。

6. Microsoft Word 2003

Word 2003 是最新版本的最畅销的文字处理程序，它根据客户的使用经验和反馈意见进行了革新，使您可以创建令人耳目一新的文档，它还能帮助您更好地与他人协作。

Word 2003 中新的“阅读布局”视图让在线阅读文档的过程更轻松、更好地交流和共享信息，迅速而有效地与他人交流，无论是在组织内还是在组织之间。它的主要特点简介如下。

（1）更好地一起工作。可以将 Word 2003 文档保存到共享工作区，其他小组成员可以从共享工作区获得最新版本的文档，签入/签出文档，甚至可以保存任务列表、相关文档、链接和成员列表。共享工作区需要运行 Microsoft Windows SharePoint™ 服务的 Microsoft Windows® Server™ 2003。

（2）控制分发敏感文档。可通过使用信息权限管理（IRM）功能收件人转发、复制或打印重要的文档，从而保护公司资产。您可以为发送的邮件指定截止日期，在此日期之后，就不能再查看或更改邮件了。IRM 功能需要运行 Microsoft Windows Rights Management Services（RMS）的 Windows Server 2003。注意：在 Microsoft Office 2003 专业版中，可以使用 Word 来创建受 IRM 保护的文档，并可以授予其他用户访问和修改您的文档的权限。您还可以将策略模板应用到您所创建的受 IRM 保护的文档上。在 Microsoft Office 2003 标准版中，可以读取受 IRM 保护的文档；如果具有权限的话，还可以修改这些文档。

（3）信心十足地与他人协作。您可以指定文档的特定部分由特定的人员来修改，通过这种控制文档的编辑方式，可以更好地保护文档，并减少出现批注冲突的次数。您甚至可以规定，如果审阅者不打开修订标记就不允许他们进行更改；您还可以将整个文档设置为只读，而只允许特定的人员修改某些关键部分。您也可以保护文档的格式设置和样式。

（4）批注和修订更加一目了然。Word 2003 中的标记功能得到了加强，这些功能使批注更加显眼，并提供更好的方法帮助您跟踪更改、合并更改和阅读批注。与其他人进行即时通信：无须离开 Word 去查找是否有即时消息（IM）联系人在线。您可以在 Word 2003 中访问 IM，甚至可以启动 IM 会话。

（5）享受移动的乐趣。如果您拥有并使用 Tablet PC，则可以使用钢笔输入设备以手写体来批注 Word 文档。您可以对文档进行批注，以供个人使用（如记笔记），也可以将这些批注发送给其他人。

获取和重用信息 Word 2003 允许将信息引入文档中，这样可以更及时地访问所需信息，从而有助于制定出好的决策。

创建使用 XML 的企业级解决方案：Word 2003 支持可扩展标记语言（XML）文件格式和自定义架构，为构建解决业务问题（如数据报告、发布和向业务处理过程提交数据等）的解决方案提供了基础。注意：在所有的 Office 2003 版本中，Word 2003 文档都以本机 XML 文件格式进行保存，您可以使用任何能够处理行业标准 XML 文件的程序操作和搜索这些文件。利用 Microsoft Office Professional 2003，企业还可以使用定制的 XML 格式——或者架构——实现更轻松和更先进的信息创建、捕捉、交换和复用过程。

与业务系统交互：在 Word 2003 中可以保存和打开 XML 文件，以便与组织内的关键业务数据集成在一起。开发人员可以通过 Word 中的任务窗格来构建使用 XML 与业务系统进行交互的解决方案。

使用增强的智能标记对功能进行自定义：Word 2003 中的智能标记的使用更为灵活。您可以将智能标记与特定的内容相关联，这样，当您将鼠标指向关联的字词时，将显示相应的智能标记。

访问其他生产力资源，能够快速查找，完成工作所需的信息。

快速查找信息资料：无须离开 Word 即可完成研究工作。“Research”（研究）任务窗格在 Word 中引入了电子词典、同义词库和在线研究站点，以便您可以快速查找信息，并将这些信息合并到文档中。“Research”（研究）任务窗格中的某些功能需要使用 Internet 连接。

为您开始工作奠定良好开端：可以利用 Microsoft Office Online Web 站点上的资源，其中包括具有专业设计水准的模板、外接程序和联机培训资料等，这些内容都可在 Word 中访问。使用 Office Online 需要连接到 Internet。进一步了解 Office Online 如何帮助您更充分地利用 Microsoft Office 系统。查找您需要的帮助：从“Getting Started”（入门）和“Help”（帮助）任务窗格，您可以访问 Microsoft Office Online Assistance（Microsoft Office 联机帮助）。它提供根据其他用户的请求和问题而定期更新的帮助文章。这些任务窗格中的某些功能需要使用 Internet 连接。

阅读体验更加舒适：新增的“Reading Layout”（阅读布局）视图可使您更方便地阅读文档。该视图优化要在屏幕上阅读的文档，其中包括放大文字、缩短行的长度以及使页面恰好适合屏幕等。Microsoft ClearType® 可形成易于阅读的字母形状。您还可以通过缩略图视图来快速访问特定的页面。

7. Office XP

就目前办公、文字处理软件而言，Office XP 具有针对性强、功能完善、操作简单且人性化等一系列优点，也使其成为目前应用最广、影响最大的办公软件之一。

Office XP 是 Microsoft 公司推出的系列自动化办公软件的最新版本。它不仅具有以前版本的各种功能，而且又在原来基础上进行了改进和完善，加入了一些很实用的新功能，使得智能化水平大大提高，协作能力更强，使用起来更加方便。

Office XP 仍然主要由 6 个组件组成：文档编辑软件 Word、电子表格处理软件 Excel、幻灯片制作软件 PowerPoint、数据库软件 Access、网页制作软件 Frontpage、电子邮件管理软件 Outlook。它们分工合作，满足各种办公需要。

8. 永中 Office

永中 Office 在同一操作界面下集成文字处理、电子表格、简报制作、多媒体应用等办公软件常用功能，并提供自选图形、艺术字、商业图表、剪贴画等附加功能，基于数据对象储藏库思想设计的数据集成解决方案，较好地解决了 Office 各个应用之间数据集成问题，构成了一套独具特色的集成办公软件。永中 Office 采用 Java 语言开发，可以在 Windows 98/ ME/ NT/ 2000，各种 Linux 平台上运行。

永中 Office 功能完备、适用性强，不仅可以满足一般用户的办公需求，也完全可以满足对于集成应用有特殊需求的商业用户，其 Office 内部数据集成功能在正确性、数据更新速度、文件大小等方面大幅超越微软 Office；秉承卓越的数据对象储藏库设计思想，结合强大的宏编辑器，具有极佳的扩展性，便于第三方厂商的二次开发。永中 Office 完全兼容微软 Office 文档，支持存取 Excel，Word，PowerPoint 文件；也支持存取 RTF、HTML 和

XML 格式文件。

永中 Office 扩展了 Office 应用，开发了大量的满足用户需求的实用性功能，如时间序列应用、分配应用、在线协作、链接区域等，以及符合中国人的使用习惯的功能，如自动加注拼音，稿纸方式等。永中 Office 提供智能帮助系统——在屏帮助，能动态地及时地为用户提供相关的帮助信息。

9. 数据王——通用信息处理系统

数据王软件能管理和处理任何数据，已被广大用户应用于众多不同领域，例如人事、档案、工资、固定资产、商务、库存、销售、考勤、文件收发、客户资料、学籍管理、党员管理、材料管理、项目管理、学生成绩、通信录、家庭理财等。用户能根据自身业务特点，迅速建立符合自身需要的管理信息系统。本系统实现了软件的通用，数据库结构由用户自建；查询统计功能强大，可用任意组合查询条件显示、统计或打印数据；报表生成全自动化；带有帮助功能；支持对备注型栏目和图片型栏目的全面处理，包括输入（多窗口显示）、查询和打印；可以在任意两个数据表之间传递数据，可将任意多的数据表数据累加到另一个表中，相当于“报表汇总”，并新增加了“设置栏目输入属性”、“批量输入”和“检查数据平衡性”等功能。

6.3 国内工程项目管理软件系统简介

近年来，我国也相应研制开发和推出一些项目管理软件，但由于起步晚、人才少，使得在功能、用户界面以及效果方面都不如国外软件先进。在这种形势下，我们一方面组织自己的专业人员或同计算机编程人员结合，根据工程建筑项目的专业要求，编制适宜我国市场，具有我国特色的项目管理软件；另一方面又大胆吸收国外优秀软件，因为在 Windows 下的国外软件，均不需汉化就可直接在中文 Windows 环境下输入、输出中文，且原软件功能完全保留，这就给我们引进和应用国外软件创造了条件。下面以长江委锦屏一级项目监理的信息管理为例，首先介绍一下国内的项目（专业）管理软件。

从 2004 年 11 月进场以来，长江委锦屏工程监理部逐步建立与工程规模相适应的组织机构与信息管理网络，理顺信息反馈渠道，促进信息管理标准化、规范化，提高监理信息编报与管理的质量。

长江委锦屏一级水电站工程监理部承担电站导流洞工程、1 885m 高程以上坝肩开挖工程、混凝土双曲拱坝工程和左岸基础处理工程等主体工程的项目监理。由于监理项目多，工程规模大，技术和地质条件复杂，数据和信息处理量大，监理部建立了工程信息管理系统，通过工程信息的采集、分析和处理，为工程监理和合同目标控制提供信息和决策依据。

这里仅介绍信息管理体系及其运行情况。

6.3.1 长江委锦屏工程监理部的信息管理体系

1. 组织机构模式与工程信息管理网

为努力实现监理组织结构的“约束、控制、高效、反馈和完善”功能，充分发挥监理机构组织资源优势和管理优势，使监理机构组织与所承担监理项目与任务相适应，监理部采用“矩阵组织结构”模式，对工程施工质量等合同目标实行“纵横制约、双向控制”的管理方式。目前，监理部设置了综合技术处、工程检测监理处和监理部办公室3个职能（专业）监理处（室），并随工程进展，设置了导流洞工程监理处、临建系统与交通工程监理处、1 885m高程以上坝肩开挖工程监理处和左岸基础处理工程监理处4个项目监理处。

为促使纵向、横向两个命令源的统一及矩阵机构的顺利运作，监理部以综合技术处为轴心，设立施工质量控制、施工进度控制与信息管理、合同商务管理、施工安全与文明施工监督等4个控制与管理工作网络，网络成员延伸至各项目监理处。工程信息管理网络作为监理部的信息管理评审和联系工作机构，其主要职责包括信息管理目标策划、预控对策研究、检查、监督、信息反馈与分析、控制过程协调等各方面。

2. 信息体系的构成

根据合同目标控制要求，监理部将工程信息划分为施工质量控制信息、施工进度控制信息、合同支付管理信息、施工安全和文明施工监督管理信息。

施工质量控制信息包括质量目标、施工质量保证体系检查、质量控制过程、质量控制的风险分析、质量抽样检验数据、质量检验和质量评定数据等。

施工进度控制信息包括项目施工总进度计划、进度目标分解、设计供图计划、材料和器材供应计划、进度控制的过程、进度控制的风险分析、各时段施工进展等。

合同支付管理信息包括工程施工承包合同、物资设备供应合同、合同支付过程、各标段合同支付台账、原材料价格、概预算定额、合同变更和索赔等。

施工安全和文明施工监督管理信息包括安全生产和劳动保护的法律法规及管理办法、项目安全文明管理总目标、安全文明管理目标分解、施工安全保证体系、安全生产风险源辨析和预防、各时段安全文明检查及整改等。

工程建设过程随时产生着大量的信息。监理部制定了施工质量、施工进度、合同支付管理及施工安全和文明施工监督等方面信息管理的工作制度，明确信息管理的流程，掌握合同目标控制的主动权。

3. 信息管理的制度建设

为规范信息管理，监理部制定了施工质量控制、施工进度控制、合同管理、施工安全和文明施工及监理部内部管理制度等共计5类20份规范化、标准化管理文件，规定了监理工作的具体程序，提出了规范化工程信息管理的流程和具体要求，制定了监理机构信息管理的岗位责任机制，构建了信息管理制度的基础框架。

6.3.2 信息管理工作的运行情况

1. 监理记录管理

监理记录是监理对现场施工条件、施工作业过程的当时记录，在监理机构决策、施工质量检验与工程项目验收、合同索赔与合同支付以及工程运行管理起着支持、佐证和追溯作用。监理记录的及时、完整、详实、正确、准确，也是监理人员专业水平、工作能力和监理职责履行的反映。自工程项目开工以来，监理部针对不同专业的特点，分别制定了各项目监理、检测监理、测量监理以及砂石骨料及混凝土拌和生产、混凝土浇筑旁站、固结灌浆和回填灌浆、锚杆安装注浆、安全监督等各项目施工、各专业监理工作的现场监理记录格式，并对各类现场监理记录的主要内容等作出了明确、具体的规定。

各监理处室按照真实准确、及时有效、系统完整地原则填写监理记录和大事记。现场监理站组长定期对监理记录进行审核，及时对监理记录中的记录不连贯、误记、问题处理不闭合等问题进行补充纠正，提出审核处理意见。

工程信息管理组定期组织对各处室监理日志和大事记进行检查，针对检查中发现的问题，提出改进要求，并对有关责任人进行责任追究，促进监理记录质量的不断提高。

2. 监理台账管理

建立监理信息台账有助于信息收集、分类、加工整理、存储、传递、使用等环节的管理，促进监理基础数据的规范化、标准化，使各种数据收集更及时、准确、完整。

前期工程项目监理过程中监理部共建立了：

(1) 进度控制台账。主要记录计划进度，实际进展、施工设备的完好率、配置率、台时生产率和台时利用率，施工资源投入的保证率或到位率等。

(2) 质量控制台账。主要记录单元工程各工序质量检验，单元工程质量评定，原材料及半成品和成品质量检验数据，质检人员职责履行，质量问题及处理等。

(3) 合同管理台账。主要记录各标段合同主要数据，合同支付签证数据，合同变更产生的背景、原因、处理结果，工程建设主要材料价格等。

(4) 施工地质台账。主要记录地质素描情况、地质缺陷处理、建基面检验、建基面联合验收数据。

(5) 施工安全与文明施工台账。主要记录安全隐患检查与整改，各标施工安全措施与落实，施工安全监督人员的合同认证与考核，施工安全事故及处理等。

(6) 原型监测台账。主要记录原型监测仪器率定、安装数据，被监测部位应力、应变变化数据等。

(7) 文件管理台账。主要记录监理部收发的各类工程文件。及其处理情况，监理部发布的各种监理文件。监理部办公室利用文件管理台账发布《文件处理周报》，对文件处理进行跟踪、督促。

监理部各监理处室按职责划分建立监理台账，通过工程信息管理网络共享信息，相互交流台账编制、录入、查询、利用的经验，不断完善监理台账。

3. 监理（周）月报与工程信息反馈

监理部编制的周报有《监理周报》、《地质周报》和《文件处理周报》，编制的月报有《监理月报》、《检测月报》、《安全月报》和《质量月报》。《监理周报》和《监理月报》反映各标段工程施工质量、进度与合同支付方面的综合情况，由各项目监理处、站提供信息。监理部成立了由信息网成员和信息管理组组成的编辑小组，负责月报编制。这样，信息来源更广泛，月报编辑的质量和水平得到提高。

工程信息反馈是多渠道、多层次的。监理部建立每周现场工作协调会和监理部内部协调会制度，定期召开施工质量控制工程进度控制与信息管理、合同商务管理、施工安全与文明施工监督等 4 个控制与管理工作网络会议，通过工程信息反馈，不断为合同目标控制提供数据支持。

4. 局域网建设与信息处理

从2005年5月起，监理部建立内部局域网，将监理部内部计算机通过网络连接在一起，共享信息资源。为有利各级监理机构及时、准确、全面获取需要的信息，监理部制定了信息生成分类、编码、存放、归档规则，并对信息的真实性、完整性、有效性和安全性进行监控。应用Microsoft Office System将分散在各个计算机上的信息综合起来创建统一的信息管理系统，监理人员登录信息管理系统即可搜索到局域网上所有可公开的信息，且采用Office Word 2003或Office Excel 2003等Office系列软件直接将文件保存到信息系统。文档发布到信息系统后，Office System SharePoint Services组件会对文档的版本进行跟踪，按预定的工作流程发送到相关用户手中。采用Microsoft Office System创建的信息系统使得监理人员可以及时地查找到需要的信息，按照既定的工作流程协同合作完成工作目标。

5. 工程文件的程序化、标准化管理

监理部制定《工程文件管理工作规程》，将工程文件分为设计文件、施工文件、监理文件和业主指示4大类，规定了各类文件传递、受理、时效及争议解决的程序。监理文件为工程承建合同的解释文件、协调文件、履行过程记录签证文件，以及监理合同的履行过程记录文件、信息反馈文件。监理文件分为代表监理部的一级文件和代表各监理处室的二级文件，监理部根据工程承建合同及工程监理合同文件中对监理单位及其监理机构授权与权限范围规定，对监理文件实行分类（监理文件主要分为13类)、分级管理。要求监理文件采用“法律法规语言、合同语言、规程规范语言”，并符合“商务性、技术性、程序性”的要求。

工程管理格式文件是书面文件的重要组成和重要体现方式，依其使用功能分为若干大类，每一类内再分若干子类。监理部按分类建立了工程管理格式文件分类与编码系统，以利于归档、整理和检索的进行；并制定了工程管理格式文件管理办法，在相关专项监理工作规程和监理实施细则中规定了具体的格式文件、适用范围及其工作流程。

监理部多次组织监理文件点评，指出文件中存在的问题和不足，对文件处理失误的责任人进行责任追究，促使监理文件管理水平不断得到提高。

随着锦屏水电站大坝工程等主标工程全面展开，工程信息量将进一步增大，对工程信息管理的要求也越来越高。不断完善工程信息管理系统，让工程信息管理发挥更大作用的主要途径有：充实各级工程信息管理人员的数量，提高监理人员信息管理水平；进一步充实信息管理的设备，如计算机、现场信息采集设备、量测设备等；加强工程信息管理系统建设，建立监理部计算机信息管理系统（MIS)，开发适用于工程信息管理的各类软件；进一步完善工程信息反馈系统，建立和完善施工进度、施工质量和安全文明生产预警机制，及时发现、及时纠正施工过程中的偏差，促使合同目标得到有效控制等。

本节详细内容见参考文献［41］。

6.4 国内汉化项目管理软件简介

1. PrimaveraProjectPlanner（即P3）5.1汉化版简介

该软件具有强大的成本处理、进度计划、资源安排与均衡优化等功能。可同时处理单代号和双代号网络，资源和工期可以是非线性，同时统计汇总各阶段成本，屏显各种格式的成本报表、横道图、网络图；自动生成生产计划，资源安排和成本表及报告，可处理10万道工序，可将子网络联成总网络，可直接接收和输出ASCII、Lotus 1-2-3等常用软件格式文件等。

P3系列软件在国际上有较高的知名度，是目前较优秀的项目管理软件之一。P3在美国是使用最为广泛的用于工程项目管理的软件，许多跨国集团项目工程公司也是P3的用户。P3在我国的一些大型工程项目上也得到应用，建设部于1995年曾组织推广过该工程项目的管理软件。

P3主要是用于项目进度计划，动态控制，以及资源管理和费用管理。使用P3可将工程项目的组织过程和实施步骤进行全面的规划和安排，科学地制定项目进度计划。其主要功能简介如下：

1）建立项目进度计划。

P3以屏幕等对话的形式设立一个项目的工序表，通过直接输入工序编码、工程名称、工序时间等来设定一个工序，并可通过鼠标任意移动工序、修改工序间的关系，从而编辑和形成工序表。工序表建立完成以后，可自动地计算各种进度参数、工程项目的进度计划，生成并给出项目进度的横道图和网络图。P3还可对网络进度计划进行反复修改，根据实际情况不断调整，修改进度、改变工期、确定工期，增加日历及修改标准工作时间。

2）项目资源管理计划优化。

P3可以帮助编制一个工程项目的资源使用计划，以资源平衡为目标来优化资源计划和项目进度计划。通过定义的每一个工序所需要的资源时间和数量，可以确定项目的资源使用表。在确定工序资源时，可选择是由资源确定工期，还是工期确定资源。利用资源直方图和资源表格来表示潜在的资源紧张或冲突问题，并应用先进的资源平衡方法对项目的计划进行优化。资源表可以逐期地显示资源的总计数、最大值和平均值。

3）项目进度的跟踪比较。

P3可提供多种方案的分析和比较，以便最有效地利用关键资源，选择优化方案。在项目实施过程中，P3可以跟踪工程进度随时比较计划进度与实际进度的关系，进行目标计划的动态控制。

4）项目费用管理。

5）项目进度报告。

此外，P3还有友好的用户界面，易于操作，并与其他应用软件有良好的接口，可直接交互信息。

2. SureTrak

SureTrak软件又称小P3，它具有P3软件的80%的功能，但价格很低。这是该公司为中、小项目而将P3简化而成的。P3与SureTrak的数据完全兼容，因此，一些单位在总部应用P3而在工地则使用SureTrak。它们之间通过电子邮件交换数据时，P3会自动识别并接受SureTrak的数据。

3. Expedition

Expedition是P3系列软件中的一种用于工程项目合同事务管理的软件，它有助于执行FIDIC合同条件，能帮助用户跟踪工程建设过程中的合同事务，包括合同订货单、收发文图、工程变更、材料到货支出、工程进度款支付等，能对合同事务进行有效的登录、事务关联、统计、费用归类、检索等管理。它主要由五大功能模块组成：合同信息、通信、记事、请示与变更、工程概况。

在合同信息中可以记录项目有关的合同、采购、发票等。

在通信中可以对通信录、信函、收发文记录、会议记录和电话记录等内容进行登录、归类、事件关联等。

在记事中，可以对送审件、材料到货、问题、日报进行登录、归类、事件关联及检索等。

在项目概况中，反映出项目的各方执行状态及项目的简要说明。

6.5 国外建筑工程项目管理软件简介

1. 国外建筑工程项目管理软件概况

国际建筑工程项目管理软件市场非常活跃，软件种类越来越多，功能越来越齐全，用户界面越来越友好，用户操作越来越简便。目前国际上，尤其是在美国、欧洲最流行的有如下6种优秀项目管理软件：

Computer Assocoates International Inc. 的 CA—Super Project V 3.0 for Windows and OS/2；Microsoft Corp. 的 Microsoft Project V 4.0 for Windows；Scitor Corp. 的 Project Schedule V 1.5 for Windows；Primavera Systems Inc. 的 Sure Trak Project Manager V 1.0 for Windows；Welcome Software Technology 的 Texim Project V 2.0 for Windows；Symantec Crop. 的 Time Line V 6.1 for Windows。

以上软件的共同特点是具有网络处理模块，资源安排和优化模块，成本处理模块以及报告生成和输出模块。所不同的是在上述模块功能、运行时间及操作使用等方面有差异。下面重点介绍一下 Microsoft Project 98。

2. Microsoft Project 98 简介

微软公司推出的工程项目管理软件 Microsoft Project 98 包括四个主要模块或子系统，这也符合监理目标系统控制的基本原理和基本任务。

控制过程：一般包括三个步骤：确定目标标准、检查成效、纠偏。

系统原理：建立系统中枢，即控制系统和控制子系统。

反馈原理：控制过程形成的依据是反馈原理，即将反馈和步骤控制相结合。

在控制中纠偏：纠偏要采取措施，采取措施要研究方法。

为此，该软件主要由四个功能模块组成：网络处理模块，资源安排与优化模块，成本处理模块和报告（图形）生成和输出模块。

1）网络处理模块

网络处理模块是 Project 软件的中枢，它主要应用计划技术对项目提供管理的基本工具，具有以下功能：

① 计算项目的总工期，求出关键路线。

② 表示各工序之间的逻辑关系。

③ 计算各个工序事件的时间参数。如最早或最迟开始时间和完成时间，总时差和可

自由时差。

④ 跟踪进度，更新网络，包括进度完成百分比及后续工序的影响。

⑤ 可同时处理双代号和单代号网络图。

⑥ 可处理不同时间单位，如天、周、月、年，自动转换。

⑦ 可利用工序组、概要工序等技术综合汇总网络。

⑧ 可用于网络（项目）功能，形成不同级别的分级网。

⑨ 可对每一个工序添加叙述性说明和其他信息。

⑩ 有辅助功能，可引导没有经验的用户方便地建立数据的初始网络图。

建立初始网络图的输入操作简单，可分类筛选和排序输出。如输入工序完成的日期，便可自动确定工序的完成量，反之也是可以的。

2）资源安排与优化模块

资源安排与优化模块可以安排和计算各个工序和整个工序所需要的各种资源数量及该资源的供应量，这些资源可以是劳动力、材料、机械设备或资金。只要给定工序所需要的资源量和这些资源的供应量，就可以自动计算工序的持续时间，并作出最优的进度和资源安排计划。这个功能在以工日或设备台班作为计算有关工序之持续时间的基准时特别有用。

通常资源安排与优化模块有以下功能：

① 每道工序对资源的需求量可以随时间改变，这样每道工序本身可以有不同的资源需求曲线。

② 资源的供应量可以变化，如正常工作时间和加班时间对资源的供应量不同。

③ 可以同时赋予一个工序多种资源。

3）成本处理模块

Project 98 能够实现进度和成本的集成功能，而且该软件的成本处理模块能够处理各种成本代码，并且有足够的储存容量以记录、计算和打印报告，满足项目财务管理和各种需要。成本处理模块的主要功能如下：

① 成本与进度完全集成，将成本与时间直接挂钩，作出进度计划的同时成本预算也完成了，反过来也是一样。

② 与时间有关的成本在需要时，可以设置为与时间成线性关系。

③ 成本不仅可以赋予工序，也可以赋予工序组或概要工序。

④ 自动处理与时间无关的成本，这类成本无论是工序完成或没完成都将发出，如日常管理费。

⑤ 可分析各种成本差异，如计划成本或实际成本的差异，预计成本与当前成本的差异。

⑥ 能处理不同的货币单位。

⑦ 能记录和统计实际的资金输入。

⑧ 可做方便的成本统计查询，检查日程。

4）报告（图形）生成和输出模块

报告（图形）生成和输出模块为用户提供很方便实用的自定义格式的报告功能，使得用户可以自己确定报告表行、列数以及所需表格栏目内容及其标题。其主要功能如下：

① 修改图形中某些区域或某部分，并可任意添加，根据所输入的工序自动生成和输出甘特图或网络图等进度报告。

② 输出累计成本等各种成本报告。

③ 文字或图形。

④ 可按要求排序，筛选输出所需的信息。

⑤ 可自动更新和标记当前日期，并记录上次报告的状态和以后项目的变化。

⑥ 输出时可自动或手动分页。

⑦ 所有报告输出都可以先在屏幕上模拟显示。

另外，MS Project 98 软件每次启动时都会给用户一个提示，其他有关提示也会在各阶段自动出现。Project 98 的界面与操作同很流行的 Office 套装软件相类似，起始菜单与 Excel、Word、Power Point 兼容。MS Project 98 可移动、可变化、可定义的功能与 Office 相似，还支持 OLE（动态交换数据），允许用户建立不同软件之间的数据关系。MS Project 98 以传统的项目软件管理为基础，但其默认并改进了 CPM（关键路线法）的方法。CPM 虽然是它进行计算的基础，但要突出关键工序，了解哪些工序有时差并与基准进度进行比较。除了使用方便外，MS Project 98 的最突出改进是联网传递和可编程功能，可在 Web 上进行项目管理。用户可以在全球广域网和企业内部网上使用 MS Project 98 中文版的工作组通信功能，保持和工作组成员之间的联系，并随时通知最新项目信息。更详细情况读者可参阅有关软件说明，此不赘述。

MS Project 系列软件中，还有 MS Project 2000，当前最新版本是 MS Project 2003，其主要优点如下：

（1）客观的评估和计划

设置同项目小组、管理和用户有关的可行性计划，通常取决于您对计划、资源需求和预算的评估能力。Project Standard 2003 不仅可帮助您管理制定日程表和预计成本的过程，而且还可以帮助您了解特定任务的变化或延迟会如何影响整个项目。

（2）向导化的计划和管理

“项目指南”（交互式的分步计划助手）可帮助您快速掌握项目管理过程。借助“项目指南”，可以轻松构建新项目、管理任务和资源、跟踪日程表并且报告项目信息，从而立即投入生产。

（3）及时报告和跟踪项目信息

通过选择可自定义的易于使用的报告，可改善项目报告的准确性和及时性。创建了清晰的报告后，可以更好地将项目状态通知给您的小组和管理层，同时可以按照收益、关键路径和多种参考计算来跟踪项目的性能。

（4）更好地分配资源

通过 Project Standard 2003，可以轻松地分配任务资源并且调整资源的分配方式，以解决冲突和过度分配问题。这允许您在管理资源、项目日程和成本上有更大的控制能力和灵活性。

（5）有效地呈现项目信息

项目管理人员可以轻松快捷地用多种格式来呈现信息。借助新增的向导，可以轻松地用某种格式打印出单页的计划安排。此外，还可以将项目数据导出到 Microsoft Word 中创建正式文档，导出到 Microsoft Excel 中创建自定义的图表或电子表格，导出到 Microsoft Power Point® 中创建生动的演示文档，或导出到 Microsoft Visio® 中创建图解。

（6）无缝的数据集成

Project Standard 2003 可同其他的 Microsoft Office System 程序无缝集成。只需少量操作就可以将 Microsoft Office Excel 和 Microsoft Office Outlook® 中的现有任务列表转换为项目计划。另外还可以从 Microsoft Active Directory® 目录服务或 Microsoft Exchange Server 地址簿向项目添加资源。

（7）提高了可用性

经过改进的并且同 Microsoft Office 2003 版本一致的用户界面使得掌握 Project Standard 2003 以及访问您需要的工具和功能变得更加容易。借助直观的工具栏、菜单和其他功能，可以迅速掌握项目管理的基础——即使您是 Project Standard 的新用户。

（8）即时的帮助

Project Standard 2003 为新手和经验丰富的用户都提供了许多帮助。Project Standard 2003 包括强大的帮助搜索引擎、智能标记和向导，并且进一步提供了对培训课程、模板、文章以及其他信息的联机访问。

（9）轻松实现自定义

一系列的自定义功能允许您根据项目的具体需求对 Project Standard 2003 进行量身打造。可以从一个自定义显示字段列表中选择字段，让它们变成项目日程表的一部分，还可以修改工具栏、公式、图形标识符和报告。此外，可扩展标识语言（XML）文件格式、Microsoft Visual Basic® for Applications（VBA）以及组件对象模型（COM）附件也为共享数据和创建自定义的解决方案提供了便利，这进一步增加了灵活性。

（10）广泛的用户和解决方案团体

Microsoft Office Project 拥有包括用户和数以百计的独立供应商在内的广泛团体。这些高品质的供应商分别致力于提供自定义解决方案、附件、咨询和现场培训。通过用户团体和解决方案提供商，可以最充分地利用在 Project 2003 中的投资。

6.6 测绘工程监理信息管理系统简介

6.6.1 系统的结构分析

按照系统工程的原理和计算机网络和关系数据库技术确定的总体设计思想，通过系统分析，将测绘工程监理信息管理系统设计成为如图 6-4 所示的基本结构。主控模块是公共数据库。

6.6.2 系统的总体功能

测绘工程监理信息管理系统是以人、计算机对话方式，进行测绘工程监理信息的收集、传递、存储、加工、处理、维护和使用的集成化系统。它能为监理组织进行测绘工程项目的投资控制、进度控制、质量控制以及合同和事务管理等提供信息支持，为高层次监

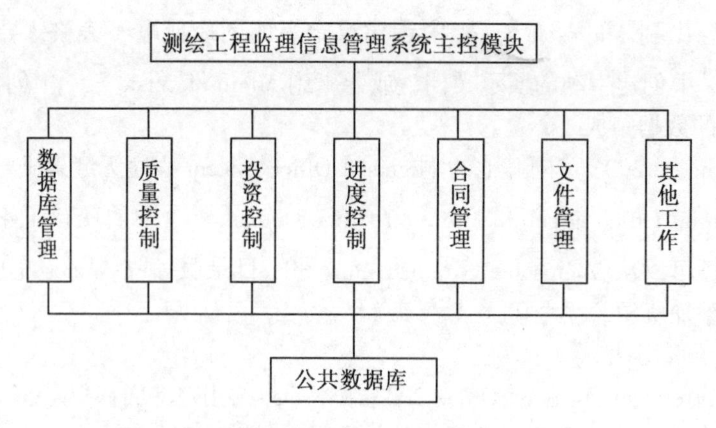

图 6-4　测绘工程监理信息管理系统

理人员提供决策所需的信息、手段、模型和决策支持；为一般监理工程师提供必须的办公自动化手段，使其摆脱繁琐的简单性事务作业；为编制、修改、计算人员等提供人、财、物诸要素之间综合性强的数据，对编制修改计划、实现调控提供必要的科学依据和手段。

测绘工程监理信息管理系统的主要任务就是采用测绘学相关知识，通过目标规划与动态的目标控制，确保三大目标（质量目标、进度目标、投资目标）的合理实现。为此，提出测绘工程监理信息管理系统的主控模块，各子系统之间既相互独立，各有其自身目标控制的内容和方法，又相互联系，互为其他子系统提供信息。

根据以上分析，测绘工程监理信息管理系统的主要内容有：

1. 知识库

收录了有关监理的最新法规依据，比如测绘法、合同法、招投标法、政府招购法、大地测量方面的法规、工程测量方面的规范（城市、工程、管线、精密工程等）、航测方面的规范、地理信息系统方面的法规等，主要测绘仪器性能，检验程序与方法，测绘基本理论公式等。

2. 测绘方案优化

GPS 网、导线网及常规网的优化设计，工程测量放样方法的精度估计。

3. 测绘数据处理

粗差定位与剔除，GPS 网平差，边角网、导线网等平面网平差，水准网等高程网平差，抽样统计检验。

4. 质量控制

控制网建立，数字化测图（地形图、地籍图、房产图），地下管线等方面测量质量控制。

5. 进度控制

采用横道图等方法进行进度控制。

6. 合同管理

合同原件、合同变更（工程量、工期及费用调整）、合同索赔要件及程序。

7. 工程文件管理

设计文件、测量文件、监理文件和业主文件等 4 类文件的规范化、标准化文件表格。

6.6.3 系统的详细设计与实现

本系统的研制是以 Visual C++6.0 作为基本的编程语言，以 ACCESS 作为基本的数据库系统，结合测绘工程管理的具体特点而进行的。系统采用标准的 Windows 编程风格来编制所有程序模块。为节省篇幅，其详细内容从略。

本 章 小 结

1. 工程项目监理信息管理是贯穿监理工作全过程的一项十分重要的工作。建立和使用完善的建设监理信息管理系统或软件，对保证监理质量，提高监理工作业务水平和工作效率具有划时代的意义。建设监理信息管理的主要方法是对监理工作的三项控制及二项管理等中心工作进行项目目标动态控制，即将项目目标的规划值同实际值进行比较，发现偏差，采取纠偏措施，并贯彻到实际工作中去，以保证工程按计划目标顺利进行。

2. 工程项目监理信息管理系统或软件，是以计算机为工具，采用系统分析和思维的方法，为管理决策提供信息咨询服务的辅助系统。该系统或软件应密切结合监理内容需要进行编制。一个好的功能齐全便于使用的信息管理系统，需要包括专业人员在内的多学科专业人员的共同努力。应充分运用和发挥计算机新功能和技巧以及计算机语言，创编出适宜我国特色并与国际市场有竞争力的工程项目管理软件。目前，国内外有一些成熟的软件可供我们选择和使用。

3. 建设监理信息管理软件市场的发展十分活跃，目前正向着计算机智能化的方向发展。即从计算机自动识别 CAD 工程图开始，到图形图像处理、工序划分及连接、工程量计算，并将它们自动转换成网络计划，形成与目前已成熟的优秀项目软件相接口的数据文件，最后形成一套完整的自动化、智能化的管理系统。随着计算机技术的飞速发展和国内工程建设管理水平的提高，我国软件市场已涌现出大量的项目管理软件，它们提供了便于操作的图形界面，帮助用户制订计划、管理资源、进行成本预算、跟踪项目进度等。然而这些软件往往各有所长，也各有不足。信息集成技术经过 30 多年的发展，已经比较成熟，作为能够建立稳定、可靠的信息收集、传递、分析和处理的平台，信息集成技术自然地可以被引入到项目管理软件的集成中来。软件系统的信息集成主要有 3 种方法：基于标准文件格式转换的信息集成，基于数据库表的信息集成以及基于 COM（Conmponent Object Model 组件对象模型）的信息集成。运用这些信息集成技术即可将两个甚至多个项目管理软件系统进行集成，使它们能够功能互补、信息共享、稳定地协同工作。

第7章　工程项目的协调

7.1　项目协调的意义

要使项目获得成功，协调具有重要的意义和作用。协调可使矛盾的各个方面居于统一体中，解决它们之间的不一致，使系统结构均衡，项目实现和运行过程进行顺利。在项目实施过程中，项目协调在整个项目目标定义、目标设计、实施控制中有着各种各样的协调工作。项目协调不仅是一个信息过程，而且是一个组织过程，同时又是一个心理过程。

在现代工程项目协调中，尽管有现代化的通信工具和信息收集、存储和处理工具，减少了协调在技术上和实践上的许多障碍，使得信息协调和沟通非常方便和快捷，但仍然不能解决人们许多心理上的障碍。主要的困难表现在以下几个方面：

（1）现代工程项目规模大，参加单位多，造成每个参加者的接触范围大，各人都存在着复杂的联系，需要复杂的协调与沟通系统。

（2）现代工程项目技术的复杂、新工艺的使用、专业化和社会化的分工，以及项目管理综合性和人们的专业化分工的矛盾，增加了交流和沟通的困难。特别是项目经理和各职能部门之间经常难以做到协调配合。

（3）由于各个参加者（如业主、承包商、技术人员、工人等）有不同的利益、动机和兴趣，有不同的出发点，对项目有不同的期望和要求，对项目的目的性的认识不同，从而造成行动与动机的不一致性，因此不仅要强调总目标，而且还要照顾各方利益，使各方面都满意，这就有很大的困难。

（4）由于项目是一次性的，项目组织面对的是新的成员、新的对象、新的任务，因此组织之间摩擦多，矛盾多，问题也多，不协调的因素会大大增多。另外，一个组织从成立到正常运行，也需要一个过程，以进一步磨合和协调。

（5）人们的社会心理、文化、习惯、专业技术、语言等也会对协调和沟通产生影响，特别是在国际项目合作中，参加者来自不同的国家，分别适应于不同的社会制度、文化、法律背景及语言，从而产生了协调与沟通上的许多障碍。

（6）在项目实施过程中，项目的战略方针和政策应保持其稳定性，否则会造成协调的困难，造成人们行为的不一致，而在项目周期中，这种稳定性是无法得到保护和维持的。

因此，项目在运行中会涉及很多方面的关系，为了处理好这些关系，就需要协调。协调是管理的重要职能。在新形势下如何做好协调和沟通工作具有重要的现实意义。施工项目实施周期长，只有处理好项目内外的大量复杂关系，才能保证项目目标的实现。因此，施工项目协调管理对项目目标的实现具有以下重要意义：

（1）调动工作人员的积极性。

（2）提高项目组织的运转效率。

（3）打开项目实施道路上的绿灯。

7.2 项目协调的内容

项目协调的内容大致可分为以下几个方面：

1. 人际关系的协调

包括项目组织内部的人际关系，项目组织与关联单位的人际关系。人际关系的协调主要解决人员之间在工作中的联系和矛盾。

2. 组织关系的协调

主要是解决项目组织的内部分工与配合问题。

3. 供求关系的协调

包括项目实施中所需的人力、资金、设备、材料、技术、信息的供应，主要通过协调解决供求平衡问题。

4. 配合关系的协调

包括施工公司、建设单位、设计单位、分包单位、供应单位、监理单位之间在配合关系上的协调和步调一致，以达到同心协力之目的。

5. 约束关系的协调

主要是为了了解和遵守国家及地方的政策、法规、制度等方面的制约，求得执法部门的指导和许可。

7.3 项目协调管理的范围

图7-1可以形象地表示项目协调管理的范围与关系。

把项目作为系统，则协调的范围可分为系统内部的协调和对系统外部的协调。

1. 项目内部关系的协调

（1）项目内部人际关系的协调。

（2）项目内部组织关系的协调。

（3）项目内部需求关系的协调。

2. 项目对系统外部的协调

（1）项目与近外层关系的协调。项目与近外层的关系包括与业主的关系，与设计单位的关系，与供应单位的关系，与分包单位的关系，与公共单位的关系等。这些关系都是合同关系或买卖关系，应在平等的基础上进行协调。

（2）项目与远外层关系的协调。施工项目与远外层的关系包括与政府部门、与金融机构及与现场周围单位的关系。这些关系的处理没有定式，协调更加困难，应该由有关法规、公共关系准则和经济联系来处理。

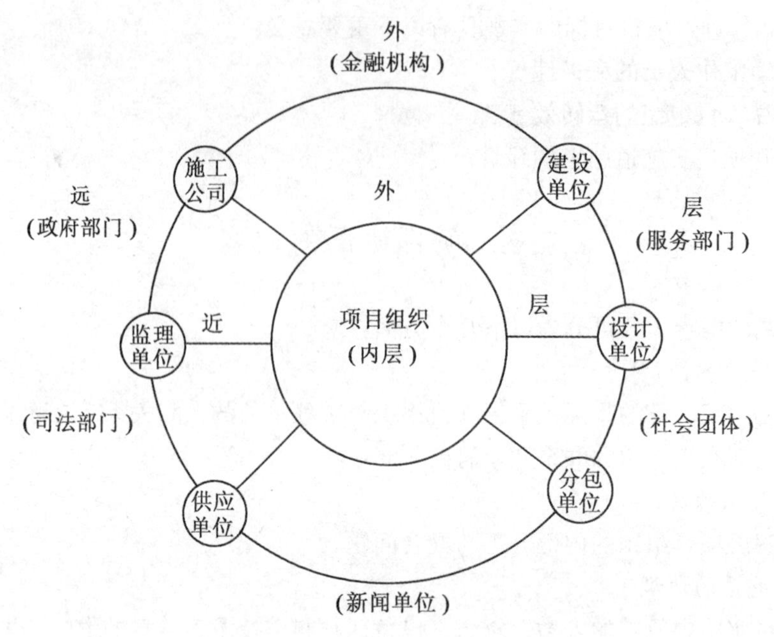

图 7-1　项目协调管理范围与关系

7.4　项目中几种重要的协调与沟通的内容

在项目实施过程中，项目组织系统的各单元之间都有界面沟通的问题。监理部门是整个项目组织沟通的中心。围绕监理部门有几种最重要的界面沟通。

7.4.1　与业主的沟通

业主代表项目的所有者，对项目具有特殊的权力，而项目监理为业主管理项目，因此，在合同范围内监理必须服从业主的决策、指令和对工程项目的干预，监理的最重要的职责是要保证业主满意。因此，要取得项目监理工作的成功，必须获得业主的支持，采取有效措施同业主进行沟通。

(1) 监理要充分和准确地理解项目的总目标，理解业主的意图、反复阅读研究合同文件和项目任务文件。

(2) 让业主一起投入项目的全过程，而不仅仅是给他一个竣工结果。由于业主通常是其他专业和领域的人，可能对项目懂得很少。解决这个问题比较好的办法是：

①使业主理解项目及项目全过程，向他解释说明，使他成为内行或专家，减少他的非程序干预和越级指挥。

②监理作出决策和安排时要充分考虑到业主的期望、习惯和价值观念，说出他想要说出的话，经常了解业主面临的压力，以及业主对项目关注的焦点。

③尊重业主，随时向业主汇报情况。在业主进行决策时，向他提供充分的信息，让他了解项目的全貌，项目实施状态、方案利弊得失及对目标的影响。

④加强计划性和预见性，让业主了解承包商，了解他自己的非程序干预的后果。业主

与监理双方理解得越深，双方期望越清楚，争执就会越少。否则，业主就会成为干扰的因素，而业主一旦成为干扰因素，项目管理必然失败。

(3) 业主在委托项目监理任务后，应当将项目前期策划和决策过程向监理作全面的说明和解释，并提供详细的资料。这样可使监理更进一步理解工程的全貌及总目标，促进监理工作的深入展开。

(4) 监理有时会遇到业主所属企业的其他部门或合资者各方都想来指导项目实施的情况，这是非常棘手的问题。监理应该很好地倾听这些人的忠告，对他们做耐心的解释和说明，但不应当让他们直接指导实施和指挥项目组织的成员。否则，会有严重损害整个工程的巨大危险。

7.4.2 与承包商的沟通

这里的承包商是指工程的承包商、设计单位、供应商。他们与监理没有直接的合同关系，但他们必须接受监理的领导、组织、协调和监督。

(1) 应该让各承包商理解总项目目标、阶段目标以及各自的目标、项目的实施方案、各自的工作任务及职责等，增加项目的透明度。这不仅要求在技术交底中应该这样，而且应贯穿在整个项目的实施过程中。

(2) 指导和培训各参加者和基层管理者适应项目工作，向他们解释项目管理的程序，沟通渠道与方法，指导他们并与他们一起商量如何工作，如何把事情做得更好。应经常地解释目标、合同及计划，发布指令后要作出具体说明，防止产生不协调甚至对抗的局面。

(3) 业主将具体的工程项目管理事务委托给监理，赋予他很大的处置权力。但监理在观念上应该树立自己是提供管理服务的思想，不能随便对承包商动用处罚权，或经常以处罚相威胁。监理应经常强调自己是提供服务和提供帮助的，强调各方利益的一致性。

(4) 在招标、签订合同、工程施工中应该让承包商掌握信息、了解情况，以作出正确的决策。

(5) 为了减少对抗，消除争执，取得更好的激励效果，项目监理应欢迎并鼓励承包商将项目实施状况的信息，实施的结果和遇到的困难，自己心中的不平和意见等向他汇报，这样就可以发现对计划、控制的误解，或有对立情绪的承包商的可能干扰。各方面情况了解得越多、越深刻，项目组的争执就越少。

7.4.3 监理部内部的沟通

监理部是项目组织的领导核心。其内部应首先有组织、有程序地沟通好。这里主要体现在总监同职能人员及各职能人员之间几个界面的沟通。

(1) 技术专家的沟通。他们之间的沟通是十分重要的。事实上他们之间也存在着许多沟通障碍。技术专家对基层的具体施工了解得少一些，更多注意的是技术方案的优化，注重数字，对技术的可行性过于乐观，而不太注重社会和心理影响。总监应该积极引导，发挥技术人员的作用，同时注重全局、综合方案实施的可行性。

(2) 建立完善的项目管理系统，明确划分各自的工作职责，设计比较完备的管理工作流程，明确规定项目中正式沟通的方式、渠道和时间，使大家按程序、按规则办事。

(3) 由于项目的特点，更应该注意从心理学、行为科学的角度激励各个成员的积极性，虽然项目具有一定吸引性，但由于项目监理还不能更全面地解决其职能人员的其他问题,比如提职、提薪等,这些也会影响他们积极性的发挥。这时更应当注意自己的激励措施：

①采用民主的工作作风，不独断专行。在内部放权，让组织成员独立工作，充分发挥他们的积极性和创造性，使他们对工作有成就感。应少用正式权威，多用个人的专门知识、品格、忠诚和工作挑战精神去影响成员。

②改进工作关系，关心各个成员，礼貌待人。鼓励大家参与和合作，与他们一起研究目标、制定计划，多倾听他们的意见、建议，鼓励他们提出建议、质疑、设想，建立互相信任、和谐的工作气氛。

③公开、公平、公正地处理事务。应当经常召开会议，让大家了解项目进行情况和遇到的问题或危机，鼓励大家同舟共济。

④在向上级和职能部门提交报告中应包括项目组成员好的评价和鉴定意见，项目结束时应对成绩显著的成员进行表彰，使他们有成就感。

（4）监理公司应形成比较稳定的项目和管理队伍，这样尽管接受的监理项目是一次性的，常新的，但项目组确是相对稳定的，各成员之间是老搭档，彼此了解，可大大减少内部摩擦。

（5）如果职能人员还同时担任组织上任命的其他兼任职务，他就应该对监理部的监理工作和其他相应工作负起双重的责任，不能因为监理部是个临时的工程性组织而“厚彼薄此”。

（6）建立公平、公正的考评工作业绩的方法和标准，定期客观地、慎重地对成员进行业绩考评，提倡积极向上的因素，批评不负责的消极因素。

除了上面所述的与监理部内部人员的沟通外，还有与内部各职能部门之间的协调和沟通。这种沟通也是十分重要的，特别是在矩阵式的组织中，它们之间有高度的相互依存性。职能部门必须对项目在资源和管理工作等方面提供持续的全过程支持。在职能部门设置中应寻找各方权力和利益的平衡界面，并通过策划、决策和畅通的程序来取得此界面上的持续协调点，以保证监理内部的和谐运转。负责人之间的相互信任、友好和相互支持也是十分重要的。

7.5 项目协调的技术方法

7.5.1 项目协调与沟通方法的分类

在项目协调中，沟通方法是多种多样的，可以从许多角度进行分类。例如：双向沟通和单向沟通；垂直沟通和横向网络沟通；正式沟通和非正式沟通；语言沟通和非语言沟通。所谓语言沟通，就是口头沟通，如交谈、会谈、报告会、演讲等。这种面对面的语言沟通是最客观的也是最有效的沟通。因为它可以进行即时讨论，澄清问题，反馈信息等，人们可以更准确、更便捷地获得各种各样的信息。非语言沟通，也就是所谓通过文件的沟通，包括项目手册、报告、计划、政策、信件、备忘录以及其他形式表达的文件。此外，现代社会沟通的媒介可更便捷地被应用，如电话、电子邮件、书信、备忘录、互联网系统等。

7.5.2　正式沟通

1. 正式沟通的概念

所谓正式沟通是通过正式组织的规定及其执行过程来实现和形成的沟通。它通过一定的组织关系、方式和规则，比如项目的组织结构图、管理体系流程图、信息流程和确定的运行规则等，并且采用正式的沟通渠道来实现。正式沟通的方式有如下优点：它有固定的沟通方式、方法和过程；它一般在合同中或在项目手册中有明确的规定，作为组织原则和大家共同遵守的行为准则；确保大家行动一致，即组织的各个子系统遵守同一个运作模式。此外，这种沟通方式的结果常常具有法律效力，其结果不仅包括沟通的文件，而且还包括沟通的过程，例如会议纪要等，这些文件一旦成立，即形成合同文件，具有法律的约束力。

2. 正式沟通的方式

正式沟通主要是通过组织上的正式书面文件，比如项目手册、会议纪要、检查验收及其报告等来实现项目的沟通。

1）项目手册

项目手册是关于项目和项目管理方面的字典，其内容极其丰富，它的基本作用就是为了项目参加者之间的沟通。项目手册通常包括下列内容：项目的名称，业主，概况，规模，目标，主要工程量，进度；各类参加者，包括承包单位，监理单位，材料供应单位；项目的组织机构及分解结构；项目管理规范等。在项目手册中，要明确说明项目的沟通方法、管理程序及路线图，对各种文档和信息应有统一的定义，统一的编码系统，包括统一的组织编码、统一的信息编码、统一的工程成本细目划分方法和编码、统一的报告系统等。它是项目的工作指南。在项目初期，项目管理者就应当把项目手册的内容向各参加者作介绍，使大家明白项目的基本情况，使参加者明白沟通机制，使大家明了遇到什么事应该找谁，应按什么程序处理及向谁提交什么文件等。

2）各种书面文件

它包括各种计划、政策、目标、任务、组织结构及组织分工责任图、报告、请示、指令及协议等。在实际工作中要形成使用文本进行交流的风气和习惯，尽管大家天天见面，经常有机会一起商谈，但有关工程项目问题的各种磋商结果却应该具体落实到书面文件上，参与的各方都将以书面文件作为沟通的最后结果，这是法律和合同的要求，可避免出现争执、遗忘和推诿责任的情况。建立定期报告制度。建立报告程序系统，及时通报工程的基本情况。对工程中的各种特殊情况的处理应做记录，并提出报告。工作过程中涉及各方面的工程活动，如场地的交接、图纸交接、材料、设备验收等都应有相应的手续和签收的证据。

3）协商会议

协商会议通常有以下 2 种：一是常规的协商会议，二是非常规的协商会议。第一种形式的协商会议一般在项目手册中都有具体规定，比如，每周、每半月、每月、每季、每年等举行的例会。第二种形式的协商会议往往是在特殊情况下，根据项目实际需要举行的会议。比如，信息发布会，解决特殊问题的会议，比如遇到特殊困难、发生事故或紧急情况时的磋商会议，业主或总监对项目的有关问题需要紧急磋商的会议等。

主要负责人对协商会议要足够地重视并亲自组织和策划。因为协调会议是一个极好的沟通机会。首先可以快捷地获得大量有价值的信息，这些信息除直接同工程的过程紧密相关外，还有关于思想、态度、情绪等方面的软信息，这些信息远远比报告式的文件更生动、具体和真实。其次可以检查工作，澄清问题，了解各自系统的任务情况及存在的问题，直接布置和下达工作调整计划，研究问题的解决措施和解决方案，分配资源等。最后，造成新的激励，动员并鼓励各方面的积极参加，形成高一层次上的新循环。

要使协商会议获得成功，达到预期目的和效果，会议的组织工作是至关重要的。

（1）会前准备

要认真、细致地做好各方面的会前准备工作。准备工作包括：

① 主题研究，分析召开会议的必要性，确定会议的目标和任务，确定参加会议的人员、时间、地点、会场布置等。

② 会议信息准备，专门了解项目的整体现状，主要困难，各参与方的基本状态，准备展示的材料，统计报表，报告初稿及其演示设备等。

③ 会议开法的研究。在会议上让大家讨论什么问题，达到什么效果，设计解决方案，能不能接受自己的意见，如有矛盾有什么备选方案和措施，如何达成一致，会议主持者应心中有数。对一些重大问题，为了达成共识，避免在会议上产生冲突和僵局，更快地达成一致，可以先将有关材料发给各参与者，并可就一些议程与一些主要人进行事先磋商，进行非正式沟通，听取修改意见。

④ 对一些重大问题的处理和解决，不是一次会议所能奏效的，需要几个回合，这时，对于会后的继续工作和会议的计划都应该在会前有足够的考虑。

（2）会中的控制

① 会议应按时开始，简要介绍会议的目的和议程，宣布开会纪律，并指定记录员做好会议记录或录音、录像等工作，紧接着进入正式议题。

② 要驾驭整个会议过程，使会议始终按着预定的程序和目标发展，防止不正常的干扰，如跑题、谈笑、手机铃声干扰，对有些人提出与会议议题无关的事，甚至到发生争吵，影响会议的正常秩序，会议主持者必须不失时机地提醒进入主题；还要善于发现和抓住有价值的问题，集思广益，补充解决的方案，鼓励参加者讲出自己的观点，讲心里话，反映实际情况、问题和困难，一起研究解决问题的方法。

③ 通过沟通协调甚至妥协或劝说，使大家的意见达成一致，使会议富有成果。当出现争执不一，甚至冲突时，负责人必须把握项目的总体目标和整体利益，并不断地解释项目的利益和意义，宣传共同合作关系，以争取共识。不仅使大家行动上协调一致，而且要争取做到使各方面心悦诚服地接受协调，以更积极的态度完成工作。

④ 在必要时还应当应用权威，比如，如果项目参加者各持己见、互不相让，在总目标的基点上不能协调和没人响应，则会议主持者不能为避免争执而放弃工作，必须动用权威作出决定，会后再向业主作解释。在会议结束时，总结会议成果，并确保所有参加者对所有决策和行为有清楚的理解。

（3）会后处理

会后应当及时整理并起草会议纪要，协商会议的结果通常以会议纪要形式作为决议。

根据会议记录，会后整理和起草会议纪要，并送达各方认可。各参加者在收到纪要时，如有反对意见，应在一个星期内提出反驳，否则便以认同会议纪要内容处理，则该会议纪要就成为有约束力的协商文件。

4）通过各种工作检查，特别是工程的检查验收进行沟通

各种工作检查、成果的验收是非常好的沟通方法，通过这些工作不仅可检查工作成果、了解实际情况，而且可以沟通各方面各层次的关系。检查过程常常又是解决问题，使上下、左右之间了解的过程，也是新工作协调的起点，所以它不仅是技术性工作，也是重要的管理工作。

5）其他沟通的方法

如指挥系统、建议制度、申诉和请求、离职交谈等。

7.5.3 非正式沟通

非正式沟通是通过项目中的非正式组织关系而形成的。项目参加者既是项目小组的正式成员，同时又处在复杂的人际关系网络中，如非正式团体，由爱好一致形成的小组，人们之间的非职务性的联系等。人们利用建立起的各种关系来沟通信息，交流感情，影响人们的行为。在正式沟通前后和过程中，在重大问题处理和解决过程中，可运用非正式磋商，如聊天、喝茶、吃饭或小组会，或通过到现场进行非正式巡视，与各种人接触，旁听会议，直接了解情况，这通常能直接了解和获得项目中的更多新信息。通过大量的、非正式的横向交叉沟通加快信息的流通，促进理解和相互协调。由于非正式沟通的上述特点，这种沟通方式往往可以起到正式沟通所起不到的作用。

由于在非正式场合，人们比较自由和放松，容易讲真话，这样管理者就可以利用非正式沟通了解参加者的真实思想、意图，了解事务的内部，了解人们在想什么，对项目有什么意见和建议。利用非正式沟通可以解决一些矛盾，协调好各方面的关系。例如事前的磋商和协调可避免矛盾激化，协调心理障碍；通过小道消息透风可以使大家对项目的决策有精神准备。可以联络感情，增强凝聚力。由于项目组的暂时性和一次性，大家普遍没有归宿感，没有安全感，感到孤独。而通过非正式沟通，人们能够很快打成一片，使大家对组织有认同感，对管理者有亲近感，有社会上的满足感，从而增加凝聚力。在作出重大决策前采用非正式沟通方式，集思广益、通报情况，传递信息，能及时发现问题，可以缓和矛盾，使管理工作做得更完美。

但也要注意非正式沟通的负面作用。比如，有的小道消息具有不准确性，没有法律约束力，具有误导性，所以从非正式沟通渠道得到的消息，一定要谨慎对待，在客观分析的基础上，加以参考、辅助和采纳，绝不能不加分析地甚至一味地靠这种方式来实施项目管理。对那些蛊惑人心，危害项目正常进行的小道消息，必须及时采取有力的措施加以制止，比如公开发布项目的方针、政策、增强透明度等，减弱其负面影响。

本章小结

本章主要内容是介绍监理工作中的协调与沟通,在介绍项目协调意义、内容、范围的基础上,介绍了协调与沟通的技术与方法,这些是监理工程师必须有的自我工作能力和修养。

第 8 章　测绘工程项目监理实例

8.1　概　　述

8.1.1　工程测量监理

目前，工程测量监理主要是施工测量监理，而施工测量监理又是整个建设工程监理中的一部分，而且是最重要的监理部分之一。建设工程监理要求按照国家标准“建设工程监理规范”进行。因此，施工测量监理的程序包括在建设工程施工监理工作的总程序中。施工监理工作的总程序是：

1. 签订委托监理合同

实施建设工程监理前，监理单位必须与建设单位签订书面建设工程委托监理合同，合同中应包括监理单位对建设工程质量、造价、进度进行全面控制和管理的条款。建设单位与承包单位之间与建设工程合同有关的联系活动应通过监理单位进行。

建设工程监理应实行总监理工程师负责制。

监理单位应公正、独立、自主地开展监理工作，维护建设单位和承包单位的合法权益。

建设工程监理除应符合本规范外，还应符合国家现行的有关强制性标准、规范的规定。

取得业主的信任和充分授权。查看 FIDIC 合同范本（3.4 版），70 条中就有 45 条涉及业主赋予监理工程师的职责、权力和作用。而且规定得非常具体，具有很强的操作性。

2. 组织项目监理机构进行监理准备工作

监理单位履行施工阶段的委托监理合同时，必须在施工现场建立项目监理机构（项目监理部）。项目监理机构的组织形式和规模，应根据委托监理合同规定的服务内容、服务期限、工程类别、规模、技术复杂程度、工程环境等因素确定。监理人员应包括总监理工程师、专业监理工程师和监理员，必要时可配备总监理工程师代表。不可少于 3 人。

3. 协助建设单位组织施工招标评标和优选中标单位

4. 施工准备阶段的监理

1）编写监理规划

在总监理工程师的主持下编制，经监理单位技术负责人批准，用来指导项目监理机构全面开展监理工作的指导性文件。

（1）监理规划的编制应针对项目的实际情况，明确项目监理机构的工作目标，确定具体的监理工作制度、程序、方法和措施，并应具有可操作性。

（2）监理规划编制的程序与依据应符合下列规定：监理规划应在签订委托监理合同及收到设计文件后开始编制，完成后必须经监理单位技术负责人审核批准，并应在召开第一次工地会议前报送建设单位；监理规划应由总监理工程师主持、专业监理工程师参加编制。编制监理规划应依据：

①建设工程的相关法律、法规及项目审批文件，与建设工程项目有关的标准、设计文件、技术资料；

②监理大纲、委托监理合同文件以及与建设工程项目相关的合同文件。

（3）监理规划应包括以下主要内容：

①工程项目概况；

②监理工作范围；

③监理工作内容；

④监理工作目标；

⑤监理工作依据；

⑥项目监理机构的组织形式；

⑦项目监理机构的人员配备计划；

⑧项目监理机构的人员岗位职责；

⑨监理工作程序；

⑩监理工作方法及措施；

⑪监理工作制度；

⑫监理设施。

在监理工作实施过程中，如实际情况或条件发生重大变化而需要调整监理规划时，应由总监理工程师组织专业监理工程师研究修改，按原报审程序经过批准后报建设单位。

2）编写监理细则

根据监理规划，由专业监理工程师编写，并经总监理工程师批准，针对工程项目中某一专业或某一方面监理工作的操作性文件即为监理细则。

（1）对中型及以上或专业性较强的工程项目，项目监理机构应编制监理实施细则。监理实施细则应符合监理规划的要求，并应结合工程项目的专业特点，做到详细具体、具有可操作性。

（2）监理实施细则的编制程序与依据应符合下列规定：

监理实施细则应在相应工程施工开始前编制完成，并必须经总监理工程师批准；监理实施细则应由专业监理工程师编制。编制监理实施细则的依据：

①已批准的监理规划；

②与专业工程相关的标准、设计文件和技术资料；

③施工组织设计。

（3）监理实施细则应包括下列主要内容：

①专业工程的特点；

②监理工作的流程；

③监理工作的控制要点及目标值；

④监理工作的方法及措施。

在监理工作实施过程中，监理实施细则应根据实际情况进行补充、修改和完善。

5. 召开第一次工地会议、施工监理交底会

6. 审批承包单位提交的施工计划、施工组织设计、施工质量保证体系

（1）对工程现场的测量控制点进行查勘确认，审核设计阶段提供的测量技术总结报告及成果资料，必要时可组织对起始点位的复测、抽测工作。审核施工方实施的加密控制测量方案，对施工单位设置的临时测量控制点、控制网进行检查、复核和复测，同时督促施工单位对测量控制网点进行妥善保护，并建立定期复测制度，检查其落实情况。

（2）审查检查施工方进场的测量人员资质及仪器设备是否与投标书相符，对于不能满足工程施工要求的人员及测量仪器，限期予以撤换，其使用的仪器按行业规定按时检查，对精度不符合要求的仪器，有权制止使用。

（3）审核检查施工方制定的测量工作计划、放样技术方案及落实情况，对重要部位的施工放样报告进行现场旁站及实测查验。对于施工方在施工测量中存在的问题有权发出工地指示及监理通知。

7. 审批施工开工报告

8. 施工过程监理

9. 组织竣工预验收

10. 承包单位提交工程保修书

11. 参加竣工验收

12. 在单位工程验收记录上签字签发竣工移交证书

13. 建设单位向政府监督部门申办竣工备案手续

14. 编写监理工作总结，监理资料归档

工程测量监理中的施工测量监理将在本章前几节作详细介绍。

8.1.2 测绘项目监理

这里所说的测绘项目是指与其他工程项目无关的独立的测绘项目，所称测绘项目监理，是指测绘监理单位受测绘项目发包方的委托，对测绘项目设计和施测阶段进行监督和管理的活动。由于我国测绘项目监理工作尚未全面实施，国家测绘项目监理规范也正在调研和制定中，因此，在这里只根据部分地方实施测绘项目监理工作的经验加以介绍。

首先，对江苏省测绘局制订的“江苏省测绘监理管理办法”中的有关内容作概略性地介绍。

1. 发包方应当委托监理的测绘项目

（1）基础测绘项目；

（2）重大工程测绘项目；

（3）政府采购和招标的测绘项目；

（4）测绘项目金额在一百万元以上的其他测绘项目。

2. 监理实施

（1）测绘监理项目当事人应当依法签订书面合同。

（2）监理单位根据有关法律、法规及委托监理合同的规定行使监理职权和承担相应的职责。

（3）监理单位不得转让测绘监理业务。

3. 监理工作的主要内容

（1）协助发包方编制测绘项目招标等相关文件，协助发包方审查测绘项目合同内容；

（2）审查及确认承包方的项目工程的组织设计、仪器装备投入和使用、作业人员的资格，审查分包方的资质；

（3）督促承揽方按合同约定进度施工，及时调整不合理工期安排；

（4）受发包方委托检查及核准承揽方的用款计划、支付申请，协助处理有关索赔事项；

（5）依据技术规范、项目设计书和项目合同检查承揽方项目实施的工序、质量等；

（6）协调测绘项目合同、技术设计书等的变更；

（7）督促承揽方整理、编制、提供相关测绘成果资料；

（8）定期向发包方书面报告监理情况，负责向项目法人提交完整的监理资料；

（9）其他测绘监理事项。

4. 监理单位承接监理业务后，应当编制监理方案和实施细则，报发包方书面批准后实施，并送达被监理单位

实施测绘项目监理前，发包方应当将委托的监理单位名称、监理内容和监理权限、监理方案等事项，书面通知被监理单位。

5. 监理单位应当实行现场监理，关键工序应实行全过程旁站监理

（1）在测绘项目监理中，监理单位发现测绘项目技术设计不符合国家规定的，应当书面报告发包方，由发包方组织更改设计。

（2）监理单位发现被监理单位的测绘活动不符合设计要求或者合同约定的，应当书面通知被监理单位改正。

（3）测绘项目发包方对被监理单位的测绘活动指令应当通过监理单位发布。发包方的指令违反法律、法规或者强制性技术标准的，监理单位有权拒绝执行。

（4）隐蔽工序和按照规定必须经测绘监理工程师签认的工序，未经测绘监理工程师签认，被监理单位不得进行下一道工序。测绘监理工程师对质量合格的工序，应当在一个工作日内签认。测绘监理工程师对质量不合格的工序不予签认的，应当在发现质量问题后的一个工作日内，书面向被监理单位说明依据和理由。

6. 监理单位在监理活动中收费的，应当持有工商行政管理部门颁发的《营业执照》或者物价部门颁发的《收费许可证》，出具合法的发票或收据

监理收费参照《测绘工程产品价格》，由双方约定。

另外，在参考国家标准“建设工程监理规范”和其他有关文件的基础上，南京今迈勘测监理公司制订了测绘项目监理规划的编制目录，供我们参考。

1. 工程概况

1.1 工程名称

1.2 工程地点

1.3 建设单位

1.4 项目简介

1.5 承建方

1.6 验收方

2. 编写依据

3. 工程项目建设的目标值

3.1 工程项目的计划工期（合同工期）

3.2 工程质量要求

4. 监理范围及内容

4.1 监理范围

4.2 监理内容

5. 监理的组织机构

6. 职责范围

7. 监理的工作制度

8. 监理纲要

8.1 质量控制

8.2 进度控制

8.3 投资控制

8.4 信息安全控制

8.5 知识产权控制

8.6 合同管理

8.7 信息管理

8.8 监理成果

几种主要的测绘项目监理工作的具体情况将在本章后面几节详细介绍。下面首先介绍几个大型工程测量项目监理的情况。

8.2 三峡施工测量质量监理

8.2.1 三峡工程及监理工作简介

1. 长江三峡工程简介

长江三峡是中国第一大河流——长江上最神奇、最壮观的一段峡谷。它由瞿塘峡、巫峡、西陵峡三段峡谷组成，西起巍巍巴山脚下的重庆市奉节县的白帝城，东至湖北省宜昌市的南津关，全长193km，其中峡谷段90km。

长江三峡工程位于西陵峡内，于1994年12月14日正式动工兴建。工程采用“一级开发，一次建成，分期蓄水，连续移民”方案。大坝为混凝土重力坝，坝顶总长3 035m，坝顶高程185m，正常蓄水位175m，总库容393亿m^3，其中防洪库容221.5亿m^3。每秒排沙流量为2 460m^3，排沙孔分散布置于混凝土重力坝段和电站底部。泄洪坝段泄洪能力为11万m^3/s。水电站厂房位于泄洪坝段左右两侧，共装机26台，单机容量70万kW，总容量1 820万kW，年均发电量847亿kW·h。左岸的通航建筑物，年单向通过能力5 000万t。双线五级船闸，可通过万吨级船队；单线一级垂直升船机可快速通过3 000吨级的客货轮。工程竣工后，将发挥防洪、发电、航运、养殖、旅游、保护生态、净化环境、开发性移民、南水北调、供水灌溉等十大效益，是世界上任何巨型电站都无法比拟的。

2. 监理工作概述

三峡工程监理工作及监理管理分两个阶段：第一阶段（1993～1997 年）为一期工程阶段，主要是酝酿筹备，初步建立监理组织体系，初步展开监理工作；第二阶段是 1998 年以后，主要是完善监理组织体系，全面开展监理工作，并且向规范化发展。1999 年 5 月，三峡工程首次聘请了外国监理公司，监造三峡水轮发电机组。2000 年 8 月，成立三峡工程质量总监办公室聘请奥地利的罗伯特等中外专家担任专业质量总监。2001 年 1 月，成立了安全总监办公室，聘请了日本前田株式会社的广岛、田濑等专家担任安全总监。

在三峡工程第一阶段建设期间，监理单位主要有长江水利委员会、中南勘测设计研究院等 10 家单位。

在三峡工程第二阶段建设期间，主要监理单位有 12 家。与以往不同的是，三峡工程水轮发电机组的制造，业主聘请外国公司监造。5 家外国公司参加竞标，最后由法国技术监督局与法国电力公司组成的联合体——EDF/BV 中标。

三峡监理工作制度分为业主和监理单位两个层次。中国三峡总公司于 1994 年 11 月编制并发布《三峡工程建设监理统一管理办法》（试行）。该管理办法原则规定了三峡工程监理工作的内容、方法、程序、措施等。进场各监理单位依据业主统一管理办法的原则以及本单位制定的监理规划和监理细则开展工作。

业主单位下属的工程建设部统一组织和指导各监理单位工作。三峡工程监理单位按工程项目或工程部位分别设置。监理单位均与业主签订监理委托合同，相互间没有隶属关系。监理组织机构由建安工程监理和永久工程设备监造两个部分组成。根据工程建设发展需要，三峡工程还按专业聘请了质量总监和安全总监。

3. 三峡工程监理管理机制

（1）业主的监理管理部门制定了三峡工程建设监理统一管理办法，以总体协调三峡工程各监理单位的监理工作。

（2）监理单位的选择与委托。三峡一期工程监理单位选择与委托的主要方式是邀请招标，通过竞争择优选择并委托。三峡二期工程监理单位的选择与委托方式主要是议标。

（3）监理委托合同的签订。监理单位的委托必须签订监理委托合同书。合同书按《三峡工程建设监理委托合同书编制样本》（试行）规定的格式和内容进行编写。

（4）监理委托合同的履行。业主依据监理委托合同对监理单位履行合同的行为给予检查和监督。

（5）三峡工程实行分项目管理。监理单位一方面要接受各相应项目部对监理工作进行具体的检查监督，另一方面还要接受业主工程建设部工程信息部的检查与指导。

（6）业主试验中心、测量中心及金属结构设备质量监督检测中心等既是对工程总体质量监督的专门机构，又是业主开展监理管理工作的主要手段之一。

（7）业主单位各项目部通过工程建设部的每月监理工作例会了解三峡工程监理工作开展情况。工程建设部通过例会协调解决监理单位提出的带有共性的问题，并在合同范围内，根据工程的最新进展和出现的新情况对监理提出一些具体的工作要求。

（8）为加强对三峡工程质量和安全的控制和管理，业主在工程建设部下设了质量总监办公室、安全总监办公室，聘请国内外知名的水工、机电、焊接和安全专家担任总监。业主每周一召开专业质量总监、项目总监联席会议和安全工作会议，及时解决工程施工中出现的质量和安全问题。

4. 三峡工程质量总监办公室

为进一步完善三峡工程建设的质量保证体系，加强三峡工程建设的质量管理，确保三峡工程的一流质量，2000 年 8 月，中国三峡总公司按专业设立了三峡工程质量总监，成立三峡工程质量总监办公室。

几年来，中国三峡总公司聘请了多位中、外专家作为专业质量总监。

（1）三峡工程专业质量总监的职责

质量总监不替代监理工程师的职能，监理工程师仍按合同授予的职责开展工作。专业质量总监的主要职责为：

① 按专业行使对三峡工程施工质量进行高层次、有权威性的监督。

② 研究和发现三峡工程施工中可能出现的质量问题，并及时提出警示和建议。

③ 为实现三峡工程的一流质量，对工程质量控制、施工技术与工艺提出意见和建议。

④ 对已经出现的工程质量缺陷和事故，提出纠正和处理措施。

⑤ 对施工中发现的质量隐患和违反质量技术要求的行为提出意见，行使质量一票否决权，并在授权范围内行使对质量监理的决策权。

⑥ 在了解设计意图的基础上，为保证工程最终质量，提出优化设计的建议。

⑦ 根据需要对总公司和监理单位的质量管理人员进行专业技术培训。

（2）三峡工程专业质量总监的聘任和工作方式

专业质量总监由中、外专家和有关部门高素质技术人员担任。所聘专家应具备本专业扎实的理论知识和丰富的实践经验，有良好的品德素质，经严格遴选确定。可根据工程建设需要，在不同时段聘请不同的专业质量总监，实行动态管理。

专业质量总监主要在施工现场独立进行质量监督，在授权范围内通过项目部的配合，对监理工程师提出建议或下达指令，一般不直接对施工承包商下达指令。

专业质量总监在质量总监办公室的统一组织和协调下开展质量监督工作。

（3）三峡工程质量总监办公室的职责

三峡工程质量总监办公室设在工程建设部，受三峡工程质量管理委员会和工程建设部的双重领导，负责组织和管理专业质量总监的工作，向总监提供必要的设计和其他技术文件。

质量总监办公室除行使专业质量总监的职责外，还承担以下职责：

① 参与对三峡工程各参建单位的质量保证体系和质量规程、要求进行检查和指导。

② 掌握三峡工程质量状况，对三峡工程的质量管理和质量状况进行阶段性的分析和总结，汇总和编写质量汇报材料和有关文件。

③ 参与对工程质量缺陷和质量事故进行的调查和评定，审查重大质量事故的处理方案。

④ 协助和配合三峡枢纽工程质量检查专家组行使对三峡枢纽工程的质量检查和监督，负责与质量检查专家组及其工作组的日常联系。

⑤ 监督工程建设部各项目部和监理单位对质量控制和质量管理的情况。

5. 安全总监办公室

为加强对三峡工程安全生产的监督与管理，力争安全生产零事故，2001 年 1 月，中国三峡总公司成立了安全总监办公室。安全总监办公室设在工程建设部，受三峡工程安全生产委员会和工程建设部的双重领导。安全总监办公室除配备安全专职工作人员外，增加土建、施工设备专业工作人员各一名，并聘请数名专家担任安全总监。

（1）三峡工程安全总监的职责

安全总监不替代监理工程师的职能。安全总监的主要职责为：

① 对三峡工程施工安全进行有权威性的监督。

② 研究和发现三峡工程施工中可能出现的安全问题，及时提出警示和建议。

③ 对三峡工程的安全保证体系，安全规程、规范及安全生产措施提出意见和建议。

④ 对施工中发现的安全隐患和违反安全规程的作业提出意见，由现场监理工程师行使职权，监督整改。

⑤ 根据需要，对各参建单位的安全管理人员进行安全培训。

（2）三峡工程安全总监的聘任和工作方式

聘请在水电施工中有丰富经验的中、外专家和安全管理人员担任安全总监。所聘专家应有较深的专业造诣和丰富的实践经验，有良好的品德素质。可根据工程建设需要，在不同时段聘请不同的专业安全总监，实行动态管理。

安全总监主要在施工现场独立进行安全监督，在授权范围内通过项目部的配合，对监理工程师提出建议或下达指令，一般不直接对施工承包商下达指令。

安全总监在安全总监办公室的统一组织和协调下开展安全监督工作。

（3）三峡工程安全总监办公室的职责

① 参与选聘安全总监和负责管理安全总监的日常工作。

② 安全总监办公室是安全总监的窗口，安全总监的意见、指令由安全总监办公室传达和贯彻。

③ 参与对三峡工程各参建单位的安全保证体系、安全规程的检查和指导工作。

④ 掌握三峡工程安全状况，对三峡工程的安全管理和安全状况进行阶段性分析和总结。

⑤ 参与对安全事故的调查和评定。

⑥ 监督项目部和监理单位的安全管理工作。

8.2.2 长江委三峡工程建设监理部监理工作规程

1. 总则

1）长江水利委员会三峡工程建设监理部（以下简称“监理部”），是依据中国长江三峡工程开发总公司（以下简称“业主单位”）与长江水利委员会（以下简称“长江委”或“监理单位”）签订的“长江三峡二期工程建设监理合同书”（以下简称“监理合同”），由长江委委派组建的现场工程建设监理机构。

2）监理部承担的监理工程项目。

（1）泄洪坝土建及金属结构和永久工程设备安装工程。

（2）左岸 11#~14#机组厂房坝段土建及金属结构和机电设备安装工程。

（3）茅坪溪防护大坝及右岸其他相关工程。

（4）施工辅助企业设施及其他工程项目。

3）监理部承担的工程建设监理服务范围。业主单位委托监理单位承担监理工程项目自工程招标发包、工程设备采购至施工实施各个阶段，包括工程进度、施工质量、合同支付三项目标控制，对工程承建行为进行了全面、全过程的工程建设监理。

4）工程建设监理的基本依据。

（1）国家工程建设法律与行政法规。

（2）国家及国家部门制定颁发的施工技术及工程验收规范、规程、规定和质量检验标准。

（3）工程建设监理合同及受监理项目工程承包合同。

5）工程建设监理的一般程序。依据《水电工程建设监理规定》（电水农［1997］882号）规定，工程建设监理一般应按下列程序进行：

（1）编制工程建设监理规划。

（2）以工程承建合同文件为依据，按工程建设进度，分专业和分专项工程项目编制工程监理实施细则或监理工作规程。

（3）按照建设监理实施细则或监理工作规程进行监理。

（4）组织、主持或参与工程验收及工程竣工预验收，并签署监理意见。

（5）监理业务完成后，向业主单位（项目法人）提交工程建设监理档案资料和工作总结报告。

6）工程建设监理活动，应当遵循“守法、诚信、公正、科学”的职业准则和“公正、独立、自主”的工作原则。

监理部依照业主单位授予的职责与权限，与参加工程建设各方密切协作，检查、监督工程承建单位严格履行工程承建合同的职责和义务，以及充分运用监理的职责和技能，通过认真、谨慎、勤奋与高效的工作，促使工程建设合同目标得到实现。

7）工程建设各方的关系。监理单位与业主单位是委托与被委托的合同关系。监理工程师坚持为业主单位服务、向业主单位负责，依据业主单位通过监理合同与工程承建合同文件授予的职责和权限进行监理工作。

监理单位与工程承建单位是监理与被监理的关系。监理工程师依据国家工程建设法律、行政法规和工程承建合同文件有关规定对工程承建单位实施监理。

监理单位受业主单位委托，对设计单位的施工供图及现场设计工作进行协调。

监理单位应按照“公正、独立、自主”的原则开展工程建设监理工作，公正地维护业主单位和被监理单位的合法权益。

2. 监理部的组织

1）监理部由总监理工程师、监理工程师、其他监理人员和监理部管理、服务与辅助人员组成，是监理单位派驻工程施工现场直接承担合同监理业务实施责任的项目组织机构。

工程项目建设监理实行总监理工程师负责制，总监理工程师行使工程建设合同文件委托监理合同赋予监理单位的权限，全面负责受委托的监理工作。

总监理工程师（包括副总监理工程师及总师）人选由监理单位提出，报请业主单位确认后委任。

2）依据监理合同和工程项目特点，监理部设立下列二级监理机构：

（1）泄洪坝工程监理处。

（2）厂房坝工程监理处。

（3）金属结构与机电工程监理处。

（4）辅助工程监理处。

（5）右岸工程监理处。

（6）工程检测（检验、测量）监理处。

（7）综合技术处。

（8）监理部办公室。

监理处（室）处长（包括副处长和处总师）或主任（包括副主任），由监理部报长江委同意后提名，经与业主单位协商后委任。

根据监理工作的需要，二级监理机构可依照监理规划申报监理部批准后设立监理组。监理组长由监理处提名报监理部委任。

3）监理部机构成员岗位职责。

（1）总监理工程师：对监理合同所承担的业务及监理机构负领导责任，是监理部的第一责任人。

副总监理工程师及总师协助总监理工程师工作，并按规定在总监理工程师离岗期间代理总监理工程师履行职责，是其所分管监理项目、业务、行政和技术工作的主要责任人。

（2）监理处（室）长（主任）：负责监理处（室）监理业务及行政工作，是二级监理机构的主要责任人。

副处长（副主任）处（室）总师协助处长（主任）工作，并按规定在处长（主任）离岗期间代理其履行职责，是其所分管项目、业务和技术工作的责任人。

（3）监理组长：为三级项目监理机构责任人，负责相应专业或工程项目的具体技术、业务和监理工作，是相应专业或工程项目的技术或业务责任人。

（4）监理工程师、监理员：为监理处（室）、组（专业）技术人员，在监理处（室）、组领导下，承担相应专业（项目）的具体监理任务，是相应工程专业（项目）及所承担的工作任务的直接责任人。

4）监理工程师按国家监理行政法规和工程建设合同文件规定实行分级管理。监理工程师职级按五级划分，职级考核、评聘，职责与授权，依据建设监理合同文件和工程承建合同文件规定与要求另行制定。

5）监理机构组织结构必须具备约束、控制、高效、反馈和完善功能，并与所承担建设监理项目与任务相适应。

为适应控制型监理要求，长江委三峡工程建设监理部采用矩阵结构组织模式，组织结构图见图8-1、图8-2。

3. 监理部的主要工作方法与职责

1）监理的主要工作方法。努力促使工程承建单位与监理机构“约束、控制、反馈、完善”机制的形成，采用主动控制为主、被动控制为辅，两种手段相结合的动态控制方法实施工程建设监理。

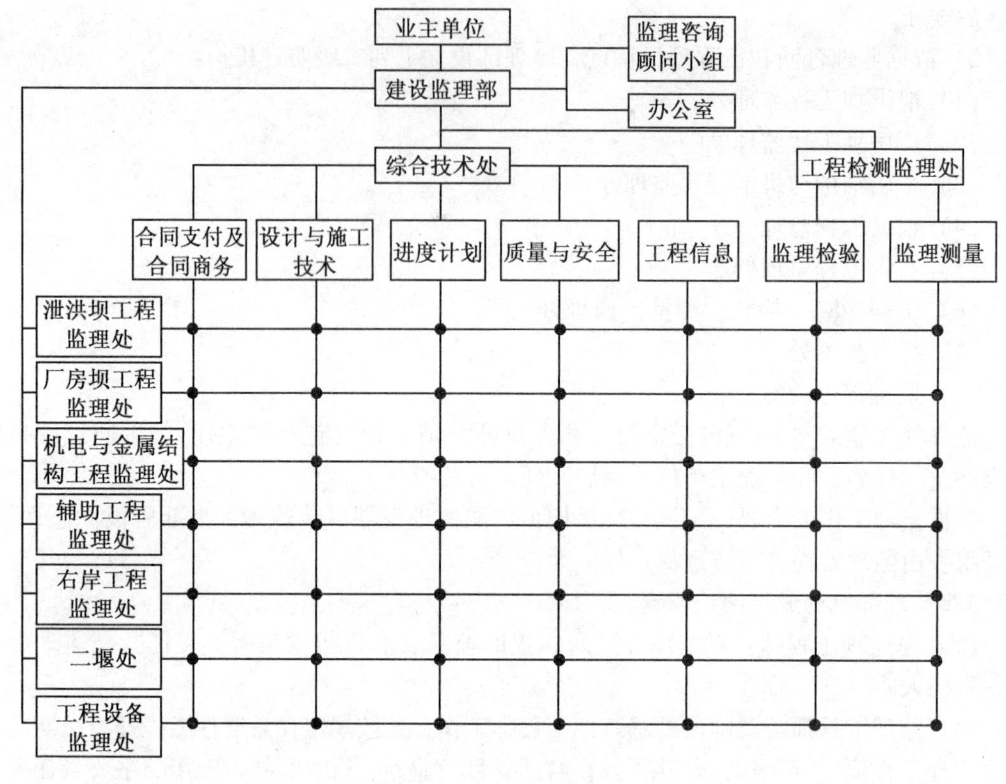

图 8-1　监理部组织结构图

2）业主单位授予监理单位的基本职责和权限。为促使工程建设目标的实现，业主单位通过工程建设监理合同与各工程项目承建合同文件，授予监理单位：设计文件核查确认，施工措施计划审批，工程开工（停工、返工、复工）与完工指示，分包资格审查，施工质量认证，工程承建合同文件解释与合同争端调解，有限施工变更，合同支付签证，安全生产与施工环境保护监督，施工关系协调，撤换承建单位不称职的现场人员直至撤换施工队伍的建议权等各项必须的职责与权限。

3）监理单位在监理业务进行过程中应准确地运用业主单位授予的职责与权限。如这种职责与权限的运用，会提高工程造价，或延长建设工期或对业主单位到期支付能力产生不利影响，则应事先向业主单位作出书面报告。

如在紧急情况下未能事先报告时，则应在事项发生后的24h内向业主单位作出书面报告。

4）各级监理机构关系与职责。在项目实施过程中，实行项目处管理、综合技术处控制；在目标控制过程中，实行综合技术处控制、项目处展开，对施工过程每一管理点实施双向控制的管理格局。

（1）监理部办公室在做好监理行政、后勤服务、群众工作和监理人员行为规范的同时，承担监理人员上岗培训、业务考核、岗位管理和协助总监承担内部协调和对外公共关系处理等项工作。

（2）综合技术处承担工程进度、施工质量、合同支付三项目标控制，以及工程信息

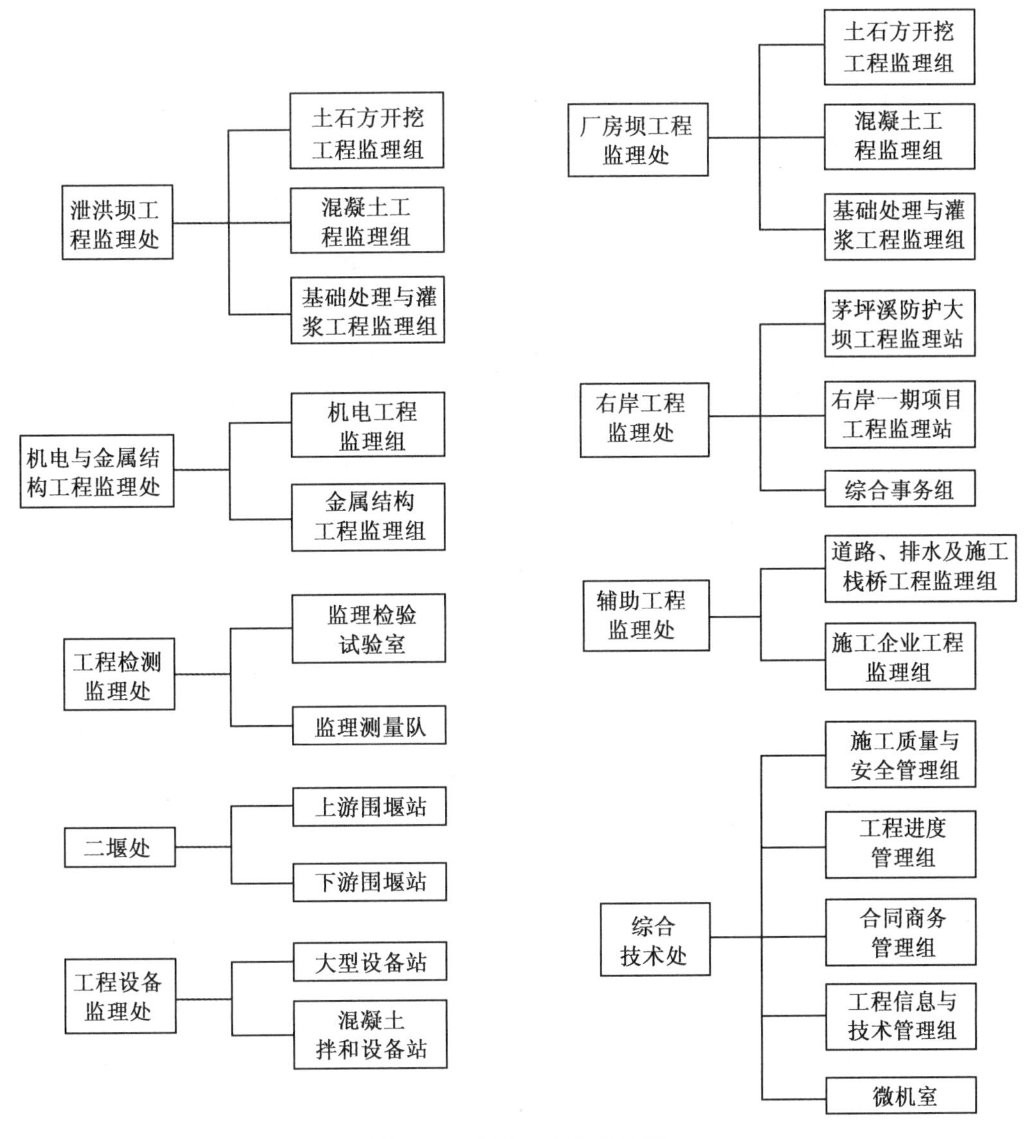

图 8-2　二级监理组织结构图

处理、专业技术管理与合同商务管理等监理业务。通过伸展到各项目处的工程进度、施工质量、合同支付控制网络与信息管理网络，负责工程施工控制目标与对策措施的制订、进展跟踪、过程分析与目标调整。同时，对各项目处合同赶工指令、施工质量签证以及合同支付计量认证等负有监督、协调和管理责任。

（3）检测监理处的职责包括对承建单位检验和测量机构的资质、手段、方法与成果的监理（简称检测监理），以及监理自身为施工质量与合同支付控制所进行的对照检测（简称监理检测）两方面。

（4）项目监理处直接负责相应工程项目现场施工中从施工准备、工序作业、资源投入、目标实施到合同履行等全过程的跟踪监理和信息处理。

5）监理过程中工作协调与争议处理。

（1）四级、五级监理职级授权范围内的一般问题争议，由监理组长或由监理组长指定本组三级监理负责协调和处理，并向监理处长报告。

（2）三级监理职级授权范围内或跨技术专业问题争议，由监理组长报请监理处召开专题会议研究或协调处理，并向分管总监理工程师（总师）报告。

（3）一、二级监理职级授权范围内的，或涉及专业技术重大问题，由监理处长或二级监理以上人员提出，由总监理工程师（或分管副总监、总师）主持召开专题会议研究与协调处理。必要时，由总监理工程师报请业主单位或监理单位研究解决。

6）除工程承建合同有明确规定者外，监理单位无权变更或免除工程承建合同中规定的工程承建单位或业主单位的责任与义务。

7）监理工程师对工程承建单位施工组织设计、施工措施计划等的审议与批准，对施工过程的监理与对工程项目的检查、质量检验和验收，并不意味着可以变更或减轻工程承建单位应负的全部合同义务和责任。

4. 监理过程控制

1）进度、质量、投资三项合同目标控制关系处理。坚持以“安全生产为基础，工期为重点，施工质量作保证，投资效益为目标”的方针。工程在工程实施过程中，及时协调进度、质量、变更与合同支付的关系，促使合同控制目标由矛盾向统一转化，促使合同目标得到更优实现。

2）施工质量管理。

（1）在认真做好设计图纸核查签发、施工措施计划审批和施工准备检查的基础上，严格执行以单元工程为基础的单位工程、分部工程、分项工程、单元工程四级质量检验制度，严格实行以施工“工序控制”和“过程跟踪”为环节的标准化、量值化质量管理。

（2）努力促使工程承建单位质量控制体系的建立、完善和落实，进一步调动和引导承建单位按国家法规和合同文件要求做好施工质量和安全生产管理，变单向监控为双向监控。

（3）努力促使施工过程中承建单位现场三员（调度员、施工员、质检员）到位和作用的发挥，逐步强化以承建单位自身三检制为基础的单元工程质量检验制度，改变施工质量与安全生产只靠监理工程师管理的被动局面，努力提高工程质量和单元工程一次报检合格率。

（4）监理工程师施工质量认证实行内部会签与责任考核制度。

（5）当工程进度与施工质量发生矛盾时，要求承建单位以施工质量求工程进度、以工程进度求施工效益，确保向业主提交合格的工程。

（6）施工质量控制流程见图8-3。

3）施工进度管理。

（1）根据合同工期和调整的合同工期目标，编制和按期修订控制性工程进度计划与控制性网络进度计划，报请业主单位审批后，作为业主单位安排投资计划，物质、设备部门安排供应计划，设计单位安排设计供图计划，监理部安排监理人员工作计划和工程承建单位安排资源供应计划的依据。

（2）监理过程中，根据控制性进度计划及分解工期目标计划，做好承建单位年、季、月施工进度计划的审批，检查承建单位劳动组织和施工设施的完善，以及劳力、设备、机

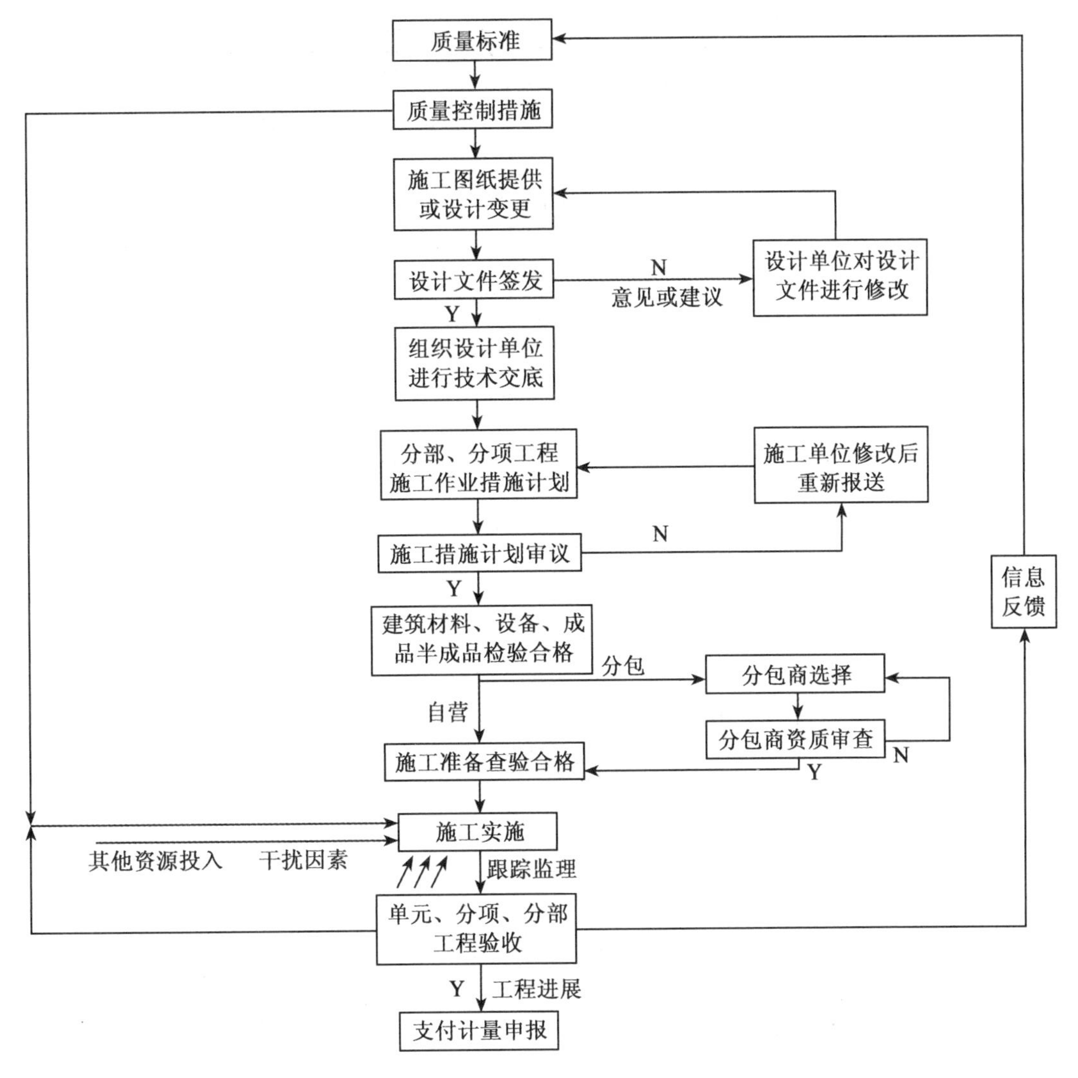

图 8-3 施工质量控制流程图

械、材料等资源投入与动力供应计划。

(3) 随施工进展逐项对施工实施进度特别是关键路线项目和重要事件的进展进行控制，包括运用工程承建合同中规定的“指令赶工”等手段，努力促使施工进度计划和合同工期目标得到实现。

(4) 针对施工条件的变化和工程进展，阶段性地向业主单位提出调整控制性进度计划的建议和分析报告。

(5) 施工进度控制流程见图 8-4。

4) 合同支付管理。

(1) 根据业主单位审查批准的合同工期控制性进度计划，编制总投资及分年资金流计划。

(2) 根据当年季、月合同支付情况做好资金效益分析，并及时向业主单位反馈，按

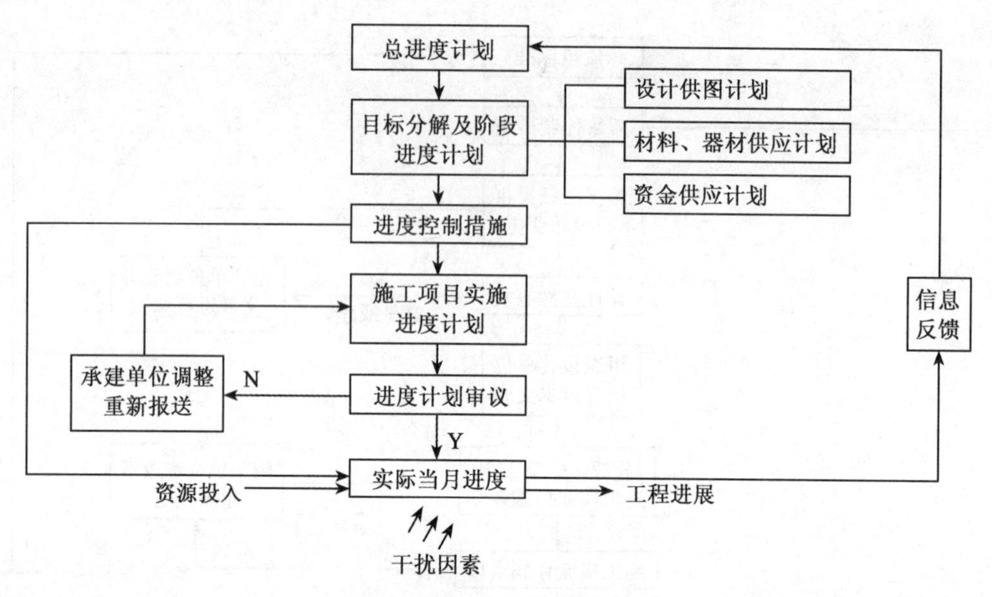

图 8-4　施工进度控制流程图

期向业主单位提供建议，促使有限资金得到更合理的应用。

（3）合同支付结算坚持以“承建合同为依据，单元工程为基础，工程质量为保证，量测核实为手段”的原则。通过业主单位授予监理工程师的支付签证权的正确使用，促使工程承建合同的履行，促进工程建设的顺利进展。

（4）合同支付结算管理流程见图 8-5。

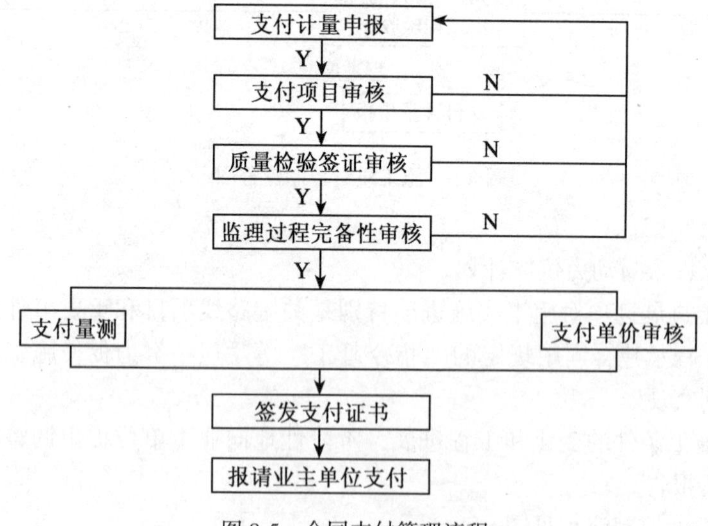

图 8-5　合同支付管理流程

5）合同管理。

（1）监理工程师应熟悉工程承建合同文件，能正确并准确地引用和解释合同文件。

（2）监理部在切实履行合同与加强对监理人员遵纪守法教育、合同观念教育的同时，通过自身的工作，努力促进工程建设各方合同意识的提高。

(3) 对合同履行过程中的违约行为、性质、事件及其发生原因及时进行分析，并向业主单位和违约方反馈。同时，实事求是地正确处理合同争议和合同索赔事件，促使合同履约率的进一步提高。

6) 信息管理。

(1) 健全各级监理大事记录、项目进展记录、专业技术记录和现场监理记录制度，定期对监理记录进行整编并向业主单位反馈。

(2) 建立开工项目或待开工项目四级编码系统和工程信息反馈系统并督促其运行。

(3) 在加强文字、图表等信息记录采集与管理的同时，充分运用声像手段和计算机处理技术加强对工程建设和施工过程中各种信息的采集、整编与管理。为工程质量检验、项目验收、合同索赔、合同纠纷调解，以及后期工程的运行、维护和管理提供资料。

(4) 监理部依照监理合同文件规定，通过编制《监理月报》、《监理简报》、《监理周报》、《监理记事编录》等信息表报和专题报告，定期或不定期向业主单位报告工程进展，及时向业主单位报告涉及工程工期、工程质量或合同支付等重大变化情况。

工程信息、文件传递流程见图 8-6。

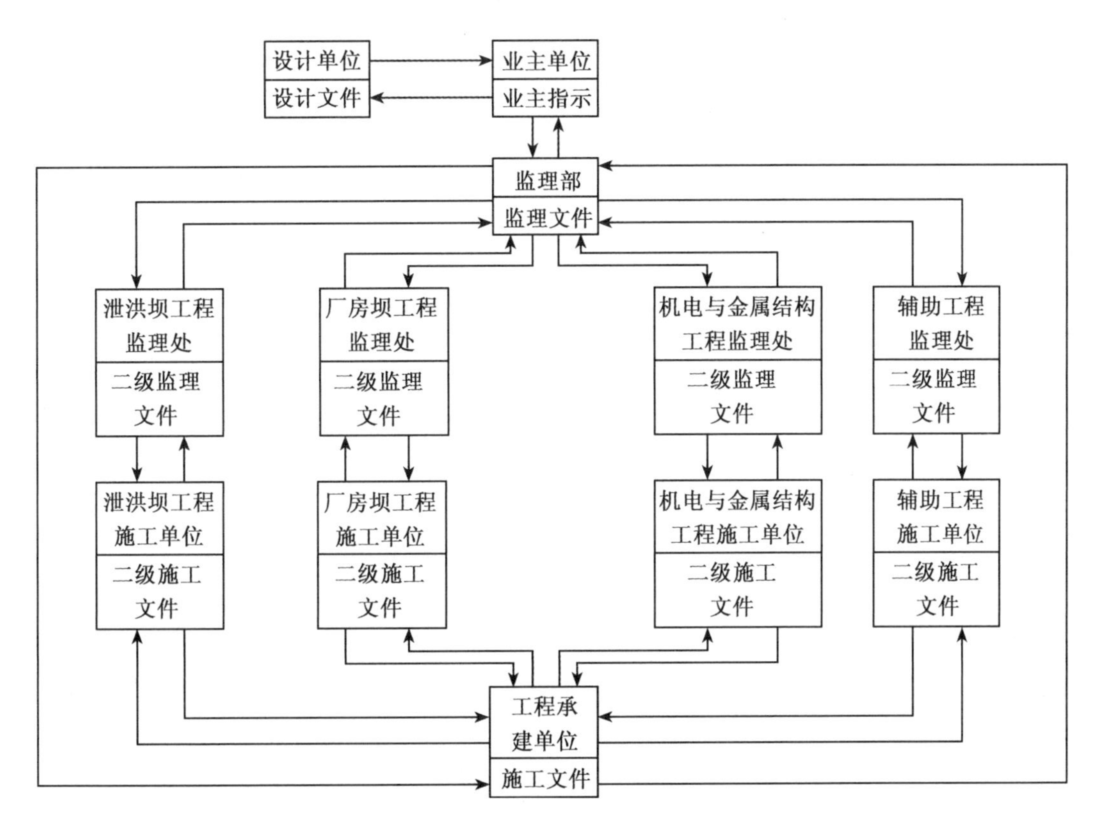

图 8-6　TGP/CTV-4-I & IIB 标工程信息、文件传递流程图

7) 强化监理工程师的协调职责。

(1) 监理工程师的协调职能主要包括：协调工程建设各方以及不同标项之间的矛盾，

协调施工进度、工程质量、工程变更和合同支付之间的矛盾，协调合同各方应承担的责任与义务之间的矛盾。

(2) 监理工程师要努力提高、掌握与运用现场协调能力，及时发现与解决工程施工和合同履行过程中的问题，通过协调及时促使矛盾向统一转化，督促工程建设各方切实履行合同，促进工程建设的顺利进展。

(3) 进一步建立、健全和完善监理工程师的分级协调制度，强化和发挥各级监理协调会的作用，公正、及时解决工程施工进展中发生的合同责任、商务和技术问题，加强工程建设各方之间的沟通、理解、配合与支持，通过监理协调职能发挥，为工程施工创造更为良好的外部条件与环境，促使工程建设目标顺利实现。

5. 监理人员行为规范

1) 遵守国家和政府法令、法规，尊重地区风俗习惯，遵守各项监理工作制度，服从监理机构的领导和管理，坚持科学、求实、严谨的工作作风，做到遵纪守法、尽职尽责、公正廉洁，热情地为工程建设服务。

2) 监理人员必须努力钻研业务，熟悉工程承建合同文件，熟悉设计文件，熟悉技术规程、规范和质量检验标准，熟悉监理实施细则和监理工作文件，熟悉施工环境和条件，认真履行职责、正确运用权限，促使业务工作能力和监理水平的不断提高。

3) 监理人员要努力加强与工程建设有关方的协作，深入施工现场了解和掌握工程施工第一手资料，在职级授权范围内充分正确地运用自己的职责和技能，及时发现问题和解决问题。

4) 监理人员无权自行变更和修改设计。发现设计有重大失误或因施工条件变化导致设计文件必须作局部调整、变更与修改时，应立即报告，通过监理处审议后向总监理工程师提出，以便及时与设计或设计单位会商后作出处理。

5) 监理人员请假、出差、离岗、退场等，应依据监理部有关规定办理相关手续并在安排好工作交接后方可离岗。

6) 在监理实施过程中，监理单位不得泄露业主单位申明的秘密，也不得泄露设计、工程承建等单位提供并申明的技术、经济和合同商务秘密。

7) 监理工程师及其他监理人员，不得参与可能与监理合同规定的与业主的利益相冲突的任何活动，不得在施工、建造及物资供应等单位兼职，不得向承建单位介绍施工队伍，不得收受承建单位礼品，更不得徇私舞弊、收受贿赂和进行其他有损工程建设监理工作或监理部声誉的活动。

6. 奖惩措施

1) 监理部鼓励各级监理机构、监理工程师及其他监理工作人员努力钻研技术业务和争优创新。对在监理工作中提出合理化建议，明显推进了合同工期、工程质量或取得了明显的经济效益的，监理部将报请业主单位，或通过监理部处长以上干部会议研究后给予表彰与奖励。

2) 监理人员违反监理工作制度和监理人员行为规范，或失察、失职对监理工作造成损失，或玩忽职守、或因其他不良、不当行为对监理部声誉造成不良影响的，监理部将根据有关制度规定经监理部处长以上干部会议研究后作出决定，对责任人员给予批评教育、经济处罚、降职、降级、退岗，直至报请长江委有关部门给予纪律处分。

3）监理部在各级监理机构中开展社会主义劳动竞赛和监理优胜评比活动。

8.2.3 施工测量监理工作规程

1. 总则

1）本规程依据工程施工承建合同、水电工程建设管理法规文件，以及现行有关技术规范编制。

2）本工作规程适用于监理项目范围内所有工程项目的施工测量。

3）除非承建单位愿意承担风险，否则用于施测的起算数据、技术设计书和观测大纲等关键性文件均须事先报经监理部（处）批准。

2. 承建单位应报送的文件

1）施工区范围内现场测量基准点及相关数据由业主单位委托监理部向承建单位（或其施测单位）提供，以作为承建单位进行施测工作的基础。承建单位在收到上述基准数据后应进行复核验算。如对该数据有异议，应在收到数据后的14d内以书面形式报告测量监理处，共同进行核实。核实后的数据由监理部或测量监理处重新以书面形式提供。

2）监理机构应在施测前，对承建单位的施测能力、水平和施测进度安排计划的报告进行审批。除非相关监理实施细则另有要求，否则，这份报告至少应包括以下内容：

（1）施测项目概述。

（2）施测技术方案要点（施测方法、操作规程和引用技术标准目录）。

（3）观测仪器、设备设置（含计算机、气象仪器和仪器检验设备等）。

（4）测量专业人员设置。

（5）施测进度计划。

（6）测点保护措施。

（7）安全防护与成果质量控制措施。

（8）监理工程师依据承建合同文件要求报送的其他资料。

3）监理机构应督促承建单位根据报经批准的进度日程安排施测计划，在阶段性测量工作完成后的14d内，按本章有关要求向监理部报送业已完成的阶段性测量成果资料，以便监理工程师及时对所报送测量成果进行审核与确认。

4）（基本）控制各测量阶段报告内容的要求。

（1）平面、高程控制网（或系统）设计：

①已有的控制点成果及略图、测区地形图、工程布置图和建筑物设计图文号等。

②控制测量设计书（含标石类型、联测方案、引用技术标准等）。

对于水工隧洞测量，应包括贯通设计、洞内外控制测量设计。

如采用插点法、插网法和测距导线法，或合同文件技术规范允许，或报经监理部批准采用的其他测量方法，尚须递交连接图和精度估算值。

（2）控制测量的选点、埋石：

①控制网点布置图、水准路线图、导线路线图。

②点之记、托管书。

（3）控制测量观测：

①观测大纲（含观测时各种限差标准）。

②仪器检验资料。

③外业观测资料检验计算成果。

（4）内业计算和成果验收：

①内业成果计算资料。对于水工隧洞测量，应递交洞口点与洞外相关控制点联测的平差资料和进洞关系平面图，洞内导线和高程计算成果以及平面图。

②成果表（含坐标系统、投影面和高程系统）。

③如进行水工隧洞测量，应递交贯通误差的实测成果和说明。

④质量评价、技术总结、验收报告。

（5）监理部（处）依据合同文件要求报送的其他资料（包括相应的应用技术与计算程序使用说明）。

5）放样测量各阶段一般报送主要轮廓点（轴线）和重要部位的放样数据与资料。必要时，应要求报送所有放样数据及资料。报告内容包括：

（1）施工区等级控制点成果及略图、工程布置图和建筑物设计图文号等。此项内容重复者，只注明，无须重复递交。

（2）放样数据、放样略图（含可能的控制方格网图）。

（3）放样方法、程序及点位精度估算。

（4）放样计算资料。

（5）按合同文件规定应予报送的其他资料。

另外，在每个单位工程完成后的14d以内，监理机构应督促承建单位报送单位工程的放样测量工作总结、质量评价和验收报告。

6）断面测量各阶段报告内容的要求。

（1）断面轴线点或中心桩放样图、断面点测量方法。

（2）断面施测记录、计算和断面点成果表。

（3）各种断面图及断面编号。

（4）危险地带断面测量技术安全措施。此项内容重复者，只注明，无须重复递交。

（5）按合同文件规定应予报送的其他资料。

7）收方测量各阶段报告内容的要求。

（1）施工前的原始地形图、断面图或其他业已报监理工程师签发或确认的资料。

（2）业已报监理工程师确认的收方测量资料。

（3）工程量计算资料。

（4）按合同文件规定应予报送的其他资料。

8）局部地形测量各阶段报告内容的要求。

（1）测图控制：

①基本控制（参见本部分控制测量要求，此项内容无须重复递交）。

②图根控制测量设计、有关永久性标石点之记。

③仪器、工具检验资料。

④测站点平面坐标和高程的测定方法，图根点和测站点坐标及相应的计算程序使用说明。

⑤加密高程观测方案和控制路线图，图根点、测站点、加密高程点成果表及展点图。

（2）地形图测绘：

①地形图比例尺、等高距、分幅、图式。

②仪器、工具检验资料。

③测站点计算资料，地形原图、索引图、图历表。

④质量评价、技术总结、验收报告。

（3）按合同文件规定应予报送的其他资料。

9）如果承建单位采用新仪器设备或新技术方法，或在施测过程中执行了现行规范尚未规定的技术要求，则需于计划实施的14天前报监理部批准。

10）上述报告文件连同审签意见单一式四份，经承建单位项目经理或授权其施测单位负责人签署后递交。监理部（处）审阅后将限时退回审签意见单一份，原件不退回。

审签意见包括“照此执行”、“按意见修改（正）后执行”、“已审阅”或“修改（正）后重新报送”四种。

11）若承建单位收到的审签意见为“修改或修正后重新报送”，则承建单位应抓紧作出安排，并承担由此可能引起的施测或施工作业延误等合同责任。

12）承建单位未能按期向监理部（或测量监理处）报送以上报告资料，因此造成的合同责任由承建单位承担。

若承建单位在限时内未收到监理部（或监理处）的审签或批复意见，可视为已报经审阅。

13）监理工程师对承建单位测量成果的批准与确认，并不意味着可以减轻承建单位对测量成果准确和精确度所应承担的合同责任。

3. 质量控制

1）监理机构应对所有（或关键）测量和放样的有关参数进行事先检查。必要时，监理部（或监理处）可要求施测单位在监理工程师直接监督下进行对照测量。

2）监理机构应督促承建单位依照有关测绘成果质量评定执行标准，对其业已完成的测量成果进行质量评定，并报送监理部测量监理处确认。若被认定为不合格的测量产品，应要求承建单位及时安排予以复测，同时其应承担相应合同责任。

3）施工测量质量控制标准按合同技术规范、设计要求和有关测量技术与质量评定标准执行。如施工期间，国家或有关部门颁发了新的专业技术标准（规范），则新的标准（规范）生效之后所进行施工测量质量控制标准的主要精度指标参照其执行。

4）各分项工程项目施测质量控制标准，还应结合相应项目技术要求和相应监理实施细则要求执行。

4. 其他

1）对于承建单位报送的，申明属于秘密并于文件首页一个明显位置加盖了密级印章的成果资料和技术文件，监理工程师应对第三方保密，并且只限于在本监理项目范围内引用。

2）当承建单位由于各种原因，需要修改已报经监理部（处）批准的作业措施和计划，并致使施测技术条件发生实质性变化时，监理机构应督促承建单位于此类修改计划或措施实施的7d前另行报经批准。

3）施工测量所有项目工作及所发生的一切费用，已包括在相应合同工程项目价格中，业主单位不另单独计量支付。

施工测量主要精度指标见表 8-1。

表 8-1　**施工测量主要精度指标**

序号	项目	精度指标			说明
		内容	平面位置中误差（mm）	高程中误差（mm）	
1	混凝土建筑物	轮廓点放样	±（20~30）	±（20~30）	相对于邻近基本控制点
2	土石料建筑物	轮廓点放样	±（30~50）	±30	相对于邻近基本控制点
3	机电与金属结构安装	安装点放样	±（1~10）	±（0.2~10）	相对于建筑物安装轴线和相对水平度
4	土石方开挖	轮廓点放样	±（50~100）	±（50~100）	相对于邻近基本控制点
5	局部地形测量	地物点	±0.75（图上）		相对于邻近测站点
		高程注记点		1/3 基本等高距	相对于邻近高程控制点
6	隧洞贯通（≤4km）	贯通面	横向±50 纵向±100	±25	横向、纵向相对于隧洞轴线。高程相对于洞口高程控制点

8.2.4　施工测量质量控制

1. 总 则

1）本章依据工程施工承建合同、建设监理合同、水电工程建设管理法规文件、施工测量监理工作规程文件以及现行有关技术规范编制。本章执行的主要技术标准是国家测绘局颁布的有关测量规范、SL52-93《水利水电工程施工测量规范》以及三峡工程质量标准（TGPS）。

2）本章适用于监理项目范围内所有工程项目的施工测量。

3）测量监理机构应定期组织对承建单位测量机构合同资质进行审查，其内容主要包括：

（1）测量机构的设置及其资质文件。

（2）测量人员配置与测量人员资质。

（3）测量仪器、设备及计量检验报告。

（4）质量控制措施中有关工作制度、操作规程、测量记录表格及计算机软件的审查。

2. 基本控制网点的布设

1）三峡施工控制网首级网及加密网（一、二级网）测量成果由业主通过监理机构提供给施工单位，最弱点点位中误差小于或等于±5mm。高程控制网为国家Ⅱ等水准，覆盖施工现场的左、右两岸，高程中误差不大于 3mm。

2）工程承建单位在首级控制网点使用前，应注意进行检查，并在发现异常情况时及时向监理机构报告。

3）上述首级平面控制网及高程控制网，每两年复测一次，工程承建单位的复测成果应报监理机构确认。

4）二级以下加密施工控制网及专用网按工程承建合同规定由承建单位布设或申请业主布设。

5）对承建单位布设加密施工控制网及专用网施测前的设计报告及实施方案进行审批，设计报告及实施方案主要内容包括：

（1）工程简介。

（2）主要依据的文件和规范。

（3）控制网的布设及精度要求。

（4）测量仪器及技术人员配备。

（5）标礅类型。

（6）坐标系统及高程基准。

（7）选定控制网的网形及精度估算。

（8）观测纲要。

6）审查承建单位遵照报经批准的控制网设计报告及实施方案进行作业，业已完成后的最终测量成果资料报告，其内容主要包括：

（1）技术总结、验收报告、精度评定。

（2）平差后的平面坐标及高程成果表。

（3）对于水工隧洞测量，应递交洞口点与洞外相关控制点联测的平差资料和进洞关系平面图，洞内导线和高程计算成果以及贯通误差实测成果和平面图。

7）督促承建单位测量队对施工区内控制网点进行经常性的检查和定期复测。如因施工等原因导致标点移动和变位时要及时修复。

3. 施工测量过程的质量控制

1）放样测量

（1）督促放样测量各阶段承建单位报送主要轮廓点（轴线）和重要部位的放样数据与资料。必要时，应要求报送所有放样数据及资料。报告内容包括：

①施I区等级控制点成果及略图、工程布置图和建筑物设计图文号等。此项内容重复者，只注明，无须重复递交。

②放样数据、放样略图。

③放样方法、程序及点位精度估算。

④放样计算资料。

⑤按合同文件规定应予报送的其他资料。

（2）督促承建单位在每个单项工程完成后的14d以内，报送该单项工程的放样测量工作总结、质量评价和验收报告。

（3）由于三峡工程施工现场均使用全站仪测量放样，测站点测定宜采用下列方法：

①已知点设站极坐标法。

②边角单三角形。

③边角后方交会。

④附合（闭合）测距导线（适用于隐蔽、复杂地区）。

⑤适用施工现场条件且能满足规范要求的其他测量方法。

(4) 对于泄洪坝导流底孔、深孔、表孔、导坝排漂孔等过流面样架、封顶模板、闸门金属结构安装、厂坝压力钢管安装等重要部位放样，测站点高程测定，必须用直接水准联测方法进行传递。

(5) 对于涉及工程支付计量的，或重要工程项目的质量检验、金属结构和设备安装等重要工作阶段的测量成果，监理机构应安排测量监理人员旁站监督，其监督和检查的内容包括：

①检查仪器整置、对中和数据输入。

②后视方向的检查及高程检查。

③原始记录清晰、准确。

④测量成果满足规范要求。

⑤监理人员应对原始观测数据摘要记录，以作为审核承建单位报送的测量成果的依据。

(6) 对于重要轴线点、基准点、测站点、模板及样架等必要时监理机构应进行现场校测和对照检查。

监理机构校测成果与承建单位报送测量成果较差允许值不应超过规范规定的相关限差。

(7) 检查承建单位报送的测量交样单是否按要求的格式规范各栏都填写完善，数据注记是否齐全（坐标、高程、尺寸）等。监理工程师应对照设计图纸对测量数据进行审核，对不合格的成果资料不予确认。

(8) 测量监理机构应按项目监理处开具的测量任务单要求做好监理校测或施工测量数据审核。监理现场校测成果或业经审核确认的测量放样成果资料连同测量任务单应及时反馈到相关项目监理处。

(9) 测量监理工程师应做好现场测量记录。现场监理记录要及时填写，问题要记载清楚，测量监理机构责任人对监理现场记录要及时检查并签名负责，发现问题及时处理。现场监理记录的主要内容及要求包括：

①时间（年/月/日）以及测量工程项目、部位等。

②水文与气象概况。

③实施单位（测量队）。

④现场测量条件、人员到位及仪器设备等。

⑤监理内容、施测过程及问题处理意见等。

2）断面图、地形图测绘

(1) 各施工阶段，监理机构应督促承建单位按规定或报经监理机构批准的施测方案完成下列地形图或断面图的测绘，并在测绘完成后及时报监理机构批准。

①工程项目开工前的原始地形图或断面图。

②施工开挖过程中的地质界线图。

③收方测量的地形图或断面图。

④工程竣工图。

⑤其他按合同规定应予测绘的地形图、断面图。

(2) 断面测量各阶段应报监理机构审查的施工测量文件内容包括：

①断面轴线点或中心桩放样图、断面点测量方法。

②断面施测记录、计算和断面点成果表。

③各种断面图及断面编号。

④危险地带断面测量安全保证措施。此项内容重复者，只注明，无须重复递交。

⑤按合同文件规定应予报送的其他资料。

(3) 局部地形测量各阶段应审查的施工测量文件内容包括：

①基本控制（与本节 2.5 的内容相同，不需重复报送）。

②图根控制测量设计、施测方案。

③仪器工具检验资料。

④测站点平面坐标和高程的测定方法，图根点和测站点坐标及相应的计算程序使用说明。

⑤加密高程观测方案和控制路线图，图根点、测站点、加密高程点成果表及展点图。

⑥地形原图、索引图（分幅结合表）。

⑦质量评价、技术总结、验收报告。

⑧按合同文件规定应予报送的其他资料。

(4) 在重要部位断面测量和地形图测量过程中，测量监理工程师应采用旁站监督等方式加强对测量成果的质量控制，现场监理人员应摘要记录原始观测数据，以作为监理机构审核承建单位报送测量成果资料的依据。

监理旁站人员应着重监督和检查的主要内容包括：

①监督检查仪器整置、数据输入。

②后视方向检查及高程检查。

③原始观测数据记录准确。

④确定测量范围（施工开挖测量地质分界线时，界线点由地质监理工程师确认定点）。

(5) 测量监理机构还应根据施工进展和质量控制要求，对可能影响合同支付和施工质量的关键部位进行平行校测。

监理机构应进行现场校测的内容包括：

①标段开工前的原始地形图。

②墩台、泄流孔洞、金属结构安装、设备安装等结构部位的轴线、体型和高程。

③工程竣工图、建基面基岩图。

④对工程形象或对工程计量有争议的部位以及其他按合同文件规定需要现场校测的地形测量成果资料。

(6) 以现场校测方式对施工测量成果进行对照检查和质量评价时，以下列公式计算平面位置及高程中误差：

$$m = \pm \sqrt{\frac{[\Delta\Delta]}{2n}}$$

式中：m 为平面位置或高程中误差；

n 为校测点数；

Δ 为误差值。

（7）断面图、地形图的规格应符合下列要求：

①原始地形图比例一般为 1∶200～1∶1000，等高距一般为 0.5～1.0m。

②竣工建基面地形图比例一般为 1∶200，等高距可根据坡度和岩基起伏状况选用 0.2m、0.5m 或 1.0m，也可仅测绘平面高程图。

③用于计算工程量的横断面图，纵向比例一般为 1∶100～1∶200，横向比例一般为 1∶200～1∶500。

④竣工基岩面横断面图纵、横比例一般为 1∶100～1∶200。

⑤收方测量的断面桩号，业主、监理和施工单位应尽量统一，以便进行核对。断面位置的选择，可根据建筑物的形状、结构和地形变化确定，或按相等间隔布设，不得故意布设在有利于某一方的位置。有些断面位置要与设计断面相对应。

⑥收方断面的间距，根据用途、工程的重要性和地形复杂程度在 5～20m 范围内选择，一般不大于 20m。断面点密度应根据地形变化施测，一般在图上为 1～3cm 施测 1 点，在陡坡变化处尽可能加密测点。

3）竣工测量

（1）竣工测量包括的主要项目：

①主要水工建筑基础开挖建基面的 1∶200～1∶500 地形图（高程平面图）或纵、横断面图。

②建筑物过流部位或隐蔽部位形体测量。

③外部变形监测设备埋设安装竣工图。

④建筑物的各种重要孔、洞的形体测量（如电梯井、倒垂孔等）。

⑤视需要测绘施工区竣工平面图。

（2）竣工测量的精度要求。竣工测量的精度指标按 SL52-93《水利水电工程施工测量规范》相应项目的测量中误差的规定执行。施测精度一般不应低于放样的精度。

（3）隐蔽工程、水下工程以及垂直凌空面竣工测量的作业应随施工的进程进行，按竣工测量的要求，逐渐积累竣工资料。其他施工项目的竣工测量应在单元工程完工后，及时安排进行。

（4）合同项目或单位工程项目经竣工验收完成后，监理机构应投合同文件规定及时督促承建单位完成各项测量成果资料的整编，并报经监理机构审核后向业主移交。应该归档并向业主整编移交的竣工资料包括：

①施工控制网原始观测手簿、概算及平差计算资料。

②施工控制网布置图、控制点坐标及高程成果表。

③竣工建基面地形图和纵、横断面图。

④建筑物实测坐标、高程与设计坐标、高程比较表。

⑤实测建筑物过流部位及其他主要部位的竣工测量成果（坐标表、平面、断面图）。

⑥施工期变形观测资料。

⑦测量技术总结报告。

⑧施工场地竣工地形图、平面图。

4）施工测量成果质量评定

（1）施工测量成果以中误差作为衡量精度的标准，以两倍中误差为极限误差。

（2）合同文件规定必须对施工测量成果进行质量等级评定的，监理机构应按规定及时进行该项质量等级评定工作。施工测量成果的质量等级评定按时段或工程项目划分，并按下列规定进行：

①测量成果误差100%在规范规定允许范围内，其中有60%以上在规范规定允许误差1/2以内，评为优良。

②测量成果误差100%在规范规定允许范围内为合格。

③对误差超过规范规定允许误差范围而被评定为不合格的测量成果，监理机构应指令承建单位及时进行复测、补测直至合格。

4. 工程计量测量的质量控制

1）监理机构对符合下列规定的施工项目进行工程计量：

（1）合同中规定的应予计量支付的项目。

（2）按设计图纸要求施工完成的项目。

（3）经监理机构质量检验合格的项目。

2）工程计量测量随工程施工进展逐月由承建单位进行。报送监理机构审核的工程计量文件必须包含以下内容：

（1）实测的收方断面图（或收方地形图）。断面图上应有原始线、设计线、上月收方线和本月收方线。

（2）工程量计算表。

3）监理机构对工程承建单位申报的工程计量文件审核的要点包括：

（1）地形图和断面测量成果必须经过监理机构确认。

（2）对断面图上绘的原始地面线、收方线、设计线、竣工线以及开挖地质分类线和填筑材料分类线进行100%的内业审查。

4）除合同文件另有规定外，否则，当施工、监理、业主三方测量计算成果发生差异时，监理机构应按下列原则进行协调处理：

（1）评判标准：按SL52-93《水利水电工程施工测量规范》的规定，土石方量差异不超过7%（土）和5%（石），混凝土量差异不超过3%。在比较差异量时应分段、分部位进行。

（2）当差异量不满足上述评判标准时，监理机构应对各方提供的实测计算资料进行仔细的核对，找出原因，直至重新进行外业测量。

（3）当差异量满足上述评判标准时，监理机构在通过协商的基础上可采用以下方法确定最终工程量：

①选择可靠、精确度较好的某方测量计算成果。

②取施工、监理、业主三方测量计算成果的平均值。

③选择三方中某两方可靠、准确度较好的测量计算成果取平均值。

本节详细内容见参考文献［38］。

8.2.5 长江委一期施工测量监理

鉴于工程测量在水工建筑物放样和合同计量支付中的重要作用，测量监理人员坚持以工程承建合同和监理合同文件为依据，正确运用所掌握的工程测量知识和有关监理法规文件，严格按测量监理工作规程办事，在加强对承建单位合同资质认证、监督承建单位建立健全测量工作质量保证体系和做好对承建单位上报的测量成果资料审核（文中简称“测量监理”）的同时，认真做好监理机构自身测量和校测工作（文中简称“监理测量”）。

1. 测量监理

(1) 承建单位测量合同资质的审查

定期审查承建单位测量机构的合同资质。其内容主要包括：

① 测量机构的设置及其资质文件。

② 测量人员配置与测量人员资质。

③ 测量仪器、设备及计量检验报告。

④ 质量控制措施中有关工作制度、操作规程、测量记录常用表格审查。

在合同资质审查通过后，再进行合同资质认证工作。

(2) 基本控制网点布设的测量监理

施工控制网的精度是保证建筑物放样尺寸精度的关键，而控制点的布设方案和观测手段是保证控制点精度的关键。

一期工程监理过程中，监理测量队加强了对各承建单位的用于工程放样和地形测量、断面测量的控制点布设方案、观测精度以及最终成果精度的审核。茅坪溪泄水隧洞开挖中，监理测量人员会同承建单位测量人员对控制点进行了实地踏勘选点，并作了不同布设方案的精度估算，最后选定为导线测量方案，满足隧洞开挖放样要求。隧洞纵向贯通误差为±19mm,横向贯通误差为±16mm，满足规范要求。

西陵大道的路基施工分段进行。前期施工中，由于各施工单位平面和高程放样的控制点存在精度误差，出现了相邻路段和排水管交接处结合不良的现象。监理测量人员及时进行协调，要求承建单位沿整个路段统一布设五等导线点和四等水准点，并将测量成果统一提供各分公司放样使用，从而保证了后期施工的精度要求。

(3) 对承建单位放样进行测量监理

测量放样工作贯穿于轴线定位、边坡开挖、建基面开挖、混凝土立模直至最后工程按合同完工验收的全过程。要求承建单位在放样工作开始前，将有关用于放样的数据、方案简图、放样方法、放样程序、放样点精度估算，以及所依据的有关工程布置图和建筑物设计图图号等资料报监理机构审核。单位工程完成后，要求承建单位测量机构报送有关放样测量工作总结、质量评价和验收报告。对重要建筑物轴线放样、边坡放样、填筑放样，监理部派出测量工程师进行现场旁站监督。

2. 监理测量

(1) 监理测量工作的准备

测量准备是保证测量工作顺利进行的一项重要工作，其主要内容包括：

① 收集施工区域开工前的有关原始地形图、高级控制点测量成果资料，以及有关控制点成果的投影面、平面坐标系统、高程系统、比例尺、采用图式等资料。

② 有关仪器检验资料的收集。

③ 对设计图纸中有关放样数据的重新计算。

④ 对承建单位上报的测量成果成图资料排查分析。

⑤ 收集相关项目进度计划及项目监理处对现场测量工作的要求。

监理测量布设四、五等控制精度，见表 8-2。

表 8-2 监理测量布设四、五等控制精度统计

等点级数	方位角闭合差（″） 允许/实测	点位误差（m） 允许/实测	导线全长相对闭合差 允许/实测	高程闭合差（m） 允许/实测
Ⅳ7	±7.5/−2.2	±0.10/−0.016	1/100000/1/297000	±0.20/−0.012
Ⅴ5	±26/0	±0.20/−0.058	1/14000/1/22000	±0.20/−0.007
Ⅴ3	±22.4/+8.7	±0.20/+0.094	1/10000/1/20800	±0.20/−0.002

（2）施工控制网的校测

工程开工后，业主通过监理发布了整个施工区域的Ⅰ等三角点和Ⅱ等水准点成果。各施工标段承建单位为了各自施工需要也陆续布设了施工控制网和加密控制点。为保证监理单位独立地对承建单位放样成果予以校测，同时为控制承建单位收方测量质量，监理测量队组成 2 个作业组，分别在一期土石围堰、杨家湾码头和西陵大道布设了 3 条高等级平高导线，保证有关导线方位角闭合差、导线全长相对闭合差、点位误差和高程闭合差等满足规范要求。

（3）施工过程监理测量

质量控制始终是监理工作的重点。测量工作是工程质量控制的眼睛。长江委三峡工程建设监理部对三峡工程的质量控制点，坚持以单元工程和工序过程为基础，对工程质量进行程序化、标准化和量化控制。

随着施工进展，测量监理人员在做好对承建单位加密控制网校测的同时，着重于对工程建筑物轴线、施工立模部位校测，对重要建筑物边线、建基面开挖抽测。

1996 年 7 月 31 日，测量监理人员在三期碾压混凝土围堰基础工程上游一侧开挖底线实地测量时，分别发现第 13 块、第 14 块等 11 个测点距设计开挖边线出现欠挖，最大欠挖 1.6m。测量监理人员及时反馈给项目监理人员并指令承建单位纠正。大江截流期间，监理测量队加强对二期土石围堰的轴线、进占桩号和高程的测量，并将测量结果随时反馈给项目监理处，为大江截流工程的决策提供现场测量资料。

（4）施工断面测量

为了做好对承建单位上报的用于方量计算的地形图、断面图的精度的了解，测量监理人员运用监理合同赋予的权限进行实地断面测量。

茅坪溪泄水隧洞进口明渠段超挖量较大，测量监理人员通过实地测量数据，核减了按合同规定应予支付的由于地质原因导致的超挖计量申报，避免了合同支付的失误。

导流明渠工程开挖量达 2004 万 m^3，是一期导流工程的核心工程。测量监理人员在一期土石围堰形成之后，就在围堰上按每 100m 间隔布设了 13 条控制开挖形象和计量的收方断面，并且每月随施工进展与承建单位同步对其进行测量，截至 1997 年 5 月 1 日明渠

过流前，共测断面 227.5km。

测量监理人员收集野外测量数据后，按照工程量管理的一级测量、二级复核、三级总控的原则，对导流明渠堰内段总开挖量进行了计算。1995 年 7 月 24 日，由承建商、长江委监理单位、业主测量中心三家各自独立测算的完建工程量分别为：1 746.10 万 m^3、1 715.65 万 m^3、1 717.86 万 m^3。测量监理人员认真、细微、独立、公正的量测工作，得到各方的肯定和信任，使合同支付计量得到有效的控制。

3. 工程计量测量监理

(1) 工程计量控制是合同支付控制的前提

合同支付涉及业主和承建单位双方的利益。三峡一期监理工作中，测量监理人员遵循“以承建合同为依据，单元工程为基础，施工质量为保证，量测核实为手段”的方针，在工程计量控制中，坚持以下计量原则：

① 必须是合同中规定的应予计量支付的项目。

② 必须是按设计图纸要求施工完成的项目。

③ 必须是经监理人员质量检验满足合同规定的技术要求的项目。

测量监理人员对设计工程量进行核算，详细了解合同各分项工程量，从而达到对工程量的阶段性和总量的控制。测量监理人员在一期工程审核土石方开挖量达 2 865.94 万 m^3，土石方填筑量达 2 992.02 万 m^3。

(2) 地形测图和断面测量成果是计量的基础

合同条款明确规定，工程量表中开列的工程量是该工程的估算工程量，它们不能作为承建单位履行本合同的义务过程中应予完成的工程的实际和准确的工程量。在合同实施中，所完成的实际工程量要通过测量来核实。监理人员对工程计量进行监理的主要依据就是测量收方资料，并且要求测量成果准确可靠、精度满足规范要求。在收方资料中，对断面位置的选择或按建筑物轴线进行随机排列或按设计的起始点（拐角点）相等间隔布设，以保证测量成果的公正性。对断面桩号，监理单位尽量与施工单位保持一致，以便进行核对。并要求承建单位不得把断面布设在有利于某一方的位置，而有些断面最好能与设计断面相对应。

(3) 工程变更工程量的监理审核

工程变更是指在合同实施过程中由于施工条件变化等各种原因而引起的设计变更、施工变更等工程变更。合理确定并及时处理工程变更是合同价款控制的主要内容之一。测量监理人员在工程变更控制中的作用就是对变更责任、工程量进行分析和计量。一方面了解新的设计意图，确认新的设计工程量与原设计工程量是否有搭接或遗漏，另一方面要及时通知承建单位收集有关地形、地质等原始资料，为下一步重新计量和竣工决算提供依据。

一期工程的工程变更中，有关地质缺陷造成的设计或施工变更量比较大，测量监理人员处理该部分工程量时，主要依据监理地质工程师在现场确定的范围和施工单位测量资料以及监理测量队自身的检测资料。在工程量计算无误后提出处理方案并报业主审核，以作为今后工程变更结算的依据。一期工程中，测量监理人员审核混凝土纵向围堰、三期 RCC 围堰基础工程等由于地质缺陷引起的设计变更工程量达 7.8 万 m^3，审核明渠堰内段有关开挖、石碴块石回填设计变更工程量达 38.63 万 m^3，审核明渠进口设计变更工程量 66.79 万 m^3，审核明渠出口设计变更工程量达 28.24 万 m^3，均得到各方的确认。

（4）小结

测量监理人员通过校测轴线、边线、高程、建筑物体形等实现对水工建筑物质量的控制，通过地形测图和断面测量成果实现对工程计量的控制，达到对合同支付的控制。如何把工程测量学知识更好地应用于在三峡工程监理是个令人感兴趣的问题，随着现代电子工业的飞跃发展，电子全站仪、数字化测图、GPS 全球卫星定位系统在三峡工程施工测量中的应用，给测量监理人员带来了新的机遇和挑战。

8.2.6 三峡工程Ⅰ&ⅡB 标施工测量监理

1. 概述

施工测量质量直接影响着工程建设质量，施工测量工作对保证施工测量质量具有十分重要的作用。长江委三峡工程建设监理部测量队承担Ⅰ&ⅡB 标施工测量监理工作，在测量监理工作中，坚持以工程承建合同和监理合同文件、测量规范为依据，严格遵守测量监理工作规程，突出事前预见性和测量准确性两个重点，对施工测量实行全过程跟踪和关键、重要部位的旁站监理及检查测量。根据施工过程测量特性，特别是泄洪坝段孔洞多、结构复杂及金结机电埋件安装精度高的特点来开展施工测量监理工作。在测量监理工作中，定期对承建单位测量合同资质进行审查，对基本控制网点布设、施工放样进行测量监理，同时还要做好工程计量测量监理。测量监理工程师要加强自身管理和独立对照校测工作，做好加密控制网点校测、施工放样测量校测等工作，以保证施工测量过程质量控制。

Ⅰ&ⅡB 标是三峡二期工程的重要组成部分，含沿坝轴线左厂 11 号坝段至右纵坝段范围内的土石方开挖、混凝土浇筑灌浆、金结机电埋件安装等工程项目，全长 743.2m，规模宏大、结构复杂，施工测量工作由葛洲坝三峡测绘大队承担。

长江委三峡工程建设监理部测量队成立于 1997 年底，承担了Ⅰ&ⅡB 标施工测量监理工作。建立测量队配置测量监理工程师 6~8 人，拥有各种测量仪器（具）10 台（套）。在Ⅰ&ⅡB 标施工测量监理工作中，监理测量队坚持以工程承建合同和监理合同文件、测量规范为依据，严格遵守测量监理工作规程，以“科学、规范、严谨、公正、服务”为宗旨，突出事前预见性和监理协调作用，对施工测量实行全过程跟踪和关键、重要部位的旁站监理及检查测量（即测量监理和监理测量），发现问题，及时查证，协调处理，确保施工测量始终处于控制状态。

2. 测量监理

（1）对承建单位测量合同资质审查

监理测量队组织测量监理工程师定期对承建单位测量机构合同资质进行审核。其内容同 8.2.2 节。

（2）基本控制网点布设的测量监理

施工控制网的精度是保证建筑物放样尺寸精度的关键，而控制点的布设方案和观测手段是保证控制点精度的关键。三峡二期工程施工控制网首级网测量成果由业主通过监理单位提供给承建单位，承建单位使用前需进行检查校核，并根据施工测量的需要进行加密。如对于泄洪坝段导流底孔、深孔、金结机电埋件安装等放样精度要求高的部位，要求布设相应精度的独立控制网，以保证其相对精度。

① 施工测量执行的主要技术法规与标准：

《长江水利枢纽TCP/CⅣ-4技术规范》；

《水利水电工程施工测量规范》（SL52—93）；

《中短程光电测距规范》（ZBA-76002—87）；

《光电测距高程导线测量规范》（DZA/T0034—92）；

《光电测距仪检验规范》（CH-8001—91）；

《国家一、二等水准测量规范》（GB12897—97）；

《国家三、四等水准测量规范》（GB12898—91）；

《长江三峡工程施工测量管理细则》（三工建综管字［1996］第67号）；

《施工测量监理工作规程》（长三监理［1998］012号）。

② 控制程序：对承建单位报送的控制网测量方案进行审查批准；指派测量监理工程师在施测过程中进行旁站监理，对标墩建造规格及质量在现场进行监督检查；对平差后成果资料进行审查、校核；对技术总结进行审查；随着施工进展及环境的改变，督促承建单位对控制网点进行复测和加密。在对承建单位报送的各类控制网进行了以上工作后，确认测量成果。

（3）施工放样测量监理

测量放样工作贯穿于各类轴线定位、结构轮廓点定位、边坡开挖、建基面开挖、混凝土浇筑立模及工程按合同完工验收的全过程。如何保证施工测量按设计准确放样是测量监理工作的重中之重。监理测量队首先组织测量监理工程师认真分析有关设计图纸，确定工作要点，做到心中有数。要求承建单位在每项放样工作开始前，将有关放样的数据、方案、简图、放样方法、计算程序、放样点精度估算，以及所依据的有关工程设计布设图和建筑物设计图图号等资料报送监理结构审核。单位工程完成后，要求承建单位测量机构报送有关放样测量工作总结、质量评价和验收报告。对重要建筑物轴线放样、边坡放样、填筑放样均派测量监理工程师进行现场跟踪旁站监理，以保证放样测量的真实和准确。如在导流底孔上游封堵门和深孔检修门轨道安装放样测量中，由于具有共轨的特点，如何保证两孔上下安装放样测量的一致性，就成了放样测量的关键，监理测量队在对承建单位报送的放样测量方案进行审查并提出修改意见后，确保了泄洪坝段导流底孔上游封堵门和深孔检修门两孔上下共轨的顺利安装。

在Ⅰ&ⅡB标放样测量监理工作中，测量监理工程师对所有坝块分缝、轮廓放样点、立模放样、各类建筑物轴线、金结机电埋件安装承建单位报送测量交样单均及时进行了100%的内业审核，确保了放样测量质量。

（4）信息管理

信息管理是合同目标控制的基础，监理测量队的具体做法如下：

① 每周于各项目监理处碰头，了解施工进展情况及施工测量动态，制定测量计划。

② 定期与业主测量关系机构和施工测量机构召开月协调会，商讨解决测量工作中出现的问题。

③ 坚持做好每日监理现场记录及大事记和备忘录。

④ 坚持与施工测量机构的每日电话联系，了解掌握施工测量动态。

⑤ 实事求是编制月报，及时将施工测量的工作质量及存在的问题反馈给业主、设计单位和相关单位。

3. 监理测量

(1) 监理测量准备

监理测量队在做好测量监理工作的同时，加强自身管理和独立对照校测工作。要求测量监理工程必须做到以下几点：

① 熟悉合同和有关测量规程规定，正确运用工程测量技术和有关监理法规文件，廉洁自律。

② 完成设计图纸放样数据的审查和核算。

③ 开工前原始地形图、基本控制网点成果资料和有关设计图纸等资料的收集。

④ 了解掌握相关施工项目的进度及项目处对建立测量的要求。

⑤ 测量仪器检验。

(2) 加密控制网点校测

对承建单位布设的加密控制网精度校测了部分承建单位加密控制网点，校测结果见表8-3。

表 8-3 **控制点校测结果比较**

点号	ΔX/mm	ΔY/mm	ΔH/mm
1	-1.1	-3.9	+1.0
2	-3.8	-1.8	-4.0
3	-1.2	+0.3	-9.0
4	+2.2	-3.0	-1.0
5	+0.9	-0.7	-9.0
6	+4.1	-3.5	-6.0
7	+4.5	-2.0	-1.1
8	+1.2	-3.8	-2.0
9	-1.7	-0.7	0

注：$\Delta X=X_{监}-X_{施}$，$\Delta Y=Y_{监}-Y_{施}$，$\Delta H=H_{监}-H_{施}$。

(3) 施工放样测量校测

对左厂11~14号坝段、左导墙及左导墙坝段、泄洪坝段、右纵坝段坝体轮廓尺寸及高程放样的测站点和导流底孔、排漂孔及压力钢管的金结安装控制基点，在施测时采取跟踪旁站监理和必要的现场校测，现场校测精度统计表。测站点、基准点、放样点校测精度见表8-4。

表 8-4　**测站点、基准点、放样点校测精度统计**

标段	校测点数		测量精度			
	测站点基准点/个	放样点/个	<1/2 允许误差的校测点/个	百分比/%	允许误差内的校测点/个	百分比/%
Ⅰ	312	3 272	2 580	72	3 584	100
ⅡB	73	547	484	78	620	100

校测结果表明：施工放样测量精度符合规范要求。

为有利于竣工工程量的计算和评估开挖工程质量，还做了如下必要的监理测量工作：

① 监理测量队对承建单位 1998 年 1 月施测 1∶500 基础开挖前原始地形图进行检测，共检测地形特征点 1370 个，检测数据表明，施测原始地形图精度满足规范要求，予以确认，以此图作为开挖放样及工程量计量依据。

② 监理测量队对基础开挖轮廓尺寸、高程及 1∶200 竣工地形图施工全过程旁站监理和实地检测，共检测 3736 点。检测结果表明，1∶200 竣工地形图施测精度符合规范要求，建基岩面平整度满足设计要求。

以上监理测量与施工测量均同步进行，实现了对施工测量的动态实时监控，同时以检测数据衡量了施工测量精度，保证了施工测量质量。

4. 工程计量测量监理

(1) 工程计量控制是合同制的基础

合同支付计量涉及业主和承建单位双方的利益，监理工程师的量测与计量要做到公正、准确、可靠。在三峡二期工程Ⅰ&ⅡB 标监理工作中，测量监理工作遵循以“承建合同为依据，单元工程为基础，施工质量为保证，量测核实为手段”的方针，通过工程计量实现对工程总量的控制和阶段性控制。

三峡二期工程Ⅰ&ⅡB 标基础开挖工程总量达 400 万 m^3，并涉及一期工程遗留问题的处理和相邻标段不同承建单位作业分节线的反复变更，给测量计量增加了难度。合同工程量表中所列的工程量是该工程的估算工程量，它们不能作为承建单位履行本合同的义务全过程中应予完成的工程的实际和准确的工程量。在合同实施中，所完成的实际工程量要通过测量来核实。

测量监理工程师计量测量的条件是：

① 必须是合同中规定的应予计量支付的项目。

② 必须是按设计图纸要求施工完成的项目。

③ 必须是经监理工程师质量检验满足合同规定的技术要求的项目。

(2) 断面测量和地形测图成果是计量的基础

三峡工程Ⅰ&ⅡB 标土石方工程计量采用断面法进行计量。测量监理运用实地测量手段，通过对原始地面线、土石分界线、设计线和竣工线的控制，从而有效地控制工程量的计量。

原始地面线是计算工程量的起始线，该线要在开挖或填筑前通过地形测量或断面测量取得。土石分界线直接影响工程计量和合同支付，但准确的土石方工程量要通过收集基岩顶板图来计算。要求测量监理人员在地质工程师的配合下，做好对承建单位水工程开挖进展而分块实测的顶板图的确认工作。

竣工线（开挖竣工线和会填竣工线）从工程竣工图上截取。测量监理工程师在做好对竣工面高程和平面位置是否满足设计需求的审查的同时，还要对不同料源回填分界面做精确的竣工线核审，如实对不同单价的工程量计量。

设计线直接从设计图上截取，计量断面的桩号力求与设计断面桩号重合。

（3）工程量的仲裁

工程量计算数据直接影响合同支付，涉及业主和承建单位双方的利益，业主、承建单位、监理各方都很重视，一般都有各自独立量算的数据。当三方量算成果发生差异时，按下列原则进行处理：

①评判标准。按《水利水电工程施工测量规范》的规定，土石方量差异不超过5%（石）7%（土），混凝土量差异不超过3%时，在比较差异量时应分段、分部位进行。

②当差异量不满足上述评判标准时，由监理组织对各方提供的实测计算资料进行仔细的核对，找出原因，甚至重新进行外业测量。

③当差异量满足上述评判标准时，由监理主持，在三方协商的基础上可采用以下方法确定最终工程量：

- 选择可靠、精确度较好的某方测量计算成果。
- 取施工、监理、业主三方测量计算成果的平均值。
- 选择三方中某两方可靠、准确度较好的测量计算成果取平均值。

工程量确定后，由业主、监理、承建单位会签。对于总价承包合同中的工程量，应由业主、监理、承建单位在各自提供实测资料的基础上，分别独立或联合审查决定。

对于设计变更工程量的计算，测量监理工程师一方面要了解设计意图，确定新的设计工程量与原设计工程量是否有搭接或遗漏，另一方面测量监理工程师要及时通知承建单位收集有关原始资料，为下一步重新计算和竣工决算提供依据。

5. 对测量监理工作的小结

（1）施工测量贯穿于整个工程建设全过程，测量质量控制直接关系到水工建筑物体形、高程、轮廓尺寸、闸门安装能否满足设计要求及运行安全，因此，测量监理工作是工程监理中十分重要的组成部分，每个施工环节都必须加强质量控制，做到万无一失。

（2）工程合同支付计量是建设各方关注的焦点，是合同支付的基础，涉及业主与承建单位双方的利益，测量监理工程师的量测与计量要做到公正、准确、可靠。

（3）鉴于测量监理工作在工程建设监理中的重要作用，且专业技术性强，测量监理工程师除应掌握过硬的专业技能外，还要熟悉合同条款、技术规范和设计图纸，熟悉施工工序，深入现场，要有高度的责任感和良好的职业道德，树立为工程服务的观念。只有这样，测量监理工程师才有可能及时发现问题，及时解决问题，对施工测量全面实行质量控制，做好测量监理工作，取得良好的测量监理成效。

本节内容详见参考文献［25］、［27］、［38］等。

8.3 锦屏一级水电站工程测量监理

8.3.1 锦屏一级水电站工程及监理工作简介

1. 概述

锦屏一级水电站位于四川省凉山彝族自治州木里县和盐源县交界处的雅砻江大河湾干流河段上，是雅砻江下游从卡拉至河口河段水电规划梯级开发的龙头水库，距河口358km，距西昌市直线距离约75km。锦屏一级水电站主要任务是发电，并结合汛期蓄水兼有减轻长江中下游防洪负担的作用。水库正常蓄水位1 880m，死水位1 800m，正常蓄水位以下库容77.65亿m^3，调节库容49.1亿m^3，属年调节水库。电站装机6台，单机容量600MW。锦屏一级水电站枢纽建筑物主要由混凝土双曲拱坝（包括水垫塘和二道坝）、右岸泄洪洞、右岸引水发电系统及开关站等组成。双曲拱坝最大坝高305m，坝体混凝土量约528万m^3。工程等级为I等工程，主要水工建筑物为1级。

锦屏二级水电站位于四川省凉山彝族自治州盐源、冕宁和木里三县交界处的雅砻江干流锦屏大河湾上，系利用雅砻江锦屏150km长大河弯的天然落差，裁弯取直开挖隧洞引水发电，利用落差300余米，引水隧洞长约17km，开挖直径13m，最大埋深达2 525m，属雅砻江梯级开发中的骨干水电站之一。电站总装机4 800MW，它是雅砻江上水头最高、装机规模最大的一座水电站。

其中，锦屏一级水电站前期准备工程于2003年开始启动，2005年11月正式开工建设，计划于2006年年底截流，2012年首台机组发电。

目前，锦屏一级水电站场内主要施工交通干道、供水、供电、营地建设等已粗具规模，右岸导流洞工程已于2006年6月6日过水分流，坝顶以上部位边坡开挖支扩已全面展开，地下厂房工程及左岸基础处理工程正在陆续展开，雅砻江截流将于年内实现。

锦屏建设管理局作为业主——二滩水电开发有限责任公司的现场代表，始终坚持“百年大计，质量第一”的宗旨，加强质量管理，构建质量管理体系，为实现既定的工程质量目标提供保证。

2. 锦屏工程建设的质量管理体系

1）质量目标

工程质量是工程的生命，质量责任重于泰山。锦屏建设管理局在开始进行工程建设时就提出了明确的工程质量目标：创一流管理，建精品工程。

2）质量管理组织机构

锦屏建设管理局在工程项目招标时，根据建设工程质量管理有关法律法规、规程规范，明确了工程参建各方质量管理职责、质量控制与执行的标准，督促参建各方建立健全质量责任制，构建质量管理组织机构。

（1）锦屏建设管理局：颁布了《锦屏建设质量管理办法》、《锦屏水电工程公路工程竣工验收实施办法》、《锦屏水电工程质量内部巡视检查办法》等质量管理文件，成立了质量管理办公室，配备了6名专职质量工程师，同时委托工程部及机电物资部全体成员作为兼职质量工程师，负责相关专业的质量管理工作。为加强质量管理和监督、检查力度，成立了试验检测中心，代表锦屏建设管理局对参建各方试验检测质量进行监督和管理，为工程建设提供相应技术支持。

（2）监理机构：各监理项目成立了以总监为责任人的工程质量管理机构，配备了质量管理责任人、试验检测质量责任人。要求项目监理工程师（或组长）加强对分管项目施工质量的现场控制。目前，锦屏一级水电站4家主要监理单位进场监理人数达235人，其中中级职称以上的有154人，占总数的65.4%以上。

长江委锦屏一级水电站工程监理部承担电站导流洞工程、1 885m高程以上坝肩开挖工程、混凝土双曲拱坝工程和左岸基础处理工程等主体工程的项目监理。

目前，监理部设置了综合技术处、工程检测监理处和监理部办公室3个职能（专业）监理处（室），并随工程进展，设置于导流洞工程监理处、临建系统与交通工程监理处、1 885m高程以上坝肩开挖工程监理处和左岸基础处理工程监理处4个项目监理处。

（3）承建单位：各承建单位均按ISO 9000标准建立了质量管理体系，成立了以项目经理为质量第一责任人的质量管理机构。项目经理部及二级机构设立的质量安全部（办）为工程质量管理部门，各施工队、作业班组配备1~2专（兼）职质量管理人员，具体负责施工过程中的质量控制。各承建单位均建立了工地试验室，根据工程项目建设内容配备了所需的试验与检测设备，以满足钢筋、水泥、砂石骨料、混凝土、砂浆等质量检测要求。工地试验室须通过监理机构组织进行的合同资质认证后方可投入运行。

8.3.2 长江委锦屏工程监理部监理工作规程

1. 总则

1）长江水利委员会工程监理中心锦屏水电站工程监理部（以下简称“监理部”），是依据二滩水电开发有限责任公司（以下简称“业主单位”）与长江水利委员会工程监理中心（以下简称“监理单位”）签订的“四川雅砻江锦屏一级水电站拱坝工程建设监理合同”（合同编号：JPIA-200440）（以下简称“监理合同”），由长江委工程建设监理中心委派组建的现场工程监理机构。

2）监理部依据监理单位授权履行监理合同义务，依据业主通过监理项目工程承建合同文件授予的监理职责和监理权限开展监理工作。监理单位及其监理机构无权修改或变更承建合同规定，也无权免除承建合同中规定的承建单位或业主单位应承担的义务、责任和权利。

3）业主委托监理单位监理的工程项目

（1）导流洞施工标（CⅠ标）工程。

（2）1 885m高程以上开挖施工标（CⅡ标）工程。

（3）大坝施工标（CⅢ标）工程。

（4）左岸基础处理标（CV标）工程。

4）监理工作的基本依据

（1）国家工程建设法律与行政法规；

（2）工程建设监理合同文件；

（3）受监理项目工程承建合同文件；

（4）国家及国家部门制定颁发的施工技术及工程验收规范、规程、规定和质量检验标准。

5）监理机构的工作目标

（1）锦屏一级水电站拱坝工程合同目标是一个庞大的多目标系统，业主单位通过工程监理合同文件，委托工程监理单位承担监理项目施工质量、工程进度、合同支付三项目标控制和施工安全、施工环境保护二项目标监督的职责。

（2）监理机构的工作目标是以合同为依据，以施工质量、工程进度、合同支付和施工安全为主线，通过科学、认真、勤奋、高效的工作和监理职责的发挥，促进工程建设目标由矛盾向统一转化，促使工程建设合同目标得到有效的控制，努力实现“监理一个项目、树立一座丰碑”。

2. 监理部的组织

1）监理机构人员组成

（1）监理部由总监理工程师、副总监理工程师及总师、专业工程师、监理工程师、其他监理人员和监理部管理、服务与辅助人员组成。

（2）监理机构实行总监理工程师负责制，总监理工程师行使工程建设合同文件赋予监理单位的权限，全面负责受委托项目的监理工作。总监理工程师（包括副总监理工程师及总师）人选由监理单位提出，报请业主单位确认后委任。

（3）监理处（室）处长（包括副处长和处总师）或主任（包括副主任），由监理部依据监理合同文件规定和监理单位授权聘任。二级监理机构可根据监理工作的需要，申报监理部批准后设立监理组。监理组长由监理处提名报监理部聘任。

2）监理机构组织模式

（1）监理机构组织结构必须具备约束、控制、高效、反馈和完善功能，并与所承担监理项目与任务相适应。鉴于锦屏一级水电站拱坝工程项目规模大、合同项目多，为提高监理部管理效率和专业管理职能，以利于实现对工程建设目标的有效控制，监理部采用矩阵组织结构模式。

（2）监理部根据监理合同规定和业主项目管理要求，将随监理项目的进展，设置导流洞工程（CⅠ标）监理处、1 885m高程以上开挖工程(CⅡ标)监理处、大坝工程（CⅢ标）监理处、左岸基础处理工程（CV标）监理处、交通与施工企业工程监理处等5个项目监理处，综合技术处、工程检测监理处2个职能（专业）监理处和监理部办公室。形成由职能机构纵向控制、项目机构横向展开的双向控制运作格局。

（3）为促使纵、横向两个命令源的统一及矩阵机构的顺利运作，监理部以综合技术处为轴心，设立施工质量控制、工程进度控制、合同商务管理、工程信息管理、施工安全与文明施工监督等5个控制与管理工作网络，网络成员延伸至各项目监理处。网络作为工作机构，其主要职责包括：控制目标制订、预控对策研究、信息反馈与分析、控制过程协调等各方面。

（4）项目监理处可根据工程项目监理进展和合同目标控制的需要，再分设项目监理站或专业监理组，组织监理人员直接负责施工现场的跟踪监理、工序控制和信息采集等日常工作。

3）监理机构人员的岗位责任

（1）总监理工程师：对监理合同业务及监理机构负领导责任，是监理部的负责人。

副总监理工程师及总师协助总监理工程师工作，是其所分管监理项目、业务、行政和技术工作的直接责任人。总监理工程师离开监理工作现场期间，应指定一名副总监理工程师代理总监理工程师履行职责。

（2）监理处（室）长（主任）：依据监理部授权负责监理处（室）监理业务及行政工作，是二级监理机构的负责人。副处长（副主任）、处（室）总师协助处长（主任）工作，是其所分管项目、业务和技术工作的直接责任人。处长（主任）离岗期间，由总监理工程师指定一名副处长（副主任）代理其履行职责。

（3）监理站（组）长：为三级监理机构责任人，负责相应专业或工程项目的具体技术、业务和监理工作，是相应专业或工程项目的技术或业务责任人。

（4）监理工程师：在监理处（室）、站（组）领导下，承担相应专业（项目）的具体监理任务，是相应工程专业（项目）及所承担的工作或业务的直接责任人。

（5）监理员：在监理处（室）、站（组）领导和监理工程师的指导下承担一般性具体工作或现场信息工作，不授予现场监理指令权。

4）监理人员分级授权和监理职级管理

（1）监理人员分级授权制度：为进一步提高监理人员的素质，使监理人员能正确、准确和有效地运用业主单位授予的职责和权限，监理部对监理人员实行“岗前培训、考评定级、分级授权、挂牌上岗”和“责任追究”制度。

（2）监理人员职级管理制度：监理部在实行“竞争、约束、激励、淘汰”机制的基础上，依据“能力、授权、责任、利益相一致”的原则，结合决策层、管理层、执行层、作业层划分中对监理人员素质和能力的不同的层次要求，对进场监理人员进行监理职级评聘和岗位职级管理。

（3）监理人员的岗位职级划分：现场监理人员的岗位职级评聘分一级监理（监理部领导）、二级监理（监理处领导）、三级监理（监理站、组领导）、四级监理、五级监理（监理助理）和六级监理（监理员）进行。各职级监理人员通过考核由监理部授权，承担业主单位通过合同文件授予监理单位的相应职责。

5）监理机构的领导方式与决策制度

为完善决策机制，既利于及时做出决策又努力避免决策失误，监理机构实行以民主型领导方式为主、以集权型领导方式为辅的领导方式，实行以科学决策为基础的民主决策和责任者决策相结合的监理决策制度。

6）监理机构的政治领导与精神文明建设管理

监理部建立党组织，以加强对监理机构的政治领导和监理人员的思想政治工作。监理部强化对监理机构和监理人员的精神文明建设和廉洁敬业管理。

3. 监理机构的主要工作方法与职责

1）监理机构的主要工作方法

（1）业主单位通过工程监理合同文件，委托工程监理单位承担监理项目施工质量、工程进度、合同支付 3 项目标控制和施工安全、施工环境保护 2 项目标监督的职责及相应的监理权限。

（2）坚持以工程质量为中心，寻求三项控制目标向统一转化。

监理部在工程建设监理项目中，将始终坚持以“安全生产为基础，工程质量为中心，工期进度为重点，投资效益为目标”，努力寻求施工质量、工程进度、合同支付三大目标向统一转化。

(3) 实行控制型和过程型相结合的目标控制方法。

监理机构在合同目标管理过程中，采用“主动控制为主、被动控制为辅，两种手段相结合”的动态控制方法，重视事前控制、预先防范、过程跟踪、加强检查、及时反馈、不断完善。

在施工质量检验中，实行“承建单位自检”和“监理机构平行检测”，以及承建单位“全面检测”和监理机构“针对性检测”的“过程双控”制度。

在施工进度管理中，建立施工进度控制成效评价技术指标体系，采取量化评价方法定期对施工进度控制成效进行评价，以及时发现问题、及时研究解决问题和促进工程施工按预定计划进展的对策。

在现场监理过程中，实行项目监理处管理、综合技术处控制；在目标控制过程中，实行综合技术处控制、项目监理处展开；对施工过程与合同目标每一管理点实施双向控制的管理制度。

(4) 强化合同履约意识，促进施工保证体系落实。

监理机构建立工程承建合同动态管理制度，在监理过程中，以合同文件为依据，以履约情况检查和合同履行认证为手段，重视承建单位施工资源投入、保证体系落实，以及文明施工、均衡施工、按章作业、安全作业的检查监督。

(5) 完善监理工作制度，强化施工现场管理。

在履行监理合同义务期间，应完善监理工作制度，强化现场施工管理，为业主提供满意的服务，通过科学、认真、勤奋与高效的工作，实现锦屏工程建设的各项预定目标。

(6) 提高监理人员素质，规范监理工作行为 。

建立监理人员培训、学习、研讨制度，不断提高监理人员的团队精绅，监理人员应遵循监理职业准则和行为规范，努力发挥长江委的专业和技术优势，努力为业主提供优质服务。

2) 业主单位授予监理单位的基本监理权限

监理项目实施过程中，业主单位通过工程监理合同与工程项目承建合同文件，授予监理单位以下权限：

(1) 对业主选择施工和供货单位的建议权；

(2) 对本工程实施的设计文件（包括由设计单位和承包单位提供的设计）的核查权；

(3) 对施工分包商资质和能力的审核权；

(4) 就施工中有关事项向业主提出优化的建议权；

(5) 对承包商递交施工组织设计、施工措施、计划和技术方案的审核权；

(6) 对施工承包商的现场协调权；

(7) 按合同规定发布开工令、停工令、返工令和复工令；

(8) 对工程中使用的主要工艺、材料、设备和施工质量的检验权和确认权、质量否决权；

(9) 对承包商安全生产与施工环境保护的检查、监督权；

(10) 对承包商施工进度的检查、监督权；

（11）根据施工合同的有关规定，行使工程量计量和工程价款支付凭证的审核和签认权；

（12）对工程变更有审核权，可批准不超过 50 万元的工程变更，同时抄报业主。若监理机构不恰当地使用此项权力，业主可予以否决；

（13）根据施工合同的约定，对承包商实际投入的施工设备和人力资源有核查和监督权；

（14）危及安全的紧急情况处置权，但应在 24 小时内向锦屏建设管理局做出书面报告；

（15）对竣工文件、资料、图纸的审核确认权；

（16）对影响到设计及工程质量、进度中的技术问题，有权向设计单位提出建议，并向业主做出书面报告。

（17）监理单位收到业主或承包商的任何意见和要求（包括索赔要求），应及时核实并评价，再与双方协商。当业主和承包商发生争议时，监理单位应根据自己的职能，以独立的身份判断，公正地进行调解，并在规定的期限内提出书面评审建议。当双方的争议按合同规定进行调解或由合同规定的仲裁机关仲裁时，应当提供所需的事实材料。

3）监理单位权限的限制

（1）监理单位应准确地运用业主单位授予的职责与权限。如这种职责与权限的运用，会提高工程造价、或延长建设工期、或对业主单位到期支付能力产生不利影响，则应事先向业主单位做出书面报告。

（2）监理单位无权免除工程承建合同中规定的工程承建单位或业主单位的责任与义务。

（3）工程承建合同规定，监理机构在行使下列权力前，必须得到业主的书面批准或认可：批准工程的分包、确定延长完工期限、作出工程变更决定、办理备用金支付签证，以及作出影响工期、质量、合同价格等其他重大决定。

4）各级监理机构职责

（1）监理部办公室在做好监理机构行政管理、财务管理、监理人员计划管理、监理人员职级管理、文挡管理、后勤服务和监理人员行为规范管理的同时，承担监理人员上岗培训、岗位管理、目标考核和协助总监承担监理机构内部协调和对外公共关系处理等项工作。

（2）综合技术处承担工程进度、施工质量、合同支付三项目标控制，以及工程信息处理、工程技术管理、文明施工与安全施工监督，以及合同商务管理等监理业务。综合技术处通过伸展到各项目监理处的工程进度与信息管理、施工质量控制、文明施工与安全施工监督、合同支付控制网络，负责工程施工控制目标与对策措施的制订、进展跟踪、过程分析与目标调整。同时，对项目监理处现场合同目标控制与跟踪监督等各项工作负有检查和协调责任。

（3）监理检测处的职责包括对承建单位检验和测量机构的资质、手段、方法、成果等的检查监督（简称检测监理），以及监理自身为施工质量与合同支付控制所进行的对照检测（简称监理检测）两方面。

（4）工程项目施工中，项目监理处负责从施工准备、资源投入、工序作业等全过程的跟踪监督和信息处理。

5）监理机构内部工作协调与争议处理

（1）四级、五级、六级监理职级授权范围内的一般问题争议，由监理站（组）长或由监理站（组）长指定本站（组）三级监理负责协调和处理，并向监理处长报告。

（2）三级监理职级授权范围内或跨技术专业问题争议，由监理组长报请监理处召开专题会议研究或协调处理，并向分管总监理工程师（或总师）报告。

（3）一、二级监理职级授权范围内的，或涉及专业技术重大问题，由监理处长或二级监理以上人员提出，由总监理工程师（或分管副总监、总师、下同）主持召开专题会议研究与协调处理。必要时，由总监理工程师根据问题的性质报请监理单位或业主单位研究解决。

6）监理机构对工程承建单位施工组织设计、施工措施计划、工程计量与合同支付等的审议与批准，对施工过程的监理与对工程项目的检查、质量检验和验收，并不意味着可以变更或减轻工程承建单位应负的合同义务和应承担的合同责任。

4. 监理过程控制

1）监理过程控制工作方针

监理机构以工程监理合同文件和工程承建合同文件为依据，坚持“安全生产为基础，工程工期为重点，施工质量作保证，投资效益为目标”的工作方针。

2）施工过程质量管理

（1）通过施工保证体系认证和施工过程中的检查监督，努力促使承建单位施工质量保证体系的健全、完善和落实，进一步调动和引导承建单位按国家法规和合同文件要求做好施工质量、安全生产和文明施工管理，变单向监控为双向监控。

（2）依据工程承建合同文件规定认真做好设计文件的核查签发。对设计文件，重点做好下列内容的核查：与招标设计变更的合理性、图面缺陷及与各专业图纸协调性、设计技术要求完整性、施工实施的方便与可行性。

（3）加强对用于工程的胶凝材料、钢材、混凝土骨料、外加剂与掺加剂等建筑材料质量的检查与控制，避免和防止不合格材料进入施工现场。

（4）加强对施工设备、设施到位数量、适应性、完好率与工时利用率的检查，避免因施工设备、设施原因导致对施工质量的损害。

（5）认真做好施工措施计划审批。在重要水工建筑混凝土浇筑、地下洞室开挖、灌浆、土石坝（堰）填筑、金属结构安装等重要项目规模性施工前，认真做好混凝土级配和浇筑试验、地下洞室开挖爆破试验、灌浆工艺试验、土石坝（堰）填筑试验、金属结构安装预拼等前期工作，以优化施工工艺、优选施工参数，并随施工进展不断优化调整，使其达到更佳的施工成效，为施工质量控制提供良好的基础条件。

（6）认真做好各级项目开工（仓）前施工准备的检查。对重要水工建筑混凝土浇筑、地下洞室开挖、灌浆、金属结构安装等重要单元工程，推行单元工程施工工艺设计与批准制度，为现场施工质量控制提供良好的技术准备条件。

（7）严格执行以单元工程为基础的单位工程、分部工程、分项工程、单元工程“四级项目质量控制”制度，严格实行“以单元工程为基础、以施工工序为环节、管理点旁站、全过程跟踪”的标准化、量值化质量管理。

（8）努力促使施工过程中承建单位现场四员（调度员、施工员、质检员、安全监督员）到位和作用的发挥，逐步强化以承建单位自身三检制为基础的单元工程质量检验制度，改变施工质量与安全生产只靠监理工程师管理的被动局面，努力提高施工质量和单元工程一次报检合格率。

（9）在对承建单位质量检验加强检查监督的同时，做好监理机构对施工工序和单元工程施工质量的抽查、抽检与针对性检测。

（10）编制监理人员现场作业指导书，建立监理机构现场值班制度，强化对监理人员现场值班记录的审核与管理，规范监理人员行为。

（11）对现场施工质量检验和认证，实行监理机构内部会签与责任考核制度。

（12）当工程进度与施工质量发生矛盾时，要求承建单位以施工质量求工程进度、以工程进度求施工效益，确保向业主提交合格的工程。

3）施工过程进度管理

（1）根据合同工期和调整的合同工期目标，编制和按期修订控制性工程进度计划与控制性网络进度计划，报请业主单位审批后，作为业主单位安排投资计划，物资、设备部门安排供应计划，设计单位安排设计供图计划，监理部安排监理人员工作计划和工程承建单位安排资源供应计划等的依据。

（2）监理过程中，根据控制性进度计划及分解工期目标计划，做好承建单位年、季、月施工进度计划的审批，以及随施工进展做好施工进度计划的动态跟综和周、旬施工进度的调整、完善。

（3）检查承建单位劳动组织和施工设施的完善，以及劳力、设备、机械、材料等资源投入与动力供应计划，为开工项目施工的持续、均衡进行提供基础条件。

（4）随施工进展，加强对关键路线与工程形象保证、重要施工项目逻辑关系及时差保证、工期计划调整的合理性评价和控制。

（5）建立施工进度控制成效评价技术指标体系，从以下七方面，针对施工项目和施工时段逐周、逐月进行控制成效评价：施工过程中的高峰年、季、月、周施工强度不均衡系数；施工设备的完好率、配置率、台时生产率和台时利用率；施工资源投入的保证率或到位率；施工进度计划和施工仓位计划的符合率；施工工序循环周期或循环时间的符合率；施工形象符合率；施工工程量指标完成率。

（6）随施工进展逐旬对施工实施进度特别是关键路线项目和重要事件的进展进行控制，包括运用工程承建合同中规定的“指令赶工”等手段，努力促使施工进度计划和合同工期目标得到实现。

（7）加强和完善监理机构内部的施工进度管理和协调机制。

（8）针对施工条件的变化和工程进展，阶段性地向业主单位提出调整控制性进度计划的建议和分析报告。

4）施工过程合同商务管理

（1）监理工程师应熟悉工程承建合同文件，能正确与准确地引用和解释合同文件。监理部在切实履行合同与加强对监理人员遵纪守法、廉洁敬业、合同观念教育的同时，通过自身的工作，努力促进工程建设各方合同意识的提高。

（2）对合同履行过程中的违约行为、性质、事件及其发生原因及时进行分析，并向业主单位和违约方反馈。同时，依据工程承建合同文件正确处理合同争议和合同索赔事件，促使合同履约率的进一步提高。

（3）根据业主单位审查批准的合同工期控制性进度计划，编制合同支付及分年资金流计划。

（4）根据当年季、月合同支付情况做好资金分析，并及时向业主单位反馈，按期向业主单位提供建议，促使有限资金得到更合理的应用。

（5）合同支付结算坚持以“承建合同为依据，单元工程为基础，工程质量为保证，量测核实为手段”的原则。通过业主单位授予监理单位及其监理机构的支付签证权的正确使用，促使工程承建合同的履行，推进工程建设的有序进展。

5）施工过程施工安全与文明施工管理

（1）监理机构坚持“安全第一、预防为主”方针，实行承建单位施工安全保证与监理机构检查监督的管理机制。监理机构对施工安全的检查和监督，并不替代或减轻工程承建单位对施工安全应承担的合同义务和责任。

（2）执行“安全监督与施工监督相结合、安全预控与过程监督相结合、安全监理工程师巡查与现场监理人员检查相结合”的施工安全监督工作制度，加强现场施工安全的预控、检查和监督，督促施工单位按章作业、文明施工，促进各项施工安全制度及安全保护措施的落实。

（3）督促承建单位根据国家颁布的各种安全规程，结合自己的实践经验编印通俗易懂适合于本工程使用的安全防护规程手册，并分发给承建单位的全体职工以及监理机构。

（4）工程项目开工前，督促承建单位完成施工安全保证体系的建立并报监理机构批准。工程施工过程中，督促承建单位结合工程进展和工程施工条件、现场施工安全条件的变化，以及施工安全措施执行中的实际情况，定期对施工安全保证体系进行补充、调整和完善，并报监理机构批准。

（5）在工程施工过程中，督促承建单位遵守安全规程，按合同规定设置与工程规模相适应的安全管理机构和配备专职的安全人员，加强对施工作业安全的管理，特别应加强对施工作业人员的岗前、班前安全培训和检查，加强爆破材料和爆破作业的管理，制定并落实安全操作规程，配备安全生产设施和劳动保护用具，并经常对其职工进行施工安全教育。

（6）在进行爆破作业时，督促承建单位遵守报经监理机构批准的爆破操作规程和告警规程，并对所有的人身、工程本体和公私财产采取保护性措施。

（7）工程施工过程中，监理机构和施工安全监理工程师应加强对文明施工、施工安全和劳动保护工作执行情况的检查和监督。注重做好对施工班组班前安全生产教育、文明施工、施工安全以及施工作业记录等情况检查；指示施工单位设置、更换、完善施工安全和劳动保护设施，或指令施工人员纠正违规作业行为，对严重违反规定的违章作业行为或其责任人发出违规警告；对经检查发现存在安全隐患，并可能因此导致安全事态进一步扩展或导致安全事故的作业行为，发出暂时停止施工作业的指令；对经检查发现的安全隐患拖延整改，或拒不执行监理机构指令的施工人员、施工班组责任人或施工作业班组提出撤离施工现场的建议等。

（8）督促承建单位建立施工安全档案和安全隐患登记、整改、复检和销案制度，安全事故“四不放过”（即事故原因没查清不放过，事故责任人没处理不放过，员工没受到教育不放过，整改措施没落实不放过）制度，并按工程承建合同文件规定及时向业主和监理机构报告施工安全生产情况。

（9）等级安全事故发生后，督促承建单位迅速采取必要措施抢救人员和财产，防止事故扩大，并按国家安全生产相关法律法规和合同文件规定程序，做好安全事故各项处理工作。

6）施工过程信息管理

（1）依据“为工程建设决策服务，为工程质量检验服务，为合同商务管理服务，为工程运行管理服务”四项原则，制定监理工程信息采集、现场记录和管理制度，促进了工程信息功能的发挥与监理信息管理制度的完善。

（2）建立监理机构自身的计算机局域网、信息处理系统和现场信息采集手段，在各二级监理机构配置专门的工程信息管理岗位，建立工程信息文件目录、编码方法、工程信息的传递流程和工程信息管理制度，在监理部综合技术处设置工程信息与施工进度计划管理组，加强对工程信息的采集、整理、存储、传递、更新和信息安全管理。

（3）在加强文字、图表等信息记录采集与管理的同时，充分运用声像手段和计算机处理技术加强对工程建设和施工过程中各种信息的采集、整编与管理。为工程质量检验、项目验收、合同商务管理，以及后期工程的运行、维护和管理提供资料。

（4）建立开工项目或待开工项目四级编码系统和工程信息反馈系统并督促其运行。

（5）编制工程管理、工程信息和监理现场记录等格式文件，并随工程施工进展不断完善。

（6）健全各级监理大事记录、项目进展记录、专业技术记录和现场监理记录，以及合同目标管理台账制度，定期对监理记录进行整编并向业主单位反馈。

（7）依照监理合同文件规定，通过编制《监理月报》、《监理简报》、《监理记事编录》等信息表报和专题报告，定期或不定期向业主单位报告工程进展，及时向业主单位报告涉及工程工期、工程质量或合同支付等重大变化情况。

7）施工过程的监理机构协调

（1）根据业主授予的权限和工程承建合同文件规定，在合同工程开工前建立监理机构内、外部两项协调制度：即依据工程承建合同文件所进行的以工程建设各方为对象的外部关系协调制度；以及依据工程监理单位服务保证要求和工程监理机构管理规定所进行的，为提高监理机构服务水平和推进合同目标控制成效的监理机构内部工作关系协调制度。

（2）施工过程中，监理机构应在业主授权范围内，依据工程建设合同文件履行好以下四项协调职能：协调工程建设各方之间的矛盾，协调不同标项之间的矛盾，协调工程进度、施工质量、施工安全和合同支付之间的矛盾，协调合同各方应承担的责任与义务之间的矛盾。

（3）各级监理机构应依据工程承建合同文件和监理部授权，努力提高、掌握与运用现场协调能力，及时发现与解决工程施工和合同履行过程中的问题，通过协调及时促使矛盾向统一转化，督促工程建设各方切实履行合同。

（4）施工过程中，监理机构根据需要定期召开监理协调会议，对上次协调决定的落实与工程进展进行检查，对本期工作进行研究，经各方充分协商后对需要解决的问题及时作出决定。与此同时，监理机构还根据业主、设计单位、承建单位及其他有关方要求，及时召开专项或专题协调会议，以及时发现和解决施工进展和合同履行过程中的各种矛盾，通过监理协调作用的发挥不断推进工程施工有序进展。

（5）进一步建立、健全和完善监理机构的分级协调制度，强化和发挥各级监理协调会的作用，实事求是、及时解决工程施工进展中发生的合同责任、商务和技术问题，加强工程建设各方之间的沟通、理解、配合与支持，通过监理协调职能发挥，为工程施工创造更为良好的外部条件与环境，促使工程建设目标顺利实现。

（6）加强监理机构内部协调，定期对外界因素变化情况进行分析、评价，定期对合同目标控制对策进行研究，定期对监理专业与各级监理机构之间关系调整，定期对监理机构工作计划等进行研究，及时解决监理机构自身在监理服务和监理权限运用中存在的矛盾。

5. 监理人员行为规范

1）遵守国家和政府法令、法规，尊重地区风俗习惯，遵守各项监理工作制度，服从监理机构的领导和管理，坚持科学、求实、严谨的工作作风，做到遵纪守法、廉洁敬业，尽职尽责为工程建设服务。

2）努力钻研业务，熟悉工程承建合同文件，熟悉设计文件，熟悉技术规程、规范和质量检验标准，熟悉监理工作程序和监理工作文件，熟悉施工环境和条件，认真履行职责、正确运用权限，促使监理工作能力和水平的不断提高。

3）深入施工现场了解和掌握工程施工第一手资料，在职级授权范围内充分正确地运用自己的职责和技能，及时发现问题、及时解决问题。

4）监理人员无权自行变更和修改设计。发现设计有重大失误或因施工条件变化导致设计文件必须作局部调整、变更与修改时，应及时向监理部或监理处提出，以便及时与设计或设代单位会商后作出处理。

5）监理人员请假、出差、离岗、退场等，应依据监理部有关规定办理相关手续并在安排好工作交接后方可离岗。

6）监理工作过程中，监理人员不得泄露业主单位申明的秘密，也不得泄露设计、工程承建等单位提供并申明的技术、经济和合同商务秘密。

7）监理人员不得参与可能与监理合同规定的与业主的利益相冲突的任何活动，不得在施工、建造及物资供应等单位兼职，不得向承建单位介绍施工队伍，不得收受承建单位礼品，更不得徇私舞弊、收受贿赂和进行其他有损工程建设监理工作或监理部声誉的活动。

6. 奖惩措施

1）监理部鼓励监理工作人员努力钻研技术业务和争优创新。对在监理工作中提出合理化建议，明显推进了合同工期、工程质量或取得了明显的经济效益的，监理部将报请业主单位，或通过监理部处长以上干部会议研究后给予表彰与奖励。

2）监理人员违反监理工作制度和监理人员行为规范，或失察、失职对监理工作造成损失，或玩忽职守、或因其他不良、不当行为对监理部声誉造成不良影响的，监理部将根据有关制度规定经监理部处长以上干部会议研究后作出决定，对责任人员给予批评教育、经济处罚、降职、降级，直至清退或报请长江委有关部门给予纪律处分。

3）监理部在各级监理机构、监理人员中开展目标考核和监理优胜评比活动。

8.3.3 锦屏一级水电站施工测量监理工作规程

1. 总则

1）本规程依据工程施工承建合同及其技术条款、《水电水利工程施工测量规范》（DL/T5173-2003），以及与合同工程项目相关的技术规程规范编制。

2）本细则编写目的旨在规范各方履约行为，明确监理机构依据合同文件规定对合同目标控制提出的要求，促使工程承建单位按合同文件规定履行其对合同目标保证的义务，促使工程承建合同目标更优的实现。

3）本工作规程适用于监理项目范围内所有工程项目的施工测量。

4）业主在现场建立测量控制中心，主要职责为：

（1）通过监理机构向承建单位提交施工控制网基准点、基准线及水准点；

（2）对承建单位的施工控制网、地形测量成果、竣工断面等进行抽测；

（3）负责对业主提供的锦屏水电站工程的测量基准点、基准线及水准点等基本控制网点进行定期复测和对施工期遭损坏的测量设施进行修复；

（4）按工程承建合同文件规定，对用于合同支付计量的原始地形和不同支付价格的岩层分界面等进行必要的复测。

5）用于施测的基准数据、施工测量方案、施工测量措施计划和施工测量技术设计书等关键性文件均须事先报经监理机构或业主测量控制中心批准。如果承建单位采用新仪器、新设备或新技术方法，或在施测过程中执行了合同技术条款和现行技术规范尚未规定的技术要求，则须于计划实施的14天前报经监理机构或业主测量控制中心批准。

6）承建单位为合同工程项目施工测量所用的仪器、设备、方法和测量成果质量的检查和验收等，应符合合同技术条款及其所引用的国家和行业颁布的技术标准和规程规范规定。

（1）《技术条款》中引用的标准和规程规范如被修改，在执行合同时应以有效版本为依据。但当合同技术条款的内容与所引用的标准和规程规范的规定有矛盾时，应以技术条款的规定或监理机构指示为准。

（2）当合同技术条款的内容与国家和国家工程建设主管部门颁布的强制性技术标准和规定发生矛盾时，以国家和国家工程建设主管部门颁布的强制性技术标准和规定为准，由此所导致合同条件变化按工程变更条款规定执行。

（3）在施工过程中，监理机构为保证工程质量和施工进度，有权指示承建单位调整施工测量程序、方法、内容和测量措施计划，承建单位不得拒绝。该项调整涉及变更时，按工程变更条款规定办理。

7）监理机构和业主测量控制中心对承建单位施工测量方案、施工测量措施计划、施工测量技术设计书和施工测量成果等的抽查、审查、批准与确认，并不取代和减轻承建单位对施工测量成果准确和精确度应承担的合同义务和责任。

2. 施工测量体系

1）锦屏一级水电站施工测量质量控制体系由业主测量控制中心、工程承建单位施工测量体系、监理单位测量机构组成。

（1）承建单位依据合同文件、设计要求和有关技术规程规范，对合同工程项目自开工、实施、维护、竣工、验收、移交、直至缺陷责任期内为缺陷修复等施工所需的全部施工测量工作，包括其施工控制网布设、工程施工放样、工程质量检查、合同支付计量、竣工地形测绘等所有为合同目的所进行的施工测量工作承担合同责任。

（2）监理机构和业主测量控制中心依据工程承建合同文件规定，对承建单位施工测量工作和施工测量成果质量进行检查、抽测和认证。监理机构可以指示承建单位在监理测量工程师的监督下进行抽样复测，当复测中发现有错误时，承建单位必须按监理机构的指示进行修正或补测。

2）承建单位应在合同工程项目开工前，建立施工测量机构。其机构设置、施工测量质量保证体系、人员数量与岗位资质、施工测量设备配置等，必须符合合同规定并满足工程项目施工质量控制、施工进度控制和工程计量的要求。

（1）在合同工程开工的28天前，承建单位应向监理机构提交其工地的施工测量机构设置和质量保证体系报告。其内容应包括：机构的组织与设置、工程项目与测量工作内容、工作制度与质量保证措施、应用软件与应用表格及其说明、主要技术和管理人员资质以及测量技术工人的配备、测量仪器设备配置及其率定情况等。

（2）承建单位施工测量机构负责人、主要技术和管理人员、测量人员等专业技术骨干应相对稳定。测量机构负责人、主要技术人员的调动应报经监理机构同意。监理机构认为有必要时，承建单位还应按规定的格式，定期向监理机构提交测量机构人员变动情况的报告。

（3）承建单位测量机构技术岗位人员应通过培训并持有国家或工程建设管理部门认可的资格证件。监理机构有权随时检查承建单位上述人员的上岗资格证明。必要时，监理机构还可要求对上述人员进行考核和合同要求资格的认证，合格者才准上岗。

（4）承建单位应对其工地测量机构及其人员进行有效的管理，使其能做到尽职尽责。监理机构有权要求撤换那些不能胜任本职工作或行为不端或玩忽职守的人员，承建单位应及时予以撤换。

（5）承建单位的施工测量设备应及时进入工地，经监理机构核查后投入使用，并专用于本合同工程。若需变更合同技术条款规定或投标承诺的施工测量设备时，须经监理机构批准。在合同工程实施期间，除需对设备进行定期检定、维护、率定或更换外，未经监理机构同意，承建单位不得将上述仪器设备运出工地。

（6）承建单位应配置主要测量设备的备品备件以保证设备的正常运行。一旦发现承建单位使用的测量设备影响工程进展或工作质量时，监理机构有权要求承建单位增加和更换设备，承建单位应予及时增加或更换，由此增加的费用和工期延误责任由承建单位承担。

3）在合同工程项目的施工测量管理中，业主赋予监理单位以下的权限：

（1）对工程实施的设计文件（包括由设计单位和承建单位提供的设计）的核查权，只有经过监理机构审签并加盖公章的图纸及设计文件才成为承建单位有效的施工测量依据；

（2）根据承建合同规定，对承建单位施工测量机构资质和实际投入的各类人员（包括承建单位施工测量机构负责人、主要技术和管理人员、测量人员等）执业资格的检查和能力的评价权；

（3）就施工测量中有关事项向业主提出优化的建议权；

（4）对承建单位递交的施工测量方案、施工测量措施计划和施工测量技术设计书等文件的审核权；

（5）对承建单位的现场协调权；

（6）按合同规定发布开工令、停工令、返工令和复工令；

（7）工程施工测量中使用的仪器、设备和施工测量成果质量的审核权、确认权和否决权；

（8）对承建单位施工测量安全作业与劳动保护的检查、监督权；

（9）对承建单位施工测量体系的检查、监督权；

（10）根据承建合同的有关规定，行使工程支付计量资料及其成果的审核和签认权；

（11）根据承建合同规定，对承建单位实际投入的施工测量人员、设备的核查和监督权；

（12）对竣工测量资料、图纸的审核确认权；

（13）当业主和承建单位之间发生合同争议时，根据自己的职能，以独立的身份判断，公正地进行调解，并在规定的期限内提出书面评审建议。当双方的争议由合同规定的调解或仲裁机关仲裁时，提供所需的事实材料。

4）监理机构或业主测量控制中心将按合同文件规定，在发出开工通知的 14 天前，向承建单位提供工程勘测设计阶段的测量基准点、基准线和水准点及其基本资料和数据，以作为承建单位进行施工测量工作的基础。

（1）承建单位接收监理机构提供的上述基准数据后，应校测基准点（线）的测量精度，并复核其资料和数据的准确性。

（2）如对上述基准数据有异议，承建单位应在收到数据后的 14 天内以书面形式报告监理机构或业主测量中心共同进行核实。核实后的数据由监理机构或业主测量中心重新以书面形式提供。

5）承建单位应在合同《技术条款》规定或监理机构指示的期限内，依据监理机构或业主测量控制中心向其提交的施工控制网基准点、基准线及水准点及其书面资料，按国家或行业测绘标准和工程施工精度要求，根据需要建立相对稳定的永久和临时施工测量控制点，测设用于工程施工的控制网，并应在合同《技术条款》规定的期限内，将施工控制网资料报送监理机构审批。

6）施工控制网建立后，承建单位应定期进行复测，尤其在建网一年后或大规模开挖结束后，必须进行一次复测。在施工过程中，若发现控制点有位移迹象时，应及时复测。

7）承建单位应负责保护好测量基准点、基准线和水准点及自行增设的控制网点，并提供通向网点的道路和防护栏杆。各等级控制点周围应有醒目的保护装置，以防止车辆或机械的碰撞。在有条件的地方可建造观测棚。测量网点的缺失和损坏应由承建单位负责及时修复，并为此承担所需的管理和修复费用。

8）如果由于承建单位使用不合格的施工测量仪器、设备和测量方法等造成了工程损害，监理机构可以指示承建单位立即采取措施进行补救，包括更换测量仪器、设备或采用正确的方法重新测量，直至对工程的不合格部位进行补工、返工或清除。由此增加的费用和工期延误责任由承建单位承担。

9）承建单位应按承建合同文件规定做好测量准备工作，并对监理机构和业主测量中心的复核测量作业给予必要的协助。包括做好桩号（或高程）标注、开挖面清理，以及洞室内的通风、照明等测量准备工作和提供必要的设施等相关工作条件和场地安全条件。

10）承建单位应按合同文件规定履行其施工测量安全职责，加强对施工测量人员进行作业安全教育，加强对危险部位施工测量作业的安全检查，按照国家劳动保护规定定期发给现场施工测量作业人员必需的劳动保护用品，在洞室施工测量作业区设置足够的照明，避免施工测量作业质量事故和安全事故的发生。

3. 承建单位应报送的文件

1）承建单位应在施测前14天，将有关反映其施测能力、水平和施测进度安排计划的施工测量措施计划报告报送监理机构批准。报告内容应包括：

（1）施测项目概述；

（2）施测技术方案要点（施测方法、操作规程和引用技术标准目录）；

（3）观测仪器、设备设置（含计算机、气象仪器和仪器检验设备等）；

（4）测量专业人员设置；

（5）施测进度计划；

（6）测点保护措施；

（7）测量成果质量控制措施；

（8）施工测量作业安全措施（包括：测量作业安全防护和劳动保护设施的配备，测量作业中防滚石、防高空坠落，洞室施工测量作业区照明，以及救护、警示等安全措施）；

（9）监理机构依据承建合同文件要求报送的其他资料。

2）当工程施工进度计划发生重大变更或调整时，监理机构可指示承建单位对报经批准的施工测量措施计划进行调整。承建单位应按监理机构指示的内容、期限和要求，编制变更或调整施工测量措施计划报送监理机构审批。

3）承建单位应根据报经批准的施工进度计划安排施测作业。在阶段性测量工作完成后的14天内，按合同文件及其技术条款规定和监理机构要求向监理机构报送业已完成的阶段性测量成果资料，以便监理机构及时对所报送测量成果进行审核与确认。

4）控制测量各阶段报告内容要求：

（1）平面、高程控制网（或系统）设计。包括：已有的控制点成果及略图、测区地形图、工程布置图和建筑物设计图文号；控制测量设计书（含标石类型、联测方案、引用技术标准等）。对于水工隧洞测量，应包括贯通设计、洞内外控制测量设计。

（2）控制测量的选点、埋石设计。包括：控制网点布置图、水准路线图、导线路线图、点之记等。

（3）控制测量观测设计、内业计算和成果验收。包括：内业成果计算资料（对于水工隧洞测量，应递交洞口点与洞外相关控制点联测的平差资料和进洞关系平面图，洞内导线和高程计算成果以及平面图）；成果表（含坐标系统、投影面和高程系统，对于水工隧洞测量，应递交贯通误差的实测成果和说明）；质量评价、技术总结、验收报告。

(4) 监理机构依据合同文件要求报送的其他资料（包括相应的应用技术与计算程序使用说明等)。

5) 放样测量各阶段一般报送主要轮廓点（轴线）和重要部位的放样数据与资料。必要时，应根据监理机构要求报送所有放样数据及资料。报告内容包括：

(1) 施工区等级控制点成果及略图、工程布置图和建筑物设计图文号等；

(2) 放样数据、放样略图（含可能的控制方格网图)；

(3) 放样方法、程序及点位精度估算；

(4) 放样计算资料；

(5) 按合同文件规定或监理机构要求应予报送的其他资料。

另外，在每个单位工程完成后的 14 天以内，承建单位还应报送单位工程的放样测量工作总结、质量评价和验收报告。

6) 断面测量各阶段报告内容要求：

(1) 断面轴线点或中心桩放样图、断面点测量方法；

(2) 断面施测记录、计算和断面点成果表；

(3) 各种断面图及断面编号；

(4) 按合同文件规定或监理机构要求应予报送的其他资料。

7) 局部地形测量各阶段报告内容要求

(1) 测图控制。包括：基本控制说明；图根控制测量设计；仪器、工具检验资料；测站点平面坐标和高程的测定方法，图根点和测站点坐标及相应的计算程序使用说明；图根点成果表及展点图。

(2) 地形图测绘。包括：地形图比例尺、等高距、分幅、图式；仪器、工具检验资料；地形原图、图幅结合表；质量评价、技术总结、验收报告。

(3) 按合同文件规定或监理机构要求应予报送的其他资料。

8) 上述报告文件连同审签意见单一式四份，经承建单位项目经理或授权代表签署后递交。监理机构审阅后将限时退回审签意见单一份，原件不退回。审签意见包括“照此执行”、“按意见修改（正）后执行”、“已审阅”或“修改（正）后重新报送”四种。

9) 若承建单位收到的审签意见为“修改（正）后重新报送”，则承建单位应抓紧作出安排，并承担由此可能引起的施测或施工作业延误等合同责任。

10) 承建单位未能按期向监理机构报送以上报告资料，因此造成的合同责任由承建单位承担。若承建单位在限时内未收到监理机构的审签或批复意见，可视为已报经审阅。

11) 对于承建单位报送申明属于秘密并于文件首页一个明显位置加盖了密级印章的成果资料和技术文件，监理工程师应对第三方保密，并且只限于在本监理项目范围内引用。

12) 当承建单位由于各种原因，需要修改已报经监理机构批准的作业措施和计划，并致使施测技术条件发生实质性变化时，承建单位应于此类修改计划或措施实施的 7 天以前另行报经监理机构批准。

4. 施工质量检验和竣工测量

1) 承建单位应负责工程施工质量检验和竣工测量所需的全部施工测量工作。承建单位应按合同技术条款的规定，及时将施工测量成果和测量资料报送监理机构审核，或与监理机构共同测量。

（1）单位工程开工前的合同规定时限内，承建单位应测量开挖范围的原始地形并绘制原始剖面图，地形图比例在大面积范围开挖时不小于 1∶200，局部范围内开挖时不小于 1∶100。

（2）分部分项工程开工 14 天前，承建单位应完成石方开挖前的开挖放样剖面测量。

（3）对于应报送监理机构审核的施工测量成果和测量资料，监理机构可以使用承建单位的施工控制网自行进行检查测量，亦可要求承建单位在监理机构直接监督下进行复核对照测量。

2）放样工作开始之前，承建单位应：

（1）详细查阅工程设计图纸和文件（包括修改通知），对于设计图纸中有关数据和几何尺寸，应认真进行复核，确认无误后，方可作为放样的依据。不得凭口头通知或未经批准的草图放样。

（2）收集施工区平面与高程控制成果，了解设计要求与现场施工需要。所有放样点线，均应有复核条件，现场取得的放样及检查验收资料，必须进行复核，确认无误后，方能交付使用。

（3）根据设计图纸和有关数据及使用的控制点、轴线点、测站点等测量成果，计算放样数据，绘制放样草图，所有数据、草图均应经两人独立校核。用电算程序计算放样数据时，必须认真核对原始数据输入的正确性。

（4）根据精度指标，选择合适的放样方法。

3）边坡和基础开挖过程中的测量与放样：

（1）边坡和基础开挖开始前，承建单位应按报经监理机构批准的开挖施工放样测量计划，根据施工图纸和有关设计文件，结合开挖进度要求做好开口轮廓位置等测量放样。

（2）边坡和基础开挖放样时应放出轮廓点（包括坡顶点、转角点及坡脚点等）。当轮廓线较长时，应视工程情况按 5~10m 加密。放样轮廓点的点位线误差和高程线误差不大于±15cm（相对于邻近控制点）。

（3）每一个平台施工开挖过程中，承建单位应沿开挖轮廓测绘平、剖面图和主要点的高程以及土石分界线，作为爆破设计、竣工资料和计算工程量的依据，剖面图的测量间距可根据情况在 5~20m 范围内选择。

（4）每一排炮均应放样，并测量上一排炮爆破后的开挖面的超欠挖情况及开挖范围，并把资料及时报送监理机构审签，以便确定对超欠挖的处理。

（5）开挖过程中，承建单位还应经常校核测量开挖平面位置、水平标高、控制桩号、水准点和边坡坡度等是否符合施工图纸的要求。

（6）开挖过程中，监理机构有权随时抽验承建单位的上述校核测量成果，或与承建单位联合进行核测。

4）施工测量作业中，承建单位现场所取得的测量数据，应记录在规定的施工测量手簿中。施工测量手簿须妥善保存。施工测量手簿栏目必须填写完整，字体应整齐清晰，不得任意涂改。填写内容包括：

（1）工程部位、施工测量作业日期、观测、记录及检查者姓名。

（2）施工测量作业所使用的控制点名称，坐标和高程成果，设计图纸编号，使用数据来源。

（3）施工测量作业数据及草图。

（4）施工测量作业过程中的实测资料。

（5）施工测量作业所使用的主要仪器。

5）单项工程施工测量作业结束后，承建单位应及时整理下列资料，并将测量成果报监理机构或业主测量中心审核和签认。

（1）单项工程竣工测量资料及图表。

（2）竣工测量手簿及施测方法简明报告。

（3）放样数据计算资料。

（4）单项工程测量技术小结。

由电子记录器或计算机输出的野外观测记录、计算资料等应及时整齐地贴于有关手簿或计算用纸上，并加注必要的说明。

6）地下洞室施工测量：

（1）地下洞室开挖放样以施工导线标定的轴线为依据，开挖掘进细部放样应在每次爆破后进行，掌子面上除标定中心和腰线外，还应画出开挖轮廓线。开挖轮廓放样点相对于洞室轴线的限差为±50mm（不许欠挖）。

（2）地下洞室混凝土衬砌放样，应以贯通后经调整的洞室轴线为依据，在衬砌断面上标出拱顶、起拱线和边墙的设计位置。混凝土衬砌立模放样点相对于洞室轴线的限差为±20mm。立模后应及时进行检查。

7）随着洞室工程的施工进展，应及时测绘开挖和混凝土衬砌竣工断面。断面测点相对于洞室轴线的测量限差为：

（1）开挖竣工断面：±50mm。

（2）混凝土竣工断面：±20mm。

8）水工隧洞在混凝土衬砌过程中，应根据需要及时在两侧墙上埋设一定数量的永久标志，并测定高程、桩号等数据，以备运行期间使用。

9）施工过程中承建单位应收集、整理的测量资料：

（1）在施工过程中开挖和混凝土浇筑工程量，放样计算资料，立模放样验收记录。

（2）地下工程施工过程中贯通测量技术设计书，控制测量平差计算成果，洞轴线控制点与控制网连测的平差资料及进洞关系平面图，洞内导线和高程计算成果及其平面图。

10）承建单位应按合同文件及其技术条款规定，随着施工的进程，按竣工测量的要求，逐渐积累竣工资料，待单项工程完工后，及时进行、完成一次性的竣工测量。竣工测量的施测精度，一般不应低于放样的精度。

竣工测量的主要工作项目包括：

（1）主体建筑物基础开挖建基面的1∶200~1∶500竣工地形图（或高程平面图）。

（2）主体建筑物关键部位与设计图同位置的开挖竣工纵、横断面图。

（3）地下工程开挖、衬砌或喷锚竣工断面图。

（4）建筑物过流部位或隐蔽工程形体测量。

（5）建筑物的各种主要孔、洞的形体测量（如电梯井、倒垂孔等）。

（6）外部变形监测设备埋设、安装竣工图。

（7）收集、整理金属结构、机电设备埋件安装竣工验收资料。

(8) 其他需要竣工测量的项目（如高边坡部位的固定锚索、锚杆立面图和平面图、测绘施工区竣工平面图等）。

11) 石方明挖工程完工后，承建单位应按合同文件规定提交以下完工验收施工测量资料：

(1) 石方明挖工程完工平面和剖面图（5m 一个剖面）；

(2) 质量检查报告；

(3) 开挖事故处理记录；

(4) 业主相关部门或监理机构依据合同文件及其技术条款要求提供的其他完工资料。

12) 地下洞室开挖工程完工后，承建单位应按合同文件规定提交以下完工验收施工测量资料：

(1) 地下洞室开挖完工图；

(2) 地下洞室开挖实测纵、横剖面图（5m 一个剖面）；

(3) 地下洞室围岩地质测绘资料、水文地质资料及监测资料；

(4) 地下洞室开挖事故处理记录；

(5) 业主相关部门或监理机构依据合同文件及其技术条款要求提供的其他完工资料。

13) 土石方填筑工程完工后，承建单位应按合同文件及其技术条款的规定，为监理机构进行完工验收提交土石方填筑工程完工平面和剖面图等施工测量资料。

5. 合同支付计量测量

1) 合同支付计量依据：

(1) 工程施工承建合同及其他有效的合同组成文件；

(2) 经监理机构签发的施工图纸（技术要求、设计变更通知），业主及其部门或监理机构关于施工事项的指示等其他有效文件；

(3) 国家及部门颁发施工技术规程、规范、技术标准中关于工程量计量的规定；

(4) 经业主或监理机构确认并有文字依据的有关工程量度量与量测图件等资料。

2) 投标书工程量报价表中所列的工程量，不能作为合同支付结算的工程量。只有按有效设计文件要求和监理机构指示进行并完成、施工质量检验合格（土石方开挖中的中间支付计量除外）、按合同文件规定应度量支付的工程（工作）量才能得到计量支付。

(1) 除合同另有规定外，土石方开挖、填筑等涉及施工测量方式计量的工程量，应采用施工测量方式进行。各个项目的计量测量办法应按合同《技术条款》的有关规定执行，计量单位应采用国家法定的计量单位。

(2) 除承建合同文件另有规定，或监理机构、业主已明确不再进行的测量检查项目外，未经监理机构或业主测量控制中心进行成果认证或测量检查的项目，业主有权拒绝计量和支付。

3) 合同支付计量测量的申报、作业，以及计量测量成果的审核与签证，依据工程承建合同文件规定进行。

(1) 除合同文件另有规定外，合同支付计量以施工图纸明示的净值计量。施工过程中因承建单位未按合同《技术条款》、设计文件、施工技术规范或监理机构指示施工，或采取不适当的方法施工而造成的超挖、超填工程量，或经监理机构质量检查不合格而指令舍弃或返工挖除的不合格填筑体，以及超出设计图纸确定的填筑范围部分的无效填筑量

(简称为：施工原因超挖、超填工程量)，不予计量支付。

(2) 在施工期间，直至最终通过合同项目完（竣）工验收，如果沿开挖边坡线发生滑坡或塌方，承建单位应对堆渣进行清除并对完（竣）工边坡进行处理。如果产生这类滑坡、塌方不是由于承建单位采用不恰当的施工方法所引起的，并经设计地质或监理地质工程师认证、监理机构审核（简称为：地质原因超挖、超填工程量)，可列入支付计量。

(3) 由于施工需要所进行（包括承建单位报经监理机构批准后进行的，或按监理机构指示所进行的）的集水、排水、避车、回车通道扩挖，以及临时施工设备安放等所进行的一切附加开挖，不另进行支付计量。

(4) 土石方明挖、地下洞室开挖工程支付计量测量，按施工详图或经设计变更调整的设计开挖线，或监理机构或业主测量中心批准并经最终确认的开挖线以自然方计量。

(5) 地下洞室开挖支付计量测量按整桩号进行。设计断面变化处，或应计量支付的地质超挖部位，可另行加桩量测。开挖方量计算应采用棱体法，不应采用算术平均断面法。

4) 支付计量的计算方式：

(1) 长度计量的计算。所有以延米计量的结构物，除非施工图纸另有规定，应按平行于结构物位置的纵向轴线或基础方向的长度计算。

(2) 面积计量的计算。结构面积的计算，应按施工图纸所示结构物尺寸线或监理机构指示在现场实际量测的结构物净尺寸线进行计算。

(3) 体积计量的计算。结构物体积计量的计算，应按施工图纸所示轮廓线内的实际工程量或按监理机构指示在现场量测的净尺寸线进行计算。经监理机构批准，大体积混凝土中所设体积小于 $0.1m^3$ 的孔洞、排水管、预埋管和凹槽等工程量不予扣除，按施工图纸和指示要求对临时空洞进行回填的工程量不重复计量。

5) 承建单位应负责工程施工合同支付计量所需的全部施工测量工作。开挖或填筑作业开始的 14 天以前，承建单位应测量开挖或填筑范围以及不同支付单价的土、石分类层面的原始地形并绘制原始剖面图并报监理机构或业主测量中心签认。地形图比例在大面积范围开挖或填筑时不小于 1∶200，局部范围内开挖或填筑时不小于 1∶100，并报监理机构复核，或与监理机构共同测量。否则，业主将有权拒绝对承建单位的开挖或填筑作业进行计量和支付。

6) 业主测量中心认为必要时，可以对原始地形进行必要的复测。

(1) 如未经业主测量中心复测，承建单位擅自进行开挖或填筑作业，改变原始地形，业主将有权根据测量中心复测时的测量成果进行计量和支付。

(2) 业主测量中心进一步要求对收方工程任何部位进行补充或对照量测时，承建单位应及时派出代表和测量人员按要求进行量测，并按业主测量中心的要求提供测量成果资料。如果承建单位未按指定时间和要求派出上述代表和测量人员，则业主测量中心主持完成的量测成果被视为对该部分工程合同支付工程量的正确量测。

(3) 如复测结果与承建单位提供的原始地形存在较大差别时，双方应在监理机构的组织下，对主要地形原始断面进行联合测量，并以联合测量结果作为计量的原始依据。对同一工程计量部位或范围，如双方测量计算工程量之差小于复测计算工程量的 3%时，可取中值作为最后计量值。

7）承建单位应按合同技术条款的规定，提交计量测量资料报送监理机构审核。监理机构可以使用承建单位的施工控制网自行进行检查测量，可要求承建单位在监理机构直接监督下进行复核对照测量。为加快支付计量审核过程，必要时，监理机构亦可会同承建单位的测量人员联合进行计量测量，经双方核签的测量成果，可直接用于计量付款。

计量测量各阶段报告内容要求：

（1）施工前的原始地形图、断面图或其他业已报监理机构或业主测量中心签认的资料；

（2）业已报监理机构或业主测量中心确认的计量测量资料；

（3）工程量计量计算资料；

（4）按合同文件规定应予报送的其他资料。

8）支付计量测量的申报与签证：

（1）土石方明挖开始之前，以及开挖至不同支付单价的土、石分类层面时，承建单位应及时申报进行原始地形或计量剖面测量。

（2）对于必须采取收方测量方法进行支付计量的施工项目（或部位），承建单位或其授权部门应在申报支付测量的5天前按附表格式一式四份向监理机构递交《合同支付计量申报单》，经监理机构审查同意后，方可进行支付计量测量。监理机构将在限期内派出测量工程师主持或监督测量工作的进行。

（3）鉴于水工隧洞洞室断面大、开挖层次多、完成单元工程质量检验历时较长，水工隧洞洞室开挖中间支付计量结合施工进展按照“中间支付、总量控制”的方法进行。

（4）除因地质原因所导致的超挖情况外，监理机构仅对开挖面是否符合设计图纸规定，包括是否存在欠挖，以及是否存在轴线偏离和高程错位等进行审核；并在审核合格后按设计图纸或监理机构指示的最终开挖线内以净值计量。

（5）承建单位应随同施工进展，及时申报进行合同支付计量。合同支付计量可以在单元工程质量检验合格后按单元工程及时申报进行，也可以结合计量条件在若干单元工程质量检验合格后按分项工程相对集中申报进行。

（6）承建单位合同支付计量申报（包括必须在开挖前进行的原始地形或计量剖面测量申报）必须经项目经理签署后，在计划进行计量的5天以前一式四份报监理机构。

9）监理机构不接受或不受理下列工程计量申报测量文件，由此导致的计量、支付延误等合同责任内承建单位承担：

（1）不符合合同支付计量规定；

（2）不符合支付计量申报程序；

（3）未经施工质量检验合格的。

10）支付计量测量签证的事后修正。

工程施工过程中的支付计量属中间计量。监理机构可按合同文件规定，在事后对业经签证支付计量证书再次进行审核、修正和调整，并为此发布修正与调整计量签证。

8.3.4 锦屏一级水电站前期工程施工测量的过程控制

1. 控制测量

开工前，承建单位应按提供的基准点、基准线和水准点，按国家测绘标准和合同技术条款规定的施工精度，测设用于工程施工的控制网。在此期间，监理测量队必须做好如下工作：

（1）检查用于控制测量的仪器率定和使用期限、人员数量及其资质；

（2）加强对控制测量技术方案审查；

（3）加强对使用的测量数据处理和平差软件的审查；

（4）控制网的复制；

（5）施工控制测量成果评价。

锦屏一级水电站基准点（线）间距较远，为避免被破坏，大多数点建造在施工区外。为保证放样测量的精度和方便施工放样，需在施工区内测设适用于本工程项目的施工控制点，测量等级分级布置或越级控制。最末级平面控制点相对于同级起始点或邻近高一级控制点的点位中误差不大于±10mm。

左、右岸缆机安装工程中，要求承建单位施测专用缆机安装的控制网。由于左、右岸缆机平台的开挖施工进展不同，会导致形成时间差异，应先进行右岸缆机安装。承建单位报送的缆机专用控制网测量方案只用于右岸 1 号缆机安装。考虑到左岸缆机安装及左、右岸施测缆机安装的系统一致性和同精度安装的要求，确定采用如图 8-7 的控制网测设方案：在右岸布设 3 个点（YLJ01、YLJ02、YLJ03），以锦屏一级水电站控制点 JP100 和 JP104 为已知点，在右岸施测缆机安装专用控制网；当左岸缆机平台形成后，在左岸布设 3 个（或以上）点（ZLJ01、ZLJ02、ZLJ03），以右岸的 3 个点（YLJ01、YLJ02、YLJ03）为已知点按同精度施测，以避免两次联测高等级施工控制网点造成左、右岸缆机安装专用控制网点相对精度降低。

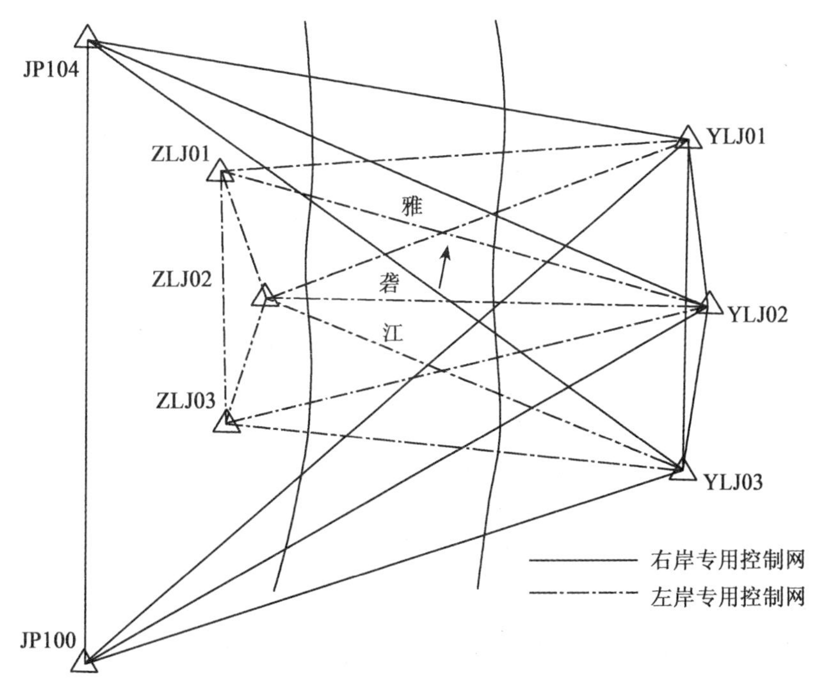

图 8-7　左、右岸缆机安装专用控制网

2. 施工放样测量

锦屏一级水电站前期工程主要施工放样测量项目有土石方开挖、导流洞衬砌和缆机平台浇注等混凝土建筑物的放样和机电设备与金属结构安装（导流洞闸门和缆机轨道安装）放样等。

对重要和关键部位的测量放样，监理测量队加强了以下检查和监督力度：①承建单位进行放样方法的设计与放样点的计算，并报监理机构审核与校算；②承建单位会同测量监理利用已知点按设计的放样方法进行放样，或承建单位单独放样测量后，监理测量队对重要的放样点或放样部位进行检测；③承建单位测量人员对放样点的差值或精度进行计算，监理测量队对放样点的差值或精度进行校算。只有成果满足合同技术条款和有关测量规程规范要求，才能进行下一道工序施工。

在右岸缆机 4 号轨道的第 2 节安装放样中，承建单位按设计的极坐标法对轨道进行了放样，随后，监理测量队对已放样的点进行检查，发现轨道端点位置与设计偏差近 4cm，经对放样过程记录进行检查，发现为数据读取错误，且没有按规范要求的程序在放样后采用异站的方法对放样点进行检查，致使测量过程中的错误和过失未被及时发现。

3. 施工过程校测

在明挖或洞挖过程中，监理测量队加强了对已开挖成型的坡面或洞室的校测，以便对明挖或洞挖质量进行评价。施工过程校测的主要内容包括洞挖的轴线和高程，明挖的坡比、坡脚线位置和高程等。

在左岸导流洞工程开挖过程中，监理测量队在复核了开挖轴线的基础上，通过抽测开挖断面，发现部分部位存在较严重的欠挖。为此，督促承建单位对开挖断面进行全面的测量检查并进行全过程旁站监督。监理测量队将获取的第一手开挖断面资料做成开挖断面图，对欠挖部位及欠挖量进行标注，提供给项目监理处作为控制和评价开挖质量的依据。

4. 计量测量

测量监理仅对符合下列规定的施工项目进行工程计量测量：合同中规定的应予计量支付的项目；按设计图纸要求施工完成的项目；经监理机构质量检验合格的项目。

计量测量步骤：

（1）施工作业前，会同承建单位对明挖、其他填挖方区域进行原始地形（或断面）测量；

（2）结合施工进展对申报计量的开挖、回填区域进行挖后地形（或断面）测量；

（3）对承建单位报送的工程量支付签证单进行审核；

（4）地质缺陷导致的超挖工程量的计量测量必须在取得监理或设计地质工程师进行地质缺陷认证后进行计量测量。

5. 竣工测量

依据已完工程项目实际状态进行竣工测量。主要内容包括：测绘建筑物基础开挖建基面的 1∶200～1∶500 地形图（高程平面图）或纵、横断面图；建筑物的形体测量；建筑物的各种重要孔、洞的形体测量；按合同规定或按设计要求测绘施工区竣工平面图。

竣工测量的精度一般不应低于放样测量的精度。

隐蔽工程、水下工程以及垂直凌空面竣工测量应随施工进程，按竣工测量的要求进行，以逐渐积累竣工资料。其他施工项目的竣工测量应在单元工程完工后,及时安排进行。

合同项目或单位工程项目经竣工验收后，监理部按合同文件规定及时督促承建单位完成各项测量成果资料的整编，并报监理机构审核后移交业主。

2006 年 6 月，右岸导流洞工程通过了过流前的验收。其形体测量统计见表 8-5~表 8-8。

表 8-5　　**右岸导流洞底板高程偏差统计**

偏差（绝对值）/mm	测点数/个	所占比例/%	偏差（绝对值）/mm	测点数/个	所占比例/%
0~10	186	45. 3	41~60	12	2. 9
11~20	126	30. 7	60 以上	0	0
21~40	87	21. 2			

注：测点总数为 411 点。

表 8-6　　**右岸导流洞顶拱混凝土高程偏差统计**

偏差（绝对值）/mm	测点数/个	所占比例/%	偏差（绝对值）/mm	测点数/个	所占比例/%
0~10	291	42. 9	41~60	19	2. 8
11~20	236	34. 8	60 以上	0	0
21~40	133	19. 6			

注：测点总数为 679 点。

表 8-7　　**右岸导流洞洞身混凝土形体偏差统计**

偏差（绝对值）/mm	测点数/个	所占比例/%	偏差（绝对值）/mm	测点数/个	所占比例/%
0~10	2 062	48. 0	21~40	330	7. 7
11~20	1 904	44. 3	40 以上	0	0

注：测点总数为 4 296 点。

表 8-8　　**右岸导流洞轨道垂直度检查**　　mm

部位	右导左孔	右导右孔	部位	右导左孔	右导右孔
主轨 1	±0. 3	±0. 3	反轨 2	±0. 8	±0. 3
主轨 2	±0. 5	±0. 3	侧轨 1	±0. 5	±0. 5
反轨 1	±0. 8	±0. 5	侧轨 2	±0. 8	±0. 5

总之，在锦屏一级水电站的施工测量中，数字化测绘技术得到了极大的应用。全站仪的应用有效解决了锦屏地势陡峭，地形复杂的测量问题。TCRP1200系列等具有目标自动识别和超级搜索的测量数据自动采集全站仪、测量数据自动存储器等的使用，避免了人为观测、记录的差错，为施工测量质量的进一步提高提供了技术支持。

在监理测量数据的处理过程中，还利用了GIS平台或数字化测绘软件，通过对数字高程模型（DEM）的比较，得到开挖或填筑工程量；通过断面图的自动绘制，得到洞室开挖的超、欠挖量图；计算机语言编程，自动计算锚喷支护面积等先进手段的使用，提高了施工测量的工作效率。

锦屏一级水电站前期测量监理工程项目多且复杂，加强测量监理人员对新技术的学习，提高其自身的创新能力，是为监理控制提供准确依据和优质服务的保证。

8.3.5 锦屏一级水电站高边坡施工期外观变形监测监理

随着左、右岸导流洞的施工，坝肩1 885m以上高边坡开挖工程的展开，有必要对坝址区左、右岸边坡进行安全监测，分析和评价边坡稳定性，并以此对开挖、支护方案进行动态设计，对施工方案进行动态优化、调整。边坡的外观变形监测是整个边坡安全监测的重要组成部分。

1. 外观变形监测监理的程序与工作方法

1）技术标准

引用的技术标准主要包括《混凝土坝安全监测技术规范》（DL/T5178-2003）、《水利水电工程施工测量规范》（DL/T5173-2003）、《混凝土坝安全监测资料整编规程》（DL/T5209-2005）、《国家三角测量规范》（GB/T17942-2000）、《测量外业电子记录基本规定规范》（ZBA76003-87）、《中、短程光电测距规范》（GB/T16818-1997）等，以及相关设计文件与合同技术条款等。

2）监理工作程序

外观变形监测监理工作程序见图8-8。

3）主要工作方法

监理机构以相关监测合同为依据，注意加强对监测机构的设置、监测人员的资质与专业能力、仪器设备的检定证书的检查，督促监测机构健全监测质量保证体系。

在外观变形监测工作实施前，监测机构通过审核变形监测方案，对监测方案实施的可行性和可靠性作出评价。要求监测机构按报监理机构审批的外观变形监测方案进行外观变形监测网网点的建造与施测。

为确保网点建造的稳定性和网形精度，监测机构可结合现场实际情况或施工干扰影响，在保证监测网精度的情况下，经监理机构同意，对部分监测点和工作基点点位的布设进行修改，或对施测方案进行部分修改和优化。

监测网施测完成后，监理测量队及时对监测网的观测效果进行了评价，控制往返测边长不符值、往返测高差不符值、三角形闭合差、角极条件自由项差、边极条件自由项差等满足限差要求。

在校算监测网时，监理工程师注意审核已知点的利用和平面网的平差方式、投影面的选取以及各类参数的输入等。已知点择优利用了稳定、方便联测的点，在利用已知点的平

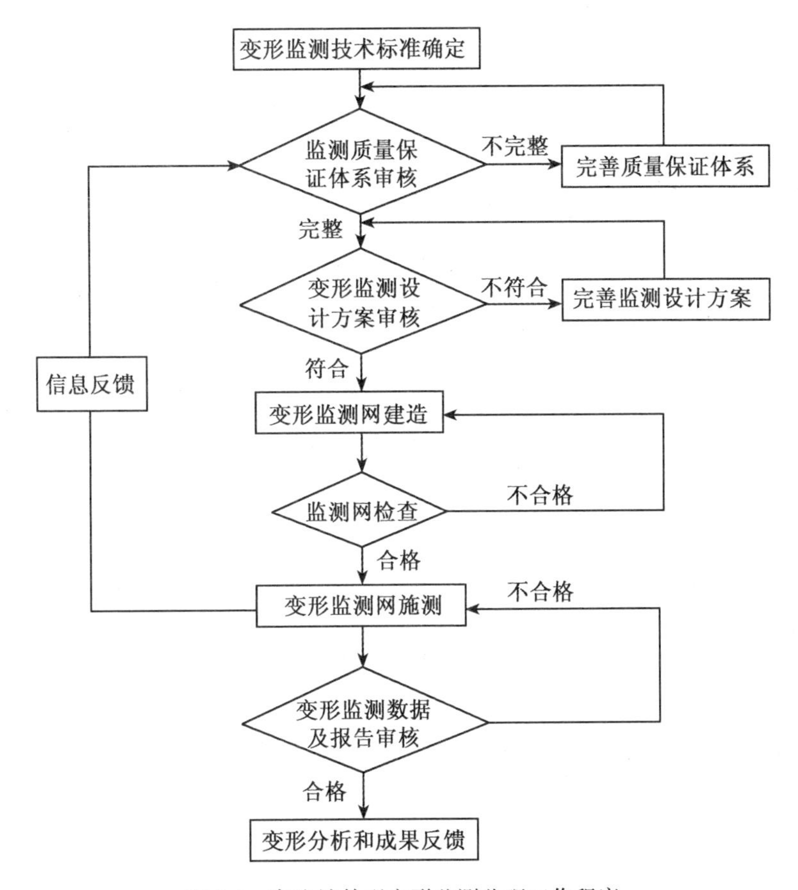

图 8-8　高边坡外观变形监测监理工作程序

面网的平差过程中，为防止传递上一级控制网的误差，要求监测机构采用一点一方位的独立网平差。

2. 外观变形监测的过程控制

1）监测网的设计与优化

监理工程师会同外观监测人员进行了现场查勘，根据外观监测机构拟使用的仪器设备和拟埋设的变形监测点、工作基点的概略坐标对变形监测网进行了精度估算，以满足坝肩边坡变形监测网平面和高程中误差不超过±13. 0mm 的技术要求。

由于坝肩边坡变形监测网地形条件的限制，图形条件极差，交会角均在 30°以下，坝肩边坡变形监测网平面和高程中误差均未能满足设计要求。

监理测量队指示监测机构对监测网进行优化。监测网优化的目的是保证监测网达到设计的精度要求，使监测网具有设计的变形敏感度。

为使监测网达到设计的精度要求，对于水平位移，增加了工作基点。以左岸坝肩变形监测网（见图 8-9）为例：新增加的工作基点 JPR2 在右岸上游，观测方向同其他工作基点 JPR1、JP00。增加工作基点对改善监测网平面点位精度效果较好。

对于垂直位移，由于坝址区施工环境恶劣和两岸边坡开挖施工干扰的影响，在施工期间无法进行二等或三等直接水准测量，只有采用三等三角高程测量联测左岸有条件联测

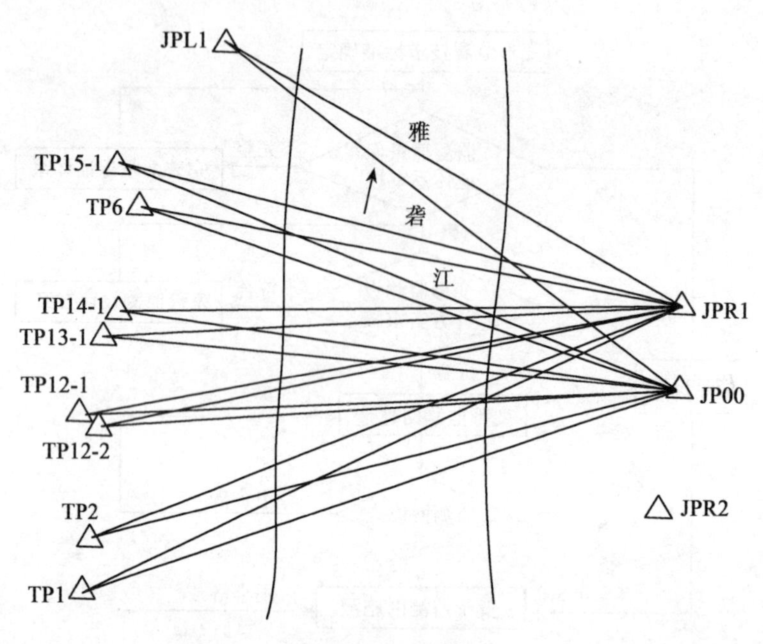

图 8-9 左岸坝肩变形监测网形示意

的监测点，与工作基点组成环状的措施来提高监测点垂直位移点位中误差的精度。

优化后估算，监测网可以达到规范要求的精度，但由于右岸坝肩普斯罗沟沟左边坡开挖施工，新增工作基点无法付诸实施，因而，左岸变形监测网点的平面精度仍未能全部满足要求。

2）监测网的建造与施测

按照报经审核的监测网设计方案，监测人员在左岸边坡开挖区外的山梁上自上游而下埋设了 8 个监测点、在右岸埋设了 5 个监测点，在稳定的边坡上埋设了工作基点，组成了左、右岸两个独立的变形监测网。

外观监测机构对两个独立的监测网分别进行了施测。水平位移采用了前方交会法观测，垂直位移观测采用了三等三角高程测量。相应的技术要求见表 8-9~表 8-11。

采用边角前方交会法观测坝肩开挖边坡变形监测点的水平位移，由于地形条件的限制在对岸布设了工作基点。在左岸坝肩变形监测时，利用右岸新建工作基点 JP00 和 JPR1 作为测站，以位于左岸的工作基点 JPL1 作为后视方向，对左岸的所有监测点进行观测。交会边长均超过了 700m。

采用三等光电测距三角高程测量垂直位移，外观监测使用一部 Leica TCA2003 全站仪施测。采取直返站观测垂直角和边长，测边时同时读取测站、觇点的温度、气压，输入全站仪，对所测边长进行了温度，气象改正。

3）变形分析

监测机构对观测数据进行了处理，得到各监测点的坐标，通过与历次监测点的坐标值进行对比分析，以间隔值、累计值、弦长变化量、高程变化量等作为变形分析的基本参量，绘制了各监测点的变形过程图、弦长变化过程图、变形边坡区域的位移矢量图等。

表 8-9　　　　**前方交会法观测的技术要求**

精度要求/mm	测角前方交会			测边前方交会			边角前方交会			
	测角中误差/″	交会边长/m	交会角/°	测边中误差/mm	交会边长/m	交会角/°	测角中误差/″	测边中误差/mm	交会边长/m	交会角/°
±3	±1.0 ±1.8	≤200	30~120 60~120	±2	≤500	70~110	±1.8	±2	≤500	40~140 60~120
±5	±1.8 ±2.5	≤250	40~140 60~120	±3	≤500	60~120	±2.5	±3	≤700	40~140

表 8-10　　　　**光电测距三角高程测量的技术要求**

等级	边长测定			天顶距观测		高差			
	读数差/mm	测回较差/mm	往返较差/mm	指标差较差/″	测回较差/″	km 高差中误差/mm	对向高差较差/mm	单程双测高差较差/mm	线路闭合差/mm
三	5	7	2（$a+b\times D$）	8	8	±6	35D	±8	±12
四	10	15	2（$a+b\times D$）	8	8	±10	45D	−	±20

注：（$a+b\times D$）为测距仪的标称精度；D 为测站间的水平距离。

表 8-11　　　　**水准测量的技术要求**

等级	km 高差中数中误差		检测已测段高差之差	测段往返高差不符值	附合闭合线路闭合差
	M_Δ	M_W			
二	±1.0	±2.0	$\pm 6\sqrt{R}$	$\pm 4\sqrt{K}$	$\pm 4\sqrt{L}$
三	±3.0	±6.0	$\pm 20\sqrt{R}$	$\pm 12\sqrt{K}$	$\pm 12\sqrt{L}$
四	±5.0	±10.0	$\pm 30\sqrt{R}$	$\pm 20\sqrt{K}$	$\pm 20\sqrt{L}$

注：M_Δ、M_W 分别为每千米偶然中误差和全中误差；R 为检测段长度；K 为测段长度；L 为附合或环线长度。

左、右岸坝肩边坡开挖工程近 1a 的外观变形监测数据表明，受开挖施工的影响，监测点水平方向均有向上游、向河床变化的趋势，垂直方向均有下沉的趋势，最大变形值不超过 20mm。

总之，锦屏一级水电站高边坡开挖工程的外观变形观测主要为边坡的表面位移监测。由于特殊的河谷地形和复杂的地质条件，无法布设结构完整的变形监测网；同时，由于变形监测成果的连续性、序列性和要求资料的完整性，应尽可能地避免监测网形的修改与重建。因此，加强变形监测网的设计、成果分析等各个环节的审核，是外观变形监测监理的一项重要工作。

本节详细内容见参考文献［41］。

8.4 武汉长江二桥的工程监理

8.4.1 武汉长江二桥简介

武汉长江二桥位于武汉长江大桥下游6.8公里处，与举世闻名的黄鹤楼和雄伟的龟山电视塔遥相呼应。它气势雄伟、线条流畅、比例协调、主塔高耸挺拔，以其高超的技术和优美的造型成为武汉市的新景观和标志性建筑。

武汉长江二桥全桥长4 678m，其中正桥长1 877m，设六车道，日通车能力为五万辆机动车。通航净孔为24m，比现在武汉长江大桥和南京长江大桥的设计标准高出6m，是世界上第一座主塔墩立在深水区的双塔双索面预应力混凝土斜拉桥。这座桥主跨400m，在以界上已建成的同类型桥梁中名列前茅，浩大的深水基础以及施工所采用的大型钢围堰、基础钻孔桩直径、钻入砾岩层深度，均创下全国之最。斜拉桥面宽度29.4m，建设者们研制出世界斜拉桥建设中跨度最大的8m牵索挂篮梁体悬浇施工平台，两次刷新悬浇梁体施工世界纪录，并创下多项“世界第一”，有二十多个主要技术指标达到国际20世纪90年代先进水平。

武汉长江二桥有关数据如下：

始建年代：1991年5月3日　　建成年代：1995年6月18日
桥梁长度：4 678m　　正桥长度：1 877m
桥梁宽度：29.4m　　桥梁跨度：主跨400m
跨越河流：长江　　桥梁类型：双塔双索面预应力混凝土斜拉桥
建设单位：武汉长江公路桥建设指挥部
设计单位：铁道部大桥工程局勘测设计院
施工单位：铁道部大桥工程局
铁道部第一工程局桥梁处
湖北省路桥公司
武汉市市政工程总公司第一工程处

8.4.2 武汉长江二桥的监理

武汉长江二桥（以下简称二桥）是国家重点建设项目，由武汉长江公路桥建设指挥部监理办公室全面负责监理。

鉴于二桥工程规模大、技术难度高，且工期紧迫，工点分散，需要监理人员多，非一个监理公司能够胜任，经市城委批准，决定采取自行监理及社会监理相结合的模式。飞虹监理公司承担二桥南北引桥、黄浦路三层互通式立交桥以及南北两岸匝道和市政配套工程的监理，并负责对正桥的监理工作进行管理。正桥7×60m连续梁委托铁四院监理公司实施施工监理，正桥斜拉桥及南北各一段83+130+130（m）连续刚构委托桥研所监理公司实施施工监理。

此外，飞虹监理公司除对正桥监理工作进行管理和协调外，还承担正桥7.2亿元验工计价工作，组织了正桥的各项试验和测量工作。如钢丝疲劳试验、PE包敷材料耐候试验和通车前的鉴定性荷载试验、正桥高程和桥位平面控制的复测、两岸永久性水准点及平面控制点的埋设及钻孔灌注桩的无损控制等。二桥工程于1991年5月正式动工，1995年6月18日建成通车，监理工作近5年时间，三个监理工作组在各自的监理实施细则指导下工作，较圆满地完成了二桥的监理任务。它们主要做了以下工作：

1. 拟定二桥监理规划

在工程开工前，飞虹监理公司熟悉了二桥正、引桥和立交桥及市政配套工程的设计文件和设计图纸，根据工程分包的特点和工程部位，对工程进行了项目组织划分。本工程按“单位”、“分部”、“分项”三级进行管理，并以此作为质量检验评定和交工验收（包括中间验收）的基本凭据。根据公路桥涵施工技术规范（1TJ041—89）、公路工程质量检验评定标准（9JTJ071—85）、市政道路工程质量检验评定标准（JTJ1—90），三个监理公司分桥段拟订了钻孔桩验收办法、钢筋分项工程验收办法、分部工程验收办法等资料。在此基础上，三个监理公司又分段拟定了二桥监理实施细则和二桥全套监理表格。整个监理工作按监理合同要求在监理细则指导下进行，同时在工作中进一步完善监理细则。

2. 签认分项、分部及单位工程开工报告

监理工程师督促各施工单位做好施工前的准备工作，包括施工组织设计，在总体计划指导下所含分项工程进度安排，主要原材料（钢筋、焊条、水泥、砂石料、预埋件、泥浆等）合格证明书，出厂日期和抽检记录，混凝土配合比、试拌强度、塌落度，钢筋焊接试验资料，施工布置及施工机具等。监理工程师对已具备开工条件的施工单位签发开工令，对不具备开工条件的施工单位不准开工。监理工程师对开工令的严格把关，对避免质量事故起到明显的预控作用。

3. 质量控制

在控制工期、赶工过程中，监理人员坚持“质量第一”的原则，以优良工程为质量目标，将质量预控贯穿到施工的全过程。

（1）原材料、成品、半成品的检验。凡是本工程所用的钢材、水泥、砂、石料及大孔板梁均要出示合格证书和抽检报告，经监理工程师认可后方能使用，本工程所使用的进口PE料、缠包带和镀锌钢丝、正桥橡胶伸缩缝等均要出示商检证明，经监理工程师认可后方能使用。

（2）督促施工单位完善计量设备及其标定。工程质量的好坏与计量设备是否齐全、是否标定有着很大的关系。为此，飞虹监理公司组织有关人员定期对大桥局一、三桥处、铁一局、省路桥公司、市政总公司、交通部二航局等6家施工单位的实验室、拌和场进行全面检查，对计量设备齐全又按时标定的单位给予表扬，对不符合要求的施工单位进行整改，督促其完善计量设备和标定。

（3）热情服务，加强巡视，对工序、部位严格检查验收。监理人员坚持24小时跟踪监理，每道工序、每一个部位都派专人检查验收，发现质量事故苗头，及时纠正，对符合设计和规范要求的工序及时签证，从未因监理人员签证不及时而耽误工期。

此外，监理公司从上到下都注重巡检工作和旁站监理，如在正桥斜拉索21#缆索施工过程中，由于施工人员不遵守操作规程，使索的外表严重损坏，更为严重的是他们居然用乙炔烧补操作的PE件，致使索的寿命大大降低，此事被正在工地巡检的飞虹监理公司总监发现，立即通知施工单位废掉这根索，换一根质量符合要求的索来代替，将质量隐患消灭在萌芽状态。又如，1994年3月，飞虹监理公司、桥检站监理公司有关监理工程师在正桥工地巡检时发现9#墩梁部悬浇4号块在纵向预应力束未张拉的情况下将底模拆卸，3#块与4#块之间仅靠混凝土结合面连接，十分危险，监理工程师对施工单位玩忽职守的操作人员进行了批评，并立即通过现场施工负责人组织人员恢复底模，避免了梁毁人亡的质量事故。

(4) 抽检复查。监理公司除督促施工单位重视自检工作外，还不定期地对施工单位的原材料（钢材、水泥、砂、石料）进行抽样复检，对段试块进行了抽样压强检查，用数据说话。

4. 进度控制

三家监理公司根据二桥各分段的工期要求，审核了各分段施工单位的进度计划，与施工单位一起将网络计划分解切块，切成月、周计划，落实到每一根桩、柱、梁，利用每月的监理工作例会检查计划的完成情况，对保质保量完成计划甚至提前完成计划的施工单位给予奖励，与计划未完成的施工单位一起分析原因，研究制定切实可行的赶工措施。如正引桥梁部工程开始施工时，在预应力穿索中存在着较多的开刀现象，严重影响了工程进度，监理公司督促施工单位成立专门的波纹管接头攻关小组，监理工程师参加了这个小组，为解决问题出谋划策，使穿索中的开刀现象减少到最低限度，保证了工期。又如，正桥梁部张拉强度按设计要求为90%，监理公司根据过去的经验，认为张拉强度可改为80%~85%，从而节省工期。为此，请施工单位按张拉强度80%作试验，试验结果未发现异常现象，监理工程师在施工单位试验报告上签署意见后转送设计院，设计单位经校核同意张拉强度改为85%，从而大大缩短了每一节段梁块的施工时间，加快了工程进度。

5. 投资控制

飞虹监理公司采取对工程验工计价、签认变更设计和设计变更、提合理化建议等措施，节省工程投资、控制工程投资。监理人员在每月的工程计量审查中，严肃认真，一丝不苟，坚持科学性和公正性，经监理人员审查后所确认的工程量，比施工单位申报的计量，往往有所减少。如正桥验工计价金额，监理工程师平均每月可核减超前报金额100万元左右，有效地控制了投资。又如，黄浦路立交桥三层部分有一根基桩发生塌孔的质量事故后，施工单位擅自用杂土和石料回填，致使这根桩报废，而用两根桩抬一根桩的办法解决问题，施工单位在月底报价时却报了三根桩的费用，被监理工程师审核出来，坚持只承认设计的一根桩的费用，另两根由施工单位自己承担，为国家节省投资5万元。又如，南引桥预应力钢筋混凝土连续梁波纹管固定网片，施工单位报来的钢筋数量为57t，监理工程师对此数量进行了详细的核算，核算数量为39t，为国家节省投资约6万元。此外，监理人员还积极提合理化建议，为提高质量和节约投资而献计献策。如正桥两个主塔墩承台和墩座混凝土方量大，产生的水化热很大，施工单位准备采用加冷却管分层浇注的办法解决这个问题，监理公司建议用低热微膨胀水泥浇筑承台，既可省去冷却管，节约投资，又可一次浇筑，加快进度，质量也能得到保证，此项建议被施工单位采纳，节省了投资约50万元。又如，二桥全桥鉴定性荷载试验工作，公司组织几家单位投标，经过综合比较，最后选定了最优方案，使全桥实验费用大为节省，为业主节省费用230万元。

6. 信息管理

工程施工监理方法是控制。控制的基础是信息，信息管理工作贯穿于长江二桥监理工作的始终。

（1）三个监理公司每月10日前向业主（武汉长江公路桥建设指挥部办公室）提交监理月报，并上报市建委监理处，分送各施工单位。监理月报上主要反映工程实际进度、工程质量和监理工作。

（2）及时做好监理记录、监理公事通知单及监理月报等资料的整理归档工作，为对工程质量、进度、投资的评审提供原始依据。

（3）督促施工单位及时对实验、施工检查记录等资料进行分类、整理，并审核其资料的真实性和准确性，对已完成的分项工程及时组织验评。

（4）监理公司审查各家施工单位的竣工资料和文件，督促各家按国家档案要求进行整理和装订。

（5）提交工程监理报告。

由于飞虹监理公司及其他两家监理公司在实施二桥监理中认真负责，保证了二桥工程质量。二桥正桥、引桥桩基部分，公司分别请铁四院、中国地质大学、中科院岩土力学研究所、武汉市市政工程测试中心及总公司市政科研所对成品进行了不低于50%的随机抽样，采用高应变低应变检测，其符合设计要求。

为保证桥梁营运的可靠性，检验桥梁结构特性及工作状况是否符合设计标准使用要求，我们对桥梁施工质量给予评价。公司组织了全桥鉴定性荷载试验，即对桥梁进行静载、动载和自振特性测试，此测试任务经投标选定，分别委托武汉市政工程测试中心、铁道部桥科院、同济大学、西南交通大学4家承担。根据检测报告，二桥通过了荷载试验检查，质量满足设计和使用要求。

8.4.3 武汉长江二桥复测

为确保武汉长江二桥施工质量，武汉长江公路桥建设指挥部委托中南勘察设计院代表该部对全桥的平面（首级控制6点、插点7点）与高程（二等水准6点及精密跨江水准测量）控制网和正桥16号桥台、桥竣工后墩顶的坐标及高程进行复测，其中11号、12号主墩须复测墩座及墩柱中心的坐标及高程。

1. 概述

跨江正桥为全工程最有代表性的工程，技术复杂而先进。主跨400 m（11号与12号主墩），两边跨180 m（10号、13号墩），为预应力钢筋混凝土双塔双索面斜拉桥。主塔为H形，塔与墩固结，从墩顶至塔顶高92m，从桥墩基础钻孔柱底至塔顶为190 m。主塔桥墩采用直径28.4m的双壁钢围堰钻孔桩基础，边墩为直径22.6m及19.2m的双壁钢围堰钻孔桩基础，全桥梁部均采用预应力钢筋混凝土结构，全桥混凝土总量达34万 m^3，各类钢材用量5万t。总投资14.5亿元，正桥为6.8亿元。

2. 平面控制网的改建与复测

1）图形布置

武汉长江二桥施工控制网如图8-10所示。施工现场由于机械设备、建筑材料、生活设施及树木生长诸因素的影响，致使主网点DQ2—DQ3、DQ3—DQ7和DQ3—DQ5的方向，插点C5—DQ7、C6—DQ2、C7—OQ2等方向都不通视，不可能按原网图形进行复测。为此，在复测前，首先对主网进行了改造，力求保持原主网的结构形式，包含原有的主网点。根据这个原则，在 DQ3 西南约 170m 处的某办公楼顶上选定了 DQ3D 点。DQ30 点与除 DQ3 以外的原有 5 个主网点宜新组成两个大地四边形，平均边长为 1. 84km。插点 C5、C6 和 C7 等点也由于方向受阻无法构成加密图形。按实地情况，采用以 DQ3D 和 DQ8 为端点的精密导线布设方案。

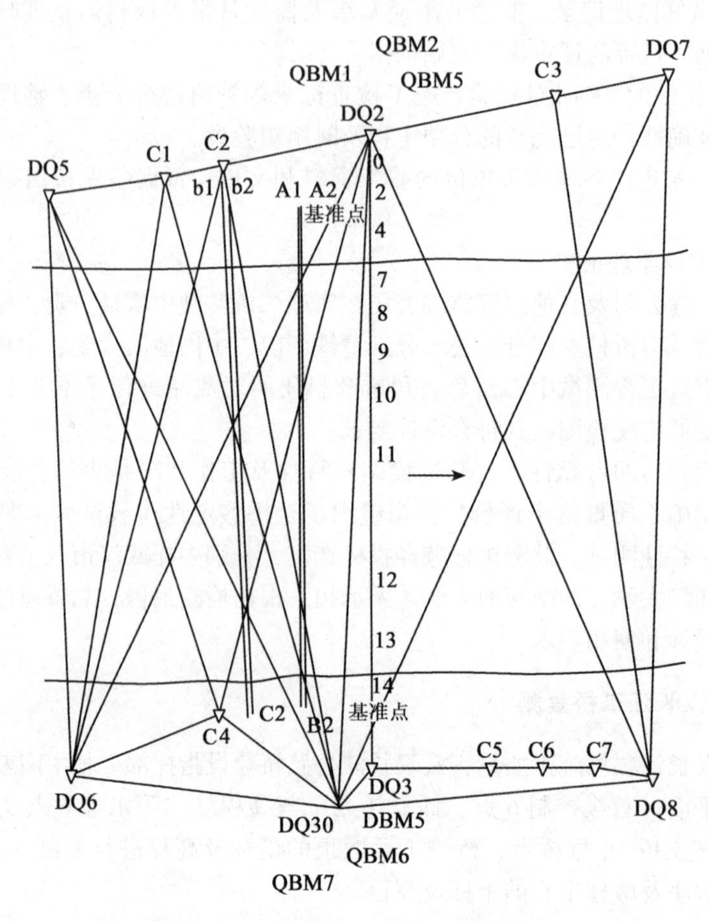

图 8-10　武汉长江二桥施工控制网

2）边长与角度观测

复测观测了主网的全部 U 条边，插点除 C5、C6、C7 和 DQ3 设有精密导线外，其他各点均在角度交会的基础上加测两条边以提高精度。边长观测采用瑞士克恩 ME3000 精密电磁波测距仪，观测采用多时段单向观测实时测频，边长倾斜改正的测距两边增高差为普通水准 2aD 测量。主网及插点的角度观测皆用瑞士威特 T 经纬仪全角方向观测法观测 12 测回，测角前后分别对主网各级标作了投影，进行了归心计算。舰标的归心元素最大值仅为 3. 7mm。从 DQ 30 至 DQ 8 有精密复合导线，各点角度采用观测左、右角的方法进行，左、右角各观测 6 测回。

3）平差计算

平差计算前首先确定高程投影面。为使施工平面控制网的投影面尽可能接近施工地区平均高程面，特选定 4*D* m 设计标高（1956 年黄海高程系统）作为复测控制网误差计算时的高程投影面。所有测度或丈量的边长均归算至这一高程面上，以后换算成武汉市市政建设所采用国家 1954 年北京坐标系统（即高斯正形投影 1141s 平面直角坐标系统）时，可以抵偿部分由于投影计算所影响的控制网和桥墩的长度变形伸长值。

通过主网与插点联合整体平差等技术措施，平差后测角中误差为±0. 85V，大大提高了控制点的相对点位精度。主网最弱点 D6 相对 D2（起算点）的点位中误差为±2. 5mm；最弱边 DQ 2—DQ7 的边长中误差为±1. 3mm（原网为±5. 9mm）；最强插点 CD 相对 D2 的点位中误差为±3. 9mm（原网插点平均点位中误差为±10mm）。确认上述平差的平面控制成果，规定为南、北两岸施工放样与复测 2R9 检验的统一依据。

3. 高程控制网的联系与复测

1）南、北两岸水准点的复测

（1）第一次复测于 1992 年 2 月进行，二等水准测量使用的仪器为蔡司 Ni004 精密水准仪与钢筋水准尺。复测结果如下：

复测北岸 3 个水准点 QBM1、QBM 2 和 QBM 3，复测时沿这三个点和 DQ 2 组成一个水准环线。南岸所保留水准点 QBM 5、QBM 6 和 QBM7，复测时亦沿这三个点组成一个水准环线。复测结果与原测高差比较，北岸各水准点之间的高差达 10mm，开始误认为 QBM 2 上升了 10mm，实际情况是 QBM1 与 QBM 3 相对 QBM 2 沉降量相近。南岸各水准点之间的高差与复测结果数值一致，说明南岸各水准点已基本稳定。

（2）第二次复测于 1992 年 12 月进行，采用瑞士威特 N3 精密水准仪与钢筋水准尺。依照第一次复测的路线、施测方法与技术要求进行二等水准测量。按南、北两岸分别测定各自水准点间的高差。

通过以上两次高程控制网复测，发现北岸 QBM1 和 QBM 3 水准点尚未稳定仍在继续沉降。为了统一南、北两岸水准点的高程（即放样高程基准），特规定北岸的有关水准点高程必须从南岸 QBM 5 推算。

2）精密跨江水准的复测

为了缩短建桥工期，江中的主墩与其他邻近两岸的 1 号至 15 号墩同时进行施工。及时确定南、北两岸的正确高程，跨江水准的复测至关重要。

（1）第一次复测跨江水准段位于二桥上游约 260m 处（图 2 中的 B1A1 与 B2A2 线）。南岸仪器距近标尺为 15m，距远标尺为 1 560m，视线距水面高度为 6~8. 5m。其观测方法、技术要求和成果精度分述如下：

① 二等跨江水准使用两台瑞士威特 T 经纬仪，采用经纬仪倾角法同时在两岸对向观测。观测前对仪器进行垂直度盘光学测微器行差和指标差的测定。按视线长度进行视牌和标志设计，上、下标志的间距为 0. 58m，10 日远标尺观测时总的倾斜角为 77″（规范规定为 60″~80″）。

② 观测时适逢隆冬与初春时期，江面上经常有雾，久旱无雨，空气混浊，气象条件较差。从 1 月 28 日至 4 月 30 日进行了多次测量，在跨江水准测量前、测量中和结束后，对两岸的立尺点与水准点进行了 2 次二等水准联测。每次跨江水准测量前对测量点和立尺点的高程进行检测。对全部观测资料的气象影响、观测质量的判断和假设检验后，采用了 20 个测回（10 个双测回）。

③ 观测在上午（9：00~12：00）和下午（13：00~18：00）两个时间段进行，每个

时间段所观测的测回数不超过6个。构成一测回的观测方式遵照国家水准测量规范经纬仪倾角法的规定，由两台经纬仪同时对向观测半测回组成一个测回。各岸观测员连续观测对岸远标志4组倾角各构成半测回的成果。同一标志4次照准读数差不大于3″，各组所测得的每日倾角的互差不大于4″。

为了使大气折射对长江水准测量成果呈无干扰的对称性影响，使用对话机联系，务使两岸同一半测回各组远标志尽可能同时对向观测。

④ 经计算，第一位置跨江水准测量高差中数中误差为1.59mm，第二位置高差中数中误差为±0.98mm，第一、二位置高差中数中误差为±0.93mm，小于规范规定。

根据两岸所联测的立尺点与水准点的3次高差平均值与跨江段的高差中数计算，QBM 5至QBM 2的复测高差为-1.053m。

（2）第二次复测跨江水准段位于二桥上游约800m处，布设在南岸a1、a2和北岸b1、b2（即施工控制网的c z插点）共4点按双线组成平行四边形闭合条件。两岸仪器距近标尺为10m，距远标尺为1715m，高差7.7m，视线距水面高度为12~20m。

① 从1992年12月1日至12月17日进行了3次测量，共施测12个测回（6个双测面）。观测时间和技术要求与第一次复测相同。

② 经计算，第一位置的闭合差为-0.2mm，第二位置的闭合差为2.8mm，第一、二位置的加权平均值计算的闭合差为-1.8mm。以上闭合差均小于规范规定。

根据两岸所联测的立尺点与直接二等水准及跨江段误差后的高差值计算QBM 5至QBM 2的复测，高差为-1.048m。

4. 施工放样方案的优选与施测要点

编写了正桥墩、桥台平面位置与高程的精度指标以及施工放样方案的优选与施测要点。统一了两岸测量定位精度指标，对确保16号桥墩、桥台定位质量起到了指导作用。

1）平面位置的精度指标与施工放样的测量方法

（1）N DQ 2控制点的平面坐标值为施工平面控制网的起算点。任一待定墩、台点位的测设精度与DQ2点的相对点位中误差不得大于±2cm。

（2）各墩、台施工放样定位时，以纵、横向中误差小于±7mm为限。

（3）根据施工单位现有测绘仪器配备与施工控制网的实际点位相结合考虑，标定方法可用极坐标法、三方向前方交会法、三边交会和两方向边角后方交会等四种方法。其相应的精度估算公式作为优选放样方案的依据。

2）高程的精度指标与施工放样测量方法

（1）距南、北两岸最远的U号主塔墩位，其高程中误差相对于QBM 5不得大于±1cm。

（2）各墩、台施工放样的高程精度，按三等水准测量的技术要求施测。

（3）根据施工单位现有测绘仪器配备，结合本工程实际，跨江水准按国家水准测量规范“经纬仪倾角法”要求施测或采用电磁波测距三角高程代替等级水准测量。

5. 水准基准点的选埋与精密水准的直接联测

1）水准基准点的选埋与替代

（1）武汉长江公路桥建设指挥部采纳我们的建议，在武昌和汉口两岸各选定一个水准基点，以钻孔灌注桩身代替双金属深层标，将水准标石深埋至基岩（标深为46m至砾岩弱风化层）。北岸桩径为1.2m，南岸桩径为1.0m，两岸灌注桩顶均埋设有铜质水准标志，其平面位置按三级电磁波测距导线精度测定，其平面位置纵、横向中误差（相对大桥控制网）最大为±4cm。

（2）武汉地区全年温度变化较大，当基岩上部土层较厚时，为避免由于温度变化对水准基点标志高程的影响，理应采用双金属标志。但考虑到46m深度的双金属水准基点的埋设与施工有相当难度，为此，特选定南、北两岸等高（25.8m和26.1m）及46m等深度的大口径混凝土灌注桩来替代，能够确保汉口与武昌两岸的精密高差（相对高程），其绝对高程有待进一步实践和研究。

2）联测的条件和重要意义

（1）武汉长江二桥建设前期，由于长江阻隔，武昌、汉口的高程联系只能靠跨江水准进行。武汉长江二桥建成在其正式通车前，提供了良好的直接精密水准的作业条件。

（2）1991年10月至1993年3月的两次水准复测中发现，大桥高程控制网中汉口水准点有下沉现象，其中QBM1下沉达到11 mm，QBM 3下沉达到12mm。为此，我们提出建议，埋设高程基准深层标，以便对二桥的施工检验，并在通车后对二桥进行监测，这对两岸有关地区的沉降规律成因与防治研究都有其重要意义。

（3）跨江水准虽然技术上已较成熟，但它是在水准路线受到阻隔时所采用的特殊技术措施。南岸精密水准直接联测，可进一步高精度地验证跨江水准的观测质量。

3）联测方法与实测精度

（1）水准联测按国家二等水准的要求进行，采用瑞士威特N精密水准仪与钢水准尺。测量结果：汉口水准闭合环的闭合差为-0.57mm，武昌水准闭合环的闭合差为-0.92mm,过桥段水准往返测较差为2.61mm（规范允许为±8.5mm），观测结果优于规范的要求。

（2）通过二次水准复测及本次直接精密水准联测说明，大桥高程控制网中汉口岸水准点QBM1和QBM 3都不稳定。QBM 3与QBM1沉降量达16mm与23mm，且沉降还在继续。

（3）验证了我院在1992年及1993年两次精密过江水准是正确可靠的，其精度要求完全满足国家二等水准点的各项规定。从QBM5通过第一次跨江水准传递到QBM2，与直接精密水准比较仅差-1mm，从QBM5通过第二次跨江水准传递到QBM2仅差-6mm。

6. 复测监理工作结论

武汉长江二桥的复测监理工作，仅仅是全部施工监理工作的一个重要组成部分。对整个二桥工程建设中的测量项目监理来讲，虽然做了许多工作，但还存在一定差距，有待进一步改进。总结近4年来的复测监理工作，在保证武汉长江二桥工程建设的顺利进行，提高工程质量的前提下，严格按合同要求，优化设计施工方案和精心组织复测工作，取得了一定的成效。

1）控制测量的实测精度均优于原定的精度指标

（1）武汉长江二桥的施工控制网由铁道部大桥工程局勘测设计院于1989年10月至1990年6月布设。复测所得各点平面坐标与原成果比较，较差最大的主网点为DQ 6，J2：12.7mm，Jy：-2.0mm，较差最大的插点为Gs，其J2：11.0mm，Jy：1.1mm（原定<

±20mm）。

（2）精密水准联测两岸水准点 QBM 5 与 QBM 2，以及南、北两水准基准点之间的高差，其高差中误差为±2. 2mm。铁道部大桥工程局勘测设计院所建立高程控制网，其跨江水准测量结果与我院复测直接精密水准比较仅差-1mm。

2）统一了南、北两岸的设计标高，正确选定了高程投影面

通过复测，判断汉口岸水准点不可靠，并及时提出；二桥施工放样中应将高程统一到武昌岸 QBM 5，这对二桥的施工有着重要的指导意义。正桥的平均横坐标位于中央子午线以东 30 km 处，据此选择二桥的道面平均标高 40 m 作为施工控制网平差计算时的高程投影面，再考虑加上参考椭球体与大地水准面之间的高差，由此换算成武汉市市政建设所采用的国家 1954 年北京坐标系统成果，可以恰好完全抵偿由于投影计算所引起控制网的长度变形伸长值。这样，施工放样时，计算工作既简单又直观。

3）跨江水准测量的成果可靠

我院首创的经纬仪精密过江水准测量方法（国家水准测量规范定名为经纬仪倾角法），采用两台瑞士威特 T3 经纬仪同时对向观测，只要选择场地适当，抓住有利的观测时间，正确判断大气折光差的影响和选择合理的假设检验方法，就能确保观测成果的可靠性。经实践，在南、北两岸的精密跨江水准测量和 11 号、12 号主墩（H 形塔柱）的高程传递，都获得显著的成效，为施工放样提供了高精度的设计标高数据，在主梁斜拉段的跨合龙时高程偏差仅 3mm。

4）密切配合及时复测保证了工程质量

我院与有关主管和施工单位（铁道部大桥工程局武汉长江公路桥工程指挥部一处和三处）密切配合，恢复了正桥南岸主轴线 DQ 3 点的正确点位。考虑到由于施工进程和长江水位的涨落可能给复测工作造成的困难，我们及时对 16 号桥台、桥墩（包括 H 形塔柱）竣工后的坐标及高程进行了复测。为了确保复测监理测量成果的真实性、可靠性，以及监理工作的严肃性，当发现复测成果与设计数据存有差异，超过规定精度指标（平面位置纵、横向中误差为±7mm；高程中误差为±10 mm）时，一定要再次进行复测，有的甚至复测 3 次，确认无误差后，才正式提交复测成果。纠正了 3 号、4 号、6 号、7 号、11 号和 13 号墩座的坐标或设计标高的偏差，从而确保了二桥施工的顺利进行。正式通车前，组织力量进行了南、北两岸的直接精密水准联测，提前完成了正桥纵、横剖面与 1∶1000竣工平面图的现场测绘工作。

5）深层水准基准点的设置恰当

武汉市位于第四纪松散覆盖层上的多级阶梯台面与湖盆洼地河谷地貌的工程地质环境，研究表明，第四纪松散覆盖层上大量存在着软弱土和人工填土的平原地区，是很容易产生地面沉降现象的，因此采用大口径钻孔灌注桩身替代的深层水准基准点，不仅仅可监测二桥，更重要的还可以为两岸有关地区的沉降规律、成因与防治的研究所应用。

综上所述，在进行全桥平面和高程控制网 2 次复测，11 号与 12 号主墩及 H 形塔柱各 3 次复测工作时，由于受气候影响，通视困难及高空作业和交通条件多种因素的影响，增加了相当的工作量和工作难度。经我院复测组全体同志的共同努力，加上武汉长江公路桥

工程指挥部一处、三处的密切配合，以及国家地震局武汉地震研究所的大力协助，最终获得优异的复测成果，完全满足了各项精度指标的要求，获得武汉长江公路桥建设指挥部的好评，为武汉长江二桥和武汉市的市政建设作出了一定的贡献。武汉长江二桥已于1996年6月11~13日通过国家级竣工验收，全桥工程合格率为100%，其中正桥工程优良率为100%，总体工程质量等级达到优良级水平。

本节内容详见参考文献［4］、［23］等。

8.5 江阴长江大桥的工程测量监理

8.5.1 江阴长江大桥工程简介

1. 大桥基本组成

在我国江苏省江阴市与靖江市之间跨越长江兴建了我国第一座、同时也是世界第四座特大悬索跨江大桥——江阴长江公路大桥。由图8-11可以看出，该大桥由36墩35孔长1 518m的北引桥、两根主缆悬索吊挂长1 385m的正桥及5墩4孔长168m的南引桥组成，全长3 071m，比美国金门大桥还长291m。由177根高强度钢索股构成的直径约1m的两根主缆通过标高约193m的北塔墩及南塔墩与北锚碇及南锚碇拉紧并固结在一起，将约55 000t的水平拉力传给锚碇进而传给地基。正桥悬索最大垂距约132m，主缆最低点与正桥桥面相距2.5m，最大通航净空57.8m，保证万吨巨轮通航无阻。在主缆上设有间距16m的85根垂索吊拉正桥身，形成桥面宽32.5m、6车道的高速公路。南岸位于江阴市黄山，基础较好；北岸是沉积砂砾土层，条件很差。由此可见，北锚碇及北塔墩是整个工程的重点和难点工程。笔者参加了这段工程即A标段的测量监理工作。

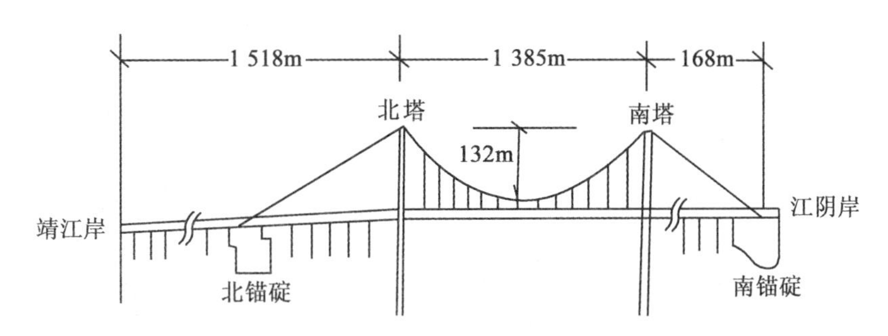

图8-11 江阴长江公路大桥示意图

2. 南塔工程

南塔工程由南塔基础和索塔组成。

(1) 南塔基础由24根直径3m的大直径钻孔嵌岩桩组成，平均长35m左右。在-20m以上采用双壁钢护筒失效处理，桩周摩阻力降到几乎为零。桩顶上设25m×30.5m×6.0m的两个承台，承台之间用14.91m×12.0m×5.0m的强大系梁连接。

南塔基础主要工作量：山体开挖56 615m^3，基础混凝土方量1.57万m^3，钢筋807t，钢管用量620t。

（2）索塔是由塔柱、横梁和塔冠组成的门式框架结构，主要承受由索鞍传下的垂直荷载。塔柱采用空心结构，从上至下共设有上、中、下三道横梁。塔柱底的平面尺寸14.5m×6m，塔柱顶的平面尺寸8.5m×6m。塔柱顶标高192.926m。上、中、下三道横梁高度均为11m。宽度随柱宽而改变，横梁保持0.5m等距。三道横梁的预应力锚头均埋于柱身内。上、中、下横梁各设30、48、96束预应力钢束。桥塔主要工作量：混凝土：420m^3；钢筋：3 971.3t；钢绞线：158.3t；OVM15-19型锚：192套。

3. 南引桥工程

南引桥由下部结构和上部结构组成，上部结构为60+60+40（m）的三跨等截面预应力连续厢梁，全长160 m，全桥横向由双幅分离的连续厢梁组成。厢梁为三向预应力钢筋混凝土结构，采用单厢单室断面，顶面宽度16.55m，底面宽8.00m，厢梁中轴线处梁高3.0m，为等高连续梁。厢梁内纵向、横向布设预应力钢束，竖向布设高强精轧螺纹粗钢筋。锚具为OVM和YGM锚。

下部结构：桥墩基础为控孔桩矩形基础，桥墩墩身采用实体墩，下部尺寸为3.0m×6.0m，上部8m范围内由6m按圆曲线及32.5m变化至8m，桥台采用U形桥台。

4. 南锚碇工程

南锚碇为重力式嵌岩锚，盒式结构。外形尺寸为：高42.614m，最大长度53.25m，宽度48.5m。其尺寸之大，在世界悬索桥中屈指可数。主要由锚块，鞍部、中墙、侧墙等组成。盒中及锚体外侧基坑回填混凝土压重及嵌固。南锚碇主要是将2根主缆640 000 kN拉力均匀地扩散到锚体混凝土中，再经基础传递到地基。南锚为大体积混凝土结构，混凝土总量为11.8万m^3，其中锚体4.8万m^3，回填混凝土7.0万m^3。钢绞线153t，钢筋1 500t,钢结构300t。

5. 北锚碇工程

北锚碇由沉井和锚体组成。沉井是基础，约长69m，宽51m，深58m，是目前世界上最大规模的沉井。该井共分11节，第1节为沉井钢壳混凝土封底，第11节为钢筋混凝土盖板，对称于井中线，分成36个隔舱。测量监理的主要工作是确保沉井均匀下沉及沉井中心和轴线的平面与高程位置的偏差在5cm内。

锚碇主体工程是锚固系统，它由索股拉杆及预应力钢索结构组成。前锚面与后锚面均与中心索股垂直，全桥拉力通过锚固系统与锚体和沉井固结并传给地基。可见，这是工程的关键部位。主要的测量监理工作是保证拉力方向与相应的索股方向一致，误差控制在0.2°之内；槽口坐标绝对误差在10mm之内。

6. 北塔工程

北塔由基础和塔身组成。基础由桩基、承台和塔座组成。钻孔桩基直径2m，间距5m，钻孔灌注桩对称桥轴线布置（共96根），平均深度约90m。塔身由塔柱、横梁和塔冠组成，塔顶标高约193m，塔身高184m，平面尺寸由下往上缩小约6.0m，两塔柱向内倾斜约1°30′。上、中、下三道横梁厚度相等，但宽度随高度而变，三道横梁跨度分别约为26m，74m及46m。由此可见，高耸的北塔结构复杂，施工难度大。测量监理工作，对基础是保证桩位、成孔、封底及成桩的质量（深度、倾斜度）；对塔身是保证塔柱中心、轴线位置、断面尺寸及塔柱的倾斜度偏差在5mm内，高程偏差在10mm内。

7. 北岸引桥工程

岸跨引桥由三桥墩及三跨连续厢梁等组成。3 个桥墩的基础对称桥轴线布置 12 根直径 1.8m 的钻孔灌注桩；三跨横向双幅预应力连续厢梁长分别约 50m、75m、47m，有纵坡及横坡，采用对称式挂篮现场浇筑方法施工。测量监理的主要工作是：对桥墩确保桩位、钻孔及成桩质量；对墩身确保承台及支垫设备的中心、轴线与标高正确；对厢梁和铺面确保跨距及支座、立模、桥宽与桥面设备位置正确，特别是挂篮施工时合龙平面及竖向位置正确衔接，允许偏差为毫米级。

8.5.2 江阴长江大桥的工程测量监理工作

在这里主要介绍 A 标段的测量监理工作。

1. A 标段监理组织

A 标段由中国工程院院士、著名桥梁专家陈新任总监理工程师。下设总监办公室，结构 1 监理组（负责北塔及引桥），结构 2 监理组（负责北锚）、测量监理组及材料监理组。办公室及各监理组成员均是具有丰富桥梁建设经验的正处长或总工。

监理组的结构如图 8-12 所示。

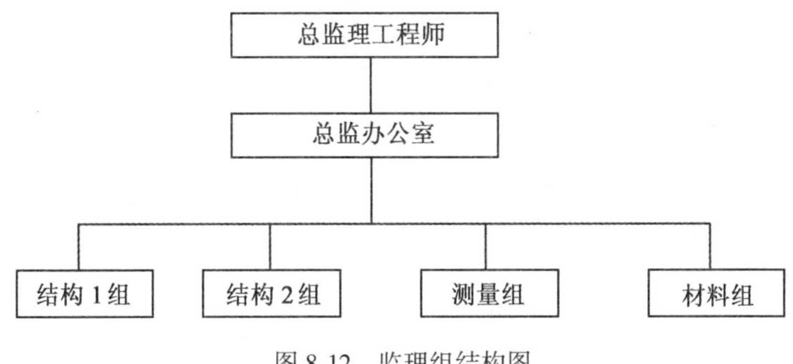

图 8-12　监理组结构图

2. 测量监理工作要点

施工监理工作的主要内容可归纳为：施工组织计划及进度方面监理，工程技术及质量方面监理，计量与支付方面监理以及合同履行等。这里主要介绍一下该工程标段有关测量监理的工作要点。

监理一般划分为三个阶段：施工准备阶段监理，施工过程阶段监理，交工及缺陷责任期阶段监理。现根据本工程施工进度，介绍前两阶段中测量监理工作的要点。

（1）施工准备阶段的测量监理工作要点

从工程项目招标、评标、揭标到宣布开工之前的阶段，可以认为是施工准备阶段的前期。前期测量监理工程师必须做好以下几项工作：

① 参加工程施工招标，熟悉施工设计文件（包括施工设计图纸及说明），掌握各分项（分部）工程的结构尺寸、轴线、标高的准确数据，明确施工工序及方法，尤其是测量限差要求及其真实含义。对那些含糊不清的词句及限差及时提出质疑；对实际上无关紧要而又达不到要求的，要书面提出修正意见。

② 熟悉招标文件、施工合同文件及监理合同文件中有关测量方面的要求和规定，其

中包括工期，进度，控制测量方案，成果提供，主要工程施工放线精度要求等。

③ 向业主索取大桥施工控制测量资料及成果，对这些测量资料要深入地进行测量方案与方法、平差处理手段、成果质量及精度等方面的全面分析和必要的复核；明确测量控制点位及其稳定情况以及工程相对布置情况；对复测周期及方法提出合理建议等。

④ 编制各施工阶段详细的测量监理细则。在细则中要明确：具体测量工作的限差要求及检查和检验的手段与方法，提出施工测量中应注意的主要事项及改进措施。

从宣布开工后便进入正式的施工准备阶段。这时，测量监理工作主要有：

① 把测量监理细则及时送给业主和施工单位，并主持召开由工程质量负责人，测量人员及业主代表参加的施工测量技术会议，交待施工测量控制网、点位及其稳定情况和需要增设与加密的点位，贯彻测量监理细则中规定的重要条款及施工测量中的注意事项。

② 组织交接桩。将本合同段内用到和将来可能用到的相邻合同段内的控制测量点及辅助点、中线桩等进行现场交验，并立即组织承包单位对中线桩、控制点（三角点、水准点等）进行复测。若发现点位移动、不稳定或精度不够，应立即报业主通知原测单位补测或复测，直到达到要求。从交接之日起，控制点由承包单位负责保管、使用和检测，并签署交接证书。

③ 审批并组织测量人员。要求承包单位申报测量人员名单及其资历、专业、参加过的工程项目等资料，明确测量人员分工，并进一步考察他们的实际工作能力，更换不合格人员。按测量监理工程师最后审批的人员和组织进行测量工作。如果有变更，必须上报测量监理工程师。在合同执行期间，测量监理工程师使用的仪器及辅助人员一般由施工单位提供。

④ 仪器和设备的审批。要求承包人上报所使用的测量仪器与设备的名称、数量、型号、精度及由质量检定单位认可的生产许可证。若不能满足要求，可责令承包人不得在本工程中使用，并要求承包人立即更换和补充符合工程要求的仪器与设备。

（2）施工进行过程中的测量监理工作要点

① 施工放样方案的审批

对任何工序进行施工测量之前，施工单位必须申报施工放样测量方案，经测量监理工程师审批后方可组织实施。这项工作对监理来说是至关重要的。首先要审查测量方案的合理性、可能性及效率；其次要核算每个放样数据的准确性。基本要求是每个放样点必须有校核测量（包括平面位置及标高）。对北塔墩施工平台水中钢管桩放样方案，采用全站仪的极坐标法与另一台经济仪的前方交会法。这是最理想的放样方案。放样数据共有极距40个、方向80个。这120个放样数据都需经过核算，准确无误后在申报单上签字，交施工单位执行。

② 对报验单的审查和批复

施工方根据批准的施工放样方案进行放样。对工程的任何部分进行平面和高程的放样都必须填写施工放样报验单。在施测过程中，测量监理工程师进行必要的现场观察和巡视，以监督方案的执行。经施工方自检后，上报测量监理工程师。针对承包人提供的放样资料，首先检查自检资料及实际数据，必要时进行实地抽查，符合要求则在报验单上签字认可。例如，审查钻孔灌注桩施工放样报验单时，首先检查所使用的控制点的正确性，再到实地抽查桩位和高程。

③ 分项工程开工申报表的审批

施工方为某项分项工程开工递送的开工申报表，必须经结构监理工程师、材料试验监理工程师和测量监理工程师三方签字。如果三方认可具备开工条件，由总监代表最后签署分项工程开工通知。

④ 施工进行中的测量监理

为保证施工质量，在施工进行中测量监理工程师应实地指导承包人加强施工过程中的测量，把好质量控制关。尤其是在浇筑大批量混凝土时，均要有测量人员在场测量，随灌随测以防模板移位和变形，预应力钢筋张拉前后尤其要加强测量监理。例如，大跨度厢梁悬臂浇筑施工时，应加强变形观测；浇筑后还应对悬壁梁进行挠度观测；在悬臂梁预应力钢筋张拉完和挂篮前移后，均要对悬臂梁的定位点进行全部观测，并将全部测量资料汇总整理好，填写报验单交测量监理工程师审核，以审核后的数据作为下段悬臂厢梁立模的依据。

⑤ 分项工程竣工后的测量监理

在各分项工程完工后，承包人都要在构造物上定出轴线和标点，并将数据资料整理好，填写报验单报测量监理工程师审批。测量监理工程师对数据核准后，到实地检验。若设计数据在允许限差范围内，则签字认可，并会同结构监理工程师和材料监理工程师一起签署验收报告，同时作为下道工序监理依据。

(3) 各单位工程与邻标段衔接的测量监理

由于大桥施工期长，工程量大，必须要求承包人每隔一阶段（比如一季度）就对所控制的点进行复测，并对中线桩进行贯通检核。必要时进行两岸联测（包括平面点和高程点）。这些均应填写报验单交测量监理工程师，某项工程需要而增加的临时控制点或辅助桩均应设在不受干扰的永久工程上，此举也需上报测量监理工程师。以保证本标段各工程纳入整个设计中。

两标段相衔接的测量放样点，由于测量结果不可能完全相同，因而测量监理工程师应在确认双方测量精度均合乎要求的前提下决定取值，供两标段共用。

本节内容详见参考文献［3］、［24］等。

8.6 黄河小浪底的测绘工程监理

8.6.1 黄河小浪底水利枢纽工程简介

1. 小浪底水利枢纽工程概况

小浪底水利枢纽工程，位于河南省洛阳市以北、黄河中游最后一段峡谷的出口处，上距三门峡水利枢纽 130km，下距郑州花园口 128km，是黄河干流在三门峡以下惟一能够取得较大库容的控制性工程。其开发目标是："以防洪、防凌、减淤为主，兼顾供水、灌溉和发电。"坝址控制流域面积 69.4 万 km^2，占黄河流域面积的 92.3%。水库总库容 126.5 亿 m^3，长期有效库容 51 亿 m^3，防凌库容 20 亿 m^3。工程建成后，可使黄河下游防洪标准由 60 年一遇提高到千年一遇，基本解除黄河下游凌汛威胁；工程采用蓄清排浑运作方式，利用75. 5 亿 m^3的调沙库容可滞拦泥沙 78 亿 t，相当于 20 年下游河床不淤积抬高；工程每年可增加 20 亿 m^3 的供水量，大大改善下游农业灌溉和城市供水条件；电站总装机 180 万 kW，年平均发电量 51 亿 kW · h。

小浪底水利枢纽工程由拦河大坝、泄洪排沙系统和引水发电系统三部分组成。

拦河大坝为壤土斜心墙堆石坝，最大坝高 154m，坝顶长 1667m，坝顶宽 15m，最大坝底宽 864m，坝体总填筑量 5185 万 m^3。位于壤土斜心墙底部的混凝土防渗墙宽 1. 2m，最深处 80m，是国内最深最厚的防渗墙。

泄洪排沙系统分进水口、洞群和出水口三个部分。进水口由呈一字形排列的 10 座目前世界上最大、最集中、最复杂的进水塔组成；洞群由 3 条明流洞、3 条孔板消能泄洪洞（由导流洞改建）、3 条排沙洞和一座正常溢洪道组成；出水口由三个集中布置的消力塘组成，总宽 356m，底部总长 210m，深 25m，为目前世界上最大的出水口建筑物。

引水发电系统由 6 条引水发电洞、1 座地下厂房、1 座主变室、1 座尾闸室和 3 条尾水洞组成。主厂房高 61. 44m、宽 26. 2m、长 251. 5m，是目前国内跨度和高度最大的地下式厂房之一。

小浪底水利枢纽工程战略地位重要，工程规模宏大，地质条件复杂，水沙条件特殊，运用要求严格，被中外水利专家视为世界上最复杂的水利工程之一。小浪底水利枢纽的孔板消能泄洪洞、深混凝土防渗墙、大跨度地下厂房、密集的地下洞群、集中布置的进水塔和消力塘以及高边坡预应力锚索施工都是具有挑战性的技术难题。

小浪底水利枢纽工程总概算经过调整并经国家计委批准，动态投资为 346. 75 亿元人民币；内资 254. 48 亿元人民币，其中银行贷款 27. 23 亿元人民币，政府拨款 227. 96 亿元人民币；外资 11. 09 亿美元，其中世行硬贷款 8. 9 亿美元，世行软贷款 1. 1 亿美元，机电设备利用出口信贷 1. 09 亿美元。

小浪底工程 1991 年 9 月开始前期准备工程施工，1994 年 9 月主体工程开工，1997 年 10 月 28 日实现大河截流，计划 1999 年底第一台机组发电，2001 年 12 月 31 日全部竣工，总工期 11 年。

2. 小浪底水利枢纽工程建设及监理工作

小浪底水利枢纽工程建设全面推行了业主责任制、招标投标制、建设监理制，与国际工程管理实现了全方位的接轨。

水利部小浪底水利枢纽工程建设管理局作为小浪底水利枢纽工程的项目业主，承担项目筹资、建设、运营、还贷及国有资产保值增值等重大责任。

小浪底水利枢纽工程采用国际招标建设。以意大利英波吉罗公司为责任方的黄河承包商中标承建大坝工程；以德国旭普林公司为责任方的中德意联营体中标承建泄洪工程；以法国杜美兹公司为责任方的小浪底联营体中标承建引水发电设施工程；水轮机由美国 VOITH 公司中标制造，发电机由哈尔滨电机厂和东方电机厂联合制造；机电安装工程由水电四局、水电十四局、水电三局组成的 FFT 联营体中标。

小浪底工程咨询有限公司承担工程监理任务，按合同规定控制工程投资、进度、质量并协调施工各方关系。

小浪底水利枢纽建设管理局聘请加拿大国际工程咨询公司作为枢纽工程的咨询公司，

为小浪底水利枢纽招标投标、合同管理提供咨询；世界银行小浪底特别咨询专家团每年两次到小浪底检查指导工作，对工程建设中重大技术问题进行咨询，并向世界银行提供报告；小浪底水利枢纽建设管理局聘请国内著名水利水电专家组成工程技术委员会。

自工程建设以来，小浪底水利枢纽建设管理局在水利部正确领导下，发挥业主主导作用，充分调动国际、国内两个方面建设者的积极性，在各级地方政府的大力支持下，在中外建设者的共同努力下，解放思想，勇于开拓，积极探索，大胆实践，坚持在国际工程中弘扬民族精神、爱国主义精神和主人翁精神，在业主发包，外国承包商承包，中国工程局分包的“中—外—中”施工结构情况下，打了漂亮的志气仗，掌握了施工主动权；在业主、承包商、监理、设计等现场关系中，建立起了“责任上分，目标上合；岗位上分，思想上合；对外部分，对内部合”的三分三合行为机制，使小浪底工程成了国际国内团结协作的典范，成了爱国主义教育的好场所。小浪底建管局以“建设一流工程、总结一流经验、培养一流人才”为建设目标，在工程建设的各方面坚持高标准、严要求，实现了工程质量优良，培养了一批优秀人才，并且成功地走出了一条具有中国特色、具有小浪底特色的国际工程建设管理道路，为中国的工程建设管理全面与国际接轨积累了宝贵的经验。

3. 小浪底水利枢纽工程的作用

小浪底水利枢纽工程的开发目标是：以防洪、防凌、减淤为主，兼顾供水、灌溉和发电。

如前所述，工程建成后，水库总库容126.5亿m^3，其中长期有效库容51亿m^3，防凌库容20亿m^3，可使黄河下游防洪标准由60年一遇提高到千年一遇，并基本解除黄河下游凌汛威胁；工程采用蓄清排浑运作方式，利用75.5亿m^3的调沙库容拦沙，可滞拦泥沙78亿t，相当于20年下游河床不淤积抬高，为治理黄河赢得了宝贵的时间；工程每年可增加20亿m^3的供水量，大大改善了下游农业灌溉和城市供水条件；电站总装机容量180万kW，年平均发电量51亿kW·h。

4. 小浪底水利枢纽建设中的重要技术创新

小浪底水利枢纽工程是治理开发黄河的关键性控制工程，其战略地位重要，工程规模宏大，地质条件复杂，水沙条件特殊，运用要求严格，施工强度高，质量要求严，施工技术复杂，组织管理难度大，是中外专家公认的世界上最具挑战性的水利工程之一。其中的重要技术创新有：

（1）高土石坝联合机械化作业高强度施工。

（2）大坝基础深覆盖层防渗墙施工的技术创新。

（3）在帷幕灌浆中采用GIN新型灌浆技术。

（4）复杂地质条件下密集洞室群的设计与施工。

（5）由导流洞改建的多级孔板消能泄洪洞。

（6）排沙洞无粘结预应力混凝土衬砌。

（7）集中布置的进水塔群和出口消力塘。

（8）水轮机抗磨蚀技术。

（9）金属结构设备新技术新材料的应用。

（10）地下厂房大型岩壁吊车梁及桥机负荷试验。

(11) 其他新技术、新方法、新材料的应用。

除前面介绍的以外，小浪底工程施工中还采用了以下新技术、新方法、新材料：

(1) 隧洞裂缝及渗水处理中采用了新型灌浆材料和方法。

(2) 利用高压旋喷灌浆进行基础防渗和地基加固处理。

(3) 利用 GPS 进行大坝变形测量。

(4) 预埋 FUKO 灌浆管对压力钢管进行多次重复接触灌浆。

(5) 中子无损检测技术检查压力钢管外侧回填混凝土脱空情况。

(6) 70MPa 硅粉混凝土在泄洪排沙建筑物下游高流速区的普遍使用。

8.6.2 黄河小浪底的监理体制

小浪底工程是国际招投标工程，应用监理体制全面进行合同管理。按照 FIDIC 条款的要求，水利部组建小浪底工程咨询有限公司作为监理工程单位。监理工程单位接受业主的委托，实行总经理负责制，直接领导和协调现场工作，为了管理三个土建标和一个机电标，咨询公司相应设置 1、2、3、机电标四个工程代表部，每个代表部受总经理的委托来管理、协调本标段现场工作，做好质量控制、进度控制、投资控制和协调工作。设立代表部的同时，公司还设置了测量计量部，包括观测室、实验室、地质监理部、合同部等部门，来管理测量、计量、观测仪器的埋设与测读及工程质量的检验等工作。

测量监理在建设监理中的作用和工作的具体内容为：

(1) 承包商进场时首先交付由业主施测的施工区首级施工控制网的位置，这在工作过程中使用统一的计算常数，如折光系数 K、地球曲率半径 R、坐标边长投影高程面等，以便使整个工区的测量成果统一在一个标准上。

(2) 对承包商测量人员的资质进行审查。

(3) 督促承包商根据合同规定按时定期到工程师指定的国家计量许可的仪器鉴定点进行仪器检验校正，提交仪器鉴定证书进行审批。

(4) 对承包商增设的施工控制网的计划方案以及操作实施进行审核和批准，以监督承包商严格按照合同要求规范作业。作为工程师方的测量监理人员，还要从事下列工作：对承包商的测量操作方式进行监督；对承包商报送的控制点、模板放样、钻孔放样，填筑放样成果，测量计算图表资料等进行内外业检查。

8.6.3 小浪底地下工程施工测量监理

1. 概述

小浪底地下工程位于黄河左岸的山体中，包括泄洪系统和发电系统两大部分，泄洪系统有 3 条孔板洞，3 条排沙洞，3 条明流洞，1 条灌溉洞。发电系统有 6 条引水发电洞，6 条尾水洞，地下厂房。再加上排水洞、灌浆洞、交通洞、施工支洞、电缆洞、吊物井等共计一百多个洞室，都分布在同一山体中，纵横交错，构成了复杂的小浪底地下工程。因此对测量监理就提出了较高的要求。

小浪底地下工程的施工由外国承包商负责，监理工作由小浪底工程咨询有限公司承担，其中的测量监理工作由计量部负责，为了便于测量监理工作的开展，在合同谈判时签订了“联合测量协议”作为合同的一部分。从内容上规定了承包商的人员素质、仪器装备及测量应采用的方式等条件。测量监理工作按照合同条款和“联合测量协议”的规定严格执行。

小浪底地下工程中的测量监理工作，根据工作的内容可分为四个部分：控制测量监理、开挖测量监理、衬砌测量监理、竣工测量监理。

2. 控制测量监理

控制测量监理主要是指施工测量中的控制测量的监理。根据施工的阶段性，控制测量可分为三个部分：前期控制、开挖控制和衬砌控制。

（1）前期控制测量监理

小浪底地下工程的前期控制网由承包商和工程监理单位的测量人员共同参与。仪器要经过专门鉴定。控制网按二等网的精度要求进行测量，观测严格按技术规范进行。最终的成果，要经工程师检查确定后方可使用。

前期控制网是施工测量的基础，因此控制点采用强制对中混凝土标墩，建在施工中不易破坏的地方。但控制点都位于施工区域内，不可避免地要发生变位，因此，监理工程师要求承包商定期对控制网进行复测，被破坏的点要及时补做，确保施工测量的需要。

（2）开挖控制测量监理

为开挖测量所做的控制，主要用于放线和测量断面。点的精度相对来说要求较低。因此这些控制点，可在前期控制网的基础上，以支导线的形式引入。为了保证引入点的正确性，要求承包商每个角至少观测三个测回，每条边进行往返观测，并且每发展一个新的控制点都要求对前面的整条支导线重新进行测量。在开挖阶段，测量控制点在施工中容易被破坏，复测和补设工作是经常的。控制点大多是临时性的。控制测量工作由承包商自己完成，成果交送监理工程师检查。监理工程师对控制点进行抽查，以检查承包商的测量精度。

（3）衬砌控制测量监理

在开挖工程完成后，主要的洞室都已经贯通，这时就要求承包商进行贯通测量，以检查洞室的贯通情况。例如在导流洞开挖竣工后，在混凝土浇筑之前对3条导流洞的导线进行了贯通测量，导流洞洞长为1 100m左右，贯通误差在1~2cm。进行贯通测量时所做的控制点经平差后用于衬砌控制，供竣工测量和洞室的混凝土衬砌模板检查使用。这种导线一般都布设成复合导线或导线网，精度比开挖阶段高。测量导线的工作由承包商和监理工程师双方分别单独进行，若结果存在较大的差值，要重新联合测量。若双方观测差值在允许范围内，取两结果的中值使用。这种导线点作为洞内最终的测量控制点，布设在不易被破坏的交通洞内或其他洞室已竣工的部位，以利于保存。考虑洞室围岩变化对控制点的影响，要求承包商要定期进行复测，这些点的高程也都按照二级水准规范要求通过水准引入。水准测量一般由承包商自己作业，监理工程师对其资料进行复核或进行实地检测。

3. 开挖测量监理

地下工程的开挖测量主要包括开挖放样和断面测量。

在开挖放样中，最重要的是开口线的放样。对每个洞室开口线，承包商首先根据设计图，把开口线放样到实地，将放样的资料提交监理工程师检查，监理工程师检查认为资料无误后，通知承包商进行联合测量，确定其最终位置。由于洞室的开口位置直接关系到洞室的开挖方向，因此，在联合测量时，监理工程师和承包商都极认真地对待开口线的放样数据。

在开挖的过程中，为了随时掌握开挖的进度和质量，每个月都要求承包商进行一次已开挖部分的断面测量。小浪底地下洞室的断面测量采用 AMT3000 和 AMT4000 断面仪进行作业，该仪器在竖直面和水平面可全方位旋转，能很方便地测出洞室断面的真实情况，所测数据和计算机连接后，能很直观地看出哪些地方超挖，哪些地方欠挖。计算机可以用任意比例成图，监理工程师要求承包商成图比例为 1∶100。承包商将所绘的断面图和断面测量数据送交监理工程师审查，监理工程师对图中超挖过大的部分提醒承包商注意，欠挖部分通知承包商处理。同时还要检查承包商断面图是否准确，及时更正不合理的部分，检查无误的断面图，将作为开挖计量的依据送交有关部门。

4. 衬砌测量监理

小浪底的地下洞室的衬砌测量主要是指衬砌前的模板检查工作和衬砌后的混凝土变形检查工作，其中最重要的还是衬砌前的模板检测工作。

衬砌前的模板检查应及时认真。小浪底的主要洞室衬砌断面形式多样，有圆形、方形、也有城门洞形，不同形式的断面采用的衬砌方法也不同，这给模板检查带来了很大的不便。为了保证不影响正常工作的进行，在每条洞室衬砌前，监理工程师都要求承包商报送一份切实可行的模板检查方案。承包商应先对模板进行自检，认为符合规范规定后，再通知监理工程师进行联合检查。联合检查时，监理工程师可以实行“旁站监督”的方式，由承包商的测量人员操作，也可由监理工程师自已带仪器操作，检查偏差结果要在现场确定，如发现立模有偏差超限的点，就要求承包商重新调整模板位置，直到合适为止。最后的结果经测量工程师签字确定后，作为正式成果提交混凝土浇灌工程师。在小浪底的地下洞室中，大部分洞室都是分层分块衬砌的，这样在第一层完成之后会产生混凝土变形。若变形过大，会影响下一层的立模。测量工程师要及时提供混凝土在浇筑后的变形情况，使监理部门及早采取相应的措施。在某些洞室衬砌时采取的是一次成型模板，就要对制作模板的情况进行检查。模板制作时监理工程师对模板进行了检查，现场监理工程师只检查承包商放样的立模参考点。

混凝土衬砌后变形检查，在厂房部位一般都由监理部门自己进行，仍使用衬砌测量控制点，采用无棱镜测距仪进行检查，检查方式采用散点法，对于每一块的接口处重点检查。导流洞、明流洞各部位是由承包商采用 AMT4000 以断面测量形式进行作业的，检查后的结果送交监理部门检查。混凝土衬砌后变形检测，可以为现场工程师解决问题提供依据，另一方面也可以随时了解混凝土施工的质量，以便有关监理工程师对承包商进行管理。

5. 竣工测量监理

竣工测量是施工阶段测量工作的最后一道工序。测量的成果，对承包商而言是工作成果的见证。对业主而言，竣工测量是获得竣工资料的一种方法。因此，搞好竣工测量的监理工程，做到测量成果公正合理，是监理工程师十分重视的问题。

在地下工程施工中，开挖工作和衬砌工作往往是穿插进行的，竣工测量往往不可能进行连续的作业。导流洞、明流洞就存在这样的问题，尤其在导流洞中闸室段，高 40m，长 28m，宽 23.4m，中间有一分流墩，实际空间 6.3m×40m×14m。这就给竣工测量工作带来了极大不便。在开挖竣工测量时，承包商为了抢工期加快施工进度，往往在开挖一结束，经检查没有超挖，就清理准备衬砌，这样容易造成开挖竣工面的漏测，为了避免出现这种情况，监理人员要经常到工地注意现场的施工情况，开挖工作结束后，要求承包商测量人员尽快进行开挖竣工断面的测量。对于一般洞室，竣工测量以测量断面为主，断面间距布置为2~3m，仪器用AMT3000或AMT4000断面仪，测量所用控制点必须是联测的复合导线点。特殊的部位，除了端面测量外，还要求承包商测出1∶200的地形图作为补充资料。在断面测量时，要求所测的断面应与洞室的轴线垂直。有的部位由于地形的限制无法取得垂直断面，就要采取特殊的方法加以改正。例如在进行发电洞的斜井断面测量时，由于洞室的倾角太大（约50度），断面仪不易放置。监理工程师就要求承包商先将断面仪按相应的角度倾斜地固定在一块木板上，到实地进行测量时，将木板放在已经浇好的垫层平面上，这样可以较准确地获得垂直洞轴线断面的竣工资料。有的洞室断面比较复杂，测量时不能获得全断面的竣工资料，这就要求承包商在测量时要注意将断面图和相应的数据磁盘都交给监理工程师进行审查，审查无误后，双方在图纸上签字确认，作为最后竣工资料交给业主部门管理。

衬砌后的洞室，由于断面比较规则，现场施工已基本结束，控制点也容易保存，衬砌竣工测量工作可连续进行作业，工作中不容易出现意外情况，因此对于衬砌后的竣工测量按一般的断面测量形式进行即可。最后的成果也要送交监理部门。

6. 小结

首先，测量监理协助监理部门做好了“三控制”工作。在开挖施工中，要求承包商随时报送放样测量资料，为工程师了解工程的施工进度提供了资料；在计量和支付中，通过联合测量提供准确的断面数据，使工程师的控制投资方面有依据；在混凝土衬砌工作中，联合检查确保了建筑物的外观施工质量。

其次，在处理与承包商的纠纷问题方面起了协调作用。由于小浪底工程是分三个标承包的，随着工程施工的进展，往往出现分标线不清或某些区域需要进行移交等问题。这些都涉及承包商各自的利益，难免要引起施工纠纷。这时，测量监理人员总是以事实为依据，认真监督承包商做好各自的测量工作，尽量协调承包商之间的关系，使问题妥善得到解决。

再次，测量监理在确保工程的整体统一性方面起到了保证作用。小浪底工程是多个承包商施工的。为了施工的方便，他们建立了各自的施工控制网。为了避免工程接口部位发生矛盾，测量监理在测量控制系统上严格把关，使各承包商的测量工作从前期控制网到最后竣工测量都保持测量控制的统一性，从而保证了工程各部位位置的准确性。

在小浪底地下工程的施工阶段，测量监理除了管理承包商做好施工测量的工作外，还协助监理工程师做了大量的工作。

（1）小浪底工程中，测量监理首先把对承包商的测量要求以协议的形式写进了合同，使监理人员在管理承包商的过程中有据可依。

（2）全站仪和计算机的联合使用，使测量从外业到内业实现了作业的一体化，提高了测量的速度和精度。

（3）监理部门对承包商的测量人员实行定期考核，确保承包商的测量人员的素质，为搞好测量工作提供了保证。

（4）监理人员除了有较强的专业知识外，还认真学习了合同条款、技术规范，具有一定的管理水平。

(5) 测量监理人员经常到一线了解各个工作面的施工情况，对工作有较强的超前意识，以便出现问题时能及时正确地处理。

8.6.4 小浪底水利枢纽外部变形监测

1. 外部变形观测工作

(1) 水平位移变形监测网

小浪底水利枢纽工程水平位移变形监测网可分为两级：一级网为固1、固2、固3、固4所组成的大地四边形，该四点布设在大坝轴线两侧，点位要求位于大坝沉陷漏斗区之外，最长边为4.0km，并且能较好地扩展加密二级控制点。二级控制点为大坝每条视准线(15条)的工作基点（共24个），可与一级网组成适当的几何图形或插件，以便定期观测，确定视准线工作基点的稳定性。由于一级网点的位置在大坝的沉陷漏斗区之外，且均为基岩标，故可作为不动点。一级网点的主要作用是扩展和加密二级网点。

二级网点共24个，其中7个为基岩标，其余为普通标，因此对二级网点的稳定性要进行定期检测，以求得视准线工作基点的可靠值及其位移量，以便对各视准线上位移量进行修正。

(2) 垂直位移变形监测网

垂直变形监测网由33座水准基点和基准点组成，其中洞室恒温标两组（6座标石），双金属钢管标一个，测温钢管基岩标14座，基岩标12座。大沟河基准点位于大坝下游，距坝址11km，在坝区沉陷范围之外，基准点与国家一等点联测。常用基准点距大坝约4km。该网全长约40km，由4条闭合水准线路组成，三处跨河水准测量。

(3) 首级控制网的建造和施测

小浪底水利枢纽工程首级控制网由黄河水利委员会设计院测绘总队负责设计、造埋和观测工作。1993年上半年完成了造埋工作，1993年11月分别进行了两次初始值观测，1996年12月至1997年1月进行了第一次复测工作。观测仪器为T3000电子经纬仪(±0.5″)、ME5000激光测距仪、Ni002A自动安平水准仪。观测工作按照国家一等测边测角网和一等水准网要求执行，第一次复测的施工精度为：测角中误差±0.4″，最弱点位中误差0.7mm，最弱边边长相对中误差1/705万，水准网每公里往返测高差中误差±0.38mm。从以上的数值看，水平变形网和垂直变形控制网的精度都比较高，完全能满足小浪底工程各部位变形观测工作的需要。

(4) 泄洪系统的安全监测

① 进水塔变形观测仪器

小浪底水利枢纽工程的泄洪系统的进水口由进水塔控制，进水塔由三座明流塔、三座发电塔、三座排沙塔和一座灌溉塔组成，其混凝土浇筑量相当于三门峡大坝，塔高112m，长270.7m。为监测进水塔的水平位移，分别在1#明流塔和2#发电塔的中心线及3#明流塔与灌溉塔之间安装三组正、倒垂线仪（双向），同时为了监测塔顶部各部位的水平位移，分别在塔顶部安装一条长250m、13个测点的引张线（双向）和塔顶布设一条255.4m、14个位移标点的视准线。为监测进水塔各部位的沉陷，在190m高程观测廊道内安装了静力水准系统，共26个测点。正、倒垂线仪，引张线仪及静力水准系统的测读工作将全部自动化，数据采集及处理统一由监测中心观测，为进水塔的安全运行及时提供准确可靠的数据。

②中部及出水口的安全监测

为了监测泄洪系统洞群的运行安全，在中部及出水口边坡上边沿布设了若干位移标点，以便监测各洞身地表面的位移变化，进而分析判断泄洪运行时的安全问题。在消力塘内南北墙上各建造8个位移标墩，用于监测隔墙的水平及垂直位移。

（5）地下发电厂房的安全监测

为了监测地下厂房在发电运行期间的安全，在厂房上游侧吊车岩壁梁上安装有9个测点的双向引张线仪器，同时，在EL150高程1#机组、5#机组及安装间的中心线断面上布设了三组收敛观测点。为观测厂房沉陷，在120.7m高程的观测廊道内121.4m高程布设了静力水准系统（19个测点），同时在121.4m高程1、2、3、4、5、6号机组及安装间中心线断面各埋设一个水准点，用精密水准测量方法测定其沉陷值。

（6）数据采集及其处理

小浪底枢纽工程外部观测及内部观测的仪器大部分为电测仪器，各测点的位移量将通过遥测设备及计算机直接输出三维坐标实时变化图像，以便帮助管理人员正确分析研究枢纽工程各部位的运行安全情况。目前，观测自动化系统已经完成。

2. 施工期间的变形观测工作

（1）主坝施工期的变形监测

在前期施工中，对坝体与两岸山体的结合部位进行了覆盖层开挖，开挖后形成了高边坡，由于南岸部分区段地质条件较差，所以必须对南坝头高边坡进行安全监测，从1996年3月13日至12月14日，对大坝南坝头的滑坡区进行了18次观测，采用边角交会测定变形点的三维坐标。在坝体填筑到一定高程，边坡稳定后，才停止观测。

截流后，为保证上游围堰的安全，在EL185上游围堰上布设了一条长720m的视准线，两端工作基点建造在基岩上，在视准线上布设了13个观测标点，用于监测上游围堰在大坝清基及填筑期的安全。随着坝体增高和库水位的上升，分别在坝体上游坡EL230、EL260高程布设两条视准线。

（2）进水口高边坡的安全监测

为了保证进水口施工的安全，对近120m高的边坡进行安全监测，在边坡不同高程处除埋设内部变形观测仪器外，还在EL205、230、250、265高程马道处埋设了50个水平位移观测点和110个沉陷观测点。在EL250马道线上布设了一条视准线，全长306m，共14个点，自1996年2月到1997年9月共观测25次，观测周期为20天，各点位移呈弧线状，最大位移量为9.4mm，位于视准线的中部，随着进水塔混凝土浇筑的增高，进水口边坡已趋稳定。

（3）地下厂房施工期开挖的变形监测

在地下厂房开挖期间，随着工程进展，厂房侧墙越来越高，其稳定性如何，是承包商和工程师密切注视的问题。为了掌握厂房侧墙在施工期间收敛变化的准确数据，在厂房两侧墙EL150高程1#、5#机组和安装间中心线断面埋设了三组收敛观测点。随着开挖深度的增加，又在EL133高程1、3、5号机组中心线断面埋设了三组收敛点。观测仪器使用日本的NET2B无棱镜全站性电子测速仪。EL150高程三组收敛观测自1997年1月12日至

10月5日观测了35次，最大收敛值为14.3mm。EL133高程三组收敛观测自1997年7月13日至10月5日观测了12次，最大收敛值为6.3mm。收敛观测数值的变化为厂房施工安全提供了可靠的数据，使各项工程施工能顺利按计划完成。

8.6.5 黄河小浪底国际工程“测量计量”监理模式

1. FIDIC条款中的“测量计量”方法

黄河小浪底水利枢纽主体工程采用世界银行贷款，国际招标进行施工，工程施工建设管理按国际惯例实行建设监理制。合同管理的指导性文件是“国际咨询工程师联合会”编写的“土木工程施工合同条件”（简称FIDIC条款）。

FIDIC条款第56.1款指出：工程师应根据合同通过测量来核实和确定工程的价值，并根据第60款，承包商应得到该价值的付款。当工程师要求对任何部位进行测量时，他应适时地通知承包商授权的代理人。代理人应：

（1）立即参加或派出一名合格的代表协助工程师进行上述测量。

（2）提供工程师所要求的一切详细资料。

以上所述的测量工作是为了核实在实施合同中所完成的实际工程量。指出了两种测量的方法：

（1）由工程师组织测量人员和仪器设备在施工现场对需要进行工程量计量的部位进行测量，并进行工程量计量，承包商测量人员协助工程师工作。

（2）由承包商组织测量人员和仪器设备进行测量，按工程师的要求提供一切详细资料。这意味着工程师根据承包商的测量资料来审核工程量。

根据小浪底工程的实际情况和我国水电施工工程量计量的经验，参考这两种方法选择了适合黄河小浪底水利枢纽国际工程的测量计量监理模式。

2. 黄河小浪底国际工程施工阶段测量

众所周知，投资控制是监理工程师的中心任务之一，在工程的建设实施阶段投资控制主要取决于工程量的计量。FIDIC条款第55.1款规定“工程量表中开列的工程量是该工程的估算工程量，它们不能作为承包商履行本合同的义务过程中应予以完成的工程的实际和确切的工程量。”意即工程量表中的工程量是在制定招标文件时，在图纸和规范的基础上估算的工程量，在实施合同中所完成的实际工程量要通过测量来核实。因此在水利水电工程实施过程中，大量的工程量（如土石方开挖、填筑量、浇筑量等），只能通过测量手段来核实。

工程的实际价值是通过测量手段核实工程量的多少来决定的，工程师签认的工程量是工程款支付的依据。在市场经济条件下，现代商品社会中水电工程施工工程量是业主、承包商和工程师所共同关心的焦点。实际操作过程中，工程量计量的准确性和合理性是十分重要的。工程量的计量必须公平合理、准确可靠。那么，由谁来直接进行测量计量，如何来核实实际的工程量，是目前我国刚刚起步的工程建设管理中工程师所面临的重要选择。

根据FIDIC条款56.1款有两种模式可选择：第一种意见是毫无疑问地选择由工程师测量人员进行测量，承包商派一名合格代表协助。由于这种模式是工程师测量人员直接进行测量计量，这样在人们的心目中自然会产生可靠性。认为这样可以牢牢地把握工程量计量关，但这种模式若用在黄河小浪底枢纽工程中，工程师方必须：

（1）建立一支庞大的测量计量队伍，这支队伍至少应满足每个月底三个标的工作面同时进行收方计量，这样估计至少应有百人以上。

（2）购置足够的承包商认为精度合格的测量计量仪器设备。

在同时满足上述两个条件的前提下，工程师的测量人员在实际测量时也必将受到承包商施工的制约。由于小浪底工程工地施工情况复杂，工作面多，受机械设备、人员和自然环境的影响，加上语言交流障碍，给测量人员在施工现场操作带来严重的困难。这将影响测量、计量的时间和工程量计算的准确性，一旦影响了交付时间，工程师将会站在被告席上受指责，甚至可能引起索赔。

第二种测量计量模式是由承包商的测量人员进行测量，提供工程师要求的一切详细测量资料。工程师方不需要外业测量设备、只进行计量审核，对工程量进行宏观控制。这种方法的缺点是工程师方不了解现场测量情况，缺乏自己的第一手资料，容易使承包商钻空子，加大投资，给业主造成经济损失。

由此可见，上述两种测量计量模式都有不同的缺陷。怎样克服这两种模式中的缺陷，选择一种适合黄河小浪底国际工程施工阶段“测量计量”的管理模式，这是合同谈判时必须解决的问题。按照“既能够掌握第一手测量资料，牢固把握工程量计量关，又不需要庞大的测量队伍和过多的仪器设备”的设想，工程方义无反顾地选择了“联合测量”这种黄河小浪底国际工程测量计量的管理模式。合同明确地规定了测量工作方法、人员组成、仪器设备、所需资料及工程测量计量的方法和程序，为黄河小浪底国际工程测量计量奠定了基础。

3.“联合测量”的方法

随着“联合测量协议”的签订，也就确立了黄河小浪底国际工程“测量计量”的模式，联合测量是工程量计量的基础。因此，小浪底工程咨询有限公司特设了由总监理工程师直接领导的“测量计量部”，负责黄河小浪底水利枢纽工程建设所有项目的测量计量工作。这在我国水电建设项目管理中是一种独特的管理模式。

“联合测量”的定义是：在工程施工前、施工中和施工后，为了给工程量计量提供依据而对原始地面、土石分界面、开挖结构面、改建筑物表面等进行的共同测量。联合测量将由工程师和承包商共同组成的测量组进行，并且使用同一本测量手簿，测量手簿中每页记载都得到双方同意并共同签字后作为计算工程量的依据。

在“联合测量协议”中对测量工作主要作出如下规定：

（1）人员组成。联合测量人员由工程师和承包商的测量人员共同组成，承包商的主要测量人员必须经工程师考察合格批准后才能进行工作。在小浪底国际工程实际工作中进一步明确了“联合测量”是由承包商的测量人员在测量工程师监督下进行测量工作，将原始测量资料及时提供给测量工程师。这样，能够保证野外作业的真实可靠性，大量的测量人员由承包商提供，工程师方只需要少量有一定工作经验的管理人员。

（2）仪器设备。联合测量仪器由承包商提供，这些仪器精度性能必须在监理工程师指定的部门鉴定合格并经工程师批准方可使用。目的是保证测量资料的精度要求。工程师方可根据工作需要自己决定是否携带测量仪器，在施工现场工程师的测量人员可以使用承包商的测量仪器进行测量，而工程师的仪器只能由工程师的测量人员使用。因此，工程师方只需配备精度较高、性能可靠的测量仪器进行测量检查和校核工作，大量的测量仪器由承包商提供。

（3）测量方法和精度要求由承包商提出，报工程师批准后实施。

（4）测量成果要得到监理工程师的审核批准后才能作为计算工程量的依据。如果工程师对测量成果有疑问，可以随时进行野外检查，不符合要求的必须返工重新进行“联合测量”，由此而损失的时间和费用由承包商承担，工程师不另外支付费用。

（5）地形图、断面图和各种表格按工程师的要求进行绘制，经工程师审核满足要求方可进行下道工序工作。

（6）同时还规定了测量工作、成果提交、审核等的时间要求，按照时间要求有计划地进行工作。

由此可见，“联合测量”成功地为工程方的测量计量工作取得了主动权。工程师既能够掌握第一手测量资料，保证测量计量工作的可靠性和实用性，又能节约工程师方的人力和物力。

小浪底工程咨询有限公司测量计量部在主体工程开工时有职工 21 人，根据工程施工的进展，工作面的增加，目前仅有 27 人，担负着整个小浪底工程的测量监理和工程量计量任务，管理着承包商两百多人的测量队伍按照“联合测量协议”的规定进行测量计量工作。主体工程承包商完成了大量的联合测量和工程量计量工作。工程师的测量人员掌握整个工程的第一手测量资料，成功地将外国承包商的测量计量工作纳入了工程师的管理轨道上来，确保了工程计量的准确、合理，在“三大控制”中起到了重要作用。

4. 小结

在社会主义市场经济条件下，如何有效地控制工程投资，保证业主的投资效益，是项目法人（业主）面临的一个重要课题。在项目实施阶段，选好监理工程师，设置好监理工程师的管理模式显得更加重要。要管理好工程建设，首先必须有一个好的管理队伍和管理模式。

工程施工阶段，工程师对工程质量、工程进度和工程款支付控制权中，工程计量是核心。“联合测量”这种方式在小浪底国际工程中的实践证明，工程师利用少量的管理人员和少量的仪器设备牢固地控制了工程量这个核心，为推进建设监理制度中工程量的计量管理方法提出了适合小浪底国际工程测量计量的监理模式。

应该指出，“联合测量”不仅可以应用在工程量计量上，而且可以在工程施工的许多方面应用。如在对建筑物主要尺寸、轴线、位置、工作面的中间移交和竣工验收中灵活应用，不但可以节约大量的工作时间，还能够使建设双方达成一致意见，保证组织协调的一致性。

8.6.6 浅述小浪底工程的工程计量工作

在投资控制中，工程计量是一个关键工作，它对控制月支付和控制工程总量起着重要作用。现对小浪底工程计量采取的方式、遇到的问题以及一些体会进行阐述。

1. 工程计量的主要任务

工程计量的主要任务是根据合同文件和技术规范核实承包商所完成工程的确切的工程量，这里包括月支付和工程总量两个内容。月支付是通过每月月底的收方核实承包商当月完成的工程量，及时给予支付。工程总量是在某一工程项目结束，通过竣工验收后，对该项目所完成的实际和确切的工程量进行核定。通过对每个项目工程总量的控制，达到对整个工程总量的控制。工程量是业主、承包商、监理工程师共同关心的焦点之一。对业主来说涉及工程总投资，对承包商来说涉及自身利益。而监理工程师在这个问题上必须做到公正、准确、可靠。

2. 工程计量的依据

工程计量的依据是合同文件、技术规范、设计图纸和联合测量协议。

小浪底工程在合同谈判时，为搞好联合测量工作，特签订了“联合测量协议”并作为合同补充协议正式进入合同文件。协议书详细规定了联合测量的程序、方法，并对横断面的布置方式、图纸比例、提供成果等进行了详细规定。我们在小浪底工程的工程计量中严格执行合同条款和规范要求，正确运用合同赋予监理工程师的权力，从而确保了工程计量工作的顺利进行。

3. 工程计量在小浪底的实施

（1）原始资料的取得

在工程计量中原始资料是确保计量准确的第一步。如开挖工程的原始地面线和土石分界线、填筑和浇筑基础均很重要。上述资料的取得，通常采用地形测量的方式，因而原始地形图、土石分界面地形图、开挖竣工图成为计量工作的三套关键资料。

①原始地形图测量

原始地形图测量在开挖或填筑前进行，采用监理单位和承包商人员混编，以承包商人员为主、监理工程师监督的方式进行。工作前期由于工期紧，设备不够齐全，采用全站仪测量、人工记录、白纸测图方式进行地形测绘。在承包商引进测图软件后，改为全站仪测量，记录卡或计算机记录，计算机成图。测量过程中双方对记录签字确认。承包商提供原始记录测点数据及 1：200 地形图，监理工程师进行全面检查和外业抽查，确保成图质量。整个工区共测 100cm×50cm 地形图 111 幅、50cm×50cm 地形图 169 幅。

②土石分界面地形图测量

土石分界面测量不分类料剥离完成，经监理工程师验收确认暴露面为基岩面，并确认岩石出露范围后进行联合测量。采用方法和原始地形测量一致。为使土石分界地形图与原始地形图一致，采用相同的符号，相同的比例。

③开挖竣工面

开挖竣工面往往作为填筑和浇筑的建基面，是进行填筑和浇筑的原始依据。尤其是大坝工程设计图上要求开挖到合适基础面，基础面的确定对控制填筑工程总量起关键作用。开挖竣工图在监理工程师竣工验收认为已挖至合适基础面或设计高程后，同时采取联合测量模式进行，仍为 1：200 地形图。对进水塔、消力塘等关键部位建基面比例为 1：100，以便更好地控制欠挖。

上述三种地形图，成图后监理工程师都进行全面检查。检查确认无误后，由监理单位和承包商测量工程师双方签认，作为最终联合测量成果，也作为工程计量的依据和竣工资料的一部分。

（2）根据设计图纸合理进行断面布置

根据合同与技术规范规定，计量均采用平均断面法进行，即 $V_{ab}=1/2\ (S_a+S_b)\ L_{ab}$（$S_a$、$S_b$ 为两断面面积，L_{ab}为 a、b 两断面间距，V_{ab}为 a、b 两断面间体积），所以合理布设断面是计量工作的又一关键。小浪底工程的断面布设主要参考设计图进行，对设计断面间距过大区间，在中间补断面，断面间距一般控制在15~20m，在建筑物体形突变区再进一步以5~10m加密一个。在小浪底工程中断面位置由监理单位和承包商双方研究商定，断面上各线均由监理单位与承包商各自切剖点绘成图，再进行对照检查，更正不合理部分，最后形成基本一致的断面图。由于采用统一的桩号，一致的断面图，为月计量支付和工程总量控制打下了基础，减少了计量中可能出现的分歧。

(3) 月计量的实施

月计量工作是月支付的依据，月计量工作的准确与快慢直接影响支付量和支付时间，对监理工程师而言是一项重要工作。它包括月计量的外业收方、月计量的内业计量、月计量的确认三个方面。

(4) 计算机技术在计量工作中的使用

在小浪底工程建设中，随着工程的进展和测绘技术的发展，把计算机技术广泛运用于计量工作，取得了可喜成果。主要有电子平板测图系统用于地形图测绘；AMT型断面仪广泛使用于洞挖工程；计量软件的开发使用等。这些技术提高了测量计量精度，加快了测量计量速度。

(5) 工程总量的控制

当某一单项工程完成后，监理单位马上要求对该项目工程量进行最终核定。由于分月计量难免存在量算误差和累计误差，加上设计修改，地质影响等因素，因而工程总量必须认真核实。核实的依据仍是联合测量图。在总量核实中关键要分清设计内完成了多少工程量，设计修改或变更增加了多少工程量。同时要分清各类型，避免重叠计量和承包商用高单价项目进行计量。按照国际工作合同惯例，开挖不允许有欠挖，超挖不计量支付，所以在核实工程总量时应特别注意这一点。

4. 工程计量监理的作用

(1) 对承包商完成的工程数量和应付款项进行确认。监理工程师通过工程计量，可以及时地确认承包商已经完成的工程数量，证明并支付承包商应获得的付款，避免工程量采用估算方法进行确认而产生的误差。

(2) 对承包商完成的工程质量进行监督和控制。通过计量与支付工作，可以定期地对承包商完成的工程质量进行全面清理，当发现工程质量存在问题时，监理工程师不予计量和支付，以监督和控制工程质量达到合同要求。

(3) 对承包商完成的工程进度进行统计和监督。计量与支付可以及时地掌握工程累计完成数量，绘制出承包商实际进度曲线，监理工程师就可以采用进度曲线法或进度管理曲线法，比较实际进度与计划进度的偏差，发现工程进度中存在的问题，及时对工程进度进行调整和控制，实现计量对工程进度的监控。

8.6.7 测绘软科学在小浪底工程中的应用

1. 概述

全站仪集电子经纬仪、光电测距仪、数据记录模板（或电子手簿）于一体，不仅能自动记录、存储和传输观测数据，通常还在主机内固化了一些外业常用程序。测量数据可经仪器的串行接口传输至计算机内存，以便对观测成果进行处理、磁盘化管理和各专业共享。采用国际招标方式进行施工的小浪底工程是测绘软件和全站仪在工程测量中应用的一个典范，它体现了外业数据采集自动化，地形图、断面图绘制计算机化和工程量计算自动化的特点。

2. 承包商的施工测量和计量方法

根据合同文件中规定的测量计量方法和“联合测量协议”的要求，在小浪底施工的三个不同的国际联营体所采用的测量和计量的方法基本一致，都充分体现了计算机技术和电子全站仪的优越性。一标承包商使用的是德国（HOCHTIEF）公司的Unicad系统软件，几乎包揽了工程测量的全部工作，使测量人员在野外只需操作测量仪器，其他工作都由计算机来处理。二标承包商使用的是新西兰（DATACOM）公司的SDR系统软件。三标承包商使用的是瑞士（Leica）公司的LISCAD Plus系统软件，基本上具有相似的功能。它们除了具有测绘功能外还具有工程设计的功能。三个承包商共同的测绘方法是：

（1）控制测量

埋设好控制网点后用全站仪进行野外观测，自动记录观测数据，内业将数据传入计算机按观测数据进行边角网平差计算和精度评定，并可以将平差坐标转入野外记录器，供野外观测时调用。能够长期使用的控制点都设置强制归心观测墩。

（2）施工放样

测量人员野外测量时将仪器站名和瞄准的已知方向点名输入电子手簿，电子手簿根据已存入的控制点数据自动进行已知方向检查，当需要重新设站时，可自动进行后方交会或边角交会法计算测站坐标。根据事先输入电子手簿的设计数据和测站坐标，自动计算放样数据和放样偏差，随时调整，灵活方便。

（3）地形测量（数字测图）

地形测量是用全站仪在野外测定棱镜的位置获取三维坐标，记录仪自动记录原始数据，将数据传入计算机，内业根据野外草图用计算机绘制地形图。

（4）测量计算

测量计算按平均断面法，首先将设计断面数据输入计算机，计算机根据施工前和施工后地形测量数据自动提取断面数据，并与断面数据叠合在一起生成断面图，根据断面图计算机自动计算各种工程。德国HOCHTIEF公司Unicad系统软件中主要的测量模块有：①测量和大地测量管理。主要用于地形测量，野外数据采集，测绘地形图（数字化测图），控制测量野外记录和控制网平差。② 施工放样。主要进行各种工程施工现场放样和建筑物点线检查，做临时控制点时自动进行坐标计算。③ 普通方量测量。根据全站仪野外采集的数据和设计数据，计算渠道或道路设计中的填挖工程量。④ 体积计算。利用野外采集的不同时期地形测量数据建立数字地面模型，根据横断面计算工程量。

3. 地下工程测量计量

小浪底工程Ⅱ标、Ⅲ标都以地下工程为主，地下工程的测量计量尤为重要。因此，作为承包商的开工条件，两个承包商都引进了徕卡公司的AMT3000隧道断面仪，监理单位也引进了AMT3000隧道断面仪。AMT3000隧道断面仪是计算机技术和电子测量仪器的有机结合，使隧洞工程测量计量进入了自动化程度，大大减轻了外业测量工作量，而且快速准确。

（1）AMT3000断面仪外业测量

AMT3000断面仪外业测量由HUSKY手持测量计算机的TUN软件控制，测量员安置好仪器后按照菜单提示按 START 键即可自动进行断面测量，并将测量数据自动存入数据库。

在测量时需要进行断面仪的定位测量来确定断面仪架设位置，通过实际应用，常用的方法是利用全站仪进行棱镜定位，定位测量数据可直接存入 REC 记录模块。可以将断面测量数据和定位数据一并传输至计算机进行数据处理。测量计算机利用现场分析软件，可以在现场确定测量断面的超欠挖情况，指导现场施工。

（2）内业数据分析和成果输出

断面测量数据是由 AMT Profiler 软件进行分析处理的，有三种分析方法，即自动分析、人机对话分析和交互式分析，根据不同的需要可得出多样的分析结果。

成果输出形式多样，可以根据需要进行选择。主要有：测量数据列表，超欠挖距离计算，面积计算，体积计算，绘制断面图等。可以提供测点坐标，每个测点的超欠挖情况，每个断面的超欠挖面积，开挖体积，断面图形。若连接上打印机可将各种分析结果打印输出，取得完整准确的测量资料。这些资料对指导隧道施工、控制开挖质量都起到了重要作用。

4. 监理工程师的测量计量

小浪底工程的施工监理任务由水利部小浪底工程咨询公司承担，监理工程师也应有相应的测量和计量手段。为此，小浪底工程咨询公司特设了由总经理直接领导的测量计量部，负责小浪底工程的测量监理和工程计量工作。要做好测量监理和计量工作，使业主和承包商都满意，必须具备一定的管理能力和精良的仪器设备。

（1）测量监理

测量监理的现场测量主要是对承包商设置的控制点和施工放样的主要点线进行检测。测量使用徕卡 TC 系列的全站仪进行检查，对建筑物的位置、主要点线、混凝土模板的偏差，利用相应的软件进行现场处理，各种数据和偏差值非常直观。利用平差软件对承包商的控制网测量数据进行平差，检查承包商计算的正确性。

（2）地形测量和工程量计量

根据 FIDIC 条款，工程计量是测量监理工程师的一项细致认真而又十分重要的工作，工程量计量的准确性是工程师公正合理性立场的体现。根据小浪底工程合同文件规定，监理工程师每月要核实承包商所完成的实际而确切的工程量。为了圆满完成计量工作，与国际惯例接轨，我们引进了清华大学山维公司推出的 EPSW 电子平板测图系统，并共同开发了土石方工程计量软件（Volume）。

①EPSW 电子测平板测图的应用

EPSW 系统可以进行各种地形图测绘。监理工程师利用 EPSW 系统主要进行联合测量地形图审查，同时进行各种临时性地图测绘工作，以满足工程设计修改、塌方处理等特殊部位的设计用图及各种规划用图的需要。我们利用 EPSW 系统多次完成了时间紧、要求高的紧急任务，在小浪底工程建设中发挥了独特的作用。

②Volume 的开发应用

工程量计算的准确性主要取决于野外测量数据的精确性。工程量的计算需要四种基础数据：施工前的原始地面或建基面数据；施工中的土石分界面或不同填筑材料的分界面数据；完工后的竣工面数据。这几种数据是用全站仪在野外“联合测量”采集取得的，即监理工程师与承包商使用相同的原始数据，将这些数据用 EPSW 软件建立空间数字模型，并对不合理的地方进行编辑修改。设计数据。通常是用横断面和平面图表示的。工程量计算实际上是将上述四种空间曲面的交线所包含的空间体积分别计算出来。如何将这几种空间曲面叠加起来，并将交线体积计算出来是 Volume 软件的核心。软件设计有两种方法：平均断面法；利用空间地面模型直接计算。

我们首先按平均断面法进行计算，通过各种类型的数据测试已达到了预期目标。主要进行了土石开挖量和不同材料的填筑量的计算。在计算中考虑了曲线段填挖区域偏离纵断面中心线的特殊情况。经过比较，Volume 软件计算的工程量与人工绘制断面图、求积仪量面积计算的结果基本一致；与承包商利用软件计算的工程量也基本一致，三种方法计算的工程量差值在 1%以内，满足工程量计量的精度要求。

Volume 可以直接在 EPSW 的地形图文件上读取断面数据，利用 EPSW 的绘图功能绘制横断面布置图和纵、横断面图。

随着软件开发的深入，根据这四种基本数据建立空间立体模型，在彩色显示器上显示出各种曲面所包含的几何体，可任意取出某一区域的立体模型进行分析计算，即利用地面模型直接计算。

5. 小结

随着我国进一步改革开放和国民经济的发展，将不断需要新的多样化的测绘信息产品和高新测绘技术服务。测绘软件在小浪底工程的应用情况充分说明了科学技术是第一生产力。它不仅可以减轻测绘工作者的劳动强度，提高生产力，而且能够提供多样化的测绘信息和产品，创造了巨大的经济效益。

计算机技术和新设备并不是神秘莫测、高不可攀的。国际承包商的测绘软件有许多优点可以借鉴，但结合工程情况自己开发出来的软件将更适合于工程实际，应用起来更得心应手，大大减轻工作量，而且可以节约大量资金。

小浪底工程施工测量是测绘软件和电子全站仪的“联合国大会战”，它推动了工程测量技术和测绘软科学的发展。我们相信，随着测绘软件的进一步优化，工程量计量软件将在土建工程中得到广泛的应用，测绘事业将取得更大的发展。

本节内容详见参考文献［22］等。

8.7 高速公路中的测量监理

8.7.1 高速公路中测量工作简介

公路等交通基础建设投资巨大，使用周期长，是百年大计。要尊重客观规律，立足当前，面向未来，科学规划，统筹兼顾。要因地制宜，注重实效，合理确定发展目标和建设标准。要坚持质量第一的方针，确保工程质量，决不能出现“豆腐渣”工程。项目主管部门、主管地区的领导责任人，项目法人代表，勘察设计、施工、监理等单位的负责人，要按各自的职责对经手的工程建设质量负终身责任。特别要搞好工程监理，对重点路段、桥梁、隧道要实行旁站式监理，决不留任何隐患。要严格建设资金的监管，决不允许挪用资金建楼堂馆所，要加大工程建设领域反腐败的斗争，坚决打击工程建设中的腐败现象。

测量工作在高速公路施工中是一项举足轻重的关键性基础工作，它自始至终贯穿整个公路建设的全过程，这项工作要求有关施工和监理人员必须有扎实的理论测量知识，踏实的工作作风，熟练的操作仪器能力以及丰富的测量实践工作经验，在实际施工和监理中不得有任何失误，稍有闪失，就会对整个工程造成不可估量的负面影响，造成部分返工，甚至工程报废。在这个环节上，监理测量工程师起着十分重要的作用，一名好的测量工程师不但能很好地完成有关监理测量任务，为总监提供一系列可靠的各项检测数据，从而对工程施工进行有效的监控，还可纠正施工单位技术人员施工测量中的各种偏差和失误，挽回不必要的损失。

1. 施工准备阶段测量监理

在施工准备阶段，测量监理工程师的任务就是会同施工单位接受业主和设计单位导线点和水准点的现场交接桩；对全线的导线点和水准点根据设计单位提供的导线点坐标和水准点标高进行复测，并与相邻合同段的监理部联系，进行联测，用各自成果对交界桩进行现场放样。在这个阶段，监理工程师必须组织有关人员亲自对全线进行一次导线和水准复测，检验施工单位的放线成果。外业完成后，监理工程师还要对施工单位的测量仪器是否标定，标定证书是否在有效期内，测量人员的素质和数量等是否符合合同要求、满足施工需要等进行检查。另外，还要对外业观测记录和内业计算过程进行仔细审阅，看各项误差是否符合相应规范要求，将自己所测结果与施工单位的成果进行比较，若二者相差小于规范允许值，则认为是合格的，否则应另查找原因。经过上述检测，各项指标均合格的话，测量工程师就可以对施工单位的成果报告予以签认，作为今后整个工程施工放样和检测的依据，未经签认的任何成果都不得在施工中使用。

2. 施工阶段测量监理

进入路基和桥涵结构物施工阶段，是施工单位技术测量人员最繁忙的时候，也是测量人员测量最容易犯错的时候，同时也是考验一个测量监理技术水平和业务素质的最佳阶段，笔者认为测量监理这时候的主要职责有以下几个方面：

(1) 施工单位技术人员对构造物进行控制点放样后，监理人员应采用已签认的导线和水准点成果对其实地位置进行检测，以确定放样是否正确，同时应根据实际地形看原设计所设构造物桩号和角度是否与实际地形相吻合，如有偏差，应报告总监。在构造物施工开始以后，由于构造物施工工序多，特别是桥梁放样工作量大，需要控制的点和线多，必须认真对待，经常检测。监理须用自己的全站仪对施工单位技术人员的结构放线的关键部位的关键点，如桩位坐标、盖梁和支座的标高等进行全方位控制，对整座桥梁的控制点和控制标高做到全检，万无一失，否则就会造成无法挽回的损失，在这方面有过很深的教训。曾经有一个施工单位在灌注桩施工中，由于桩位坐标输入错误，灌注桩偏移1m多，测量工程师由于工作量大等原因，没有对全部施工灌注桩桩位进行检测，只部分检测，结果在系梁施工中发现错误，只好重新又打造一根桩，造成了不小的损失。

(2) 在路基施工中，对路线中桩、坡口、坡脚进行检测。在施工前，测量监理工程师应对施工单位原始地形标高的测量结果进行复检，尤其是与设计出入较大的地段重点检测。在施工开始以后，高填方和深挖方是检测的重中之重，每填1 m左右或挖1 m左右，测量监理应亲自检测路线中线和路基宽度，以免在施工中出现多挖多填以及宽度不足等情况，造成返工。监理测量人员同时要督促施工单位测量人员进行经常性的自行检测，检查其是否符合有关规范要求。

(3) 由于工程变更和实际施工变化发生工程量变化时，测量监理工程师应本着实事求是、认真严谨的原则记录好原始数据，采用合理严谨的测量和计算方法，尤其是隐蔽部位，最后如实向总监提供可靠的有关数据。

(4) 由于气候、地形、人为等因素的影响，测量监理应督促有关施工单位技术测量人员在施工过程中，定期对全线导线点和水准点进行检测，以免由于个别水准点和导线点下沉和偏移引起坐标和标高变化，而所在地段的施工人员施工中未注意而继续采用，最后酿成工程损失。有一个施工单位就发生过类似问题，由于一个标段内各分队各自为政，水准点下沉未发现，结果造成本段内路基、桥涵、标高全部错误，最后只好变更设计进行补救，增加额外工程量和有关费用，造成很大的损失，留下了沉痛的教训。

3. 交工验收阶段测量监理

最后进入工程收尾和交工验收阶段。经过长时间的施工，原有导线和水准点难免被破坏和使用不便，测量监理工程师必须在路基路槽整理和桥梁桥面铺装施工之前对全线导线点和水准点进行一次全面的复测和补测，对成果进行确认，作为整理路槽和桥面施工的依据。在路基路槽整理中，一名好的测量监理工程师必须严格控制标高，横断面上各点是检测的重点，各点标高是否检测得好，误差是否符合规范要求，关系到路面各结构层厚度是否得到保证。做好了，可降低路面单位二次整理路槽的工程量和有关费用，节约资金。

在路面施工中，由于路面机械化程度的不断提高和路基的成型，使监理测量人员的工作量大大降低，这时测量监理工程师应加强各路面结构层标高的检测力度，确定各结构层的不同设计厚度，同时应保证施工测量人员精心操作，严格控制好横断面上各点标高和左、右宽度。在资料整理中，测量监理工程师必须保存好所有的原始测量记录，分类归档，有关人员签字保存，作为质量评定和工程结算的重要资料。

目前我国的公路工程建设监理一般有两种方式：一是根据《土木工程施工合同条件》即按菲迪克条款实施监理，这主要是利用世行或亚行贷款项目修建的公路项目；二是根据菲迪克条款及交通部颁发的《公路工程监理规范》及工程实施情况制定出的监理办法而实施的监理。

我国利用国际经济组织贷款（特别是世界银行贷款）投资建设的交通、水利、电力项目较多，贷款方通常都要求所投资项目的实施采用国际上通行的建设监理制度，因而在这些项目的建设中，监理工作起步较早，发展较快，其中有许多项目的监理工作还是在国际著名咨询公司指导下开展的，符合国际惯例，水平较高，效果较好，为推进我国建设监理制度的发展提供了宝贵的经验。京津塘高速公路项目的监理就是较为成功的一例。

8.7.2 京津塘高速公路工程的质量控制

1. 项目概况

京津塘高速公路是我国利用世界银行贷款修建的第一条具有国际标准的高速公路。

1987年12月23日（总监理工程师发布开工令的时间）开工，1994年3月竣工。包括142公里沥青混凝土路面，52座桥梁，34座上跨桥，7处互通式立交桥，99座通道，1座顶进式下穿立交桥，341座涵洞，总投资10亿元人民币。业主是京津塘高速公路联合公司，下设北京市、天津市、河北省分公司。具体情况见表8-12。

表 8-12 **中标施工单位及监理单位**

标段	路段	中标施工单位	监理单位
1号合同	北京段 34.5 公里	由北京市公路工程公司、交通部第一公路工程总公司、北京市公路管理处和日本西松建设株式会社组成的 RBFN 联合公司	北京段监理所
	河北段 6.84 公里	河北省公路工程局	河北段监理部
2号合同	天津西段 43.75 公里	天津市第五市政工程公司、法国博聂公司联合体	天津市道路桥梁工程监理公司
3号合同	天津东段 52.34 公里	天津市第一市政工程公司、日本铺道株式会社联合体	天津市道路桥梁工程监理公司
4号合同	天津高架桥段 4.26 公里	交通部第一公路工程总公司、日本熊谷组株式会社联合体	天津市道路桥梁工程监理公司

2. 监理组织

京津塘高速公路工程监理组织总图如图 8-13 所示。

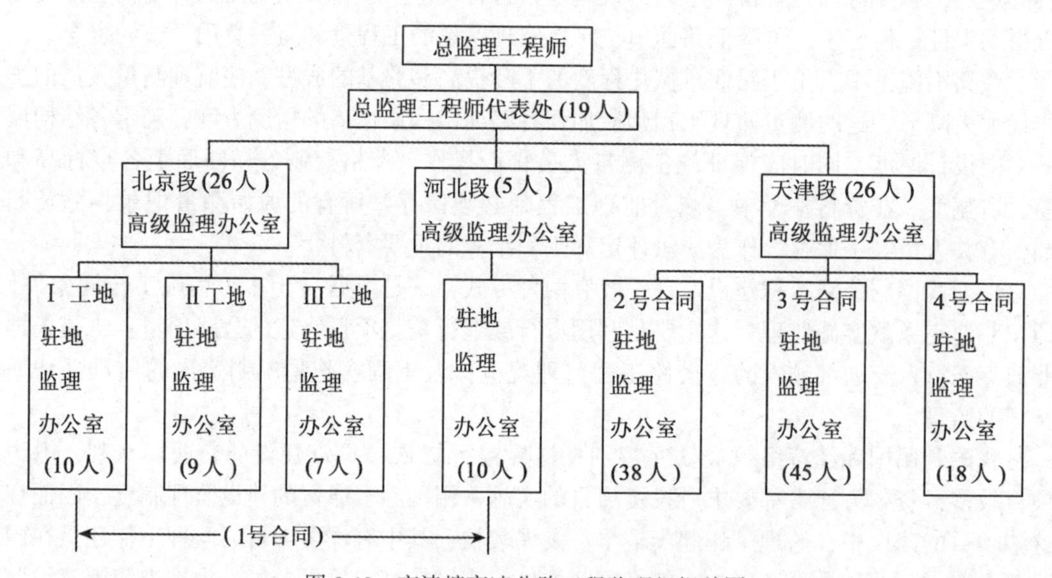

图 8-13 京津塘高速公路工程监理组织总图

3. 监理工程师的权力

根据业主与承包商签订的合同，赋予了监理工程师以下的权力：

（1）承包商在收到中标通知书 28 天内必须向监理工程师提交施工进度计划，得到工程师的批准后承包商才能开工。在施工过程中监理工程师有随时检查施工计划和指令修改计划的权力。

（2）批准承包商所使用的材料、施工机械及施工工艺。承包商的施工材料没有得到监理工程师的批准不能使用，施工工艺没有得到监理工程师的批准不能采用。

（3）批准分包商。没有经过监理工程师书面批准的分包商不能进入工地。

（4）有权批准承包商项目经理的雇员和要求解聘承包商的雇员。监理工程师有权要求承包商从项目工程上立即解雇承包商提供的任何人，并且未经监理工程师同意，在本项工程中不允许再次雇用这些人。

（5）决定和管理即日工及暂估金额的使用必须得到监理工程师的批准，否则不予使用和支付。

（6）发布工程变更令，确定变更单价。合同中任何部分或项目的变更，必须经过监理工程师的批准（工程变更令），否则不能施工。

（7）决定工程延期和费用索赔。监理工程师根据合同条款，有权决定工程延期的时间和费用索赔的金额。

（8）签发支付证书。工程款项支付，必须按监理工程师签发的支付证书结算。

（9）有建议驱逐承包商的权力。当承包商严重违约，监理工程师有权向业主建议驱逐承包商。

（10）发布停工令。由于业主的原因或恶劣的气候，或承包商的过失而导致必须停工时，监理工程师有权发布停工令，同时在符合合同要求时，也有权发布复工令。

（11）签发竣工验收和维护证书。当全部或部分单独的工程基本完工，并通过检测符合合同规定时，则由监理工程师签发竣工证书。维护期终止后28天内由监理工程师签发维护证书。

（12）解释合同与规范。当合同文件前后有矛盾时，其解释权在监理工程师。

（13）监理工程师的指令对业主同样具有约束力。

4. 质量监理程序

质量监理程序如图8-14所示。

5. 合同管理程序化

合同管理内容多而复杂，包括质量验收报表在内共50余种格式的图表，而且规定了各种图表的申报与审批程序。在此从略。

6. 一些具体做法

为了使承包单位尽快适应监理工作的有关法规、制度和程序，先后开办了各种学习班，进行培训，在实际监理工作中，坚持按合同办事、按规定办事、按监理程序办事，主动监理，实事求是处理问题。所谓主动监理，就是不要等到工程完工后才进行验收，而是通过审查施工方案和“旁站”监理方式，将可以预料的问题预先告诉承包商，避免造成不必要的返工。据不完全统计，由于主动监理，避免返工造成的浪费价值至少达1 000万元以上。

7. 质量控制效果

由于采取了一系列的组织措施和管理措施，使整个工程在质量方面、进度方面及造价控制方面均收到了好的效果。

工程质量控制，全线由工程师确认的工程全部达到规范标准，对达不到质量标准的工程，承包商根据工程师的指令全部进行了补修和返工，直到达到标准为止，受到了有关专家的好评。世界银行代表雷安比先生认为：这是在中国看到的最好的沥青路面，完全反映了国际先进水平。

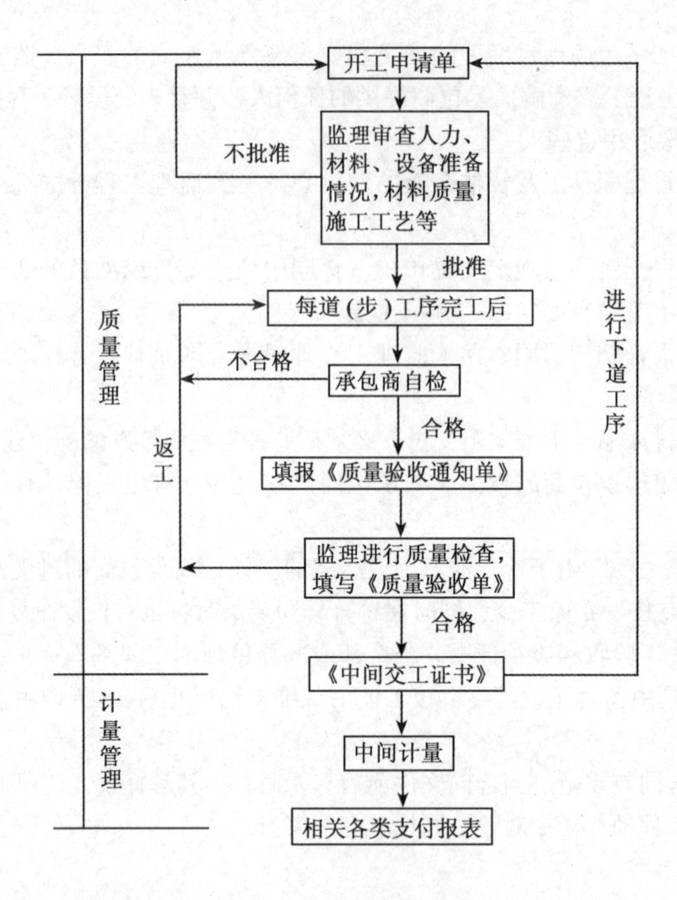

图 8-14　质量监理流程图

8.7.3　实时动态 GPS 技术在公路工程监理中的应用

测量监理工作是公路工程建设监理的重要组成部分，测量监理的工作内容主要包括施工全过程的质量检验和进度，投资控制的计量监理，施工中的质量控制是测量监理工作的重点，其中尤以开工前的勘测设计单位向承包人、监理单位进行的路线主点桩位交接和承建单位后续进行的路线定位、桥涵构筑物补点和细部桩位放样后的点位检验成为公路工程质量监理的重中之重，这段测量监理工作的特点是：监理单位需在较短时间内按设计文件提供的点位坐标数据完成路线、桥涵平面控制桩、路线主点桩、桥涵定位桩及相应细部点位桩的坐标定位检核，以保证工程按设计要求的位置、尺寸和几何形状准确无误地放样、施工，确保工程的位置、形体的正确性。检测中需对承建单位未按设计图纸定位的工程部位进行纠正。由于前期施工放样造成的工程质量事故和损失往往非常严重并且难以弥补和修复，因而这段监理工作的点位检测具有特殊和无法替代的作用。以往的桩位检测中监理单位使用常规的测量仪器，采用与原桩位放样相似的作业方式检测点位，这样常常无法避免出现与放样类似的测量误差和粗差，而且由于受承建单位工期的限制，往往无法完成全部桩位的检核为工程施工留下隐患，以致部分工程形成后不得不采用降低工程设计标准的方式进行设计更改。近年来测量设备和手段不断更新，实时动态（RTK）GPS 定位精度已经达到厘米精度，将这种快速、准确的坐标定位系统引进公路工程建设监理已成为可能。

1. 实时动态 GPS 定位原理

实时动态（RTK）测量系统是 GPS 测量技术与数据传输技术相结合构成的组合系统，它是以载波相位观测量为根据的实时差分 GPS 测量技术。以往的 GPS 观测定位结果均需通过观测数据的测后处理获得，因而无法实时地给出观测站的定位结果，无法对基准站和观测站观测数据的质量进行实时检核，造成数据后处理中发现不合格测量成果时只能进行返工重测。实时动态 GPS 测量的基本思想是在基准站安置一台 GPS 接收机，对所有可见的 GPS 卫星进行连续观测，并将观测数据通过无线电传播设施实时地发送给流动观测站，流动观测站的 GPS 接收机在接收 GPS 卫星信号的同时，通过无线电接收设备接收基准站传输的观测数据，然后根据相对定位的原理，实时地计算并显示出流动观测站的三维坐标及其精度，实时判定原放样点位的坐标数据是否合理，以减少冗余观测，缩短作业时间。

2. 应用示例

（1）仪器设备

使用两台（1+1）中翰 ZH−280 双频 GPS 接收机，仪器实时动态定位测量标称精度为：$20\text{mm}\pm2\times10^{-6}\times D$（$D$ 为基线长，km）。

（2）观测采用的技术指标

有效观测卫星数>5；

卫星通道数：24 通道；

几何图形强度因子（PDOP）<5；

观测卫星高度角>10°；

数据采样方式 L_1/L_2。

（3）基准站位置选择

实时动态 GPS 系统的显著特点是 GPS 测量技术与数据传输技术的有机组合，其数据传输由无线数据链完成，GMSK 调制数据链采用 UHF 频段，频率在 458～463MHz，采用 UHF 频段具有可靠、稳定和抗干扰能力强的优点，但它的直达波很难穿透高山、楼房，因此 GPS 基准站应选择在地势开阔的高地并注意以下几点：

① GPS 天线平面 10°仰角以上无大片障碍物阻挡卫星信号。

② 基准站至测区视野开阔，无障碍物。

③ 近基准站范围内无强大电磁波辐射源。

④ 基准站与流动观测站之间要求保持一定相对高差，以利无线电信号传输。

（4）坐标转换参数的求取

GPS 测量中需及时将仪器提供的 WGS-84 坐标转换为工程使用的坐标系统，这种转换在 GPS 手持控制器内自动完成。为得到高精度转换数据，其初始转换参数平移（X_0、Y_0）、旋转（Rotate（a））、比例缩放（Scale（R））四参数需操作者计算、选取后输入。坐标转换参数的求取利用原布设分布比较均匀的五个 5″级导线控制点，其中 4 个用于求取转换参数，第 5 个点用于检核转换参数输入后的测量成果精度。首先在一个已知点上确定 WGS-84 坐标，然后选取另一已知点进行 RTK 初始化，获取此点 WGS-84 坐标值，这样在两个已知点上获得 WGS-84 坐标及工程坐标数值，将坐标数据输入手持控制器，采用“解算转换参数功能”（Solution Transfer）完成转换参数计算，用同样的方法完成其他点的观测计算，在限差范围内采用多组转换参数的平均值作为输入转换参数，并完成第5个点的观测以确认转换参数的正确性。

（5）流动观测站观测时间控制

实时动态点位观测时，在安置好观测站GPS天线后，只需较短时间就可完成数据观测，显示被观测点坐标数据，观测时间的长短与被观测点此时所能接收到的同步卫星数量有关，只要卫星分布较好，五颗卫星仅需2~3分钟观测，六颗卫星需1~2分钟观测，七颗以上卫星仅需1分钟左右观测，因此在进行工程监理点位检测时可根据编制的可见GPS卫星数和PDPOP变化图给出概略星历，寻找较好的PDPOP时段完成观测，以提高工作效率，缩短观测时间。

（6）符合精度

中翰ZH-280双频GPS接收机实时动态定位测量标称精度为$20\text{mm}\pm2\times10^{-6}\times D$，由于合同段内点位间距离较小，GPS测量误差主要由固定误差项决定，其精度高于采用常规测量仪器完成的设计、施工放样点的点位精度，实现了用高精度仪器检验放样点的要求；GPS在工程监理中统计的复合精度主要是原放样点的放样误差和GPS观测误差的组合值，而且前一项误差值常常大于后一项误差值，因此不能将观测误差值理解为GPS测量精度，应将其作为检验放样粗差的重要手段。由于GPS提供的WGS-84坐标高程系统化运算工程中使用的正高系统需通过拟合运算完成，其精度受地形状况影响较大，故目前尚无把握符合工程施工要求，且路基、桥梁施工都需多层次分层控制高程，因此本次测量未对高程值进行统计，其点位高程检验仍采用原作业方法和几何水准高程控制进行。

3. 该技术结论

（1）实时动态GPS技术是有效的实时坐标显示的点位坐标测量手段，其作业方法快捷、方便、精度高，是一种适应于公路工程监理测量数据检验的作业方法。这种作业方式将测量最新技术发展应用于公路建设，并为公路建设的测量手段提供了一种新的作业方式，显著提高了施工放样检测的精度和可靠性。

（2）由于测量监理工作是对前期测量工作的检验，其基准站和流动观测站的选点都受到前期作业方式的影响，因而实时动态GPS测量采用数据链传递通信信号。如果基准站位置没有足够高度，则其传播范围和测量距离将受很大限制。在林木茂密地区作业时，移动观测站由于树木屏蔽，有时较难接收到理想的卫星信号，因而影响作业速度和测量精度。

公路工程建设监理中的GPS应用还是比较新的课题，如何调整GPS仪器，使其更方便地应用于公路工程测量，许多问题还有待于进一步探讨。

本节内容详见参考文献［26］、［28］等。

8.8 数字测图项目监理

8.8.1 数字化测图项目监理概述

1. 一般概念

数字化测图是随着计算机、地面测量仪器和数字化测图软件的应用与发展而迅速发展起来的现代测图新技术，是反映测绘技术现代化水平的重要标志之一，极大地促进了测绘行业的自动化和现代化进程，数字测图技术将逐步取代人工模拟测图，成为地形测图的主导技术。

1）数字化测图的方法

广义的数字化测图又称为计算机成图。数字化测图是以计算机为核心，在输入和输出硬件及软件的支持下，通过计算机对地形空间数据进行处理得到数字地图，需要时也可用数控绘图仪绘制所需的地形图或各种专题地图。

获得数字化地图的方法主要有三种，但不管哪种方法，其主要作业过程有三个步骤：数据采集，数据处理和成果输出（打印图纸提供软盘等）。

（1）原图数字化法

原图数字化法有两种：手扶数字化仪跟踪数字化和扫描矢量化后数字化，其中后一种方法比前一种方法的精度高、效率高。原图数字化方法所获得的数字地图其精度因受原图精度的影响，加上数字化过程所产生的各种误差，因而它的精度比原图的精度差，而且它所反映的只是白纸成图时地表上的各种地物、地貌，现势性不是很好。为了充分利用该法得到的数字化地图，可通过修测及补测等方法，实测一部分地物点的精确坐标，再用这些点的坐标代替原来点的坐标，通过调整，可在一定程度上提高原图的精度，而随着原图的不断更新，实测坐标不断增加，地图精度也会相应地得到提高。

（2）数字摄影测量成图法

它是应用航摄像片通过专门的航测软件，在计算机上对影像进行像对匹配，建立地面的数字模型，获得数字化地图。该方法的特点是：可以将大量的外业测量工作移到室内完成，它具有成图速度快、精度高且均匀、成本低、不受气候及季节的限制等优点，特别适合城市密集地区大面积成图。

（3）地面数字化成图法

该方法也称为内外业一体化的数字测图，是我国目前各测绘单位应用最多的数字测图方法。采用该方法所得到的数字地图的特点是精度高，但它所耗费的人力、物力、财力也是比较大的。由于 GPS、全站仪及计算机的应用，测量碎部点的距离可以放大，图根点的密度可相应地降低，速度加快，成本和劳动强度大大降低，得出的数字化地图不仅精度高，美观实用，且易于存储管理和查询。由此可见，地面数字化测图技术大有前景，它主要依靠 GPS 全站仪及相应软件来完成测图，它和航测数字成图一样，是测图技术的发展方向。

2）数字化测图的软硬件环境

数字化测图的主要硬件有：

（1）GPS 接收机；

（2）全站仪；

（3）掌上电脑及普通电脑。

PDA（Personal DiSital Assist，个人数字助理）是一种迅速发展的移动式便携计算机，内置了很多的嵌入式操作系统，提供了串口/红外等多种方式同台式机或其他设备（如全站仪、GPS、电子水准仪等）联机通信。目前掌上电子测图在测绘界产生了巨大的影响，它促进了数字测图的蓬勃发展，实现了数字测图掌上化，定点测量 GPS 化，野外记录电子化，图形输出自动化，测量效率不断提高。

数字化测图的主要软件有：

（1）GPS 解算软件

解算软件可根据具体使用的 GPS 接收机来确定，每个 GPS 接收机生产厂家都有自己的数据传输和解算软件。它能对 GPS 接收机野外采集回来的卫星数据进行解算处理，求出未知测站点的三维坐标。解算过程为：读入数据—解算基线—求闭合差—网平差及高程拟合。解算时一般选择“双差固定解”，处理全部基线。如有不合格基线，则改变基线解算条件（包括改变卫星高度角、采样间隔、删除经常失锁的卫星或历元段过短的星历等），如果再不合格或较多基线的方差不合要求，则应重测该基线。基线全部合格后，应对同步闭合环的闭合差进行检验，特别要注意异步环的检验，各点坐标闭合差必须符合 GPS 测量规范和行业测量规范的要求。

（2）掌上电脑适用的测图软件

目前数字测图软件系统有很多，大多是以 AutoCAD 为平台开发的数字化测图系统，既有 AutoCAD 强大的编辑制图功能，同时又具备数字化测图的各种专业需求。其功能包括地形图、地籍图全部范围的成图要求，具有强大的外业数据采集和内业数据处理绘图功能。

（3）数字成图软件

比如南方测绘公司开发的 CASS6.1，该软件选用了 AutoCAD2004/2005 为平台，确保了系统界面的美观实用以及用户操作的灵活性，借助于 AutoCAD 平台的强大功能优势和南方公司在测绘仪器电子手簿等领域的传统优势，可以实现与市场上几乎所有全站仪的连接，适合电子手簿自动记录和电子平板等地图数字化模式，实现与 GIS 接口地图绘制、地籍表格制作、图幅管理等数字地图应用与地籍管理功能。该软件具有完备的数据（图形）采集、数据处理、图形生成和编辑输出等功能以及与地理信息系统 GIS 接口等数字地图应用与管理功能，能方便灵活地完成数字化测图的各种工作。

（4）控制测量平差软件

目前大多数平差软件包括地形控制测量、大地测量计算、高程控制网平差、平面控制网平差和变形观测等部分，多采用统一的表格输入，表格编辑功能强大，智能处理数据，并具有强大的数据库管理和数据图形的显示及打印功能。

2. 数字测图质量控制

1）审查各种设计文件

主要审查以下 3 种设计文件：

（1）数字测图技术设计的审查

主要内容包括：数字测图技术设计书完整性的审查，测图及控制网布测方案，外业工作，仪器设备，观测方法，平差方法，碎部测图方法，地形地物绘图方法等。

（2）数字测图质量保证体系的审查

主要内容包括：指导思想，人员素质与构成，质量保证具体措施，体系网络的形成，分工与责任、权利、义务、奖罚等。

（3）数字测图组织计划的审查

主要内容包括：实测单位的组织体系，人员分工与联系关系，工作计划的合理性，工作节点与工种间的衔接，工期保证等 。

（4）对各种应用软件标准性和正确性进行全面检查

主要内容包括：对以上 4 种测绘应用软件的合法性进行检查，用标准数据进行检验，符合标准的软件方可投入生产应用。

2）测图过程各个环节质量检查和质量控制

数字测图是一项复杂而繁琐的工作，要得到高质量的数字地图，必须对其测图过程的各个环节进行质量检查和质量控制。数字测图的主要过程是：

野外或室内数据采集—数据传输—数据处理—绘制成地形图—将地形图存储—按要求进行数据或图形的输出。要做到对测图过程的质量控制，首先要明白各个环节的主要误差来源和易出错的地方，尽量减少测量误差的影响和避免测量错误的发生。

比如，针对仪器误差的影响，进行数字化测图时应尽量选用高精度且性能稳定可靠的测量仪器，并在测量前对仪器进行严格的检验与校正工作；测量工作大多都是野外作业，这样就不可避免地受到外界条件（如温度湿度风力和大气折光等）的影响，从而降低测量的精度，尽量选择有利的观测环境和天气，避免在恶劣和不利的天气环境中作业，以达到提高精度和减少误差的目的。为了加强测图的质量控制，在观测过程中进行多余条件的观测与检核也是非常必要的，如全站仪安置好，设置完测站和后视方向后，在进行碎部点测量之前，测量 1~2 个已知点坐标并与已知坐标相比较，确认无误后方可进行碎部测量。此外，测绘工作是专业性很强的工作，必须对测量人员进行必要的专业知识培训才能开展工作，提高观测人员的技术水平，同时还必须有严谨细致的工作态度，这也是提高测图质量的前提和保证。

（1）检查的方法

数字化测图是一项十分细致而复杂的工作，测绘人员必须具有高度的责任感、严肃认真的工作态度和熟练的操作技术，同时还必须有合理的质量检查制度。测量人员除了平时对所有观测和计算工作做充分的检核外，还要在自我检查的基础上，建立逐级检查制度。数字地形图的测绘实行过程检查与最终检查和一级验收制度。过程检查包括作业组的自查和由生产单位的检查人员进行检查，最终检查是由生产单位的质量管理机构负责实施。验收工作由任务的委托单位组织实施，或由该单位委托具有检验资格的检验机构进行验收，如发现问题和错误，应退给作业组进行处理，经作业人员修改处理后，然后再进行检查，直到检查合格为止。检查应对测绘成果作 100%的全面检查，不得有漏查现象存在，验收部门在验收时，一般按检验品中的单位产品数量的 10%抽取样本，在质量检查的基础上，监理人员再进行分类逐项检查，并配合质检验收人员一起进行成果验收。

（2）检查的内容

①数据源的正确性检查。主要内容有：起始数据的来源及可靠性，地形图数据的采集时间、采集方法和采集的精度标准，采用的投影带比例尺坐标系统、高程系统执行的图式规范和技术指标，资料的可靠性、完整性与现势性。

②数学基础的检查。主要内容有：采用投影的方法，空间定位系统的正确性，图廓点公里坐标网经纬网交点以及测量控制点坐标值的正确性。

③碎部点平面和高程精度的检查。在抽取的样本中，利用散点法对每幅图随机检测 30~40 个检测点，测量其平面坐标和高程，然后与样本图幅相比较，并计算出样本图幅的

碎部点中误差，以评定其精度。另外，相邻地物点间距可采用钢尺在野外实地量测的方法来检查，高程精度也可采用断面法进行检测。

④属性精度的检查。主要内容有：地物、地貌各要素运用的正确性，各类数据的正确性、完整性及逻辑的一致性，数据组织、数据分层、数据格式及数据管理和文件命名的正确性，图面整饰的效果和质量，接边的精度等。

（3）检测数据的处理

对抽样检测数据应进行认真的记录、统计和分析，先看检测的各项误差是否符合正态分布，凡误差值大于2倍中误差限差的检测点应校核检测数据，避免因检测造成的错误，大于3倍中误差限差的检测数据，一律视为粗差，应予以剔除，不参加精度统计计算，但要查明是检测错误还是测图的作业错误。

检测数据的精度按白塞尔公式计算：

①地物点平面位置点位中误差的计算公式

$$M_x = \pm \sqrt{\frac{\sum_{i=1}^{n}(X_i - x_i)^2}{n-1}}$$

$$M_x = \pm \sqrt{\frac{\sum_{i=1}^{n}(X_i - x_i)^2}{n-1}}$$

$$M_p = \pm \sqrt{M_x^2 + M_y^2}$$

式中：M_x、M_y 分别为地物点在 x，y 方向上的中误差；M_p 为地物点点位中误差；X_i、X_y 分别为地物点在坐标 x，y 方向的检测值；x_i，y_i 分别为地物点在数字化图中坐标 x、y 方向的原测值；n 为检测点的个数。

②相邻地物点之间距离中误差计算公式：

$$M_s = \pm \sqrt{\frac{\sum_{i=1}^{n}\Delta S_i^2}{n-1}}$$

式中：M_s 为相邻地物点之间距离或地物边长的中误差：ΔS 为相邻地物点间实测边长与数字地图相应的同名边长的差值；n 为检测边的条数。

③高程中误差计算公式：

$$M_h = \pm \sqrt{\frac{\sum_{i=1}^{n}(H_i - h_i)^2}{n-1}}$$

式中：M_h 为碎部点高程中误差；H_i 为检测点的实测高程；h_i 为检测点在数字测图时的高程；n 为检测点个数。

下面以南京今迈勘测监理公司航测数字化测图项目为例对数字化测图项目的监理工作作进一步地介绍。

8.8.2　大比例尺航测数字化测图项目监理规划

为保证监理工作的全面性、科学性、公正性，确保测绘产品的质量、工期等符合要求，制定本项目监理规划。

1. 工程概况

1）工程名称

××地区 1 :1000 航测数字化测图工程。

2）工程地点（略）

3）建设单位（略）

4）项目简介

××地区 1 :1000 航测数字化测图项目位于（略），该测区地貌以低山、丘陵和黄土岗地为主体，丘陵、岗地约占40%。交通便利，主要道路有××公路等。测区气候属亚热带温湿气候，年平均降雨量约 1024ml，年平均气温在 22℃左右。

本工程采用航测法，先内后外全数字摄影测量作业方法。控制测量、外业像控、内业加密结束后，在 JX4、VirtuoZo 等全数字摄影测量工作站上采集数据生成初步线画图，外业利用初步线画回放图进行地物调绘，并对××外业采集和施测新增等其他要素，施测高程注记点。作业同时，在××平台上利用外业和补测数据、调绘内容进行编辑，按要求分层并附加相应属性等。编辑结束后回放线画图进行野外检查，并将检查内容进行修改。修改结束后再由检查人员野外巡视和检测，确保图幅的正确性和精度。在此前提下进行内业编辑检查。最后进行成果整理，提交建设单位验收。

5）承建方

本工程分××个标段，分别由以下单位承建（略）。

6）验收方（略）

2. 编制依据

1）《全球定位系统城市测量技术规程》CJJ 73-97

2）《城市测量规范》CJJ8-99

3）《1 :500、1 :1000、1 :2000 地形图图式》GB/T7929-1995

4）《××市 1 :500、1 :1000、1 :2000 矢量地形图数据标准（试行）》

5）《××市江北地区 1 :1000 航测数字化测图技术方案》

6）《××市 1 :500、1 :1000 比例尺数字线画图（DLG）检查验收规定（试行）》

7）《××市江北地区 1 :1000 航测数字化测图技术设计书》

8）《测绘产品检查验收规定》CH1002-95

9）《测绘产品质量评定标准》CH1003-95

10）项目实施招投标文件

11）本项目相关合同文件

3. 工程项目建设的目标值

1）工程项目的计划工期（合同工期）

（略）

2）工程的质量要求

与项目合同、招投标文件、技术文件的要求一致。

4. 监理范围及内容

1）监理范围

本项目测绘生产及检查验收全过程。

2）监理内容

本项目的监理工作内容是“五控制、两管理、一协调”，包括进度（工期）控制、质量控制、投资控制、信息安全控制、知识产权控制、合同管理、信息管理、组织协调。其中进度控制、质量控制是本项目监理的两大主要任务，质量控制包括对验收工作的控制。

5. 监理组织结构（见图 8-15）

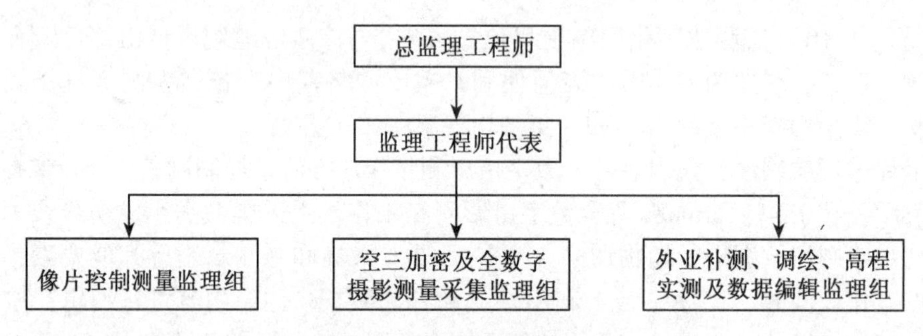

图 8-15　监理组织结构图

6. 职责范围

1）总监是监理单位委派到本工程的全权代理人，是监理组织的核心，领导全体监理人员，按照岗位责任，实现监理目标，全面履行监理合同中约定的责任和义务，并代表监理单位行使相应的权力。全面负责本项目“五控制、两管理、一协调”工作。

2）总监代表是总监的助手，对总监负责。负责质量控制、进度控制、投资控制、信息控制、知识产权控制、合同管理、信息管理、组织协调等各方面的工作，完成总监委托交办的其他各项工作。当总监不在时，代表总监处理日常业务工作。

3）专业监理工程师是在总监和总监代表的领导下，负责本专业的监理工作，具体落实“五控制、两管理、一协调”工作。

7. 监理工作制度

建立科学的测绘工程监理工作制度并严格执行，是保证测绘工程全面和有效监理的重要手段。测绘工程监理工作的主要制度包括：

1）技术文件审查制度

2）开工报告审批制度

3）人员、设备进出场控制制度

4）变更设计制度

5）工程成果报验制度

6）工程质量事故处理制度

7）监理月报制度

8）监理日志和考勤制度

9）监理资料整理与归档制度

10）例会制度

11）请示汇报制度

12）监理监督制度

8. 监理纲要

1）质量控制

（1）监督承揽方生产质量管理体系的运作。

（2）审查承揽方内部质量检查制度的实施。

（3）成果质量审核。

（4）监督本工程技术设计文件的落实。

（5）监督成果验收工作的规范性。

2）进度控制

（1）检查承揽方的职责分工是否有足够的技术力量进行进度控制，检查承揽方的人员组织及资质是否满足要求。

（2）审核承揽方投入本工程的设备数量及质量是否满足要求。

（3）审核承揽方提交的实施进度计划以及对本工程的重点、难点、关键工序说明的合理性。总进度计划应符合总工期控制目标的要求，月进度计划应符合总进度计划的要求，周进度计划应符合月计划的要求。

（4）审核承揽方提交的技术方案、实施方案与实施进度计划的协调性和合理性。

（5）确定由建设单位提供资料的需用量及时间，并督促实施。

3）投资控制

确认承揽方报送实物工作量计量的准确性。

4）信息安全控制

（1）监督承揽方制定防止建设单位提供资料（高等级控制成果、地形图资料、航片和卫片等资料）的丢失和损伤的制度及其落实。

（2）监督承揽方生产安全制度的落实。

5）知识产权控制

监督承揽方知识保护产权制度的制定和落实。

6）合同管理

监督承揽方按照要求履行合同，合同变更。

7）信息管理

收集、整理、记录和正确传递监理过程中产生的语言、文字、数据等资料。

8）组织协调

（1）建设单位、承揽方和验收单位关系的协调。

（2）承揽方之间关系的协调。

9. 监理成果

（1）监理报告。

（2）监理过程中产生的相关文件、资料。

8.8.3 大比例尺航测数字化测图项目监理实施细则

1. 综合说明

1）项目概况

××市江北地区 1 :1000 航测数字化测图项目位于（略）

2）项目技术路线

见项目简介的相关内容。

3）监理目标及主要内容

本项目监理的目标是保证××市江北地区 1 ∶1000 航测数字化测图项目按照测绘合同约定的质量目标、工期目标及投资目标实施。本项目实施全过程监理，监理主要工作内容是“五控制、两管理、一协调”，包括进度（工期）控制、质量控制、投资（成本）控制、信息安全控制、知识产权控制、合同管理、信息管理、组织协调。其中进度控制和质量控制是本项目监理的两大主要任务，而质量控制更是重中之重的工作。

4）本方案的主要技术依据

（1）～（11）与 8. 8. 2 编制依据相同。

（12）项目监理规划。

2. 监理实施程序

1）接受任务，由建设单位与监理单位签订监理委托合同。建设单位以书面合同的形式确定监理人员的地位和权利，并书面通知被监理单位。

2）监理单位任命项目总监理工程师，组建项目监理机构。

3）制定监理规划和监理实施细则，并报建设单位批准。

4）项目实施前，监理方将监理规划送被监理单位。

5）项目实施前，承包法人应书面提出现场代表授权书、主要人员名单。

6）监理总监程师根据项目进程的安排，派遣监理组进驻生产场地，发布开工令，实施监理。

7）现场监理组对项目实施监理。

8）项目完成后，与建设单位配合组织项目验收。

9）项目验收后，督促承揽方做好质保期售后服务。

3. 监理组织机构

监理单位接受委托后，成立本项目监理部，任命项目总监理工程师，并根据本项目的特点下设控制测量监理组，空三加密及全数字摄影测量采集监理组，外业调绘、测绘及数据编辑监理组。

1）监理组织框架（具体见 8. 8. 2 节）

2）主要监理人员（略）

3）职责范围

（1）总监理工程师的基本职责

①总监是监理单位委派到本工程的全权代理人，全面履行监理合同中约定的责任和义务，并代表监理单位行使相应的权力。全面负责本项目“五控制、两管理、一协调”工作。

②总监是监理组织的核心，领导全体监理人员，按照岗位责任，努力实现监理目标，最终取得质量、进度等控制的最佳成果。

③负责制定和发布各种监理实施办法和管理制度。组织编写工程监理规划，审核专业监理工程师编写的工程监理实施细则。

④负责签发所有对外文件，对监理行为承担责任。

⑤按照有关规定对监理人员的工作进行考查，决定经济奖罚，建议纪律处分。

⑥负责工程监理过程中的内外总协调。

⑦负责签署各类涉及合同责任的文件，如计量支付文件，实施组织设计，下达开工、停工、复工令等，组织处理索赔事件，调解合同纠纷等。

⑧接受建设单位的指导，负责向建设单位报告工作。

⑨负责监理组织的运行协调，在必要时，征得建设单位同意，可对组织机构和监理人员进行调整。

(2) 总监代表的基本职责

总监代表是总监的助手，对总监负责。负责质量控制、进度控制、投资控制、信息控制、知识产权控制、合同管理、信息管理、组织协调等各方面的工作，完成总监委托交办的其他各项工作。当总监不在时，代表总监处理日常业务工作。

①组织各专业监理工程师编写工程监理实施细则，经总监审核，报建设单位批准后执行。

②负责本项目监理人员的分工和协调，考核监理人员业绩，提出奖罚意见。

③主持分管项目的工程监理，做好质量、进度、造价、知识产权、信息控制。

④主持分管项目的协调例会。

⑤负责作好技术资料收集归档管理工作。

⑥负责向总监和建设单位报告工作。

⑦完成总监委托的其他工作。

根据监理规范的规定，总监不得将下列工作委托总监代表：

主持编写工程监理规划、审核工程监理实施细则；签发工程开工/复工报审表、工程暂停令、实物工作量核定文件、工程竣工报验单；调解建设单位与承建方的合同争议、协助处理索赔，审核工程延期申请书；监理人员的调换。

(3) 专业监理工程师的基本职责

专业监理工程师在工程质量控制方面的主要职责：

①结合工程的具体情况，制订质量监理的实施细则；

②负责本专业监理工作的具体实施；

③审核承建方提交的涉及本专业的计划、方案、申请、变更；

④签发各工序的开工通知单，必要时提出要求，经总监批准，通知承建方暂时停止整个工程或任何部分工程的实施；

⑤协助承建方完善质量保证体系，并监督其实施；

⑥审核进场仪器设备的计量检定证书，在开工前和实施过程中，检查用于工程的材料、仪器设备，对于不符合合同要求的，责令停止使用；

⑦通过巡视、旁站及检查等方式对本专业测绘生产进行全过程监理；

⑧对最终成果的验收实施监理；

⑨参与工程质量事故的处理；

⑩定期或不定期向总监代表提交质量动态报告。

专业监理工程师在工程进度控制方面的主要职责：

①审批承揽方在开工前提交的总体实施进度计划以及在实施阶段提交的各种详细计

划，审核变更计划。

②检查和监督计划的实施。当工程未能按计划进行时，要求承揽方调整或修改计划，并通知承揽方采取必要的措施加快实施进度，以便实施进度符合实施合同的要求。

③定期向总监代表报告工程进度情况，当实施进度可能导致合同工期严重延误时，有责任提出终止执行实施合同的详细报告，供总监和建设单位采取措施或做出相应的决定。

专业监理工程师在投资控制方面的主要职责：

①负责本专业的工程计量。按实施合同的规定，计量合同规定的工程完成情况。

②对不符合合同文件要求的工程项目和实施活动，应拒绝验收计量，直到上述项目和实施活动达到要求。

专业监理工程师在信息安全控制方面的主要职责：

①监督承揽方制定防止建设单位提供资料（高等级控制成果、地形图资料、航片和卫片等资料）的丢失和损伤的制度及其落实。

②监督承揽方制定防止生产数据的丢失和损伤的制度及其落实。

③督促承揽方明确信息安全控制责任人及其职责的履行情况。

专业监理工程师在知识产权控制方面的主要职责：

①监督承揽方制定成果资料保密制度及其落实。

②督促承揽方明确知识产权保护责任人及其职责的履行情况。

专业监理工程师在合同管理方面的主要职责：

①参加开工前的第一次工地会议和实施阶段的常规会议，组织参加承揽方（含指定分包人）的有关联席会议。

②对承揽方提出的合同期的延长或费用索赔，应就其中申述的理由，查清全部情况，并根据合同规定程序审查延长工期或索赔的金额，报总监审核。

③监督承揽方进入本工程的主要技术、管理人员的构成、数量与投标文件及实施计划所列名单是否相符；对不称职的主要技术、管理人员，应提出更换要求。

④对承揽方的主要实施仪器设备的数量、规格、性能按投标文件及实施计划要求进行监督、检查。由于仪器设备的原因影响工程的工期、质量的，应提出更换要求。

专业监理工程师在信息管理方面的主要职责：

收集、整理、记录和正确传递监理过程中产生的语言、文字、数据等资料。

专业监理工程师在组织协调方面的主要职责：

①协助总监及总监代表协调建设单位、承揽方和验收方的关系。

②协助总监及总监代表协调承揽方之间关系。

4. 监理工作实施

1）质量控制

质量控制是本项目监理的主要内容之一，应从承揽方的技术管理、质量管理、人员技术水平、仪器设备状态和本项目技术设计落实等方面实施全面的监控。这一阶段的监理主要以审查资料、旁站监理、巡视检查、监督质量控制制度的落实为主要手段。

（1）技术设计阶段

本阶段的监理方法主要通过材料审核的手段实现，包括：

①承揽方于设计开始 7 个工作日前向监理方报送设计负责人简介（主要内容：姓名、

职务、职称，从事本项目及相关项目主要经历)，监理方应于 3 个工作日内返回监理意见（主要从具有相关项目生产、设计经验和技术培训经历等方面进行审核)。

②承揽方设计完成后，及时提供技术设计书及其附件，监理方 5 个工作日内返回监理意见（主要从可利用资料的程度，主要技术指标是否符合相应项目生产技术规定和合同技术文件要求，生产工艺流程先进性和可操作性，设计书内容齐全，设计书格式符合要求等方面进行审核)，最后报建设单位审批确认。

③当承揽方由于各种原因，需对已经批准的设计书进行变更时，应及时报监理方审核，经建设单位审批确认。

(2) 生产准备阶段

本阶段的监理方法主要通过材料审核的手段实现。

①承揽方于生产开始 14 日前将生产准备工作材料报送监理方。材料应包括下列内容：

a. 项目组织管理：与监理方的联系人、项目负责人、技术负责人、质量负责人、信息安全控制责任人、知识产权控制责任人姓名，项目计划协调、技术管理及质量管理部门名称；

b. 人员配备和培训情况，主要是生产人员、检查人员从事本项目的相关经历和培训情况；

c. 设备配置情况，软、硬件名称和数量；

d. 仪器设备和工具检定证书和检查记录，软件的来源和认定书；

e. 技术标准、设计书配备情况；

f. 生产实施计划；

g. 工作环境简介；

h. 质量控制制度。

②监理方收到承揽方生产准备工作材料 7 个工作日内返回监理意见。

③监理方确认承揽方生产准备工作后，及时向承揽方发布开工通知书。

(3) 生产阶段

本阶段的监理方法以旁站监理、巡视检查、审核成果为主。监理内容：

①监督生产、管理人员及仪器设备的流动情况。

②监理人员深入生产一线，对生产人员操作的规范性、执行专业技术设计书的全面性等进行现场监督，同时现场巡视查看生产成果。发现违背专业技术设计书、违反作业规程及成果的差、错、漏等现象时，以《现场指令》的方式及时提出现场改正要求。当发现具有普遍性的质量问题或操作不规范时，以《监理指令》的方式要求生产单位现场负责人提出相应对策，以防止同类问题的再次发生。

③监督承揽方各工序产品质量“二级检查”制度的正常实施，审查各类检查记录，促进生产单位质量保证体系的正常运转，保证本项目产品质量水平的一致性。

④适当检测主要工序产品的质量指标（数学精度、地理精度、整饰质量及属性质量)。

⑤监督主要工序间的衔接。

⑥定期向建设单位报告有关工程质量的情况。重大质量事故及其他质量方面的重大事宜则应及时提出报告。

⑦发生质量事故，除及时报告建设单位外，应立即下达停工令，组织质量事故的调查和处理，分清原因和责任，接受教训并责成承揽方提出质量事故的处理方案和措施，经审查批准后监督实施。

⑧每次例会通报质量情况、提出整改意见。

（4）成果验收阶段

监督验收工作的内容、数量、方法与验收方案的符合性和规范性，确保验收工作质量。

（5）成果上交阶段

审核成果资料清单，保证成果资料的完整性。

2）进度控制

（1）进度计划、实施方案的编制和审核

进度控制的第一步，就是编制进度计划及实施方案。监理应从抓计划开始，主要工作内容有：

①检查承揽方实施方案中测区现场的生产组织形式及职责分工，分析是否有足够的力量进行生产、组织管理和技术质量管理，检查承揽方测区现场的人员组织及资质是否满足要求。

②审核承揽方实施方案中投入本项目的设备数量及质量是否满足要求。

③审核承揽方提交的实施方案，确保实施方案的先进合理，不仅可以提高工程质量，而且节省工期。对本工程的重点、难点、关键工序应详细审核。

④要求承揽方编写实施总进度计划、月进度计划以及周计划，并达到相应的深度。由监理审核承揽方提交的实施进度计划。总进度计划应符合总工期控制目标的要求，月进度计划应符合总进度计划的要求，周进度计划应符合月计划的要求。

总进度计划，应经承揽方技术主管部门审核批准，并签认盖章。然后按规定程序填报表格报监理方审核及建设单位批准。

实施月计划由承揽方测区现场负责人组织制定，并报监理方审核备案。实施周计划由承揽方测区现场负责人组织制定并签署，每次例会之前送监理方审核备案。

⑤对承揽方提交的月、周工程进度计划进行审核的要点有：计划的可行性；保证计划完成的措施。

（2）进度计划的执行及控制

实施方案和进度计划批准后，就成为进度控制的依据。总监代表及监理工程师将监督计划的执行情况，采取措施消除隐患。总监定期检查进度情况，决定调整方案。

根据反馈控制的原理，过程进行中应准确全面收集进度信息，掌握进度情况。一方面进行进度检查、动态控制和调整；另一方面，及时进行工程计量，为核定承揽方完成的实物工程量提供依据。

①建立反映工程进度的监理记录。

监理组如实记载工程进度及完成的实物工程量。同时，如实记载影响工程进度的内外人为和自然的各种因素。

设计记录各项工作进程的表格，及时掌握进度的实际情况，方便检查对照。

监理组除了检查进度的完成情况，还要检查人员及设备的投入、材料订购及进场情况，以及下一工序的准备工作。

②工程进度的检查。

承揽方每次例会前向建设单位及监理方递交本周进度情况及下周计划。

监理组根据自己的记录检查进度计划的执行情况。

对承揽方提交的月、周工程进度报告进行审核，审核的要点有：

a. 进度计划的完成情况；

b. 计划进度与实际进度的差异。

③工程进度的动态管理。

实际进度与计划进度发生差异时，应分析产生的原因，提出进度调整的措施和方案，并相应调整仪器设备及人员的使用计划；必要时调整工期目标。

④组织现场协调会。

正常情况下，每次例会中均有进度控制内容，当进度出现较大偏差，或者发生重大变故，原进度目标需要变更时，总监应召集有关各方召开进度协调会，分析原因，并提出对策。

工程期限紧急的情况下，监理应控制每天的计划。采取紧急措施，每天下午召开口头会，检查当天完成的工作，解决需要协调的问题。

⑤现场监理定期向总监、建设单位报告有关工程进度情况。

⑥监理组除了日常交流及相关会议上汇报进度控制情况外，每月向建设单位递交监理月报，内容述及实际完成的进度情况、与计划的比较、产生偏差的原因、采取的措施及效果、建议等。

(3) 进度的调整

当实际进度与计划进度发生差异时，监理工程师应果断采取措施进行纠偏，分析原因并协调有关单位采取措施，防止情况进一步恶化。

出现了较明显偏差后，监理组应分析产生偏差的原因，协助承揽方制定纠偏的对策，要求承揽方重新编制新的进度计划并照此执行。

纠正偏差的方法有以下几种：

①制定保证总工期的对策措施。

- 技术上：如缩短工艺时间、减少技术间歇期、实行平行流水立体交叉作业等；
- 组织上：如增加作业队数、增加工作人数、工作班次等；
- 经济上：如实行包干资金，提高计件单价、资金水平等。

②制定总工期突破后的补救措施。

由于建设单位的原因造成工期索赔并得到建设单位的同意，或者因不可预见的因素导致工期延长，或者承揽方延误工期后取得建设单位的原谅，则总工期将改变。在承揽方及建设单位重新商定的工期目标确定以后，监理方应要求承揽方按新的工期目标编制进度计划并遵照执行。

③调整相应的实施计划、仪器设备、人员计划等，在新的条件下再进行协调和平衡。

3) 投资控制

有关进度、计量方面的签证是支付工程进度款、计算索赔、延长工期的重要依据，监理工程师要本着实事求是的原则如实计量签证。主要工作内容有：

(1) 按合同要求，对符合验收要求的工序或最终产品，监理组应按程序及时进行工程验收计量。

(2) 专业工程师应及时对承揽方申报的实物工程量进行审核并报建设单位，督促其按合同规定的期限及约定方式支付应付款项，避免因此造成违约。为实施进度提供资金上的保证。

4) 信息安全控制

本项目成果为数字信息产品，并且测绘资料涉及国家安全，信息安全管理尤其重要。信息安全控制即督促承揽方制定信息安全管理制度并严格执行。主要内容包括：

(1) 督促承揽方明确信息安全控制责任人及其职责履行；

(2) 做好野外工作携带资料的安全保护；

(3) 不能随意复制、拷贝建设单位提供的测绘资料；

(4) 计算机网络不能与外网连接；

(5) 除指定计算机外，其他计算机不能使用外围存储设备（如活动硬盘、U盘）；

(6) 做好生产中间及最终成果的备份并指定专人、专机管理；

(7) 做好计算机病毒的防范措施；

(8) 计算机及存储设备出场必须清理，经现场监理检查后方可搬离现场。

5) 知识产权控制

督促承揽方制定知识产权控制制度并严格执行。主要内容包括：

(1) 督促承揽方明确知识产权控制责任人及其职责履行；

(2) 不能向第三方提供测量控制资料、本项目成果资料及本工程建设合同约定的其他受知识产权保护的资料和成果。

6) 合同管理

(1) 合同管理的办法与措施

对合同的管理，应从全过程着眼，在合同的形成阶段，为建设单位提供政策法律与技术监理，协助建设单位与承揽方签订合理有效的合同；在合同的履行过程中，监督合同各方遵守合同条款、纠正偏差。此外，还必须做好合同的档案管理工作。实施中涉及的合同主要有：实施合同，包括分包合同；监理合同；材料及设备供货合同。

①合同履行管理的方法与措施

合同履行过程中很容易产生纠纷，常见的有以下几类：

● 承揽方与建设单位的有关手续没有及时办理；或者变更过多等原因造成工期、造价目标无法实现；因为追赶工期而质量下降。

● 承揽方为了追求经济效益，投入的人力和物力不足造成工期延误；承揽方不按原定技术方案操作导致质量问题。

● 监理方对各方面的协调力度不足，出现窝工及扯皮现象，对工程目标产生不良影响。

②针对具体情况采取适当的方法与措施，避免上述问题产生，做好合同的管理监控工作，具体如下：

a. 合同分析。监理工程师应对合同所有条款内容进行分析，掌握合同履行要点。

b. 合同跟踪。实施过程中，监理工程师应时刻关注合同的履行情况，将实际情况与合同规定内容对照，找出偏差并采取纠正措施。

c. 工期方面：按合同规定，要求承揽方在开工前提出具体实施进度计划并时时检查，对影响进度的因素进行分析，及时解决。

d. 质量管理方面：按合同的规定，要求承揽方健全测绘现场的质量管理机构，制定质量管理规章制度，并监督其执行。

e. 工程费用管理方面：严格进行合同约定的价款管理。

③监控措施

a. 监督合同各方履行合同条款中规定的义务。

b. 承揽方违反合同或偏离合同要求时，监理工程师应采取必要的手段进行纠正，如采取下达指令、质量否决等。

c. 监理工程师组织各方定期召开会议，协调各方关系，分析存在问题。

d. 严把工程变更关，按正确的程序处理工程变更，当涉及合同条款变更或需要补充协议时，监理工程师应及时协调合同各方，减少纠纷。

④合同的档案管理

监理工程师应做好合同的档案管理工作，在合同的履行过程中，对合同文件（包括有关的签证、记录、协议等）做好分类、认真管理。

（2）合同纠纷的调解及合同的索赔

①合同的调解

工程中如当事人双方对合同所约定的权利、义务发生争执，监理工程师应协调解决争议。

②合同的索赔

监理工程师有责任在项目实施中把握好各个环节，尽量减少索赔。如出现索赔要求则应根据相应监理记录协助确定索赔要求的合理性。

7）信息管理

（1）信息管理的任务

信息管理的任务就是收集、整理、记录和正确传递监理过程中产生的语言、文字、数据等资料。一方面准确记录项目实施及监理实施的全过程的工程技术资料；另一方面向项目的各级管理人员、参与项目生产的单位及其他有关部门提供所需要的信息，协调项目建设单位、承揽方、监理方之间的关系，提高工作效率及准确率。

信息管理工作包括：

①分清信息管理职责。

②对信息的收集、加工、整理和存储。

（2）信息管理的主要内容

①收集有关本项目的依据性文件并分类整理。

②对实施监理全过程进行记录。

③收集、签署、传递开展监理工作所需的有关信息资料。

④编写并发放有关的会议纪要。

⑤来往文件的收集整理。

⑥对信息进行加工整理后的分析、建议、汇报资料。

⑦工程变更、延长工期、增减投资等文件信息。

⑧其他需要记录及传达的信息。

(3) 信息的管理与控制

明确信息管理职责，由总监指定专人（资料员，亦可由专业监理工程师兼任）负责信息管理工作，并规定相关程序及职权。

8) 组织协调

为了实现本工程监理目标，在做好项目合同洽商及签订的组织协调外，还要做好项目中许多非合同方面的组织协调工作，要为质量、进度、投资等目标实现创造好的条件。

(1) 本单位内部关系的协调

①在本项目人员安排上，根据工程人员的专长进行选派，做到人尽其才，人员搭配上注意能力互补和性格互补。

②明确项目总监负责制，各岗位职责分明，对每一个岗位都订立明确的目标和岗位责任。使管理职能不重不漏，做到事事有人管，人人有专责，明确岗位职权。

③定期对每个监理人员效绩进行实事求是的评价。

④项目总监在解决矛盾时要恰到好处，出现矛盾应及时妥善进行调解。

⑤建立信息制度，采用工作例会、业务碰头会、发会议纪要和月报、工作流程图等方式沟通信息，使局部了解全局、服从并适应全局的需要，服务于建设单位。

(2) 建设单位与承揽方关系的协调

①实施准备阶段的协调

监理工程师应协助落实各项开工条件，保持建设单位与承揽方的信息沟通，协商办事，督促双方严格按合同执行。

②实施阶段的协调

包括解决进度、质量、验收计量、合同纠纷等一系列问题。

a. 项目生产协调：监理过程中要紧扣技术设计书及合同相关文件，严格把关，及时协调建设单位与承揽方在生产过程中出现的矛盾；协调好各工序间的衔接。

b. 合同争议的协调：工程中如当事人双方对合同所约定的权利、义务发生争执，监理方应协调解决争议。

c. 验收阶段的协调：对验收中检验单位或建设单位提出的问题，承揽方应根据技术文件、合同、检验结果、中间验收签证及验收规范做出解释，不符合要求应督促其采取补救措施。

d. 维护阶段的协调：成果交付使用后，对建设单位提出的整改要求，监理工程师将展开调查，查清缺陷原因，明确责任，审核承揽方的整改计划，并监督实施。

(3) 承揽方之间关系的协调

本项目有6个生产承包单位，而项目是一个整体，因此，协调承包单位之间的关系是顺利完成整个项目的重要工作。

①指导各承揽方统一技术要求。

②监督各承揽方之间成果质量的一致性。

5. 监理工作制度

建立科学的测绘工程监理工作制度并严格执行，是保证测绘工程全面和有效监理的重要手段。测绘工程监理工作的主要制度包括：

1）技术文件审查制度

监理工程师在收到技术、计划等文件后，应会同承揽方复查相关文件，广泛听取意见，避免文件中的差错、遗漏。

2）开工报告审批制度

当工程的主要实施准备工作已完成时，承揽方应提出“工程开工申请书”，经监理工程师现场落实后，报总监审批。

3）人员、设备进出场控制制度

人员、设备进出场要经过监理方审核，避免因为人员及设备的变动影响工程质量和工期。测绘仪器及其他设备进场，监理工程师要检查设备的检校情况，确保使用合格的设备进行生产。

4）变更设计制度

如因设计错漏，或发现实际情况与设计不符时，由提议单位提出变更设计申请，经建设单位、承揽方、监理方三方会商，经建设单位批准后进行变更设计，由监理方签发《设计变更指令》。

5）工程成果报验制度

工序或工程完成后，承揽方将成果提交监理方审查，经监理方审查批准后，由承揽方报验收方验收，成果验收合格后方可实施下一工序的工作。

6）工程质量事故处理制度

凡在建设过程中，由于设计或实施原因，造成质量不符合规范或设计要求，或者超出规定的允许范围，需做返工处理的统称工程质量事故。

凡对工程质量事故隐瞒不报，或拖延处理，或处理不当，或处理结果未经监理工程师同意的，对事故部分及受事故影响的部分工程应视为无效，责令承揽方修改。

7）监理月报制度

监督承揽方严格按照合同规定的计划进度组织实施，监理组每月以月报的形式向建设单位报告各项工程实际进度及计划的对比情况。“监理月报”内容应以具体数字说明实施进度、实施质量等情况。

8）监理日志和考勤制度

（1）监理工程师应在当日将所从事的监理工作写入日志，特别是涉及承揽方和需要返工、修改的事项，应详细做出记录。监理日志必须具有真实性、可追溯性。

（2）总监代表对监理组人员进行认真考勤，检查监理工作，确保监理工作质量。

9）监理资料整理与归档制度

监理资料是对工程建设实施监理过程的记录和见证，是监理方业绩的积累，是考核监理人员工作的重要依据，监理工程师必须认真管理及时归档。

10）例会制度

（1）总监必须按时组织或主持召开现场监理例会。

（2）监理例会参加人员：建设单位、监理方、承揽方、检查验收方及相关质量技术管理人员等。

（3）会议使用《会议纪要》首页签到。

（4）会议指定专人记录，形成文件，发给参加会议的有关单位。

11）请示汇报制度

总监因事不能组织参加例会，总监代表应组织参加例会并将情况汇报给总监。

实施监理过程中一般专业技术问题由专业监理工程师负责处理，并及时将处理情况向总监代表汇报。

实施监理过程中遇到有关监理的重大技术质量、安全或影响到监理合同执行的问题时，总监应及时向监理单位请示汇报，争取得到及时研究处理。

12）监理监督制度

（1）接受建设单位的监督。

（2）接受承揽方的监督。

（3）监理方内部的组织监督。

6. 监理成果

1）监理报告。

2）监理过程中产生的相关文件、资料。

7. 监理表格

本细则设计了部分监理记录表格，在实施监理过程中，监理工程师可根据需要设计新的表格，但需经过总监批准后执行。

8.9 地下管线探测和普查工作监理

8.9.1 地下管线探测和普查工作概述

1. 地下管线探测和普查工作的必要性

城市地下管线包括给水、排水（雨水、污水）、燃气（煤气、天然气、液化石油气）、电力、路灯、电信、有线电视、热力、工业管道十多种专业管线等是城市的重要基础设施，与人们的日常生活及生产密不可分，是城市赖以生存和发展的物质基础，是城市生存和发展的血脉。但是我国各城市的地下管线资料普遍存在残缺不全，甚至严重缺失的现象。主要表现在：

（1）在区域上，有的地段有资料，有的地段没有资料，没有形成完整的管网资料体系；

（2）在时间上，有的年代有资料，有的年代没有资料，断断续续，不能清晰地显示管网的建设历程；

（3）地下管线资料以纸质管线图件为主，缺少甚至没有管线的属性数据；

（4）地下管线图件规范性差，有的管线保存的是设计图、有的管线保存的是竣工图，甚至是示意图。

因此，从工程的规范化管理的角度看，第一，没有地下管线的完整资料。地下管线工程在施工前有管线工程设计图，在管线铺设完成后和覆土前，要施测管线工程竣工图。但由于各种原因，相当多的地下管线工程没有施测管线工程竣工图，而是直接把设计图充当竣工图，使得在工程施工过程中的改动没有在管线图中反映出来。有的时候，就是在管线工程完工很长时间以后，施工人员凭记忆画竣工图，这样画出来的竣工图，必然会有许多错漏之处。还有一些图件，是在以往的工作中，根据各种图件编撰而成，由于所依据的图件不完整、不规范，这样编制的图件也存在相当多的不准确之处。第二，管线资料的管理手段落后。我国现有的地下管线的资料多以图纸、图表等形式记录保存。由于采用人工方式管理，资料的检索和查找都十分不便。随着城市管网建设规模的日益扩大，这种管理方式不仅效率低下，也造成资料更新工作量惊人。往往是图纸刚刚改完，由于又增加了新的管线不得不重新绘制。用传统的方法几乎无法实现管线资料的及时更新，保持地下管线资料的现势性，实现动态管理更无从谈起。

从上可见，地下管线探测和普查工作是十分迫切和十分必要的。

(1) 随着社会进步，城市规模不断扩大，地下管线工程亦日益壮大和复杂，现有的城市地下管网是一个复杂庞大的系统。首先，在整个系统中，除了上千公里长的大小管段外，还有数量众多的各种附件，如阀门、消火栓等；其次，管网的建设跨越的年代长，保留下来的资料记载也不一样，有文字记载、手工图，也有 CAD 图纸。于是传统的翻阅档案与管理人员经验相结合的管理方式就显得力不从心了，不仅效率低、准确度差，而且滞后严重。

(2) 随着城市的发展，管网系统在更新，整个系统是一个动态的系统。管网数据的更新采用城市地下管网大面积普查的更新方法，难以实现管网数据的实时更新以及数据更新形式的多样化。

(3) 城市地下管网几乎都是隐蔽工程，这样管理起来就更加困难。

(4) 我国许多城市已有的地线管线资料参差不齐，或是精度不高或与现状不符，加上建筑施工时未能通过有效手段获得准确的地下管线信息资料，造成在开挖道路或其他施工时，时有挖断或损坏地下管线的严重事故。如挖断或打穿煤气管道，引起泄漏或爆炸，人员伤亡；机场指挥光缆被挖断，国内及国际航班无法起飞及降落，造成极坏的影响；高压电缆被挖断，引起火灾及人员伤亡；给水管损坏，影响了居民的日常生活。所有这些，造成的直接损失或间接损失都是极其巨大的，教训是非常惨痛的。

因此，在这种现实情况下，进行地下管线探测和普查工作，将信息技术引入地下管线，在全面进行城市地下管线普查的同时，同步建立地下管线数据库与信息系统，提高地下管线工程的管理水平和服务质量成为必然趋势。对分布广泛、情况复杂的城市地下管线的各类技术信息进行系统管理，建立一个结构比较合理、功能比较齐全、信息传输准确的城市地下管线管理信息系统，利用竣工测量，实现动态更新，为城市规划与建设管理 提供高精度、高可靠性、现势性的地下管线信息，同时充分利用系统提供管线的一系列空间分析和管线辅助设计功能，大大提高地下管线信息的社会效益和经济效益。

2. 地下管线的种类和特点

1) 地下管线的种类

依据中华人民共和国行业标准《城市地下管线探测技术规程》(CJJ61-2003)，地下管线探测的对象应包括埋设于地下的给水、排水、燃气、热力、工业等各种管道以及电力、电信电缆。

各大类还可以细分，如给水管道可按给水的用途分为生活用水、生产用水和消防用水；排水管道可按排泄水的性质分为污水、雨水和雨污合流；燃气管道可按其所传输的燃气性质分为煤气、液化气和天然气；按燃气管道的压力大小分为低压、中压和高压；热力管道可按其所传输的材料分为热水和蒸汽；工业管道可按其所传输的材料性质分为氢、氧、乙炔、石油、排渣等；按管内压力大小分为无压（或自流）、低压、中压和高压；电力电缆可按其功能分为供电（输电或配电）、路灯、电车等；按电压的高低可分为低压、高压和超高压；电信电缆可分为市话、长话、广播和电视管线等。

上述各种管线大部分或相当部分埋设在城市地下空间，构成纵横交错、错综复杂的网络，所以称为地下管网。各类管线上设有不同的建筑物、构筑物以及附属设施。在管线探测和普查时，不仅要精确地测定管线的位置、走向、埋深，同时还要实地调查管道的断面（管径或管宽、管高等）、电缆根数、传输物体特征（压力、流向或电压）、敷设时间和单位以及管理部门等。

2）城市地下管线的特点

（1）隐蔽性。出于节约用地、节约能源、安全环保、城市美观等方面的考虑、往往将管线铺设在地下，甚至埋得很深。因此，地下管线具有隐蔽性的特点，其空间位置信息和属性信息获取困难，信息精度低。

（2）复杂性。地下管线大多布设在主要道路下，可以用“密如蛛网”来形容，其分布纵横交错，各类管线间空间关系复杂。

（3）系统性。地下管线由管线段、建（构）筑物和附属设施组成，多以树枝状、环状或辐射状形成一个系统。系统的各组成元件相互联系、相互影响，共同发挥作用。每一元件都处于长期运转中，任一元件发生问题都会对系统的正常运行产生影响。一旦发生故障，需要立即抢修，但出事地点和抢修范围都较难确定。

（4）动态性。由于城市建设飞速发展，城市规模不断扩大，管线变更越来越频繁（新管线不断增加，旧管线也不断在更新或废弃），地下管网处于动态变化之中。

3. 地下管线普查工作的主要任务和基本流程

城市地下管线普查，是指对管线进行探查和测绘。探查是对已有地下管线进行现场调查和采用不同的探测方法探询各种管线的埋设位置和深度。测绘是对已查明的地下管线进行测量和编绘管线图，也包括对新建管线的施工测量和竣工测量。地下管线普查可以是对某一区域范围地下管线普查，如城市的市政公用管线普查，主要根据规划管理部门的要求进行，其范围一般是道路及主干管线通过的区域。厂区或住宅小区管线普查，一般根据工程或小区管线设计和管理部门的要求进行。也可以是对某项工程特定要求的地下管线普查。还有专用管线普查，实际上就是管线工程的设计施工测量。所以，“城市地下管线普查”是一个比较广义的概念，工作内容则比较单一，要求也根据其所服务的部门和对象而不同。为此，国家行业标准《城市地下管线探测技术规程》把地下管线探测的精度分为3个等级，探测基本地形图比例尺也可以有1∶500到1∶5000。

普查工程是一项既要充分利用已有资料，协调各专业管线权属单位，又要有统一的技术要求、精度及统一的组织实施和管理，涉及多部门、多学科的综合系统工程。不同于一般工程性的或厂区专用的地下管线探测，普查是为了解决城市建设历史遗留下来的欠账，需要大量的投入。有了普查成果还必须同时解决好普查成果如何应用和跟上对新建管线的规划管理和管线资料数据及时更新的问题。城市地下管线普查工作主要包括以下内容：

（1）地下管线的现状调绘和资料收集。

(2）地下管线实地调查。

(3）地下管线的仪器探查。

(4）地下管线测量。

(5）地下管线图编绘及成果表的编制。

(6）成果检查验收与归档。

(7）地下管线数据库的建立与地下管线信息管理系统。

城市地下管线现况调绘，是指在开展地下管线探测作业前，根据已有的地下管线竣工资料、施工资料、设计资料等，将已有地下管线现况标绘在地形图上，作为野外探测作业的参考，减少实地探查作业的盲目性，提高野外探查作业的质量和作业效率。同时，为地下管线探查作业提供相关地下管线的属性依据（如管径、管材、埋设年代、权属单位等)。现况调绘是地下管线普查的前期基础工作，是城市地下管线普查的关键。埋设在城市道路下的各类地下管线纵横交错，在实地探查作业中，由于相邻管线信号的干扰和影响，致使管线探查的难度加大。现况调绘资料的提供，可便于探查作业有的放矢与综合分析判断，提高地下管线探查的精度。

在开始进行管线综合探测之前，要收集各个专业管线单位现有的管线资料。资料包括管线设计图、管线报批的红线图、管线的放线（定线）图及成果表、管线的施工图、管线竣工图、断面图、技术说明及成果表等。对所搜集的资料进行整理、分类。将管线位置转绘到城市基础地形图上，编制成现状调绘图。已有管线现状调绘图应根据管线竣工图所示尺寸及成果表进行转绘，如无竣工图及竣工测量资料的管线，可根据其设计图和施工图及有关资料进行转绘。

转绘管线应根据管线特征点的有关坐标数据展绘，如无坐标数据，可根据管线与邻近的建（构）筑物、明显地物点、现有路边线等的相互关系展绘。现状调绘完成后，各专业权属单位应向管线办提交现状调绘图和已有管线成果表。

4. 地下管线探查方法

不同类型的地下管线、不同地球物理条件的地区，应分别进行方法试验。

1）探查金属管道和电缆应根据管线的类型、材质、管径、埋深、出露情况、地电环境等因素按下列规定选择探查方法：

(1）金属管道，根据条件宜采用直接法、夹钳法及电磁感应法。

(2）接头为高阻体的金属管道，宜采用频率较高的电磁感应法或夹钳法，亦可采用电磁波法，当探查区内铁磁性干扰小时，可采用磁场强度法或磁梯度法。

(3）管径（相对埋深）较大的金属管道，宜采用直接法或电磁感应法，也可采用电磁波法、磁法或地震波法。

(4）埋深（相对管径）较大的金属管道，宜采用功率（或磁矩）大、频率低的直接法或电磁感应法。

(5）电力电缆宜先采用被动源工频法进行搜索，初步定位，然后用主动源法精确定位、定深，当电缆有出露端时，宜采用夹钳法。

(6）电信电缆和照明电缆宜采用主动源电磁法，有条件时可施加断续发射信号。

2）非金属管道的探查方法宜采用电磁波法或地震波法，亦可按下列原则进行选择：

(1）有出入口的非金属管道宜采用电磁法。

(2) 钢筋混凝土管道可采用磁偶极感应法，但需加大发射功率（或磁矩）、缩短收发距离（应注意近场源影响）。

(3) 管径较大的非金属管道，宜采用电磁波法、地震波法，当具备接地条件时，可采用直流电阻率法（含高密度电阻率法）。

(4) 热力管道或高温输油管道宜采用主动源电磁法和红外辐射法。

以下是对几种探测方法的具体简介：

①机械式的探测法：主要是用机械探杖，这种探杖国外最初使用的是硬木条做成的"丫"形叉，后来也有使用金属杆的，缺点是使用范围不广，速度很低，安全性差，且可能导致管线受损，因此我们不能把它作为主要探测技术，但不排除在某些特定条件下它的独特使用价值。

②电磁感应探测法：应用电磁法探测地下管线，通常是先使导电的地下管线带电，然后在地面上测量由此电流产生的电磁异常，达到探测地下管线的目的。其前提是：地下管线与周围介质之间有明显的电性差异；管线长度远大于管线埋深。在此前提下，无论采用充电法或感应法，都会探测到地下管线所引起的异常。

③电磁辐射探测法——探地雷达（CPR）：探地雷达（Ground Penetrating Radar）是利用高频电磁波以宽频带短脉冲形式由地面通过发射天线送入地下，由于周围介质与管线存在明显的物性差异，脉冲在界面上产生反射和绕射回波，接收天线收到这种回波后，通过光缆将信号传输到控制台经计算机处理后将雷达图像显示出来。通过对雷达波形的分析，可确定地下管线的位置和埋深。探地雷达能够很好地探测金属管线，它是一种无损探测技术，可以安全地用于城市和正在建设中的工程现场，对工作场地观测条件的要求也较为宽松，而且抗电磁干扰能力强，可在城市内各种噪声环境下工作，环境干扰影响小，同时分辨率高，探测深度可满足大多数工作的要求，可现场提供实时剖面记录，雷达图像直观、清晰，另外，数据采集、记录、存储和处理均由微机控制，工作效率高。CPR 在探测非金属管线时同样具有快速、高效、无损及实时展示地下图像等特点，所以也是非金属管线探查的首选工具，但是它也有操作比较复杂，需要专业的资料解释，对土壤条件要求比较高，且设备庞大和投资费用比较高的缺点。

④夹钳法：在无法将发射机信号输出端直接连在被测管线的情况下，可采用夹钳法。它用地下管线探测仪的专用夹钳套在被测管线上，适用于管径较细的管线。

⑤磁偶极感应法：由发射线圈产生一次交变磁场，使金属管线产生感应电流，观测管线中感应电流在地面上产生的二次电磁场以确定管线在地下的分布状况，在无管线露头及不具备接地的城市可用来确定管线走向、平面位置和埋深。仪器操作灵活、方便、效率高、效果好，但探测深度一般小于 5m，并且相邻管线干扰严重。在磁偶极感应法中，若将发射线圈（磁偶极子）送入管道内，在地面观测它产生的电磁场，则可以探测管道的位置和深度，而且特别适用于非金属管道的探测。探测深度大、效果好，但操作麻烦、成本高，探头容易在管道中遇阻或遇卡。

5. 地下管线的测量

地下管线测量一般包括控制测量、已有地下管线测量、地下管线定线与竣工测量、测量成果的检查验收。控制测量：地下管线控制测量是指为进行地下管线点联测及相关地形测量而建立的图根控制，图根控制采用电磁波测距导线布设，控制测量包括平面控制测量和高程控制测量。已有地下管线测量内容应包括：对管线点的地面标志进行平面位置和高程联测，计算管线点的坐标和高程、测定地下管线有关的地面附属设施和地下管线的带状地形测量，编制成果表。测量成果质量检查时，应随机抽查测区管线点总数的5%进行复测。测量点位中误差 mcs 和高程中误差 mch 不得超过规程的规定，否则应返工重测。

6. 地下管线图的编绘及成果表的编制

地下管线图的编绘是采用外业测量采集的数据，以计算机数字化成图或手工编绘成图。计算机编绘工作应包括：比例尺的选定、数字化地形图和管线图的导入、注记编辑、成果输出等。手工编绘工作应包括：比例尺的选定、复制地形底图、管线展绘、文字数字的注记、成果表编绘、图廓整饰和原图上墨等。地下管线图应分为专业管线图、综合管线图、局部放大图和管线横断面图。专业管线图及综合管线图的比例尺、图幅规格及分幅应与城市基本地形图一致。

地下管线成果表应依据绘图数据文件及地下管线的探测成果编制，其管线点号应与图上点号一致。成果表应以城市基本地形图图幅为单位，分专业进行整理编制，并装订成册。每一图幅各专业管线成果的装订顺序应按下列顺序执行：给水、排水、燃气、热力、电力、电信、工业管道、其他专业管线，成果表装订成册后应在封面标注图幅号并编写制表说明。

7. 成果检查验收与归档

对地下管线图必须进行质量检验。地下管线图的质量检验应包括过程检查和转序检验。过程检查应分为作业员自检和台组互检。过程检查应对所编绘的管线图和成果表进行100%检查校对。转序检验应由授权的质量检验人员进行，转序检验的检查量应为图幅总数的30%。

验收合格后的管线普查成果资料应及时移交城建档案部门归档管理，提交的成果应包括验收委员会提出的质量评定，成果资料的移交应列出清单或者目录逐项清点，并办理交接手续。

8. 地下管线信息管理系统的建立

城市地下管线信息系统就是指利用地理信息系统（GIS）技术和其他专业技术，采集、管理、更新、综合分析与处理城市地下管线信息的一种技术系统。地下管线信息管理系统是地下管线普查的重要组成部分，在地下管线普查时应建立地下管线信息管理系统。

建立地下管线信息管理系统应包括立项可行性论证、需求分析、系统总体设计、系统详细设计、编码实现、样区实验、系统集成与试运行、成果提交与验收及系统的维护等内容。

9. 我国研究状况和发展趋势

20 世纪 80 年代以前，国内所有管线的权属部门和城建部门都建有完备的档案室，以保存管线的竣工图和各种管线的属性卡片、表册，但随着城市的发展，这种手工管理方式远远跟不上城市发展的需求，矛盾日益尖锐。80 年代后期至 90 年代，为摸清城市地下管网情况，我国开展了大规模的城市地下管网普查，并率先使用计算机辅助制图技术（AutoCAD）绘制管线分布图，使用 DBASE、FOXPRO 等数据库管理系统存储管理管线和管件的属性信息。由于管线的空间信息和属性信息分别存储于不同的介质，很难统一利用和管理，也难以进行信息的更新。

90 年代初期至中期，随着地理信息系统软件被广泛应用于一些行业，也迅速推广应用于管线空间信息和属性信息的管理。我国地下管线（网）信息系统是随着城市地理信息系统的建立而发展起来的。我国于 90 年代初相继使用国外的 GIS 平台（ArcInfo，Intergraph），有的甚至用 AutoCAD 探索开发管线信息管理系统。

近几年来，不仅城市综合管线（网）信息系统进展很快，各种专业管线（网）信息系统也有了较大的发展。许多大中城市不同程度地开展了管线探测与管线（网）信息系统建立的工作，如北京、上海、广州、南京、济南、深圳、厦门、长沙、昆明、乌鲁木齐、杭州、福州、温州、武汉等城市。除城市综合管网信息系统外，一些专业管网如电力、煤气和大型企事业单位的管网系统也开始建立。

综合地下管线信息管理系统不同于一般的 GIS，它是建立在 GIS 基础之上的工程设施信息管理系统。必须实现 GIS、CAD 与 OA（办公自动化）的高度整和，使之具有高效率的处理网络、向量和文档资料的能力，使绘制、分析、设计与管理更具智慧。这是综合性地下管线信息管理系统目前发展的方向。

8.9.2 地下管线普查工作监理

1. 地下管线普查工作监理的基本经验

我国许多大中城市不同程度地开展了管线探测与管线（网）信息系统建立的工作，积累了许多宝贵的经验，下面挑选深圳、温州、南京的经验加以介绍。

1）深圳市的经验［40］

深圳市地下管线二期探测工程是继一期工程后又一项大型基础测绘项目，总投资额 1100 万元，探查地下管线街道总长约 200km，地下管线总长 3144km，共探测给水、污水、雨水、煤气、电力、电信和工业共七类管线。所涉及范围包括特区内皇岗路以西的各个区域和盐田区。根据各测区现有控制点的完好程度，共测设了 I 级导线 43.9km，Ⅱ级导线 63.2km，四等水准 139.2km。完成了 1∶1000 综合地下管线图 576 幅，缩编 1∶10000 综合地下管线图 26 幅。自 1998 年 8 月份开始施工，至 1999 年 11 月份结束全部工作。

地下管线二期探测工程共有六家作业单位参加，各测区的复杂程度不同，有的测区由于新旧楼房共存，而且自特区建设以来经过多次改造，所以地下管线的分布特别复杂。因此，深圳市规划国土局测绘产权处总结了一期工程的经验，意识到必须重视和控制作业过程中的质量，才能有效地提高深圳市地下管线探测水平。于是组织了工程监理组对工程实施全方位、动态跟踪监理，以确保二期地下管线探测工程的质量。监理组共由六名工作人员组成。监理内容及方法监理组的工作是在“平等、监督、促进、协助”的原则下进行的。

主要从以下几方面开展工作：

（1）编写监理纲要。监理纲要是实施监理机制的灵魂和框架，它包括监理的范围、内容和方向监理的职责、监理的原则，监理的程序等。监理组的工作人员围绕监理纲要开展工作。

（2）承建单位技术设计书审查。根据《总设计书》、《规范》的要求审查各作业单位提交的设计书和仪器性能检验报告，提出修改意见，并对修改后的设计书下发审查意见，提出应注意的问题。

(3) 外业抽查。对于平面位置，采用实地摆站方法，隐蔽点采用开挖或触探方法，非隐蔽点采用实地核对的方法。外业监理始终是动态的、实时的。作业单位全面完成外业工作后，汇总阶段性监理资料，编写《外业监理报告》，并建议委托方验收外业成果。

(4) 地下管线内业资料的监理。分阶段检查综合地下管线图、管线点成果表、原始记录，调绘草图、技术工作总结、数据库、资料组卷、编目等。发现问题及时发出整改通知书要求作业单位修改。

(5) 内业工作完成后编写《内业监理报告》并建议委托方验收内业成果。

(6) 监理总结。内外业监理工作完成后，根据内外业监理资料和监理报告，对各作业单位地下管线探测成果进行等级评定，编写监理工作总结。

(7) 参加成果验收。成果验收在委托方、作业单位、监理组的共同参与下进行，分为外业成果验收、内业成果验收、综合等级评比，由于监理工作人员对各家作业单位所完成测量成果的优缺点了如指掌，所以监理报告和监理组工作人员的意见是综合等级评比的重要依据。

经过 15 个月的辛勤劳动，在委托方、监理组、作业单位的共同努力下，深圳市地下管线二期探测工程取得优异成绩。经过严格的综合等级评比，作业单位所提供的成果有三家是优秀等级，三家良好等级，最低分为 82 分。很明显，二期管线探测工程在多家单位的共同努力下，通过测绘监理机制的实施，把深圳市地下管线探测的质量推上了一个新的台阶。

2) 温州市的经验 [40]

温州市地下管线普查涉及建城区范围约 83.7km^2，普查工作的任务是查明地下管线的平面位置、走向、埋深、高程、规格、性质、材质、埋设时间和权属单位等内容，并编绘地下综合管线图和专业图、断面图，同时建立了地下管线信息管理系统为今后城市规划建设和管理服务；普查对象为城区范围内主要道路中主要管线的主干网络的给水、污水、雨水、雨污合流、电力、电信、电视、联通、燃气、信号、军用、工业、长途光缆、试验区路灯等 14 种管线。

普查工作从 2000 年 3 月开始招投标，开标结果是国家测绘局地下管线勘测工程院和保定金迪地下管线探测公司中标，于 3 月 18 日开始进行试验区探查。5 月份全面展开，9 月底外业探测工作全部结束，10 月份组织综合管线图验收，12 月份省测绘产品质量检查站进行验证验收，2001 年 1 月进行专家鉴定，历时 8 个月时间探测了地下管线总长 2181.29km，每平方公里平均管线密度为 28.25km，编制综合地下管线图 1428 幅，断面图 1210 个，成果表 1421 本，取得了丰硕成果，达到了此次普查的预期目的。

温州市地下管线普查工程监督（监理）工作是在温州市地下管线普查办公室的领导下组成监督（监理）组，并利用经纬地理信息公司的力量进行实施，其任务是对地下管线普查工程的任务、合同履行、质量控制、进度控制进行监督。

基本经验和作法如下：

(1) 做好监督（即监理）组织和管理。

①建立一支技术素质好责任心强的监督队伍：保证地下管线普查质量的关键是要建立一支技术素质好，有高度责任心和事业心强的监理队伍，为此管线办选择即具有丰富的专业知识和实践经验，又有一定管理水平和协调能力的专业人员参加，配备高、中、初级系

列工程技术人员。

监督组根据其任务情况，配备了足够的监督力量。根据温州的实际情况成立各专业监督小组即巡视监督组、明显点量测组、物探作业检查组、Il 郧寸开挖组、测绘检查组、图件计算机监理组，约 8~14 人，可满足 15~20 个台组的探测监理任务。

② 制定监督技术标准和工作管理制度：地下管线普查涉及部门多、专业广、工序繁，是一项系统而复杂的工程，各部门又互相制约，造成监督工作繁琐复杂又环环相扣，因此监督工作必须制定一套科学的可行的操作性较强的监理实施细则，明确质量控制标准，内容包括监督的对象、技术标准依据、监督方法及流程，同时要分析管线普查各个阶段（既决策、设计、施工、竣工、验收）对质量和进度影响的因素，通过监督加以解决。建立监督制度，包括监督守则、每周例会制、作业单位质量进度周报表制、监督日记制、定期编写监督简报以及监督信息反馈制度等。

（2）促进作业单位健全提高质量保证体系。

加强作业单位质量保证体系的监督是取得高质量管线普查成果的基础，为此，在监督工作中首先坚持以人为本的全面教育，提高全体作业人员的素质。树立质量第一的思想，正确处理好质量和效益的关系，变质量的被动控制为主动控制；严格执行质量标准，处理好习惯作法和规程规定标准之间的关系；强化作业单位质保体系，认真执行小组自查，台组互查单位项目检查制度，将质量控制工作扎扎实实地落到实处。管线办监督人员深入施工现场，采取“一查、二问、三比较”的办法促进加强质量保证体系。一查是作业单位有否进行自查、互查及项目检查，看记录是否齐全真实；二问是随时对现场作业人员应掌握的有关规程知识进行提问，了解作业人员对规程掌握情况；三比较是把作业单位自查的统计精度和互查精度相比较，将自查和互查精度和单位项目检查精度相比较，再将作业单位精度和监督检查精度进行比较，发现问题及时通知，并要求作业单位及时改进，达到作业单位不断提高质保意识的效果，实现将质量层层把关转变为以预防为主的目的。

坚持一切用数据说话，通过 5% 的检查数据分析质量因果关系，达到控制质量的目的，使各工序生产质量处于稳定状态。

（3）实行管线普查全过程跟踪监督检查。

①任务履行跟踪监督检查。任务履行监督主要内容有：根据合同规定的义务与责任监督作业单位的执行情况，包括作业单位的资质，进场人员的资历，队伍组织情况和进场时间，使用的仪器计量鉴定站的鉴定书以及物探仪器的方法试验、对比试验及作业进度的安排，测量基础资料的正确性检查，在实施中做到每周召开例会，按时上报作业进度完成情况，随时掌握作业单位施工情况，较好地控制进度。

② 施工阶段跟踪监督检查。施工阶段跟踪监督检查主要有三个方面：一是巡视跟踪监督检查；二是数据采集跟踪监督检查；三是内业跟踪监督检查。

- 巡视跟踪监督检查：巡视跟踪监督检查是指监督人员不定期到施工现场跟随作业，了解和掌握施工队伍明显点调查，隐蔽点探查，测量作业过程中的作业方法，以及原始记录手簿，探查草图，队伍的自查情况，是否符合规范规定，对检查中发现的问题及时解决，难以解决的可记录在监督日记中，重大问题进行信息反馈，经管线办共同研究提出处理意见。
- 数据采集跟踪监督检查：数据采集跟踪检查是管线调查、物探、测量等生产过程中的一个重要环节，检验的目的一是判断产品是否合格；二是及时发现生产过程中各工序质量的稳定性，以便及时加以纠正，使整个工序生产过程处在稳定状态之中。采取随机抽样实行分区检查的方法，做到完成一片，检查一片，一个台组一个台组的检查，合格一片，总结一片，其检查比例为5%。在作业单位项目检查合格后进行。检查方法：明显点采用重复量测，隐蔽点采用同等精度重复探测和开挖验证，测量点采用重复测量，其内容根据各自的特点选择一些巡视检查中有疑问地段和管线埋设复杂及有变化地段进行检查，检查结果按规程的公式求出平面、埋深（高程）中误差，根据检查结果确定普查探测中整体的质量。

● 内业跟踪监督检查：

作业单位每完成一片区监督组对其进行内业跟踪监督检查，其内容有：对探查表、手图、成果表、导线控制成果资料、图件进行抽查，将存在的问题进行及时更正，达到以保证片区质量来控制整体质量的目的；作业单位提交普查成果的建库软盘后，采用 ARC-VIEW 软件对普查的数据文件进行监理检查，其内容有点库、线库、管线碰撞分析、管线点、线库关联、点库有否多余点、线库端点是否均在库里等，通过检查督促作业单位逐条改正，直至正确为止。

③ 档案成果监督检查。通过这次地下管线的普查，查清了埋设在地下的各种管线，建立了一套完整准确的地下管线数据库和信息系统，获得了各种丰富的探测档案成果，为了及时归档，减少重复劳动，管线办要求城建档案馆提供统一印制的档案盒文档袋，并由作业单位直接组卷，组卷内容分成五个部分：即文字材料，包括合同、技术设计、总结；各种表格，包括探查表管线成果表等；图件部分由综合管线图、专业管线图、断面图组成；数据光盘主要是数据库，包括管线图库和管线成果库、点库、线库以及成果表数据库和文字资料库；最后为音像资料等。对于这些档案资料分别按规定进行了监督检查验证，使之达到档案完整的目的。实现了此次管线普查的质量监督工作做到善始善终。

2. 南京今迈勘测监理公司地下管线普查工作监理方案

南京今迈勘测监理公司在南京市、武汉市等多个城市进行了多项地下管线普查工作和监理工作，积累了丰富的宝贵经验，下面选择其中的地下管线普查工作监理方案做进一步介绍。

1）测区概况

此次工程是对整个××市市区地下管线普查工作进行监理，普查范围为市区××平方公里；地下管线种类包括：给水、排水、电信、电力、燃气、路灯、广播电视等地下管沟和管线；共分为××个测区。

2）监理作业依据

本工程使用的各种技术标准符合国家、行业及××市有关技术规定。探测方法和探测措施采用以下标准：

（1）建设部《城市测量规范》CJJ8-99；

（2）《地下管线探测技术规程》CJJ61-2003；

（3）国家技术监督局《1∶500、1∶1000、1∶2000 地形图图式》GB/T7929-1995；

（4）《××市地下管线普查技术规程》（以下简称《规程》）；

（5）《地下管线电磁法探测规程》YB/9029-94；

(6) 经批准的技术设计书；

(7) 经批准的《××市地下管线普查监理实施细则》；

(8) 其他有关规定。

3) 监理制度

地下管线普查监理是一项多专业、多工序管理的复杂工作，监理组由测绘、物探、计算机、档案管理等各专业技术人员组成，在监理过程中各工序的监理工作既独立又密切联系，各专业监理人员既要分工又必须密切合作。要切实做好监理工作，就必须加强监理组的管理。管线办有专人负责监理组的工作，做好协调配合，并形成工作制度。

(1) 组织制度：由监理组长负责协调组织监理组的日常工作，监理人员按专业搭配分成若干小组，分别负责若干测区的监理工作，小组既分工明确又相互合作。

(2) 实行例会制度：每月定期召开两次监理例会，通报和检查各小组监理工作情况，协调处理存在的问题。

(3) 汇报制度：每月定期一次向管线办汇报监理工作情况，对监理过程中发现的重大问题及时向管线办报告。

(4) 资料管理制度：在普查和监理工作过程中，有大量的前期资料和过渡性资料(如现况调绘图、供检查的草图、计算资料、原始记录等)，必须派专人负责。

(5) 与管线权属单位交流制度：每月举行一次作业单位及管线各权属单位交流会议，以解决各生产单位在作业过程中遇到的疑难问题，以提高管线普查的工作效率及产品质量。

监理组除按上述制度运作外，监理过程中还应根据各测区普查实际情况进行合理的计划安排。监理人员在工作过程中要做好各项记录，各工序监理工作完成后，监理负责人要在监理情况表上签署意见并提出工序监理报告。

4) 工程合同监理

(1) 审核技术设计书。审核作业单位对测区所提出的技术细则，作业方法是否符合有关的技术要求。生产组织管理，质量保证措施，安全措施是否完善，工作计划的制定是否合理，投入的技术设备、技术力量是否充足。审核实施管线点测量所使用仪器的鉴定证书是否完整，监督检查物探方法是否符合《规程》要求。并于15日内提出审核意见。

(2) 监督施工队伍的施工组织管理及质量管理。施工队伍必须建立完善的质量保证体系，加强自检自查工作。各工序成果必须经施工队伍三级检查并提出检查报告后方可提交监理组进行抽查。

(3) 监督施工队伍的作业进度，根据施工作业计划，当发现作业进度缓慢并将影响最后工期时，应及时通知施工队伍，并协助其分析原因，提出措施。

(4) 监督施工队伍投入的技术设备和技术力量。施工队伍必须按任务申报书和技术设计书提出的技术设备、技术力量进行作业。若未能按设计书执行并影响了工程质量和工程进度时，监理组应及时通知施工队伍并督促改进。

(5) 监督施工队伍按计划完成的工作量。施工队伍必须按合同要求及《规程》规定的取舍标准进行普查，有漏查现象时应责成和监督施工队伍进行补查。

(6) 监督检查施工队伍上交的成果资料是否齐全。

5) 作业监理

(1) 探查作业监理

探查作业监理采用作业巡视检查、明显管线点重复量测检查、隐蔽管线点的重复探测检查和开挖验证等方法，对地下管线探查作业全过程进行质量监理。外业监理检查工作量不低于野外工作总量的1%，内业不低于其工作总量的5%，开挖检查点不低于隐蔽管线点总数的1%。

①探查作业巡视监理

探查作业巡视监理是指监理人员在施工队伍进行作业过程中，不定期到施工现场跟随生产单位作业，了解和掌握生产单位的作业情况及其作业方法，并现场抽查各种原始记录手簿、探查工作草图，核查施工队伍的三级检查执行情况。其工作内容包括：

a. 监督施工队伍所使用的探查仪器设备必须按《规程》的要求进行全面检验。检查所使用仪器的检查记录和检验证明材料，其检验结果应满足要求。

b. 监督施工队伍必须按《规程》的要求进行探查作业。通过现场了解试验情况、审核物探方法，检查其通过方法试验探查作业所选择的作业仪器、工作方法、工作频率是否正确、有效。

c. 监督检查施工队伍是否按合同和《规程》的要求完成相应的探查工作量。检查是否按规定的普查范围和取舍标准进行探查。同时在明显管线点和隐蔽管线点的抽查过程中也要注意对漏查情况的检查。

d. 检查施工队伍明显管线点调查表、隐蔽管线点探测手簿的准确性和完整性。抽查1%~3%的明显管线点调查表和10%的隐蔽管线点探测手簿，其记录必须规范、准确、完整，不得涂改、抄录，探查作业员、记录员、校核人员签名应齐全。

e. 监督检查施工队伍对探查作业成果进行检查的情况。施工队伍院级检查时必须通知监理人员参加，并在自检工作完成后向监理组提交探查检查记录和自检报告。通过参与施工队伍的院级检查和审查检查报告，检查施工队伍的自检方法、自检工作量和自检精度是否符合要求。施工队伍院级自检工作量为：明显管线点重复量测2%，隐蔽管线点重复探查3%，隐蔽管线点开挖检查2%。

f. 监督检查施工队伍探查作业与测绘作业的衔接。抽查3%的探查工作草图，图上管线点连接必须准确、清楚，测绘作业必须以探查工作草图为依据进行数据采集，测绘作业一般应在探查监理完成时进行。

②明显管线点调查监理

明显管线点调查监理是由监理人员抽查1%的明显管线点进行实地调查检查，检查施工队伍调查所认定的管线规格、材质、特征、附属设施名称、电缆根数、电压、流向、压力等的属性是否正确。同时采用同精度重复量测的方法，使用经检校的钢卷尺、水平尺、重锤线及“L”形专用量测工具检查明显管线点埋深的量测精度。在实地抽查过程中，还应注意对管线连接关系、普查范围、取舍标准的检查。明显管线点埋深量测精度以施工队伍调查量测的埋深值与监理检查量测的埋深值较差统计的中误差 M_{td} 来衡量，$M_{td} \leq \pm 2.5\text{cm}$。

$$M_{td} = \pm \sqrt{\sum_{i=1}^{n} \Delta d_{ti}^2 / 2n}$$

式中：Δd_{ti} 为重复量测较差，n 为检查点数。

明显管线点的抽样检查应按照抽样范围体现分布均匀、合理、代表性和随机性的原则。在具体实施时还应注意下列明显管线点的检查：

a. 电力槽盒和电信管块相邻管线点电缆根数发生变化的主干线点。

b. 给水、煤气及排水埋深、规格、材质发生突变的主干线点。

c. 检查探查工作草图时，对于阀门、水表、气表控制方向和排水流向认为有疑问的主干线点或其他有疑问的管线点。

③隐蔽管线点探查监理

隐蔽管线点探查监理是由监理人员对隐蔽管线点进行质量抽查，抽查量为隐蔽点总数的1%。

隐蔽管线点质量检查，按照均匀、合理、代表性和随机性的原则进行抽样检查。具体实施时还应考虑以下几点：

a. 直埋电力电缆或电信电缆根数有疑问的管线点。

b. 直埋管道是四通还是两条管线交叉有疑问的管线点；管线分布密集、平行管线相距很近的点。

c. 管线权属单位对所探查管线平面位置和埋深有疑问的点。

d. 管线埋深及弯曲变化不甚合理的点。

对隐蔽管线点的质量检查采用探测仪器同精度重复探测、探地雷达监测与开挖验证相结合的综合方法进行。隐蔽管线点质量检查的方法应根据检查方法的可靠性、经济合理性和检查条件进行选择。开挖验证是最直观可靠的，因此对易于开挖的地段，应尽量采用开挖验证的方法检查，其他方法进行辅助检查。对交通繁忙的水泥、沥青路面下的管线，由于开挖困难或不允许开挖，则应视具体情况选用电磁法或探地雷达监测；对于全封闭的非金属管线，在不能开挖验证时，必须采用探地雷达监测。

仪器同精度重复观测检查隐蔽管线点探查质量时，其抽查工作量应根据探查作业巡视检查情况、施工队伍自检情况及测区的开挖条件而定，检查量不少于隐蔽管线点总量的1%。一般采用探查仪器同精度剖面法重复观测监测。探查监测仪器的选用应从仪器的性能、适用性与耐用性、操作和携带是否简便、能满足《规程》的探查精度要求以及价格等方面综合考虑。

采用探管仪同精度剖面法重复观测监测时，应采用多种探测方法分别求得管线的平面位置和埋深，且所采用的多种探测方法所求得的结果之差值符合《规程》限差要求方可取平均值，作为监理目标管线的平面位置和埋深值。管线探查监测采用剖面法，其点距在曲线特征点附近时应小于或等于10cm。

隐蔽管线点的探测精度，以监测值与施工队伍作业探查值较差统计的平面位置中误差M_{ts}和埋深中误差M_{th}来衡量。其平面位置中误差和埋深中误差必须不超过《规程》所规定的隐蔽管线点探查绝对误差限差的0.5倍，可按不同埋深区间限差要求分别按下式进行统计和衡量：

$$M_{ts} = \pm\sqrt{\sum_{i=1}^{n} \Delta s_{ti}^2 / 2n}$$

式中：Δs_{ti}为重复监测平面位置定位偏差值，n为重复监测点数。

$$M_{th} = \pm\sqrt{\sum_{i=1}^{n} \Delta h_{ti}^2 / 2n}$$

式中：Δh_{ti}重复监测埋深定深误差，n 为重复监测点数。

在隐蔽管线点仪器探查质量检查中，检查值与原观测值比较，其差值应在《规程》规定的绝对误差之内，超差点数小于或等于检查点数的 10%时，可按上述两式进行平面位置中误差和埋深中误差的统计。如果超差点数超过检查点数的 10%，监理组应责成施工单位进行整改，施工队伍整改并向监理组提交整改报告之后，监理组根据整改情况再进行抽查。中误差统计时可将超过限差 2 倍的粗差点舍弃，但舍弃点不得超过检查点数的 2%，中误差超限为不合格。对于平面位置偏差值或埋深超差的隐蔽管线点，特别是粗差点和错误点，监理人员应协助施工队伍的探查技术负责人和作业人员分析并查明原因进行整改，当无法查明原因又无法正确判断时，应对这些有疑问的点进行开挖验证。

按限差埋深区间分段对仪器探查检查中误差统计时，会存在有的埋深区间的检查点数较少，所抽样本达不到误差统计对最小样本的要求，此时可不分段统计中误差，而按全部检查点进行精度统计。但应根据各埋深区间检查点数，按加权平均值计算平面位置中误差限差 M_s 和埋深中误差限差 M_h，其计算公式分别为：

$$M_s = \pm 0.5\left(\frac{0.10}{n_1}\sum_{i=1}^{n_1} h_i\right)$$

$$M_h = \pm 0.5\left(\frac{0.15}{n_1}\sum_{i=1}^{n_1} h_i\right)$$

式中：n_1 为隐蔽管线点检查点数，h_i 为各监测点中心埋深（cm），当 $h_i<100$cm 时，$h_i=100$ cm。

在完成明显管线点实地调查监理和隐蔽管线点仪器重复探测，而且监理结果符合要求后，监理组按《规程》的要求对隐蔽管线点进行抽样开挖验证，开挖点数不小于隐蔽管线点总数的 1%。开挖检查应按分布均匀、合理、有代表性和随机性的原则进行抽样。开挖检查采用绑点的方法，用经检验的钢卷尺量测开挖点的平面偏差和埋深。开挖监理中误差以下列公式计算：

$$M_s = \pm\sqrt{\frac{\sum_{i=1}^{n}\Delta s_i^2}{n}} \qquad M_h = \pm\sqrt{\frac{\sum_{i=1}^{n}\Delta h_i^2}{n}}$$

式中：M_s 为水平偏距中误差，M_h 为埋深偏差中误差。

对隐蔽管线点进行开挖检查，按下列规定执行：

● 每个工区应在隐蔽管线点中均匀分布、随机抽取不应少于隐蔽管线点总数的 1%且不少于 3 个点进行开挖验证。

● 当开挖管线与探查管线点之间的平面位置偏差和埋深偏差超过《城市地下管线探测技术规程》第 3.0.12 条第 1 款规定的限差的点数，小于或等于开挖总点数的 10%时，该工区的探查工作质量合格。

● 当超差点数大于开挖总点数的 10%，但小于或等于 20%时，应再抽取不少于隐蔽管线点总数的 1%开挖验证。两次抽取开挖验证点中超差点数小于或等于 10%时，探查工作质量合格，否则不合格。

● 当超差点数大于总点数的20%，且开挖点数大于10个时，该工区探查工作质量不合格。

● 当超差点数大于总点数的20%，但开挖点数小于10个时，应增加开挖验证点数到10个以上，按上述原则再进行质量验证。

在隐蔽管线点探查监理过程中，除按规定进行精度抽查外，还应加强对漏探、错探及管线点连接关系的检查，注意发现管线点错标、特征点特征判断错误、特征点漏标等错误。并选择交叉路口和管线埋设较复杂的地段实地检查各种管线的连接关系是否正确，以探查仪器扫描横剖面并分析是否漏探管线。同时还应加强相邻测区接边地段的检查工作，对接边误差超出限差的管线，监理人员应责成并会同施工队伍分析、查明原因进行整改。隐蔽管线点仪器重复探查检查和开挖检查发现的超差点，施工队伍应向监理组提交书面整改报告，一般在探查监理通过后才能进行管线点测量。对于提前进行管线点测量的，施工队伍在整改报告中应列出管线点整改前和整改后的埋深值和点位坐标。以便监理人员进行复查，监理组要注重对整改情况的复查。探查作业质量是保证普查成果质量的基础，探查需要查明的要素多，而且各类管线埋设情况及实地介质变化复杂，作业干扰大，这就要求监理人员必须严格按监理工作程序，一步步认真细致地做好各项检查工作，并注重监督和协助施工队伍对监理过程中所发现的问题的处理。

（2）测绘作业监理

测绘作业监理是在施工队伍进行控制测量、管线点数据采集、计算机机助成图等测绘作业全过程中，监理人员采用巡视检查和抽查的形式进行质量监理。其工作内容包括作业巡视监理、控制测量作业监理、地下管线图测绘作业监理。抽查工作量按图幅计算，外业为10%，内业为30%。

①测绘作业巡视监理

在施工队伍进行测绘作业的过程中，监理人员不定期到作业现场跟随作业，了解和掌握作业情况，协助施工队伍解决作业过程中存在的技术问题，核查施工队伍的三级检查执行情况。其工作内容包括：

a. 监督施工队伍所使用的测量仪器必须按《城市测量规范》的要求进行全面检验。检查所使用测量仪器的检验记录和检验证明文件，其检验结果应满足要求。

b. 监督施工队伍探查作业工序与管线点数据采集工序的衔接。管线点数据采集应在探查作业完成后，以探查作业草图为依据进行，并应有探查人员带点。在实际生产作业中，不一定能在探查监理完成后进行数据采集，此时应注意监督施工队伍对探查整改后的管线点重新采集数据。

c. 在施工队伍进行数据采集过程中，监理人员不定期到作业现场了解和检查作业人员对《规程》、《城市测量规范》和经批准的技术设计书规定的技术要求的执行情况。主要是检查是否采用全站型电子速测仪或磁波测距仪配电子记录手簿，以全解析法采集管线点和相邻地物点的三维坐标，检查作业人员对仪器的操作是否规范准确，数据通信以及各种编码、编号是否正确。

d. 监督检查施工队伍是否按合同和《规程》的要求完成相应的测绘工作量。主要是实地对图检查是否完成规定普查范围内的工作。

e. 监督检查施工队伍对测绘作业成果进行三级检查的情况。施工队伍在进行院级检查时必须通知监理人员参加，并在自检工作完成后向监理组提交测绘作业检查记录和自检报告。通过参与施工队伍的院级检查和审核检查报告，以检查施工队伍自检方法、自检工作量和自检精度是否符合要求。

f. 监督检查施工队伍野外数据采集与内业数据处理、机助成图的工序衔接。

g. 监督施工队伍对普查前期基础资料（包括现况调绘图、各种比例尺地形图、控制测量起算资料）的使用与管理，以及过渡性普查成果资料的管理，必须按普查资料管理规定执行。

②控制测量作业监理

控制测量作业监理主要是对图根控制测量监理。图根控制测量监理主要是采用抽检资料的方法，检查图根导线的布设是否按《规程》的要求进行，图形结构是否合理，线长及边长是否符合要求，图根点密度是否满足数据采集的要求。不允许布设有灯泡线及放射形支点群等不规范图形。

另外，在施工队伍进行数据采集前，监理组必须以同精度设站测量的方法检测 1～2 条图根导线，精度符合要求后，施工队伍方可进行数据采集。对于图根控制测量与数据采集同步进行的，可在进行内业数据处理和机助成图之前进行图根检测。

③地下管线图测绘作业监理

在施工队伍进行地下管线图成图作业过程中和提交成果图时，监理组以图面检查和设站检查的方法进行地下管线图测绘作业监理，其工作内容包括图面检查、综合地下管线图实地对图检查和设站检查以及接边检查。

图面检查在施工队伍成图作业过程中，根据作业进度分阶段进行综合地下管线图图面检查，并在提交成果图时进行专业管线图图面抽查，综合地下管线图图面检查一般可分三个阶段进行，分别在施工队伍完成总图幅的 20%、50%、100%并完成院级检查时进行，检查量不少于 30%。检查图式、图例（包括管线图例）的运用是否准确，管线的连接关系和去向是否交待清楚，各种注记、扯旗说明和图廓整饰是否符合要求，内部图幅接边是否正确，管线点号编号是否唯一并符合编号原则。每阶段检查后，监理组应及时将检查意见以书面形式反馈给施工队伍，并责成和监督其进行全面整改。监理组在施工队伍提交成果图时，抽取 10%的专业地下管线图进行图面检查，由于专业地下管线图是在综合地下管线图计算机编绘完成后分层绘制的，检查时主要检查图面表示与综合地下管线图要求不同的地方，以及图廓整饰情况。

在每一阶段综合地下管线图图面检查后，监理组抽取 20%的综合地下管线图进行实地对图巡视检查。检查管线连接关系、各种名称注记、排水流向是否正确。同时还应注重检查漏测、漏注的情况，以及是否按普查范围和取舍标准进行探测。检查后及时将意见反馈给施工队伍进行整改。

各阶段综合地下管线图图面检查和实地对图巡视检查完成后，施工队伍必须根据监理组的图面检查意见和巡视检查意见，对全部图幅进行认真检查和整改。监理组应对其整改后的综合地下管线图再进行图面检查，检查是否对发现的问题已作全面整改。监理组复查时，每幅图新发现的问题不得超过两处，第一次检查发现的错漏问题重复出现不得超过一处，否则全部返工。

图幅接边检查在综合图图面检查时进行，图幅接边误差应在以下限差之内：地物为图上0.5mm，管线为图上1.0mm。施工队伍在探测作业时应注意图幅接边，探查作业时必须探测至图幅外10m，并设定管线点，测量小组采集数据（包括修测地形、地物、实测管线点）也必须测到图幅外10m。测区内图幅之间的接边由施工队伍质检部门负责接边检查，误差在限差之内的，两图幅各改一半并以坐标接边，漏测和超限的应查明原因，重新探查、采集数据并对管线图进行整改。监理组在进行图面检查时，还应抽取20%的综合地下管线图进行接边检查。当监理组接边检查发现漏测或接边误差超限时，监理组应责成、监督和协助施工队伍查明原因，重新探查和采集数据并对管线图进行整改，整改后向监理组提交整改报告，经监理组重新接边检查合格后进行接边。

监理组完成上述图面检查和接边检查后，抽取10%的综合地下管线图进行设站检查。用于设站的图根点不应是施工单位所布设的图根点，监理人员应从已知城市等级导线点重新布设图根导线，在其平差结果符合《城市测量规范》要求的前提下，方可以同精度采集的方法对地物点、管线点的坐标和高程进行检查；对地物点、管线点间距的检查，应采用已经检验的钢卷尺丈量。每幅图检查不少于40个管线点和20条边，检查时应注意对探查作业监理时需要施工队伍进行整改的管线点的检查。管线图测绘精度以双观测值统计的中误差衡量，高程测量中误差 $m_h \leqslant \pm 3.0\text{cm}$，$m_h = \pm\sqrt{\dfrac{\sum_{i=1}^{n}\Delta h_i^2}{2n}}$（$\Delta h_i$ 为重复观测较差，n 为检查的高程点数）。点位测量中误差 $m_s \leqslant \pm 5.0\text{cm}$，$m_s = \pm\sqrt{\dfrac{\left(\sum_{i=1}^{n}\Delta x_i^2 + \sum_{i=1}^{n}\Delta y_i^2\right)}{2n}}$（$\Delta x_i$、$\Delta y_i$ 分别为重复观测点的纵横坐标较差，n 为检查的点数），点位中误差按图幅进行统计。间距中误差 $m_{间} \leqslant \pm 25\text{cm}$，$m_{间} = \pm\sqrt{\Delta s_i^2/2n}$（$\Delta s$ 为以施工队伍采集的坐标反算的距离与所丈量距离值之差，n 为检查边数）。当管线图测绘精度未能符合要求时，监理组应责成和协助施工队伍查明原因进行整改，整改后应向监理组提交整改报告，监理组再进行设站检查，若复查精度仍不能满足要求，则工程不予验收。

地下管线测量是地下管线普查质量的保证，而地下管线的编绘和机助成图是地下管线普查质量的体现。地下管线测绘作业包括控制测量、数据采集、数据处理与图件编绘等工序，因此监理人员必须严格按监理程序，认真细致地进行各工序的监理工作。除按要求进行精度指标抽检外，应特别加强对控制测量数据采集的外业巡视检查，加强对综合地下管线图的图面检查和实地对图检查。同时应注意图幅接边检查，特别是相邻测区的接边检查。测区间的接边检查不仅可以发现测量的问题还可以发现探查的问题，因此对测区间的接边检查要高度重视。在监理过程中还应重视监督检查施工队伍自身的三级检查工作，对其队一级的检查工作监理人员应到现场跟随检查，各项抽查工作应在审核了施工队伍工序质检报告并符合要求后进行。对监理过程中发现的问题要及时责成、监督和协助施工队伍进行整改，并应对其整改情况进行复查。

6）计算机成果监理

计算机成果监理就是采用专用软件对施工队伍提交的成果数据进行数据转换，一致性检查和试入库，经计算机成果监理合格后的数据直接进入地下管线信息管理系统。

计算机成果数据格式检查是在施工队伍提交普查成果的建库软盘后，监理人员采用专用软件对所提交的数据文件进行检查，成果数据文件必须符合下列要求：

（1）普查成果数据格式应采用国际流行的 GIS 软件格式：数据库文件以 *.mdb 格式（用于存储管线点点号、材质、特征、附属物名称、坐标、高程、埋深、规格、电缆根数、电压值、埋设年代、权属单位及备注栏信息等所有勘测信息），图形文件以 *.dxf 格式（用于存储各种管线的图上点号、流水方向、暗渠（方沟）边线、实测井位轮廓线、预留口和非普查区去向虚线等信息）。

（2）成果数据文件上的坐标使用××市统一平面坐标系及高程基准，单位为 m。

（3）图形数据分层应符合《××市地下管线普查技术规程》中的地下管线图形分层表。

（4）记录各管线点属性的管线点成果表文件，必须符合《××市地下管线普查技术规程》中的有关数据格式要求。

（5）管线数据文件应提供各条管线的连接关系。

在数据格式检查合格后，监理组还应对施工队伍提交的建库成果数据进行 100% 的成果一致性检查。成果一致性检查是通过专用软件读取所提交的成果数据文件，并输出成果表和综合地下管线图，与作业单位所提交的成果表和综合地下管线图进行全面的对照检查，检查施工队伍在数据转换时是否有丢失数据。数据格式检查时，发现的错误计算机会详细地打印出错误记录，成果一致性检查发现的错误必须在图上或成果表中圈出。发现的问题应及时反馈给施工队伍，责成监督和协助其处理好存在的问题，整改完成后再进行计算机监理，直至全部数据文件符合要求。

计算机成果监理是普查工程监理的最后一项监理工序，通过该项监理后探测成果数据将直接进入地下管线数据库，它关系到探测成果能否有效、完整地进入数据库，监理组成员一定要认真做好该项工作，特别要注意成果一致性检查，保证探测成果毫无损失地进入数据库。

7）档案资料监理

档案资料监理是监理人员在施工队伍进行资料整理、组卷、装订的过程中，以及提交全部成果资料时，对档案资料进行全面核对检查。检查档案资料是否齐全，档案的立卷、装订是否符合档案管理的要求。以便成果验收后，档案资料可以直接归档。档案资料监理内容包括档案资料完整性检查、组卷方法检查、档案资料质量及载体规格检查、编目检查及档案目录检查。

（1）档案资料完整性检查

普查档案资料必须是普查过程中直接形成的，监理人员应在档案资料形成过程中以及提交档案资料时，检查各种资料完成人、审批、审核、校对、作业员、检查员的签名是否齐全，是否注明资料的形成时间，成果资料是否按规定提交齐全。

（2）档案资料组卷方法检查

普查档案资料的组卷必须遵循文件资料的自然形成规律，保持卷内文件内容之间的系统联系，组成案卷要便于利用和保管。因此应检查提交的成果资料是否按文字、表、图和数据软盘四大类组卷要求进行装订组卷。

（3）档案资料质量与规格检查

案卷质量与规格必须符合规定的各项要求。

(4) 档案资料编目检查

检查案卷封面及图件案卷的卷内目录是否按规定填写完全和清楚，逐项核对清单、档案质量审核移交书和现况调绘图清单等各项内容及其数量是否准确无误。

8) 成果资料管理与提交

(1) 成果资料管理

①外业采集的检查数据每天均需备份。

②所有成果资料按业主要求的格式进行统一。

③作业队伍所提交的成果资料由专人保管，并进行备份。

④最终检查验收成果全部提交给业主，不得以任何方式截留或擅自复制给其他单位，成果提交完成后，将所有成果在计算机中删除，不应保留。

(2) 应提交的控制测量及管线点测量监理检查资料

①图根导线监理检查外业观测手簿，平差计算手簿。

②图根导线监理检查网图及精度统计表。

③图根点监理检查成果表。

④管线点重复测量监理检查成果表及精度统计表。

⑤管线点与地物点间距检查成果表及精度统计表。

(3) 应提交的管线监理资料

①隐蔽管线点监理检查探测手簿及精度统计。

②明显管线点监理检查调查手簿及精度统计。

③管线点开挖监理检查表及精度统计。

(4) 应提交的管线监理文本资料

①各分区地下管线普查监理报告。

②年度监理检查报告。

(5) 应提交的电子文档

①各项测量、物探检查电子文本资料。

②分测区及年度监理报告。

9) 成果初步验收。

(1) 城市地下管线普查成果初步验收应在作业监理认可后，由监理组负责组织，会同作业单位进行。

(2) 成果验收的依据是任务协议书，技术设计书和《规程》。

①乙方提交的成果资料必须齐全，符合《规程》列出的全部成果资料。

②探测技术措施应满足《规程》和经审批的技术设计书。重要技术细则变动应有经管线办批准的文件。

③旧有管线成果资料的利用，必须有提供单位和质量确认单位或责任人出具的证明材料。

④起算数据、探测原始记录、计算资料必须履行过检查审核程序，有记录者、检查者、审核者的签名。

⑤仪器检查、各项质量检查（包括开挖检查、管线图的设站检查、图面检查、实地对照等）记录齐全，发现的问题已作处理和改正。提供的成果资料符合质量要求。

⑥由计算机介入和产生的成果，其数据格式必须符合要求，其软盘文件、数据必须与提交的相应成果一致。

⑦技术总结报告书内容必须按《规程》的要求编写，能反映工程的全貌，结论正确，建议合理可行。

⑧成果资料的组卷装订必须符合要求。

⑨验收合格后，编写监理报告，并提请管线办进行工程验收。

10）城市地下管线普查工程质量评审标准

为了保质保量出色完成××市地下管线普查工程，提高作业单位和监理人员的质量意识，落实作业单位三级质量检查验收制度和监理实施细则的认真执行，特制定××市地下管线普查工程质量评审标准。

（1）评审内容

评审内容根据《××市地下管线普查技术规程》的规定要求，对工程全过程设立阶段质量控制点，每部分评审内容由若干工序质量规定组成，并将每部分评审得分量化，最后评审出工程质量总得分。

（2）工程质量评定

工程质量的优劣评定分为：优秀、良好、合格、不合格四个等级。判定标准采用百分制：90 分以上为优秀；80~90 分为良好；70~80 分为合格；70 分以下为不合格。

（3）工程质量评定方法

①作业单位在工程项目实施中，经一次性检查验收通过的，工程质量可评为优秀。

②作业单位在工程作业中，某一工序（或几个工序）未达到《规程》规定的要求，整改后经监理组检查通过的，可参加优秀级别的评定。

③作业单位在检查验收中，整改两次，最终验收的，可参加良好级别评定。

④作业单位在质量检查过程中，整改两次以上，可参加合格级别评定。

⑤作业单位在质量检查过程中出现重大质量问题，导致影响整个工程工期进度，按不合格处理并追查责任。

（4）各工序评分标准

①技术设计书（10 分）

a. 仪器一致性检验（2 分）

未达到《规程》规定的试验点数，管类不齐全。仪器测定数据统计错误。原始记录不清楚，表中各项填写不完善。

b. 方法试验（2 分）

各类管线方法试验不全面，缺少对某种管线的试验。激发方式，工作频率试验方法不全。原始记录各项填写不完整。

c. 设计书（6 分）

未按《规程》规定的章节要求编写，内容不全面。少一项内容扣 0.5 分。

②探查作业（30 分）

a. 地下管线调查表和探测调绘草图（4 分）

b. 调查表填写内容不齐全，探测调绘草图连接关系不正确。

c. 调查表填写不清晰，调绘草图表示不清楚；记录有描改、擦改者不予验收。

d. 作业单位自检报告（2分）

检查工作量未达到《规程》要求。三级检查原始记录、精度统计不正确，内容不全面。

e. 明显管线点重复量测检查（8分）

超出限差数据占检查数据量10%以内扣1~4分，超差率大于10%或中误差不足要求时不予验收。

f. 隐蔽点重复探测检查（8分）

超过定位、定深限差数据占检查数据量10%以内时扣1~4分，超差率大于10%或中误差不满足要求时不予验收。

g. 开挖检查（8分）

开挖点超差率小于开挖点总量的10%扣1~5分，超差率大于10%或中误差不满足要求时不予验收。

③测量作业（30分）

a. 控制测量检查（8分）

图根导线布设：图形结构合理、线长、平均边长、边数符合要求，图根密度满足需要，测量精度满足要求。平差计算及其平差说明。

b. 作业单位自检报告（2分）

检查工作量未达到《规程》要求。三级检查原始记录、精度统计不正确，内容不全面。

c. 综合管线图图面检查（5分）

综合管线图图式、图例、注记、扯旗说明及图廓整饰是否符合要求。

d. 图幅接边检查（5分）

图幅接边误差应在《规程》限差之内，是否漏测管线。

e. 管线点测量及其间距检查（10分）

管线点测绘精度满足要求：2倍中误差为限差，超差率小于10%时扣1~4分。超差率大于10%或中误差不满足要求时不予验收。

④地下管线内业成果质量检查（15分）

a. 计算机成果检查。

b. 管线点成果表的正确率检查。

⑤档案资料整理（5分）

a. 档案资料完整性

各种资料签名完整，成果资料按规定时间提交。

b. 成果组卷

管线成果资料按文字卷、表卷、图卷及数据磁盘四大类装订组卷。

⑥成果初步验收（10分）

a. 技术总结报告

按《规程》规定的章节编写，条理清晰，结论正确，建议合理可行。

b. 资料归档

各类需归档的资料齐全，正确无误。

11）工程重点难点与注意事项

（1）地下管线普查监理工作的重点是对工程进行全过程监督与检查，并协调组织甲乙双方的关系。其重中之重是处理好各工序的过程检查与监督，将发现的问题及时进行处理，并将共性问题通过生产例会进行通报，以引起其他生产队伍的重视，加以及时改正，从而使工序成果质量得以保障，大大提高了产品的最终质量。其次是协调好甲乙双方的关系使工程工作环境良好，以提高工作效率。

（2）难点是要处理好各权属单位及市政职能部门的关系，使其为城市地下管线普查作好服务。

（3）根据以往的工作经验提出如下注意事项：

①建立一支强有力的地下管线普查领导小组十分重要。

②“技术规程”、“监理细则”的制定要规范、及时、统一，避免给作业队伍带来重复工作。

③开工前对各权属单位已有资料的收集要及时，可大大提高工作效率，确保管线成果的完整性、正确性。

④制定城市地下管线普查动态维护方案及执行措施。

⑤地下管线管理信息系统要在实验区完成前调试成功，使管线元素数据能及时入库，做到外业监理检查验收合格，即可将所有外业成果安全入库。

8.10 地籍测绘及其地理空间数据信息工程的监理工作

8.10.1 一般概念

数字化图主要分地形图、地籍图、房产图等。

地形测量依据地形测量规范进行。测量结果是地形图和4D产品。地形图普遍认同的含义是依据一定比例反映地物、地貌平面位置极其高程的图纸，在图纸中主要包含10种要素：

（1）测量控制点；

（2）居民地和恒栅；

（3）工矿建（构）筑物及其他设施；

（4）交通及附属设施；

（5）管线及附属设施；

（6）水系及附属设施；

（7）境界；

（8）地貌和土质；

（9）植被；

（10）注记。

测量结果是地形图和地理空间数据信息。地形图数字化测绘产品主要有：数字线画地图（DLG）、数字高程模型（DEM）、数字正射影像图（DOM）及数字栅格图（DRG）等。

地籍称为“中国历代政府登记土地作为征收田赋根据的簿册”，是记载土地的位置、界址、数量、质量、权属、用途、地类基本状况的图簿册，是关于土地的档案，并被形象地比喻为“土地的户籍”，因而具有法律效力。地籍测绘依据地籍测量规范进行，形成地籍图和空间数据信息系统。地籍图是依据一定比例反映地块的权属位置、形状、数量等有关信息的图纸，图纸中包含的要素有：

（1）测量控制点；

（2）界址点、界址线及有关界线；

（3）地块利用分类及代码；

（4）房屋、房屋结构及附属设施；

（5）交通及附属设施；

（6）水域及附属设施；

（7）工矿设施；

（8）公共设施及其他建筑物，构筑物及空地；

（9）注记。

空间数据信息系统是地籍空间信息的载体，主体内容是地籍空间数据库，是城市信息化的基础，它在城市的信息化建设进程中有着举足轻重的地位。随着地理信息获取技术飞速发展，使得当前存储在空间数据库中的空间数据的深度和广度得到了前所未有的发展。

房地产测绘依据房地产测量规范进行。其主要任务是对房屋本身以及与房屋相关的建筑物和构筑物进行测量和绘图工作；对土地以及土地上人为的、天然的荷载物进行测量和调查的工作；对房地产的权属、位置、质量、数量、利用状况等进行测定，调查和绘制成图。房地产测绘单位受政府或房屋权利人、相关当事人的委托从事房地产测绘工作。为委托人提供所需要的图件、数据、资料、相关信息。房地产测绘的主要目的：第一，是为房地产管理包括产权产籍管理、开发管理、交易管理和拆迁管理服务，以及为评估、征税、收费、仲裁、鉴定等活动提供基础图、表、数字、资料和相关的信息；第二，是为城市规划、城市建设等提供基础数据和资料，形成房产图和房地产空间数据地理信息系统。房产图是依据一定比例尺调查和测量房屋及其用地状况等有关信息的图纸（包括房产分幅平面图、房产分丘平面图、房屋分层分户平面图），图纸中包含的主要要素有：

（1）控制点；

（2）界址点、界址线、行政境界；

（3）房屋、房屋结构及附属设施；

（4）房屋产权；

（5）房屋用途及用地分类；

（6）房产数字注记（幢号、门牌号、建成年代等）；

（7）文字注记（地名、行政机构名等）。

空间数据信息系统是房地产空间信息的载体，主体内容是房地产空间数据库。

从前面的论述中我们可以看到三者的异同点：

（1）控制测量：三种图纸均必须进行，但精度要求有所不同。

（2）建筑物及其附属设施：三种图纸均需全面绘制，但精度要求不同。

（3）注记：三种图纸都要进行，但侧重点不一，地形图侧重于地名及房屋结构，地籍图、房产图侧重于各类属性编码及房屋权属面积等。

（4）行政境界：三种图纸均要求明确绘制。

（5）交通及附属设施、水域及附属设施、公共设施、地形图、地籍图均有相同的绘制方法，房产图对这些项目无明确规定。

（6）三种图纸有各自的优势所在，地形图对地物、地貌的平面位置、高程等自然属性反映比较全面，对地物的社会属性反映比较简单；地籍图、房产图对地物地貌的物理属性反映较简单，但对其社会属性反映比较丰富。

（7）均执行了国家或部门规范。地形图由城市规划部门测绘单位负责测绘，执行《城市测量规范》标准；地籍图由国土部门测绘单位负责测绘，执行《地籍测量规范》；房产图由房管部门测绘单位负责测绘，执行《房产测量规范》，最后成果均要建立各自的地理空间数据管理系统。

由此可见，空间数据与地图是表现地理空间信息的两种形式，空间数据以数据库作为载体，而地图是以图件作为载体。空间数据更新以及地图修测反映的都是空间信息的变化，本质上是同一事物。

下面以地籍空间数据质量控制为例来说明空间数据信息监理的质量控制的基本概念。

8.10.2 地籍空间数据信息监理的质量控制

地籍是以宗地为基本单元，记载土地的位置、界址、数量、质量、权属和用途（地类）等基本状况的图簿册。宗地由界址线定位，界址线由界址点定位，因此界址点、界址线和宗地一起构成了地籍空间数据的基本组成部分。

1. 空间数据误差来源

1）测量误差

采用常规大地测量、工程测量、GPS 测量和一些其他直接测量方法得到的是表示空间位置信息的数据，这些测量数据含有随机误差、系统误差和少量误差。从理论上讲，随机误差可用随机模型，如最小二乘法平差处理，系统误差可用实验的方法校正，数据测量后加修正值便可，粗差可以对测量计算理论进行完善后剔除。此外，在测量过程中进行观测时还受观测仪器、观测者和外界环境的影响。这些源误差的产生是不可避免的，它会随着科学技术的发展和人类认知范围的提高而不断缩小。

2）遥感数据误差（数字化误差）

遥感与摄影测量是获得 GIS 数据的重要方法之一。遥感数据的质量问题来自于遥感观测、遥感图像处理和解译过程，包括分辨率、几何时变和辐射误差对数据质量的影响，或图像校正匹配、判读和分类等引入的误差和质量问题。遥感数据误差是累积误差，含有几何及属性两方面的误差，可分为数据获取、处理、分析、转换和人工判读误差。数据获取误差是获取数据的过程中受自然条件影响及卫星的成图成像系统所造成的；数据处理误差是利用地面控制对原始数据进行几何校正、图像增强和分类等所引起的；数据转换误差是矢量—栅格转换过程中所形成的；人工判读误差是指对获得的数据进行人工分析和判读时所形成的误差，这种误差很难量化，它与解析人员从遥感图像中提取信息的能力和技术有关。

3）操作误差

空间数据用地理信息系统进行数据处理和模型分析时会产生操作误差。

(1) 计算机字长引起的误差

计算机数据按一定编码存储和处理，编码的长短构成字长，一般有16、32或64位。计算机字长引起的误差主要有空间数据处理和空间数据存储引起的误差。前者主要是“舍入误差”，出现在空间数据的各种数值运算和模型分析中：后者主要出现在高精度图像的存储过程中。如16位的计算机存储低分辨率的图像时不会出现问题，但在存储高精度的控制点坐标或精度要求高的地理数据时就会出现问题。减少存储数据引起的误差的方法：一是用32、64位或更长字节的计算机；二是用双精度字长存储数据，使用有效位数多的数据记录控制点坐标。

(2) 拓扑分析引起的误差

地理信息系统中的拓扑分析会产生大量的误差，如在空间分析过程中的多层立体叠置会产生大量的多边形。这是因地理信息系统在空间分析操作之前认为：数据是均匀分布的，数字化过程是正确的，空间数据的叠加分析仅仅是拓扑多边形重新拓扑的问题，所有的边界线都能明确地定义和描绘，所有的算法假定为完全正确的操作，对某类型或其他自然因素所界定的分类区间是最合适的等因素。

2. 地籍数据质量检查

对地籍数据的细节检查评价主要从空间精度、属性精度以及时间精度等方面进行。

1) 空间精度检查

空间精度检查评价主要从位置精度、数学基础、影像匹配以及数字化误差、数据完整性、逻辑一致性、要素关系处理、接边等方面加以检查评价。

数据完整性主要检查分层的完整性、实体类型的完整性、属性数据的完整性及注记的完整性等。

逻辑一致性检查评价包括检查点线，面要素拓扑关系的建立是否有错、面状要素是否封闭，一个面状要素有不止一个标识点或有遗漏标识点线画相交情况是否被错误打断，有无重复输入两次的线画，是否出现悬挂结点以及其他错误的检查。

要素关系处理检查评价内容包括确保重要要素之间关系正确并忠实于原图，层与层间不得出现整体平移，境界与线状地物、公路与居民地内的街道以及与其他道路的连接关系是否正确。严格按照数据采集的技术要求处理各种地物关系。

(1) 粗差检测

图形数据是数字线画图DLG的一类重要数据，粗差检测主要是对图形对象的几何信息进行检查，主要包括如下内容：

①线段自相交

线段自相交是指同一条折线或曲线自身存在一个或多个交点。检查方法为：读入一条线段；从起点开始，求得相邻两点（即直线段）的最大最小坐标，作为其坐标范围；将坐标范围进行两两比较，判断是否重叠；计算范围重叠的两条直线段的交点坐标；判断交点是否在两条直线段的起止点之间；返回继续。

②两线相交

两线相交是指应该相交的两条线存在交点，如两条等高线相交。检查方法为：依次读入每条线段，并计算其范围（外接矩形）；将线段的范围进行两两比较；对范围有重叠的两条线段，计算两条线段上相邻两点组成的各个直线段的范围，将直线段的范围进行两两比较，计算范围有重叠的两条线段的交点坐标；如果交点位于两条直线段端点之间，则存在两线相交错误；返回继续。

③线段打折

打折即一条线本该沿原数字化方向继续，但由于数字化仪的抖动或其他原因，使线的方向产生了一定的角度。检查方法为：读入一条线段；依次读取3个相邻点的坐标并计算夹角；如果角度值为锐角，则可能存在打折错误；返回继续。

④公共边重复

公共边重复是指同一层内同类地物的边界被重复输入两次或多次。检查方法为：按属性代码依次读入每条线段；将线段的范围进行两两比较；对范围有重叠的两条线段分别计算相邻两点组成的各个直线段的范围，将直线段的范围进行两两比较；对范围有重叠的两条直线段，通过比较端点坐标在容差范围内是否相同判断是否重合；返回继续。

⑤同一层及不同层公共边不重合

公共边不重合是指同层或不同层的某两个或多个地物的边界本该重合，但由于数字化精度问题而不完全重合的错误。采用叠加显示、屏幕漫游方法或回放检查图进行检查。

（2）数学基础精度

①坐标带号

采用程序比较已知坐标带号与从数据中读出的坐标带号，实现自动检查。

②图廓点坐标

按标准分幅和编号的DLG通过图号计算出图廓点的坐标，或从已知的图廓点坐标文件中读取相应图幅的图廓点坐标，与从被检数据读出的图廓点坐标比较，实现自动检查。

③坐标系统

通过检查图廓点坐标的正确性，实现坐标系统正确性的检查。

④检查DRG纠正精度

通过图号计算出图廓点坐标，生成理论公里格网与数字栅格图（DRG）套合，检查DRG纠正精度。

（3）位置精度

位置精度包括平面位置精度和高程精度，检测方法有三种。

①实测检验

选择一定数量的明显特征点，通过测量法获取检测点坐标，或从已有数据中读取检测点坐标；将检测点映射到DLG上，采集同名点平面坐标，由等高线内插同名点高程，读取同名高程注记点高程；通过同名点坐标差计算点位误差、高程误差、统计平面位置中误差、高程中误差。

②利用DRG检验

实现方法为：采用手工输入DRG扫描分辨率、比例尺，图内一个点的坐标，或DRG地面扫描分辨率、图内一个点的坐标，恢复DRG的坐标信息；将DLG叠加于DRG上；采集DRG与DLG上同名特征点的三维坐标，利用坐标差计算平面位置中误差、高程中误差。

③误差分布检验

对误差进行正态分布、检测点位移方向等检验，判断数据是否存在系统误差。

2）属性精度检查

属性数据质量可以分为对属性数据的表达和描述（属性数据的可视表现）和对属性数据的质量要求（质量标准）两个质量标准，保证了这两方面的质量，可使属性数据库的内容、格式、说明等符合规范和标准，利于属性数据的使用、交换、更新、检索，数据库集成以及数据的二次开发利用等。属性数据的质量还应该包括大量的引导信息以及以纯数据得到的推理、分析和总结等，这就是属性元数据，它是前述数据的描述性数据。因此，属性元数据也是属性数据可视表现的一部分，而精度、逻辑一致性和数据完整性则是对属性数据可视表现的质量要求。

（1）属性值域的检验

用属性模板自动检查要素层中每个数字化目标的主码、识别码、描述码、参数值的值域是否正确。对不符合属性模板的属性项在相应位置作错误标记，并记入属性错误统计表。

（2）属性值逻辑组合正确性检验

用属性值逻辑组合模板检查要素层中每个数字化目标的属性组合是否有逻辑错误，是否按有关技术规定正确描述了目标的质量、数量及其他信息。

（3）用符号化方法对各属性值进行详细评价

针对空间数据质量评价的特点，制定了与图式规范尽量一致，又有利于目标识别和理解的符号化方案，可较好地满足属性数据评价的要求。符号化使图形相对定位（尤其在与原图目视比较时）简单易行，方便了人机交互检查作业。符号化表示时属于同一主码的目标显示在同一层次上：把识别码分成点、线、面图形，分别对应点状、线状和面状符号库，用图式规定的符号及颜色，配合符号库解释规则把识别码解释成图形；描述码同识别码相结合，有些改变图形的表示方法，如建筑中的铁路用虚线符号表示；有些改变颜色，如不依比例图形居民地用黑色表示，县级用绿色，省级用红色等；有些注记汉字，如河流，在线画上注记河流名的汉字；要素所带参数用数字的形式注记出来，用颜色区分参数的类别，用幻色表示宽度参数，用黑色表示相对高参数，用蓝色表示长度参数，用棕色表示其他参数。对错误用人机交互的方法在图上做标记，并记入属性错误统计表。

3）时间精度检查

通过查看元数据文件，了解现行原图及更新资料的测量或更新年代，或根据对地理变化情况的了解，直接检查资料的现势性情况，再根据预处理图检查核对各地物更新情况。用影像数据采用人机交互方法进行更新，需将影像与更新矢量图叠加，详细检查是否更新，更新地物的判读精度，对地物判读的位置精度、面积精度及误判、错判情况做出评价。

4）逻辑一致性检查

逻辑一致性检验主要是指拓扑一致性检验，包括悬挂点、多边形未封闭、多边形标识点错误等。构建拓扑关系后，通过判断各线段的端点在设定的容差范围内是否有相同坐标的点进行悬挂点检查，以及检查多边形标识点数量是否正确。

（1）同一层内要素之间的拓扑关系检验。

（2）不同层内要素之间的拓扑关系检验。

5）完整性与正确性检查

检查内容包括：命名、数据文件、数据分层、要素表达、数据格式、数据组织、数据存储介质、原始数据等的完整性与正确性。

（1）文件命名完整性与正确性的检查。

（2）数据格式完整性与正确性的检查。

（3）文档资料采用手工方法检查并录入检查结果，元数据通过以下方法实现自动检查：建立“元数据项标准名称模板”与“元数据用户定义模板”，将“元数据项标准名称”与“被检元数据项名称”关联起来；通过“元数据用户定义模板”中的“取值说明”及“取值”，对元数据进行自动检查。

3. 空间数据的质量评价标准

空间数据的质量标准应按空间数据的可视表现形式分为四类，即图形、属性、时间、元数据。因为应用于地学领域的空间数据库不但要提供图形和属性、时间数据，还应该包括大量的引导信息以及由纯数据得到的推理、分析和总结等的元数据，它是前述数据的描述性数据。精度、逻辑一致性和数据完整性则是对空间数据四个可视表现的质量要求。因此 CIS 空间数据的质量标准可这样表述：

1）图形精度、逻辑一致性和数据完整性

图形精度是指图形的三维坐标误差（点串为线，线串闭合为面，都以点的误差衡量）。

逻辑一致性是指图形表达与真实地理世界的吻合性。图形自身的相互关系是否符合逻辑规则，如图形的空间（拓扑）关系的正确性，与现实世界的一致性完整性是指图形数据满足规定要求的完整程度。如面不封闭、线不到位等图形的漏缺等。

数据完整性是指图形数据满足规定要求的完整程度。如面不封闭、线不到位等图形的漏缺等。

2）属性精度、逻辑一致性和数据完整性

属性精度是描述空间实体的属性值（字段名、类别、字段长度等）与真值相符的程度。如类别的细化程度，地名的详细、准确性等。

逻辑一致性是指属性值与真实地理世界之间数据关系上的可靠性。包括数据结构、属性编码、线形、颜色、层次以及有关实体的数量、质量、性质、名称等的注记、说明，在数据格式以及拓扑性质上的内在一致性，与地理实体关系上的可靠性。

数据完整性是指地理数据在空间关系分类、结构、空间实体类型、属性特征分类等方面的完整性。

3）时间精度、逻辑一致性和数据完整性

时间精度是指数据采集更新的时间和频度，或者离当前最近的更新时间。

逻辑一致性是指数据生产和更新的时间与真实世界变化的时间关系的正确性。

数据完整性是指表达数据生产或更新全过程各阶段时间记录的完整性。

4）元数据精度、逻辑一致性和完整性

元数据精度是指图形、属性、时间及其相互关系或数据标识、质量、空间参数、地理实体及其属性信息以及数据传播、共享和元数据参考信息及其关系描述的详细程度和正确性。

逻辑一致性是指元数据内容描述与真实地理数据关系上的可靠性和客观实际的一

致性。

数据完整性是指元数据要求内容的完整性（现行元数据文件结构和内容的完整性）。

4. 空间数据的质量评价方法

空间数据质量的评价方法可以分成直接评价方法和间接评价方法。直接评价方法是通过对数据集抽样并将抽样数据与各项参考信息（评价指标）进行比较，最后统计得出数据质量结果；间接评价方法则是根据数据源的质量和数据的处理过程推断其数据质量结果，其中要用到各种误差传播数学模型。

间接评价方法是从已知的数据质量计算推断未知的数据质量水平，某些情况下还可避免直接评价中繁琐的数据抽样工作，效率较高。针对数据质量的间接评价，不少学者基于概率论、模糊数学、证据数学理论和空间统计理论等提出了一些误差传播数学模型，但这些模型的应用必须满足一些适用条件，总的来说，要想广泛准确应用这些误差传播的数据模型来计算数据质量的结果，目前还存在较大难度，因此，间接的评价方法目前应用还较少。在数据质量的评价实践中，国内应用较多的是直接评价方法。由于这类问题还处于研究发展阶段，故在此从略。

本节详细内容见参考文献［42］等。

本 章 小 结

1. 在大、中型工程建设和测绘工程项目中实行监理制度，是我国工程建设管理体制改革的重要内容。测绘监理是整个施工监理工作中不可缺少的部分，是负有重大责任的一项重要工作。这是改革开放时代赋予测量人员光荣而艰巨的新任务。我们责无旁贷，应认真履行自己的职责，把这项工作做好。

2. 本章前 7 节是针对工程测量监理、后 3 节是针对测绘工程监理选编的实例，是理论结合实际而总结出来的基本经验。可供我们工作中参考。相信随着测绘工程监理工作的进一步开展和实施，这部分内容将会得到进一步加深、提高和完善。

3. 为做好测量监理工作，我们除必须具有扎实的测量专业技术知识外，还必须掌握国家工程建设有关的法律、规定及文件精神，熟悉监理工作的一般理论、原则、方法和程序，以及相应专业工程建设与管理的标准和规范，不断地扩大自己的知识面，提高测量监理工作的业务能力。

4. 建设监理队伍要有较强的素质，专业配备要齐全。努力提高监理工程师的素质和监理单位的监理能力，向国际工程监理靠拢。监理工程师是国际上公认的高智能的管理人才。为了尽快提高我国监理工程师的素质，除了加强大专院校监理人才的培养外，还应着重抓好在职监理工程师的业务培训。建议有关部门制定切实可行的监理工程师培训计划，分阶段分步骤地进行经济知识、法律知识、管理知识和外语的培训工作，争取用 5 年左右的时间，完成上述综合能力的培训，培养一大批既有专业知识，又有经济、法律和管理知识，并精通外语的复合型人才，为我国的监理事业走向国际市场打好基础。

附录1　建设工程监理工程师考试试题

2002年建设工程监理基本理论与相关法规考试试卷

一、单项选择题（共50题，每题1分。每题的备选项中，只有1个最符合题意）

1. 包含在建设工程监理概念要点所称的实施阶段之中，却不属于建设程序实施阶段的是(　　)。

A. 设计阶段　　B. 招标阶段

C. 动用前准备阶段　　D. 保修阶段

2. 监理单位没有任何合同责任和义务为被监理方提供直接的服务，这说明建设工程监理具有(　　)。

A. 公正性　　B. 独立性

C. 服务性　　D. 科学性

3. 在下列工作中，(　　)属于目标规划的内容。

A. 安排计划　　B. 调整计划

C. 确定协调流程　　D. 制定信息规划

4. 在委托施工阶段监理的项目上，施工单位采购、报验的材料不合格，监理工程师不予签字，但施工单位却擅自使用并导致发生工程质量事故，(　　)。

A. 施工单位承担赔偿责任，监理单位不承担连带赔偿责任

B. 监理单位与施工单位承担连带责任

C. 施工单位承担直接责任，监理单位承担监理责任

D. 施工单位不承担责任，材料供应单位承担责任

5. 在建设工程过程中建立由公正的第三方进行约束协调的机制，属于实施建设工程监理基本条件中的(　　)。

A. 社会主义市场经济体制　　B. 法制环境

C. 监理需求机制　　D. 竞争机制

6. 实施建设监理制可以促进建设工程领域实现“两个根本性转变”，即一是经济体制从计划经济体制向社会主义市场经济体制转变，二是(　　)转变。

A. 政府职能从“计划、管理”向“规划、协调、监督、服务”

B. 管理体制从逐级审批制向基层审批、上级备案制

C. 投资体制从政府集中投资向全社会多元化投资

D. 经济增长由粗放型向集约型

7. 建设程序与建设监理之间存在一定的关系，其中之一是建设程序为(　　)提出了规范

化的要求。

A. 建设工程监理　　B. 建设工程行为

C. 建设工程监理的任务和服务内容　　D. 监理工程师的职业准则

8. 我国规定，参加监理工程师资格考试的条件之一是取得中级技术职称满三年，此规定的目的在于保证监理工程师具有(　　)。

A. 较高的学历　　B. 丰富的建设工程实践经验

C. 良好的职业道德　　D. 充沛的精力

9. 对于已取得《监理工程师资格证书》的人员来说，可能由于不满足(　　)的要求而不予注册。

A. 较高学历　　B. 知识结构

C. 监理企业专业结构合理、配套　　D. 实践经验

10. 在下列监理单位中，监理单位的类别按照组建方式划分的是(　　)。

A. 全民所有制监理单位　　B. 合作监理单位

C. 专业监理单位　　D. 甲级监理单位

11. 建设行政主管部门在对工程监理企业年检中发现，某甲级工程监理企业有 18 人取得监理工程师注册证书，其他各项资质条件均达到标准要求，其年检结论为(　　)。

A. 合格　　B. 基本合格

C. 基本不合格　　D. 不合格

12. 根据《工程监理企业资质管理规定》，乙级工程监理企业可以(　　)。

A. 监理经核定的工程类别中二、三等工程

B. 在本地区、本部门监理经核定的工程类别中的二、三等工程

C. 监理经核定的工程类别中的三等工程

D. 在本地区、本部门监理经核定的工程类别中的三等工程

13. 从业主和监理单位都是建筑市场中的主体出发，业主与监理单位之间是(　　)关系。

A. 授权与被授权　　B. 代理与被代理

C. 平等　　D. 经济合同

14. 监理单位应当按照合同的规定认真履行自己的职责，这一要求体现了监理单位经营活动应遵循(　　)的准则。

A. 守法　　B. 诚信

C. 公正　　D. 科学

15. 对于监理风险较大的监理项目，监理单位可以采用的分担风险的方式是(　　)。

A. 将监理业务转让给其他监理单位　　B. 向保险公司投保

C. 与业主组成监理联合体　　D. 与其他监理单位组成监理联合体

16. 在控制过程的基本环节中，处于投入与反馈之间的环节是(　　)。

A. 实施　　B. 转换

C. 对比　　D. 纠正

17. 控制可以按照不同的方式进行分类，前馈控制和反馈控制是按照(　　)划分的控制类型。

A. 事物发展过程　　B. 控制的出发点

C. 控制信息的来源　　D. 是否形成闭合回路

18. 为了有效地控制项目目标，必须将主动控制与被动控制紧密结合起来，并且按照(　　)的原则处理好两者之间的关系。
    A. 主动控制为主，被动控制为辅
    B. 被动控制为主，主动控制为辅
    C. 主动控制与被动控制并重
    D. 力求加大主动控制在控制过程中的比例，同时进行定期、连续的被动控制
19. 在控制系统中，调整分子系统所具有的控制基本功能是(　　)。
    A. 目标规划和计划　　B. 制定标准
    C. 评定效绩　　D. 纠正偏差
20. 如果工程项目进度计划制定得既可行又优化，则可以使工期缩短，且可能获得较好的质量和较低的费用。这表明，工程项目投资、进度、质量三大目标之间存在(　　)的关系。
    A. 对立　　B. 统一
    C. 既对立又统一　　D. 既不对立又不统一
21. 为了保障工程项目实体质量，需要从工序质量开始控制，进而实现对分部工程、单位工程、单项工程的质量控制，从而实现对整个建设项目的质量控制。这表明，目标分解应当满足(　　)的要求。
    A. 目标控制的全面性　　B. 目标控制的系统性
    C. 项目实现过程的全面性　　D. 项目实现过程的系统性
22. 建筑形式、结构形式、材料、设备、工艺、生产能力以及用户满意程度都应当列入建设项目质量目标范围。这表明，建设项目总体质量目标的(　　)。
    A. 内容具有广泛性　　B. 内容具有系统性
    C. 形成具有过程性　　D. 影响因素众多
23. 对设计阶段投资控制和质量控制均有明显作用的工作是(　　)。
    A. 对设计方案的技术可行性分析　　B. 对设计方案的技术经济分析
    C. 对设计方案进行优化　　D. 限额设计
24. 组织设计需要遵循一定的原则，其中反映组织中不同管理层次之间关系的是(　　)的原则。
    A. 集权与分权统一　　B. 分工与协作统一
    C. 管理跨度与管理层次统一　　D. 权责一致
25. 针对工程项目平行承发包模式的缺点，在业主委托一家监理单位监理的条件下，要求监理单位有较强的(　　)能力。
    A. 质量控制和组织协调　　B. 质量控制和合同管理
    C. 质量控制和投资控制　　D. 合同管理和组织协调
26. 与工程项目平行承发包模式相比较，总分包模式的缺点是(　　)。
    A. 不利于投资控制　　B. 建设周期较长
    C. 不利于质量控制　　D. 合同关系复杂
27. 为了能对监理工作及其效果进行检查和考核，要求(　　)，这是监理工作规范化的具

体表现之一。

A. 工作具有时序性　　B. 职责分工具有严密性

C. 管理层次具有合理性　　D. 工作目标具有确定性

28. 在委托监理的情况下，应将业主对监理工程师的授权明确反映在委托监理合同和承包合同之中，这一要求体现了建设工程监理的(　　)原则。

A. 总监理工程师负责制　　B. 公正、独立、自主

C. 权责一致　　D. 实事求是

29. 总监理工程师负责项目监理机构内所有监理人员利益的分配。这表明，总监理工程师是项目监理的(　　)。

A. 责任主体　　B. 权利主体

C. 权力主体　　D. 利益主体

30. 根据工程项目监理机构的建立步骤，应当在确定工作内容之后接着进行的步骤是(　　)。

A. 确定建设监理目标　　B. 制定工作流程

C. 制定考核标准　　D. 完成组织结构设计

31. 可能在职能部门与指挥部门之间产生矛盾的监理组织形式是(　　)监理组织。

A. 职能制　　B. 直线职能制

C. 直线制　　D. 矩阵制

32. 所谓建设工程强度，是指(　　)。

A. 工程结构所能承受的强度

B. 政府对建设工程管理的力度

C. 单位时间内投入的建设工程资金的数量

D. 单位时间内投入的建设工程人员的数量

33. 为了适应监理工作的要求，项目监理机构人员构成要有合理的专业结构。如果监理单位将某些专业性很强的监测工作另行委托给具有相应资质的单位来承担，则(　　)人员专业结构合理的要求。

A. 难以保证　　B. 可以保证

C. 应视为违反了　　D. 应视为保证了

34. 在项目监理机构内部，总监理工程师主要的职能是(　　)。

A. 规划　　B. 决策

C. 执行　　D. 检查

35. 根据《建设工程监理规范》的规定，核查进场材料、设备、构配件的原始凭证和检测报告等质量证明文件，是(　　)的职责。

A. 总监理工程师　　B. 总监理工程师代表

C. 专业监理工程师　　D. 监理员

36. 监理大纲可以由(　　)主持编写。

A. 总监理工程师　　B. 拟任总监理工程师

C. 总监理工程师代表　　D. 专业监理工程师

37. 与监理规划相比，项目监理实施细则更具有(　　)。

A. 全面性　　B. 系统性
C. 指导性　　D. 可操作性

38. 监理规划要随着工程项目展开进行不断的补充，修改和完善，这是监理规划编写(　　)的要求。
A. 应当把握住工程项目运行脉搏　　B. 应当分阶段完成
C. 基本内容应力求统一　　D. 具体内容应有针对性

39. 在监理规划的主要内容中，最能反映“具体内容有针对性”编写要求的是(　　)。
A. 项目监理范围　　B. 项目监理工作内容
C. 项目目标控制措施　　D. 项目监理工作制度

40. 在监理规划的内容中，(　　)属于质量控制目标。
A. 质量控制目标分解　　B. 质量控制目标描述
C. 质量目标分解　　D. 质量目标描述

41. 《中华人民共和国建筑法》规定，建筑工程主体结构的施工(　　)。
A. 必须由总承包单位自行完成
B. 可以由总承包单位分包给具有相应资质的其他施工单位
C. 经总监理工程师批准，可以由总承包单位分包给具有相应资质的其他施工单位
D. 经业主批准，可以由总承包单位分包给具有相应资质的其他施工单位

42. 《中华人民共和国建筑法》规定，涉及建筑主体和承重结构变动的装修工程，建设单位应当在施工前委托原设计单位或者(　　)提出设计方案。
A. 其他设计单位　　B. 具有相应资质条件的设计单位
C. 具有相应资质条件的监理单位　　D. 具有相应资质条件的装修施工单位

43. 《中华人民共和国建筑法》中所规定的责令停业整顿，由(　　)决定。
A. 建设行政主管部门　　B. 建设监理行政主管部门
C. 工商行政管理部门　　D. 颁发资质证书的机关

44. 《建设工程质量管理条例》规定，设计文件应当符合国家规定的设计深度要求，并注明工程(　　)使用年限。
A. 经济　　B. 最长
C. 合理　　D. 法定

45. 《建设工程质量管理条例》规定，屋面防水工程和有防水要求的卫生间，最低保修期限为(　　)。
A. 1 年　　B. 2 年
C. 3 年　　D. 5 年

46. 按照国务院规定的职责，(　　)对国家重大技术改造项目实施监督检查。
A. 国务院　　B. 国务院建设主管部门
C. 国务院技术监督部门　　D. 国务院经济贸易主管部门

47. 《建设工程监理规范》中所称的(　　)，是指由监理人员现场监督某工序全过程完成情况的活动。
A. 见证　　B. 旁站
C. 巡视　　D. 平行检验

48. 《建设工程监理规范》适用于建设工程(　　)的监理工作。

A. 施工阶段　　B. 施工招标阶段和施工阶段

C. 设计阶段和施工阶段　　D. 实施阶段全过程

49. 监理工程师在施工现场发出的口头指令及要求，应采用(　　)予以确认。

A. 联系单　　B. 变更单

C. 通知单　　D. 回复单

50. 根据《关于发布建设工程监理费有关规定的通知》的要求，工程预算在1 000万元与5 000万元之间的建设工程，施工及保修阶段监理取费费率为1.40%~2.00%。若某建设工程的工程预算为4 000万元，则根据收费标准，该工程的施工及保修阶段监理费应为(　　)。

A. 62万元　　B. 64万元

C. 68万元　　D. 74万元

二、多项选择题（共30题，每题2分。每题的备选项中，有2个或2个以上符合题意，至少有1个错项。错选，本题不得分；少选，所选的每个选项得0.5分）

51. 在下列关于监理单位的表述中，正确的是监理单位(　　)。

A. 是建设项目管理的主体　　B. 是建设项目管理服务的主体

C. 是设计项目管理服务的主体　　D. 是施工项目管理服务的主体

E. 具有专业化、社会化的特点

52. 对建设工程监理公正性的要求，是(　　)。

A. 建设监理制对建设工程监理进行约束的条件

B. 由它的技术服务性质所决定的

C. 建设工程监理正常和顺利开展的基本条件

D. 由它的维护社会公共利益和国家利益的特殊使命所决定的

E. 监理单位和监理工程师的基本职业道德准则

53. 实施建设监理制之后所形成的新型工程项目建设管理体制是一种(　　)相结合的工程项目监督管理模式。

A. 监督与管理　　B. 发包与承包

C. 强制与委托　　D. 长远与近期

E. 宏观与微观

54. 建设项目决策阶段编制的可行性研究报告(　　)。

A. 是推荐拟建项目的重要文件　　B. 要选择最优建设方案进行编制

C. 是项目最终决策文件　　D. 是项目设计依据

E. 经有资格的工程咨询等单位评估后，由计划或其他有关部门审批

55. 《建设工程监理规范》规定，(　　)都必须是监理工程师。

A. 总监理工程师　　B. 总监理工程师代表

C. 专业监理工程师　　D. 子项目监理工程师

E. 监理企业负责人

56. 在以下内容中，(　　)属于监理工程师应遵守的职业道德守则。

A. 维护国家的荣誉和利益　　B. 不以个人名义承揽监理业务

C. 不擅自接受业主额外的津贴

D. 不收受被监理单位的任何礼金

E. 合理降低监理费

57. 在下列 FIDIC 道德准则中，(　　)属于“对他人的公正”。

A. 在提供职业咨询、评审或决策时不偏不倚

B. 加强“按照能力进行选择”的观念

C. 不得故意或无意地做出损害他人名誉或事务的事情

D. 在被要求对其他咨询工程师工作进行审查的情况下，要以适当的职业行为和礼节进行

E. 不接受可能导致判断不公的报酬

58. 在规定时间内工程监理企业没有参加资质年检，(　　)。

A. 一年内不得重新申请资质

B. 资质证书自行失效

C. 应当将资质证书交回原发证机关

D. 建设行政主管部门应当重新核定其资质等级

E. 再核定的资质等级应当低于原资质等级

59. 建设工程监理工作需要一定的技术装备，(　　)应当完全由监理单位自行装备。

A. 计算机

B. 工程测量仪器和设备

C. 检测仪器设备

D. 交通、通信设备

E. 照相、录像设备

60. 根据《工程监理企业资质管理规定》，新设立的工程监理企业，(　　)。

A. 到工商行政管理部门登记注册并取得企业法人营业执照后，方可到建设行政主管部门办理资质申请手续

B. 到建设行政主管部门办理资质申请手续并获批准后，方可到工商行政管理部门申请登记注册，领取营业执照

C. 其资质等级按照实际达到的资质条件核定，并设二年的暂定期

D. 其资质等级按照最低等级核定，并设二年的暂定期

E. 其资质等级按照最低等级核定，并设一年的暂定期

61. 根据《工程监理企业资质管理规定》，甲级工程监理企业的技术负责人应当(　　)。

A. 具有 10 年以上从事建设工程工作的经历

B. 具有 15 年以上从事建设工程工作的经历

C. 具有高级技术职称

D. 取得《监理工程师注册证书》

E. 取得《监理工程师资格证书》

62. 在实行项目法人责任制后，(　　)都是项目法人的职责。

A. 筹集建设工程资金

B. 负责工程的监理、规划、勘察、设计

C. 负责处理建设工程中的重大问题

D. 工程竣工后，负责工程的使用或生产经营管理

E. 偿还贷款

63. 监理工程师在处理业主与承包单位之间的纠纷时要做到公正，就必须(　　)。

A. 培养良好的职业道德，不为私利而违心地处理问题

B. 坚持以预防为主的原则，防患于未然

C. 提高综合分析问题的能力，不为局部问题或表面现象所惑

D. 坚持实事求是的原则，不惟上级或业主的意见是从

E. 运用科学的计划、方法和手段，及时、高效地处理问题

64. 工程决策阶段的监理工作包括(　　)。

A. 协助委托方选择决策咨询单位　　B. 编制可行性研究报告

C. 建设工程投资风险分析　　D. 对可行性研究报告进行评估

E. 监督决策咨询合同的履行

65. 反馈是控制的基础工作，应予以足够的重视，为此，应当(　　)。

A. 将对未来工程的预测作为反馈信息　　B. 设计信息反馈系统

C. 确定衡量目标偏离的标准　　D. 做好转换过程的控制工作

E. 将非正式信息反馈转化为正式信息反馈

66. 正确认识计划的作用以及制定计划的有关问题，对于计划工作本身和目标控制均有重要意义。在下列表述中正确的是(　　)。

A. 计划是目标控制的依据

B. 应当先制定计划再制定评审计划的准则

C. 应当先制定评审计划的准则再制定计划

D. 优化的计划是与评定计划准则最接近的计划

E. 优化的计划是与评定计划准则完全一致的计划

67. 目标控制可以采取的组织措施有许多，例如，(　　)。

A. 制定目标控制的工作流程　　B. 落实目标控制的机构、人员及其分工

C. 收集、加工、整理工程经济信息　　D. 发现和预测目标偏差

E. 审查施工组织设计

68. 建设项目进度控制的目标是实现建设项目按计划的时间投入使用，因此，对建设项目的进度必须实行全方位控制。这意味着，对(　　)均要进行控制。

A. 设计、招标、施工和竣工验收及保修各阶段的进度

B. 项目组成所有部分的进度

C. 与项目建设有关的所有工作的进度

D. 影响进度的所有因素

E. 投资、进度、质量三大目标

69. 由于在设计过程中需要(　　)反复协调，因而要求加强设计阶段的进度控制。

A. 在不同设计阶段设计内容之间　　B. 在同一设计阶段各专业设计之间

C. 在设计单位与施工单位之间　　D. 在设计单位与监理单位之间

E. 与业主的要求

70. 为了完成施工阶段质量控制的任务，监理工程师应当(　　)。

A. 协助业主向施工单位提交满足要求的施工现场

B. 审查确认材料供货单位资质

C. 组织质量协调会

D. 协调各单位之间的关系

E. 审核项目竣工图

71. 对于一个确定的组织来说，其管理跨度与(　　)等因素有关。

A. 管理者的素质　　B. 被管理者的素质

C. 管理层次　　D. 需要协调的工作量

E. 组织的目标

72. 在建立工程项目监理组织时，(　　)属于组织结构设计的内容。

A. 确定工作内容　　B. 确定组织结构形式

C. 确定管理层次　　D. 制定岗位职责并选派监理人员

E. 制定工作流程和考核标准

73. 在下列组织形式中，可能对基层监理人员产生矛盾命令的监理组织形式是(　　)监理组织。

A. 按子项目分解的　　B. 按建设阶段分解的

C. 职能制　　D. 直线职能制

E. 矩阵制

74. 《建设工程监理规范》规定，总监理工程师不得将(　　)等工作委托总监理工程师代表。

A. 主持编写项目监理规划　　B. 审核工程款支付证书

C. 签发工程暂停令　　D. 审批工程延期

E. 调换不称职的监理人员

75. 在下列内容中，(　　)是监理规划编写的依据。

A. 工程项目外部环境调查研究资料　　B. 各种监理依据

C. 业主的正当要求　　D. 承包单位的正当要求

E. 工程实施过程中输出的有关工程信息

76. 在编制监理规划时，对投资控制、进度控制和质量控制都应包括(　　)等内容。

A. 目标分解　　B. 工作流程与措施

C. 风险分析　　D. 动态比较或分析

E. 控制表格

77. 《中华人民共和国建筑法》规定，工程监理单位(　　)，给建设单位造成损失的，应当承担相应的赔偿责任。

A. 不按照委托监理合同的约定履行监理义务

B. 不按照监理规划实施监理

C. 对应当监督检查的项目不检查

D. 对应当监督检查的项目不按照规定检查

E. 应当查出而没有查出质量问题

78. 《建设工程质量管理条例》所称违法分包，是指(　　)的行为。

A. 总承包合同中未有约定，又未经建设单位认可，承包单位将其所承包的部分工程交由其他单位完成

B. 施工总承包单位将建设工程主体结构的施工分包给其他单位

C. 施工总承包单位将建设工程半数以上工程内容的施工分包给其他单位

D. 分包单位将其承包的建设工程再分包

E. 承包单位将其承包的全部工程肢解以后以分包的名义转给其他单位承包

79. 设计单位提出的工程变更，应经过(　　)的代表签认。

A. 建设单位　　B. 设计单位

C. 监理单位　　D. 承包单位

E. 分包单位

80. 根据《建设工程监理范围和规模标准规定》的要求，(　　)必须实行监理。

A. 项目总投资为 2 800 万元的卫生项目

B. 成片开发建设的 4 万平方米的住宅小区工程

C. 使用外国政府援助资金，项目总投资为 300 万美元的水资源保护项目

D. 项目总投资额为 4 600 万元的公路项目

E. 项目总投资额为 1 800 万元的体育场馆项目

2002年建设工程合同管理考试试卷

一、单项选择题（共50题，每题1分。每题的备选项中，只有1个最符合题意）

1. 委托代理人与第三人签订合同的法律特征表现为(　　)。
   A. 以代理人的名义与对方谈判
   B. 商签的合同内应有代理人权利和义务的条款
   C. 代理人在合同谈判过程中自主地提出自己的要求
   D. 所形成的合同由委托人和代理人共同履行
2. 法人的变更是指(　　)。
   A. 法人法定存在期限届满　　B. 法人企业改变经营方式
   C. 法人企业转让企业　　D. 企业法人资格被撤销
3. 债务人将其权利移交给债权人占有，用以担保债务履行的方式是(　　)。
   A. 保证　　B. 抵押
   C. 质押　　D. 留置
4. 担保方式中的保证要求(　　)订立书面保证合同。
   A. 债权人和债务人　　B. 保证人和债权人
   C. 保证人和债务人　　D. 主合同当事人
5. 因违约行为造成损害高于合同约定的违约金，守约方可(　　)。
   A. 按合同约定违约金要求对方赔偿
   B. 按实际损失加上违约金要求对方赔偿
   C. 在原约定违约金基础上适当增加一定比例违约金
   D. 请求法院增加超过违约金部分损失
6. 要约人要撤销要约，撤销要约通知应在(　　)到达对方。
   A. 要约到达对方之前　　B. 对方发出承诺之前
   C. 对方承诺到达要约人之前　　D. 对方承诺生效之后
7. 债务人按合同约定向第三人履行债务的行为应属于(　　)。
   A. 权利转让　　B. 义务转让
   C. 当事人的主体变更　　D. 当事人的主体不变
8. 债权人决定将其债权债务一并转让给第三人时，(　　)。
   A. 须经对方同意　　B. 无须经对方同意，但应通知对方
   C. 无须经对方同意，也不必通知对方　　D. 须经对方同意，但要办理公证
9. 当合同履行过程中发现，对给付货币地点，合同中没有明确约定，事后双方又未能达成补充协议，依据《合同法》，应在(　　)履行。
   A. 支付货币一方所在地　　B. 接受货币一方所在地

C. 货币存放地　　D. 货币使用地

10. 某工程签订的钢材采购合同，由于条款内未约定交货地点，故运费未予明确，则供货商备齐钢材后应(　　)。
A. 将钢材送到施工现场　　B. 将钢材送到发包人的办公所在地
C. 将钢材送到发包人的仓库　　D. 通知发包人自提

11. 在采用格式条款的合同中，提供格式条款一方对可能造成人身伤害而免除其责任的条款(　　)。
A. 有效　　B. 无效
C. 经公证后有效　　D. 被拒绝后无效

12. 对于受要约人延误的承诺，该承诺(　　)。
A. 有效　　B. 无效
C. 要约人未表示不接受有效　　D. 要约人虽表示接受也无效

13. 合同一方当事人通过资产重组分立为两个独立的法人，原法人签订的合同(　　)。
A. 自然终止　　B. 归于无效
C. 仍然有效　　D. 可以撤销

14. 《合同法》规定的"抗辩权"是指，一方有违约行为时对方有权(　　)。
A. 撤回合同　　B. 撤销合同
C. 解除合同　　D. 中止履行义务

15. 对已完成施工图设计的小型工程，进行施工招标时，可采用(　　)合同。
A. 单价　　B. 总价
C. 成本加酬金　　D. 计划价格

16. 对于国家或地方重点项目进行招标，选择招标方式时，招标人(　　)。
A. 可自愿选择公开或邀请招标方式
B. 可自愿选择公开招标方式，而选择邀请招标方式应经过批准
C. 可自愿选择邀请招标方式，而选择公开招标方式应经过批准
D. 选择公开或邀请招标方式均应得到批准

17. 用评标价法评标时，能够转换成价格的评审要素中，(　　)不能从投标价中减去。
A. 工期提前带来的效益
B. 开标后投标人提出的优惠条件
C. 技术建议带来的效益
D. 为招标单位人员进行与项目相关的技术培训

18. 确定中标人后，招标人与投标人应以(　　)作为施工合同价。
A. 标底价　　B. 投标价
C. 评标价　　D. 标底修正价

19. 当投标人对现场考察后向招标人提出问题质疑，而招标人书面回答的问题与招标文件中规定的不一致时，应以(　　)为准。
A. 现场考察时招标人口头解释　　B. 招标文件规定
C. 书面回函解答　　D. 仲裁机构裁定

20. 考虑到特殊行业施工内容的专业要求，设备安装工程一般采用(　　)方式为宜。

A. 公开招标
B. 邀请招标
C. 议标
D. 方案竞赛

21. 双方签署的监理合同内写明的合同金额，是指(　　)的酬金。
A. 正常监理工作
B. 附加监理工作
C. 额外监理工作
D. 包括正常、附加和额外监理工作

22. 《建设工程委托监理合同》标准条件规定“委托人”是指(　　)。
A. 监理人派到监理机构全面履行本合同的全权负责人
B. 承担直接投资责任和委托监理业务的一方及合法继承人
C. 进行监理招标的一方
D. 监督监理招标的一方

23. 《建设工程委托监理合同》规定，(　　)不属于委托人的权利。
A. 选定工程总承包人
B. 要求监理人提供监理工作月报及监理业务范围内的专项报告
C. 选择工程分包人的认可权
D. 调换总监理工程师的最终认可权

24. 《建设工程委托监理合同》规定，委托人的责任不包括(　　)。
A. 委托人选定的质量检测机构试验数据错误
B. 因非监理人原因的事由使监理人受到损失
C. 委托人向监理人提出赔偿要求不能成立
D. 监理人的过失导致合同终止

25. 《建设工程委托监理合同》规定，(　　)应属于附加监理工作的范围。
A. 审查认可施工承包商的施工方案和进度计划
B. 不可抗力事件发生后的善后工作
C. 发包人与违约承包商终止合同后，新选定的承包商进场施工前需进行的必要准备工作时间
D. 发包人要求监理人协助办理的与政府行政管理部门的外部协调工作

26. 《建设工程委托监理合同》属于(　　)。
A. 要式合同
B. 诺成合同
C. 单务合同
D. 技术合同

27. 建设工程设计合同履行时，(　　)是承包人的义务。
A. 提供有关设备的技术资料
B. 向有关部门办理各设计阶段设计文件的审批工作
C. 修改预算
D. 确定设计深度和范围

28. 按照《建设工程委托监理合同》规定，执行监理业务过程中(　　)不违反监理人员应遵守的职业道德。
A. 向其他人泄露委托人申明的秘密
B. 从承包方获取提前工期奖金
C. 帮助承包人完善施工组织设计

D. 鼓动承包人就发包人的违约行为索赔

29. 在对工程勘察、设计合同管理过程中，监理人对该合同进行管理的依据之一是(　　)。

A. 设计方案和设计结果　　B. 设计监理委托合同

C. 建设项目立项批文　　D. 公证机构的公证文件

30. 以下文件均成为施工合同文件的组成部分，但从文件的解释顺序来看，(　)是错的。

A. 合同协议书、中标通知书

B. 施工合同通用条件、施工合同专用条件

C. 标准及有关技术文件、图纸

D. 投标书、工程量清单

31. 按照施工合同的规定，从开工之日起至(　　)止的日历天数为承包人的施工期，据此与合同工期比较判定承包人是提前竣工还是延误竣工。

A. 承包人提请竣工验收前自检合格日

B. 承包人提供竣工资料和竣工验收报告日

C. 开始竣工检验日

D. 竣工验收合格工程师在检验记录签字日

32. 我国对工程保险尽管没有强制性的规定，但工程项目参加保险的情况越来越多，双方保险义务的分担原则之一为(　　)。

A. 发包人为承、发包双方人员办理保险、支付保险费用

B. 承包人为承、发包双方人员办理保险、支付保险费用

C. 运至施工现场用于工程的材料和待安装设备，由发包人办理保险、支付保险费用

D. 运至施工现场用于工程的材料和待安装设备，由承包人办理保险、支付保险费用

33. 发包人将其批量采购的塑钢窗运抵现场与承包人共同清点后存入承包人仓库，承包人在使用前抽样检验认为合格后投入使用。施工过程中发现其中 5 个塑钢窗制造质量出现较大问题，承包人按照工程师的指示将其拆除并重新安装。工程师对此事件处理的方案为(　　)。

A. 费用和工期损失均由承包人承担　　B. 补偿费用顺延合同工期

C. 补偿费用但不顺延合同工期　　D. 顺延合同工期但不补偿费用

34. 《建设工程施工合同》规定的设计变更范畴不包括(　　)。

A. 增加合同中约定的工程量

B. 删减承包范围的工作内容交给其他人实施

C. 改变承包人原计划的工作顺序和时间

D. 更改工程有关部分的标高

35. 在施工合同履行过程中，(　　)是错误的。

A. 工程师可发出口头指令，并在 48 小时内予以书面确认

B. 如工程师不能及时书面确认口头指令，承包人在提出书面确认请求且工程师收到请求后 48 小时不答复，应视为承包人要求被确认

C. 承包人认为工程师指令不合理，不允许提出疑议

D. 承包人对工程师的错误指令不承担责任

36. 为了保证工程质量,《建设工程施工合同》规定(　　)的最低质量保修期限为5年。

A. 地基基础工程　　B. 防水工程

C. 给水管道工程　　D. 设备安装工程

37. 在施工过程中，承包人应对自己采购的材料设备质量进行严格的控制，当承包人采购的材料设备与设计或者标准要求不符时，(　　)是错误的。

A. 工程师可以拒绝验收

B. 承包人承担由此发生的费用

C. 承包人可暂时存放这些材料设备于现场，并按照工程师的要求重新采购符合要求的产品

D. 由此造成工期延误不予顺延

38. 混凝土工程施工中，模板和钢筋架立完毕，承包人自检合格后未通知工程师检查就自行进行混凝土浇筑。工程师对该部位质量表示怀疑，进行穿孔检验，结果表明质量符合合同要求。对此事件造成的工期和费用影响应按(　　)处理。

A. 费用和工期损失均给予补偿　　B. 费用和工期损失均不给予补偿

C. 给予费用补偿但不顺延合同工期　　D. 顺延合同工期但不给予费用补偿

39. 承包人在临街交通要道附近施工，施工开始前应向工程师提出安全措施，工程师认可后实施，其防护措施费由(　　)。

A. 发包人承担

B. 承包人承担

C. 发包人和承包人共同分担

D. 承包人垫付，施工结束无安全事故后由发包人支付

40. 监理工程师根据施工现场实际情况发布暂停施工指令后，由于(　　)而发布的指令不应对承包商的停工损失给予补偿。

A. 两个独立承包人发生施工干扰而暂停某一承包人的施工

B. 承包人在同一空间不同高程上同时作业，为了保障工人的安全而暂停某一作业面的施工

C. 等待设计图纸的变更而暂停某一作业的施工

D. 为了保护基础开挖时遇到有文物保护价值的古迹

41. 当事人就特定的技术项目进行技术预测所签订的合同，称之为(　　)合同。

A. 技术开发　　B. 技术转让

C. 技术咨询　　D. 技术服务

42. FIDIC合同条件规定的“暂定金额”特点之一是(　　)。

A. 该笔费用的金额包括在中标的合同价内

B. 业主有权根据施工的实际需要控制使用

C. 此项费用的支出只能用于中标承包商的施工

D. 工程竣工前该笔费用必须全部使用

43. FIDIC合同条件规定当颁发部分工程移交证书时，(　　)。

A. 不应返还保留金

B. 应退还一半保留金

C. 应退还该部分工程占合同工程相应比例保留金的一半

D. 应全部退还保留金

44. FIDIC 合同条件规定，合同的有效期是从合同签字之日起到(　　)日止。

A. 颁发工程移交证书　　B. 颁发解除缺陷责任证书

C. 承包商提交给业主的“结清单”生效　　D. 工程移交证书注明的竣工

45. 按照 FIDIC 分包合同条件规定，分包商的施工受到业主原因的干扰后向承包商提出索赔要求，承包商收到索赔报告后(　　)。

A. 认为由于不属于自己的责任拒绝索赔要求

B. 认为索赔成立，自己垫付赔偿款后再向业主索要

C. 不预先支付任何款项，以自己的名义代替分包商向工程师递交索赔报告

D. 不预先支付任何款项，向工程师转交分包商的索赔报告

46. 在 FIDIC 合同条件中，(　　)属于承包商应承担的风险。

A. 施工遇到图纸上未标明的地下构筑物

B. 社会动乱导致施工暂停

C. 专用条款内约定为固定汇率，合同履行过程中汇率的变化

D. 施工过程中当地税费的增长

47. 工程师在处理索赔时应注意自己的权力范围，下列情形中的(　　)不属于工程师的权力。

A. 检查承包人现场同期的记录

B. 指示承包人缩短合同工期

C. 当工程师与承包人就补偿达不成一致时，工程师单方面做出处理决定

D. 把批准的索赔要求纳入该月的工程进度款中

48. FIDIC 合同条件规定，(　　)之后，工程师就无权再指示承包商进行任何施工工作。

A. 颁发工程移交证书　　B. 颁发解除缺陷责任证书

C. 签发最终支付证书　　D. 承包商提交结清单

49. 属于按索赔处理方式分类的索赔是(　　)。

A. 合同中默示的索赔　　B. 总索赔

C. 工期索赔　　D. 总承包人与分包人之间的索赔

50. 某工程施工过程中，由于供货分包商提供的设备制造质量存在缺陷，导致返工造成损失，施工单位应向(　　)索赔，以补偿自己的损失。

A. 业主　　B. 工程师

C. 设备生产厂　　D. 设备供货商

二、多项选择题（共 30 题，每题 2 分。每题的备选项中，有 2 个或 2 个以上符合题意，至少有 1 个错项。错选，本题不得分；少选，所选的每个选项得 0.5 分）

51. 可以是第三人作出担保的方式有(　　)。

A. 保证　　B. 抵押

C. 质押　　D. 留置

E. 定金

52. “建筑工程一切险”承担保险责任的范围包括(　　)。

A. 错误设计引起的费用　　B. 火灾

C. 工人恶意行为造成的事故　　D. 技术人员过失造成的事故

E. 盗窃

53.《合同法》规定的无效合同条件包括(　　)。

A. 一方以胁迫手段订立合同，损害国家利益

B. 损害社会公共利益

C. 在订立合同时显失公平

D. 恶意串通损害第三人利益

E. 违反行政法规的强制性规定

54.《合同法》规定，应当先履行债务的当事人有确切证据证明对方有(　　)情况时，可以中止履行。

A. 经营状况严重恶化　　B. 转让财产

C. 丧失商业信誉　　D. 没有履行债务能力

E. 没有提供担保

55.《合同法》规定可以解除合同的条件有(　　)。

A. 不可抗力发生

B. 在履行期限届满之前，当事人明确表示不履行主要债务

C. 当事人迟延履行主要债务

D. 当事人违约使合同目的无法实现

E. 在履行期限届满之前，当事人以自己的行为表明不履行主要债务

56.《合同法》规定合同应具备的条款中，(　　)属于合同法律关系三个构成要素中“内容”的范畴。

A. 当事人　　B. 标的

C. 数量　　D. 违约责任

E. 解决合同争议的方法

57. 根据《合同法》规定，生效的要约可因一定事由的发生而失效，这些事由包括(　　)。

A. 要约人依法撤回要约　　B. 要约人依法撤销要约

C. 拒绝要约的通知到达要约人　　D. 受要约人对要约内容作出变更

E. 承诺期限届满，受要约人未作出承诺

58.《合同法》中有关解决合同争议方式的正确表述有(　　)。

A. 当事人可以通过和解或调解解决合同争议

B. 当事人订立有仲裁协议的，当事人可以选择向仲裁机构申请仲裁或向人民法院起诉

C. 当事人不愿和解、调解，可根据仲裁协议向仲裁机构申请仲裁

D. 当事人不履行仲裁裁决的，对方可以请求人民法院执行

E. 涉外合同当事人只能约定向中国仲裁机构申请仲裁

59. 招标人具备自行招标的能力表现为(　　)。

A. 必须是法人组织　　B. 有编制招标文件的能力
C. 有审查投标人资质的能力　　D. 招标人的资格经主管部门批准
E. 有组织评标定标的能力

60. 公开招标条件下，所发布的招标公告主要内容包括(　　)。
A. 工程概况　　B. 项目资金来源
C. 投标须知　　D. 评标方法
E. 招标范围

61. 对设计投标书进行评审时，主要考虑的因素有(　　)。
A. 设计方案优劣　　B. 环境保护措施是否合理
C. 投资估算是否超过限额　　D. 投标报价是否最低
E. 社会信誉是否良好

62. 在公开招标过程中，招标阶段的主要工作内容包括(　　)。
A. 办理招标备案　　B. 编制招标有关文件
C. 发布招标公告　　D. 发售招标文件
E. 组织现场考察

63. 根据《建设工程委托监理合同》标准条件规定，委托人的义务包括(　　)。
A. 开展监理业务之前向监理人支付预付款
B. 提供与本工程有关的设备生产厂名录
C. 必须免费向监理人提供为监理工作所需的一切条件
D. 在一定时间内就监理人书面提交并要求作出决定的一切事宜作出书面决定
E. 授权一名熟悉工程情况、能在规定时间内作出决定的常驻代表（在专用条款中约定）负责与监理人联系

64. 根据《建设工程委托监理合同》的规定，(　　)是监理人的权利。
A. 选择施工总承包人的确认权与否决权
B. 工程实际竣工日期的签认权
C. 工程上使用的材料和施工质量的检验权
D. 设计变更的审批权
E. 工程款支付的审核和签认权

65. 根据《建设工程委托监理合同》规定，监理人对(　　)有建议权。
A. 生产工艺设计变更　　B. 工程分包人的资格
C. 确定设计标准　　D. 调换承包人工作不力的有关人员
E. 选择工程总承包人

66. 委托合同的基本特征有(　　)。
A. 合同的标的是劳务　　B. 必须是有偿合同
C. 合同是诺成、非要式合同　　D. 条款内不包括违约责任
E. 合同是双务的

67. 勘察合同履行过程中，勘察承包人应当做到(　　)。
A. 勘察成果质量符合规范及合同的约定
B. 提出勘察技术要求

C. 勘察进度符合合同的规定

D. 勘察中的漏项及时予以勘察，但由此多支出的费用由发包人承担

E. 自行解决勘察现场的土地使用和通道

68. 设计阶段监理的内容包括(　　)。

A. 选择勘察设计单位

B. 组织设计方案竞赛

C. 确定设计使用的技术参数

D. 审查勘察设计方案和结果

E. 编制项目概预算

69. 《建设工程施工合同》中规定了工程试车内容应与承包人安装范围相一致，其中(　　)是错误的。

A. 联动无负荷试车，由承包人组织试车

B. 单机无负荷试车，由工程师组织试车

C. 由于设计原因试车达不到验收要求，工期相应顺延

D. 试车合格而工程师未在合同规定时间内签字时，承包人可以继续施工

E. 由于发包方采购的设备制造原因试车达不到验收要求，工期相应顺延

70. 《建设工程施工合同》规定了在施工中出现不可抗力事件时双方的承担办法，其中属于不可抗力事件发生后，承包方承担的风险范围包括(　　)。

A. 运至施工现场待安装设备的损害

B. 承包人机械设备的损坏

C. 停工期间，承包人应工程师要求留在施工场地的必要管理人员的费用

D. 施工人员的伤亡费用

E. 工程所需的修复费用

71. 下列关于施工合同履行过程中，有关隐蔽工程验收和重新检验的提法和做法错误的有(　　)。

A. 工程师不能按时参加验收，须在开始验收前向承包人提出书面延期要求

B. 工程师未能按时提出延期要求，不参加验收，承包人可自行组织验收

C. 工程师未能参加验收应视为该部分工程合格

D. 发包人可不承认工程师未能按时参加承包人单独进行的试车记录

E. 由于工程师没有参与验收，则不能提出对已经隐蔽的工程重新检验的要求

72. 施工合同履行过程中，由于(　　)原因造成工期延误，经工程师确认后工期可以相应顺延。

A. 工程量增加

B. 合同内约定应由承包人承担的风险

C. 发包人不能按专用条款约定提供开工条件

D. 设计变更

E. 一周内非承包人原因停水、停电、停气造成停工累计超过 8 小时

73. 建设工程施工合同履行过程中，发包人应完成的工作内容包括(　　)。

A. 办理土地征用、拆迁补偿、平整施工场地

B. 提供和维护非夜间施工使用的照明

C. 开通施工场地与城乡公共道路的通道

D. 保证施工场地清洁，符合环境卫生管理有关规定

E. 确定水准点与坐标控制点，并进行现场交验

74. 对建设工程施工中使用的材料设备质量检查应满足(　　)的要求。

A. 材料生产单位必须具备相应的技术装备

B. 必须是供货商自己生产的产品

C. 符合国家的质量标准

D. 产品包装符合国家标准要求

E. 设备应有详细的使用说明书

75. 承揽合同主要包括(　　)等类型合同。

A. 定做　　B. 复制

C. 修理　　D. 仓储

E. 检验

76. 施工分包合同的主要特点表现为(　　)。

A. 发包人与分包人之间没有合同关系

B. 分包人只能向承包人提出索赔

C. 分包人的施工质量必须达到施工合同中的要求

D. 承包人负有对分包工程施工的协调、管理职责

E. 分包人收到工程师依据施工合同发布的指令后必须立即执行

77. FIDIC 合同条件规定，指定分包商与一般分包商的区别有(　　)。

A. 合同地位不同

B. 工程款支付的开支项目不同

C. 业主对指定分包商利益保护不同

D. 承包商对分包商违约承担责任范围不同

E. 选择分包商的权利不同

78. FIDIC 合同条件规定，如果竣工结算时发现，由于(　　)等原因使得实际结算款扣除暂定金额、调价款和计日工支付款后的总额超过有效合同 15%时，应调整竣工结算款额。

A. 业主拖延提供施工场地承包商获得补偿款

B. 工程师指令增加的工作承包商获得工程款

C. 施工期间因当地税费增加承包商获得补偿款

D. 施工中遇到图纸中没有标明的地下障碍、依据合同调整单价后增加工程款

E. 增加工程量清单部分工作承包商获得工程款

79. 要使索赔得到公正合理的解决，工程师在工作中必须遵守(　　)等基本原则。

A. 批评教育　　B. 公正

C. 自愿　　D. 协商一致

E. 平等

80. 工程师审查承包人的索赔时，承包人提出的(　　)等证明材料可以作为合理的依据。

A. 中标意向书　　B. 经工程师认可的施工进度计划

C. 工程师发布的各种书面指令　　D. 招标时的标前会议记录

E. 各类财务凭证

2002年建设工程质量、投资、进度控制考试试卷

一、单项选择题（共80题，每题1分。每题的备选项中，只有1个最符合题意）

1. 工程项目质量的特点之一是质量变异大，造成质量变异大的主要原因是由于工程项目的(　　)。
   A. 复杂性　　B. 单一性
   C. 影响因素多　　D. 施工流动性
2. 工程项目建设的各阶段对工程项目最终质量的形成都产生重要影响，其中项目决策阶段是(　　)。
   A. 确定项目质量目标与水平的依据　　B. 确定项目质量目标与水平
   C. 将项目质量目标与水平具体化　　D. 确定项目质量目标与水平达到的程度
3. 从功能和使用价值来看，工程项目的质量体现在(　　)等方面。
   A. 可信性、通用性、可靠性、外观性　　B. 可信性、稳定性、经济性、外观性
   C. 适用性、可靠性、经济性、外观性　　D. 通用性、稳定性、经济性、外观性
4. 在工程项目招标阶段，监理工程师应根据(　　)来确定参与投标企业的类型及资质等级。
   A. 工程的类型及其隶属关系　　B. 工程的规模及其等级
   C. 业主的要求及意图　　D. 工程的类型、规模和特点
5. 资质管理部门对建筑企业年度检查的结论分为(　　)。
   A. 优、合格、不合格　　B. 良、合格、不合格
   C. 合格、基本合格、不合格　　D. 合格、不合格
6. 监理工程师对工程项目总体设计方案审核的内容包括(　　)等。
   A. 设计依据、设计规模、设计参数、设计标准
   B. 设计依据、设计参数、设计标准、项目组成及布局
   C. 设计依据、设计规模、设施配套、项目组成及布局
   D. 设计参数、设计标准、建设期限、项目组成及布局
7. 在工程项目设计过程中，设计总体方案的审核主要是在(　　)阶段进行。
   A. 可行性研究　　B. 初步设计
   C. 技术设计　　D. 施工图设计
8. 监理工程师对工程项目专业设计方案审核的内容包括(　　)。
   A. 项目组成及布局、建筑造型、三废治理、环境保护
   B. 项目组成及布局、建筑造型、设计参数、设计标准
   C. 设计参数、设计标准、三废治理、环境保护

D. 设计参数、设计标准、设备及结构选型、功能和使用价值

9. 在工程项目施工中，对标志不清的材料应进行(　　)。

A. 二次检验　　B. 特殊检验

C. 抽样检验　　D. 全数检验

10. 对于工程中所采用的新材料，必须通过(　　)。

A. 书面检验　　B. 外观检验

C. 分析论证　　D. 试验和鉴定

11. 材料质量检验项目中的其他试验项目是指(　　)检验项目。

A. 一般情况必须做的　　B. 可做可不做的

C. 一般情况下可以做的　　D. 需要时才做的

12. 在工程项目施工中，影响工程质量的环境因素较多，其中劳动组合属于(　　)环境因素。

A. 工程技术　　B. 劳动

C. 施工生产　　D. 工程管理

13. 在工程项目施工中，对于高压电缆、电绝缘材料，使用前应进行(　　)。

A. 耐电压试验　　B. 标记检查

C. 存放期检查　　D. 品种检查

14. 建筑工程质量事故按其后果来进行分类，可分为(　　)事故。

A. 未遂和已遂　　B. 一般和重大

C. 一级和二级　　D. 经常和突发

15. 工程开工前，对给定的原始基准点、基准线和参考标高等测量控制点，(　　)应进行复核。

A. 建设单位　　B. 设计单位

C. 施工单位　　D. 监理单位

16. 对于数量大的材料、构配件的质量检验，通常采用(　　)。

A. 全数检验　　B. 抽样检验

C. 系统检验　　D. 二次检验

17. 对施工过程的质量监控，必须以(　　)为基础。

A. 工序质量控制　　B. 工程质量预控

C. 质量巡回检查　　D. 分项工程质量控制

18. 以“特殊过程”或“特殊工序”为对象设置的质量控制点称之为(　　)。

A. 见证点　　B. 待检点

C. 截留点　　D. W 点

19. 工程质量预控主要是针对(　　)，事先分析在施工中可能发生的质量问题，并提出相应对策。

A. 质量控制点　　B. 基础工程

C. 主体工程　　D. 单位工程

20. 检验批、分项、分部和单位工程的划分是为了满足对其进行质量控制和(　　)的需要。

A. 施工作业　　B. 竣工验收
C. 工程统计　　D. 检验评定

21. 利用随机数表、随机数生成器或随机数骰子来抽取样本的方法，称之为(　　)法。
A. 二次抽样　　B. 机械随机抽样
C. 单纯随机抽样　　D. 分层抽样

22. 一般进口设备的保修期及索赔期为(　　)个月，有合同规定者按合同执行。
A. 6~12　　B. 12~18
C. 9~12　　D. 18~24

23. 施工过程中由偶然性因素引起的质量波动，一般属于(　　)。
A. 系统波动　　B. 偶然波动
C. 正常波动　　D. 非正常波动

24. 在质量控制中，要分析某个质量问题产生的原因，应采用(　　)法。
A. 排列图　　B. 因果分析图
C. 控制图　　D. 直方图

25. 工程质量事故处理应解决的关键问题是(　　)。
A. 界定责任　　B. 确定事故性质
C. 落实措施　　D. 查明原因

26. 当工序（过程）能力指数 $1.67 \geqslant C_p > 1.33$ 时，一般说明工序能力(　　)。
A. 过高　　B. 足够
C. 尚可　　D. 不足

27. 在工程项目施工阶段的质量控制中，监理工程师对施工单位所做出的各种指令，除特殊情况外，一般应采用(　　)。
A. 监理员口头传达方式　　B. 监理工程师直接口头下达方式
C. 书面文件形式　　D. 书面或口头方式

28. 对于工地交货的大型设备，运至工地后通常先由(　　)进行组装、调整和试验。
A. 施工单位　　B. 设计单位
C. 建设单位　　D. 制造厂家

29. 下列费用中不属于静态投资的是(　　)。
A. 设备工器具购置费　　B. 建设单位管理费
C. 建设期贷款利息　　D. 研究试验费

30. 我国现行建筑安装工程费用中，按税法规定税金的计税基础为(　　)。
A. 计划利润　　B. 直接工程费+间接费
C. 营业额　　D. 直接工程费+间接费+计划利润

31. 工程定位复测、工程点交、场地清理费用属于(　　)。
A. 建设单位管理费　　B. 施工现场管理费
C. 施工企业管理费　　D. 其他直接费

32. 施工单位的生产工人因气候影响的停工工资包含在(　　)中。
A. 现场管理费　　B. 生产工人日工资单价
C. 企业管理费　　D. 基本预备费

33. 某公司第一年年初借款 100 万元，年利率为 6%，规定从第 1 年年末起至第 10 年年末止，每年年末等额还本付息，则每年年末应偿还(　　)万元。

A. 7. 587　　B. 10. 000

C. 12. 679　　D. 13. 587

34. 某新建项目，建设期为 2 年。预计共需向银行贷款 2 000 万元。第 1 年贷款 1 000 万元，第 2 年贷款 1 000 万元，贷款年利率为 6%。假定贷款为分年均衡发放，用复利法计算该项目的建设期贷款利息为(　　)万元。

A. 91. 8　　B. 120. 0

C. 121. 8　　D. 180. 0

35. 运用分项比例估算法进行某生产车间的投资估算，先是估算出(　　)的投资，然后再按一定比例估算其他几项投资。

A. 建筑物　　B. 给排水、电气照明

C. 构筑物　　D. 生产设备

36. 某建设项目计算期为 10 年，财务净现金流量如下表所示，基准收益率为 10%，则该项目的财务净现值为(　　)万元。

年份	1	2	3	4	5	6	7	8	9	10
净现金流量（万元）	−100	−100	−100	90	90	90	90	90	90	90

A. 330. 00　　B. 88. 56

C. 80. 51　　D. 189. 47

37. 在建设项目财务评价中，反映项目赢利能力的常用指标是(　　)。

A. 生产能力利用率　　B. 资产负债率

C. 内部收益率　　D. 流动比率

38. 某建设项目的计算期为 10 年，基准收益率为 10%，经计算静态投资回收期为 7 年，动态投资回收期为 12 年，则该项目的财务内部收益率(　　)。

A. FIRR = 0　　B. 0<FIRR<10%

C. FIRR = 10%　　D. FIRR>10%

39. 某项目设计生产能力 8 000 件，项目年固定成本 28 万元，每件产品的销售价格 260 元、销售税金 40 元、可变成本 110 元，则该项目的盈亏平衡点为(　　)件。

A. 682. 9　　B. 848. 5

C. 1 473. 7　　D. 2 545. 5

40. 在施工图设计阶段，如果发现由于某专业设计原因使施工图预算超过分配的投资限额，应对(　　)进行调整。

A. 初步设计　　B. 施工图设计

C. 设计概算　　D. 施工预算

41. 某新建项目装配车间的土建工程概算 100 万元，给排水和电气照明工程概算 15 万元，设计费 10 万元，装配生产设备及安装工程概算 100 万元，联合试运转费概算 5 万元，则该装配车间单项工程综合概算为(　　)万元。

A. 215　　B. 220

C. 225　　　　D. 230

42. 采用类似工程预算法编制单位工程概算，其核心是以类似工程的预算为基础，获取类似工程的(　　)。

A. 资源价格指标　　　　B. 资源消耗量指标

C. 消耗量修正系数　　　　D. 价格修正系数

43. 预算人工、材料、机械台班定额是在正常生产条件下分项工程所需的(　　)标准。

A. 人工、材料、机械台班消耗量　　　　B. 人工、材料、机械台班价格

C. 分项工程数量　　　　D. 分项工程价格

44. 实物法是按统一“量”、指导“价”，即按“量”、“价”分离编制施工图预算的方法，其中的“量”、“价”分别是指(　　)。

A. 分项工程量、资源价格　　　　B. 分项工程量、定额基价

C. 实物消耗量、定额基价　　　　D. 实物消耗量、资源价格

45. 某工程采用固定总价合同，合同执行过程中，在发生(　　)的情况下，发包方应对合同总价作相应的调整。

A. 承包商漏算工程量　　　　B. 工料机价格上涨

C. 工程范围调整　　　　D. 出现恶劣气候

46. 对于业主来说，在施工阶段投资控制最难的合同计价形式是(　　)。

A. 成本加酬金合同　　　　B. 可调总价合同

C. 估计工程量单位合同　　　　D. 纯单价合同

47. 进行材料采购征求报价，投标邀请书中主要需列出拟购材料的(　　)，这是获得具有响应性报价的关键。

A. 运输条件　　　　B. 价格调整说明

C. 担保方式　　　　D. 规格和性能要求

48. 对建安工程保险费、第三方责任保险费项目，监理工程师一般采用(　　)进行计量支付。

A. 均摊法　　　　B. 凭证法

C. 图纸法　　　　D. 分解计量法

49. 根据 FIDIC 合同条件，(　　)属于工程量清单项目。

A. 暂定金额　　　　B. 动员预付款

C. 保留金　　　　D. 价格调整

50. 2002 年 3 月完成的某工程，按 2001 年 3 月签约时的价格计算工程款为 100 万元，合同规定：调值公式中的固定系数为 0.2，人工费占调值部分的 50%。调值公式中的各项费用除人工费上涨 15% 外均未发生变化，则 2002 年 3 月的工程款经过调值后为(　　)万元。

A. 106.0　　　　B. 107.5

C. 112.0　　　　D. 115.0

51. 监理工程师采用了承包商提出的设计变更方案，该方案降低了业主实施和运行工程的费用，则获得的利益(　　)。

A. 归业主　　　　B. 归承包商

C. 由业主和承包商分享　　　　　　　　　D. 由承包商和监理工程师分享

52. 在施工过程中，由于法律、法规的变化导致承包商工程延误和费用增加，则承包商可索赔(　　)。

A. 工期、成本和利润　　　　　　　　　B. 工期、成本，不能索赔利润

C. 成本、利润，不能索赔工期　　　　　D. 成本，不能索赔工期和利润

53. 某项目拟完工程计划投资为 50 万元，已完工程实际投资为 65 万元，已完工程计划投资为 60 万元，则进度偏差为(　　)万元。

A. 15　　　　　　　　　　　　　　　　B. 5

C. −5　　　　　　　　　　　　　　　　D. −10

54. 建设项目竣工决算应包括从(　　)的全部实际支出费用。

A. 施工准备到竣工　　　　　　　　　　B. 破土动工到竣工

C. 筹建到竣工　　　　　　　　　　　　D. 施工准备到投产

55. 根据我国财务制度规定，递延资产包括(　　)。

A. 建设项目可行性研究费

B. 土地使用权出让金

C. 土地征用及迁移补偿费

D. 以经营租赁方式租入的固定资产改良工程支出

56. 在保修期内，由于勘察设计方面的原因造成的质量缺陷，应由(　　)承担经济责任。

A. 建设单位　　　　　　　　　　　　　B. 施工单位

C. 勘察设计单位　　　　　　　　　　　D. 监理单位

57. 为了有效地控制建设工程进度，监理工程师可采取的信息管理措施是指(　　)。

A. 分解工程项目并建立编码体系　　　　B. 实际进度与计划进度的动态比较

C. 合同期与进度计划之间的协调　　　　D. 进度目标实现的干扰因素分析

58. 建设工程进度控制的经济方法之一是指(　　)。

A. 业主在招标时提出进度优惠条件鼓励承包单位加快进度

B. 政府有关部门批准年度基本建设计划和制定工期定额

C. 政府招投标管理机构批准标底文件中的工程总工期

D. 监理工程师根据统计资料分析影响进度的风险因素

59. 在工程项目进度控制计划系统中，用以确定项目年度投资额、年末形象进度和阐明建设条件落实情况的进度计划表是(　　)。

A. 工程项目进度平衡表　　　　　　　　B. 年度建设资金平衡表

C. 投资计划年度分配表　　　　　　　　D. 年度计划项目表

60. 在某工程网络计划中，工作 M 的最早开始时间和最迟开始时间分别为第 15 天和第 18 天，其持续时间为 7 天。工作 M 有 2 项紧后工作，它们的最早开始时间分别为第 24 天和第 26 天，则工作 M 的总时差和自由时差(　　)天。

A. 分别为 4 和 3　　　　　　　　　　　B. 均为 3

C. 分别为 3 和 2　　　　　　　　　　　D. 均为 2

61. 某分部工程双代号网络计划如附图 1 所示，其关键线路有(　　)条。

A. 5　　　　　　　　　　　　　　　　　B. 4

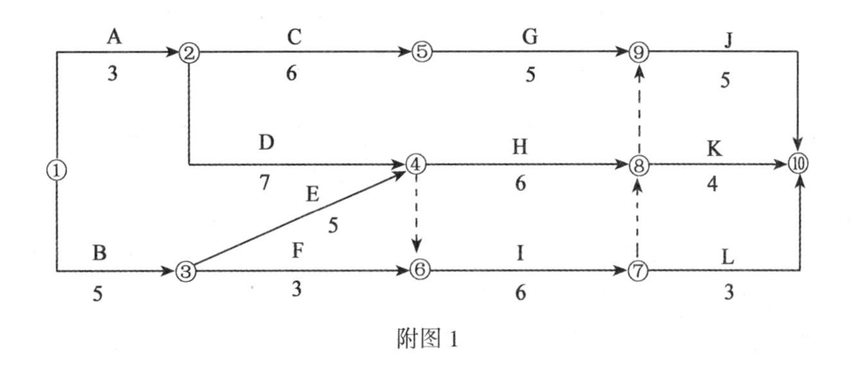

附图 1

C. 3　　　　D. 2

62. 当某工程网络计划的计算工期等于计划工期时，该网络计划中的关键工作是指(　　)的工作。

A. 时标网络计划中没有波形线　　B. 与紧后工作之间时间间隔为零

C. 开始节点与完成节点均为关键节点　　D. 最早完成时间等于最迟完成时间

63. 在工程网络计划执行过程中，如果某项工作实际进度拖延的时间等于其总时差，则该工作(　　)。

A. 不会影响其紧后工作的最迟开始　　B. 不会影响其后续工作的正常进行

C. 必定影响其紧后工作的最早开始　　D. 必定影响其后续工作的正常进行

64. 在工程双代号网络计划中，某项工作的最早完成时间是指其(　　)。

A. 完成节点的最迟时间与工作自由时差之差

B. 开始节点的最早时间与工作自由时差之和

C. 完成节点的最迟时间与工作总时差之差

D. 开始节点的最早时间与工作总时差之和

65. 某分部工程双代号时标网络计划如附图 2 所示，其中工作 C 和 I 的最迟完成时间分别为第(　　)天。

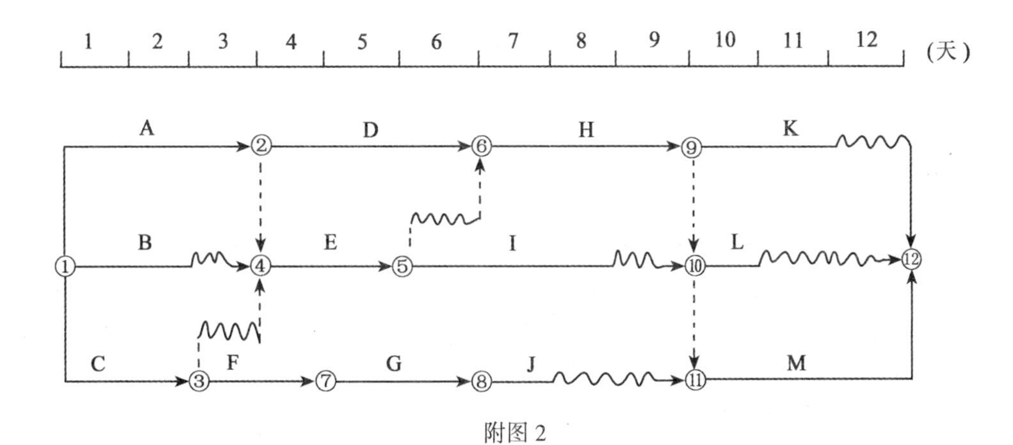

附图 2

A. 4 和 11　　B. 4 和 9

C. 3 和 11　　D. 3 和 9

66. 在上题所示时标网络计划中，如果工作 B、E、J 使用同一台施工机械并顺序施工，则在合理安排的前提下，实施 B、E、J 三项工作时的施工机械闲置时间(　　)天。

A. 均为 0　　B. 分别为 0 和 1

C. 均为 1　　D. 分别为 1 和 0

67. 在网络计划工期优化过程中，当出现多条关键线路时，在考虑对质量、安全影响的基础上，优先选择的压缩对象应是各条关键线路上(　　)。

A. 直接费之和最小的工作组合，且压缩后的工作仍然是关键工作

B. 直接费之和最小的工作组合，而压缩后的工作可能变为非关键工作

C. 直接费用率之和最小的工作组合，且压缩后的工作仍然是关键工作

D. 直接费用率之和最小的工作组合，而压缩后的工作可能变为非关键工作

68. 工程网络计划资源优化的目的之一是为了寻求(　　)。

A. 工程总费用最低时的资源利用方案　　B. 资源均衡利用条件下的最短工期安排

C. 工期最短条件下的资源均衡利用方案　　D. 资源有限条件下的最短工期安排

69. 当采用匀速进展横道图比较工作实际进度与计划进度时，如果表示实际进度的横道线右端点落在检查日期的右侧，则该端点与检查日期的距离表示工作(　　)。

A. 实际多投入的时间　　B. 进度超前的时间

C. 实际少投入的时间　　D. 进度拖后的时间

70. 当利用 S 形曲线进行实际进度与计划进度比较时，如果检查日期实际进展点落在计划 S 形曲线的左侧，则该实际进展点与计划 S 形曲线的垂直距离表示工程项目(　　)。

A. 实际超额完成的任务量　　B. 实际拖欠的任务量

C. 实际进度超前的时间　　D. 实际进度拖后的时间

71. 在工程网络计划执行过程中，当某项工作实际进度出现的偏差超过其总时差，需要采取措施调整进度计划时，首先应考虑(　　)的限制条件。

A. 紧后工作最早开始时间　　B. 后续工作最早开始时间

C. 各关键节点最早时间　　D. 后续工作和总工期

72. 在某工程网络计划中，已知工作 P 的总时差和自由时差分别为 5 天和 2 天，监理工程师检查实际进度时，发现该工作的持续时间延长了 4 天，说明此时工作 P 的实际进度(　　)。

A. 既不影响总工期，也不影响其后续工作的正常进行

B. 不影响总工期，但将其紧后工作的最早开始时间推迟 2 天

C. 将其紧后工作的最早开始时间推迟 2 天，并使总工期延长 1 天

D. 将其紧后工作的最早开始时间推迟 4 天，并使总工期延长 2 天

73. 在工程网络计划的执行过程中，监理工程师检查实际进度时，只发现工作 M 的总时差由原计划的 4 天变为-3 天，说明工作 M 的实际进度(　　)。

A. 拖后 7 天，影响工期 3 天　　B. 拖后 7 天，影响工期 4 天

C. 拖后 4 天，影响工期 3 天　　D. 拖后 3 天，影响工期 3 天

74. 在工程网络计划执行过程中，如果某项工作拖延的时间未超过总时差，但已超过自由

时差，在确定进度计划的调整方法时，应考虑(　　)。

A. 工程总工期允许拖延的时间　　B. 关键节点允许推迟的时间

C. 紧后工作持续时间的可缩短值　　D. 后续工作允许拖延的时间

75. 在建设工程设计进度控制计划体系中，需要考虑设计分析评审的工作时间安排的进度计划是(　　)。

A. 各专业详细的出图计划　　B. 施工图设计工作进度计划

C. 初步设计工作进度计划　　D. 设计作业进度计划

76. 监理工程师控制建设工程施工进度的工作内容包括(　　)。

A. 编制或审核分部工程施工进度计划　　B. 审核承包商调整后的施工进度计划

C. 编制工程项目投资计划年度分配表　　D. 审核年度竣工投产交付使用计划表

77. 某吊装构件施工过程包括 12 组构件，该施工过程综合时间定额为 6 台班/组，计划每天安排 2 班，每班 2 台吊装机械完成该施工过程，则其持续时间为(　　)天。

A. 36　　B. 18

C. 8　　D. 6

78. 当实际施工进度发生拖延时，为加快施工进度而采取的组织措施可以是(　　)。

A. 增加工作面和每天的施工时间　　B. 改善劳动条件并实施强有力的调度

C. 采用更先进的施工机械和施工方法　　D. 改进施工方法，减少施工过程的数量

79. 在某建设工程施工过程中，由于出现脚手架倒塌事故而造成实际进度拖后，承包商根据监理工程师指令采取赶工措施后，仍未能按合同工期完成所承包的任务，则承包商(　　)。

A. 应承担赶工费，但不需要向业主支付误期损失赔偿费

B. 不需要承担赶工费，但应向业主支付误期损失赔偿费

C. 不仅要承担赶工费，还应向业主支付误期损失赔偿费

D. 既不需要承担赶工费，也不需要向业主支付误期损失赔偿费

80. 编制物资需求计划的依据包括(　　)。

A. 物资供应计划　　B. 物资储备计划

C. 工程款支付计划　　D. 项目总进度计划

二、多项选择题（共 40 题，每题 2 分。每题的备选项中，有 2 个或 2 个以上符合题意，至少有 1 个错项。错选，本题不得分；少选，所选的每个选项得 0.5 分）

81. 监理工程师在进行工程项目的质量控制过程中应遵循的原则包括(　　)。

A. 坚持质量标准　　B. 坚持分析论证

C. 坚持现场检查　　D. 坚持以人为控制核心

E. 贯彻科学、公正、守法的职业规范

82. 监理工程师在对参与投标的承包企业资质考核时，应(　　)。

A. 核查《建筑企业资质证书》　　B. 核查企业组织机构的设置

C. 核查人员的职责分工　　D. 考核承包企业近期的表现

E. 考核企业近期承建的工程

83. 为了使施工单位熟悉设计图纸和工程特点，应组织设计单位向施工单位进行设计交底，设计交底的内容包括(　　)。

A. 设计依据及参数　　B. 设计意图

C. 结构特点　　D. 设计计算方法

E. 施工要求

84. 在工程项目设计阶段，监理工程师应对设计文件进行审查，审查的内容包括(　　)。

A. 设计文件的规范化　　B. 结构的安全性

C. 施工工艺的先进性　　D. 施工机械化程度

E. 技术的合理性

85. 在工程项目设计阶段，设计质量控制的依据包括(　　)。

A. 有关建设工程及质量管理方面的法律、法规

B. 项目评估报告、选址报告

C. 有关建设工程的技术标准，包括设计和施工规范、规程及标准

D. 设计规划大纲、设计纲要

E. 项目建议书

86. 在工程项目质量控制中，应考虑人的因素对质量的影响，其中包括(　　)。

A. 领导者的素质　　B. 人的年龄和性别

C. 人的错误行为　　D. 人对环境的适应能力

E. 人的违纪违章

87. 监理工程师应对施工单位提交的施工方案进行审核，施工方案应符合(　　)等要求。

A. 技术可行　　B. 工艺保险

C. 人员稳定　　D. 经济合理

E. 操作方便

88. 监理工程师对施工过程所形成的产品质量控制的内容包括(　　)。

A. 施工工序质量控制

B. 分项分部工程的验收

C. 组织联动试车或设备的试运转

D. 组织单位工程或整个工程项目的竣工验收

E. 工程施工预检

89. 施工过程中监理工程师对分包商现场工作检查监督的重点是(　　)。

A. 分包协议　　B. 设备使用情况

C. 施工人员情况　　D. 施工作业计划

E. 工程质量是否符合合同规定的标准

90. 施工阶段监理工程师进行质量控制的手段主要有(　　)。

A. 旁站监督　　B. 测量、试验

C. 指令文件　　D. 利用支付控制手段

E. 利用质量管理体系

91. 施工过程中监理工程师对工序活动条件的监控，应着重抓好(　　)。

A. 对投入物料的监控　　B. 对施工操作或工艺过程的控制

C. 对工序产品质量特征指标的控制　　D. 对工序产品的实测、分析

E. 对施工人员、机械和环境等方面的监控

92. 质量控制点是施工质量控制的重点，(　　)应做为质量控制点的对象。

A. 隐蔽工程　　B. 主体工程

C. 施工条件困难或技术难度大的工序或环节

D. 采用新技术、新工艺、新材料的部位或环节

E. 基础工程

93. 施工过程中复核性检验的主要工作内容可概括为(　　)。

A. 隐蔽工程检查验收　　B. 工序间交接检查验收

C. 对成品保护的质量检查　　D. 工程施工预检

E. 对设计变更的检查

94. 设备基础检查验收的要求主要是(　　)。

A. 基础断面尺寸、位置、标高、平整度等是否符合要求

B. 模板尺寸、位置、标高是否符合要求

C. 预埋件的数量和位置的正确性

D. 混凝土的质量是否符合要求

E. 钢筋的规格型号是否符合要求

95. 在施工阶段，监理人员在投资控制方面的业务内容包括(　　)。

A. 对设计变更方案进行技术经济比较　　B. 对工程量进行计量

C. 编制施工组织设计方案　　D. 签署工程付款凭证

E. 对工程造价目标进行风险分析，制定防范性对策

96. 进口设备采用装运港船上交货价（F. O. B.），其抵岸价格构成含有(　　)。

A. 进口设备检验费　　B. 银行财务费

C. 运输保险费　　D. 关税

E. 增值税

97. 下列筹资渠道中利率较为优惠的是(　　)。

A. 外国政府贷款　　B. 国际金融组织贷款

C. 国外商业银行贷款　　D. 利用出口信贷

E. 在国外金融市场上发行债券

98. 进行国民经济评价时，(　　)不列入项目的费用或收益。

A. 企业利润　　B. 工资

C. 国内借款利息　　D. 国外借款利息

E. 税金

99. 价值工程的工作步骤可归纳为(　　)几个阶段。

A. 功能收集　　B. 分析问题

C. 综合研究　　D. 方案评价

E. 提高价值

100. 对采用概算指标法编制的建筑单位工程概算，审查的内容有(　　)。

A. 编制的依据　　B. 分部分项工程量

C. 采用的定额　　D. 材料的预算价格

E. 各项取费

101. 审查按实物法编制的施工图预算，主要审查(　　)是否正确。

A. 预算定额的选用　　B. 设计图纸尺寸的摘取

C. 分项工程单价的套用　　D. 工料机价格的确定

E. 单位估价表的换算

102. 用重点审查法审查单价法编制的施工图预算，是将那些(　　)的分部分项工程作为重点，详细复核计算相应数值。

A. 工程量大　　B. 不易被重视

C. 单价经换算　　D. 采用补充单位估价表

E. 单价高

103. 某桥梁因洪水冲毁，急需修复，承包合同宜采用(　　)合同。

A. 固定总价　　B. 可调总价

C. 估计工程量单价　　D. 纯单价

E. 成本加酬金

104. 在编制建设项目资金使用计划时，分解投资控制目标的方式有(　　)。

A. 按投资构成分解　　B. 按归口部门分解

C. 按子项目分解　　D. 按时间进度分解

E. 按人员分解

105. 在施工过程中，允许承包商既可索赔工期又可索赔费用的原因有(　　)。

A. 特殊恶劣气候造成停工　　B. 业主采购的材料未及时供应

C. 施工图纸未及时提供　　D. 承包商采购的材料未及时供应

E. 施工现场发现文物

106. 由于业主原因，工程师下令工程暂停 1 个月，承包商可索赔的款项包括(　　)。

A. 人工窝工费　　B. 施工机械窝工费

C. 材料的超期储存费用　　D. 工程延期一个月增加的履约保函手续费

E. 合理的利润

107. 建设项目的竣工决算由(　　)组成。

A. 竣工验收标准　　B. 竣工决算报告说明书

C. 竣工工程平面示意图　　D. 竣工决算报表

E. 工程造价比较分析

108. 下列投资在项目竣工投产后属于新增加固定资产的是(　　)。

A. 建设单位管理费　　B. 项目可行性研究费

C. 联合试运转费　　D. 土地使用权出让费

E. 建筑安装工程费

109. 控制建设工程进度的合同措施包括(　　)。

A. 分解工程项目并建立编码体系　　B. 分段发包、提前施工

C. 确定进度协调工作制度　　D. 合同工期与进度计划的协调

E. 定期向业主提供进度比较报告

110. 在工程项目进度控制计划系统中，由建设单位负责编制的计划表包括(　　)。

A. 工程项目进度平衡表　　B. 年度计划形象进度表

C. 年度建设资金平衡表　　　　D. 项目动用前准备工作计划表

E. 工程项目总进度计划表

111. 某分部工程双代号网络计划如附图 3 所示，其作图错误包括(　　)。

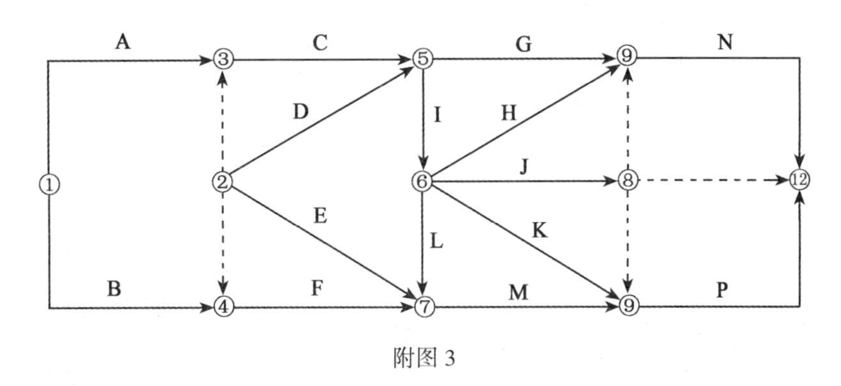

附图 3

A. 多个起点节点　　　　B. 多个终点节点

C. 节点编号有误　　　　D. 存在循环回路

E. 有多余虚工作

112. 某分部工程双代号网络计划如附图 4 所示，图中已标出每个节点的最早时间和最迟时间，该计划表明(　　)。

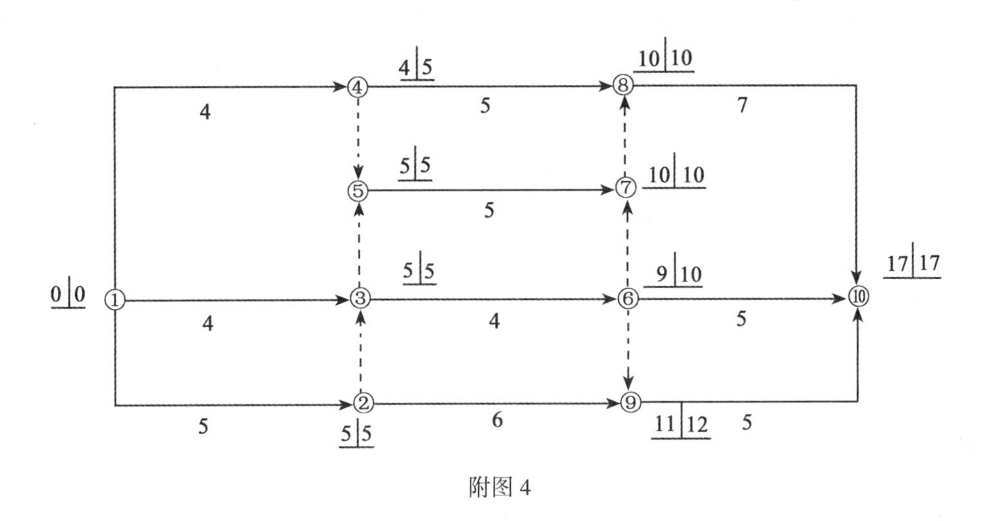

附图 4

A. 工作 1—3 为关键工作　　　　B. 工作 1—4 的总时差为 1

C. 工作 3—6 的自由时差为 1　　　　D. 工作 4—8 的自由时差为 0

E. 工作 6—10 的总时差为 3

113. 在工程网络计划中，关键线路是指(　　)的线路。

A. 双代号网络计划中总持续时间最长　　　　B. 相邻两项工作之间时间间隔均为零

C. 单代号网络计划中由关键工作组成　　　　D. 时标网络计划中自始至终无波形线

E. 双代号网络计划中由关键节点组成

114. 工程网络计划费用优化的目的是为了寻求(　　)。

A. 满足要求工期的条件下使总成本最低的计划安排

B. 使资源强度最小时的最短工期安排

C. 使工程总费用最低时的资源均衡安排

D. 使工程总费用最低时的工期安排

E. 工程总费用固定条件下的最短工期安排

115. 某工作计划进度与第 8 周末之前实际进度如附图 5 所示，从图中可获得的正确信息有(　　)。

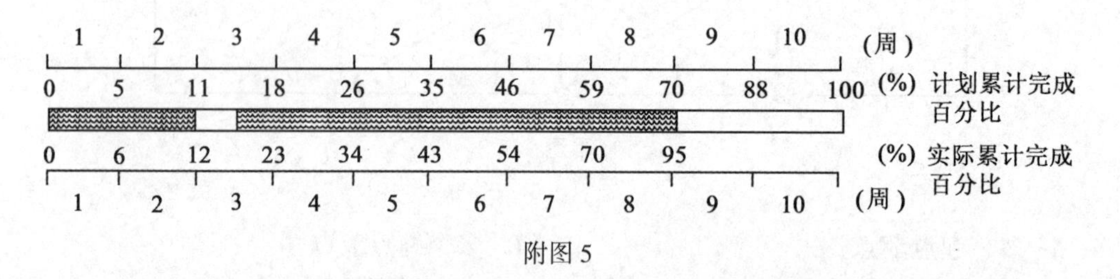

附图 5

A. 原计划第 3 周至第 6 周为匀速进展

B. 第 3 周前半周内未进行本工作

C. 第 5 周内本工作实际进度正常

D. 8 周内每周实际进度均未慢于计划进度

E. 该工作已经提前完成

116. 某分部工程双代号时标网络计划执行到第 3 周末及第 8 周末时，检查实际进度后绘制的前锋线如附图 6 所示，图中表明(　　)。

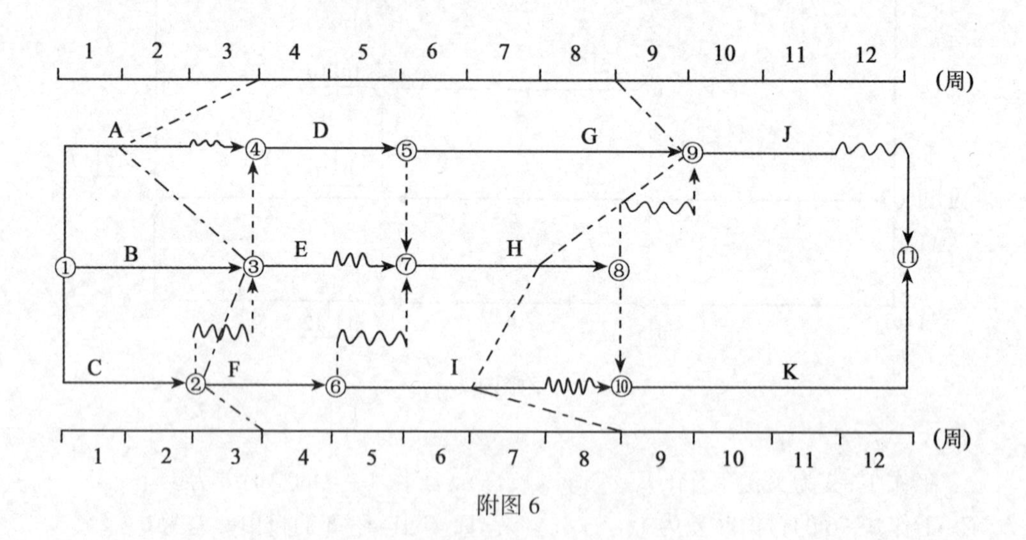

附图 6

A. 第 3 周末检查时工作 A 的实际进度影响工期

B. 第 3 周末检查时工作 F 的自由时差尚有 1 周

C. 第 8 周末检查时工作 H 的实际进度影响工期

D. 第 8 周末检查时工作 I 的实际进度影响工期

E. 第 4 周至第 8 周工作 F 和 I 的实际进度正常

117. 建筑工程管理方法的特点包括(　　)。

A. 分阶段完成初步设计后，分阶段组织实施，分期分批交付使用已完工程

B. 分阶段完成施工图设计后，分阶段组织施工，分期分批交付使用已完工程

C. 将工程设计、施工分阶段进行，有利于更多的设计、施工单位参与建设工程

D. 在全部工程竣工前，可以将已完部分工程分期分批交付使用，以尽早获得收益

E. 使设计和施工能同时进行，有利于监理工程师对设计和施工的协调管理

118. 在建设工程施工阶段，为了有效地控制施工进度，不仅要明确施工进度总目标，还要将此总目标按(　　)进行分解，形成从总目标到分目标的目标体系。

A. 投标单位　　B. 项目组成

C. 承包单位　　D. 工程规模

E. 施工阶段

119. 编制建设工程施工总进度计划，主要是用来确定(　　)。

A. 各单项工程或单位工程的工期定额　　B. 建设工程的要求工期和计算工期

C. 各单项工程或单位工程的施工期限　　D. 各单项工程或单位工程的实物工程量

E. 各单项工程或单位工程的相互搭接关系

120. 监理工程师进行物资供应进度控制的主要工作内容包括(　　)。

A. 审核物资供应计划　　B. 签署物资供应合同

C. 监督检查物资订货情况　　D. 协调各有关单位间的关系

E. 审查物资供应情况的分析报告

2002年建设工程监理案例分析考试试卷

本试卷均为案例分析题（共6题，每题20分），要求分析合理，结论正确；有计算要求的，应简要写出计算过程。

一、某建设工程项目，建设单位委托某监理公司负责施工阶段的监理工作。该公司副经理出任项目总监理工程师。

总监理工程师责成公司技术负责人组织经营、技术部门人员编制该项目监理规划。参编人员根据本公司已有的监理规划标准范本，将投标时的监理大纲做适当改动后编成该项目监理规划，该监理规划经公司经理审核签字后，报送给建设单位。

该监理规划包括以下8项内容：

1. 工程项目概况；2. 监理工作依据；3. 监理工作内容；4. 项目监理机构的组织形式；5. 项目监理机构人员配备计划；6. 监理工作方法及措施；7. 项目监理机构的人员岗位职责；8. 监理设施。

在第一次工地会议上，建设单位根据监理中标通知书及监理公司报送的监理规划，宣布了项目总监理工程师的任命及授权范围。项目总监理工程师根据监理规划介绍了监理工作内容、项目监理机构的人员岗位职责和监理设施等内容。其中：

（1）监理工作内容

① 编制项目施工进度计划，报建设单位批准后下发施工单位执行；

② 检查现场质量情况并与规范标准对比，发现偏差时下达监理指令；

③ 协助施工单位编制施工组织设计；

④ 审查施工单位投标报价的组成，对工程项目造价目标进行风险分析；

⑤ 编制工程量计量规则，依此进行工程计量；

⑥ 组织工程竣工验收。

（2）项目监理机构的人员岗位职责

本项目监理机构设总监理工程师代表，其职责包括：

① 负责日常监理工作；

② 审批“监理实施细则”；

③ 调换不称职的监理人员；

④ 处理索赔事宜，协调各方的关系。

监理员的职责包括：

① 进场工程材料的质量检查及签认；

② 隐蔽工程的检查验收；

③ 现场工程计量及签认。

（3）监理设施

监理工作所需测量仪器、检验及试验设备向施工单位借用，如不能满足需要，指令施工单位提供。

问题：（请根据《建设工程监理规范》（GB 50319—2000）回答）

1. 请指出该监理公司编制“监理规划”的做法不妥之处，并写出正确的做法。

2. 请指出该“监理规划”内容的缺项名称。

3. 请指出“第一次工地会议”上建设单位不正确的做法，并写出正确的做法。

4. 在总监理工程师介绍的监理工作内容、项目监理机构的人员岗位职责和监理设施的内容中，找出不正确的内容并改正。

二、某监理公司中标承担某项目监理及设备采购监理工作。该项目由 A 设计单位总承包、B 施工单位施工总承包，其中幕墙工程的设计和施工任务分包给具有相应设计和施工资质的 C 公司，土方工程分包给 D 公司，主要设备由业主采购。

该项目总监理工程师组建了直线职能制监理组织机构，并分析了参建各方的关系，画出如下示意图（附图 7）。

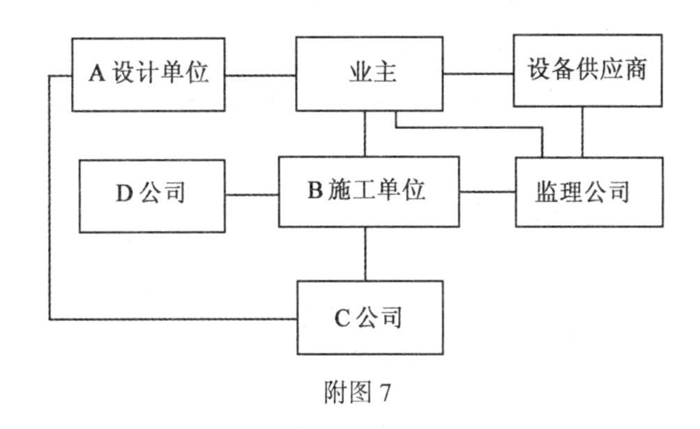

附图 7

在工程的施工准备阶段，总监理工程师审查了施工总承包单位现场项目管理机构的质量管理体系和技术管理体系，并指令专业监理工程师审查施工分包单位的资格，分包单位为此报送了企业营业执照和资质等级证书两份资料。

问题：

1. 请画出直线职能制监理组织机构示意图，并说明在监理工作中这种组织形式容易出现的问题。

2. 在附图 7 所示的建设工程各方关系示意图上，标注各方之间关系（凡属合同关系，按《合同法》注明是何种合同关系）。

3. C 公司能否在幕墙工程变更设计单上以设计单位的名义签认？为什么？

4. 总监理工程师对总承包单位质量管理体系和技术管理体系的审查应侧重什么内容？

5. 专业监理工程师对分包单位进行资格审查时，分包单位还应提供什么资料？

三、某监理公司承担了一体育馆施工阶段（包括施工招标）的监理任务。经过施工招标，业主选定 A 工程公司为中标单位。在施工合同中双方约定，A 工程公司将设备安装、配套工程和桩基工程的施工分别分包给 B、C 和 D 三家专业工程公司，业主负责采购设备。

该工程在施工招标和合同履行过程中发生了下述事件：

施工招标过程中共有 6 家公司竞标。其中 F 工程公司的投标文件在招标文件要求提交投标文件的截止时间后半小时送达；C 工程公司的投标文件未密封。

问题：1. 评标委员会是否应该对这两家公司的投标文件进行评审？为什么？

桩基工程施工完毕，已按国家有关规定和合同约定做了检测验收。监理工程师对其中 5 号桩的混凝土质量有怀疑，建议业主采用钻孔取样方法进一步检验。D 公司不配合，总监理工程师要求 A 公司给予配合，A 公司以桩基为 D 公司施工为由拒绝。

问题：2. A 公司的做法妥当否？为什么？

若桩钻孔取样检验合格，A 公司要求该监理公司承担由此发生的全部费用，赔偿其窝工损失，并顺延所影响的工期。

问题：3. A 公司的要求合理吗？为什么？

业主采购的配套工程设备提前进场，A 公司派人参加开箱清点，并向监理工程师提交因此增加的保管费支付申请。

问题：4. 监理工程师是否应予以签认？为什么？

C 公司在配套工程设备安装过程中发现附属工程设备材料库中部分配件丢失，要求业主重新采购供货。

问题：5. C 公司的要求是否合理？为什么？

四、某桥梁工程，其基础为钻孔桩。该工程的施工任务由甲公司总承包，其中桩基础施工分包给乙公司，建设单位委托丙公司监理，丙公司任命的总监理工程师具有多年桥梁设计工作经验。

施工前甲公司复核了该工程的原始基准点、基准线和测量控制点，并经专业监理工程师审核批准。

该桥 1 号桥墩桩基础施工完毕后，设计单位发现：整体桩位（桩的中心线）沿桥梁中线偏移，偏移量超出规范允许的误差。经检查发现，造成桩偏移的原因是桩位施工图尺寸与总平面图尺寸不一致。因此，甲公司向项目监理机构报送了处理方案，要点如下：

（1）补桩；

（2）承台的结构钢筋适当调整，外形尺寸做部分改动。

总监理工程师根据自己多年的桥梁设计工作经验，认为甲公司的处理方案可行，因此予以批准。乙公司随即提出索赔意向通知，并在补桩施工完成后第 5 天向项目监理机构提交了索赔报告：

（1）要求赔偿整改期间机械、人员的窝工损失；

（2）增加的补桩应予以计量、支付。

理由是：

（1）甲公司负责桩位测量放线，乙公司按给定的桩位负责施工，桩体没有质量问题；

（2）桩位施工放线成果已由现场监理工程师签认。

问题：

1. 总监理工程师批准上述处理方案，在工作程序方面是否妥当？说明理由。并简述监理工程师处理施工过程中工程质量问题工作程序的要点。

2. 专业监理工程师在桩位偏移这一质量问题上是否有责任？说明理由。

3. 写出施工前专业监理工程师对甲公司报送的施工测量成果检查、复核什么内容。

4. 乙公司提出的索赔要求，总监理工程师应如何处理？说明理由。

五、某委托监理的工程，施工合同工期为 20 个月，土方工程量为 28 000m^3，土方单价为 18 元/m^3。施工合同中规定，土方工程量超出原估计工程量 15%时，新的土方单价应调整为 15 元/m^3。经监理工程师审核批准的施工进度计划如附图 8 所示（时间单位：月）。其中工作 A、E、J 共用一台施工机械，必须顺序施工。

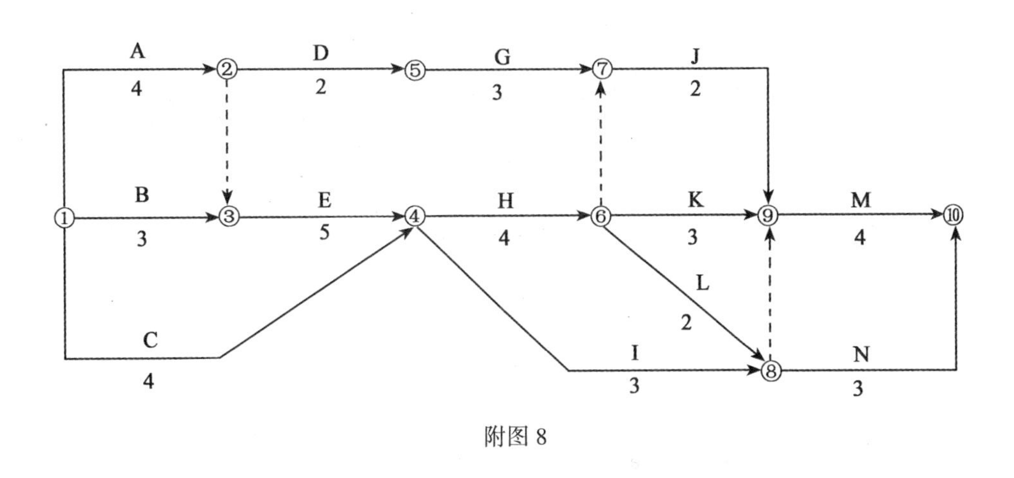

附图 8

问题：

1. 为确保工程按期完工，附图 8 中哪些工作应为重点控制对象？施工机械闲置的时间是多少？

2. 当该计划执行 3 个月后，建设单位提出增加一项新的工作 F。根据施工组织的不同，工作 F 可有两种安排方案，方案 1：如附图 9 所示；方案 2：如附图 10 所示。经监理工程师确认，工作 F 的持续时间为 3 个月。比较两种组织方案哪一个更合理。为什么？

3. 如果所增加的工作 F 为土方工程，经监理工程师复核确认的工作 F 的土方工程量为 10 000m^3，则土方工程的总费用是多少？

六、某工程项目施工合同于 2000 年 12 月签订，约定的合同工期为 20 个月，2001 年 1 月开始正式施工。施工单位按合同工期要求编制了混凝土结构工程施工进度时标网络计划（如附图 11 所示），并经专业监理工程师审核批准。

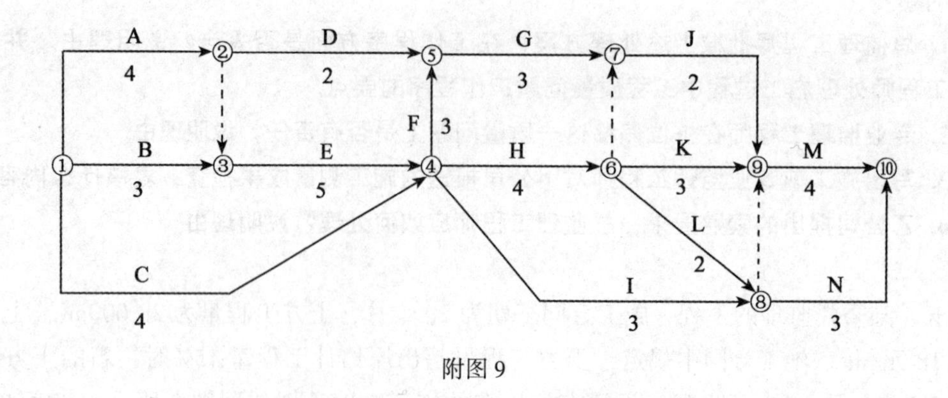

附图 9

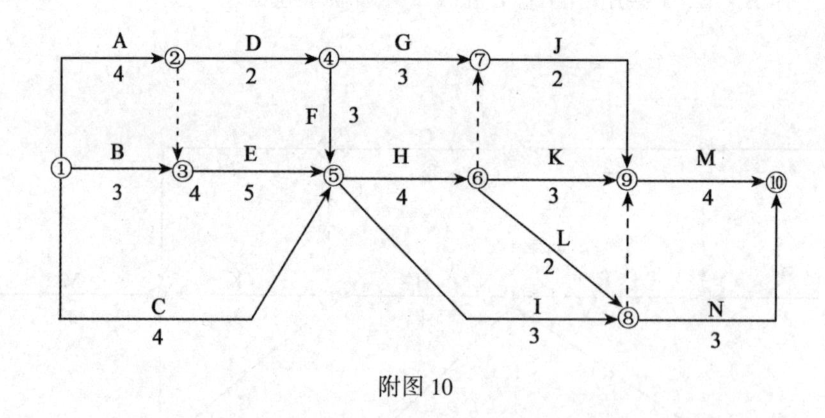

附图 10

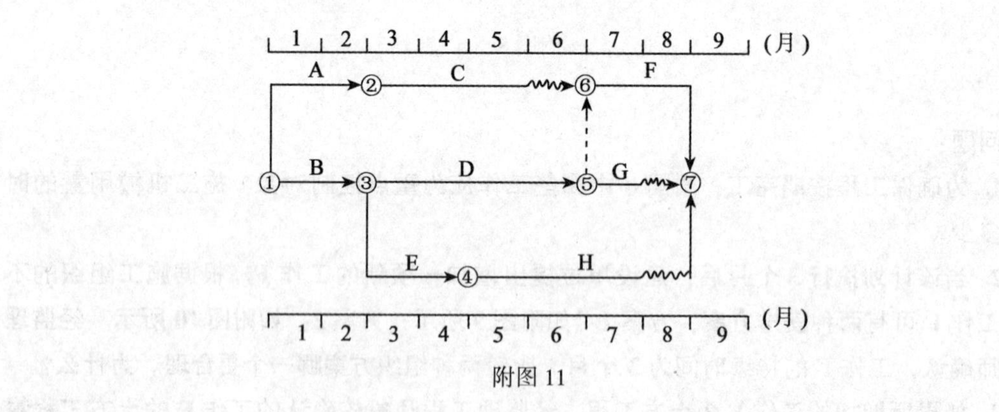

附图 11

该项目的各项工作均按最早开始时间安排，且各工作每月所完成的工程量相等。各工作计划工程量和实际工程量如附表 1 所示。工作 D、E、F 的实际工作持续时间与计划工作持续时间相同。

附表 1

工作	A	B	C	D	E	F	G	H
计划工程量（m^3）	8 600	9 000	5 400	10 000	5 200	6 200	1 000	3 600
实际工程量（m^3）	8 600	9 000	5 400	9 200	5 000	5 800	1 000	5 000

合同约定，混凝土结构工程综合单价为 1000 元/m^3，按月结算。结算价按项目所在地混凝土结构工程价格指数进行调整，项目实施期间各月的混凝土结构工程价格指数如附表 2 所示。

附表 2

时间	2000 年 12 月	2001 年 1 月	2001 年 2 月	2001 年 3 月	2001 年 4 月	2001 年 5 月	2001 年 6 月	2001 年 7 月	2001 年 8 月	2001 年 9 月
混凝土结构工程价格指数（%）	100	115	105	110	115	110	110	120	110	110

施工期间，由于建设单位原因使工作 H 的开始时间比计划的开始时间推迟 1 个月，并由于工作 H 工程量的增加使该工作持续时间延长了 1 个月。

问题：

1. 请按施工进度计划编制资金使用计划（即计算每月和累计拟完工程计划投资），并简要写出其步骤。计算结果填入附表 3 中。

2. 计算工作 H 各月的已完工程计划投资和已完实际投资。

3. 计算混凝土结构工程已完工程计划投资和已完工程实际投资，计算结果填入附表 3 中。

4. 列式计算 8 月末的投资偏差和进度偏差（用投资额表示）。

附表 3　　（单位：万元）

项目	投资数据								
	1	2	3	4	5	6	7	8	9
每月拟完工程计划投资									
累计拟完工程计划投资									
每月已完工程计划投资									
累计已完工程计划投资									
每月已完工程实际投资									
累计已完工程实际投资									

附录2 建设工程监理工程师考试试题参考答案

2002年建设工程监理基本理论与相关法规考试试卷

一、1(B) 2(B) 3(D) 4(A) 5(A) 6(D) 7(C) 8(B) 9(C) 10(B)
11(D) 12(A) 13(C) 14(A) 15(D) 16(B) 17(C) 18(D) 19(D) 20(C)
21(B) 22(D) 23(C) 24(D) 25(D) 26(B) 27(D) 28(C) 29(C) 30(B)
31(D) 32(C) 33(D) 34(B) 35(C) 36(B) 37(D) 38(A) 39(C) 40(B)
41(A) 42(B) 43(D) 44(C) 45(D) 46(A) 47(B) 48(A) 49(C) 50(D)

二、51(BE) 52(CE) 53(CE) 54(BE) 55(ABCD) 56(BCD) 57(BC)
58(BC) 59(ABE) 60(AE) 61(BD) 62(ADE) 63(AD) 64(AE)
65(ABE) 66(ACD) 67(AB) 68(ABCD) 69(BE) 70(ACE) 71(AB)
72(BCD) 73(DE) 74(ACDE) 75(ACE) 76(BCDE) 77(ACD)
78(ABCE) 79(AC) 80(BDE)

2002年建设工程合同管理考试试卷

一、1(C) 2(B) 3(C) 4(B) 5(D) 6(B) 7(A) 8(A) 9(B) 10(D)
11(B) 12(C) 13(C) 14(D) 15(B) 16(B) 17(D) 18(B) 19(C) 20(B)
21(A) 22(B) 23(C) 24(D) 25(D) 26(B) 27(C) 28(C) 29(B) 30(B)
31(B) 32(C) 33(B) 34(B) 35(C) 36(B) 37(C) 38(A) 39(A) 40(B)
41(C) 42(A) 43(C) 44(C) 45(C) 46(D) 47(B) 48(B) 49(B) 50(D)

二、51(ABC) 52(BCDE) 53(ABDE) 54(ACD) 55(BDE) 56(CDE)
57(BCE) 58(ACD) 59(BCE) 60(ABE) 61(ACE) 62(CDE)
63(ABDE) 64(BCE) 65(ACE) 66(ACE) 67(AC) 68(BD)
69(AB) 70(BD) 71(CDE) 72(ACDE) 73(ACE) 74(ACDE)
75(ABCE) 76(ABCD) 77(BCDE) 78(BE) 79(BD) 80(BCE)

2002年建设工程质量、投资、进度控制考试试卷

一、1(B) 2(B) 3(C) 4(D) 5(C) 6(C) 7(B) 8(D) 9(C) 10(D)
11(D) 12(B) 13(A) 14(B) 15(C) 16(B) 17(A) 18(B) 19(A) 20(D)
21(C) 22(A) 23(C) 24(B) 25(C) 26(B) 27(C) 28(D) 29(C) 30(D)
31(D) 32(C) 33(D) 34(C) 35(D) 36(C) 37(C) 38(B) 39(D) 40(C)

41(A)　42(D)　43(A)　44(D)　45(C)　46(A)　47(D)　48(B)　49(D)　50(A)
51(A)　52(B)　53(D)　54(C)　55(D)　56(C)　57(D)　58(A)　59(C)　60(C)
61(B)　62(B)　63(D)　64(A)　65(B)　66(C)　67(C)　68(B)　69(B)　70(B)
71(D)　72(B)　73(A)　74(C)　75(C)　76(B)　77(B)　78(A)　79(C)　80(D)

二、81(ADE)　82(AD)　83(BCE)　84(ABE)　85(ABD)　86(ACE)
87(AD)　88(BCD)　89(BCE)　90(ABCD)　91(ABE)　92(ACD)
93(ABD)　94(AC)　95(BD)　96(ACDE)　97(AB)　98(CE)
99(ACD)　100(AC)　101(ADE)　102(ACDE)　103(DE)　104(ACD)
105(BCE)　106(ABD)　107(BD)　108(ABCE)　109(BD)　110(ACE)
111(AC)　112(BCE)　113(ABD)　114(AD)　115(BD)　116(ACD)
117(BD)　118(BCE)　119(CE)　120(AC)

2002年建设工程监理案例分析考试试卷

第一题　答案及评分标准（20分）

1.（1）监理规划由公司技术负责人组织经营、技术部门人员编制不妥（1.0分）；应由总监理工程师主持（0.5分），专业监理工程师参加编制（0.5分）；

（2）公司经理审核不妥（0.5分），应由公司技术负责人审核（或公司总工审核也可给分）（0.5分）；

（3）根据范本（监理大纲）修改不妥（0.5分），应具有针对性（或应根据工程特点、规模、合同等编制）（0.5分）。

2. 缺项名称：

监理工作范围（0.5分），监理工作目标（0.5分），监理工作程序（0.5分），监理工作制度（0.5分）。

3. 建设单位根据监理中标通知书及监理公司报送的监理规划宣布项目总监理工程师及授权范围不正确（1.0分），对总监理工程师的授权应根据建设工程委托监理合同宣布（0.5分）。

4.（1）监理工作内容：

① 错误（0.5分），应改为：审查并批准（审核、审查）施工单位报送的施工进度计划（0.5分）；

③ 错误（0.5分），应改为：审查并批准（审核、审查）施工单位报送的施工组织设计（0.5分）；

④ 错误（0.5分），应改为：依据施工合同有关条款、施工图，对工程造价目标进行风险分析（0.5分）；

⑤ 错误（0.5分），应改为：按施工合同约定（国家规定）的工程量计量规则进行工程计量（0.5分）；

⑥ 错误（0.5分），应改为：参加工程竣工验收（或组织工程预验收）（0.5分）。

（2）人员岗位职责：

总监理工程师代表职责：

② 错误（0.5 分），应改为：总监理工程师批准“监理实施细则”（或参加编写或参与批准“监理实施细则”）（0.5 分）；

③ 错误（0.5 分），应改为：总监理工程师调配不称职的监理人员（或向总监理工程师建议，或根据总监理工程师指示、决定调配不称职的监理人员）（0.5 分）；

④ 错误（0.5 分），应改为：总监理工程师处理索赔事宜，协调各方的关系（或参加或协助总监理工程师索赔事宜，协调各方关系）（0.5 分）。

监理员职责：

① 错误（0.5 分），应改为：专业监理工程师负责进场工程材料质量检查及验收（或参加进场材料的现场质量检查）（0.5 分）；

② 错误（0.5 分），应改为：专业监理工程师负责隐蔽工程检查验收（或参加隐蔽工程的现场检查）（0.5 分）；

③ 错误（0.5 分），应改为：专业监理工程师负责现场工程计量及签认（或参加现场工程量计量工作；或根据施工图及从现场获取的有关数据，签署原始计量凭证）（0.5 分）。

（3）向施工单位借用和指令施工单位提供监理设施错误（0.5 分），应改为：项目监理机构应根据委托监理合同的约定，配备满足监理工作需要的常规检测设备和工具（1.0 分）。

第二题　答案及评分标准（20 分）

1. （1）直线职能制监理组织机构示意图见附图 12。

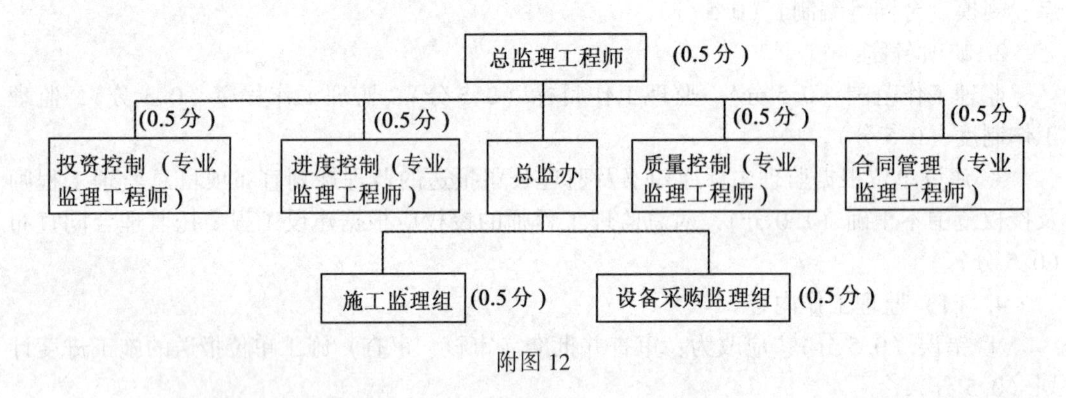

附图 12

（2）易出现的问题：职能部门与指挥部门易产生矛盾（1.0 分），信息传递路线长，不利于互通情报（1.0 分）。

2. 见附图 13。

3. 不能签认（1.0 分）；因 C 公司为设计分包单位，所以，设计变更应通过设计总承包单位 A 办理（1.5 分）。

4. 应侧重审查：质量管理、技术管理的组织机构（1.0 分）；质量管理、技术管理的制度（1.0 分）；专职管理人员和特种作业人员的资格证、上岗证（1.0 分）。

5. 还应提供：

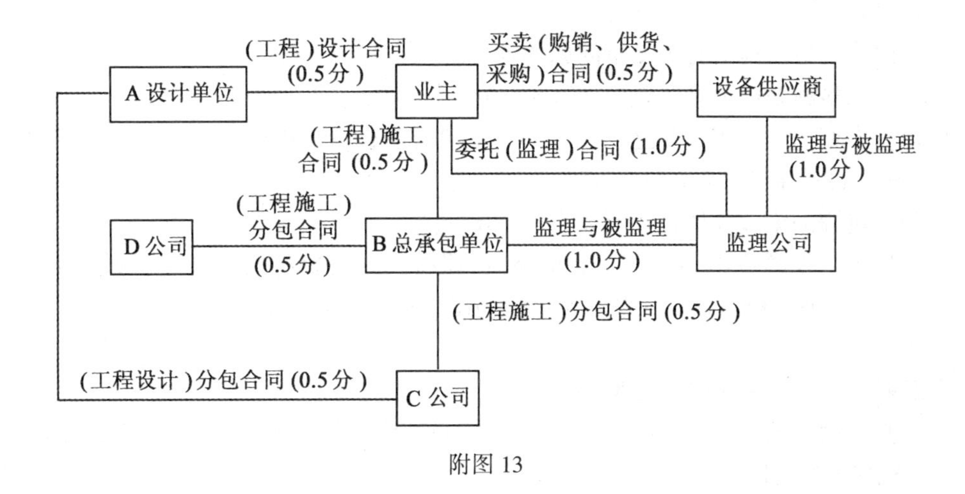

附图 13

分包单位业绩（1.5 分）；

拟分包工程内容和范围（0.5 分）；

专职管理人员和特种作业人员的资格证、上岗证（1.0 分）。

第三题　答案及评分标准（20 分）

1. 对 F 不评定（1.0 分），按《招标投标法》，对逾期送达的投标文件视为废标，应予拒收（2.0 分）。

对 G 不评定（1.0 分），按《招标投标法》，对未密封的投标文件视为废标（2.0 分）。

2. 不妥（1.0 分），因 A 公司与 D 公司是总分包关系（2.0 分），A 公司对 D 公司的施工质量问题承担连带责任（0.5 分），故 A 公司有责任配合监理工程师的检验要求（1.0 分）。

3. 不合理（1.0 分），由业主而非监理公司承担由此发生的全部费用，并顺延所影响的工期（2.0 分）。

4. 应予签认（1.0 分），业主供应的材料设备提前进场，导致保管费用增加，属发包人责任，由业主承担因此发生的保管费用（2.0 分）。

5. C 公司提出的要求不合理（1.0 分），C 公司不应直接向业主提出采购要求（1.5 分），业主供应的材料设备经清点移交，配件丢失责任在承包方（1.0 分）。

第四题　答案及评分标准（20 分）

1. 工作程序不妥（1.0 分）；理由：该项目总监理工程师批准处理方案时，既没有取得建设单位同意（1.5 分），也没有取得设计单位的认可（1.5 分）；

处理质量问题工作程序要点：

（1）发出质量问题通知单，责令承包单位报送质量问题调查报告（1.5 分）；

（2）审查质量问题处理方案（1.5 分）；

（3）跟踪检查承包单位对已批准处理方案的实施情况（1.5 分）；

（4）验收处理结果（1.0 分）；

（5）向建设单位提交有关质量问题的处理报告（1.0 分）；

（6）将完整的处理记录整理归档（0.5 分）。

2. 测量专业监理工程师在这一质量问题上没有责任（2.0 分）；理由：设计图纸标注有误，责任在设计单位（2.0 分）。

3. 施工过程测量放线质量控制要点（2.0 分）。

4. 总监理工程师应不予受理（1.0 分）；理由：分包单位与建设单位没有合同关系（1.0 分），总监理工程师只受理总承包单位提出的索赔（1.0 分）。

第五题　答案及评分标准（20 分）

1. 重点控制对象为 A、E、H、K、M 工作（每答对一项给 0.5 分，共 2.5 分）；

施工机械闲置时间为 4 个月（2.0 分）。

2. 方案①工期 21 个月（2.0 分），机械闲置时间为 6 个月（2.0 分）；方案②工期为 20 个月（2.0 分），机械闲置时间为 4 个月（2.0 分），所以，方案②更合理（2.0 分），工期短（1.5 分），机械闲置时间少（1.0 分）。

3. 新增 F 工作增加土方工程量 10 000m^3，超出原估算土方工程量的 15%；10 000m^3>28 000×15%＝4 200m^3（1.0 分）；超出部分为：10 000−4 200＝5 800m^3。土方工程总费用：（28 000+4 200）×18+5 800×15＝66.66（万元）（2.0 分）。

第六题　答案及评分标准（20 分）

1. 将各工作计划工程量与单价相乘后，除以该工作持续时间，得到各工作每月拟完工程计划投资额（0.5 分）；再将时标网络计划中各工作分别按月纵向汇总得到每月拟完工程计划投资额（0.5 分）；然后逐月累加得到各月累计拟完工程计划投资额（0.5 分）。

2. H 工作 6~9 月份每月完成工程量为：5 000÷4＝1 250（m^3/月）

（1）H 工作 6~9 月份已完工程计划投资均为：1 250×1 000＝125（万元）（2.0 分）；

（2）H 工作已完工程实际投资：

6 月份：125×110%＝137.5（万元）（1.0 分）；

7 月份：125×120%＝150.0（万元）（1.0 分）；

8 月份：125×110%＝137.5（万元）（1.0 分）；

9 月份：125×110%＝137.5（万元）（1.0 分）。

3. 计算结果见附表 4。

附表 4　　　　单位：万元

项目＼月	投资数据								
	1	2	3	4	5	6	7	8	9
每月拟完工程计划投资	880	880	690	690	550	370	530	310	—
累计拟完工程计划投资	880	1 760	2 450	3 140	3 690	4 060	4 590	4 900	—

续表

项目 \ 月	投资数据								
	1	2	3	4	5	6	7	8	9
每月已完工程计划投资	880	880	660	660	410	355	515	415	125
累计已完工程计划投资	880	1 760	2 420	3 080	3 490	3 845	4 360	4 775	4 900
每月已完工程实际投资	1 012	924	726	759	451	390. 5	618	456. 5	137. 5
累计已完工程实际投资	1 012	1 936	2 662	3 421	3 872	4 262. 5	4 880. 5	5 337	5 474. 5

(每月拟完工程计划投资：每答对一项给 0. 5 分，最多 4. 0 分)；

(累计拟完工程计划投资：共 0. 5 分，有错项不得分)；

(每月已完工程计划投资：每答对一项给 0. 5 分，最多 2. 0 分)；

(累计已完工程计划投资：共 0. 5 分，有错项不得分)；

(每月已完工程实际投资：每答对一项给 0. 5 分，最多 2. 0 分)；

(累计已完工程实际投资：共 0. 5 分，有错项不得分)。

4. 投资偏差=已完工程实际投资-已完工程计划投资=5 337-4 775=562（万元）（算式 1. 0 分，结果 0. 5 分)，超支 562 万元；

进度偏差=拟完工程计划投资-已完工程计划投资=4 900-4 775=125（万元）（算式 1. 0 分，结果 0. 5 分)，拖后 125 万元。

参考文献

[1] 孔祥元．工程建设监理概论．武汉：武汉测绘科技大学出版社，2000
[2] 孔祥元．现代工程建设监理的理论与方法新技术讲座．测绘信息与工程，1997.1~1998.3
[3] 孔祥元．我国特大悬索跨江大桥工程施工监理工作中的特种精密工程测量．地壳形变与地震，1996（16）
[4] 陆学智，赵安明．武汉长江二桥的复测监理简介．地壳形变与地震，1996（16）
[5] 欧震修等．建筑工程施工监理手册．北京：中国建筑工业出版社，1995
[6] 杜训等．建设监理工程师实用手册．南京：东南大学出版社，1994
[7] 简玉强，钱昆润主编．建设监理工程师手册．北京：中国建筑工业出版社，1997
[8] 张金锁主编．工程项目管理学．北京：科学出版社，2002
[9] 渠世连主编．工程项目管理学．大连：东北财经大学出版社，2001
[10] 徐莉，赖一飞，程鸿群．项目管理．武汉：武汉大学出版社，2003
[11] 刘伟主编．工程质量管理与系统控制．武汉：武汉大学出版社，2004
[12] 游士兵主编．统计学．武汉：武汉大学出版社，2001
[13] 龙子泉，陆菊春．管理运筹学．武汉：武汉大学出版社，2002
[14] 梅阳春，邹辉霞主编．建设工程招投标及合同管理．武汉：武汉大学出版社，2003
[15] 周宜红．水利水电工程建设监理概论．武汉：武汉大学出版社，2003
[16] 耿修林，张琳．管理统计．北京：科学出版社，2003
[17] 王守清．建筑工程管理微机软件及应用．北京：中国建筑工业出版社，1996
[18] 齐东海，董文章，刘兆坤．建设监理学．大连：大连理工大学出版社，1995
[19] 雷俊卿．合同管理．北京：人民交通出版社，1996
[20] 杨冰．搭接网络计划模型分析 [J]．北方交通大学学报，2002，26（5）
[21] 曹善琪．工程建筑项目投资控制与监理．中国勘察设计协会技术经济委员会（内部资料）
[22] 水利水电测绘．1997（4）
[23] 李红苹，王领．武汉长江二桥工程推进建设监理的情况介绍．武汉长江公路桥建设指挥部办公室，文章编号：1006—2610（2001）01—0007—04 [10]
[24] 董荧．江阴长江大桥 B 标工程施工总结．文章编号：1006—7329（2001）0i—0085—06，航务工程局二公司
[25] 杨泽军等．三峡二期工程Ⅰ&ⅡB 标施工测量监理．人民长江，33（10）
[26] 刘剑．测量监理与高速公路施工．山西交通科技，第 152 期
[27] 吴有清．长江委一期工程施工测量监理工作．中国三峡建设，1998.10.11

[28] 陈继光．实时动态 GPS 技术在公路工程监理中的应用．测绘技术装备，第四卷，2002（3）
[29] 潘宝玉，张绍庭，姜道利．测绘行业贯彻 ISO9000 族标准的若干思考．测绘工程，2001. 12
[30] 编辑部．质量认证．湖北测绘，2000
[31] 浅谈贯彻 ISO9000 族标准与测绘产品质量管理，第 4 卷
[32] 国家质量技术监督局．质量管理体系标准 GB/T 19000—2000、GB/T 19001—2000、GB/T 19004—2000
[33] 中华人民共和国新合同法释义与使用指南．北京：中国人民公安大学出版社，1999
[34] 林成光．谈承包工程的索赔问题．福建建筑，1999（2），69~70
[35] 徐萍，孙俊．关于我国建筑工程施工索赔的几点思考．基建优化，1999，20（6）
[36] 国家测绘局．测绘事业发展第十一个五年规划纲要
[37] 国家测绘局．测绘标准化工作“十一五”规划
[38] 杨浦生主编，张小厅等副主编．三峡工程监理应用手册．北京：中国水利水电出版社，2003
[39] 董晓伟，李先炳，王国平．堤防工程监理手册．北京：中国水利水电出版社，2001
[40] 洪立波主编．21 世纪我国工程测量技术发展研讨会论文集．中国测绘学会工程测量分会，2001，9
[41] 人民长江．锦屏一级水电站工程监理专集，2006，11
[42] 毕业设计．武汉大学测绘学院 2005 级：娄俊萍 关玲玲 2007 级 ：张建海，俞雄怀，阎学静，赵钰晶
[43] 孔祥元，郭际明主编．控制测量学·上册（第三版）．武汉：武汉大学出版社，2006
[44] 孔祥元，郭际明主编．控制测量学·下册（第三版）．武汉：武汉大学出版社，2006
[45] 孔祥元，郭际明，刘宗泉编著．大地测量学基础．武汉：武汉大学出版社，2005
[46] 许激．效率管理-现代管理理论的统一．北京：经济管理出版社，2004